TRIZ for Engineers

발명문제의 해결

공학자를 위한 트리즈

by Karen Gadd

홍현필 · 송수석 · 전영록 · 박성균 옮김

GS인터비전

TRIZ For Engineers: Enabling Inventive Problem Solving

차례

제3부 Fast Thinking with the TRIZ Ideal Outcome

About the Author

Karen Gadd has been teaching TRIZ and problem solving with engineering teams from major companies for over 13 years. Her mission is to make TRIZ learning straightforward and the TRIZ Tools easy to use. She has worked on nothing but TRIZ since discovering and learning its power to give us all the routes, to all the solutions, to all engineering problems.

In 1998 Karen started Oxford Creativity to concentrate on developing simple and practical TRIZ problem solving for the European market. Karen has taken TRIZ to major companies including Rolls-Royce, British Nuclear Group, Bentley Motors, BAE Systems, Nissan, Pilkington, Borealis and Sanofi Aventis. Oxford Creativity is now well established as one of the world's top TRIZ companies and has helped to make TRIZ well known and widely used throughout Europe and encouraged top companies to create expert TRIZ teams for innovative problem solving.

Karen studied Mechanical Engineering at Imperial College, and has an MBA from London Business School. After working in strategy and corporate planning in the City of London she returned to live in Oxford and was a tutor at Oxford's Business School the European School of Management ESCP-EAP (based in Paris, Oxford, Madrid and Berlin). From 1995–2002 she was a Governor of Coventry University. Karen's career has been dedicated to creating new enterprises which make a difference – she founded both MUSIC at OXFORD and the European Union Baroque Orchestra and ran both for over ten years and raised millions in corporate sponsorship to make their activities possible. These successful music organisations still flourish. MUSIC at OXFORD transformed Oxford's music scene and is now approaching its 30th season of top professional classical concerts. EUBO has celebrated 25 years of launching the careers of talented young musicians and has been so successful in its mission, that there are now former EUBO students in every major professional baroque ensemble in the world. Karen launched Oxford Creativity to make TRIZ accessible to everyone and transform and launch careers of TRIZ enthusiasts and champions. There are now thousands of engineers who have learned TRIZ from Karen and who intelligently daily apply TRIZ to solve difficult technical and scientific problems.

Karen is long married, has four children and three grandchildren and lives happily in Oxford and the Lake District. Karen has recently become a director of the Orchestra of St.John's. Concerts and singing are still her interests and part of her activities, as well as speaking at conferences throughout the world on the success and power of TRIZ.

Acknowledgements

I would like to thank the following people for their support and help.

My Managing Director and daughter, Lilly Haines-Gadd, for her unfailing enthusiasm, support, patience and encouragement.

My colleagues who have worked with me to create the simple approaches to TRIZ in this book – we have all learned from each other and I am grateful for all they have taught me – most especially Henry Strickland, Andrew Martin, Andrea Mica.

All those who have helped me put my ideas and TRIZ solutions into a form to communicate it to others. Merryn Haines-Gadd, our graphic designer, who turns my thoughts into pictures, and Eric Willner and Nicky Skinner of Wiley for their help, optimism and common sense advice and Caroline Davies of Oxford Creativity.

Our whole TRIZ community and all those who learned TRIZ from me and my colleagues, and who have joined us in our quest to make TRIZ accessible within their organisations and beyond, especially:

Frédéric Mathis (Mars), Ric Parker (Rolls-Royce), Dave Knott (Rolls-Royce), Pauline Marsh (BAE Systems), Simon Brodie (RAF) Mike West (Babcock), and Professor Derek Sheldon (Institution of Mechanical Engineers).

Those who have worked to bring TRIZ to the world and first introduced me to the power of its toolkit, most especially, Ellen Domb and Sergei Ikovenko.

My thanks to all the engineers who have taught me, inspired me and worked with me to solve problems with TRIZ. To all the TRIZ teams of engineers we have worked with (but we cannot name for security reasons) whose clever ideas during TRIZ sessions helped us to extend and develop our TRIZ thinking.

My own family of engineers: my father Kenneth Gadd who claims that as an old engineer (contemporary, but unknowing of Altshuller) he represents a generation whose engineering prowess was unmatched by any previous or succeeding generations. All my fellow Imperial College engineers, including my husband Geoff Haines (a middle-aged engineer) and to my son Jonathan Haines-Gadd (a young engineer), and those few members of my family who don't yet work with TRIZ but who have supported me in my championship for such challenging causes – my mother Kathleen Gadd, my daughter Rebecca Haines-Gadd and my TRIZniks of the future, my grandchildren Isobelle, Livia and Freddie.

Most especially, the great Genrich Altshuller – my gratitude and respect for his extraordinary vision to uncover and summarise the world's engineering genius grows with all the TRIZ work I undertake. I have returned to his source material at every stage of my learning, and I strive to merely interpret the power and logic of his TRIZ.

This is what I offer with this book, faithfulness to Altshuller's TRIZ tools and I hope simple, clear innovative ways for understanding and using them. TRIZ requires both right (creative) and left (logical and systematic) sides of the brain to make it work. The only known way to join these two is with laugher and humour and the TRIZ cartoons attempt to achieve this. I have been assisted in this by the wonderful cartoonist Clive Goddard, who has worked with me to create TRIZ cartoons to help show just how much fun TRIZ offers. I hope we have succeeded.

Foreword

Since discovering TRIZ, Karen Gadd has been an enthusiastic, near-evangelical, promoter of the methodology. She has introduced this exciting modern approach to innovation to many companies, including my own, as well as countless individuals. I am very pleased that she has now captured the essence of TRIZ in this well-written and very readable book, with its colourful and amusing illustrations, making TRIZ accessible to an even wider audience.

TRIZ is a contradiction in terms: it is free thought by numbers; it is a top-down approach to lateral thinking; it is a structured approach to brainstorming. Emerging from post-cold-war Russia, TRIZ is based on an intense and systematic study of all the world's great inventions. All of these can be broken down to be rendered as a combination of simple physical phenomena. There are actually relatively few conceptual solutions to problems (about 100) and 2,500 or so scientific principles. By presenting the designer, or inventor with novel (at times implausible) combinations of principles, new ways of solving problems can be discovered.

Look around you. Mix static electricity and photographic imaging and you have the instant, dry printing of the photo-copier. Mix suction and vortices with centrifugal force and you have the bag-less simplicity of the new generation of vacuum cleaners. The list is endless, as are the possibilities for new inventions.

We don't realise how bounded are our conceptual spaces and how linear our thought processes. We are locked in by past experience, by 'rules' passed down by our teachers, by the 'it'll never work' attitudes of those around us. It is far easier to suppress innovation than to stimulate it. If, like the Queen in Alice in Wonderland, you sometimes believe as many as six impossible things before breakfast, you may be able to get by without TRIZ. Many seemingly impossible things are indeed impossible, but some are not. TRIZ will set you free to explore the world of the apparently impossible.

TRIZ is an essential part of the modern engineer's or inventor's tool kit. This book will not make you an expert overnight, but it will hopefully stimulate your interest and make you want to explore more deeply the world of TRIZ.

Professor Ric Parker, FREng
Director of Research and Technology
Rolls-Royce Group

제1부
TRIZ Logic and the Tools for Innovation and Clarity of Thought

트리즈 도구

1.1 트리즈란 무엇인가?

트리즈는 방대한 공학 및 과학 지식을 공학 문제를 이해하고 해결하는 과정에서 활용할 수 있도록 안내하는 도구 모음이다. 트리즈는 현실 문제에 대해서 독특하며 실용적인 해답을 찾게 한다. 트리즈는 공학 및 과학 문제이 모든 개념해(conceptual answers)를 일람할 수 있도록 요약한 것이다

트리즈는 개념해 찾기 단계와 문제 해결 단계에서 브레인스토밍(brainstorming)하는 수준을 넘어서도록 도와주는 해법들을 모은 것으로 지금까지 세상에 없었던 유일한 도구이다. 문제 이해를 위한 분석과정인 요구사항 파악, 시스템 분석, 프로세스 진단, 문제원인 탐색 등을 위해 사용되는 훌륭한 도구들은 많이 있다. 또한 비용을 평가하고 예측하는 데 유용한 방법과 문제 해결안을 찾은 다음에 사용되는 유용한 도구들 – 해법을 선정하고 이를 개발하는 프로세스 – 도 많이 있다. 그러나 문제를 사실상 해결하는 단계에서 사용되는 도구 – 제대로 된 해법이나 새로운 개념을 탐색하여 찾아내는 도구 – 는 트리즈이다. 트리즈가 나타나기 전에는 똑똑한 엔지니어나 과학자들이 그들의 경험과 지식을 사용하여 개인적 또는 집단적 브레인스토밍으로 적절한 해답을 찾았을 것으로 추정된다.

해결 전 – 문제 해결 준비	**해결 중 – 문제 해결**	**해결 후 – 해법 선정과 개발**
요구사항/니즈 획득에 사용되는 트리즈 및 다른 도구 모음, 시스템 분석, 문제의 근본 원인 찾기 등	갑자기 떠오른 아이디어(묘안), 브레인스토밍 창의 도구, 트리즈 트리즈 개념 해법, 40원리, 76표준해, 8경향는 모두 관련된 세상의 지식과 이상해, 총명소인, STC 등의 트리즈 창의 도구와 함께 사용	콘셉트 개발, 콘셉트 선정 방법(푸방법 등), 성공적 혁신 및 새로운 기술 등

문제 해결의 각 단계에서 이용 가능한 모든 도구를 사용하라.

트리즈가 나타나기 전에는 누구도 공개된 과학과 공학 문제의 모든 해법들을 체계적으로 요약하고, 이들의 유사성, 공통성, 정형화된 패턴을 찾는 것을 생각하지 못했다. 트리즈의 창시자 알츠슐러는 특허 데이터베이스를 조사하여 모순 해결을 위해서는 단 40개의 해법이 사용되고, 시스템 개선과 문제 해결을 위한 약 100개의 개념 해법이 2,500여 개의 과학 및 공학 이론(트리즈에서는 효과라 부름)과 함께 문제 해결에 사용되고 있다는 것을 발견하였다. 알츠슐러는 트리즈를 성공적인 과학적, 공학적 성과에서 도출한 '창의성 과학(science of creativity)'으로 발전시켰으며, 공학시스템의 문제 해결을 위한 실용적 도구 모음을 제안했다.

트리즈 도구는 기존 시스템과 프로세스의 문제를 개선하고, 해결하는 모든 방식을 찾도록 안내한다. 트리즈는 또한 차세대 시스템 개발에 필요한 연관 콘셉트를 찾게 하고, 신제품 발명과 개발을 위한 체계적 절차를 제공한다. 트리즈는 어떤 문제든지 해결하게 하는 개괄적인 콘셉트 목록을 갖고 있다. 이들 트리즈 해법촉발기는 공개되고 잘 알려져 있는 과학 및 공학의 성공적인 해법들을 분석하고 정제하여 만들었다. 트리즈 도구는 문제를 해결하는 능력에서 독보적이라 할 수 있다. 트리즈는 또한 문제의 이해, 시스템 분석, 요망사항(what we want)의 이해에 사용되는 도구를 제공하며, 새로운 발상, 창의적 사고, 혁신적 해결책을 자극하는 간단한 도구도 제공한다.

누가? 왜 트리즈를 사용하는가?

트리즈는 능숙한 엔지니어에게 매우 다양한 상황에서 많은 이점을 제공한다. 개별 도구들은 간단하고, 문제 해결 과정은 체계적이고 반복적으로 사용할 수 있다. 트리즈와 함께 빠르게 움직이면 가능한 모든 해결법을 찾을 수 있고, 가장 창의적인 상태에서 두뇌를 사용하고 유지할 수 있다. 트리즈가 성공적인 공학적 성과에서 유래된 것이기 때문에 엔지니어들은 트리즈를 누구보다도 잘 이해한다. 트리즈는 모든 상황에서 잘 작동한다. 그러나 트리즈는 엔지니어를 위해 엔지니어가 개발한 것이므로 공학 문제에 가장 잘 작동한다. 그렇지만 대부분의 엔지니어는 트리즈를 처음 접하고 나서도 사용을 주저한다. 이것은 아마도 트리즈가 너무 훌륭하여 믿어지지 않을 뿐만 아니라 매우 새롭거나 직접 개발하지 않은 기술이나 연구 성과를 인정하지 않는 배타적 조직문화와 태도, 문제에 접근하는 방식이 그들과 다르고 직관에 반대되기 때문이기도 하다. 유감스럽게도 트리즈는 엄청나게 많은 기업용 문제 해결 도구 시장 – 탁월한 것에서부터 사소한 것에 이르기까지 – 의 또 다른 도구 중의 하나로 보일 수도 있다.

기업에서 새로운 도구를 채택하면 지력, 시간과 자금, 자원이 소요되므로, 채택하려는 새로운 도구에 대한 효험과 능력에 대한 믿음이 있어야 채택할 수 있다. 식스시그마(Six Sigma), 린(Lean) 기법은 모두 효율의 향상과 비용 절감에 크게 기여하여 기업에서 널리 사용되고 있다. 트리즈는 효율성 제고, 비용 절감과 혁신, 신속한 문제 해결, 사고의 명확화를 가능하게 한다. 트리즈는 다른 모든 기업용 문제 해결 도구가 갖고 있는 부족한 부분 – 도구들이 모두 갖고 있는 큰 구멍인 '연관 해법 콘셉트를 규칙에 따라 찾는 문제 해결법이 없다는 것' – 을 보충하고 보완할 수 있는 유일한 도구로 서서히 인식되어 가고 있다.

트리즈의 활용을 더 주저하게 하는 한 가지 이유는 트리즈가 복잡한 것으로 인식되어 있다는 것이다. 이점은 오해에서 비롯된 것이다. 트리즈 도구는 매우 간단하고 사용하기 쉬우며, 아무 문제 없이 엔지니어는 도구 모음 전체를 배울 수 있다. 트리즈는 여러 유형의 문제 해결 전문가들이 사용할 수 있도록 매우 방대하게 만들어져 있다. 그리고 동일한 내용이 여러 도구들에 나타나기도 한다. 트리즈는 개인화된 도구 모음을 만들 수 있게 되어 있으므로 자신의 문제 유형에 잘 맞고 편리한 도구 모음을 만들면 편하다. 이것은 마치 여러 종류의 헬스기구를 갖춘 피트니스센터와 같다. 헬스클럽 회원들은 자신에게 잘 어울리고, 자신이 씨름하고 있는 피트니스 문제에 따라 적합한 헬스기구를 선택하여 사용한다. 트리즈 도구 모음도 거의 마찬가지다. 특정의 목적에 사용되는 도구가 있고, 각자에게 잘 맞는 도구가 있으며, 각자는 이들 도구들을 자주 사용할 것이다.

트리즈와 다른 문제 해결 도구들

트리즈가 엔지니어들의 문제에 대해서 유용한 모든 해법을 찾게 하는 유일한 도구라고 하는 거창한 주장이 있다. 이 주장은 훌륭하다고 생각하는 다른 도구들을 사용하는 '문제 해결 전문가'를 긴장시킬 수 있다. 이들 도구들은 프로세스의 비효율과 문제의 근본 원인 찾기, 모든 요구사항, 이해당사자 관점, 요망사항의 이해, 제품, 공정, 시스템의 분석, 해법들의(브레인스토밍으로 찾은 해법들) 순위 매기기 등에 유용한 방대한 지침들을 갖고 있다. 그렇지만 실제로 문제의 해법을 찾는데 뭔가를 제공하는 도구는 여기에 없다. 따라서 이들 도구들을 '문제 해결 도구'라고 이름 붙여서는 안 될지도 모른다.

트리즈는 '요망사항'의 이해에 사용하는 간단한 도구에서 '시스템 분석'에 사용되는 상세한 도구에 이르기까지 매우 포괄적인 도구 모음으로 신규 시스템의 발명에서부터 기존 시스템의 개선에 이르기까지 모든 방면의 문제 해결에 유용하다. 반면에 다른 도구들과는 달리 트리즈는 해법을 찾는 도구를 갖고 있다. 트리즈는 문제 해결 콘셉트를 실제로 찾는 과정에서 다른 도구들의 부족한 부분(지금까지 무시되어 온)을 보완하고 채울 것이다. 트리즈를 배우러 온 공학 품질 및 생산 전문가들은 매우 열심히 철두철미하게 트리즈를 적용해 본 후, 그들이 사용하고 있는 모든 도구 – 통합품질경영(TQM, total quality control), 품질기능전개(QFD, quality function deployment), 다구찌방법(Taguchi method), 린(Lean), 푸결정법(Pugh matrix), 케프너-트레고방법(Kepner-Tregoe method), 8D[1], 식스시그마(Six Sigma), 가치공학(VE, value engineering) 등 – 에 추가하여 사용할 가치가 큰 도구임을 알게 된다. 특히, 혁신이 필요하고, 강력한 해법을 원하는 경우에 트리즈는 매우 가치가 크다.

좋은 도구들은 많이 있으나 문제 해결을 위한 도구는 없다.

1) 8단계 보고서(8 discipline report). 품질이나 서류상에 어떤 문제가 있을 시 공급자 수정요구서(supplier corrective action request)를 해당 업체에 제출하면 수정 및 예방 활동보고서(corrective & preventive action report)를 양식에 맞추어 시정조치 및 재발방지책을 작성하게 되는 데 이때 사용되는 양식을 일컬어 8D(8 Discipline, 총 8단계의 보고서)라고 한다. 보통 최초 수정요구서를 받은 날로부터 24시간 내에 4D(최초 4단계)를 제출하고, 샘플을 받고 7 근무일 내에 8D를 제출하는 것이 일반적이다. 8단계는 1D.팀구성(team member), 2D.문제상황(problem description), 3D.잠정조치(containment action), 4D.문제원인기술(define root cause), 5D.시정조치(permanent corrective action), 6D.효과파악(verify effectiveness of correctiveness action), 7D.재발방지대책(prevent recurrence), 8D.종료(congratulate your team)로 구성된다.

다른 도구들은 요구사항에 대한 더 철저한 분석, 최적 해법의 선택과 같은 추가적인 장점을 갖고 있다. 그러나 일상적으로 사용하는 도구가 무엇이든지 간에 트리즈는 추가의 강력한 뭔가를 제공하며, 엔지니어들이 추가로 갖고 있어야 할 매우 훌륭한 도구이다.

엔지니어의 문제 해결에 도움이 되는 것은 트리즈뿐이다.

식스시그마 전문가이고 HSBC의 베스트프랙티스(Best Practice)팀의 책임자로서 트리즈를 대표하는 사람 중의 한 명인 존 토이어카우프(Jon Theuerkauf)는 트리즈 워크숍의 기조연설에서 "내가 알고 있는 대부분의 문제 해결 도구들에 견주어 '하늘 아래 새로운 것은 없다.(There is nothing new under the sun)'고 생각하고 트리즈도 다른 도구들과 거의 마찬가지일 것으로 확신했다. 그러나 8경향, 40원리, 표준해로 구성된 트리즈는 유일하게 문제를 해결하는 도구로서 '하늘 아래 새로운 뭔가가 있다.'는 것을 보여 주었다. 나는 감동했다. 나는 감동을 쉽게 하는 사람이 아니다."라고 말했다.

혁신 – 빛 좋은 개살구 아니면 트리즈?

혁신이 오랫동안 유행하고 있다. 즉, 혁신이 기업 가치와 미션을 선도하고 있다. 또한 널리 유행했던 다른 기업 운동들과 다르게 혁신은 최고조에 달했다가 서서히 사라지는 모습은 보이지 않고 있다. 이것은 아마도 현자의 돌(philosopher's stone)을 탐색하는 것과 같이 대부분의 기업이 성공의 약속과 미래의 부를 달성하는 혁신의 체계적인 방법을 찾지 못했기 때문일 것이다. 대부분의 기업에서는 실천적이면서 지속적인 혁신은 찾기 힘든 것으로 간주하고 있다. 기업문화혁신 계획에는 혁신에 대한 니즈 확립, 혁신으로 감소시켜야 할 갭(gap)의 파악, 갭을 줄여야 한다는 열망 자극 등이 포함된다. 혁신부서와 자문회사들은 깔끔한 프레젠테이션을 사용하여 각종의 기고문과 콘퍼런스 대담에서 특히 어려운 시기이고, 신기술 개발 속도의 증가 등의 이유로 과거 어느 때보다도 더 혁신이 필요하다고 주장하고 있다. 비-트리즈 혁신 도구들은 두뇌-자극 훈련 도구 – 이미 알고 있는 것의 각성 또는 회상을 도와주는 방법으로 새로운 관점의 생성, 문제의 명확한 이해, 아이디어 발상을 자극하게 함 – 로서 이미 알려진 어떤 것을 다르게 결합하게 하는 방식의 혁신을 할 수 있도록 한다. 기업에서는 동일한 질문을 반복하는 방법으로 뭔가 다른 새로운 해답을 어떻게든 얻게 될 것이라는 희망을 가지고 혁신적인 해법을 탐색한다(정신 이상에 대한 아인슈타인의 정의와 가까움). '혁신'이 기업가치, 미션, 슬로건과 격려문, 동기부여 소재 등에 걸쳐서 새겨져 있지만 기술과 비즈니스 혁신을 제공하는 트리즈 도구에 숙달한 사람들을 떠나서 이를 달성하는 것은 어렵다.

'Einstein develops his theory of negativity.'

누구나 심리적 관성을 갖고 있을 수 있다.

아인슈타인은 정신 이상을 다른 결과가 나올 것을 바라며 동일한 것을 반복적으로 행하는 것이라고 정의했다. 그는 또한 "처음부터 터무니없지 않은 아이디어는 희망이 없다."고 했다. 이것은 '이상해법(ideal solution)'을 사용하는 트리즈 사고와 일치한다. 이상해법은 평범한 문제 정의와 해법이 있는 곳에서 벗어나 문제를 새롭게 정의하고, 이전과 훨씬 다른 해법을 제시하도록 한다. 어떤 해법이 거칠고 익살스럽다고 즉각적으로 폐기해서는 안 된다. 부정적 성향이나 심리적 타성(psychological inertia)에 의해 새로운 아이디어가 폐기되면 혁신은 일어날 수 없을 것이다. 트리즈는 이들과 맞서는 도구이다.

1.2 트리즈가 제공하는 것

트리즈는 체계적이고, 확실한 혁신과 창조성을 제공

트리즈는 문제의 모든 해법과 새로운 콘셉트를 찾도록 하여 체계적인 혁신을 제공한다. 수많은 기업에서 개인 또는 팀으로 트리즈를 학습하고 트리즈 원리를 적용하여 문제의 창조적 해결을 가속할 수 있었다. 트리즈의 사용을 독려하고 활용하여 성공한 기업은 그들이 얻은 화려한 성과가 단순히 즉흥적이고, 임의적이며 조직 내의 개인이나 엔지니어 집단에서 가끔 나타나는 창조성이 아니라 전 세계에서 일어난 성공적 성과와 세상 지식의 사용을 반영한 것임을 보여줄 수 있다.

트리즈 – 문제와 문제의 모든 해법에 대한 이해 제공

트리즈는 질문을 정확하게 하고, 전부는 아닐지라도 대부분의 해법을 찾게 한다. 이들 해법에는 지식과 경험의 범위 안에 있는 해법과 이를 벗어나 이전에 알지 못했던 해법들(혁신은 제공)이 포함된다. 트리즈를 사용하는 대부분의 사람은 트리즈가 그들이 찾고 있는 새로운 해답을 많이 제공하고, 가능한 모든 해법을 모두 들추어낼 것임을 확신하게 된다. 트리즈는 원자력 청정화(nuclear clean-up)에서부터 신규 의료기기에 이르기까지 산업의 모든 영역에서 프로젝트팀이 많은 수의 현답(賢答)을 찾고, 고가의 특허료를 획득하며, 미래 비즈니스를 위한 훌륭한 혁신전략의 선택과 이에 대한 확신을 할 수 있게 했다.

트리즈는 시스템 단순화를 통해 최대 이득과 최소 비용/손해 실현

트리즈의 근본적 접근법은 최소의 비용과 손실로 최대의 이득을 달성하는 방법을 찾는 것이다. 공학 분야의 진화 경향 중의 하나는 '시스템은 더 많은 기능을 제공하도록 발전하고, 이에 따라 복잡해진 시스템은 이들 기능들을 유지하면서 단순화되는 방향으로 진화된다.'는 것이다. 트리즈는 시스템이 다수의 기능을 제공하는 – 고기능성(high functionality) – 단순 시스템으로 곧바로 이동하는 방법을 제시한다. 이것이 트리즈의 근본적인 철학에 가까우며, 트리즈는 이 프로세스를 지원하는 많은 도구를 제공한다. 트리밍(trimming)은 모든 기능을 유지하면서 시스템을 체계적으로 단순화하는 트리즈 접근법이다.

트리즈는 심리적 타성을 극복하게 함

엔지니어가 현답을 간절히 찾으면, 트리즈는 해법이 있는 장소로 향하는 체계적인 경로를 제공한다. 이에 더하여 트리즈는 혁신과 이해 및 사고의 명확화를 방해하고 과거와 동일한 해법 공간에 계속해서 집착하려는 정신적 습관을 파괴하는 방법을 제공한다. 트리즈에서는 이를 '심리적 타성의 파괴(breaking psychological inertia)'라 부른다. 시간-규모 사고(Thinking in Time and Scale), 이상적 성과모형(Ideal Outcomes), 스마트소인모형(Smart Little People), STC분석(Size-Time-Cost) 등의 트리즈 도구들이 심리적 타성의 파괴에 도움이 된다. 또한 트리즈는 무질서하고, 다소 어려우며, 복잡한 문제를 체계적으로 이해하고 해결할 수 있다는 확신을 제공한다. 트리즈의 문제 이해 및 해결 프로세스는 적절한 수준에서 질문을 정확하게 하고, 복잡성을 완화하는 습관을 형성하게 하는 반면에 트리즈의 창의성 도구들은 두뇌, 태도, 편견을 뒤흔들고, 새로운 영역, 새로운 아이디어, 새로운 해법들을 탐색하도록 하여, 창의적이고 혁신적인 사람이 되도록 한다.

모든 길을 다 잃은 것처럼 보일 때 트리즈를 해 봐라.

1.3 트리즈는 어떻게 작동하나?

트리즈는 문제 상황을 명확히 이해하게 하고, 문제를 해결하게 하는 해법실마리(solution trigger)를 제공한다. 트리즈는 문제 상황을 문제모형(problem model) – 해당 문제의 관련이 있는 부분, 즉 정확하게 어디에서 언제 문제가 일어나는지에만 초점을 맞춘 문제 – 으로 만드는 간단하고 강력한 도구들을 갖고 있다. 문제 정의를 위해 문제영역으로 정확하게 드릴다운(drill down)하기 위해서는 문제와 문제의 맥락에 대해 매우 정확하게 이해해야 한다. 일단 문제를 정확하게 정의하고 나면 트리즈는 문제 유형과 일치하는 해법들을 제공한다. 예를 들어, 뭔가 유해한 것이 있고 이를 처리해야 하는 문제라면, 트리즈는 중지, 제거, 수정 또는 유익으로 전환 등과 같이 매우 개념적인 수준에서 유해한 것을 다루었던 해법들을 모두 제공한다.

트리즈의 황금률[2)]

문제를 해결하는 모든 접근법의 근본이 되는 본질적인 트리즈 도구가 있다. 이상성 방정식(Ideality Equation)이 그것이다. 이상성 방정식은 모든 문제에서 문제 해결의 시작점이고 동시에 종결점이다. 이상성은 트리즈의 황금률이라 할 수 있다. 이상성 향상, 즉 이득 증가, 비용 및 손해의 감소를 실현하는 것이 모든 문제 해결의 조준점이다.

$$\text{이상성} = \frac{\text{모든 이득(주 이득 + 부차 이득, 모든 요망 산출물)}}{\text{비용(모든 투입물) + 손해(모든 비 요망 산출물)}}$$

이상성 방정식 외의 다른 모든 트리즈 도구들은 이상성을 향상시키기 위한 것이다. 이 책에서는 이상성을 이상성 균형(Ideality Balance)과 같이 접두어 형태로 사용한다. 어떤 제품의 이상성 균형이 양의 값이면, 이 제품은 실행 가능하고 시장이 수용하는 수준에 도달했다는 것을 의미한다(이득이 비용과 손해의 합을 초과). 이상성 심사(Ideality Audit)는 시스템의 모든 투입물과 산출물을 요망하는 시스템과 비교하여 점검하는 것, 이상성 전략(Ideality Tactics)은 특정의 문제를 해결하기 위해 관련된 트리즈 도구들을 여러 가지 형태로 결합하는 것을 말한다.

많은 수의 트리즈 도구들 - 모든 선수들이 다 필요하다.

트리즈 도구 모음

트리즈 도구 모음은 복잡하지 않다. 비록 적용 방법이 엄밀하고 강력하지만 엔지니어는 신속하게 배워서 매우 쉽게 활용할 수 있다. 트리즈 주요 도구에는 다음과 같은 것들이 있다.

- **40원리**(40 Principles) 모순의 해결을 위한 도구. 모순표와 분리원리로 접근
- **8진화경향**(8 Trends of Evolution) 완전시스템(perfect system)으로 가는 경로를 찾는 도구. 미래 시스템 개발에 사용
- **효과집**(Effects) 공학 및 과학 콘셉트를 쉽게 사용하는 도구. 관련된 모든 기술적, 과학적 콘셉트 해법에 접근하는 데 필요한 간단한 질문 목록과 응답으로 구성 – 기술적 언어나 용어를 사용하지 않고 문제를 해결하는 모든 방법을 제공해 주는 목록(www.TRIZ4engineers.com 참조).

2) 황금률(Golden Rule) : 성경의 금언 '무엇이든지 남에게 대접을 받고자 하는 대로 너희도 남을 대접하라'(마태복음 7:12)는 가르침을 말함

- **시간-규모사고**(Thinking in Time and Scale) 문제의 맥락, 이해, 해결 도구(9스크린)
- **이상**(Ideal) – 이상성(Ideality), 이상성과(Ideal Outcomes), 이상해(Ideal Solution), 이상시스템(Ideal System), 이상자원(Ideal Resources) 요구사항을 이해하고 해법을 시각화하기 위해 사용되는 도구 등
- **자원과 트리밍**(Resources and Trimming) 독창적이고 저비용의 해법을 찾는 도구
- **기능분석과 물질-장 분석**(Function Analysis and Substance Field Analysis) 기능들 간의 상호관계를 이해하기 위한 시스템 분석 도구
- **표준해**(Standard Solutions) 시스템 문제 해결 도구. 시스템 생성과 완전화, 시스템 단순화, 불충분의 극복, 유해 처리, 미래 개발, 기술문제의 스마트 해법 등
- **창의촉발자**(Creativity Trigger) 심리적 타성 극복, 시스템 이해와 해법의 시각화 도구. STC분석, 스마트소인모형 등

이들 도구 모음의 고유한 부분은 해법 도구들(40원리, 8진화경향, 표준해, 효과집)과 이들 해법에 접근하는 도구들 – 분리원리, 모순표, 기능분석과 물질-장 분석 등 – 이다. 이들 도구들은 공학 문제 – 특히, 보통의 브레인스토밍법으로 해법을 쉽게 찾을 수 없는, 어려운 문제 – 의 해결에 사용된다. 게다가 트리즈 사고 도구는 한번 배우게 되면 매일 사용하게 되어, 사고를 명확하게 하고 효과적인 접근법으로 문제를 이해하고 해결하게 한다.

가장 널리 사용되는 '시간-규모 사고(9스크린)'는 정신을 매우 명료하게 하는 강력한 도구이다. 이상해 또는 이상시스템을 상상하는 것은 모든 이득을 포착하고, 최소의 비용과 손해로 이를 제공하는 방법을 찾는 것으로 트리즈 사고의 매우 중요한 부분이다. 이들 접근법의 근본은 가용 자원을 사용하여 핵심 기능을 제공하면서 비용을 감소시키는 것이다. 훌륭한 트리즈 사상가는 이와 같은 이상시스템 – 이것은 위대한 발명가에게는 예사로운 영역임 – 을 생각해 낸다. 트리즈의 매우 큰 부분이다.

가용 자원을 현답 제공하는 데 절묘하게 부합시키는 것은 트리즈의 근본이다.

게이트키퍼들은 그들이 선호하는 트리즈 도구들만 사용하게 하여 훌륭한 재능의 많은 부분을 벤치에 둔다.

이상시스템의 한 가지 사례는 1912년에 가렛 모간(Garrett Morgan)이 소방관을 위해 발명한 방열후드(Safety Fire Hood)이다. 이 후드는 연기로 가득한 실내에서 소방관에게 차가운 공기를 공급하는 도구로서 공기 주입용 관을 길게 하고 공기 주입구를 지면에 위치하도록 하였다. 화재로 인해 연기와 불꽃이 상승하면 지면의 공기가 차가워진다는 사실을 이용한 것으로 가용 자원을 절묘하게 사용하도록 설계하였다.

트리즈를 배우고 익히는 데 있어서 하나의 강점이면서 문제점인 것은 각자가 서로 다른 도구를 선호하고, 약간씩 다른 트리즈 도구 모음을 갖고 있다는 것이다. 트리즈 도구들은 각각이 다른 유형의 문제 해결에 적합하도록 설계되었기 때문에 모두 다른 것이지만 일부는 내용이 서로 겹치며, 서로 복사하고 있다.

대부분의 트리즈 사용자에게는 단지 약 80% 정도의 도구만 필요할 것이다. 자신에게 맞지 않는 도구들은 버리겠지만 각자는 여전히 하나의 완전한 도구 모음을 갖고 있다. 받아들이지 않는 20%의 도구는 개인에 따라 다르다. 트리즈를 배우는 사람들의 학습방법, 선호 경향, 경험이 무엇이든지 간에 트리즈는 모든 사람에게 각자의 완전한 도구 모음을 제공한다. 트리즈는 모든 상황과 접근법에 맞는 도구를 포함하는 광범위한 도구 모음을 갖고 있기 때문에 이것이 가능하다.

트리즈 도구 모음의 특징은 모든 문제 해결 유형에 적용할 수 있는 도구들을 갖고 있고, 사용자들에게는 그들에게 가장 잘 맞는 도구 모음을 새로 구성하도록 허용한다는 것이다. 그렇지만 트리즈 팀에서 여러 사람과 함께 작업할 때 효과적으로 과업을 수행하고, 지나치게 많은 도구들을 받아들이지 않기 위해서는 모든 도구들을 배워서 사용해야 한다. 소수의 트리즈 도구에만 친숙하여 오직 이들 도구만 사용하는 것은 위험하며, 이것은 축구경기를 단 세 명의 우수한 선수로만 하는 것과 같이 우수한 재능을 벤치에 남겨 두는 것과 동일하다. 일부 트리즈 게이트키퍼들은 그들 회사가 특정하여 선택한 도구들만 사용하도록 제한해야 한다고 고집한다.

트리즈 사고 도구의 많은 부분은 매우 간단한 두뇌 촉진 방법이고, 이상성과, 스마트소인모형, STC분석과 같이 수 분 내에 배울 수 있다. 분리원리와 모순표와 같은 일부 분석 도구들을 숙달하기 위해서는 더 긴 시간을 요구하지만 노력 투자에 대한 보상이 충분하다. 즉, 이 도구들은 모순문제를 해결하는 시스템을 만드는 알려진 모든 방법을 찾아내는 경로를 제공함으로써 보상을 해준다.

도구 모음 표

표 1.1은 트리즈 도구 모음 표이다. 표의 수평축은 트리즈 도구를 나타내고, 수직축은 트리즈가 제공하는 모든 기능을 나타낸다.

체크는 어느 칸에 하나?

나는 내가 십 년 동안 문제 해결 세션에서 작업했던 경험에 기초하여 표의 빈칸에 체크 표시를 할 수 있었다. 나의 트리즈 동료들은 각자가 약간씩 다른 도구 모음에 체크 표시를 할 것이다. 어떤 의미에서는 이들 도구가 여러 방식으로 사용될 수 있으므로 모든 칸에 체크 표시가 될 수도 있다. 어떤 도구를 언제 사용하는가에 대해서 표의 빈칸에 체크 표시를 하는 것은 개인에 따라 다양하게 변한다. 나는 나의 경험에 기초하여 나 자신의 표를 채웠다. 트리즈 도구가 어디서, 어떻게 최적의 해답을 제공하는지, 그리고 아래의 표를 완전하게 완성하는 방법에 대해서는 학술적인 연구가 필요하다.

		트리즈가 달성하는 이득	트리즈도구 이상 Outcomes, Benefits, System, Functions & Resources	자원	시간-규모 사고 (9스크린)	BAD해법 Locate and develope solutions (which have GOOD & BAD within them)	해법광장 Capture everyone's ideas for transformation with TRIZ to better ideas	트리즈프리즘 Concept solutions to concept problems	유추법 'Life and death' solutions from others
문제 이해와 해결하기	1	문제 해결 및 제거하기							
	2	기능을 바르게 하고, 올바른 기능을 모두 제공하기							
	3	(물리적 모순을 해결하는)반대 이득 제공하기							
	4	비용 감소시키기							
	5	시스템 단순화하기							
	6	시스템 개선하기							
	7	부정적인 면 없이 뭔가를 더 좋게 만들기							
	8	이득 더 많게 하기							
	9	투입 더 적게 하기							
	10	유해 더 적게 하기							
	11	핵심 요구사항 이해 및 도식화하기							
	12	문제 정의하고 찾기							
	13	문제 탐지하기							
	14	문제 상황의 이해 및 도식화하기							
	15	문제 해결을 위한 올바른 방향 선택하기							
	16	가용 자원 찾기와 인식하기							
발명, 미래 및 차세대 시스템 찾기	17	미래 제품 예측하기							
	18	시스템 발명하기							
	19	차 단계 및 차세대 기술시스템 전부 또는 일부							
	20	신기술을 충족되지 않은 니즈에 부합시키기							
팀 빌딩 (team building), 혁신 및 창의성	21	혁신 심사하기							
	22	자신과 다른 사람 작업의 관련성 및 맥락 이해하기							
	23	팀으로 일 잘하기							
	24	작업과 아이디어 조직화하기							
	25	지식/해법의 공유 및 서로의 해법 존중하기							
	26	문제에 대해 관련 있고, 양호하며, 혁신적인 해법에 접근하기							
	27	자신의 두뇌로 해법 생성하기							
	28	이전에 내가 몰랐던 해법 찾기							
	29	관련 있는 세상의 지식에 접근하기							
	30	해법의 분류와 도식화하기							

표 1.1 트리즈 도구 모음 표

40 발명원리	물리적 모순	분리원리	기술적 모순	모순표	8 기술진화경향	기능분석	유해 TRIZ list of all the ways the world knows to deal with anything harmful	불충분 TRIZ list of all the ways the world knows to deal with anything insufficient	물질-장 분석	76 표준해	효과집	STC모형 Time, Cost	스마트소인모형 Nano Crowd	뒤집기	해법 결합 (potato / lettuce)	아리즈 Algorithm of Inventive Problem Solving

1.4 트리즈의 창의 도구

트리즈는 당신의 두뇌를 일깨운다.

트리즈 창의촉발자는 다른 트리즈 도구들을 보완한다. 창의촉발자는 단독으로 사용되거나 적절할 때 언제든지 사용되도록 이용 가능한 상태에서 대기하고 있는 도구 모음의 한 부분이 된다.

트리즈 창의촉발자(필요하면 어떤 단계도 활용)

1. 이상적 성과를 정의하고 탐색하라. 이상적 성과가 문제를 스스로 해결한다.
2. X-인자 - 문제를 해결하는 뭔가를 상상하라.
3. 시간-규모 사고 - 9스크린(시간은 실행 전, 실행 중, 실행 후의 단계. 규모 – 확대와 축소 – 문제 상황을 이해하기 위해 세부적인 것과 전체적인 맥락을 보고 가능한 모든 해법을 찾아라.)
4. BAD해법광장(BAD solution park) - 모든 아이디어를 포획하라. 모든 사람의 BAD해법(정상이 아니거나 도달 불가능한 것일지라도)
5. 뒤집기 - 해법을 반대로/거꾸로 해 봐라. 뒤집어라. 반대로 해보라.
6. 트리즈프리즘 - 문제의 핵심을 이해하고, 다른 사람이 이 문제를 이미 해결한 적이 있는지에 대해서 찾아보라.
7. 스마트소인모형으로 문제와 해법의 모형을 만들어라.
8. 크기-시간-비용을 적용하라. 과장 사고 도구
9. 단순 언어 - 간단한 진리를 이해하기 어렵게 만드는 기술용어나 두문자어 없애기
10. 생사를 건 유추를 찾아라. 누군가가 절체절명의 위기에 처한 결과로서 매우 양호한 해법을 얻은 적이 있었는가?
11. 해법 아이디어에서 뒤에 숨어 있는 콘셉트를 추출하고, 개별 콘셉트에 대해 더 많은 아이디어를 더하여 해법을 증식시켜라.
12. 왜냐고 물어라. 특징이나 기능 대신에 이득을 파악
13. 여러 해법의 장점을 모두 결합하라(예, 뿌리를 먹는 식물과 잎을 먹는 식물을 교배하여 뿌리와 잎을 모두 먹을 수 있는 식물 창조. 무배추).

트리즈 창의촉발자는 간단하고 두뇌를 자극하는 강력한 힘을 갖고 있다.

- 빠르고 명석한 사고를 하게 한다. 모든 도구는 두뇌를 자극하는데 탁월하다.
- 요망사항을 이해하고 분명히 밝히게 한다.
- 요구사항을 드러나게 한다. 모든 사람의 니즈(needs)가 명백하게 된다.
- 시스템과 시스템의 문제점을 이해하게 한다.
- 다수의 해법을 찾도록 두뇌를 자극하게 한다.
- 심리적 타성을 극복하게 한다.
- 사고의 명확성을 가져오게 한다.
- 가지각색의 해법들을 찾게 한다.
- 다른 사람의 관점에서 보게 한다.

창의성 자극 - 스마트소인모형과 크기-시간-비용분석

스마트소인모형과 크기-시간-비용분석을 적용하여 문제 모형을 만들고 해법을 찾는 방법을 다룬다. 나머지 창의도구들은 다음 장에서 다루기로 한다.

스마트소인모형

강력하고 간단한 트리즈 창의도구인 스마트소인(SLP, smart little people)모형은 수 분 내에 숙달하여 평생 유용하게 사용할 수 있다. SLP는 상상에만 존재하는 아주 작은 존재로서 해결하려는 문제가 갖고 있는 여러 가지 요소들을 표현하는 데 사용된다. SLP모형은 문제에 감정이입을 하거나 문제와 유사하게 만든 사람에 기초를 두고 있으므로 일종의 정신적 속임수를 쓰는 것과 같다. 감정이입은 자신이 개체/문제가 되어 개체/문제의 위치와 관점에서 무엇이 행해지는지를 보고 생각하는 것을 의미한다.

자기 자신이 매우 작은 존재가 되어 문제 영역에 위치하여 문제를 매우 상세하게 본다고 상상하는 경우에 이 도구는 유용한 것이 될 수도 있고, 유해한 것이 될 수도 있다. 이 도구는 문제를 이해하는 데는 유용하다. 그러나 어떤 해법이 아주 작은 존재인 자신이 부서지고, 산에 의해 용해되고, 으깨어지고, 분해되고, 끊어지게 되는 등의 경우에는 이 해법을 채택하지 않고 저항할 가능성이 있으므로 이 도구는 문제 해결에 유해한 것이 된다. 이러한 문제는 '한 명의 죽음은 비극이지만 천명의 죽음은 통계다(A single death is a tragedy, a thousand a statistic)'라는 명언과 같이 다수에 대해서는 책임감을 덜 느끼게 되므로 많은 수의 일회용 SLP를 사용하여 극복한다.

SLP모형에서는 문제의 서로 다른 여러 측면(원인과 해법)을 대립 또는 보완 관계에 있는 서로 다른 여러 SLP집단을 모형으로 만들어 작업한다. SLP는 문제를 만들고 해결할 수 있는 능력과 통찰력을 갖고 있고, 어느 곳에나 있을 수 있고, 어떤 것도 수행할 수 있으므로 이들은 스마트하다. 소인은 필요한 만큼 아주 작게 된다 - 필요로 하면 분자 수준까지 - 는 것을 의미한다. 서로 대립하는 SLP집단을 만들 수 있고, 일부 SLP는 문제를 일으키고, 나머지 SLP는 문제를 해결할 수 있다. SLP는 자신이 파괴될지라도 요구되는 것은 무엇이든지 한다. 그림 1.1에서는 복합재료를 묘사하는데 SLP를 사용하고 있다.

SLP로 문제 모형 만들기

문제와 문제의 원인 및 조건을 SLP로 모형을 만들고, 문제 영역(problem zone)을 그림으로 작도하여 문제를 해결한다. SLP를 공학 문제 해결에 사용하는 경우에는 이와 같이 극히 단순한 도구가 중대한 기술적 문제 해결에 도움이 되겠는가? 와 같은 냉소적인 의심을 받을 수도 있다. 나는 매우 심술궂고, 나이가 꽤 들었으며, 경험

그림 1.1 SLP를 사용한 복합재료 묘사

이 많은 엔지니어들과 팀을 이루어 여객기의 엔진오일이 누출되어 객실 공기를 오염시키는 매우 심각한 문제 해결을 위한 과제에 참여했던 기억이 있다. 비행기 객실 공기를 오염시킨 오일은 메스꺼움과 현기증을 일으켜 승객의 안전을 위협하고 많은 소송을 일으키고 있었다.

이 과제는 3주 동안 수행되었다(두 개의 완전히 다른 문제에 동시에 참여하고 있었음). 과제 수행의 중반 즈음에 누출되는 오일 분자를 SLP로 모형을 만들어 오일 분자가 엔진에서 객실로 나아가는 모습을 추적하고 이를 그림으로 도시할 것을 제안했다. 이 제안은 마지못해서 이 업무를 맡고 있고, 공학적인 철저함과 정확성을 중요시하는 전형적인 엔지니어에게는 매우 우스꽝스러운 것으로 받아들여졌다. 그러나 이 방법은 매우 효과적이고 생산적이었다. 문제를 처리하기에 좋은 위치를 최소 7개 찾고, 각 장소의 정확한 도해를 만들었다. 이렇게 만든 모형으로부터 오일 분자가 매우 빠르게 객실로 나간다는 것에 대한 명확한 이해를 하게 되었다. 안전을 위해 다수의 장소에서 문제를 해결했다. 그러나 문제의 원인 중의 하나는 객실 공기를 유독하게 하는 합성 오일(synthetic oil)의 사용이었다. 합성오일을 사용하지 않는 해법을 제안하였다(나는 다른 기업과 함께 오일 탄화를 감소시키는 과제를 수행하고 있었다. 다시 한 번 SLP모형으로 문제를 명확히 이해하게 되었다. 이 과제에서는 항공엔진에 합성 오일만 사용하는 것을 해법으로 제안하였다.). SLP모형은 문제가 단순하든 복잡하든지 간에 문제의 원인을 보이게 한다.

알츠슐러의 SLP모형 활용 사례

알츠슐러가 제안한 유명한 사례인 '해저에서 지지케이블로 잡아매어 둔 기뢰가 소해정에 의해 감지 또는 제거되지 않게 하는 완벽한 해양케이블 설계 방법'은 많은 트리즈 논문에서 인용하고 있다.

그림 1.2에 보인 바와 같이 소해정이 고리 케이블을 일정한 형태로 유지하며 끌고 나가면 해저의 지지케이블에 매달려 있는 기뢰가 걸려들게 된다. 이렇게 하면 기뢰는 폭발하거나 수면 위로 떠오르게 된다. 알츠슐러가 도전한 문제는 해저에서 기뢰를 잡아매어 두되 소해정의 고리 케이블은 지나가게 하는 기뢰 지지케이블을 설계하는 것이다. 알츠슐러는 SLP들이 충돌지역에 거주하는 것처럼 그림을 그리고, 한 명의 SLP가 어깨 위에 서 있는 다른 SLP의 발을 잡고 있는 모습을 상상하여 해답을 찾았다(그림 1.3).

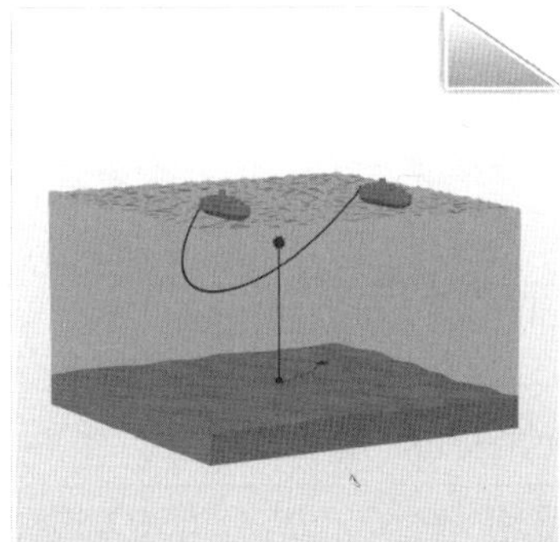

그림 1.2 소해정

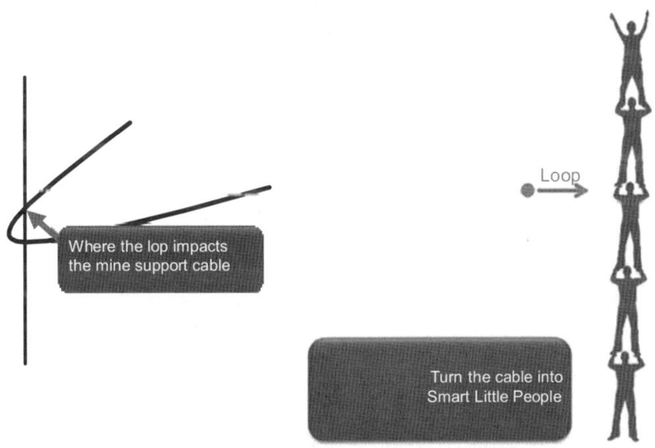

그림 1.3 알츠슐러의 난제(로프가 기뢰 지지케이블에 충격을 가하는 부분, 케이블을 SLP로 바꿈)

알츠슐러가 개발한 장치. 회전문과 같은 형태로 작동되는 이 장치는 오늘날에도 널리 사용되고 있다(그림 1.4). 이 장치는 SLP의 원리에 기반을 둔 것으로 케이블이 지나가는 위치에 있는 SLP는 한쪽 손이 발을 붙잡고 있는 상태에서 나머지 손을 놓아 케이블이 지나가게 한 다음 다시 발을 붙잡고, 잡고 있던 나머지 한쪽 손을 풀어 케이블이 완전히 지나가게 하면 수직 연결을 항상 유지된다.

그림 1.4 알츠슐러의 해답

크기-시간-비용분석

크기-시간-비용(STC, size-time-cost)분석은 새로운 해법에 관심을 불러일으키고 심리적 타성을 극복하게 하는 매우 강력한 도구이다. STC분석은 지금의 해법과 문제를 보는 좁은 시야에서 벗어나 극단적이고 다른 방식으로 재구성하게 한다.

STC분석은 문제를 이해하고, 가능한 모든 선택 사항을 과장한 다음 크기(매우 크거나 매우 작게 만들기), 시간(매우 빠르거나 매우 느리게 하기), 비용(비용을 많이 지출하거나 지출을 전혀 하지 않기)을 과장하는 경우에 얻게 되는 자극을 생각한다. 이들이 해법을 찾게 하는 6개의 극단적 장소이다. STC분석은 효과적이며 즉각적으로 상상력을 펼쳐 새로운 해법을 상상하게 한다.

6단계 분석:

크기	무한대로 증가시켜라	0수준으로 감소시켜라
시간	무한의 시간이 걸리게 하라	엄청 빠르게 이동하라
비용	예산 제한이 없다	비용을 전혀 쓰지 말라

STC분석은 어떤 문제에도 적용할 수 있다. 자체 추진 이동(자전거, 스쿠터, 롤러블레이드, 스케이트보드, 휠체어 대신)을 위한 새 시스템을 설계한다고 상상하라. 이 문제에 대해 STC분석을 하고, 문제를 해결하는 혁신적인 아이디어와 시스템을 그림으로 나타내어라.

도전 과제

STC분석을 적용한 다음 6개의 해법 유형을 시도하여 자체 추진 이동 문제를 해결하고, 장치를 만드는 것을 상상하라.

매우 크게	매우 작게
매우 빠르게	매우 느리게
매우 비싸게	매우 저렴하게

6개의 극단 해법 유형에 대해서 '엉뚱하고, 이상한 아이디어'를 포함하여 일어날 수 있는 가능한 모든 아이디어를 기록한 다음 이들 극단적 아이디어가 탐구할 가치가 있는 실천적이고 실제적인 해법이 제시하는지 살펴보라. STC분석은 트리즈 창의촉발자 중의 하나이다. 해법에 대해 생각할 때, 다른 모든 해법촉발자들을 시도할 필요가 있다.

1.5 모두를 위한 트리즈 - 당신의 창의성이 무엇이든지

SLP모형과 STC분석과 같은 간단한 도구들은 배워서 활용하기 쉽고, 문제에 대해 흥미를 불러일으키며, 해법을 상상하고 시각화하게 한다. 두 도구는 모두 강력하고 유용하며, 13여 개의 트리즈 창의촉발자 중에서 단지 2개일 뿐이다. 이들은 창의성을 촉진하고, 신속하고 명확하게 사고하도록 지원한다.

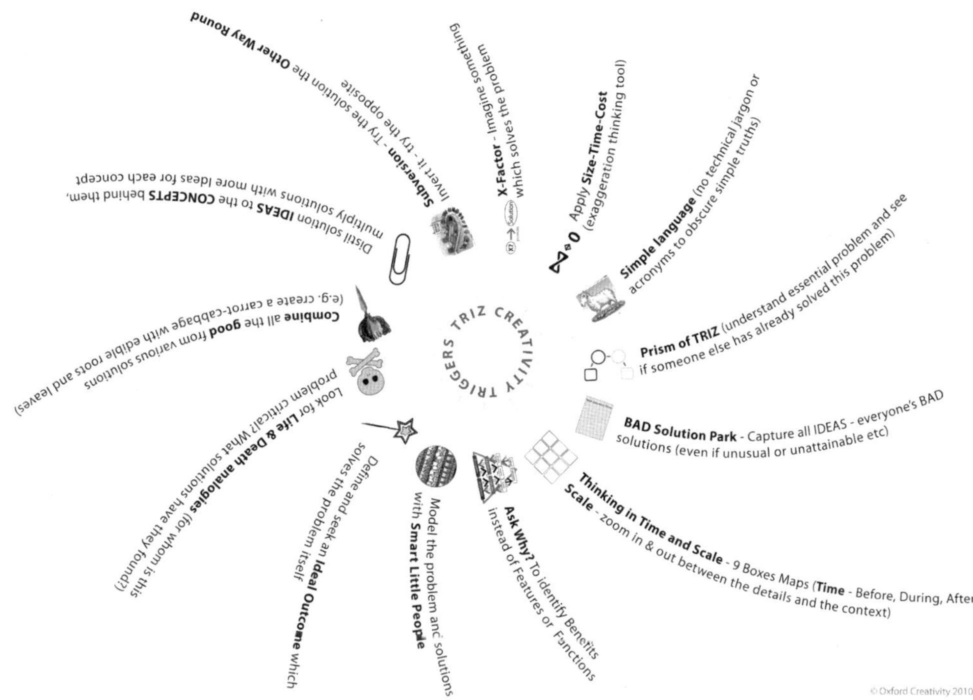

트리즈 창의촉발자는 우선순위를 암시하는 목록보다는 동그라미나 마인드맵으로 나타내야 한다.

알츠슐러는 엔지니어들과 함께 작업하고, 트리즈 교육훈련을 시키는 동안에 실제 문제 해결 활동에서 일어났던 것들에 대한 반응으로 이 도구들을 개발했다. 기발한 아이디어를 자극하는, 간단하지만 실용적인 방법들을 담았다.

알츠슐러는 '트리즈는 매우 창의성이 뛰어난 사람들을 3배 정도 더 창의적이게 만들지만 창의적이지 않은 사람들도 10배 정도 더 창의적인 사람으로 만든다.'고 말한 적이 있다. 알츠슐러는 개인이 가진 창의적 역량의 다양성에 따른 차이를 연구하여 매우 다양한 유형의 문제 해결자들이 모두 활용할 수 있는 보편적인 도구 모음 및 적용 절차인 트리즈를 개발했다.

트리즈를 활용하는 숙련되고 의욕이 있는 엔지니어는 궁극적으로 약 50~80%의 트리즈 도구를 문제 해결에 도움이 되는 도구로 사용할 것이다. 트리즈 사용자들은 자신에게 개인화된 트리즈 도구 모음을 구성하여 사용하며, 사용자에 따라 다양한 도구 모음을 갖고 있다. 트리즈는 개인화된 도구 모음을 구성하도록 설계되어 있다. 트리즈는 사용자들의 사고하는 유형의 다양성을 모두 포함하도록 개발되었으며, 모든 사람들이 신속하고 효과적으로 문제 상태에서 최적 해법을 얻은 상태로 이동하는 데 도움이 되는 도구들로 구성되어 있다.

본능적으로 트리즈 사고를 하는 일부의 창의성이 특출한 사람들에게는 이렇게 많은 수의 도구들이 필요하지 않다. 알츠슐러는 이러한 특출한 능력을 갖추지 못한 사람들을 위해서 총명한 사고를 신속하게 하는 데 사용되는 본능적인 절차를 발견했다. 그는 누구든지 문제 이해와 문제 해결 프로세스의 모든 단계에서 총명한 사고를 하게 할 수 있도록 천천히, 의식적으로, 체계적으로 단계를 밟아 나아가면 창의적 사고를 하게 되는 트리즈 도구를 만들었다.

우리의 공학단체는 자원을 적게 사용하고 독창적인 방법으로 신속하고 효과적으로 문제를 해결하는 방법을 배울 수 있도록 하여 이익을 얻고 있다. 트리즈는 도구들이 많고 이들이 상당이 겹치므로 처음에는 복잡한 것처럼 보이지만 개별 도구는 이해하기 쉽고, 일부 도구들은 수 시간의 학습과 연습 후에 즉시 활용할 수 있다. 트리즈의 기초는 팀의 모든 사람들에게 자신감을 갖게 하고 용기를 북돋우어 좋은 아이디어와 해법을 가능하면 많이 찾아내도록 하는 것이며, 찾은 해법들의 장점을 적절히 결합하는 방식을 사용하여 결국에는 어떤 문제든지 현답을 찾는다.

트리즈가 도움을 줄 수 있는 것

1. 문제 해결
2. 명확하고 총명한 사고, 나무를 보지 않고 숲을 보는 사고(복잡한 문제 상황에서)
3. 창의적 사고(신규 시스템 발명, 차세대 시스템 찾아내기, 많은 수의 새로운 아이디어 찾기 등)
4. 혁신적 사고(기존의 시스템, 기술 등의 새로운 사용 방안 찾기)
5. 팀워크 작업(정제된 세상의 지식으로 구성된 트리즈 도구에 의해 강화된 팀 구성원의 지력(智力, brain power)과 경험을 모아 팀으로 함께 작업)
6. 기존 시스템의 개선 및 시스템의 이상성 증가(비용 감소, 손해 제거 또는 이득 증가)
7. 자원 사용(자주 저렴한 해법을 신속하게 찾음)
8. 신속한 해법 획득
9. 어려운 문제의 체계적 브레인스토밍(트리즈에 익숙하지 않은 사람들과 함께하는 브레인스토밍)
10. 사고 시간의 체계화 및 효과적 사용(올바른 방향과 올바른 장소에 도달하리라는 것을 알고 있음)
11. 유해가 유익으로 전환

트리즈가 해줄 수 없는 것

- 모든 문제를 해결할 수는 없다. 대부분의 문제는 해결할 수 있지만…….
- 지력(智力)을 대신할 수는 없다. 창의적인 도약은 여전히 요구된다. 그러나 트리즈 없이 뛰어올라야 하는 것보다 훨씬 적게 뛰어올라도 된다.
- 언제 어떤 트리즈 도구를 사용하는지를 말해 줄 수는 없다. 트리즈 도구와 적용 절차를 배우고, 이 둘을 현명하게 사용해야 한다.
- 해법들을 찍어낼 수는 없다. 트리즈는 단지 해법을 찾는 계기나 실마리를 줄 뿐이다. 열심히 작업하고 골똘히 생각해야 한다. 올바른 방향과 올바른 장소로 가고 있다는 것을 우리는 알고 있다.

트리즈 사용의 합리성

트리즈는 체계적이고, 검증할 수 있으며, 반복할 수 있다.

문제 해결 활동을 하는 과정에서 트리즈를 사용하지 않고도 매우 우수한 해법들을 일부 발견할 수도 있다. 트리즈를 사용하면 우수한 것이든 저급한 것이든지 간에 어떻게 해서든 찾게 되어 있는 모든 해법보다 훨씬 더 많은 해법을 찾게 되고, 어떤 해법들도 놓치지 않는다는 것을 확신하게 된다. 문제 해결 활동은 항상 몇 개의 실행 가능한 우수한 해법들을 찾은 후에 종료하게 된다.

트리즈는 입증된 성공적 특허에 기반을 두고 있다.

생소한 분야에서 문제 해결을 하는 경우, 기존의 알려진 기술과 기법을 사용하는 것이 자신이 독자적으로 개발하여 사용하는 것보다 위험도가 낮다.

트리즈는 세상의 지식을 사용한다.

브레인스토밍과 다른 기법들은 방안에 잠겨 있는 지식의 일부를 무작위로 얻는 데 도움이 된다. 트리즈는 자신이 갖고 있는 지식을 체계적으로 드러내게 하고, 문제와 관련이 있는 세상의 지식에 현명하고 체계적으로 접근하게 지원한다.

자기 자신의 개인화된 도구 모음을 만들 수 있다.

트리즈의 주요 도구들을 여기서 제시하고 있지만 이 도구들을 모두 사용해야 하는 것은 아니다. 대부분의 사람들은 선호하는 도구들을 찾고, 자기에게 가장 잘 맞는 도구에 집착하게 된다. 융통성이 없는 도구에 맞추어 자신의 사고 방식과 작업방법을 변경할 필요는 없다.

트리즈는 빠르다.

다른 새로운 도구들을 배우는 경우와 마찬가지로 연습해야 하며, 처음에는 늦을 수 있다. 그렇지만 일단 트리즈 도구에 친숙해지면, 문제 해결의 시작 단계에서 자동으로 트리즈 도구를 사용하게 될 것이고, 이에 따라 더 신속하고, 더 효과적으로 문제 해결을 하게 될 것이다.

트리즈는 집단에서 사용될 수 있다.

이런 집단에 트리즈 훈련을 받은 구성원이 한두 명만 있어도 브레인스토밍 활동은 믿을 수 없을 정도로 효과적, 체계적으로 될 수 있다. 이들은 트리즈 사고를 통해 소수의 핵심 영역에 집단의 주의를 집중하게 하고, 우수한 해법에 도달하도록 집단을 이끌어 갈 것이다.

트리즈는 엔지니어만을 위한 것이 아니다.

트리즈의 원리는 혁신적, 창의적인 것을 필요로 하는 어떠한 문제나 상황에서도 적용 가능하다. 특히, 경영 문제를 해결해야 하는 상황에서 성공적으로 사용되고 있다.

트리즈 소프트웨어는 거의 필요 없다. 당신의 지력과 트리즈 절차만 필요하다.

트리즈 소프트웨어를 사용하기 전에 트리즈를 제대로 학습하라. 소프트웨어 기업과는 무관하게 배워라. 소프트웨어는 트리즈 사고를 방해하고, 집단이 문제를 해결하는 데 방해가 될 수 있다. 트리즈를 배운 사람 중에 트리즈의 사고 스킬보다는 소프트웨어 사용을 열렬히 지지하는 사람은 채 다섯 명도 알지 못한다. 노트북컴퓨터에 소프트웨어를 설치해 두고, 문제를 해결할 때에는 거의 사용하지 않는 사람들을 더 많이 알고 있다. 다수의 소프트웨어가 시중에서 판매되고 있다. 이들 소프트웨어는 대부분 소프트웨어의 시각에 맞추고 있어서 트리즈를 왜곡하고 있다. 소프트웨어는 그렇게 만들 수밖에 없다. 소프트웨어는 문제 해결에 도움이 되기보다는 창의적 사고를 방해한다. 트리즈로 문제 해결을 시작하는 것이 가장 어렵다. 소프트웨어 사용법을 배우고, 이를 실행한 다음에 각종의 데이터를 입력하면서 뭔가 유용한 것을 하고 있다는 환상을 갖게 될 수도 있다. 확실하지 않거나 신속하기 위해 뭔가 붙잡아야 할 것이 필요하면 무료로 제공되는 우수한 트리즈 문제 해결 프로세스와 꾸러미를 사용하라.

트리즈 절차는 이 책에 설명되어 있다.

트리즈 문제 해결 절차는 모두 이 책에 제시된다. 이들은 모두 사용하기 쉽다. 또한 요망 사항(모든 요구 사항)의 철저한 이해, 트리즈 시스템 분석, 문제 정의(요망 사항과 시스템이 제공하는 것 사이의 갭, 즉 문제), 최종적으로 트리즈 도구들을 사용한 문제 해결까지의 절차를 제공하는 이상성 알고리즘이 있다. 소프트웨어는 이 알고리즘을 향상한 것이라고 주장할 수 있으나 실제로는 지엽적인 것들을 덧붙여서 트리즈의 단순성을 흐리게 한다.

트리즈 지식혁명

2.1 문제 해결 - 규정된 문제의 해결

문제를 해결하는 것은 복잡하고 상황에 따라 달라진다. 문제 해결은 시스템의 생성과 사용의 모든 단계 - 발명, 설계, 제조, 사용, 유지보수, 폐기 - 에서 필요하므로 이를 매우 단순하게 분류하는 것조차도 거의 불가능하다. 문제는 (해결하기 쉬운) 간단한 것에서 (혁신적인 해법을 요구하는) 매우 어려운 것에 이르는 넓은 범위에 걸쳐 있다. 더군다나 문제의 올바른 해법을 얻기 위해서는 문제마다 서로 다른 경험과 지식이 있어야 한다.

트리즈는 문제 해결 과정을 체계화하고 검증할 수 있게 하여 다양한 유형의 문제에 대해서 서로 다른 접근법을 선택하고, 적절한 트리즈 도구를 사용하여 해결할 수 있게 한다. 트리즈는 혁신이 필요한 문제 상태에서 혁신적인 해법을 찾은 상태로 이동하는 적절한 경로를 찾게 하고, 문제의 유형과 난이도(다섯 수준)에 따른 분류를 제시하고 있다.

제한된 시간 내에 중대한 문제를 이해하고 해결

트리즈를 사용하지 않는 경우에 문제 해결 단계에 소요되는 시간의 측정과 평가가 어렵기 때문에 많은 선진 엔지니어링 회사에서는 문제 해결 단계에 최소의 시간이 실제로 할당된다. 롤스롤이스(Rolls-Royce)의 데이브 노트(Dave Knott)는 2001년 바스 에트리아 트리즈 컨퍼런스(Bath Etria TRIZ conference)에서 이에 관한 논문을 발표하였다. 그는 설계자의 속성과 설계기술부의 책임자로서의 연구에 기반을 두고 설계 사이클에 포함되는 요소들의 상대적 중요성에 대해서 발표했다. 롤스로이스의 설계 프로세스를 자세히 조사한 결과, 관심이 있는 설계의 여러 단계들 중에서 정규의 프로세스를 갖지 않는 단계는 검사와 측정이 어려웠고, 자원과 시간의 할당을 갈망하고 있으며, 중요성이 간과되고 있다고 주장했다. 설계 프로세스에 대한 분석에서 관련이 있는 각 단계와 관련된 중요도를 그림으로 나타내었다.

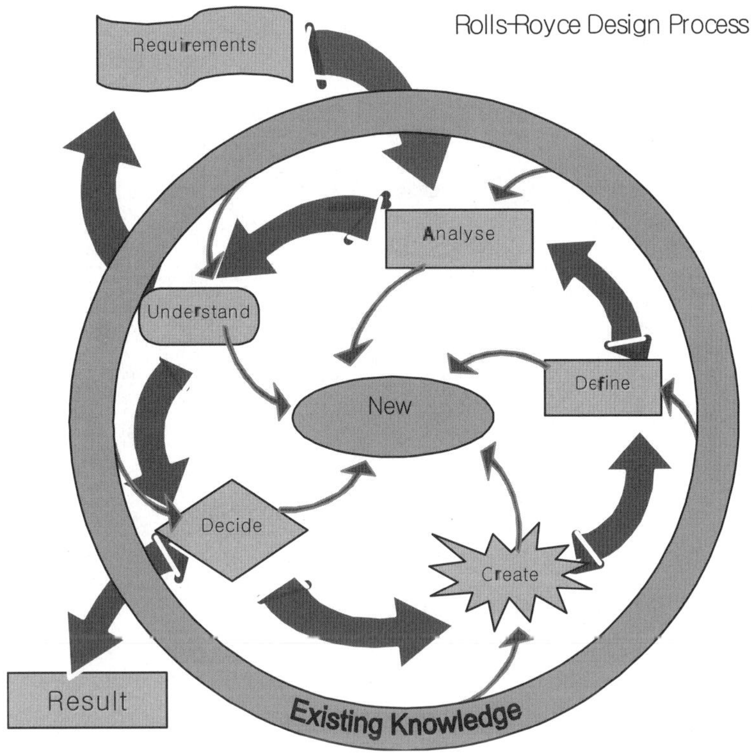

회사 내부의 연구에서는 창조와 이해 단계가 가장 중요한 두 개의 속성임을 보이고 있으나 실제 이 두 단계는 의무적인 것이 아니므로 가장 쉽게 무시된다고 주장했다. 롤스로이스에서는 사용하는 도구 모음에 트리즈를 추가함으로써 이 두 단계가 안고 있던 문제를 극복하게 되었다. 아래의 다이어그램은 창조단계와 이해단계가 포함된 설계 프로세스의 구성과 추적할 수 있는 기록을 나타내고 있다.

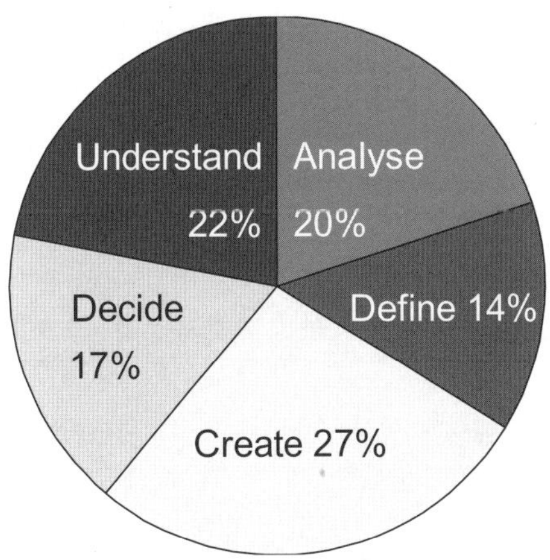

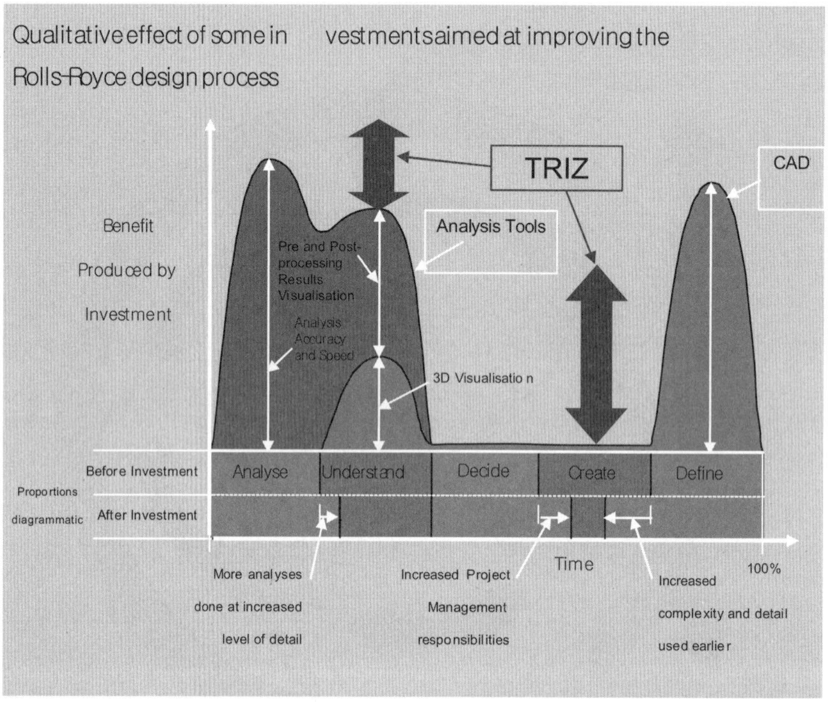

데이브 노트가 롤스로이스 문제에 트리즈를 성공적으로 적용한 일부 사례는 이 장의 끝 부분에 주어진 사례 연구 '롤스로이스의 트리즈 활용(TRIZ Application in Rolls-Royce)'와 기고문인 '롤스로이스에 대한 포스트 트리즈 논설(Post TRIZ article on Rolls-Royce)'에 주어져 있다.

불규칙에서 체계적 문제 해결로

문제를 해결하고 새로운 콘셉트를 찾는데 창의성과 혁신이 필요한 경우, 특히 어려운 일 중의 하나는 문제 해결 절차의 중요성을 설득하는 것이다. 가끔 좋은 어떤 결과가 달성되는 한 갑자기 떠오른 아이디어로 문제의 해법을 찾은 경이로운 유레카 순간을 체계화하고 문제 해결 절차를 사용할 수 있다는 발상에 대해서 저항이 있을 것이다. 어떤 사람은 결과만 얻을 수 있으면 충분하다 – 방법은 무엇이든 문제가 되지 않는다 – 고 주장한다. 그렇지만 엔지니어들은 보통 문제 해결에서 트리즈와 같은 절차를 좋아한다.

브레인스토밍은 간단하고 명백하지만 그렇게 널리 사용되지는 않는다. 쉽게 생각할 수 있는 해법이 있는 간단한 문제에 대해서는 브레인스토밍이 도움될 것이다. 그러나 해법이 머리에 쉽게 떠오르는 것과 같이 간단하게 문제 해결을 하는 것이 거의 불가능하고, 체계적인 문제 해결 논리를 사용하여 조직적으로 달라붙어야 하는 문제들이 많다.

쉬운 문제든 어려운 문제든지 간에 해법은 좋을 수도 있고 그렇지 않을 수도 있고, 뻔한 경우도 있고 그렇지 않은 경우도 있으며, 찾기 쉬울 수도 있고 광범위한 연구를 해야 할 수도 있다. 그러나 트리즈는 체계적인 문제 해결 절차를 갖고 있기 때문에 발명, 설계 등의 중요한 단계에서 중요한 해법을 광범위하게 찾기 위한 주요 경로로 임의적 발상, 추측, 브레인스토밍, 갑자기 떠오른 묘안 등으로 한정할 필요가 없다.

성공에 도달하는, 반복해서 사용할 수 있는 절차를 배울 수 있다. 그렇지 않으면 노 젓는 해적이 될 뿐이다.

2.2 문제는 다양하다 – 어떤 것은 쉽고, 어떤 것은 어렵다

알츠슐러는 넓은 범위에 걸친 해법에 열려 있는 상태에서 문제를 해결해야 한다는 것을 보여 주었다. 또한 접근법의 깊이도 동등하게 중요하다는 것을 보여 주었다. – 어떤 문제는 매우 쉬워서 평균적인 엔지니어 집단의 관련된 지식을 사용하여 브레인스토밍으로 해결할 수 있다. 그렇지만 어떤 문제는 훨씬 더 어려우며, 이런 문제의 처리를 위해서는 기술적 문제 해결 절차와 기법을 적용해야 한다.

주판에서부터 트리즈에 이르기까지 문제 해결을 위한 도구들

트리즈는 문제 해결 절차를 체계화하고 해법으로 가는 지름길을 제공하여 이들 어려운 문제를 해결하는 사람에게 도움을 준다. 트리즈는 지력과 어려운 작업을 지시에 따라 효과적인 방법으로 현명하게 사용한다. 트리즈에서는 많은 시행착오를 요구하고, 막다른 골목에 부딪히기도 하는 해법의 임의 탐색(random searching)을 대

부분 제거하여 문제 해결 절차를 체계화했다. 트리즈는 트리즈 콘셉트 해법(TRIZ Concept Solution)을 사용하여 문제와 관련이 있는 이전의 훌륭한 해법들이 있었던 장소로 이동하게 한다. 문제가 아무리 어렵고 복잡하든지 간에 트리즈는 문제를 어떻게 해결하는지를 보여준다. 트리즈는 엔지니어와 과학자들이 이전에 소요했던 문제 해결 시간을 훨씬 더 효과적으로 사용하게 하여 기술의 발전을 앞당기게 한다.

트리즈의 5수준 발명 난이도

알츠슐러는 공학 문제와 해법들을 연구하여 발명의 난이도를 5개 수준으로 분류하였다. 알츠슐러는 공개된 특허를 조사하고 분류하여 약 77%의 문제가 매우 단순하고, 명백하며, 예상 가능한 해답을 제공하고, 해당 기업과 산업의 지식만으로 해결되는 난이도 1수준 및 2수준 문제임을 밝혔다. 이들 특허는 거의 자명하며, 매우 단순하고 어떤 엔지니어도 접근 가능한 요구 지식의 도움만 있으면 만들 수 있다. 난이도 수준 3, 4, 5에 있는 다른 특허들은 명백하고 쉽게 발견될 수 있는 해법이 원래 없으므로 발명적 창의성이 많이 동원되어야 하고, 매우 광범위한 지식에 접근할 수 있어야 한다.

트리즈 도구들은 자명한 것에서 거의 불가능한 것에 이르는 모든 유형의 문제 해결에 도움을 주며, 트리즈는 다섯 개의 모든 난이도 수준의 문제 해결에 도움을 줄 것이다. 브레인스토밍과 같은 기법들은 난이도 수준 1, 2의 다소 간단한 문제의 해결에 도움이 될 뿐이다.

많은 기업에서 난이도 수준이 다양한 여러 문제들을 한 덩어리로 묶어 놓고 해결하려고 하므로 난이도 5수준을 이해하는 것은 매우 중요하다. 브레인스토밍으로 간단한 문제를 해결했다고 해서 모든 문제를 브레인스토밍으로 해결할 것으로 주장한다. 알츠슐러는 어려운 문제 해결에 필요한 개선된 기법으로 트리즈를 만들었다. 실제로 수많은 사례에서 트리즈는 어렵고 '불가능한' 것처럼 보이는 문제를 해결하는 데 도움이 된다는 것을 보이고 있다.

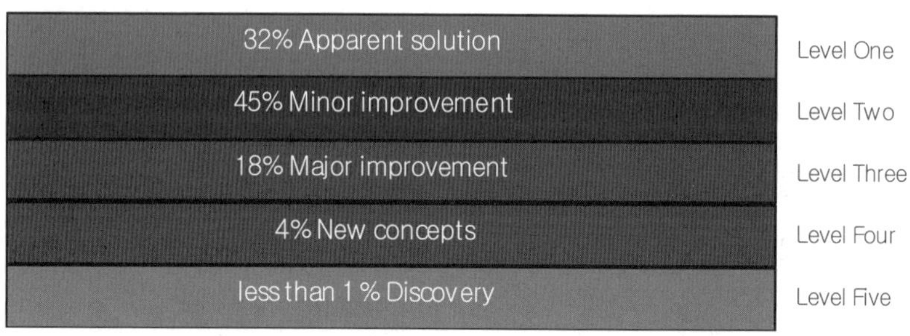

더 높은 난이도 수준의 발명을 위해서는 더 깊고 더 넓게 보고 더 많은 해법을 찾아야 한다. 해법들을 더 깊게 본다는 것은 관련 기능을 파악한 다음 더 높은 독창성을 사용하고, 더 많은 옵션을 검토하며, 자명한 해법을 뛰어넘어 이들 기능을 제공하는 방법을 보는 것을 의미한다. 해법들을 더 넓게 보는 것은 자신의 지식, 동료 및 기업의 지식을 뛰어넘는 것을 의미한다.

난이도 수준1은 쉽게 이용 가능한 지식을 사용하여 간단한 문제를 자명한 방법으로 해결한다. 난이도 수준2의 문제는 기업 밖의 지식이나 해법들을 요구한다. 그렇지만 해당 산업계 내에서 쉽게 이용 가능한 지식을 사용한다. 항공회사는 항공 지식을 사용하고, 자동차회사에서는 관련 해법을 찾기 위해 다른 자동차 엔지니어를 생각한다.

난이도 수준3의 해법들은 산업계 밖에서 해법의 탐색을 요구한다. 그러나 여전히 특정 지식 분야의 범위 내에서 해법을 탐색한다. 기계 엔지니어들은 알려진 기계공학적 해법을 사용하려고 할 것이다. 한 가지 사례는 사이클론 분리(cyclone separation)를 사용하는 제임스 다이슨(James Dyson)의 먼지 봉투 없는 진공청소기의 발명이다. 사이클론 분리는 진공청소기에서는 새로운 기술이지만 제재소와 같은 다른 산업에서는 잘 확립된 기술이다. 제재소에서는 19세기 이후에 이미 사용되고 있었다. 난이도 수준3의 발명은 다른 산업에서 입증되고 검증된 해법들을 찾아 유추적 사고를 통해 현명하게 사용하는 것으로 위험도가 낮은 혁신을 제공한다.

난이도 수준4에서는 매우 광범위한 지식에서 찾은 해법들을 합치는 방식으로 새로운 기술시스템이 창조된다(기계적인 문제를 화학적 방법으로 해결). 난이도 수준4의 성공적 발명은 새로운 해법과 새로운 소재를 만들기 위해 획기적인 기술들을 새롭게 결합하는 데서 나온다. 난이도 수준4의 해법들은 새로운 기술과 이들 기술의 새로운 사용 방법을 하나의 지식 분야에서 보지 않고 훨씬 넓은 분야에서 살펴본 결과이다.

난이도 수준4의 성공 사례 중의 하나는 새로운 에너지 원천에 대한 중요한 기술인 충전 가능 리튬배터리의 획기적인 개발이다. 스마트하고 효율적인 에너지 저장장치를 찾는 것은 에너지의 더 효과적 수확과 사용의 핵심 기술이다. 충전 가능 리튬배터리의 개발을 위한 연구의 목표는 에너지와 전력의 밀도를 유의하게 증가시키는 방법을 찾는 것이다. 이와 같은 배터리는 재생에너지 원천에서 전기를 저장하여 노트북컴퓨터, 휴대폰, 전기자동차, 전기자전거 등의 이동 가능한 장치에 전력을 공급하는 데 사용된다. 이 배터리의 요구사항 중의 하나는 충전과 방전 비율을 획기적으로 개선하는 것이다. 특히, 신속한 충전이 중요한 이득이 되는 전기자동차와 같은 분야에서 찾고 있는 기술이다.

소재의 성질을 결합하는 방법으로 새로운 나노소재를 합성하여 리튬배터리용 소재를 개발하는 신소재 분야에서 전 세계적인 연구가 수행되고 있다. 고체화학(solid state chemistry)과 전기화학(electrochemistry) 지식을 결합하여 새로운 유용한 소재가 창조되었다. 한국의 조재필(Cho Jae-Phil) 교수팀은 리튬배터리의 그래파이트(graphite)를 어떤 종류의 실리콘 소재로 대체하는 방법으로 8배의 전력을 저장할 수 있도록 했다.

스코틀랜드의 세인트앤드루스대학(St Andrews University) 화학과의 피터 브루스(Peter Bruce) 교수팀은 쉽게 이용 가능하고 무한이며 재사용 가능한 자원인 산소를 사용한 충전 가능 리튬배터리를 개발했다. 이 배터리는 $LiCoO_2$ 전극을 다공성 탄소 전극(porous carbon electrode)으로 대체하여 전지의 Li+와 e-를 공기 중의 산소와 반응하도록 하는 것으로 기술 전반에서 획기적인 변화를 일으키는 기술이다. 이 방법은 비용을 감소시키면서 에너지 저장용량을 10배 증가시킨다. 또한, 미국 MIT의 강병우(Byoungwoo Kang)와 저브랜드 세더(Gerbrand Ceder)는 고출력 배터리용 소재를 개발하고, 이전의 배터리보다 100배 이상으로 빠르게 충전하는 리튬 기반의 '슈퍼배터리(super battery)'를 만들었다고 발표했다.

난이도 수준5의 발명, 즉 발견은 흥분하게 하는 것, 과학에 의해 만들어지는 예기치 않은 큰 발전, 새로운 시스템과 새로운 소재의 만들어 내는 것이다. 새로운 시스템과 새로운 소재는 미충족된 니즈에 부합하는 새로운 해법을 제공한다. 보통 난이도 수준5의 발명은 우연적인 획기적 발견으로 만들어지며, 현대 과학의 범위를 넓혀왔다. 알츠슐러는 난이도 수준5의 발명은 등록된 특허의 0.4% 미만으로 추정했으나 그 영향은 매우 크게 될 수 있다.

발명 난이도 5수준은 알츠슐러가 연구하여 발견한 것이다. 발명 난이도 5수준은 발명과 문제 해결에도 난이도 수준과 범위가 다양함을 이해하게 한다. 더 체계적이고 창의적인 접근법으로 문제를 해결해야 할 때 발명 난이도 5수준의 진가를 알아보게 될 것이다. 또한, 자신의 전문성과 소속 기업의 지식을 넘어서는 더 광범위한 지식을 찾아야 하는 경우에 발명 난이도 5수준의 진가를 알아볼 수 있다. 난이도 수준4와 수준5의 경이로운 발견은 일정표나 계획을 통해서 이룰 수 없고, 연구에 대한 충분한 투자의 결과로 얻을 수 있을 것이다.

난이도 수준5의 사례 중의 하나는 사람들을 흥분시키는 블랙실리콘(Black Silicon)에 대한 발표이다. 블랙실리콘은 미국 하버드대학의 물리학자 에릭 마주르(Eric Mazur)의 팀이 우연히 발견하였다. 이 놀라운 소재는 보통의 실리콘보다 빛에 100~500배 민감한 것으로 알려져 과학계의 주요 뉴스가 되었다. 블랙실리콘의 발견은 지금까지 충족시키지 못했던 여러 분야의 중요한 니즈를 충족시킬 수 있게 되었다.

- 컴퓨터와 다른 전자기기에 사용되는 매우 섬세한 디스플레이
- 광섬유케이블을 사용하는 광통신의 품질 향상 – 블랙실리콘은 보통의 실리콘과 다르게 광통신(1~2 마이크론)을 위한 임계파장(critical wavelength)에서 빛을 흡수한다.
- 효과적인 광전 전환 방법 – 태양 에너지를 더 효과적으로 포획
- 지구온난화문제 해결을 위한 환경 감시 방법의 획기적 개선 – 블랙실리콘은 공기의 질을 변화시키는 구름, 오염물질, 먼지 등의 탐지가 탁월하다.
- 첨단 의료 장비 – 뾰족뾰족한 표면은 날카로운 바늘보다 더 얇아 적은 양의 필수 약품을 피부를 통해 연속해서 전달하게 할 수도 있다.

마주르는 '충분한 양의 저렴한 소재를 사용할 수 있게 되고, 산업계에서 이 프로세스를 이용하는 방법을 배우게 되면 수조 달러의 시장에서 엄청난 기회를 잡을 수 있다'고 했다.

블랙실리콘은 초강력 레이저를 실리콘웨이퍼에 비추다가 우연히 발견되었다. 이 레이저의 출력은 주어진 시간에 태양이 전체 지구표면에 떨어지면서 생성되는 모든 에너지의 양과 일치한다. 500펄스 이상의 레이저를 받은 실리콘 웨이퍼는 검게 변했다. 표면을 조사하여 실리콘 웨이퍼가 타지 않았고, 긁힌 표면 – 간격이 규칙적인 수십억 개의 극히 작은 숲, 높이가 약 2천분의 1인치 정도 되는 아주 작고 날카롭고 뾰족한 끝이 있는 스파이크 – 을 갖고 있다는 것을 확인하였다. 빛을 스파이크 위로 비추면, 빛은 끝없이 산란하고, 밖으로는 거의 산란하지 않는다. 이것은 블랙실리콘은 거의 모든 빛을 흡수한다는 것을 의미한다. 실제의 응용에서는 이 성질을 사용하여 지금까지 거의 충족시켜 주지 못했던 많은 니즈들을 충족시켰다.

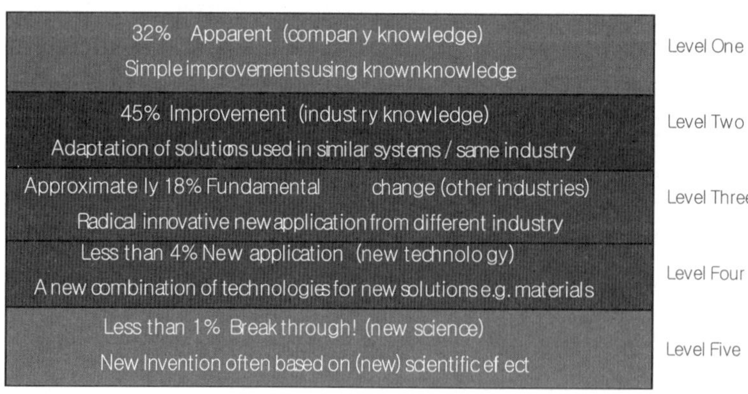

트리즈는 처음 3개 난이도 수준의 문제 모두에 도움이 되지만, 특히 난이도 수준3의 문제 해결에 유용하다. 트리즈는 자신의 영역을 벗어나서 문제를 보게 하고, 모순을 극복하는 더 흥미롭고 더 튼튼한 해법의 발견을 확신하게 하고, 원하는 모든 것을 제공한다. 트리즈는 게임을 1, 2수준에서 더 높이고, 수준3 이상의 문제에서 위대한 발명자들과의 연결을 추구하게 한다.

트리즈 논리는 양호하고 현명한 해답, 특히 복잡한 것보다는 단순한 해답, 투입물과 명쾌하고 단순하지만 강력한 설계 해법을 만드는 데 필요한 자원이 최소가 되는 해법을 체계적으로 찾는 것에 맞추어져 있다. 오늘날

에는 알려진 모든 콘셉트들을 이해하는 데 사용되는 트리즈 도구들과 함께 인터넷을 사용하여 이미 확립된 좋은 해법들에 신속하게 접속하는 것이 트리즈 프로세스의 한 부분이 되었다. 특허 데이터베이스에 무료로 즉시 접속할 수 있다는 것은 행운이며, 책상을 벗어나지 않고 세상의 지식을 이용할 수 있다는 것을 의미한다. 트리즈의 중요성은 여기에 있다. 이것은 개인으로 또는 동료들과의 브레인스토밍으로부터 얻은 해답을 상기시키려는 노력보다는 세상의 모든 해답이 있는 강력한 원천에서 총명하게 정보를 얻는 방법으로 기존의 입증된 훌륭한 해법들을 찾도록 한다.

체계적인 트리즈인가? 아니면 불규칙한 브레인스토밍인가?

2.3 자기 자신과 세상의 지식에 접속하는 방법

실문제를 파악하고 정의하는 단계에서는 트리즈 도구와 문제해결절차를 다른 확립된 도구 모음과 함께 사용하며, 일단 문제가 정의된 후에는 트리즈 도구 모음을 적용하여 해법들 – 우리가 알고 있는 해법과 알지 못했던 해법 – 을 찾게 된다. 트리즈가 제공하는 이득 중의 하나는 다른 창의성 시스템들과 마찬가지로 이미 알고 있었지만 아무리 해도 기억을 상기할 수 없는 해법에 접근하게 해 주는 것이다. 트리즈 도구들은 우리가 받은 교육과 경험들을 효율적으로 사용하여 좋은 해법(우리들의 능력과 지식 내에 있는 해법)을 찾아 이를 문제에 맞게 적응시키게 한다. 그렇지만 트리즈가 제공하는 더 큰 이득은 자신에게는 잘 알려지지 않아도 세상의 다른 곳에서 이미 입증된 지식에서 해법을 찾을 수 있는 길을 알려 준다는 것이다.

트리즈를 사용하여 어떤 문제를 해결하기 위해서는 문제가 트리즈 프리즘(Prism of TRIZ)을 통과하게 해야 한다. 트리즈 프리즘은 실제의 사실적 문제를 단순한 콘셉트 문제로 초점을 좁히고, 트리즈 도구를 사용하여 콘셉트 문제에 대응하는 콘셉트 해법들을 찾은 다음, 소수의 개념 해법들을 실용적, 실제의 사실에 기반을 둔 실제 문제의 해법으로 프리즘을 거꾸로 확대하는 것을 의미한다. 트리즈 프리즘은 주어진 실제 문제로부터 관련된 특정의 트리즈 해법으로 접근하는 모형이다.

트리즈 프리즘은 자기 자신과 세상의 지식과 유추적 사고를 통해 문제를 해결하게 하며, 따라가는 절차가 단순하고, 체계적으로 해법에 접근하게 한다.

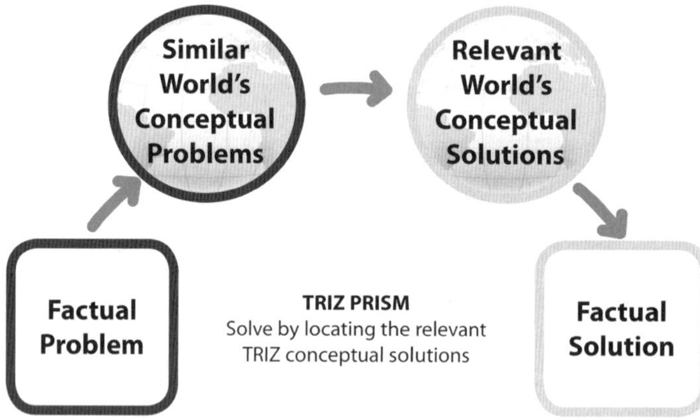

트리즈 프리즘은 문제를 파악하고 정의한 후에 따라가야 할 경로이고, 해법을 어떻게 찾는지를 보여준다. 이 단순한 트리즈 문제해결절차는 체계가 있으며, 트리즈 해법 콘셉트(TRIZ Solution Concepts)는 콘셉트 문제의 해답들을 집대성 – 특허에 담겨있는 중요한 문제 해결 능력과 논리 및 기록되어 있는 지식은 간단한 트리즈 일람표로 축약 – 한 것이다. 트리즈 일람표는 문제에 대해 입증된 해답들을 모두 제공한다. 문제에 잘 부합하는 경우, 문제와 관련된 트리즈 콘셉트 해법은 엔지니어와 과학자들이 그들의 관련 지식에 이를 확장 및 응용하여 실천적인 해법이 된다.

콘셉트 해법들은 우리가 알고 있는(또는 우리들의 지식과 경험으로 발명될 수 있었던) 사실에 입각한 해답을 상기시키는 실마리를 제공한다. 콘셉트 해법들은 또한 이미 존재하고 있으며, 특허 데이터베이스로 문서화되어 있지만 우리들의 경험이나 지식으로는 찾을 수 없는 다른 모든 해법에 이르는 경로를 보여준다. 오늘날 친숙하지 않은 기술 콘셉트를 연구하고 찾기가 쉬우며, 올바른 기술적 소질로 이들 기술 콘셉트가 어떻게 새로운 해법을 제공할 것인지를 이해하고, 관련된 실천적 해법 목록에 해당 기술 콘셉트를 추가할 수 있다.

트리즈 콘셉트 해법 사전 : 공학 문제에 대한 100개의 콘셉트 해법

알츠슐러는 특허 데이터베이스를 분석하여 알려진 모든 해법들을 확인하고, 분류하여 과학과 기술의 모든 영역에 적용되는 4개의 간단한 포괄적 일람표를 만들었다. 예를 들어, 트리즈 연구는 대부분의 문제는 모순을 포함하고 있으며, '40발명원리(40 Inventive Principles)'로 알려진 단 40가지의 방법으로 해결됨을 보였다. 또한 유사한 연구에서 기술의 진화는 예상 가능하며, 8가지의 경향(8 Trend)으로 나타낼 수 있다는 것을 밝혔다.

알츠슐러는 또한 76표준해법(76 Standard Solutions)를 연구하여 분류했다. 이들 표준해법은 특허에서는 발생하는 해법이지만 반드시 모순을 해결하지는 않는다. 표준해법들은 8경향과 40발명원리와 겹치며, 문제를 어떻게 분류하든지 간에 트리즈는 전체적으로 약 100개의 콘셉트 해법을 제공한다. 76표준해법은 매우 포괄적인 해법이다. 일부 표준해법은 40발명원리나 8경향 보다 쉽게 적용할 수 있으나 매우 포괄적인 해법을 제공하므로 실제로 활용할 수 있는 콘셉트 해법을 얻기 위해서는 추가적인 작업이 필요하다.

트리즈 프리즘을 모순해결 40가지 방법과 함께 사용하기

양호한 해법에는 보통 약점 또는 모순이 들어 있다. 유능한 엔지니어는 어떤 문제에 직면하게 되면 거의 항상 문제를 해결하는 아이디어를 찾아내며, 그들이 찾은 양호한 해법이 만족스러운 것이 되기를 원한다. 트리즈의 좋은 점은 이들 첫 번째로 머리에 떠오른 해법 – 특히, 첫 해법이 장점과 단점을 모두 가진 경우(모순) –

으로 문제해결절차를 시작할 수 있다는 것이다. 트리즈는 이들 해법들을 약간 또는 아주 많이 개선하게 하고, 첫 번째로 떠오른 순간적 아이디어로부터 상당히 멀리 떨어져 있는 관련된 해법으로 이동하는 데 첫 번째 떠오른 아이디어를 사용하게 할 것이다. 예를 들어, 새로운 니즈에 부합하도록 시스템을 변경 또는 개조하는 경우, 새로운 장점을 제공하도록 시스템을 변경하는 해법 – 제안된 개선 방안 – 은 보통 어떤 것을 더 나빠지게 한다 – 모순이 나타남 – 는 것을 의미하게 된다. 트리즈는 모순을 해결하는 데 사용하는 40가지의 방법을 제공하고 있으며, 40발명원리를 이용하여 문제를 해결할 수 있도록 지원하는 두 개의 경로를 만들어 두었다.

트리즈로 원하는 모든 것을 얻어라.

모순을 가진 문제는 40발명원리(4개의 트리즈 일람표 중의 하나)를 사용하여 해결할 수 있다. 모순 문제의 해결 방법은 제5장에서 설명된다. 트리즈를 사용하여 모순 문제를 해결하는 경우, 보통 하나 이상의 발명원리를 사용한다.

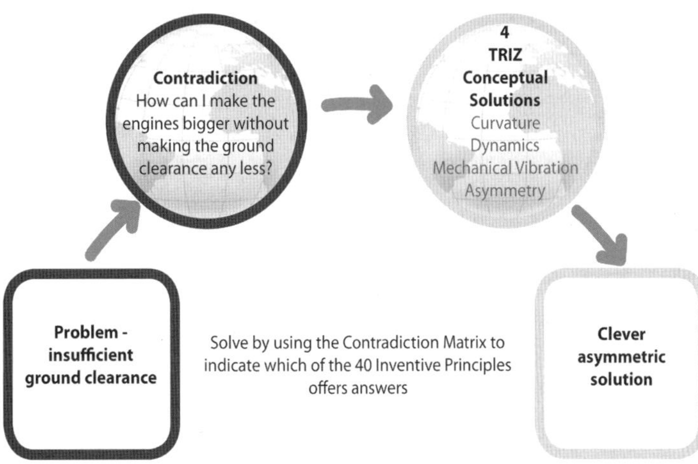

트리즈 기능 데이터베이스와 함께 트리즈 프리즘 사용

트리즈 기능 데이터베이스 = 2,500개 이상의 공학/과학 효과 모음

트리즈 기능데이터베이스는 알츠슐러가 특허 데이터베이스에서 찾은 공학/과학 콘셉트들을 간단하게 이해되고, 검색 가능하며, 쉽게 사용할 수 있도록 정리한 목록이다. 이 데이터베이스는 매우 기술적인 제목을 가진 복잡한 형태의 목록은 아니다. 이 목록은 무엇을 수행하는가 – 제공하는 기능 – 에 따라 분류되어 있다. 공학/과학 효과들을 사용하기 위해서는 제품/시스템이 달성하고자 하는 기능을 정의한 다음, 원하는 기능과 가장 가까운 효과집의 기능을 찾아 부합시킨다. 이 절차는 트리즈 프리즘의 원리를 따르는 것이 된다.

주어진 문제가 뭔가를 '하는 방법(HOW TO)?'을 찾는 것인 경우, 정확한 기능을 찾은 다음, 해법을 찾아 세상의 지식으로 전부 뒤지기 이전에 첫 번째 거름막으로 트리즈 효과집을 사용할 수 있다. 트리즈 효과집은 20세기의 특허를 분석하여 얻은 결과들이다. 이것은 특허에 사용된 대략 2,500여 개의 관련된 과학/공학 이론의 신분증명이다(트리즈 효과집이라 부름). 트리즈 효과집은 아이디어를 유발하는 방식 – 이 효과집의 유용성과 적용성은 콘셉트의 이름이나 작동원리보다는 맥락을 먼저 집어넣었다는 것에 있음 – 에 따라 배열되어 있다. 알츠슐러는 그의 책 『*그리고 갑자기 발명가가 나타났다(And Suddenly the Inventor Appeared)*』에서 다음과 같이 말했다.

> 물리학 교과서에서 기술된 효과와 현상들은 매우 **중립적**이다. 그러나 동일한 효과를 **발명적 방식**으로 기술한다면 어떻게 될까? 『**열이 가해지면 물질은 팽창한다**』라는 현상은 **열**에 대한 것이 아니고 **팽창**에 대한 것이다. 따라서 뭔가를 팽창시켜야 하는 경우에는 언제든지 이 현상을 사용할 수 있다. 예를 들어, 매우 작고 정밀한 움직임을 제어해야 하는 경우에 이 현상을 사용할 수 있다. 물리학 교과서를 이와 같은 방식으로 다시 쓰게 되면 강력한 도구인 효과와 현상 목록을 얻을 것이다.

이것이 바로 알츠슐러가 실행했던 것이고, 그가 우리가 모두 사용할 수 있도록 우리에게 남겨준 것이다.

유리잔의 물을 제거하는 모든 방법을 찾는 방법

> 이 문제는 옥스퍼드 트리즈 워크숍에서 사용되는 간단한 창의성 연습문제이다.
>
> 한 컵의 물이 탁자 위에 있다. 각 팀의 대표들에게 2분의 시간을 주고, 탁자나 유리잔을 이동시키지 않고 유리잔의 물을 제거하는 방법을 모두 적게 한다.

대표들이 컵에서 물을 제거하는 모든 방법을 생각하게 되면, 그들은 곧장 강력하고 창의적인 사고 상태 – 그들은 문제를 이해하고, 즉시 해법들을 생각할 수 있다 – 로 빠져들게 된다. 보통 이삼 분 내에 이 문제를 해결하는 약 8개의 방법을 생각할 수 있다. 약 12명 정도의 집단에서 수 분간의 브레인스토밍을 하고 해법들을 모으면 약 15~25개의 해법을 얻는다. 이것은 우리들의 지력과 지식을 결합하면 더 많은 해법을 얻을 수 있다 – 브레인스토밍의 유용성에 대한 주장 – 는 것을 보여준다.

어떤 해법을 먼저 생각하는가?

만일 화학자들의 집단이라면 물을 변환시키는 방법을 생각할 것이다. 대형엔진과 관련된 사람들의 집단이라면 압력과 힘을 생각할 것이다. 생물학자 집단이라면 식물과 동물을 생각할 것이다. 즉각적으로 찾게 되는 15~25개의 해법 아이디어들은 집단 구성원이 가진 경험에 따라 다를 것이다. 모든 아이디어들을 분석하게 되면 15~25개의 해법 아이디어를 도출하는데 이동, 화학적 변화, 상변화 등의 방법이 사용되었을 것이다. 예를 들어, 어떤 사람이 돌을 유리컵에 넣는 것을 제안했다면, 어떤 사람은 수은으로 채우는 것을 제안했을 수 있고, 다른 컵을 원래의 유리잔에 넣는 방법도 제안했을 것이다. 이들 아이디어는 모두 이동이라는 하나의 콘셉트에 기반을 두고 있다.

교육과 지력을 뛰어넘어 세상에 알려진 모든 해법을 사용하고, 세상의 지식에 접근하는 방법

우리 회사에서는 트리즈 효과집 데이터베이스를 사용하고 있다. 알트슐러의 열망은 유용한 모든 콘셉트를 효과집으로 만들어 접속 가능하고, 간단하며, 논리적인 것이 되도록 목록을 만드는 것이었다. 그러므로 효과집의 유용성은 기술적 복잡성에 대한 사전 지식이나 물리학, 화학 등에 대한 많은 양의 지식을 요구하지 않고 즉각적으로 이해된다는데 있다(효과집 데이터베이스에 대해서는 www.TRIZ4engineers.com을 보라).

간단한 용어로 문제를 정의하고, 요망 기능을 묘사하는 방식으로 질문을 표현해야 한다.

문제/단순 질문	응답
요망기능	특정 콘셉트

이것은 요망기능에 대해서 매우 간단한 용어를 사용하여 질문하거나 문제를 진술해야 한다는 것을 의미한다. 원래의 문세는 '유리컵에서 물을 세거하는 방법'으로 신술되어 있다. 이 눈제를 더 간단하고 더 일반적으로 만드는 것은 더 일반적인 불특정한 것에 대한 묘사로 변역하는 것을 의미한다.

물 = 액체

제거 = 이동

이것은 '원하는 기능 = 액체의 이동' 또는 '단순 질문 = 액체를 이동시키는 방법은?'

원래의 질문 '유리컵에서 물을 제거하는 방법'은 이제 '액체를 이동시킬 방법은?'이 되었다. 효과집 데이터베이스를 쉽고 효과적으로 접근하여 사용하기 위해서는 이 간단한 절차를 실행해야 한다.

문제/단순 질문	응답
요망기능(액체 이동)	특정 콘셉트
......할 수 있는 방법은?	(액체를 이동시킬 방법은?)

여기서 필요로 하는 것은 어떤 콘셉트가 요망기능을 제공하는가에 대해서 질문하는 것이다. 아니면 '단순 질문'에 응답하는 것이다. 액체의 이동이라는 요망기능을 제공하는 콘셉트를 효과집 데이터베이스에서 찾는다. 트리즈 효과집 데이터베이스는 특허에서 찾은 모든 응답을 제공할 것이다 – 이것은 세상의 모든 사람들과 브레인스토밍하는 것과 같다. 트리즈 데이터베이스에 액체의 이동이라는 기능을 제공하는 콘셉트 해법이 얼마나 많이 있는지를 질문하고 있다. 콘셉트 형태로 99개의 응답이 제공된다. 이들은 모두 공개된 것이고, 모든 사람이 이용 가능한 공짜 형태의 것들이 많다. 그렇지만 신속하고 효과적으로 사용하기 위해서는 연습이 필요하다.

액체를 이동시킬 수 있는 방법은? 트리즈 효과집 데이터베이스는 99개의 방법을 제시한다.

(물리적)흡수(Absorption), 음향공동화(Acoustic Cavitation), 음향진동(Acoustic Vibration), 흡착(Adsorption), 에어로졸(Aerosol), 안티버블(Anti-bubble), 나선 펌프(Archimedes Screw), 아르키메데스 원리(Archimedes' Principle),

바르스 효과(Barus Effect), 베르누이 효과(Bernoulli Effect), 비등(Boiling), 브라운 운동(Brownian Motion), 브라운 모터(Brownian Motor),

모세관 작용(Capillary Action), 모세관 응축(Capillary Condensation), 모세관 증발(Capillary Evaporation), 모세관 다공성 소재(Capillary Porous Material), 모세관 압력(Capillary Pressure), 표면장력파 효과(Capillary Wave Effect), 캐비테이션 원심력(Cavitation Centrifugal Force), 크로마토그래피(Chromatography), 코안다 효과(Coanda Effect), 응결(Condensation), 역압전효과(Converse Piezoelectric Effect), 코리올리 힘(Coriolis Force), 쿨롱의 법칙(Coulomb's Law), 사이클론 분리(Cyclone Separation),

건조제(Desiccant Material), 건조(Desiccation), 반자성(Diamagnetism), 확산(Diffusion), 이동(Displacemen t), 증류(Distillation), 탄성(Elasticity), 전기장(Electric Field),

전기유체역학(Electrohydrodynamics), 전기분해(Electrolysis), 전기침투(Electro-osmosis), 전기이동(Electrop horesis), 정전기 유도(Electrostatic Induction), 전기습윤(Electrowetting), 증발(Evaporation), 폭발(Explosio n), 액체자석(Ferro-fluid), 강자성(Ferromagnetism), 유체해머(Fluid Hammer), 거품(Foam), 박(Foil(fluid m echanics), 유체역학), 강제대류(Forced Convection), 자유대류(Free Convection), 깔때기 효과(Funnel Effe ct), 중력(Gravitation), 중력대류(Gravitational Convection (non heat)), 수력도약(Hydraulic Jump), 수격펌프(Hydraulic Ram), 관성(Inertia), 인젝터(Injector), 이온교환(Ionic Exchange), 제트류(Jet Flow), 카에효과(Kaye Effect), 라이덴프로스트 효과(Leidenfrost Effect), 로런츠 힘(Lorentz Force), 자기 변형(Magneto-stri ction), 마란고니 효과(Marangoni Effect), 기계열 효과(Mechanocaloric Effect),

미세전자기계시스템(Micro-electro-mechanical Systems), 혼합대류(Mixed Convection), 핵분열(Nuclear Fis sion), 오네스 효과(Onnes Effect), 삼투현상(Osmosis), 파스칼의 원리(Pascal's Law), 투과(Permeation), 펌프(Pump), 랭큐에 효과(Ranque Effect), 레일리 베나드 대류(Rayleigh-Benard Convection),

공명(Resonance), 나사(Screw), 충격파(Shock Wave), 용매화(Solvation), 수착(Sorption), 초열전도도(Super Thermal Conductivity), 초공동현상(Super-cavitation), 초유동성(Super-fluidity), 표면장력(Surface Tensio n), 열팽창(Thermal Expansion), 열모세관 효과(Thermo-capillary Effect),

열가공 효과(Thermo-mechanical Effect), 열확산(Thermo-phoresis), 난류(Turbulence), 초음파 모세관 효과(Ultrasonic Capillary Effect), 초음파 진동(Ultrasonic Vibration), 바이센베르크 효과(Weissenberg Effec t), 습윤(Wetting), 바람(Wind)

이들 99개의 개념 해법은 원래의 브레인스토밍 집단에서 사용한 지식을 상당히 확장한다.

단순 브레인스토밍 : 5~8의 콘센트 = 15~25 해법 아이디어

트리즈 효과집 사용 : 99의 콘셉트 = 이 문제 대해서 세상에 알려진 모든 해법 아이디어

시행착오를 제거하기 위하여 트리즈 프리즘을 사용하였으며, 알려진 모든 해답에 접근했다. 어디든 존재하는 이 문제에 대해 알려진 모든 해법을 제공하고, 수집하고, 나열할 수 있게 하는 모든 콘셉트를 쉽게 찾을 수 있다. 누군가가 우리를 위해서 이 모든 작업을 했고, 아주 최근에야 모든 사람들이 자유롭게 이용 가능하게 되었다. 우리가 해야 하는 것은 모든 문제 – 단순하든 복잡하든, 쉽든 어렵든 – 에서 이들 무료 데이터베이스를 사용하는 습관을 갖는 것이다.

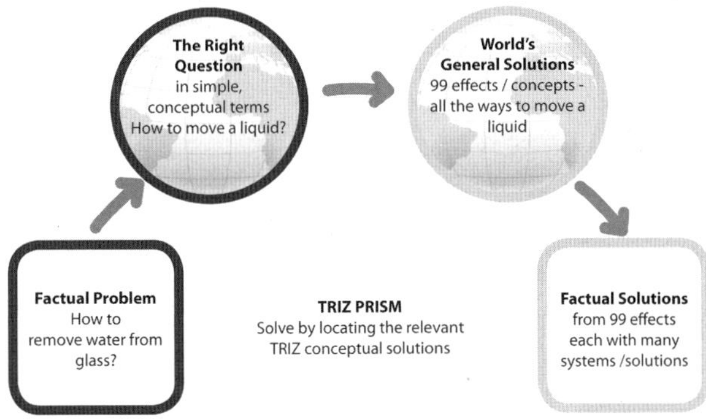

우리는 지금 모든 해법을 매우 일반적인 형태로 얻었다. 이들 99개 과학효과 중의 일부는 자신의 지식 범위에 있고, 나머지는 기존 해법들로써 입증되었고 잘 문서화된 것으로 우리 자신의 교육과 경험을 넘어서는 바깥에 있다. **이들을 유용한 해법으로 만들기 위해서는 두뇌를 사용해야 한다.**

문제를 매우 단순한 질문으로 축소하기 위해 프리즘을 사용했다. 트리즈 문제 해결 체계는 한 가지 분야에서 일하는 엔지니어와 과학자가 매우 일반적인 형태로 표현된 다른 산업과 다른 과학 및 공학 분야의 우수한 해법과 사례들에 접근하도록 하는 것이다.

다시 첫 번째 원리

트리즈는 특허 데이터베이스에 있는 모든 해법과 콘셉트를 그들이 무엇을 할 수 있는가 – 기술의 이름이나 동작 원리보다는 – 에 대해서 간단한 용어를 사용하여 목록으로 축소하는 방법으로 공학 및 과학 이론을 하나의 틀로 끌어모은 것이다. 문제에 대해 정확한 기능과 모순을 해결하는 방법을 찾고, 완벽을 향하여 모든 제품이 따르는 진화 경향을 보고 활용하기 위해 전체 세상의 지식과 유용한 모든 해법을 검색하기 위해서 목록을 간단하고 매우 일반적인 것으로 유지하는 것이 핵심이다. 이들 목록은 과학 및 공학적 경험과 해법에 접근할 수 있도록 하며, 문제를 해결하는 데 있어서 필수적이지만, 친숙하지는 않다.

이들 목록을 사용하고, 트리즈 프로세스에 능숙하게 되는 것은 각자가 자신의 최고의 잠재력을 깨닫게 한다. 트리즈 목록이 갖고 있는 힘의 일부(트리즈 촉진기)는 해답들이 매우 간단한 일반적인 형태이고, 우리를 첫 원리 – 우선적으로 엔지니어 혹은 과학자가 되기를 원했는가를 회상하게 한다 – 로 되돌아가게 한다는 것이다. 트리즈는 이것을 여러 가지 방법 – 주된 방법은 전문 분야로 분해하는 것이다 – 으로 달성한다. 트리즈는 입증되었지만 회사에는 생소한 문제의 해법을 찾기 위해 자신의 지식, 경험, 회사 전문가, 우리 전체 산업의 바깥 세상을 보도록 가르친다. 이 절차는 모든 문제를 가장 기본적인 묘사 – 불필요한 상세를 회피 – 로 축소하여 가능하게 된다.

지식 공유를 위해 단순하게 유지하라 – 처음부터 너무 상세하게 하는 것을 피하라. 그렇지 않으면 길을 잃을 수도 있다.

엔지니어들은 문제를 기술할 때 기술 용어를 쓰고, 혼란을 일으키는 두문자어를 사용하며, 관련이 있든 없든 상세히 정교하게 하는 경향이 있음을 알고 있다. 트리즈를 잘 사용하는 것은 모든 것을 간단한 용어와 엄격하게 제한된 상세 수준 – 상세한 사실이 아니라 콘셉트로 사고 – 에서 기술하는 훈련과 능력을 요구한다. 이것은 해법에서 벗어나게 함으로써 심리적 타성을 깨뜨리게 하며, 문제와 해법에 대해서 일반적 용어로 생각하고, 더 많은 가능성을 보게 한다.

지나치게 상세하게 하여 길을 잃은 이야기가 많다. 내가 좋아하는 이야기 중의 하나는 북부 웨일즈의 외딴 시골에서 4살 반 어린이를 임시로 가르치게 된 젊은 선생님 이야기이다. 그녀의 첫 수업 내용 중에 알파벳 S를 가르치는 것이 있었다. 그녀는 양 한 마리가 그려져 있는 그림을 높이 들고, '자, 이것이 무엇인지 누가 말해 볼까요?'라고 했다. 아무 대답이 없었다. 20개의 무표정하고 아무 말도 하지 않는 얼굴들이 그녀를 돌아보고 있었다. 그림을 단호히 두드리며 '자 다시, 이것이 무엇인지 누가 말할 수 있나요?'라고 소리쳤다. 이 어린이들이 이렇게 무지한가에 대해서 믿을 수가 없었다.

그녀가 좌절감을 더해가면서 질문을 계속하자 20개의 얼굴은 걱정스럽고, 무서워하는 모습이 되어갔다. 결국, 용감한 한 어린이가 부끄러워하면서 작은 손을 들었다. '그래' 그녀는 그림을 하늘 높이 흔들며 울먹였다. '이것이 무엇인지 말해 보렴!' 소년은 조심스럽게 '저, 선생님! 세 살 먹은 보더 레스터(Border Leicester) 아닌가요?'라고 말했다. 어린이들은 모두 그것이 양이라는 것은 알고 있었지만 선생님이 요구하는 답이 훨씬 더 복잡한 것으로 가정하고 있었다. (저작권, 가디언지 - 2005. 11. 2(수))

단순하게 유지하는 것은 씨름하고 있는 중요한 문제에 대한 완전한 이해에 도달하게 한다. 그렇지만 뭔가를 가장 단순한 형태로 설명하기 위해서는 깊은 사고와 이해를 요구한다.

동일한 일반적인 문제를 여러 산업 분야에서 갖고 있으나 해법은 자신의 산업 안에서 찾는 경향이 있다. 트리즈는 이들 장벽을 깨부수고, 언뜻 보기에 같지 않은 문제의 해법들을 공유하게 한다. 맨체스터에서 개최된 트리즈 모임에서 유리회사에서 온 엔지니어들은 유리에 긁힘을 만드는 유리 받침 롤러를 찾는 문제에 대해서 논의하고 있었다. 수천 개의 롤러 중에서 어느 롤러가 긁혀 있는지를 식별해 내는 것은 고질적이고 복잡한 문제이다. 트리즈 주문(呪文) 중의 하나는 문제의 구성요소에 문제가 여기에 있다고 말하게 하는 것이다. 사진 원지를 제조했던 다른 기업은 원지를 긁는 손상된 사진 원지 받침 롤러를 찾는 문제를 갖고 있었다. 그들은 일상적으로 트리즈를 사용하고 있었기 때문에 트리즈 법칙인 손상된 롤러가 손상되어 있다고 말하게 하는 방법을 사용하여 이 문제를 해결하였다. 롤러의 속성과 특색을 샅샅이 뒤지어 초음파탐지기 – 유리회사에서 조사하여 채택한 해법(자원에 대해서는 제7장 참고) – 를 활용하여 손상된 롤러를 식별할 수 있다는 것을 제안했다.

트리즈 = 해법들을 공유하는 것

다른 여러 창의성 도구들과 마찬가지로 트리즈는 이미 알고 있었지만 기억해내지 못하는 해법들에 접근할 수 있도록 한다. 더 중요한 것은 세상의 모든 해법들이 기록되어 있는 곳으로 안내하여 다양한 해법을 찾게 하고, 다른 회사와 산업계에서 이미 시도되었고, 시험 된 것으로 우리의 문제를 해결할 수 있을지도 모르는 해법을

단순하게 유지하는 것은 더는 일류들만의 것이 아니다.

창의적인 사람(특히, 엔지니어)은 새로운 해법을 상상하는 것을 즐긴다.

사용할 수 있게 한다는 것이다. 이것은 공학적 경험, 용기, 창의성을 활용하여 트리즈의 콘셉트 해법에서 실제의 유용한 해법을 성공적으로 개발하는 반대 방향의 트리즈 프리즘에 오르도록 한다.

트리즈는 이러한 작업에 도움이 되고, 콘셉트를 문제와 관련지어 적용하는 방법을 알아내게 하는 많은 수의 창의성 도구를 제공하고 있다. 다르게 생각하고, 두뇌를 최대 수준으로 사용해야 한다. 시간-규모사고, 스마트소인모형, 크기-시간-비용분석 등 – 이들 도구는 모두 강력한 창의성 도구로서 두뇌에 충격을 주고, 콘셉트를 유용한 해법 아이디어로 전환하는 데 도움이 된다 – 의 트리즈 도구는 이러한 활동을 지원한다.

또한 트리즈는 주어진 문제의 모든 해법 – 모든 해법을 이미 알고 있는 경우(매우 드물지만)에도 적어도 모든 것을 생각했다는 것을 재확인하게 함 – 을 찾게 한다. 트리즈는 효율적으로 해법들을 찾고, 공유할 수 있도록 한다. 간단 해법이라는 트리즈 접근법은 지식 공유라는 오늘날의 추세에서 그 중요성이 매우 크다. 소형화, 단편화, 신 기업문화의 세상에서 트리즈에 기반을 둔 지식 경영시스템은 적합한 사람은 누구나 회사 내부와 전 세계의 해법들을 언제, 어느 곳에서든 쉽게 이용할 수 있게 만들도록 할 수 있다. 정보를 저장하는 사람과 정보에 접근하는 사람이 모두 트리즈 절차에 대한 이해를 하고 있으면 쉽게 이것을 만들 수 있을 것이다. 모든 사람이 트리즈 지식을 갖고 있다면 매우 효과적으로 세상의 지식을 사용하고 공유할 수 있을 것이다.

2.4 마무리 : 트리즈는 세상 지식에 접근

우리는 트리즈 해법 콘셉트를 적용하여 알려진 모든 문제에 대한 해법들의 진수에 체계적으로 접근하고 있으며, 이전에 거의 모든 문제를 해결했던 트리즈 콘셉트를 입증하고 있다. 트리즈의 스마트하고 입증된 해법에 접근하지 않으면 이미 있는 것을 다시 만드느라 쓸데없이 많은 시간을 낭비하게 된다. 트리즈는 필요한 해법, 이미 존재하는 해법, 혁신적인 해법으로 안내한다. 그러나 트리즈가 없으면 이들 해법에 찾아가는 방법을 알 수 없는 경우가 대부분이다.

트리즈 프리즘은 단순하지만 해법들을 찾는 강력한 절차이며, 기록되어 있는 모든 해법이 있는 곳으로 안내하여 문제 해결에서 혁신과 창의성을 달성하도록 한다. 트리즈 프리즘은 어떤 종류의 문제이든, 어떤 난이도의 문제이든, 발명방법, 진화방법, 수리방법, 설계방법, 개발방법, 개선방법, 단순화 방법, 시스템 조정 방법의 모든 단계에서 도움을 주고, 차세대 시스템, 제품, 프로세스를 찾는 데 도움이 된다. 트리즈 사고방식은 보유하고 있는 모든 자원을 입증된 (유사한) 해법으로 구성된 세상의 특허/지식 베이스와 함께 사용하여 목표를 달성하는 가장 비용 효과적인 경로를 안내한다.

세상의 지식을 추출한 트리즈 일람은 다음과 같다.

- 2500효과/콘셉트 - 어떤 기능을 달성하게 하는 방법(HOW TO)에 따라 정리한 목록
- 40발명원리 - 모순 해결
- 8진화경향 - 모든 시스템이 따라가는 발전 방향
- 76표준해법

트리즈는 세상의 지식을 추출하여 네 개의 일람표를 만들었다. 우리는 이 일람표를 사용하여 세상의 모든 콘셉트 해법에 접근할 수 있다. 일람표를 우리 문제에 적용한다는 것은 해법을 공개한 모든 발명가 및 엔지니어들과 브레인스토밍하는 것과 같다. 트리즈 콘셉트 일람표는 최상의 것을 얻고, 알고 있는 모든 해법을 상기시키며, 우리의 경험을 넘어서서 새로운 해법(우리에게 새로운)을 위한 아이디어를 촉발시키는 데 사용된다. 트리즈는 주어진 문제에 대해 우리가 이미 알고 있는 모든 것과 알지 못하는 모든 것을 포함한 모든 해법을 제시할 것이다.

트리즈와 트리즈 소프트웨어 - 개인적인 시각

알츠슐러의 원판 효과집의 영문판보다 더 좋고, 더 포괄적인 효과집 데이터베이스는 없는 것 같다. 확장된 형태의 효과집은 대개 러시아 트리즈 전문가가 1990년대에 미국에서 개발한 복잡한 소프트웨어 패키지이다.

인벤티브 머신(Inventive Machine)사와 아이디에션(Ideation)사가 소프트웨어 개발의 주요한 두 축이다. 나는 영국의 데스크탑 엔지니어링(Desktop Engineering)사에서 트리즈 소프트웨어를 판매했었다. 트리즈 확장 효과집 데이터베이스는 매우 유용했고, 엔지니어들에게 많은 흥미를 주었다. 그러나 소프트웨어를 사고, 사용법에 대한 교육훈련을 받은 동료들이 소프트웨어를 거의 사용하지 않게 되어 간다는데 놀라지 않을 수 없었다. 나는 트리즈에 대한 철저한 이해가 가장 우선이 되어야 한다는 것을 깨달았다. 트리즈 소프트웨어를 효과적으로 사용하기 위해서는 트리즈에 대한 철저한 기초교육이 필요했고, 일단 트리즈에 대한 훌륭한 스킬을 갖추게 되면 문제 해결의 대부분 단계에서 소프트웨어가 필요 없게 되었다.

효과집 데이터베이스는 인터넷상에서 무료로 이용 가능한 몇 가지 형태가 있으며, 종이에 인쇄한 형태로도 이용 가능하다(소프트웨어 형태 보다 덜 완전함). 어떤 상황에서 특허 데이터베이스 - 좋은 트리즈 접근을 갖고 있는 사람은 누구나 관련된 정보를 매우 신속하게 찾는 것을 배울 수 있다 - 에서 이용 가능한 지능형 검색엔진과 함께 사용하면 인터넷의 효과집 데이터베이스는 유용하다. 트리즈 훈련, 트리즈 효과집, 특허사이트에 친숙을 통해 우리는 세상의 모든 공개된 해법들에 접속할 수 있다.

사례연구 : 롤스로이스의 트리즈

다음은 데이브 노트(Dave Knott)가 발표한 두 개의 논문, CEng FIMechE에서 발행하는 잡지 CIPA Journal (Chartered Institute of Patent Agents)에 발표한 'TRIZ in Practice: Better Ideas, Faster'와 더 포스트(The Post)에 발표한 'Applying TRIZ in a large organisation'에서 발췌한 것이다. 여기서 데이브 노트는 어떤 트리즈 도구를 추천하고 있다. 이 도구는 옥스퍼드 크리에이티브티사의 트리즈 표준해법(40개 원리와 유사한 중요도를 갖는)에 포함되지 않아 롤스로이스에서는 소개되지 않았다.

더 신속하고 더 창의적인 사고에 중독

롤스로이스는 트리즈 기법을 더 훌륭한 아이디어를 더 신속하게 고안하기 위한 운동의 일환으로 도입하여 혁신적 문제 해결에 적용해 오고 있다.

철학이며 동시에 물리적 시스템인 트리즈는 러시아에서 유래된 것으로 2백만 개 이상의 성공적인 발명을 조사하여 공통 요인을 식별해낸 결과이다. 트리즈는 마음의 창의성을 이용하는 방법이고, 성공으로 가는 입증된 경로를 따라가도록 조종한다.

트렌트 900 연료혼합분석기(Trent 900 Fuel Manifold)는 기술문제 해결을 위한 트리즈 워크숍에서 얻은 것으로 매우 고마운 파급효과를 낳았다. 조형시간 95% 감소

디자인 테크놀로지(Design Technology)사의 전문가인 데이브 노트는 '러시아의 특허 심의관인 겐리히 알츠슐러는 제2차 세계대전 후에 수십 년 동안 특허를 분석한 결과, 모든 특허 뒤에는 40개의 발명원리 중에서 하나 이상의 원리가 있다는 것을 발견했다. 이 지식은 도구 모음으로 다듬어져 문제를 이해하고, 문제 해결을 위한 가용자원을 파악하며, 트리즈 원리를 아이디어 생성에 적용하여 해법을 제공하는 데 도움이 되게 했다.'라고 설명했다.

데이브가 트리즈 원리를 처음 사용한 것은 1996년 러프버러(Loughborough)에서 개최된 어떤 행사에 참석하고 돌아와서이다. 당시에 씨름하고 있던 특정의 문제에 트리즈를 적용하였고, 결국에는 특허를 취득했다. 데이브는 '그 사건 이후로 나는 중독되었다. 트리즈를 엔지니어링과 제조 관련 문제의 해법을 찾는 과정에서 창의적 사고를 촉진시켰다. 트리즈는 문제에 접근하는 방법을 변화시키고, 간단하고 저비용의 해법을 찾도록 부추기는 경향이 있다.'라고 했다. 롤스로이스사는 옥스퍼드 크리에이티브티사에 5년에 걸쳐서 트리즈 훈련을 제공하도록 의뢰했다. 트리즈 활용 능력과 이해도가 증가함에 따라 훈련조력자들 간의 네트워크가 만들어졌고, 회사는 자체의 훈련을 시작했으며, 입증된 공학적 난제들에 집중했다.

트리즈 웹사이트와 '실천 커뮤니티'가 설립되어 기술적 창의성에 대한 이 창의적인 접근법에 대한 전 세계적인 네트워크가 성장하고 번성하도록 하고 있다. JSF에 장착되는 F136엔진의 부수석 설계엔지니어인 데이브 홉킨스(Dave Hopkins)는 '트리즈는 개선이 필요한 영역을 파악하는 데 매우 효과적이었다.'라고 했다. 고등추진시스템설계(Advanced Propulsion System Design)팀의 책임자인 제리 굿윈(Jerry Goodwin)은 모든 팀원이 트리즈 훈련을 받을 것을 권고하며 '우리는 이 방법을 몇 번이고 사용했고, 새로운 콘셉트 방안을 생성하는 데 도움이 될 뿐만 아니라 다수의 특허 출원을 발생시키는 결과를 얻었다.'라고 했다.

트리즈의 비즈니스 이득

이노베이션과 엔지니어링디자인(Innovation and Engineering Design)은 롤스로이스사가 경쟁이 심한 글로벌 시장에서 선도적 위치를 확립하는 것을 가능하게 하고, 육지, 해양, 하늘에서 영향력 있게 되는 핵심 요인이 되었다. 전통의 브레인스토밍 기법과 비교할 때 트리즈는 더 좋은 아이디어를 생성하는 데 있어서 가치 있는 도구임이 입증되고 있다. 더 좋은 아이디어는 더 좋은 제품으로 전환된다. 즉, 더 싸고 더 빠르게 생산되어 더 좋은 비즈니스 실적을 낳게 된다.

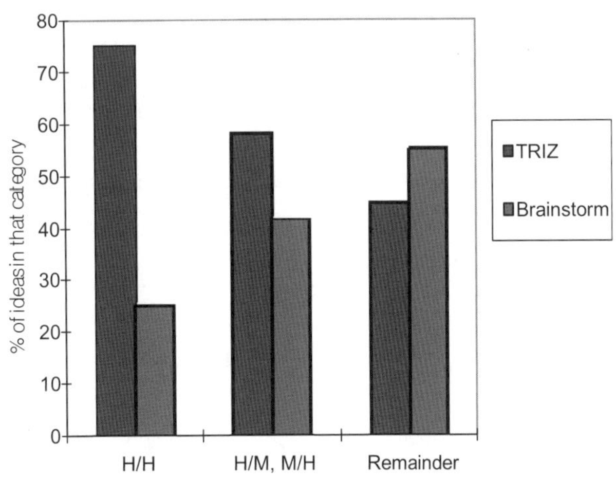

이득/실행 가능성을 상(H), 중(M), 하(L)를 사용하여 평가한 아이디어의 분포

그림1은 트리즈의 이득과 관련하여 정성적으로 비교한 사례를 나타낸 것으로 설계문제를 해결하기 위해 생성된 아이디어들을 평가한 결과를 비

교한 것이다. 아이디어는 두 가지 방법을 사용하여 생성되었다. 첫 번째는 전통의 브레인스토밍을 적용하고, 두 번째는 트리즈 촉진 활동을 적용하였다. 이 결과는 각 활동에서 동일한 개수의 아이디어가 생성되었지만 트리즈에 의해 생성된 아이디어의 질이 브레인스토밍 보다 더 높다는 것을 보여 준다. 트리즈 활동에서 나온 아이디어의 약 75%가 이득이 높고, 실행 가능성이 높은 것으로 판단되었다. 이와 같은 정보는 대규모 조직에서 트리즈의 도입과 사용을 권장할 때 큰 도움이 된다.

트리즈 도구	이득
기능분석	• 기능적 사고를 조장하고, 유해 효과를 포함하여 시스템 내부의 상호작용을 모두 포착 • 특히, 비용 감축 문제에 유용
자원분석	• 문제 해결을 위해 잠재하는 모든 가용자원의 식별. 유해/낭비 효과와 부산물을 포함 • 가장 저렴한 해법은 기존 자원을 사용하는 것임
모순파악	• 해결되어야 하는 핵심 문제의 명확화와 일반화를 도움
이상적 성과	• 자체적으로 부과한 제약을 극복하는 데 도움
스마트소인모형	• 상상을 끌어들이고, '심리적 타성'을 깨는 데 도움
40발명원리	• 모든 기술문제는 40발명원리 중 하나를 적용하여 해결됨 • (내 경험으로) 가장 중요하고 유용한 트리즈 도구
8진화경향	• 가능성이 높은 기술의 발전 방향 예측에 도움 • 기존 시스템을 개선을 위해 조사할 때 유용

그림 2. 롤스로이스사에서 사용되고 있는 핵심 트리즈 도구

이들 트리즈 도구 중에서 사용이 가장 쉽고, 롤스로이스사에서 가장 널리 사용되고 있는 것은 40발명원리이다. 일부 트리즈 연구에서는 모든 발명적 문제는 40발명원리를 하나 이상 적용하여 해결된다는 것을 보였다. 40발명원리의 이득은 다음과 같다.

- 이득 라인에 따라 직접 사고하기 때문에 전통의 브레인스토밍보다 좋은 아이디어를 더 빨리 생성시킨다.
- 이 원리를 사용하지 않으면 우왕좌왕하겠지만 이 원리로 올바른 경우들을 따라갈 수 있으므로 더 넓은 범위의 아이디어가 생성된다. 롤스로이스사에서는 오래된 문제를 해결하는 고품질의 새로운 아이디어가 생성된 적이 있다.
- 40발명원리는 직관적이고 사용하기 쉬운 도구이며, 가끔 사용하면 빨리 배우지 못한다. 일단 40발명원리에 숙달되게 되면, 작업장의 주위에 있는 모든 제품에서 발명원리를 보게 되므로 자기 강화가 이루어지게 된다.

그림3은 롤스로이스 제품에서 공통의 원리(이름하여 원리 17번 차원 변경)가 어떻게 작용하여 혁신의 실례가 되는지를 보이고 있다. '차원 변경' 원리는 어떤 특성의 차원 수를 증가시키거나 다른 차원을 더 많이 사용할 수 있게 하는 방법 – 예를 들어, 이차원 특징을 삼차원으로 만듦 – 을 생각하면 이득의 개연성이 있다고 제안하고 있다. 그림3의 사례는 가스터빈 엔진에서 가스의 주 경로의 돌출 벽까지 개선이 이루어졌다. 돌출 벽은 수십 년간의 개선으로 2차원 표면이 되었다. 돌출 벽에 삼차원 특성을 넣으면(즉, 선비대칭으로 만듦) 공기역학적 효율이 상당히 개선된다.

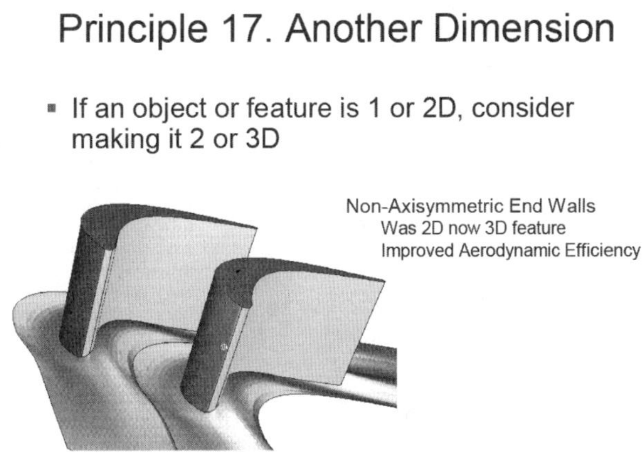

그림 3. 롤스로이스 제품에 40개 발명원리 중의 하나가 작용한 사례

또 다른 매우 유용한 발명원리는 원리 13번 '반대활동'으로 현재 수행하고 있는 것과 반대의 활동을 수행하는 것을 생각하도록 한다. 이 원리는 터빈 입구의 면적을 자동화된 방법으로 계산하는 문제에 적용되었다. 터빈 입구는 기하학적 형상이 복잡하고, 변화하기 때문에 소프트웨어가 복잡한 공기역학적 파라미터를 계산하는 데 자주 실패하고 있다. 이 문제는 6~8개월의 개발 기간이 지난 후에도 여전히 해결하지 못하여 트리즈를 시도하였다.

새로운 접근방식이 필요했으며, 40발명원리를 사용하여 아이디어를 생성하기로 했다. 원리 13번 '반대활동'을 활용하여 금속 자체보다는 공기로 통로 모형을 만드는 아이디어가 나왔다. 즉, 금속 모형의 통로 대신에 통로 안에 있는 공기로 솔리드 모형을 만든다. 다른 말로 하면, 사용하고 있었던 방식을 '반대(negative)'로 하여 사용한다.

혁신적 발명은 대개 40발명원리 중에서 하나 이상의 원리를 동시에 사용한다. 그림5는 금속판을 결합하는 새로운 방법에 대한 롤스로이스 특허로써 고비용의 고정 장치나 용접을 요구하지 않는다. 40발명원리 중에서 3개의 발명원리를 이 발명에는 볼 수 있다. 3개 발명원리 중의 어느 것을 적용하더라도 이 아이디어의 발상을 자극할 수 있다. 이 사례는 또한 트리즈가 제조 관련 문제의 해결에서도 매우 유용하게 적용될 수 있다는 사실을 보여 주고 있다.

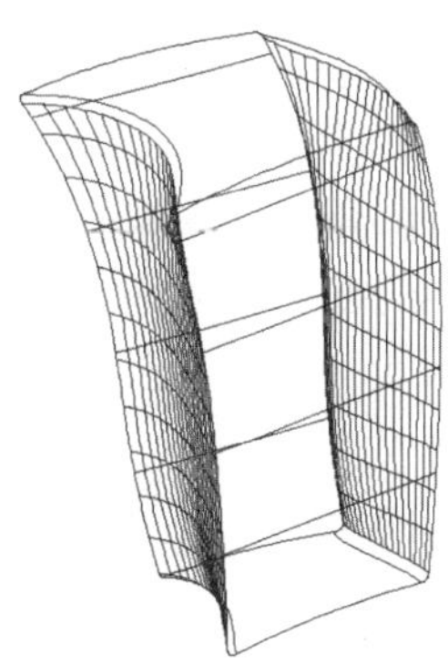

그림 4. 금속으로 통로를 형성하지 않고 통로 속 공기를 사용하여 솔리드 모형을 만든다.

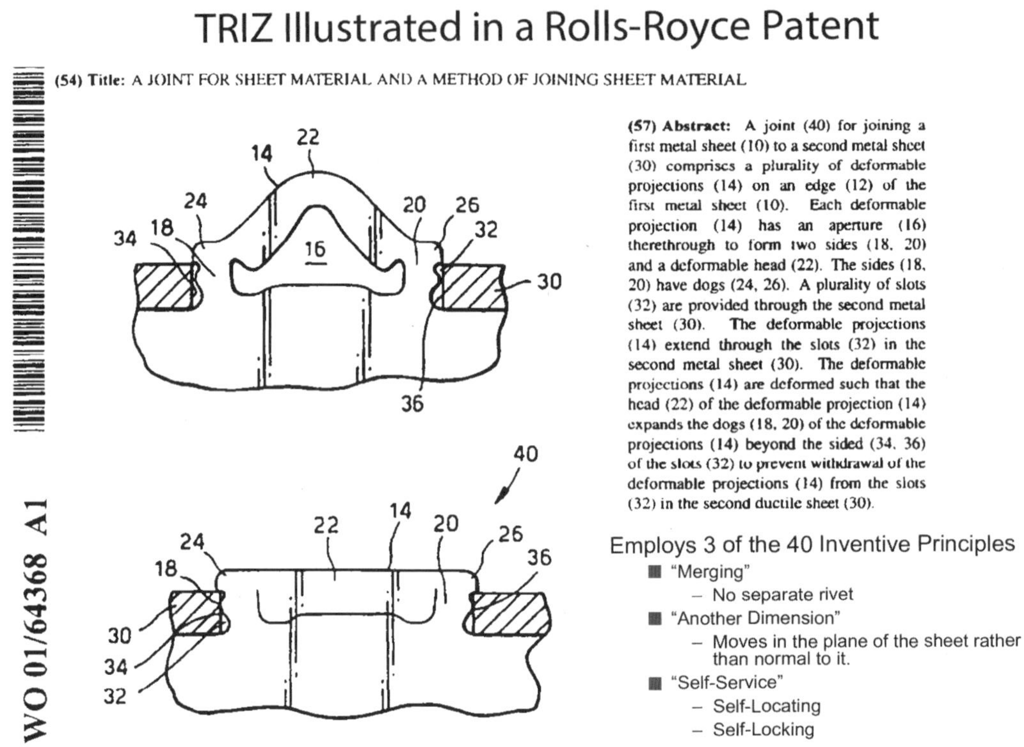

그림 5. 40발명원리 중의 3개 원리를 사용하고 있는 롤스로이스의 특허

다른 많은 기업들과 마찬가지로 롤스로이스사는 핵심 사업 분야 외의 분야에서는 기업이 가진 기술을 활용하는 수단으로 특허, 기술, 노하우에 대한 법적 권리 양도를 통한 지식재산 수익의 최대화를 추구하고 있다. '지식경제(Knowledge Economy)'의 이런 특징은 다른 분야의 지식과 발명을 재사용한다는 트리즈 정신과 완전히 일치한다.

효과적인 변화를 위해서는 구성원에게 세 가지 요건인 '향상된 능력 제공', '능력 사용 동기 부여', '능력 사용 기회 제공'이 모두 요구된다. 구성원의 능력이 아무리 향상되더라도 세 가지 중 하나 또는 두 개만 충족된다면 이득은 여전히 0이므로 세 가지 요건은 변화의 크기와 곱의 관계식에 있다. 그러므로 엔지니어와 설계자에게 트리즈 훈련을 제공하는 것으로는 충분하지 않다는 것을 인식해야 한다. 훈련은 확실히 능력을 향상시키고, 사용에 대한 동기를 어느 정도 제공한다. 그러나 그것을 사용할 기회가 제공되지 않고, 혁신과 창의성을 키우는 환경이 제공되지 않으면 장기적으로 이득은 제한될 것이다. 동기와 기회는 다분히 리더십, 조직, 문화와 관련된 논제이다. 그러므로 창의성과 혁신에 대한 포괄적인 접근의 한 부분으로 트리즈를 구현할 필요가 있다.

마지막으로 다른 많은 도구들과 마찬가지로 트리즈로부터 최대의 비즈니스 이득을 얻는 데 있어서 중요한 요인 중의 하나는 트리즈를 **알맞은 시점에 알맞은 문제**에 적용하는 것이다. 트리즈에 있어서 알맞은 시점은 가능하면 일찍 도입하는 것이다.

트리즈 문제 해결의 기본

3.1 문제해결이란?

문제란 요구사항과 시스템에 의한 충족 간의 차이이며, 문제 해결이란 이 차이를 최소화하고 두 가지 모두가 더 잘되도록 시스템을 발전시키는 것이다. 시스템을 만들고 사용하는 모든 단계에 문제가 존재하며, 결점이 없는 조작과 요구사항을 더 많이 충족할 수 있도록 시스템을 개선하기 위한 해결책이 필요하다. 따라서 문제 해결은 시스템 내에서 문제들을 규정하고 요구사항에 더 적합하도록(또는 더 적절한 시스템을 찾도록) 적용하는 것을 포함한다.

문제 해결을 시작하기 위해 요구사항과 시스템(성능상의 단점도 포함) 간의 차이를 이해할 필요가 있다. 이상적으로 우리는 완벽하게 정형화된 문제 기술서를 좋아하고 관련성이 제일 높은 실용적이고 현명한 답을 찾으려고 할 것이다. 문제 해결이 간단명료한 것은 거의 없다 – 문제의 정의는 신중히 해야 하고 문제의 해결에는 관련 해결책들로의 접근이 필요하고(사고와 지식을 모두 벗어난) 어려운 문제들은 행운이나 체계적인 트리즈 과정을 필요로 한다. 문제 해결은 시스템을 만들거나 개선하기 위한 적정 범위의 해결책을 찾는 것이 될 수도 있고, '신비로운 문제'(원인불명)를 해결하는 것이 될 수도 있다.

Most problems have more than one solution.

신비로운 문제들은 – 원인이나 범인을 찾아 해결하는 – 관련 정보의 확인을 포함한다.

해결안 찾기 - 체계적 또는 유레카 순간

우리 스스로 또는 다른 팀원들과 해답을 발견하면, 만족스럽고 성취감을 느끼고 종종 흥미도 생긴다. 어렵고 수수께끼 같은 문제를 해결하는 방법을 최종적으로 알게 되는 환희의 순간에는 자긍심을 갖고 그 순간을 기억한다. 이것이 창의성의 스릴 중 하나의 측면으로, 최상의 해결책은 가끔 영감의 섬광(혼란한 기간이나 아이디어의 고갈 이후)으로 다가오므로, 이러한 방법으로 모든 좋은 해결책에 도달할 수 있다고 믿게 된다 : 진정한 창의성은 문제에서 해결까지 통제할 수 없는, 행운의 갑작스러운 정신적 도약이다.

문제에서 해결안까지의 간격을 건너뛰어 이동하는 것은 큰 도약(비-트리즈)이 될 수도 있고 관련된 해답(트리즈)을 향한 올바른 방향으로의 작은 단계의 질서정연한 과정이 될 수도 있다. 올바른 해결안으로 이동하는 것은 이전의 유사한 문제에서 성공적인 해결안의 청사진에 따라 올바른 장소에 건설된 다리를 건너는 것과 같다. 이 다리는 2장에서 설명하는 트리즈의 프리즘이다.

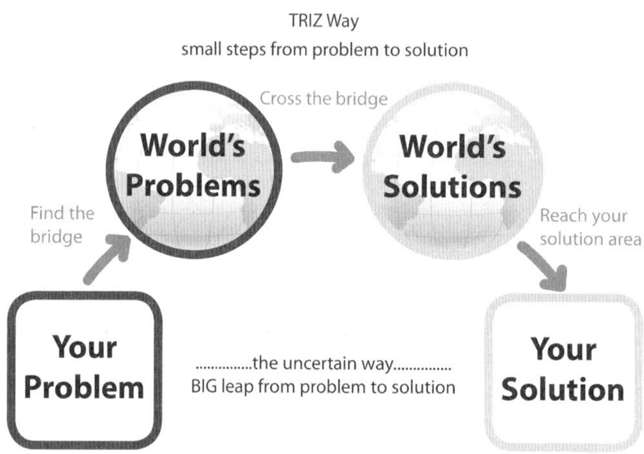

문제 해결에서 트리즈의 역할은 문제에서 예측 가능한 해결안으로 여행하는 것과 같아서, 올바른 방향을 지시해 주며, 원할 때는 언제나 문제를 풀 수 있도록 해 준다 - 즉 관련된 문제 해결 영역으로 확실히 여행하는지, 요구한 대로 문제를 풀 수 있는지 등이다. 이것은 관련 지식을 추가함으로써 트리즈의 개념적인 해답보다는 실질적이며 현실적인 해답으로 전환할 필요가 있다.(실용적 해결안을 위한 트리즈 개념의 성공적 변환에 대하여는 트리즈 사례연구를 보라).

트리즈의 프리즘 다음 단계에서 상관없는 혼란한 정보를 버리고 소수이지만 관련된 해결책으로 이동할 수 있도록 진짜 문제에 집중해야 한다. 소수의 관련된 개념적 해결책을 쓸모 있는 해답으로 전환하기 위해 우리의 지식을 추가함으로써 실질적이고 실용적인 해결안을 개발해야 하지만 그전에 문제의 정확한 특성을 정의하는 데 집중할 수 있도록 하는 몇 단계의 훈련이 있다.

나는 천재다 - 나는 트리즈적 사고가 필요하지 않다.

요구에 대한 체계적인 문제 해결은 자신들이 '본능적 문제 해결사'라고 믿는 사람들에게는 매우 달갑지 않은 생각이 될 수 있다. 왜냐하면 약한 두뇌력 때문에 서로 연합하여 옳은 결정을 내리는 타인들보다 자신들이 더 우수하다고 간주하기 때문이다. 이것은 문제를 해결하는 데에 요구되는 논리, 지도, 순서가 없다는 것을 의미하며- 어렵고 까다로운 문제를 해결할 수 있는 특별한 두뇌를 가진 현명한 사람만이 할 수 있다고 여기기 때문이다. 과학 분야의 유명한 위인들은 획기적인 업적에 대해 자주 자신들의 총명함을 강조하여 말하지만, 수년에 걸친 관련 교육과 세심한 작업에 대해서는 언급하지 않는다. 수백 년 전을 되돌아보면, 예술가들은 그들의 성취가 그들의 준비된 천재성에서 비롯되었으며 과거로부터의 배움이나 자신들의 성과에 아무런 기여를 하지 않은 다른 사람들로부터 수년간에 걸친 수습과정의 결과라는 모든 증거를 파괴하려는 사람들에 관한 이야기가 있다. 모차르트와 같은 어린 신동마저도 자신의 창의력이 나타나기 전까지는 제도 하에서 엄격하게 교육받았다.

고유의 과학적 또는 문제-해결 천재들에 대한 이러한 신화는 실제와 가공의 등장인물들에 대한 문제-해결 이야기로 더욱 강조된다. TV 시리즈 'House'에서의 의사 또는 셜록 홈스와 같은 탐정처럼 가공의 영웅들은 종종 우수한 지적 능력뿐만 아니라, 관련된 사실에 초점을 맞추어 신비로운 문제를 해결하는 특별히 '타고난' 문제 해결 능력을 보유한 것으로 강조된다. 이것은 그들이 문제를 해결책으로 점프시킬 때 종종 완벽한 두뇌로부터 답을 발견한 것처럼 보인다는 상상인 것이다. 그러나 자세히 분석하면 꼼꼼하게 체계적으로 관련성이 높은 정보와 관련이 없는 정보를 식별하고 자신의 타고난 능력을 체계적으로 사용하고 있음을 묘사하고 있다. 이것이 올바른 연결 관계를 만들고 올바른 지식이 의미를 갖게 하며 문제에 집중하는 자기 수양을 주입하고 가능한 해결책으로 곧바로 뛰어들지 않도록 한다. 알츠슐러는 우리는 모두 이런 타고난 능력(우리들 중 다수가 깨달아야 하지만)을 갖고 있고 살인사건의 미스터리를 해결할 수 있다고 말했다. 알츠슐러는 셜록 홈스 접근방식이 매우 좋으며(셜록 홈스가 영리해서가 아니고) 설익은 해결안으로 잘못 뛰어들지 않기 때문이라고 말한다. 홈스는 관련 사실들을 신중하게 방법론적이고 체계적으로 분리하고 인지하고 집중하여 문제를 해결하였다. 셜록 홈스의 접근 방법은 어떤 마법, 타고난 능력이 아니라 누구나 깨달을 수 있고 취할 수 있는 엄격한 논리('트리즈 사고'처럼) 중 하나이며 가치 있는 것이다. 트리즈는 홈스처럼 생각하는 방법을 가르친다.

엔지니어링 팀들이 트리즈를 함께 배우고 그들의 문제 해결 능력을 획기적으로 증진하려고 할 때 만일 챔피언 문제 해결사(다른 누구보다 더 많은 아이디어를 제시할 수 있는 사람)가 있으면 그들은 다른 사람들보다 앞서 가게 된다. 이것은 트리즈가 문제 해결 능력의 곱셈이기 때문이다. 트리즈에 뛰어난 재능을 보이는 사람들에게 트리즈는 그들을 보다 똑똑하고 빠르게 만들며 어려운 문제를 느리게 해결하는 보통 사람들에게는 올바른 답을 얻기 위한 검증된 방법을 제공한다. 그러나 중요한 점은 비록 '영웅 문제 해결사'가 가치는 있지만 트리즈로 훈련된 엔지니어와 함께할 때는 빨리 결론을 내는 영웅은 필요 없다 - 모든 엔지니어들이 팀워크를 이루며 훌륭한 문제 해결사가 되면 모든 문제가 해결될 수 있다.

모두 함께 효과적으로 꾸준하게 노력하면 - 개별적 노력도 이행된다
- 스스로 전문화된 영웅이더라도

3.2 트리즈 개념적 해결책

유해작용 – 24가지

1. **제거** – 유해성 축소 6가지
2. **정지** – 유해성 차단 11가지
3. **전환** – 유해성 전환 4가지
4. **수정** – 유해성 수정 3가지

모든 유익한 해결책의 본질은 어떻게 문제를 해결하는가에 대한 매우 일반적인 촉진제를 제공해주는 트리즈 개념 해결책에 포함되어 있다. 특정 문제에 대한 소수의 올바른 트리즈 해결책 개념(이 목록에서)을 올바로 선정하는 것은, 유익한 좋은 해결책을 발견할 수 있는 특별한 장소를 보여주며, 관련 경험과 지식을 추가함으로써 실용적이며 쓸모 있게 될 수 있음을 보여준다. 그러므로 뭔가 '해로운'것을 가진 시스템이 있다면 24가지 단계를 통해 유해성을 극복할 수 있다. 예를 들어, '잇몸을 해치는 칫솔'이라고 문제를 정의하면 유해성을 갖고 있다는 것이다. 이러한 유해성을 처리하기 위하여 단순히 칫솔 설계와 치아 청소 과정에서 나타나는 유해성에 대하여 유해 작용 24 해결책 개념을 하나하나 시도해 볼 것이다. 그렇게 되면 문제를 해결하기 위한 모든 가능한 이론적 해결책을 탐구했고 우리의 도전이 실제적인 해답을 얻게 되리라는 것을 알게 될 것이다.

트리즈 해결책 개념으로 유해성을 처리하는 능력은 기술 시스템들에는 곧바로 적용되지 않는다. 이러한 강력한 목록은 유해성이 포함된 관리, 비즈니스 또는 사회 문제 등에 사용할 수 있다. 그것들은 아래 그림에서 보여주는 일상생활에서처럼 유해성을 제거, 차단, 전환하는 것으로 알려진 모든 개념적 방법들이 제시된다.

문제에 대한 여러 트리즈 해결책 – 유해성의 중재가 바로 하나다.

시간과 규모에 대한 사고

문제 해결의 시작 단계에서 두 가지의 가장 간단하고 강력한 트리즈 도구를 사용한다, 이상적 결과물(Ideal Outcome)은 원하는 것을 이해하게 하고 시간과 규모의 사고(Thinking in Time and Scale)는 문제의 맥락(시스템 연산자 또는 9-박스로 불린다)을 매핑하기 위한 것이다. 이 시간과 규모에 대한 사고는 문제와 관련된 많은 큰 이슈들을 이해할 수 있게 하고, 관련 해결책의 범위 내에서 찾을 수 있는 여러 장소와 시간이 있음을 알 수 있게 해 준다. 어떤 문제들은 어려운 것이 아니라 단지 복잡하고, 문제를 9-박스로 매핑하면 초기의 혼란스런 이슈들을 이해하는 데 도움이 되고, 그렇게 되면 문제의(증상이 아닌) 근본을 해결할 수 있다. 우리가 복잡한 상황을 더 잘 이해하면 많은 해결 가능한 것들을 분류할 수 있게 되고 때로는 우리의 상식으로도 문제를 해결할 수 있게 된다.

규모에 대한 사고는 문제를 해결할 장소를 조명해 준다. 모든 수준에서 많은 좋은 해결책들이 존재한다 - 시스템의 수준에, 또는 요소의 세부 수준(하위 시스템)에, 또는 상위 시스템의 큰 그림 속에 존재한다. 시간에 대한 사고는 시스템을 사용하는 과정에서 해결책에 이르기까지 많은 다른 시간이 있음을 이해하는 데 도움이 된다. 이것은 사전(치료보다는 예방이 좋은 경우), 기간 중(상황에 대응하는 선택)과 종료 후(예방하기 어려운 것을 고정하거나 처리하는 해결책이 필요)를 포함하고 있다. 예를 들어 9-박스 해결책 지도(4장 참조)를 가르칠 때 엔지니어들에게 시간과 규모(9-박스 사용)를 사용하여 F1 경주 운전자의 사망 또는 심각한 부상을 막을 수 있는 많은 해결책들(또는 상상 가능한)을 다음 페이지에 표시되는 9-박스 시트 양식을 채워 구성해 보라고 한다.

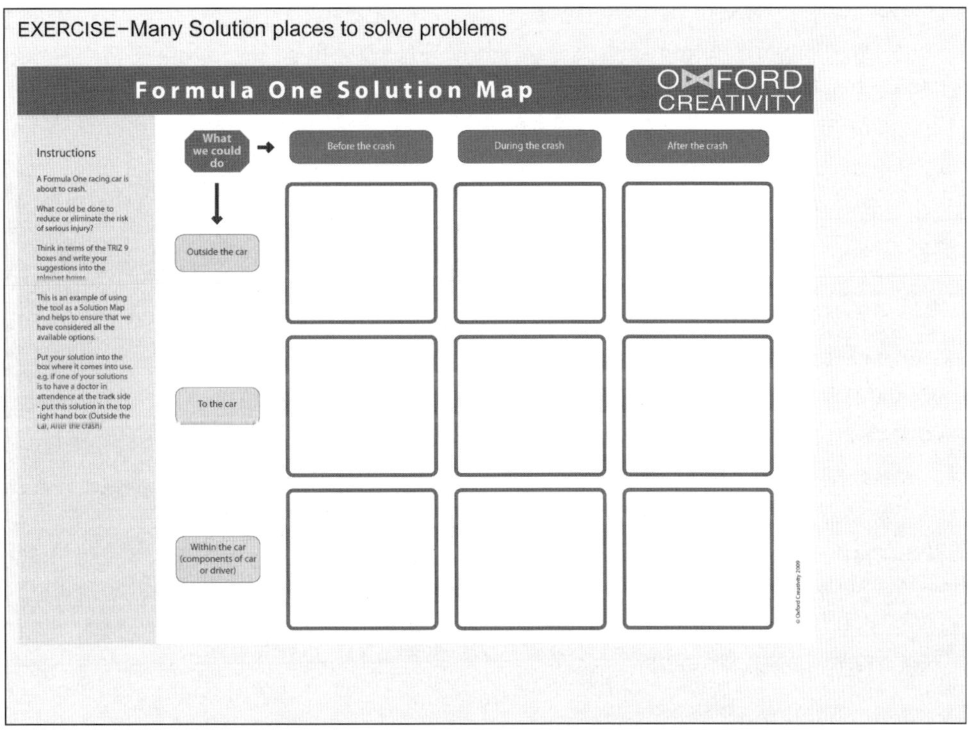

어느 문제나 많은 해결책이 있다

모든 가능한 해결책에 대한 사고(트리즈적 해결방식이든 아니든)를 시간과 규모로 분류하면 해결책의 부적절한 좁은 선택을 방지하는 데 도움이 된다. 이는 트리즈 방식으로 해결된 문제에서 자주 나타나는 특징이다 - 폭넓은 저인망식의 해결책이 최상의 결과를 가져온다. 예를 들어, 글로벌 식품회사에서 공업적으로 빵을 굽는 문제는 매우 저렴하고 간단한 해결책을 제시한 트리즈로 해결되었다. 이 문제에 봉착한

> 트리즈는 우리가 불완전한 해결책을 고집하더라도 항상 전문지식과 자신의 아이디어 영역 밖을 볼 수 있도록 도와준다 - 왜냐하면 그들이 우리들의 것이기 때문이다. 트리즈를 통해 경험 이외의 다른 분야에서 이미 존재하거나 문서화되어 있을지 모르는 더 나은 해결책을 찾을 수 있다.

엔지니어는 9-박스 사용에 관하여 더 저렴하고 더 나은 해결책을 찾기 위해 그녀의 회사에서 지식을 공유했던 이야기를 들려주었다.

문제는 비스킷을 상업적인 규모로 만들 때 비스킷의 가장자리가 너무 탄다는 것이다. 공정의 엔지니어는 가장자리 트리밍 기계(불탄 조각을 말끔히 제거하는)의 구매 승인의 마지막 단계에 있었다. 이렇게 비싸고 불완전한 해결책을 승인하기 전에 트리즈 회합이 대안을 찾는 데 도움을 주었다. 이것은 첫 번째의 명백한 해결책을 벗어나 누군가가 이 문제의 다른 해결방법을 알고 있는지 확인하는 데도 격려가 되었다. 이 경우에서처럼 종종 더 나은 해결책이 처음 시작 팀의 지식을 뛰어넘어 발견되곤 한다. 즉 엔지니어가 크고 고가인 복잡한 트리밍 기계를 절대로 설치하지 않아도 된다는 의미이다. 그 이유는 다른 부서의 여성 화학자 한 사람이 더 나은 해결책을 제공했기 때문이다. 그녀는 우리가 필요로 하는 모든 것은 바로 빵을 굽는 온도에서, 특히 가장자리에서 밀가루 타입을 타지 않는 것으로 바꾸는 것이라고 설명하였다. 대부분의 제빵사(가정과 공장)들은 문제를 자신들의 지식으로 해결할 수 있다. 엔지니어들도 해결책을 가지고 있었지만, 이상적인 것과는 거리가 멀었다. 문제 해결을 위한 원래의 팀에게 아무리 문제 해결 시간과 브레인스토밍이 많아도 그들 자신만의 지식과 해결책으로만 접근한다면 비용 대비 효과적인 해결책을 생산하지 못하게 된다.

문제가 해결되면 트리즈는 비교적 빨리 대부분(모두는 아님)의 좋은 대안 해결책들로 구분하고 이런 중요한 결정을 전문적인 한 분야에만 국한하도록 내버려 두지는 않는다. 나는 케이크를 손상하거나 잔여물을 남기지 않고 케이크 금형을 비우는 복잡한 문제 해결에 참여하였다. 2일간에 걸친 트리즈 기능분석은 케이크를 분리할 때 불충분한 작용이 있음을 보여주었는데 진동이라는 장을 추가하도록 제시된 옥스퍼드 표준해를 사용하여 해결하였다.(케이크 깡통을 가볍게 두들겨 손대지 않고도 내용물을 제거한다는 것을 집에서 누군가 자기 어머니에게 알려주었다면 좋았을 텐데 왜 안 했는지 궁금하다). 유사한 문제가 핵 산업에도 있었는데, 핵 오염 물질을 원격으로 이동시키는 긴 제어봉이 불충분하게 동작하는데 - 부족하면 진동을 추가하라는 트리즈 35 해결책을 적용하여 아주 간단히 문제를 해결하였다.

펄스의 힘이 많은 시스템을 보조한다

해결책 공유를 위한 트리즈

한번은 자동차 회사에서 문제를 해결할 때였다, 한 곳에서 천을 계속 잘라내는 작은 커버가 고장 나는 문제를 해결하는 연구를 하고 있었다. 문제 해결 모임에서 나는 그들이 천이 배치된 방향으로 커버를 자를 때 질문했다. 만일 대각선 방향으로 십자형으로 자른다면 펼쳤을 때 좀 더 유연해지고 아마도 찢어져 고장 나지 않을 것이라고 제안했다. 우리가 해결한 이 문제는 기본적인 재단기술을 알고 있는 사람이라면 이 작업을 수행하는 방법을 알고 있지만, 이러한 기술이 거기에 근무했던 엔지니어 누구에게도 공유되지 않았다. 그러나 같은 팀의 여성 엔지니어 한 명이 가끔 신는 값싼 부츠 커버의 원료인 천과 관련된 또 다른 문제를 최근에 해결했다는 점을 인정했다. 문제는 재료가 아무 데서나 접히지만 필요한 곳에서는 접히지 않는다는 것이다. 여성 엔지니어는 윈도우 블라인드에 사용되는 간단한 디자인 트릭을 적용하자고 제안했고 접힘이 요구되는 곳에서 간단히 한 줄의 솔기를 바느질함으로써 문제를 해결했다.

트리즈로 문제를 해결할 때에도 훌륭한 경험과 지식을 가진 사람을 포함하고, 가능하다면 언제나 한 문제 영역에서 비전문가들을 포함하는 것이 현명하다. 우리가 설계 및 공정 문제를 갖고 있는 많은 기업에서 트리즈를 사용할 때 폭넓은 경험, 서로 다른 영역의 전문지식을 요구했는데 때로는 순진함이 유익할 때도 있다.(신규 졸업생들은 많은 제약조건 하에서 문제를 생각하는 법을 배우지 않아서 아직도 할 수 있다는 태도가 이런 일에 적격이다.) 팀 내의 광범위한 경험과 지식을 바탕으로 여러 분야에 트리즈 해결 방아쇠가 적용되며, 이것이 실제로 많은 다른 분야에도 적용되고 광범위한 좋은 해결책을 낳게 된다. 이것을 달성하는 한 가지 방법은 그들의 전문가 팀들과의 회합에서 두 가지 서로 다른 문제를 각자 해결하도록 하는 것이다. 팀들은 그들이 가진 문제와 자신들이 알지 못하는 다른 팀의 문제를 해결하도록 요구받는다. 이것은 자신들이 가진 문제는 해결하기 어렵고(많은 제약조건에 익숙하므로) 다른 팀의 문제는 항상 하찮은 것이라는 심리적 관성을 타파해야만 성공을 보장해 준다. 우리는 다른 사람의 문제에 자신 있게 여러 가지 (순진한) 답변을 제공할 수 있다 - 일부는 좋은 해결책을 위한 출발점을 형성한다.

다양한 팀 구성원이나 다른 팀원들로부터의 광범위한 경험이 항상 도움된다. 공개 트리즈 강좌에 온 내수용 소형 엔진을 생산하는 중소기업의 한 엔지니어가 엔진의 소음(규정 변경으로)을 줄여야 하는 문제에 봉착했다. 그녀는 자신의 회사에서 온 유일한 사람이지만 강좌에는 여러 항공 우주 엔지니어도 포함되어 있었다. 그녀가 문제를 기술하자 항공엔지니어들은 웃음을 터뜨리며 답은 간단하다고 했다. 그냥 공기 흐름을 보세요 - 그들은 관련 전문 지식을 가지고 있고, 그녀는 그렇지 않았다. 그녀는 그들이 그녀를 도와 개발한 해결책에 대해 기뻐했다. 그녀는 항공 산업에서는 자명하여 그들은 답을 잘 알고 있었지만 그녀는 그렇지 않다는 사실에 전혀 당황하지 않았다. 트리즈의 프리즘과 같은 트리즈 창조성 트리거(Triz Creativity Triggers)는 다른 사람이 해답을 갖고 있을지도 모르므로 산업과 전문 분야의 외부에서 답을 찾아볼 것을 권장한다. 다른 산업에서 입증된 해결책을 찾는 것은 인터넷과 특허 데이터베이스를 온라인으로 검색하는 것보다 쉬운 일은 아니지만 어떤 엔지니어에게는 가치를 잴 수 없는 보물창고인 것이다. 요즘은 최상의 답을 찾을 수 없다는 식의 변명은 통하지 않는다: 부적절한, 따라서 불필요하게 비용이 많이 드는 해결책은 과거의 일이 되어 버렸다.

연합팀들과의 문제 해결 모임에서 요구사항이 무엇이고 시스템이 제공하지 못하는 것이 언제 어디에 있는지를 모두가 이해한다면 해결책은 보통 다음의 간단한 몇 개의 조합만으로도 해결된다:

TRIZ 해결 방아쇠

올바른 관련 지식과 상식

3.3 트리즈 문제 해결 논리

내가 트리즈의 문제 해결과 논리의 간결한 힘을 높이 평가하게 된 것은 언젠가 트리즈를 사용한 직후였다. 그것은 매우 간단했으나, 아직은 트리즈 문헌이나 교육 또는 내가 간과했던 어떤 방법론 등이 명확하게 기술되지 않았을 때다. 문제가 시스템과 필요성/요구사항/얻고자 하는 이득 간의 차이라는 점은 간단하고 분명하다. 내가 이것을 문득 깨닫게 되었고, 아래와 같은 간단한 그림을 그렸다.

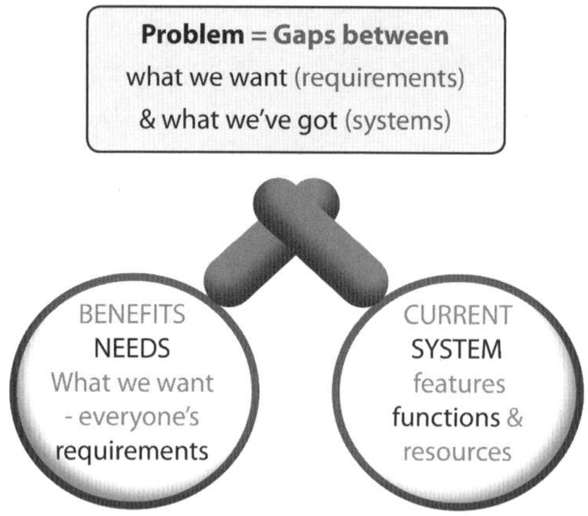

시스템은 (자원을 이용하여) 요구를 충족시키기 위한 이득을 가져다주는 기능을 제공하기 위해 창조된다. 요구사항과 시스템의 결과물 사이에 불일치가 있을 때마다 문제가 발생한다. 이러한 불일치는 가격(실제의 입력물)과 우리가 지급 또는 투자하려는 것 간의 차이, 그리고 결함, 유해성, 모순 등을 포함하고 있다.

문제를 해결하기 위해 시스템과 그 시스템의 작동방법, 요구조건을 충족시키는 방법을 이해해야 하고 또한 추가로 추구하는 요구사항이나 이득을 잘 이해해야 한다. '우리가 가진 시스템' 및 '원하는 시스템' 모두를 정의하고, 그들 사이의 간격을 좁히는 문제를 해결하는 데에도 트리즈를 사용할 수 있다. 시스템을 분석하는 데는 트리즈의 시간과 규모에 대한 사고가 요구되고 (문맥상), 시스템의 기능과 관련한 세부 사항(좋은, 나쁜, 부족, 누락)을 이해하기 위해서는 트리즈 기능분석이 필요하다. 요구사항을 이해하는 것은 트리즈 이상성 감사를 통해서 달성할 수 있으며, 적절한 분석을 수행하지 않으면 요구사항을 잘못 충족시키거나 중요한 요구사항을 간과할 수 있다. 중요한 요구사항/필요성을 느슨하게 정의하는 경우, 그리고 요구사항 중 일부만 충족시키고 전체적으로 부적절한 시스템을 제공하는 상황들이 발생할 수 있다.

그러므로 문제를 이해하는 것은 요구사항(우리가 원하는)과 시스템 간의 차이를 단순히 정의하는 것이며, 트리즈 문제 해결은 그 차이를 근접시키고, 시스템이 제대로 작동하도록 하는 것이다. 트리즈 문제 해결 도구함은 회사 내의 다른 어떤 도구함보다 더 우선하며 트리즈를 응용함으로써 그런 일을 강화해 준다. 더구나 트리즈는 문제가 어떻게 해결되는지를 특이하게 보여준다. 이것은 트리즈 해결책 개념 목록 중 하나 이상을 적용하고, 지능적이고 체계적인 자원의 활용 경험을 사용함으로써 가능하다. 문제를 잘 이해한 후 한 번에 하나씩 해결할 수 있는 간결한 문제 목록에 집중해야 한다. 그런 다음에 각 문제에 대한 트리즈 문제 해결 과정을 따라 하면서 문제를 풀 때 우리에게 도움이 되는 관련 트리즈 해결책 개념의 작은 번호를 찾아보면 된다.

원하는 모든 것을 확실히 정의하라

문제를 이해하라 - 흥미가 있는 곳은? 우리는 해결책을 좋아한다

문제 해결을 시작할 때는 - 시스템 분석이나, 요구사항/필요성 분석부터 할 것인지, 또는 이상성의 정의부터(우리가 원하고 시스템이 개발되기를 바라는 방향을 개략적으로 정의) 할 것인지 - 우리에게 일어나는 해결책을 파악할 필요가 있다. 많은 가치 있는 문제의 이해, 시스템 분석, 근본-원인, 요구사항-포획 도구함들(비 트리즈)은 문제를 이해하는 데 큰 힘을 준다 - 요구사항이든 시스템이든 - 문제를 해결하여 일치시키기 전에. '해결공학'이 받아들여질 때까지 항상 해결책/아이디어를 파악하는 일은 어려운 과정이다. 문제 해결은 브레인스토밍 모임 기간 내의 매우 짧은 시간에 일어날 수도 있고 또는 연구부서(사내 및 대학)에서 매우 오랜 시간에 걸쳐 일어날 수도 있다. 문제 해결 단계를 아웃소싱하거나 시간표 작성에만 기대면 전원이 참여할 때 문제를 이해하는 첫 순간부터 일어날 수 있는 자발적인 많은 좋은 아이디어를 상실할 위험이 있다. 문제를 포착하기 시작할 때마다 우리의 뇌가 열심히 작동하여 문제를 효과적으로 해결할 수 있게 노력한다. 어쩔 수 없이 해답(요구사항에 잘 맞는 시스템)을 이끌어 내지 않을 수 없다. 비록 그것이 따라 해서는 안 될 것 같으면서도 쉽게 따라 하는 형식적인 문제 해결 과정이더라도. (모든 채소를 다 먹기 전까지는 조금의 푸딩도 없다 - 또는 문제가 정의될 때까지는 문제 해결의 재미는 없다는 것과 마찬가지다.) 이러한 상황에서는 영리한 엔지니어들이 쏟아내는 자발적인 해결책은 파기되거나 무시되기 일쑤다. 이것은 문제를 부분적으로만 이해하는 것은 문제 해결의 시작점으로는 가치가 있으나 많은 해결책이 큰 손실로 될 수 있다는 의미이다(최종 종점이나 선택한 방향뿐만 아니라 반쯤 만든 해결책이 트리즈 과정을 통해 실제 해결책으로 전환하는 데 도움이 되는 좋은 아이디어의 상실을 의미한다.)

자발적인 나쁜 해결책

대부분의 엔지니어는 문제 자체보다는 해결책에 대해 집착하는 경향이 있다. 엔지니어들에게 문제를 기술하라고 하면 시작한 지 몇 분 후 자신들 두뇌의 일부분으로부터 해결안을 듣게 된다. 왜냐하면 그들은 답을 먼저 생각하지, 자신들의 현명한 아이디어를 내거나 그것들을 어떻게 전개해야 할지에 대해서는 어려워하기 때문이다. 이런 현상은 정상적이다. 문제를 설명하는 사람조차도 가끔은 그들 자신만의 해결책 용어로 문제를 제시하려 한다. '우리는 이 작업을 할 필요가 있다' 또는 '문제는 이것이고 이렇게 할 수 있다' 또는 '어떻게 이것을 달성할 수 있을까?' 등이다. 문제를 설명하는 임무가 있는 사람이 문제를 자신의 해결책과 함께 조언하고 문제를 설명하는 동안에 해결책 모드로 점프하는 것은 피할 수 없는 것처럼 보인다. 문제 진술서에 해결책을 포함하지 않도록 확인하라.

나쁜 해결책 또는 못생긴 아이들

우리는 무두 자신들의 해결책을 사랑한다 - 문제 해결을 위한 모임에서 모두에게 그들을 '나의 못생긴 아이' 또는 '나의 잘못된 해답'이라고 부르게 한다. 왜냐하면 자신의 해결책이 항상 좋아 보이고 사랑하게 되기 때문이다(우리가 그것들을 만들었으므로); 그러나 다른 사람들은 모두 무엇이 잘못되었는지 알 수 있다. 우리가 일단 자신의 해결책에 몰두하면 다른 어떤 것에 대해 집중하는 것이 어렵다. 해결책은 창의성과 경험의 천재성에서 나왔다. 모든 해결책은 좋은 면과 나쁜 면 둘 다 갖고 있다.

엔지니어들은 문제에 대하여 우선 해결책을 생각하도록 훈련되어 있으므로(문제를 더 잘 분석하려는 과학자들과는 달리), 많은 공학적 문제 해결 도구가 그런 자연스러운 행동을 억제시키는 것은 흥미로운 일이다. 그 이유는 엔지니어들이 문제 해결 모드로 일단 들어가면 문제에 대한 충분한 정보를 요청하지 않는 경향이 해로운 것처럼 보이기 때문이다. 이 문제를 극복하는 아주 간단한 방법이 있다 - 우리는 모든 즉흥적 해결책 아이디어를 '나쁜 해결책'이라 부르고 그 아이디어들을 붙잡아 나쁜 해결책 공원에 주차시키는 방법이다. 이것은 문제에 대한 이해가 진행되는 사이에 그 아이디어들을 잠시 잊을 수는 있지만 절대 잃어버리지는 않도록 확인시켜 준다. 문제를 해결하는 일은 엔지니어가 제일 잘하는 일이지만 이것을 찾는 일에 더 만족을 느낀다. 기묘하게도 이런 방법이 엔지니어들이 스스로 즐기며 재미있어하는 방법이다.

(옥스퍼드 창조 트리즈 작업 10주년 기념 축하로 어떤 파티가 좋을지 트리즈 동료들에게 요청했는데 그들은 모두 문제 해결 파티를 요청했다.)

나쁜 해결책 공원

모든 해결 아이디어들이(문제가 이해되기도 전에) 나와서 다시 문제가 되어버릴 것이 거의 확실하므로 자기 생각을 내세우는 사람들에게 겸손한 척 장려하기 위해 그 아이디어들을 나쁜 해결책이라 부른다. 해결 시스템을 요구사항과 어떻게 충족시키느냐에 대한 분석은 좋은 것이지만 - 불충분, 유해성, 중요 요구에 대한 불일치와 같은 나쁜 것도 있다. 나쁜 해결책들은 좋은 상태를 유지하도록 설계되었으나 나쁜 무엇인가를 처리하는 문제 해결 과정이 트리즈 모순의 출발점이다. 트리즈적 사고의 예를 들면, 모든 유해성은 가능하면 좋은 방향으로 변하도록 하는 자원으로 간주하도록 제안하고, 나쁜 해결책들은 모든 문제 해결 모임에서 붙잡고 수확해야 할 매우 귀중한 자원이다.

옥스퍼드 창조성에서는 트리즈 문제 해결 모임에 도입된 나쁜 해결책 공원을 우리가 했던 트리즈 문제 해결의 기본 논리와 관련된 모든 사항으로 변형시키는 과정이다. 이 간단한 속임수 또는 도구가 방안의 모든 사람으로부터 강력한 아이디어를 재빨리 붙잡을 수 있게 한다. 규칙은 모든 사람들이(극히 짧은 시간에) 떠오른 모든 해결 아이디어를 재빨리 대충 써내려가고 나쁜 해결책 공원에 주차시키는 것이다. 신속하게 아이디어를 적어 둔 후에는 문제를 분석하고 이해하는 마음으로 되돌아갈 수 있다. 이는 모든 사람의 강력한 통찰력을 획득할 수 있지만, 문제의 면밀한 이해 과정을 방해하지도 않는다. 해결책이 덜컹 주차되면 아이디어는 일시적으로 잊어버리고(손을 놓고) 차후에 되돌아갈 수 있다. 즉각적이지만 부적절한 해결책 개발을 억제할 수 있는 방법의 하나는 모든 해결책을 나중에 고려하고 아이디어가 손실되지 않도록 명확히 하는 것이다. 이런 아이디어들을 나쁜 해결책으로 라벨링해 둠으로써(아주 좋은 것이라도) 사람들에게 그들의 아이디어를 붙잡도록 요청은 하지만 아무튼 판단하거나 평가하지는 않는다 ; 모든 아이디어는 얼마나 나쁜지, 좋은지, 사소한지, 괴짜인지 또는 비현실적인지 상관없이 즉시 허용된다. 나쁜 해결책 공원은 모든 아이디어를 나중에 필요하면 분석할 수 있도록 스티커 같은 단순한 시트 같은 곳에 아무렇게나 써 놓은 형식을 취할 수 있다 - 또는 그것이 얼마나 나쁘고 좋은지를 보여줄 수 있는 후속조치 분석을 써 놓을 수도 있다.

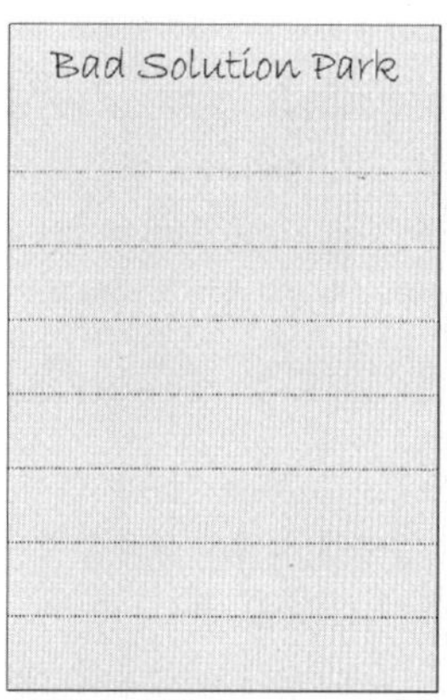

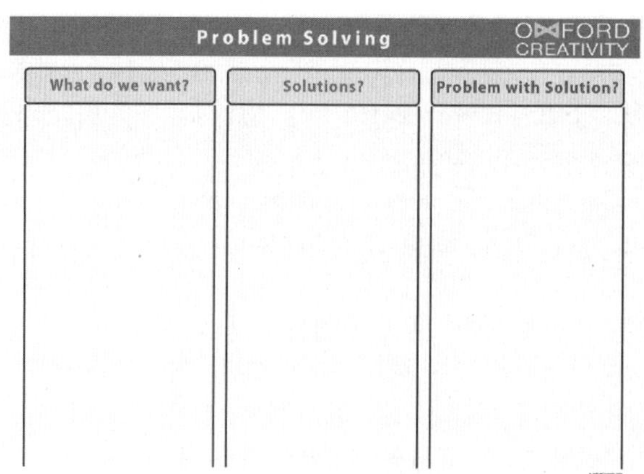

다른 팀원으로부터의 다른 아이디어

최고 수준의 해결책을 변형하고, 실현하고 전달하는 것은 처음에는 나쁜 해결책을 문제 해결을 위한 트리즈 도구함으로 사용하고, 트리즈 개념에 자원을 추가하여 더 좋은 해결책으로 바꾸어 간다는 것을 의미한다. 이런 점에서 팀이 중요한데 왜냐하면 나쁜 해결책이 다른 사람들의 다양한 통찰력으로부터 새로운 활력과 응용을 얻을 수 있기 때문이다. 팀의 생각은 서로의 해결책을 변형하고, 조합하고, 개선하고 해결책 개념을 사용한 새로운 방법을 관찰하는데 가장 큰 자원 중 하나이다. 모든 팀 구성원은 각 문제에 대해 다른 해결책으로 바라보게 된다.

팀이 함께 문제를 풀기 시작할 때 개별적 해결법과 아이디어들을 갖고 있는 모두를 해결책을 찾는 전쟁터로 인도하는 것은 매우 가치 있는 일이다.

우리는 문제 해결에 뚜렷하게 좋은 해결책을 갖고 있을 수 있다

공학적 천재가 나쁜 해결책 공원에 붙잡혀 있다.

문제 해결 모임이 시작되자마자 모두는 모든 해결책이 나오는 즉시 붙잡아 주차시켜야 한다.

이것은 매우 가치 있다. 왜냐하면 :

- 각 팀 구성원의 모든 해결책은 개별적이며, 현명한 이해, 그리고 그들에게 제공되는 시스템과 필요성 두 가지의 분석이 모두 포함되어 있다.
- 현명한 해결책은 여기 참석한 모든 사람이 만든다.(이 과정은 항상 모든 팀원의 아이디어에서 나온다) - 이것이 나쁜 해결책 공원을 채운다. 다른 문제 해결 도구함과는 달리 이것은 문제를 찾는 과정이 시작점(끝이 아닌)이다.
- 전체 해결책 공원은 모든 사람의 창조물과 공학적 천재의 저장소이다 - 각 해결책은 각 개인의 독특한 경험에서 나온 지식을 포함한다.
- 가장 좋은 해결책은 보통 사람들의 해결책을 결합하여 나온다.

트리즈 문제 해결 과정의 시작점으로 나쁜 해결책을 사용할 수 있다. 나쁜 해결책은 이러한 과정을 붙들어 두고 믿을만한 가치가 있다 (현재도 빠르게 작동 중).

트리즈 혁신 감사과정 - 문제 해결에서 가늠자의 중요성

> 대기업에서는 감독 되거나 무시되었다고 평가받지 않는 한 혁신이 감사를 받거나 측정되는 일은 거의 없다 - 그것이 아무리 중요하더라도 - 그리고 문제 해결의 가장 중요한 단계에 무슨 일이 일어나더라도

지금까지 드러난 대부분(전부는 아닌)의 좋은 해결책을 확인하는 하나의 방법은 트리즈 문제 해결 감사 과정을 완료하는 것이다: 문제 이해 단계의 각각의 기록, 생각했거나, 시도되었거나, 거절된 모든 해결책 목록이다. 거부된 해결책은 나중에 약간 다른 문제에 도움이 될 수 있으므로 중요하다. 또한 의사결정권이 있는 사람들이 많은 좋은 해결책을 거부하고 나서 나중에 거절된 해결책이 채택되지 않은 이유를 문의할 때, 팀의 업적으로 인정하는 데 도움이 된다. 이것은 엔지니어링 팀이 가능한 모든 좋은 해결책을 찾는 데 실패할 수도 있다는 것을 암시한다 - 특히 신세대의 시스템을 설계할 때 적용된다. 혁신 감사는 엔지니어링 팀이 해결하지 못한 해결책이 있는지 정확히 보여주고, 사용된 트리즈 과정과 도구들, 그리고 후속 조치한 모든 체계적인 혁신 단계의 기록을 보여준다. 또한 혁신 감사는 체계적이고 완전한 문제 해결 과정 (이상성 감사, 나쁜 해결책 공원과 9-박스 트리즈 해결책 공원을 포함)을 모두에게 이해시켜 주고 해결책뿐만 아니라 이 과정의 모든 필수 요소들의 기록을 확인할 수 있게 해 준다. 그것은 체계적인 혁신이 수행되어 그 결과가 제공되었음을 보여준다.

트리즈 문제 해결 감사과정은 전에는 어려워서 커버하지 못한 좋은 간단한 해답이 발견될 수 있도록 돕는다. 때로는 문제에 대한 좋은 답을 찾기 위해 트리즈를 사용하여 팀을 지도한 후에 그들이 '아! 그러나 이것은 분명해' 라고 말하지만, 이러한 해결책이 얼마나 오랫동안 그들을 요리조리 피해 다녔는지를 이야기하면 당황한다. 간단하고 분명하게 보이는 정말 좋은 해결책이 있을 때 돌이켜 보면서 문제의 전말을 이야기하는 것은 문제를 사소한 것으로 보이게 할 수 있다. 그러나 혁신 감사과정을 하고 나면, 문제가 해결되기 전에는, 모든 사람들이 문제가 매우 당황스럽고, 브레인스토밍과 같은 임시방편의 문제 해결 방식으로 해결하기에는 너무 어렵다고 했던 것에 고마워할 것이다. 문제 해결, 특히 어려운 문제 또는 발명문제(우리가 트리즈 없이는 최선의 답을 얻을 수 없을 때) 해결의 단편적 즐거움은 처음에는 혼란스럽지만 실제로는 좋은 해결책으로 나타나는 도전인 것이다.

3.4 트리즈 기본 논리 - 이상성 개선

문제 해결은 발명부터 설계, 제조, 사용, 폐기에 이르기까지 많은 단계가 있고 각 단계는 각각의 시간적 라인과 맥락이 있다. 기본적으로 문제 해결은 4가지 핵심활동의 정확한 완성과 활동들 간의 중복이 필요하다:

1. **필요성을 인식하고 충족시키기** - 모두가 시스템으로부터 원하는 이득
2. **시스템을 개선하거나 제공** - 요구사항에 맞는 올바른 기능을 가진 시스템 제공. 이는 시스템이 실제로 무엇을, 어떻게 전달하는지를 이해하는 것이 요구됨 - 모든 이득(이미 존재한다면), 전달해야 하는 것은 무엇이고 방향은 하위로.
3. **자원을 인식하고 이동하는 것** - 사용 가능한 입력물의 접근성(수용 가능한 비용의 정의- 돈뿐만 아니라, 시간, 공간, 기술, 재료 등). 적절한 때에 입력물을 최소화하라.
4. **불충분하고 유해한 문제 다루기** - 모순 해결, 불충분한 기능 극복, 비용과 복잡성 감소, 유해성 처리(받아들일 수 없는 출력물) 그리고 우리가 원하는 시스템과 그 시스템에 의해 전달하도록 정의된 필요성 간의 차이.

이러한 모든 요소는 트리즈 황금규칙-이상성 방정식-에 요약되어 있고 트리즈 문제의 이해와 문제 해결의 핵심은 상황의 이상성을 실제로 이해하는 것이다.

어떤 시스템에서 원하는 것은 허용 가능한 입력/비용과 기능/출력을 제공하는 시스템 간의 관계나 좋은 것(이득)과 나쁜 것(해로움) 간의 관계 모두로 정의될 수 있다.

이상성 공식은 입력과 출력 간, 좋고 나쁨 간의 균형에 대한 정보를 알려준다. 간단히 말하면 문제를 해결하려고 할 때는 이상성을 높이려고 노력한다는 것이다. 한 가지의 중요한 요소는 이득을 정의하는 것 - 필요성을 충족할 경우에만 이득이고 필요치 않은 출력은 해로움이다. 만일 내가 세탁기를 선택할 때 12가지 세척 사이클 프로그램이 있는 기계에서 4가지 프로그램을 원하면 내가 원하는 네 가지가 바로 이득이다 - 다른 8가지는 해로움이고 아마도 비용과 복잡성을 증가시킬 것이다.

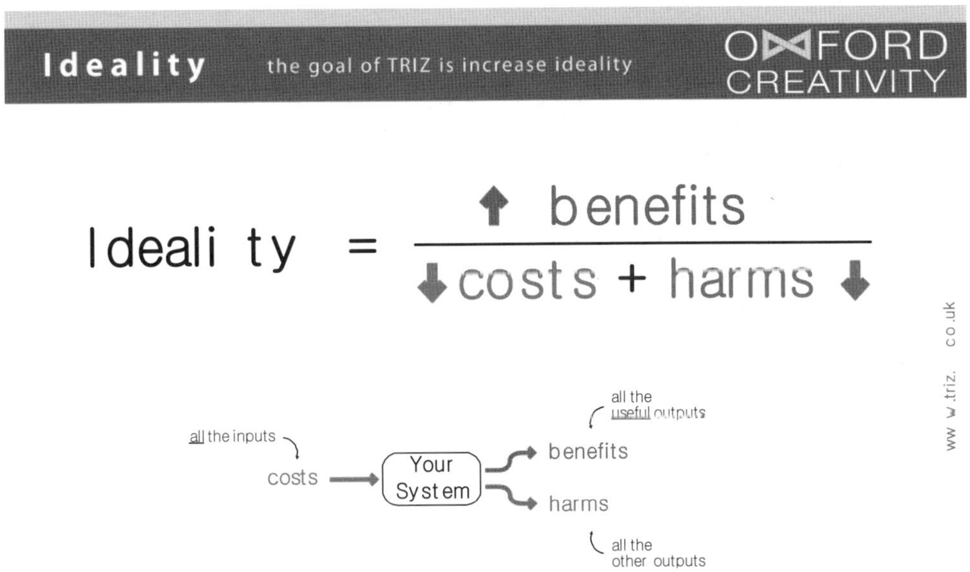

실제로 보통 원하는 이상성부터 시작한다 - 원하는 이득, 준비한, 비용이 드는 입력물과 견디어야 하는 바람직하지 않은 불필요한 출력물(해로움) 등이다. 이 방법은 아무리 복잡하고, 간단하고, 어렵고 단순해도 해결하려는 모든 문제에 대한 매우 간단한 좋은 출발점이 될 것이다.

모든 요구사항을 충족시키는 시스템 선택

시스템을 필요성에 맞게 일치시키거나 이용 가능한 입력물을 출력물과 일치시켜 원하는 이상성을 정의하는 것을 잘 알고 있다. 그래서 자동차를 선택할 때 일련의 요구사항(예산 포함)과 이를 충족시킬 수 있는 시스템의 몇 가지 아이디어를 갖고 있다.

연습 ; 우리가 원하는 이상성을 개략적으로 정의하라.

당신이 오늘 차를 산다고 가정한다. 당신이 차(시스템)를 선택하고 구매를 문의하기 전에 당신이 원하고 만족할 수 있는 출력물 모두를 매핑하는 것부터 시작하라. 차의 용도(시스템)를 찾아보고 당신이 원하는 것을 결정하기 전에 원하는 요구사항을 이해하는 것부터 출발하라.

당신의 요구사항을 처음 기록할 때는 정렬하거나 판단하지 말고, 반대되거나 충돌하는 이득이나 특징(크고 작은) 또는 당신이 감당할 수 없는 요구사항을 인정하라.

이것은 당신이 원하는 것을 확립하는 연습이다 - 어떻게 얻을 것인가에 대한 것이 아니다(이것은 우리가 사려고 하는 어떤 품목에도 적용되고 이러한 접근법은 상품 구매 - 특히 가전제품인 경우, 확실히 혁신적이다).

유익한 많은 시스템 - 우리의 실질적 이득에 진실로 부합하는 하나를 선택해야 한다

시스템은 이득을 제공하는 기능을 제공한다

올바른 시스템을 선택하는 일은 신중히 생각해야 한다. 엔지니어들에게는 시스템의 창조와 개선이 그들의 주임무이다. 우리의 요구에 이득을 전달하는 올바른 기능을 주는 시스템을 창조해야 한다. 이득은 기능에 의해 제공된다. 시스템이 가진 격차나 문제란 부족, 누락, 과다, 불충분, 대립 또는 유해기능이다. 따라서 문제 해결이란 시스템이 원하는 것(더도 덜도 아닌)을 정확히 제공하여 이상성이 확립될 때까지 모든 기능이 올바로 작동하게 하는 것이다; 적당한 비용으로 원하는 것을 얻을 때 격차는 사라진다. 트리즈 해법 개념을 적용하여 문제를 해결할 때마다 격차를 줄이거나 없앨 수 있다.

문제 - 시스템과 요구사항의 불일치가 발생할 수 있는 이유 :

- 처음에 잘못된 시스템을 선택한다 ;
- 시스템이 처음부터 절대 올바르지 않다 ;
- 시스템이 변했다(시스템이 어떤 방식으로 수행해야 할 성능이 멈춘다) ;
- 요구사항이 변하여 이전에는 허용되던 시스템의 성능이 더 이상 변화하는 조건에 부합하지 않는다(소음이나 오염에 대한 새로운 규정, 까다로워진 조건, 변화하는 시장 등).

문제 해결은 또한 시스템이 요구사항(발명)에 일치하게 하거나 최소 비용과 자원을 시스템에 제공하도록 추구하는 것이기도 하다. 이것은 모든 문제에 적용된다 - 기술적, 개인적, 가정적, 사회적, 재정적, 관리 등이다. 트리즈 문제 해결은 최소 비용이나 자원으로 또 원치 않는 불필요한 산물을 최소화하도록 시스템을 구축하고 개선하여 요구사항에 더 잘 부합하게 하는 것이다. 무엇을 발명하기 전에 먼저 시스템이 이미 존재하는지 확인해야 한다. 트리즈 철학은 옛날의 토지 위보다는 현존하는 기술(혁신) 위에 집을 짓는 것과 같다. 원하는 기능을 식별하여 현존하는 시스템을 체계적으로 찾아내면 요구된 기능을 전달하는 모든 시스템을 찾아낼 수 있다. 유명한 발명에서 우연히 이루어진 조합에 익숙해 있다. 예로서, 제임스 다이슨은 찾고 있던 필수적 기능 - 공기에서 먼지를 분리하는 방법- 은 그가 제재소에 이러한 기능을 주는 기존 시스템이 있다는 것을 깨달았을 때 그의 유명한 필터 없는 진공청소기를 만든 돌파구였다고 말했다. 다이슨 청소기는 공기에서 먼지를 분리하기 위해 중력과 회전력으로 고체와 유체 혼합물을 분리하는 것 - 보르텍스 분리라고 하는 사이클론 분리방법을 사용한다.

문제 해결을 시작할 때는 보통 관심의 대상인 제약조건과 문제의 경계 사이에 에워싸이게 되고, 원하는 이상성 정의는 얻었던 시스템으로부터 원하는 시스템으로의 요구된 전이를 정의하는 데 도움이 된다.

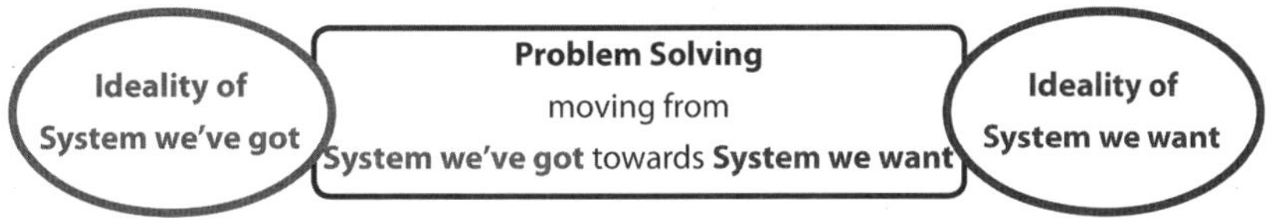

회사 내의 문제 해결에서 사람들에게 두 시스템의 상태를 정의하고 또 이러한 문제의 차이를 정의하는 데 도움이 되는 기술 및 관리 상황을 정의해 달라고 요구한다. 이상성은 인생의 모든 것에 적용되며 '우리가 원하는 이상성'과 '가진 이상성' 둘 다 문제의 차이를 정의하는 데 매우 유익하고 빠른 방법이다. 기존의 상황과 원하는 상황 간의 차이를 식별하여 보여주는 몇 가지 문화 변경 도구가 있다 - 이 도구는 무엇이 잘못되었는지에 대한 명확한 이해를 제공하고 이상성의 차이를 좁혀준다. 해적이 요구하는 이상성과 실생활의 이상성 간의 차이에 대한 다음 만화는, 간단하고 평범한 문제에서 관리의 승인을 얻는 데 너무 많은 시간이 소모되어 속도가 점점 느려져 시간을 낭비하고 비효율적임을 나타낸다. 이것은 엔지니어들에게 그들이 작업 과정에서 변경하려는 것이 무엇인지를 정의하기 위해 해적을 주제로 한 이상성 감사의 일부이다.

많은 조직적 특성이 엔지니어들을 효과적이지 못하게 한다

이러한 격차를 식별하고 없애주는 정상적인 문제 해결은 올바른 기능이(기능이 제대로 발휘되게) 수용 가능한 이상성을 전이하는 것을 포함한다. 트리즈로 문제를 해결하는 것은 수용 가능한 이상성의 범위마저 넘어설 수 있다 - 더 좋고 더 높은 이상을 위해 - 이것은 더 많은 이득과 더 작은 비용과 해로움을 의미한다. 궁극적인 이상성을 극대화하는 것은 이상적 시스템이라는 트리즈 도구로 알려졌고 그것은 이득만 제공하고 비용과 해로움이 없는 것으로 정의함으로써 우리가 원하는 모든 이득을 정확하게 정의하기 위한 사고를 통일한다.

문제 해결의 전 단계에서 나쁜 해결책 공원 사용하기

문제를 이해하고 푸는 모든 단계에서 우리는 문제, 시스템, 요구사항과 이상적 시스템을 분석하는 동안 해결책 공원이 필요하다.

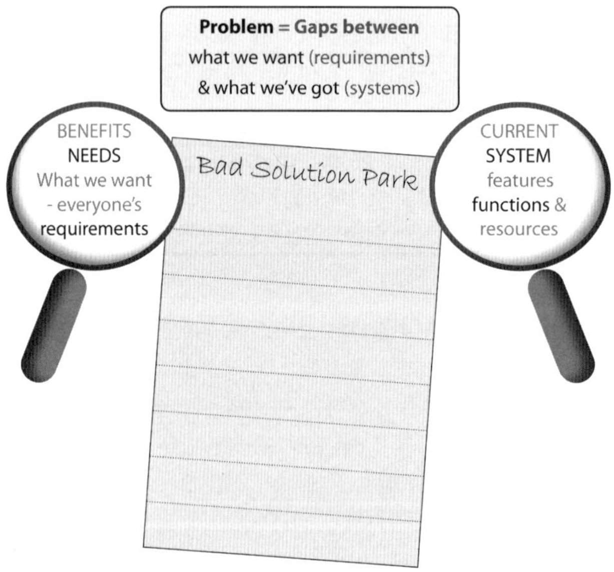

원하는 이득이 인식되고 정의되고 나면, 두뇌가 그것들을 시스템에 일치시켜 전달하고 자발적인 해결책들을 쏟아낸다. 트리즈에서는 요구사항을 포착하는 순간에 팀들에게 그들의 이상적 결과물(모두에게 이득/요구사항을 정의하는 데 도움됨)을 정의하도록 요청하고 필연적으로 모든 사람이 해결시스템에 관한 생각을 곧바로 할 수 있도록 하고 나서 다음 단계인 자원 획득 단계로 간다(우리가 원하는 것을 얻기 위해 이용 가능한 것을 사용하는 방법). 이것은 모든 일반적 공식 단계를 생략하고, 매우 빨리 아주 좋은 아이디어를 던질 수 있는 문제 해결의 매우 빠른 형태이다.

기능이냐 이득이냐? 기능은 우리가 뭔가를 얻는 방법을 의미하지만, 이득은 설명에 해결책을 포함하지 않는다.

트리즈는 이득을 제공하는 기능을 주는 시스템을 만들고 개선하도록 도움을 제공한다. 좋은 기능이란 필요를 충족시키는 이득을 제공하는 해결책이다(트리즈에서는 필요하지 않으면 이득이 아니다). 그래서 만일 내가 원하는 이득이 깨끗한 카펫이라면, 나의 이득인 깨끗한 카펫은 어떠한 해결책 정의에도 깨끗함이 달성되는 방법을 포함하지 않는다 - 단순히 내가 원하는 것만을 포함한다.

문제 해결에서 요구사항, 필요성 그리고 이득은 특별한 의미가 있다.
필요성/요구사항 = 무엇인가의 결핍 또는 소망
이득 = 해결책은 제시하지 않으나 우리가 원하는 것을 나타내는 필요를 충족시키는 좋은 결과
기능 및 특징 = 이득을 제공하는 방법
문제 해결 = **기능**을 제공하거나 개선하여 **필요성**을 정확히 충족시키기 위해 올바른 **이득**을 제공하는 것

이득의 정의에는 해결책이 포함되지 않는다

해결책들은 이득이 달성되는 기능 안에 있다. 기능은 이득을 전달하며 기능 수준에서 문제를 해결하려고 하는 시스템에 의해 제공된다.

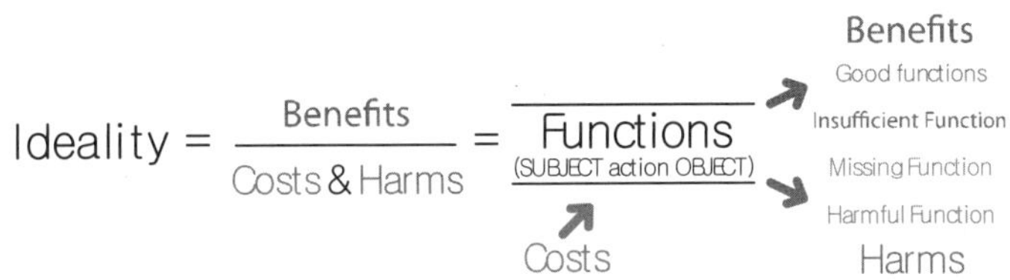

문제에 직면하여 해결책을 찾을 때, 이득을 전달하는 기능을 제공하는 시스템을 찾는다. 내 문제의 경우 해결되어야 할 것은 깨끗한 카펫을 얻는 것이 필요하다는 것이다. 나는 해결책을 제공하는 시스템을 찾고 있다. 이런 시스템들은; 오염물이 카펫에 도달하는 것을 막는(보호막의 일종) 커버나; 오염물을 빨아들이는 무엇(진공청소기나 카펫 세탁기 등); 진동과 같은 방식으로 자체적으로 오염원을 제거하거나 카펫으로부터 먼지를 밀어내어 마루가 스마트하게 해주는 것일 수 있다. 각 시스템은 서로 다른 기능을 제공한다 : 커버는 '먼지로부터의 보호'라는 기능을 제공하고; 진공 청소는 '오염물과 먼지를 제거하는' 기능을 제공한다. 기능은 (이득과는 달리) 그들의 설명에 해결책이 포함되어 있다. 여기서 이득을 얻게 될 때, 이득을 얻는 방법을 질문하는 것은 기능으로 유도한다.

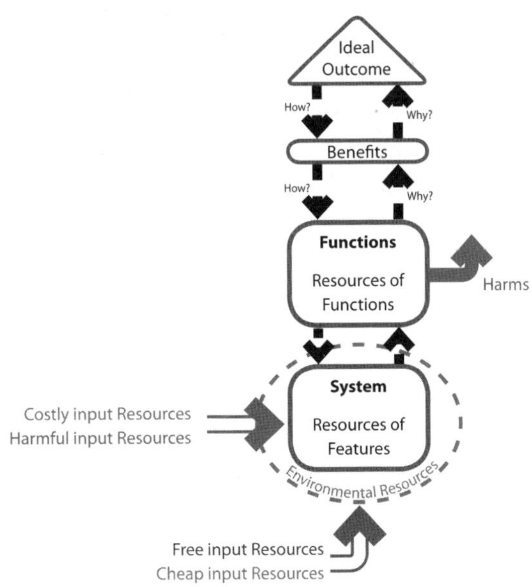

위 표에 보여준 것처럼 왜 기능이 이득을 유도하는가 하는 질문이다. 기능은 물론 시스템에 의해 제공된다. 카펫의 경우, 우리는 원하는 이득(깨끗한 카펫)을 갖고 있으며 만약 '어떻게 그것을 달성할 수 있지?' 라고 질문하면 오염을 제거하는 기능에 대한 제안을 얻을지 모른다. 질문을 바꾸어서 '우리가 어떻게 이 기능을 달성할 수 있지?'라고 질문한다면 한 가지 대답은 진공청소기와 같은 시스템이 될 것이다. 이것은 다소 뒤틀린 것처럼 보일지 모르나 이 논리가 해결할 문제를 정의할 때 이해하고 적용해야 하는 데 필수적이다. 우리는 이상적 결과물과 모든 이득으로부터 원하는 것을 시작할 수 있다; 어떻게? 왜? 라는 질문은 우리가 원하는 모든 것과 자원으로부터 모든 것을 획득하는 방법과 직결된다.

3.5 미흡한 해결책 피하기 - 왜? 라고 질문하라

문제 해결을 위한 모임은 끔찍하고, 부적절하고, 복잡하고, 비싼 시스템(때로는 설계 단계에 머무는)을 개선하기 위해 가끔 열린다. 그 시스템들은 일부 고급 엔지니어의 나쁜 해결책(못생긴 아이)을 의미하며 가끔은 그들의 설계 아이디어(아무리 불완전하더라도)를 지키려고 싸우기도 한다. 내가 보아온 나쁜 시스템이 훨씬 좋은 시스템으로 대체되는 유일한 시간은 이 끔찍한 디자인이 실제로 만족하도록 설계된 요구사항과 일치하는지를 충분한 시간을 들여 확인한 후에 왜? 라고 이유를 물어볼 때이다. 원래의 간단한 개념마저 충족시키지 못하는 것으로 확인되는 경우에는 못생긴 아이의 부모를 설득하여 더욱 적합한 시스템을 고안하도록 할 기회를 갖게 된다.

보스는 해결책이 제1의 이득은 놓쳤으나 제2의 이득을 제공하도록 위임한다.

문제를 해결하는 방법을 알기 위해 어떻게? 라고 물어보는 간단한 트릭과 이득/소망 또는 원인을 이해하기 위해 반복적으로 왜? 라고 질문하는 것은 항상 유익하다. 이런 질문들은 해결책을 세우고 시스템을 갖고 있는 이유를 이해하는 데 도움이 된다.(왜라고 묻는 것은 이것이 무슨 이득을 우리에게 제공하는지를 말해 주고 반복적으로 왜 이런 문제를 갖고 있어야 하지? 라고 묻는 것은 흔히 핵심적인 문제의 원인을 쏟아내도록 도와준다).

왜? 라고 물어보는 것 역시 기능 제공자가 미약하지만 확실한 이득을 가져다주는 시기를 말해 주는 것 같다. 원래의 문제와 즉흥적 해결책에서 멀리 비켜나 있을 경우라 하더라도 우리가 진정으로 원하는 이득을 전달하는 것이 무엇인지 확인할 수 있게 해 준다.

최고 수준인 이상적 결과물과 가장 초라한 입력물(자원)에서 비롯한 시스템 간의 격차 해소는 아래에서 보여주는 것처럼 왜, 어떻게 라고 질문함으로써 연결된다. 근본 원인을 찾는 많은 도구함이 이러한 기본 논리를 기반으로 만들어진다. 다음 그림에 나오는 왜-어떻게-삼각형은 이상적 결과물, 이득, 기능, 시스템 및 자원 사이의 간단한 논리와 연결됨을 보여준다.

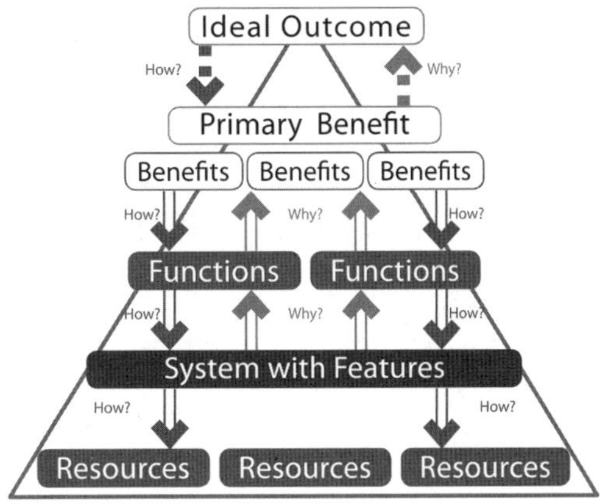

문제 해결 모임에서 얻어낸 군용 장갑차의 새로운 설계안은 항공운송을 하기에는 너무 무거웠다(비행기 바닥을 구멍 내고 떨어질 정도로). 그것은 구식의 군용 탱크처럼 보였다 - 몇 가지 뛰어난 기능을 갖고는 있지만 여러모로 볼 때 구식 탱크에 불과했다. 설계자들은 중무장이 되어 있으므로 안전할 수밖에 없다는 점을 자랑스러워했다. 초기의 분석결과는 무거워야 할(무장) 필요성과 가벼워야 할 필요성(항공운송과 자체 동력으로 신속하고 효과적인 이동, 그리고 적 공격으로부터의 회피를 위한 신속성) 간의 모순이 대두되었다.

이렇게 설계한 이유를 묻자 자체 동력으로 신속히 이동하고 사막에서 안정적이며 적 공격 시 안전하고 발견되기 어렵게 하기 위함임이 밝혀졌다. 왜 이러한 특징을 갖게 되었는지 묻자 그들이 제공했던 기능을 알 수 있었고 다시 질문하자 요구사항에 대한 이득을 알 수 있었다. 이러한 이득의 전달은 많은 다른 기능에 의해 여러 가지 다른 방법으로 이루어질 수 있는데, 주 기능을 전달하는 특이한 방법이 밝혀졌다. 옛날의 군용 탱크보다 더 정교하고 더 나은, 저렴하고 더 안전한 옵션들을 선택한 것이다. 연습(처음 반 시간)을 통해 밝혀진 것은 무엇이 진짜로 원하는 것인가 - 보이지 않고, 승무원을 보호하며, 자체 동력으로 재빨리 이동하며 공격에서 살아남을 수 있는 군용차량 그리고 무거운 탱크류보다 달성 가능한 더 나은 방법과 가능성이 밝혀졌다.

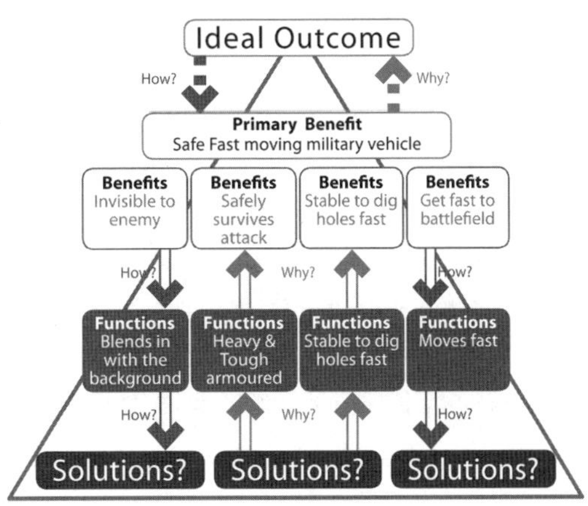

왜 라고 질문하라

이 방법은 이득/요구사항에 대한 정의로 우리를 다시 되돌리며 사소한 문제에 숨겨진 부적절한 해결책을 드러나게 한다. 주된 문제는 기본 이득과 관련이 깊다. 문제를 기술하는 것은 궁극적인 목표와 기본 이득에 근접해야 한다. 그런 다음에 더욱 중요한 것은 해결책과 목표 및 이득과의 관련성이 더 높아야 한다는 것이다. 따라서 문제와 해결책은 모두 자신의 계층 구조를 가지고 있으므로 왜 우리가 문제와 그 해결안에 접근하려 하는지 또 중요한 이슈를 향해 이동하려 하는지에 대해 질문해야 한다.

실제적 문제해결 도구로서의 왜, 어떻게 라고 질문하기

왜라는 질문을 통해 이득과 해결책을 연결하는 것은 많은 문제 상황에서 매우 간단하고 실용적인 도구가 된다. 식품 제조 공장에서의 트리즈 모임을 예를 들면, 물 호스로 청소한 후에 기계 주변의 물웅덩이가 생기는 문제가 발생했다.

무엇이 문제인가?

기계를 청소한 후의 물웅덩이

왜 물웅덩이가 생겼나?

호스로 물을 부어 기계를 청소했는데 물이 잘 빠지지 않았기 때문에

왜 이것이 문제인가?

물은 사람들 건강을 위협하고, 식품을 처리하는 데 비위생적이기 때문에

왜 기계를 호스로 씻었나?

기계는 식품 제조 시 청결해야 하기 때문에

우리가 정말 원하는 게 뭔가? 우리의 이상은?

이 시점에서 우리가 원하는 이득을 확립할 수 있다 - 우리가 추구해야 할 필요가 있는 결과물 중에서;

배수가 필요 없는 시스템을 가진 깨끗한 기계
또는
물의 잔량을 남기지 않고 기계를 물로 청소하기
또는
여분의 물을 제거하는 방법?

어떻게?

무슨 기능이 이득을 전달하는가? 그러한 기능을 전달하는 이용 가능한 자원이 무엇인가? 우리가 원하는 것을 얻을 수 있게 도와주는 시스템 내부나 주변의 이용 가능한 것은 무엇인가? 서로 다른 해결책을 가진 시간 계단이 있다면 시간 계단에 문제를 표로 만들어 보는 것이 가치가 있으며 규모의 계단도 같다(9-박스, 다음 페이지 참조). 이것은 우리에게 문제를 해결하는 방법을 제시해 줄 수 있는 각 상자 안에 이용 가능한 자원을 표로 만들고 문맥을 이해할 기회를 준다.

사용되지 않고 관찰되지 않은 자원의 박스 안에 인접한 기계에서 쓰던 스팀청소기를 써 넣었는데 이 일이 무의미한 것 같지만 주변의 기계들처럼 물이 아닌 스팀으로 이 기계를 청소할 수 있는 것과 같이 현실적이고 귀찮은 문제가 해결될 수 있었다. 왜라고 묻기 전에, 그들은 새로운 배수구 설치에 관해 얘기하고 있었는데, 왜라는 질문이 없이는 우리는 어떤 보조적이고 관련성이 없어 보이는 문제에 대해 내재된 자원을 활용하는 대신 불필요하고 부적절한 해결책만을 다루게 된다.

문제 해결에서 물어야 하는 간단한 질문들

- 무엇이 문제인가 (또는 해결책에 대한 문제는 무엇인가?)
- 왜 이것이 문제인가? (우리가 확실히 정의된 요구사항/이득에 도달할 때까지 필요하면 몇 번이고 왜라고 질문하라)
- 무엇이 우리의 이상인가 ?
- 어떤 이득/해결책을 찾고 있는가?
- 어떻게? 어느 기능이 이런 이득을 전달하는가?
- 어떻게? 어떠한 사용 가능한 해결책/자원이 기능을 제공하고 문제를 해결할 수 있을까?

이상적인 모든 이득을 정의하고 나서 문제를 해결하는 방법을 보여줄 것을 반복적으로 요청하라. 나쁜 해결책으로 시작할 때 왜? 라고 묻는 것이 우리를 항상 본질직 이득에 가까이 다가가게 한다 - 그리고 왜? 라고 묻는 것이 우리를 해결책에서 이득으로 되돌아보게 해 주며 또다시 왜? 라고 묻는 것이 우리를 궁극적인 목표와 이상으로 데려다준다.

예로서 통과할 수 없는 침수된 도로를 운전자에게 경고하기 위해서는 침수지역이라는 신호를 폭풍우나 홍수지역에 세울 필요가 있다. 간단한 신호만으로 문제를 해결하는 데 어려움이 무엇일까? 운전자에게 경고하는 것은 매우 중요하지만, 침수 도로의 정확한 장소와 시간에 설치하고, 홍수가 사라지면 즉시 제거하기는 어렵다.

이것이 왜 문제인가? 운전자들은 침수 도로를 피하기 위해 정확한 경고가 필요하다, 그 이유는 매우 위험하기도 하고 침수 지역에 표지판을 세우기 위해 보수 차량을 보내기가 어렵기 때문이다. 또한 정확한 순간에 표지판을 제거하기도 어렵다, 하지만 홍수가 빠져나가는 즉시 도로를 재개방할 필요가 있다. 만일 우리가 이 문제를 놓고 왜? 그리고 어떻게? 라는 삼각형 질문을 한다면 자원에서 해결책에 이르는 다음 순서를 밟을 수 있다.

무엇이 우리의 이상인가? 무엇이 이득인가? 이상적 해결책은 도로 침수가 언제 어디에 있고 또 없어졌는지를 운전자에게 경고하는 것이다.

어떻게? 우리가 찾는 것이 무슨 기능/시스템/해결인가? 도로의 표지판은 홍수가 발생하면 즉시 나타나서 잘 보여야 하고 홍수가 물러가면 사라져서 통행이 재개될 수 있어야 한다.

어떤 가능한 해결책/자원이 문제를 해결할 수 있을까? 폭우, 침수된 물, 홍수전에 바로 그 지역에 있던 운전자와 기타 등이다. 도로가 침수되었을 때 이런 자원들만 사용하여 운전자에게 경고를 발하고 홍수가 사라짐과 동시에 스스로 제거해 주는 것이 이상적이다.

이상적인 해결책은 정확한 시간과 장소에서 원하는 것을 정확히 전달하기 위해 가용한 자원을 사용하는 것이다

문제가 무엇이든, 그것은 이상적이어야 하고 자원들 중에서 해답을 찾아야 가치가 있다. 명백한 해결책이 없다면 사용할 수 있는 모든 자원 속에서 시스템 해결책을 열심히 폭넓게 찾아보라. 만일 이미 시스템이 있는데도 문제가 있다면, 이런 문제들은 우리가 진정으로 원하는 것(상실한 이득 또는 해로운 것)을 찾을 때까지 왜? 라고 반복적으로 질문하라. 그런 다음에 이미 그 문제에 내재하는 모든 것을 사용하여 호의적으로 문제의 해결책을 찾아야 한다.

3.6 관련 당사자는 이상성이 필요하다

이상성의 중요한 기여 중 하나는 정말 원하는 것을 완전히 이해하고 그 본질을 정확하게 정의하는 데 도움을 주는 것이다. 모든 사람은 다른 욕구를 가지고 있으므로 따라서 다른 이상을 가진다 - 모든 사람이 그들의 이상성을 정의하는 것은 다른 사람들과의 차이점을 강조하는 좋은 방법으로 - 모든 다른 관계자의 욕구를 정의하는 것이다

모두에게 다 맞는 해결책은 없다 - 우리는 서로 다른 해결책이 필요하다

이것을 가시화하는 단순한 방법의 하나는 그들이 문제를 흔들 수 있는 요술지팡이를 가질 수 있다고 제안하는 것이다 - 그리고 요술지팡이가 그들이 원하는 주된 기본적인 일(이러한 주된 일의 전달과 관련한 다른 이득)을 줄 수 있다고 제안한다. 이상적인 시스템은 그들이 원하는 것을 진짜로 주며, 요술지팡이 아이디어는 문제를 신속하고 정확하게 이해하는 데 도움을 줄 수 있다. 원하는 것을 분명히 진술하는 것은 어렵고 다른 생각도 들고 잘못된 정의로 조롱도 받긴 하지만 강력하고 간단한 일이다. 이런 농담은 보통 요술지팡이, 동화, 또는 병에서 나오는 요정 지니를 포함하고 우리가 원하는 주된 기본적인 이득을 부주의하게 또는 잘못 정의하는 것을 포함한다. 만화에서는 우스꽝스럽고 부적절한 부분적 해결책을 보여주고, 잘못된 해결책(이중의 의미를 가진 조잡한 언어나 단어를 통해)을 얻게 하거나 잘못된 시간이나 문맥의 해결책을 얻게 해 준다.

정말 원하는 것을 정의하기보다 해결책을 제공하는 위험성

이상적인 시스템을 상상하며 시작하라

엔지니어 그룹과의 문제 해결 모임을 이상적 시스템을 정의하는 것으로 시작하는 것이 중요한 욕구(기본적이고도 다른 이득 - 우리가 정말, 정말 원하는) 또 모두가 원하는 욕구에 대한 좋은(빠른) 합의를 만들어 낸다. 또한 이상성을 정의함으로써 모두가 큰 그림을 볼 수 있고, 중요한 큰 이슈에 대한 안목을 잃고 곧바로 실제 시스템에 대해 과도하게 세부적 기술사항으로 빠져들게 하거나 서로 다른 이해 집단 사이의 상충된 욕구(상상 속 또는 현실)의 문제에 빠져버리는 것을 막을 수 있다. 모두(각 이해 관계자)의 이상적인 시스템을 정의하는 것은 단지 필요성에 대한 빠른 서술에 그치거나, 심지어는 판이한 모순된 이상적 시스템의 목록만 만들어 낼 뿐이다, 그 욕구는 서로 반대되거나 대립할 수도 있다. 트리즈는 문제를 해결할 때 해결되어야 할 갈등에 대한 해결책을 제시한다.

3.7 알맞은 가격에 트리즈로 문제해결 – 트리밍과 자원을 사용하여

이상성을 개선하려는 트리즈 논리는 입력을 최소화해야 하는 중요한 가정과 제안이 있다. 이것은 자원을 매우 총명하게 사용해야 이루어진다. 트리즈에서는 시스템 내부의 자원뿐만 아니라 비용이 많이 드는 입력 자원은 최소화하고 무료 또는 저렴한 자원을 사용한다. 트리즈의 중요한 요소는 유해한 입력자원을 찾아보고 만일 그것이 불가피하고 피할 수 없는 경우에는 유해요소를 이득으로 바꾸는 방법에 관한 단순한 트리즈 제안 목록을 따라 해보는 것이다.

트리즈 트리밍(trimming)

트리즈는 또한 트리즈 시스템과 기능분석 과정의 일부인 트리밍이라는 매우 강력한 도구를 갖고 있다 - 이는 시스템에 필요한 결과물에 영향을 주지 않고 제거하거나 가지치기할 수 있는지 알아보기 위한 모든 성분을 검사할 수 있는 매우 간략화된 접근법이다. 트리밍은 비용, 유해성, 복잡성은 감소시키는 반면에 모든 이득은 그대로 유지하는 것에 목표를 두고 있다.

이것은 기술과 경영 문제 모두에 적용할 수 있다. 최근에 우리는 기업들과 경영 시스템에서 불필요한 프로세스 단계를 가지치기 위한 작업을 해 오고 있다. 하나의 간단한 성공 사례는 팀들 서로의 의사소통 장벽을 단순히 제거하거나 가지치기함으로써 의사소통의 많은 장벽을 줄인 것이다.

분리된 사일로(silo) 안에 당신의 팀을 두지 말라 - 불필요한 복잡한 시스템을 제거하면 훨씬 큰 이득이 돌아온다

Define Problem	Solve Problem	Solution Seletion and Development
Map Context Define Ideal Capture Needs Analyse System and Problems Locate causes of problems Map Process etc. **Preparation for Problem Solving**	Fill BAD Solution Park Apply TRIZ tools to transform bad solutions and achieve opposites and correct system problems etc. **40 Principles** for Contradictions **76 Standard Solutions** for reducing harms. maximizing benefits **8 Trends** for future products Relevant world's knowledge Plus Resource application Enough time and space for all the above activities etc.	**TRIZ and other Tools for helping with** Concept development Concept Selection Process (use other tools such as Pugh Matrix) Successful Innovation and New Technologies etc.

문제 해결 단계 - 이전, 동안, 이후

엔지니어링 사회에서 성공적인 문제 해결은 전체 3단계에 주어지는 적절한 착안 단계에 달려 있다 - 물론 아직은 크고 작은 회사에서 '문제 해결' 이라는 중앙 박스가 가장 중요하다고 하는 공감대가 있지만, 그것은 최저의 시간, 자원, 과정으로 주어진 단계이다(정말 보잘것없는 단계). 그렇게 된 한 가지 이유는 '문제 정의' 그리고 '해결책의 선택과 개발' 박스는 다른 엔지니어링 도구들에 의해 널리 알려졌지만 중앙 박스는 트리즈만 갖고 있기 때문이다; 트리즈가 잘 알려지고 일상적으로 채택되고 잘 쓰일 때까지 이 중요한 문제 해결 단계는 엔지니어링 팀들이 매우 한정된 시간에 브레인스토밍을 통한 임시방편으로 해결안을 찾는 것과 함께 간단한 문제를 풀기에 적절한 방법으로 남아 있을 것이다.

시간과 규모의 사고

알츠슐러는 열 명중 한 명 정도의 엔지니어가 매우 독창적이며, 문제에 직면할 때 대부분 사람들보다 더 많이 해결 가능성을 찾아내는 것을 관찰했다. 이러한 창조적인 엔지니어들은 문제를 바라볼 때, 나머지 사람들과는 달리, 종종 본능적으로 아이디어를 많이 낼 수 있는 세 가지 강력한 접근 방식을 활성화한다는 것을 관찰했다. 그는 이를 재능적 사고라고 불렀고 성취하는 데 도움이 되는 간단한 프로세스를 밝혀내고 매핑하였다.

4.1 재능적 사고

모두 동일 수준의 매우 창의적인 사고를 성취하기 위한 세 가지 전략은 다음과 같다

1. 문제에 대한 이상적 결과물/해결책을 개발하라 ~ 가용 자원을 현명하게 사용하여 실질적 해결책을 고무시킨다.
2. 제약조건이나 판단 없이 우리 자신의 아이디어/해결책을 관찰하라 - 판단하지 말라 따라서 비현실적이고, 너무 어렵거나 이상해 보이는 아이디어를 제거하라. (첫 두 가지를 달성하기 위한 트리즈 도구는 이상적 결과물 또는 이상적인 최종 결과이다.)
3. 시간과 규모의 맥락에서 문제를 확장해 보라 - 시간과 규모의 양 측면에서 맥락을 보는 9개의 단순한 관점이나 창문으로 주제를 동시에 관찰하라.

이를 위한 트리즈 도구는 시간과 규모에서 생각하기(또한, 9-윈도 및 9-박스라고도 함) 라고 부르며, 문제와 해결책의 모든 측면을 바라보게 하고 보다 효과적으로 문제를 이해하고 해결하기 위해 두뇌와 지식을 사용하도록 도와준다. 아래와 같이 9-박스에 시간과 규모로 생각하기를 요구함으로써, 세로축을 사용하여 집중하여 세밀히 관찰하거나 뒤로 끌어당겨 전체 맥락을 볼 수 있으며, 시간 간격의 과거, 현재, 미래의 단계적 시간은 가로축을 사용하여 볼 수 있다.

발명을 더욱 잘하고, 더욱 창의적인 엔지니어가 되는 방법

이 특별한 트리즈 사고의 기술은 때로는 창의적이고 때로는 덜 창의적이다. 창조적이 되기 위해 단순히 시간과 규모로 생각하기 또는 9-박스의 트리즈 사고 도구를 배우고, 채택하고, 사용하면 된다. 이는 간단한 도구이며, 종종 아이들과 많은 창조적인 사람들이 본능적으로 사용한다. 대부분은 문제에 집중하도록 가르쳐 주는 방법을 교육받았지만 한 곳에 집중하는 습관을 배우지는 못했다. 모든 문제에 트리즈 9-박스를 채택하고 적용할 수 있고, 이는 문제를 이해하고 많은 해결책을 찾을 수 있는 능력을 증진하는 데 도움을 준다.

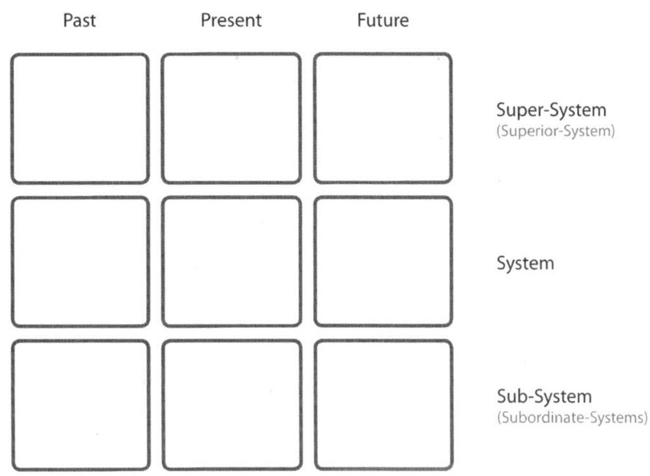

위의 9-박스를 사용하면 어떤 상황, 문제 또는 시스템을 시간과 규모로 매핑할 수 있다. 시간란은 시스템에 관하여 지금(현재) 그대로 뿐만 아니라 과거에 어떠했는지 그리고 미래에 어떠할 것인지를 의미한다. 규모란은 시스템의 맥락을 이해한다는 의미이다 - 큰 그림에서부터 상세한 부분까지. 문제나 상황을 처음 접할 때 먼저 9-박스 지도로 매핑하는 것은 상황을 이해하는 데 도움이 되는 관련성이 있는 사실과 데이터의 배열을 요약하는 좋은 방법이다. 이것은 우리가 복잡한 정보를 취하고, 그것을 이해하고 다른 사람과 교류할 수 있는 방식으로 나타내도록 도와준다.

시간 및 규모 - 복잡한 데이터를 정리, 요약하고 소통하게 해 준다

시간으로 생각하기는 과거에서 미래까지의 동향에 대해 생각하도록 돕는다. 큰 변화가 발생했을 때 현재 상황으로 데려가고, 그리고 이것이 어떻게 미래와 관련이 되고, 어디로 가고 있고 가고 싶은 곳이 어디인지를 알 수 있다. 과거를 매핑하는 것은 현재를 이해하는 데 도움이 되고, 미래를 매핑하는 것은 그곳에 도달하기 위해 무엇이 필요하고, 무엇을 좋아하고, 무엇이 되고 싶은지에 대한 통찰력을 제공해 준다.

규모로 생각하기는 상황이나 문제의 맥락과 관련된 질문에 대한 답을 찾도록 해 준다. 기술적 시스템을 볼 때 우리가 물어볼 수 있는 질문들이다 : 그것이 다른 시스템의 일부일까? 어떤 종류의 산업에 속할까? 물리적인 맥락은 무엇일까? 그걸 에워싼 환경은 무엇일까? 어떤 시장에서 작동할까? 고객과 경쟁자는 누구이며 어디 있을까? 규모로 생각하기는 물론 세부내용에 대한 생각이다 : 구성 요소는 무엇일까? 세부내용이 무엇과 관련될까? 규모로 생각하기는 구글 어스에서 상황을 보고 있는 것과 같다 - 우리는 맥락에서 시스템을 바라보며 바로 끄집어낼 수도 있고 시스템 주변의 모든 것을 살펴볼 수도 있다 - 그리고 모든 세부내용 및 하위 시스템에 대해서도 이 순서를 반대로 할 수 있고 집중하거나 관찰할 수 있다.

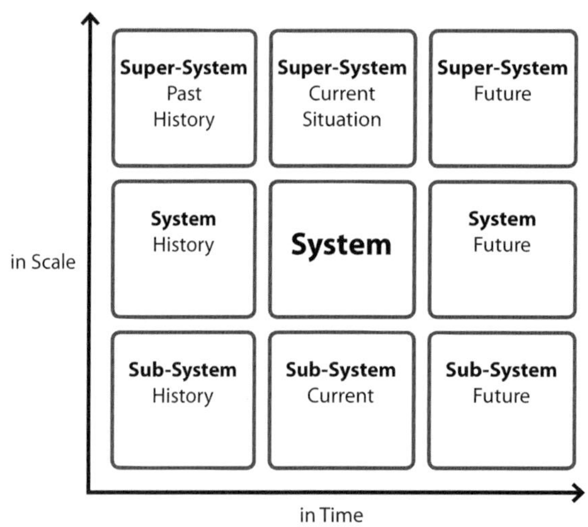

시간과 규모 - 모든 유형의 문제를 도와준다.

일단 관련 수준과 이해력이 있다면, 문제를 해결할 수 있고 모든 수준에서 창조적일 수도 있다. 알츠슐러가 이름 붙인 '재능적 사고'는 상황을 여러 측면에서 동시에 쉽게 이해할 수 있게 해 주며, 조사하려는 문제나 시스템 - 시간과 맥락의 관련성에서 - 큰 그림이나 세부내용도 이해하기 쉽게 해 준다. 우리는 더욱 세밀한 쪽으로 가려 할 뿐만 아니라 또한 복잡성이 확고하게 통제되는 상태를 유지하려 하며, 관련된 모든 지식을 판단하고 접근할 수 있는 위치에 머물려고 하며, 모든 것들을 마음의 맨 앞에 붙들어 놓으려고 한다. 아홉 가지 개념은 분명히 지적으로 동시에 처리할 수 있는 최대 숫자이다(스트레스를 받으면 다섯으로 줄지만) - 그래서 사물에 대한 이해를 최대치 이상으로 넓히기도 한다. 지난 10년간에 걸쳐 이러한 도구를 가르치고 사용해 왔지만 대부분의 사람들이 초기에는 이 도구에 괴로워하는 것을 알았다. 그러나 일단 첫 장애를 극복하면 그것은 많은 사람이 날마다 영원히 사용할 수 있는 도구이다.

4.2 재능 있는 엔지니어 - 시스템 맥락과 모든 요구 사항에 대한 시간과 규모로 생각하기

알츠슐러는 '천부적으로' 창조적인 개인들이 문제에 직면했을 때 많은 가능성을 살펴보는 것을 관찰하고는 그들이 교육을 통하여 창조적인 능력을 보유하게 되었다는 결론을 내렸다. 그는 대부분 아이들은 시간과 규모로 생각하기에 재능이 있다는 것을 보여 주었고 모두 어린이들(또는 가장 창조적인 엔지니어)처럼 생각하도록 도와주기를 원했다. 그는 트리즈 방법론을 정립하였고 그것은 적당히 집중하고 생각의 폭을 넓히고, 문제영역 주변의 상자를 그리는 데 용기를 주도록 심리적 관성을 타파하고, 해당 상자에 머무르며 상자 내에서 해결책을 찾아낼 수 있도록 도와준다. 두 그룹 간의 접근 방식의 차이를 설명하기 위해, 알츠슐러는 다음 예제를 사용했다.

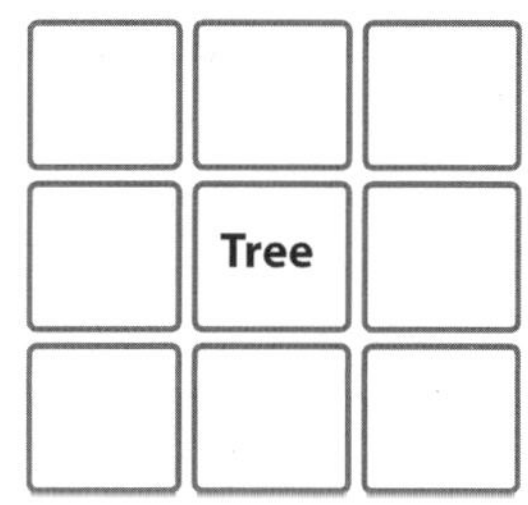

대부분 사람들에게 나무를 생각하도록 요청하면 - 그들은 나무를 생각한다. 매우 창조적인 엔지니어(또 대부분 어린아이들)에게 나무에 대해 생각하도록 요청하면, 그들은 그들의 재능적 사고를 사용하고 또한 환경과 역사와 나무의 미래에 대해 생각할 것이다 ; 그들은 즉시 자동으로 시간과 규모로 생각한다.

규모로 생각하기는 나무의 시스템을 건너뛰어 큰 그림을 보는 것을 의미하고 숲(상위 시스템) 및 세부사항인 잎, 잔가지, 뿌리 등(하위 시스템)과 같은 맥락에 대해 사고하는 것을 의미한다.

시간으로 생각하기는 과거, 현재 및 미래의 나무에 대해 생각하는 것을 의미한다. 성장 과정에서의 단계별 시간이고 그 후에는 나무의 활용이다. 시간은 시스템을 어떻게 개발하고 싶어 하는지를 알기 위하여 미래를 바라보는 것을 의미하며, 알츠슐러는 이것을 '개발의 직선'이라고 불렀다 - 미래 상자에서 이상적 시스템을 정의하는 것은 매우 유익하다. 대안으로 하나의 사건(또는 과정의 단계)과 사건의 발생 전후에 대해 시간으로 생각하기를 사용할 수 있다.

그래서 만일 문제에 직면할 경우에 예방 가능성을 찾거나(과거) 발생할 때 처리하거나(현재) 발생하도록 놓아두고 올바른 방향으로 가도록 조치하거나(미래) 유해성을 최소화하는 모든 방법을 찾을 수 있을 것이다.

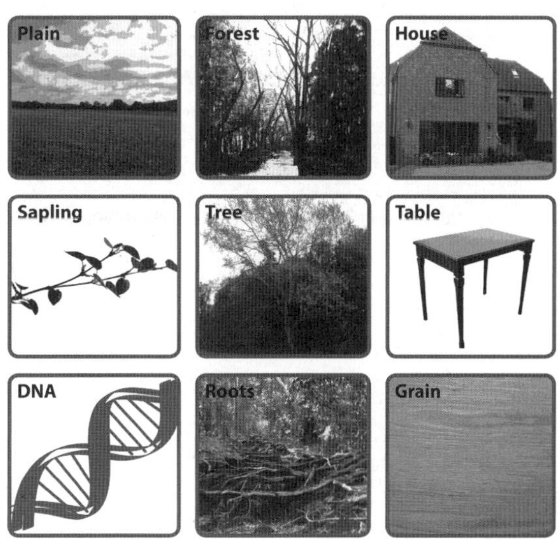

알츠슐러는 해결책을 찾기 위해 9-박스를 이용한 간단한 문제를 지정했다. 위의 9-박스에서 목재(테이블)가 붉게 착색되어 유치원에서 사용되고 있다고 상상해 보라. 잠시 후 붉은색 테이블이 심하게 긁혔다 - 이것이 해결해야 할 문제다 - 여기서 긁힌 보기 흉한 테이블을 원하지 않기 때문에 - 그렇다면 무엇을 할 수 있을까? (문제는 아래 오른쪽 상자에 있다 - 나무 세부 상자)

심하게 사용한 후에도 여전히 흠집이 없는 붉은색 테이블을 만드는 방법이 무엇일까? 대부분의 엔지니어는 테이블에 다시 페인트를 칠할 것과 시간과 규모 모두에서 따로따로 문제를 해결할 것을 제안한다. 모든 9-박스에서 해결책을 찾는다면 많은 사람이(테이블을 다시 칠하기 등) 문제를 시작하고 마무리하는 나무 세부 상자 내에서만 문제를 찾는 것보다 더 많은 해결책을 강구하게 된다. 우리가 모두 하려고 했던 흠집 다시 칠하기는 문제가 발생한 후에 해결하는 것이다. 9-박스는 문제 발생을 위해 할 수 있는 일 또는 발생했을 때 대처할 수 있는 일과 시스템이나 상위 시스템 수준에서 할 수 있는 일을 제안한다.

여기서 해결책의 나머지 여덟 개의 창을 탐색한다면 테이블이 긁히는 것을 멈추게 하거나(테이블을 덮는 방법) 긁히지 않는 테이블을 만들거나(테이블 소재를 더 딱딱한 나무 또는 붉은색 플라스틱으로 만드는 등의 급격한 변화에 의한) 발생 후에 그대로 내버려 두거나 하는 해결책이 나오게 된다. 9개의 상자에서 해결책을 검색하여 이 도구의 매우 유익한 응용 중 하나인 해결책 지도를 구축한다.

이 문제에 대한 유명한 트리즈 해결책은 대부분 아이가 쉽게 하는 해결책의 하나로서 테이블이 긁혀도 흠집이 보이지 않는 해결책이라는 의미이다. 과거라는 창에서의 해결책 - 붉은 나무를 성장시킨다. 붉은 나무를 성장시키는 해결책은 이 문제를 생각했을 때 여러 사람의 마음속에 문득 떠올랐지만, 비현실적이고 너무 비싸고 장시간이 소요되므로 사람들은 바로 이 해결책이 싫어서 내팽개쳐 버렸다. 해결책에 마음속에 자리 잡은 제약조건이 적용되면 창의력과 혁신을 제약하는 매우 효과적인 방법이다. 특별한 해결책이 우리 자신의 마음과 문제해결 회합에서 모두 비현실적이면 즉시 폐기되는 일이 매우 흔하다.

9 박스는 새 아이디어를 찾기 위한 체계적인 창의력을 제공한다.

4.3 왜 시간과 규모를 사용하는가?

어떤 사람에게는 여러 가지 다양한 방법으로 사용될 수 있는 9-박스와 같은 도구의 사용을 시작하는 것이 머뭇거려 지지만, 문제를 이해하고 해결하는데 여러 단계의 유익한 보조수단이기 때문에, 그것은 숙달할 만한 가치가 있다.

시간과 규모로 생각하기는 다음과 같은 도움을 준다. :

- 사고의 시야를 확장;
- 큰 그림과 세부 사항과 그들 사이의 관계를 통찰;
- 역사, 진행과정, 이해 상충의 관점에서 시간의 중요성에 대한 지도,
- 문제를 해결하는 많은 분명한 접근법이 있음을 인식
- 사고 속의 많은 제약조건을 제거,
- 역사와 교감하기.

대부분 상황에서 거의 모든 사람에게 즉시 유익한 도구는 별로 없다. 이 도구의 유일한 어려움은, 많은 상황에서 자체만으로 또는 다른 도구와 병행하여 사용할 수 있다는 점으로 이것이 처음에는 다소 혼란하게 한다는 것이다. 나는 이것을 문제 해결의 모든 단계와 새롭고 오래 견디어야 하는 문제에 사용한다.

4.4 시간과 규모는 최소한 4가지 방법으로 사용할 수 있다

- **문맥 지도** - 역사/문제의 문맥
- **해결책 지도** - 초기에는 나쁜 해결책으로, 다시 트리즈 문제 해결 도구를 적용한 후 트리즈로 개선된 해결책을 다시 적용
- **필요성 지도** - 시스템이 해 주기를 원하는 것 (모든 요구사항과 모순).
- **원인과 결과 및 위험성 지도** - 시스템과 환경의 규모에 따라 서로 다른 시간과 장소에서 문제의 원인과 결과 및 위험성 사이의 관련성 찾기.

그 외에도 문제 해결의 모든 단계에서 유익하며 다른 모든 사람과 함께 구축할 수 있는 9-박스 자원 지도가 있다. 트리즈 애호가는 어느 곳에서나 그리고 프로세스의 모든 단계에서 자원을 찾는다. 그리고 각 상자에 관련된 자원을 추가하는 것은 해결책을 찾을 때에 특히 유익하다. 아래의 9-박스 그림은 이 도구의 단순함을 반영한다 – 하위 시스템 수준에서 세부내용에 초점을 맞추는 동안에도 우리는 상위 시스템 수준에서 전체 그림을 볼 수 있다.

9-박스 없이는 나무에서 숲을, 바다에서 물을 보기 어렵다.

문맥 지도

문제의 역사와 문맥

문제의 맥락을 매핑하는 것은 매우 빠르고 간단한 지도가 될 수 있고, 그것을 완성하는 데 필요에 따라 많은 작업을 하면 상세한 9-박스 지도가 된다. 시간의 규모는 특정 문제에 무엇이 적절한 것인가에 따라 선택된다. 시간 단계는 일치할 필요가 없다 : 지도는 문제 이해에 가장 도움이 되는 것이 무엇인지에 따라, 과거 10~ 20년을 보여줄 수도 있고 불과 5년 후의 미래를 보여줄 수도 있다.

Super System History Markets? Customers? Global Use? Industry?	**Super System** Which industry is it part of? Name the bigger system to which it belongs	**Super System Future** Markets? Customers? Global Use?
History of System Previous Systems Design requirements	**System** What does it deliver? Budget	**Systems Future** Next generation of system
Sub-Systems History Suppliers? Skills needed? Buy-in % etc.	**Current Sub-Systems** What does the system consist of? Components and details	**Sub-Systems Future** Staff Skills Buy-in %

문맥 지도는 어느 것에도 사용할 수 있다 : 중요한 개인 문제(예 : 대학 선택) 또는 작은 경첩 및 터빈 날개와 같은 간단한 제품이나 핵 오염물질의 제거 또는 석유의 전 세계적 사용에 따른 미래와 같은 큰 문제일 수 있다. 일반적인 문맥 지도는 아래 보여주는 어떤 것 - 내용이 적절한 곳에 적용될 수 있는 것 - 보다 전문적인 지도는 영국의 핵 청정화에서 보여주는 일반적인 문맥이다 - 또한 과거의 역사 상자에서의 문제를 찾는 이유와 우리가 미래 상자에서 도달해야 할 필요가 있는 위치를 간략히 보여준다.

Super System History U.K. Energy Requirements	**Super System** U.K. Concerns on Nuclear Waste Contamination	**Super System Future** U.K. Highly Regulated
History of System Produce Energy UK Nuclear Power Stations	**System** UK Clean up Nuclear Waste	**Systems Future** Safe/secure storage of Nuclear Contaminated Materials
Sub-Systems History Spent Fuel Rods etc. (Stored in Ponds)	**Current Sub-Systems** Empty / Clean Ponds	**Sub-Systems Future** Effective Very Long term Safe systems & Places for storage

해결책 지도

어느 시스템이나 문제를 바라볼 때 규모와 시간으로 문제를 해결하는 여러 가지 방법들이 있다. 포뮬러 원 안전(The Formula One Safety) 해결책과 유치원의 붉은 테이블 예제는 문제를 처리하는 모든 방법과 9-박스에서 많은 해결책을 매핑하는 방법을 찾는 것들에 관한 것들이다. 9-박스 해결책 지도에 있는 모든 해결책을 그려 넣는 것은 생각을 조직화하고 영감을 주고 사고를 확장한다. 해결책은 또 성공 보장이나 재해를 피하기 위한 모든 요소와 공헌이다. 따라서 내가 성공적인 트리즈 세미나를 개최하려는 경우에는, 세미나 전에 하는 일(준비)과 세미나 후에 하는 일(피드백)이 있다 ; 환경은 중요하다. 좋은 방 - 그리고 세부내용이 중요하며 내가 원하는 성과를 보장하는 데 필요한 모든 요소를 회상시켜 주는 9-박스 해결책 지도를 채울 수 있다. 한 요소가 모든 것을 다 망칠 수도 있다. 참가비용이 없는, 앨라배마에서 있었던 대형 IT 컨(콘)퍼런스를 나는 기억한다, 그곳에는 수천 명의 사람이 회장의 연설을 듣기 위하여 천막에 있었는데 누군가가 잔디를 깎고 있어서 들을 수가 없었다.

많은 가능한 해결책들로 인해 복잡한 문제 상황에 직면할 때 해결책 지도는 많은 가능한 대안들을 이해하고 더 많은 해결책의 검색을 돕는 빠른 방법이 될 수 있다. 예로 영국의 핵 청정화 프로그램은 소모된 연료봉과 안전하게 저장되어야 할 오염된 다른 핵폐기물이 50년간 담긴 핵 연못을 비워야 하는 까다로운 문제를 갖고 있었다. 연못을 비우고 핵으로 오염된 찌꺼기가 포함된 물질을 처리하기 위한 해결책 지도의 한 가지 교육 훈련용으로 시간과 규모의 해결책 지도가 만들어졌다. 장기적인 해결책이 모색되고 연못을 비우는 여러 가지 방법과 수 피트 깊이의 연못 바닥에 형성되어 덮고 있는 오염물질, 물과 찌꺼기를 처리하는 여러 방법이 있었다. 문맥 지도는 다음과 같이 될 것이다 :

Air 10 Ft of water Inches of sludge	Pond Air above pond Surroundings	No change in Radioactivity Pond Air above pond Surroundings
Need to move items From pond to safe storage	Nuclear Contaminated Items covered In sludge	Items safely removed from pond
Radioactive particles within the sludge exist and are mobile	Sludge water Pond bottom Pond sides Surface of water	No change in radioactivity Sludge water Pond bottom Pond sides

문제는 주변 지역을 오염시키지 않고 연못에서 오염물을 제거하는 방법으로 정의되었으나, 그것은 방해된 핵 침전물이 표면에 떠오르면서 오염을 유발할 수도 있었다. 아래의 해결책은 이 문제를 처리 또는 방지할 방법이다. 또 다른 해결책 지도에서는 연못을 안전하게 비울 수 있게 하는 많은 다른 방법이 구상되었다.

도전은 침전물 표면을 건드리지 않고 연못을 비우는 것이며 많은 해결책 아이디어가 해결책 지도에 표시된다. 이 문제는 아래의 아이디어뿐만 아니라 많은 다른 아이디어도 가질 수 있으며 이 아이디어들은 검증되지 않은 것들이다.

Before Prevent!	**During** Deal with it!	**After** Put Right-Correct
Super-System Stop sludge moving? Solidify water? Layering with oils Gel Ice / Cool down water	**Super-System** Empty quickly Segment with shutters or sleeves	**Super-System** Barrier to stop radiation escaping Lead foam Seal off pond for two years
System Solidify sludge Encapsulate sludge Remove sludge	**System** Local vacuum system while moving items	**System** Move sludge back down quickly flocculate?
Sub-System Break surface tension of items so no particles adhere Standing waves to arrange sludge	**Sub-System** Remove one sleeved item or move very slowly	**Sub-System** Sludge moves down Push back down Microsieve - coffee?

문제에 대한 해결책을 찾을 때 항상 시간과 규모의 지도인 9-박스에서 가능한 한 많은 가능성을 찾기 위해 노력할 가치가 있다. 예를 들어 10년 전 내 아들이 관련된 롤러블레이드와 스케이트 보딩을 하는 동안 점프 묘기를 시도하면서 주기적으로 부상하는 것에 관련된 문제에 직면했었고, 그 결과 그의 팔이 매번 한 번 이상 부러졌다. 나는 곧 내 아들과 내가 함께(이것은 협력이 필요했다.) 구현할 수 있는 많은 해결책이 있다는 걸 깨달았다.

Before	**During**	**After**
Super System Culture of safety & reasonable targets	**Super System** Only use proper facilities with supervision	**Super System** Ambulance and medical help available & phones to ring them
System Learn how to do it Safety lessons Instill common sense Learn your limits	**System** Minimise injury while skateboarding and rollerblading Concentrate - do it well	**System** Lessons learned Parents/other people there to react and help in case of an accident
Sub-Systems Buy good equipment Maintain it well Add safety kit helmet and pads etc.	**Sub-Systems** Good blades Good skate board Good wheels etc. Protection in place Use them properly	**Sub-Systems** First aid kits Comfort Right knowledge about moving injured children

시간과 규모의 지도에 사고의 가능성을 써넣고 위험할 수 있는 것을 금지하기, 교훈들을 재배열하기, 위험한 시도를 할 때는 더 많은 훈련을 하기(항시 트리즈 원리 13 – 반대의 해결책 시도) 등의 해결안을 찾았다. 시간 상자에 있는 항목에는 이전-지금-이후라고 표시해야 되었다. 아이들은 항상 스케이트보드에 점프와 같은 위험한 활동을 시도 할 것이라고 가정하면 많은 해결책이 있지만, 내 아들에게 필요한 이슈 및 행동의 간단한 이해를 줄 수 있는 시간과 규모의 지도를 만들었다. 다른 사람들도 스키 타기 전에 이를 적용했다.

쿠션은 우리가 해로운 미래를 미리 피하게 한다.

필요성 지도

시스템이 모든 단계, 모든 장소(모든 요구사항과 모순)에서 해 주기를 원하는 것

필요성/요구사항은 자주 대립하고 모순을 낳는다. 필요성 지도는 요구사항(이상성과 이상성 감사)에 대해 다른 트리즈 도구를 보완할 수 있는 간단한 방법이다. 그들은 우리가 도구, 시스템 또는 프로세스의 다른 사용 단계 사이에 시간과 규모 면에서 모두 물리적 (반대의 이득 달성) 및 기술적 (단점 없는 해결책) 모순을 발견하는 데 도움이 될 뿐만 아니라 또한 공급자와 소비자(제품이 영원하거나 또는 정기적으로 욕구가 대체되는)등 다양한 이해 당사자들 사이의 갈등을 비추어 줄 것이다.

일상생활에서 우리는 흔히 다른 시간에는(현재 우산이 없는) 다른 해결책이 필요하다

모순이란 위 삽화에서 보여주는 우산처럼 얼마나 많은 시스템이, 산업용이건 가정용이건, 사용 시에는 이상적으로 출현했다가 사용 후 요구가 없어지면 사라지는지(또는 매우 작아지는)를 보여준다. 작은 생활공간 내에 잔디 깎는 기계, 자루걸레, 진공청소기, 다림질 판 등을 보관하려는 사람은 누구나 이 문제를 잘 알고 있어야 한다. 사용할 때는 커지고 사용하지 않을 때는 작아지는 많은 장치은, 예를 들면, 비행기의 착륙 바퀴와 같은 것, 모순을 가진 시스템이고 트리즈로 해결될 수 있다.

사례에서 본 바와 같이 알츠슐러는 모순된 요구사항을 포착하고 이해하는 재능적 사고를 사용하는 방법을 설명하고 세계에서 가장 빠른 보트의 디자인에 이를 적용하는 것을 보여준다. 그는 심리적 관성을 깨고 우리 마음에 알려진, 익숙한 쾌속정의 사진을 버리고 현재 가장 빠른 속도의 보트를 찾아보는 데서 시작하면 안 되고, 아래와 같은 극한적 개선을 찾아보라고 말했다 :

- 확장된 선체
- 유선형 선체
- 더 강력한 엔진.

여기서 원하는 것을 매핑하는 것으로 시작하는 대신에 - 9-박스에 있는 요구사항에서 모순과 개선의 방향을 알 수 있다. 실용적인 면에서는 이것이 9-박스 지도에서 각 단계의 용도를 위한 서로 다른 요소와 요구특성을 구성하는 것을 의미한다. 그러므로 쾌속선의 요소/하위 시스템을 취해서 그들의 주된 일(주요 성과물)에 기여하는 바를 생각하여 증가한 속도를 달성하려고 하며 그 의미는 :

이상적인 쾌속선은 작은 선체이면서 거대한 엔진이 필요하다, 그것이 상충 아이디어/모순을 제공한다.

Engine	more power	bigger engine = more speed
Hull	decrease resistance	smaller hull = smaller resistance = greater speed

상충하는 모순/상반되는 요구사항을 찾는 일은 '해결되지 못한 문제'를 풀기 위해 사용하는 트리즈의 필수적 요소인 물리적 모순이며, 트리즈 40가지 빌명의 원리로 해결할 수 있다. 상충하는 아이디어에 부딪힐 때마다 트리즈 창조성 계약이라는 도구를 시도해 볼 필요가 있으며 이것은 규모 - 시간 -비용 그리고 '다른 방법으로 돌아가기 - 뒤집어 보기 - 반대로 해보기' 등을 포함한다. 알츠슐러는 우리의 상상력을 반대-상상력으로 바꾸고 반대-쾌속선을 찾는 것처럼 이들 도구의 사용법을 설명한다.

반대-쾌속선의 규모-시간-비용 = 큰 엔진은 큰 선체가 필요 = 무한히 확장 … 제로로 점점 소멸

= 저항 제로 = 더 큰 속도

이상적인 선체 = 무 선체

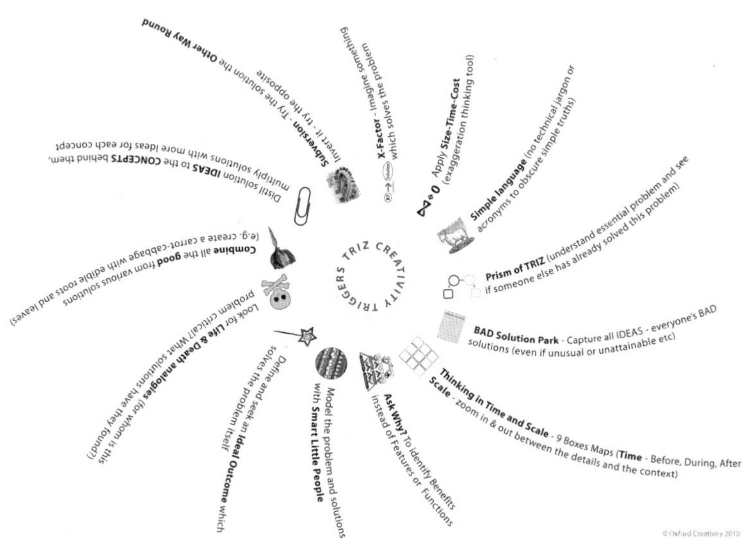

특징이 아니라 이득을 식별하기 위하여 왜 라고 질문하라

왜 선체가 거대해야 할까?

배가 계속 떠 있어야 한다면 왜, 언제 떠 있어야 할까?

언제 움직이며 언제 항구에 있을까?

움직일 때 다른 부력으로 유지될까?

항구에 있을 때 부력을 유지하는(부유물, 항만 지지물 등) 다른 해결책을 가질 수 있다.

그렇다면 움직일 때 왜 선체 대부분이 비어 있을까?

이상적 쾌속선은 이동할 때 물 위에 머무를 필요가 없고 따라서 부양 공간이 필요하지 않고 전체 선체가 엔진으로 채워지게 된다. 9-박스를 사용하면 이런 배의 시스템의 요구사항에 있는 모순을 바로 알 수 있다.

In Harbour	Moving	In Harbour
Engine Small & unobtusive	**Engine** Big & Powerful	**Engine** Small & unobtrusive
Hull Wide to float	**Hull** Narrow to move fast	**Hull** Wide to float

알츠슐러는 쾌속선의 완벽을 추구하는 개발은 이상적인 선체의 개발로서 선체가 없거나 최소한 물속에서 저항이 전혀 없는 매우 좁은 선체가 될 것이라고 주장한다. 마찬가지로 이상적 엔진의 완벽에 이르는 과정은 매우 강력한(따라서 매우 큰) 엔진이 될 것이다. 이상적 쾌속선은 엔진은 가능한 한 크고, 선체는 가능한 한 작은 이상적 쾌속선으로, 매우 빨리 이동하는 이상적인 쾌속선이 될 것이다. 9-박스로 매핑하면 쾌속선은 서로 다른 시스템 수준과 서로 다른 시점이라는 요구사항과 해결책이 있어야 하는 모순을 드러내고 있는데, 그 결과는 '이상적으로' 빠르게 이동하도록 설계할 필요가 있지만, 항구에서는 떠 있을 필요가 있다는 점이다. 서로 다른 시간에 쾌속선은(떠 있기 위해) 넓어야 하고, (빠른 이동을 위하여) 폭이 좁아야 하므로 일반 쾌속선과 이상적 쾌속선 모두가 필요하다. 알츠슐러는 도전/문제를 볼 수 있는 마음속 화면으로 9-박스의 각각을 설명하고 119페이지를 보라고 말한다.

위대한 열정은 재능적 사고자의 마음속 화면에 지속해서 충돌한다. 모순의 경향은 서로 다른 시간의 계단에서 충돌한다. 어느 한 단계에서는 크고 다른 단계에서는 정말 작다고 말할 수 있는 시스템을 매핑하는 방법이 이 도구의 매우 간단한 사용법이다. 우리가 이상적인 쾌속선을 그리면, 갈등이 일어나고, 정점으로 치닫고, 반대자와 싸우고 …이런 싸움의 열기 속에서 상상력은 때때로 안티-상상력으로 변한다.

유사한 모순과 상반된 이익을 원하는 욕구에 직면하는 자동차와 같은 많은 시스템이 있다. 9-박스 안의 시간 축에 반대되는 이득을 써넣는 것은 모든 필요성에 대한 이해를 높이게 된다. 마찬가지로 필요사항을 규모 축에 써넣을 수도 있다 - 예를 들면 시계의 표면은 상위시스템에서는 딱딱해야 하지만 하위시스템에서는 부드러워야(자기-수선) 한다.

원인과 결과 및 위험성

서로 다른 시간과 규모의 관점에서 원인과 결과 그리고 효과 사이의 관계 설정하기

시간과 규모의 지도는 시스템과 상위 시스템에 영향을 주는 요소와 사건 사이의 인과 관계의 위치를 찾고 이해하고 소통하는 매우 강력하고 간단한 방법이다. 예를 들어 하나의 작은 발명이 고층빌딩 개발에 필수가 되고 고층빌딩이 지배하는 도시의 스카이라인을 만들어 냈다 : 이것은 1854년 오티스가 만들어 공개적으로 시연한 엘리베이터/안전 리프트의 안전에 신뢰성을 가져다준 작은 브레이크 장치였다. 그 신뢰성은 확고한 것으로 공공건물의 모든 리프트는 오티스 안전 브레이크가 요구되었고 고장이 발생한 적이 한 번도 없었기 때문이다. 유일한 엘리베이터/리프트 고장은 오티스 안전 브레이크가 장착되지 않은 개인 건물에 있었다. 9-박스에 구성함으로써 큰 상위 시스템이 한 작은 엔지니어링 장치에 의해 변경(도시들이 변함)되는 사연을 보여준다.

Cities need multi-storey buildings - 12 levels achieved	Over 12 storey skyscrapers begin in USA and Europe	Cities changed HUGE HIGH RISE Buildings
Crude freight hoist between 2 floors put in NY building	Lifts accepted as safe	Lifts used everywhere
People distrust lifts/ elevators **Otis invents lift brake**	Otis - Lift safety brake Proved in public	Same invention in use (& has never failed)
1830-50	**1852**	**Now**

원인과 결과의 연결은 어떻게 이득을 전달하고 문제와 유해성을 검사하는가를 보여주는 데 필요하다. 전통적인 근본원인 발견 도구는 문제의 원인을 찾고 지적해 내고 이해할 필요가 있는 원인 변화를 찾는 데 까다로운 탐색방법을 제공한다. 트리즈 9-박스 위험 지도는 훌륭한 보완 도구로 다른 근본 원인분석 도구와 함께 사용하면 유익하다. 트리즈에서는 문제의 원인을 추적할 때 간단한 문제 해결 논리나 반복적으로 왜? 라고 묻는 것이 도움되며 9-박스 위험지도를 사용하면 인과 관계를 볼 수 있고 결과물(좋고 나쁜)과 시간과 규모에 있는 이벤트 사이의 관련성을 찾을 수 있다.

순서, 연결, 상호관계

가끔 시스템상의 하나의 작은 변화나 새로운 요소가 아주 좋거나 나쁜 놀라운 결과를 가져올 수 있다. 작은 이벤트들이 전체 시스템들이 만들어지는지, 그들이 안전한지 위험한지, 또는 큰 이익을 주는지 해로움이나 고비용을 주는지 등을 근본적으로 바꿀 수도 있다. 유명한 파국은 종종 어떤 작은 요소의 실패, 잘못된 설계와 시공에 의한 많은 다리 붕괴, 혜성 항공기, BP 멕시코 만 기름 유출 또는 파이프 알파 재해 등에서 기인하였으며 이들은 문서화가 잘 되어 있다. 잘 알려진 재해를 9-박스로 매핑해 보면 흥미로운 통찰력을 전달해 준다.

세계의 큰 변화가 낙타용 안장주머니 같은 매우 보잘것없는 발명으로도 이루어져 왔다.- 서기 500년 이후 당나귀를 대체한 낙타로 사막을 건널 수 있게 되어 세계 무역 루트에 변화를 가져왔다. 메카는 낙타 안장주머니의 결과로, 매우 부유한 무역 중심지가 되었는데 새로운 낙타의 노선에 있었기 때문이다. 메카는 뚜렷한 농업이 없는 바위 계곡이었지만 후에 성공적인 상업 도시로 발전하는 데 좋은 수원지를 갖고 있었고 나중에 순례와 거주의 큰 거점으로 발전하였다.

9-박스에 이벤트를(위대한 발명 포함) 표로 만듦으로써 시간과 공간에 대한 의미를 이해할 수 있다. 상위 시스템과 하위 시스템 간의 시간을 초월한 경계면을 표로 만들 수 있고 맥락에 맞는 시스템 구조와 국부적 또는 세계적 영향 등을 표로 만들 수 있다. 또한 시간과 규모의 지도를 사용하여 어떤 시스템 수준이 시공을 초월한 다른 시스템에 미치는 영향과 그들의 관련성을 이해할 수 있다. 이것은 낙타 안장주머니와 오티스 안전 브레이크, 그리고 항공기의 피로 고장과 같은 위험과 유해성, 또는 작은 요소의 잘못된 설계 선택으로 인한 더 큰 시스템에서의 거대한 비용 지급 등이 포함된다.

시간과 규모에서 사회적 유해성

복잡한 원인을 가진 문제를 9-박스에 매핑하고 그들의 해결책을 구할 수 있다. 문제들은 상위 시스템의 원인과 하위 시스템의 해결책을 가질 수 있다. 런던의 교외에 사는 한 대의원이 도시와 시민들을 더 좋게 변화시키는 방법에 대한 논의를 거쳐 9-박스에 개인의 안전을 표로 만들었다 - 법 제도와 같은 상위 시스템 요인들이나 지역 주민들과 같은 하위 시스템 요인들이 변화되어야 할 것들이었다.

Past	Now	Future
No drug culture No gambling	Government wish to provide safety in streets? Violence, drugs & gun culture in some areas	**Ideal Outcome Culture of safety everywhere**
Reputation as safe (dull) area Lots of churches etc. No massage parlours, nightclubs etc.	**Safety in city streets? Adequate police force?**	Places where people can meet socially for sport, arts, fun etc.
No-one is afraid Lots of people go out Places and activities for young people (sports facilities)	People feel unsafe? Insufficient lighting? Family units changing No-one knows neighbours	Young people grow up to be responsible citizens. Safe streets where everyone knows each other their neighbours

History - or what made this possible and wanted	Big picture context	General outcomes Likely, worst or best?
History or causes of problem (if known)	General problem description (for us)	Outcomes Likely, worst or best?
History of details	Details of problem components (Suppliers Customers etc.)	Outcomes for components & details

여러 가지 방법으로 미래 상자를 매핑할 수 있다 - 이들은 일어날 가능성이 있는 것, 두려워하는 것(최악의 결과물) 또는 원하는 것(최선의 결과물)들을 포함할 수 있다. 과거에서 미래로의 시간 경과는 무엇이 일어나고, 과거의 행위와 미래의 결과 사이의 관련성을 명확히 볼 수 있도록 해준다. 9-박스를 들여다보면 미래에 원하는 성과를 만들어 낼 수 있는 몇 가지 조치(지금 할 수 있는 것)를 제시해 준다.

위험성 지도에 시간과 규모 사용하기

위험은 무엇일까? 예상 또는 예기치 못한 것? 만일 조건의 복잡한 조합이 있을 때 많은 위험한 상황이 존재한다 – 그들을 이해하고 예측하기 위해 시간과 규모의 크기로 위험을 매핑할 수 있다. 그리고 그들이 일어나지 않는 장소와 시간을 안다면 그들을 처리하거나 올바른 방향으로 가도록 유도할 수 있다

위험은 상황의 조합에 의해 야기 될 수 있다 :

- 링크란 일부분의 변화가 긍정적이든 부정적이든 타 부분에 영향을 미치는 변화를 의미한다.
- 일부분의 고장이 다른 부품과/또는 전체 시스템에 문제를 일으킨다.
- 한 지역에서의 문제는 시스템의 다른 부분을 변경하여 제거할 수 있다.

주의사항 : 문제를 해결하는 도중 시간과 규모에는 선택해야 할 많은 해결책과 다양한 옵션이 있다 – 주어진 문제를 붙잡을 많은 방법.

위험한 유체를 포함한 파이프 속으로 묶기

해로운 유체를 포함한 파이프 속으로 쌓이는 잠재적 위험 상황에 직면한다면 - 파이프를 파괴하기 전에 시간과 규모 단계에서 잠재적 위험을 매핑하고 관련성과 위험을 초래하게 된 모든 원인을 조명해 볼 수 있을 것이다.

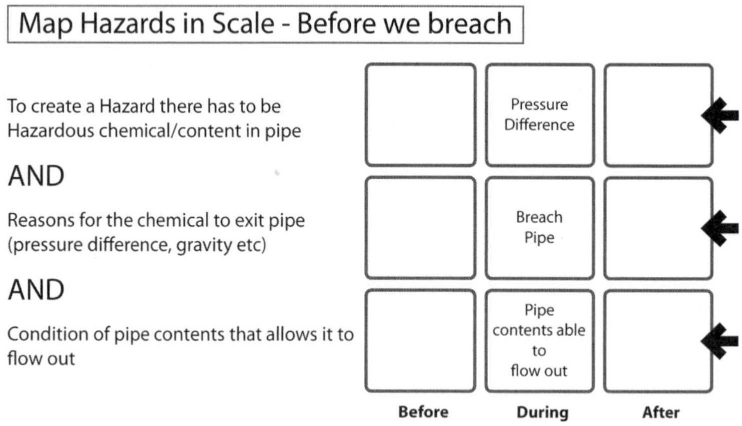

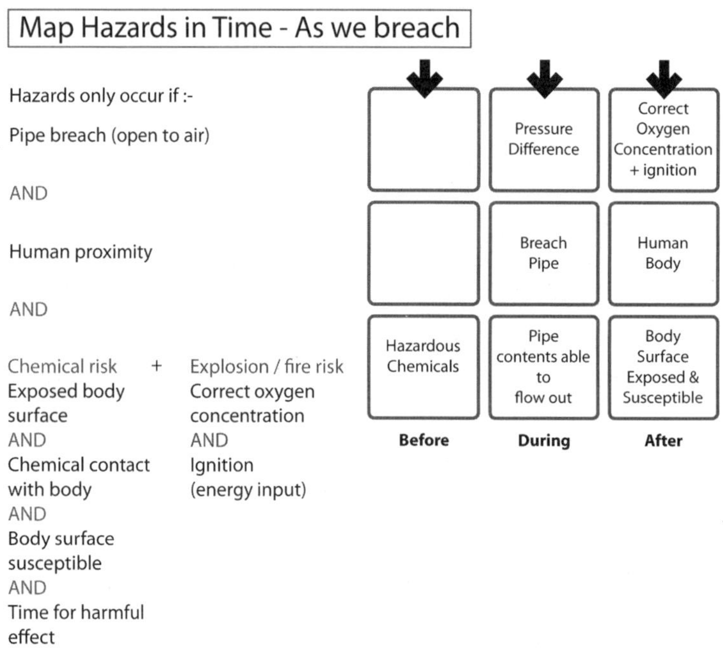

시간 단계를 모두 사고하는 것은 위험의 발생 전과 도중에 해야 했던 것 그리고 발생한 후에 올바르게 할 수 있는 것을 상기시키는 데 도움이 된다. 앞으로 할 수 있는 것을 사고하는 것은 해로운 효과에 대응하거나 중화시킬 수 있음을 포함한다. 예를 들어, 화학 물질이 산성인 경우는 알칼리/염기를 첨가할 수 있다. 전에 할 수 있었던 일에 대한 사고는 - 조건 중 어느 하나를 차단하거나 방해하는 것을 포함하는 위험을 예방하고 - 위험을 만들어 내지 않는다는 점을 확신하게 한다.

규모로 생각하기의 모든 단계에 대한 사고는 시스템의 어느 수준에서도 이 작업을 수행할 수 있음을 상기시켜 주며 몇 가지 가능한 해결책은 다음과 같다 :

Hazard Example	**Pipe breach (open to air)**
Solutions can be found at all levels in scale and time - for example:-	
Super-system	Do it in an inert environment (no oxygen)
System	Use a self sealing system
Sub-system	Solidify pipe contents

인생에서 위험 예방하기

시간과 규모로 생각하기 – 최악의 단점에 직면할 자신의 삶에 사용하기

예방 문제 - 치료보다 예방이 낫다 - 적절한 시간의 한 뜸이 아홉을 절약할 수 있다. 사전에(또는 지금) 약간의 조심이 무언가를 수정하거나 바로 잡을 수 있는 많은 시간을 절약하는 상황을 갖게 된다. 추운 날씨에 파이프 동파 방지, 조심스러운 요리준비, 목재 깔기 전 마룻바닥 수평 잡기, 석유 고갈 등의 잘못된 일의 예방은 모두 인생에서 배운 교훈이다. 이러한 교훈들은(사업이나 기술적 문제의 복잡성으로 시야를 가리는) 일반상식으로 해결할 수 있는 것이 많다. 그러나 문제의 명확한 면을 볼 수 있더라도 많은 옵션과 모든 세부사항에 압도되어 문제의 똑바른 방향을 알기 어렵다 - 나무를 보지만 숲은 못 본다. 간단한 9-박스 지도 그리기는 많은 위험 요인과 위험을 예방할 수 있는 해결책을 모두 볼 수 있도록 도와준다.

위험한 상황에 대한 시간과 규모

간단한 연습을 해보자 - 당신에게 일어날 수 있는 최악의 것 중 하나는 무엇인가? 대부분은 집이 불타고 가족이 위험에 갇혀버릴 수도 있다. 이런 상황에서 위험과 유해물로부터 예방, 중단, 감소시킬 수 있는 모든 것들을 9-박스의 실행 계획에 그려 보아라.

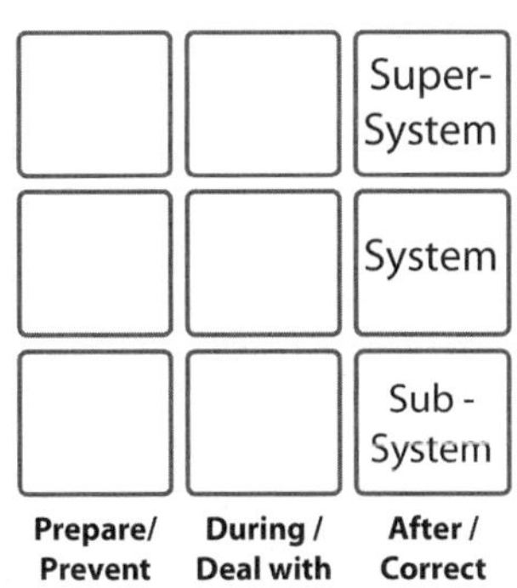

가정 화재

준비 및 방지란에는 보험, 내화 재료, 방화문, 화재경보기, 화염 방지 난방이나 조리 기구, 성냥으로 장난하지 않기 등이 있다. 화재 경보 시 새 건전지, 어린이들에게 화재 시 가야 할 곳, 연기가 있으면 입과 코를 막고 바닥에 엎드리게 하는 대피훈련 교육을 하고, 바닥에서 신선한 공기를 끌어올 수 있는 긴 파이프를 가진 연통을 조사하는 등의 세부내용을 추가할 가치가 있다.

도중/처리란에는 화재 시 화재경보에 대응하기, 내화담요와 소화기 사용하기, 소방관과 이웃에게 알리고 대피하기 등을 기재한다.

후/수정란에는 병원 처치, 주택복구, 보험청구, 상담 등을 기재한다.

가끔 소방관, 병원 등과 같은 것을 어느 박스에 채울지 모른다(앞란에 있을지 모른다).

답변은 보통 그들이 행동에 들어가려는 박스에 채운다 - 그래서 이런 경우는 뒷란에 기재한다

이 연습을 마친 후 한 대표자가 집으로 돌아가 화재 훈련을 했다고 말했다. 무서운 일은 그의 아내와 아이들은 방범창이 잠겨 있어서 빠져나올 수 없었다 (요구사항의 충돌 -안으로 들어가기는 어렵지만 나오기는 쉬운 집의 안전을 유지하는 모순을 풀어라 - 이러한 모순을 해결하기 위해 당신의 창문과 문짝이 설계되었는가?)

4.5 미확인 제조 문제 - 스크랩 가격이 크게 상승

몇 년 전 제조상 많은 문제점을 조사하기 위해 한 대기업의 초청을 받았다. 2개 팀의 엔지니어들과 3일간의 워크숍이 있었는데 각 팀들은 그들의 문제를 갖고 있었지만 수개월간 문제를 해결하지 못하고 있었다. 시간과 규모의 지도를 그려서 즉시 첫 번째 문제의 해결책 방향을 찾아냈고 마침내 올바른 정보와 위험지도를 갖고 두 번째 문제의 원인을 확인했다.

첫 번째 문제는 매우 성능이 저조한 설비의 신규 부품으로, 그 설비는 기계 제조업체가 개선하여 이전의 우수한 버전을 업그레이드한 것으로, 원래 성능의 절반에도 못 미칠 정도로 재설계된 것이다. 팀은 원래의 설비로 복귀하였고 더는 아무런 문제가 없었다.

두 번째 문제는 제조보다는 회계 정책에 가까운 문제였다. 문제는 열 배나 많이 발생한 (1%에서 10%로) 고가의 복잡한 사출 성형의 스크랩이었다. 제조 공정은 많은 복잡한 단계를 가지고 있었고 첫 번째 단계 - 복잡한 모양의 세라믹 코어 구매 -에서 뒤로 거슬러 가며 매핑하였다. 스크랩 비율이 악화하기 이전과 이후 변화된 것이 무엇인지 묻자, 회사 전체적으로 모든 비용의 20%를 줄여야 한다는 회계사 요구가 있었음을 상기할 때까지 조사해야 할 자료가 너무 많았다. 코어를 제공하는 외부 공급 업체는 비용을 세라믹 코어당 5달러에서 4달러로 줄이도록 요청받았고 이러한 요청은 달성되었으나 품질의 손실이 수반되었다 - 공정 시작점의 1달러 절약이 스크랩으로 처리된 조각당 5,000달러의 비용 증가를 가져왔다. 9-박스로 아래에 매핑해 보았다 :

NEW cost cuttingculture!	**Tenfold rise in scrap Costing $5,000** Huge rise in overall costs despite 20% savings on purchases big & small	**Time wasted Big losses Manufacturing slowed down**
20% Cost Savings required on all purchases	**PROBLEM** Something has gone wrong in one of the many manufacturing steps	Return to low scrap rates and previous accurate and reliable manufacturing processes
$5 ceramic core saved 20% = $1 now only $4!	Supplier slightly reduces specification to achieve requested price reduction	Return to original specification & price **right ceramic core costing $5 again**

현재의 무시와 보잘것없는 절약은 나중에 지구 크기만큼 비용이 들지 않을까?

(지금 몇 파운드의 절감은 나중에 수백만 파운드의 비용이 들지 않을까? 오늘의 즐거움이 내일의 재난으로)

최근 영국 국방성으로부터 받은 흥미로운 사례는 몇 년 전 작은 비용을 절약하기 위해(불과 수 파운드) 설계에서 간단한 클립을 제거해 버렸다는 것이다. 그 결과가 이제는 매년 수백만 파운드의 국가 비용을 치르고 있다.

클립은 영국 잠수함의 원자로에 사용되고 있었고, 본래는 잠수함이 전복될 때 제어봉과 감속재를 제자리에 붙잡고 유지하는 기능이 있다. 잠수함이 정상적으로 항해하면 중력이 막대를 제자리로 유지한다. 잠수함이 결코 전복될 것으로는 믿지 않았으므로 클립은 거추장스러웠고 그래서 설계 및 제조에서 삭제되었다.

이 제어봉의 용도는 중성자를 흡수함으로써 핵반응(핵반응은 핵 분열 시 중성자가 필요)을 제어(또는 완화)하는 데에 있다. 제어봉이 제자리에 똑바로 있는 동안에만 중성자를 흡수하고 핵반응을 방지한다. 만일 제어봉을 완전히 제거하면 핵반응은 통제 불가능하게 된다.

상황에 대한 간단한 시간과 규모의 표는 아주 작은 비용절감과 사후에 유지보수 시설에 들어가는 막대한 비용 간의 관계를 보여준다. 클립을 제거하는 결정은 아마도 비용절감이었겠지만, 나는 상위 시스템을 상업적 환경과 자연적 환경이라는 두 개의 분리된 범주로 구분하였다. 클립이 필요했던 이유를 생각해 볼 때 충분히 분석이 안 된 자연환경에서는 재해 가능성이 있기 때문이다. 지진 연구가 수행되었을 때 지진이 일어날 가능성이(아주 희박하지만) 있다고 간주하였다. 지진이 일어나는 동안에 잠수함이 전복된다면 제어봉이 이탈하고 반응로는 임계치를 넘을 것이다.

잠수함 설계를 수정하고 클립을 다시 넣을 수는 없으므로 가능한 해결책은 수백만 달러를 지불하여 잠수함 전체에 대한 규제를 구축하는 것이었다.

	Build	In dock / Maintenance	Consequence (assess risk / effect)
Commercial Environment	Cost Pressures Safety	Re-assessment of need to keep submarine upright	Huge costs of building restraints to keep whole Sub upright
Natural Environment	Insufficiently Analysed	Earthquake could cause Sub to roll over	Potential major disaster on shore
Submarine		Safe Submarine	
Reactor	Omit rod restraints for small cost savings		Definite minor cost savings on clips

문제의 상황을 9-박스에 간단히 매핑하여 체크할 수 있는 것들 :

- 부적절할지 모르는 유해성 제거비용 절감을 이해하기.
- 모든 것이 정상인가? 세심한 준비력(장기적으로는 자주 저렴하고 쉽게).
- 통합하지 못한 제품비용, 시스템에 적용기술(제9장 트렌드 참조-부품의 불규칙한 개발)
- 모든 이해당사자의 관심사가 매핑되고 보호된다, 모든 관점에서 문제와 요구사항을 정의

4.6 문제의 역사/맥락을 파악하기 위해 9-박스 사용

더 큰 그림을 보는 것이 가능성이 높은 원인과 따라서 해결책 방향을 구별하는 데 도움을 준다. 일괄명령(무조건 비용 20% 삭감 등)은 매우 위험하다(우연 결과의 법칙).

모든 명령은 바라는 결과를 분명히 해야 한다. 예를 들면;

- 생산된 제조 품목보다 더 낮지 않은 비용일 것
- 생산된 좋은 제품보다는 더 낮은 비용일 것

낮은 비용은 낮은 품질을 수반한다 – 우리가 정말 이것을 원하는가?

	Big picture Context	**Expensive Outcomes**
Cheapest Quote	General Problem	**Costly Outcomes**
Small cost Savings		

문제 사례 E-베이는 글로벌 쇼핑 장소/시장을 만들었다

문제 – 나는 무명의 풍경 예술가이다(내 그림을 파는 대리점이나 매장이 없는)

E-베이가 나에게 도움을 줄 수 있는 방법? (실제 성공사례를 기반으로)

인터넷 발달로 신용카드는 안전하고 간편하게 글로벌 구매에 이용. 글로벌 배달과 우편 서비스를 광범위하게 사용. E-베이의 창립	E-베이가 알려지고 인기를 얻음	글로벌 시장 설립 글로벌 가격은 전문가들의 이익 감소
사람들이 판매하고 구매	종합적 문제설명; **세계시장에서의 구매와 판매방법**	지방 무명화가는 글로벌 시장에서 그림 판매 시작 입찰과정에서 인기 있고 적정한 가격을 찾음 – 시장이 가격을 결정
예술품은 여러 지역에서 취득 가능하지만 대부분은 로컬 마케팅, 전문가는 세계 여행 중 한 곳에서 구입하고 어디서나 판매. 개인은 전문가로부터 구매	가격은 큰 시장에서 결정. 많은 소매상인(특히 남성)들은 E-베이에서 구매 시작, 전에는 아무데서나 구입하거나 전혀 구입하지 않음	골동품, 예술품은 전문 딜러가 시장을 좌우함 작가 및 화가 등은 세계 시장에서 많은 고객들을 얻게 된다.

4.7 결론 : 트리즈의 목적은 이상성을 증가시키고 복잡성을 억제하는 것이다

트리즈는 당신이 따라야 하는 똑바로 밟아가는 시스템으로서, 처음에 문제(당신이 원하는 모든 이득과 비용과 유해성)를 이해하고 나서 그것을 해결하는 것이다. 문제의 맥락을 이해하면 복잡성은 억제된다 – 9-박스 사고로 문제를 감소시키는 것이 필수다.

시간과 규모 – 중요한 트리즈 도구

알츠슐러는 가장 유용한 트리즈 도구의 힘에 대해 설명한다 :

재능적 사고의 화면. 3 단계와 9 스크린들, 서술, 반-서술 – 이는 결국 우아한 패턴의 단순화다. 진정한 재능적 사고는 시스템 위에도 여러 단계(상위 시스템, 차상위 시스템 ...)가 있다. 사람은 나무 뒤의 숲뿐만 아니라 종합적인 생태계, 또 나뭇잎뿐만 아니라 잎의 세포까지도 봐야 한다. 많은 화면은 시스템의 왼쪽(최근, 과거, 특별한 과거)과 오른쪽(미래, 아주 먼 미래)에 있어야 한다. 화면의 묘사는 이제 커지고, 지금은 작아지고, 현재는 행동이 느려지고, 지금은 속도가 올라가고 … 복잡하다고? 네, 그래요. 우리가 사는 세계는 복잡한 방식으로 구성되어 있다. 그것을 배우고 바꾸려 한다면, 생각이 정확히 이 세계에 반영되어야 한다. 복잡하고 동적이며 변증법적으로 발전되는 세상은 의식 속에서 역시 복잡하고 역동적이고 변증법적으로 발전되는 전체 모델을 찾아내야 한다. 세계의 이미지를 반영하는 거울은 크고 다양한 면이 있다. (CAESS 쪽. 121)

알츠슐러는 물론 옳다 - 하나의 시스템에는 9-박스보다 더 많은 것들이 있고 시스템의 일생을 아래에 보여준다;

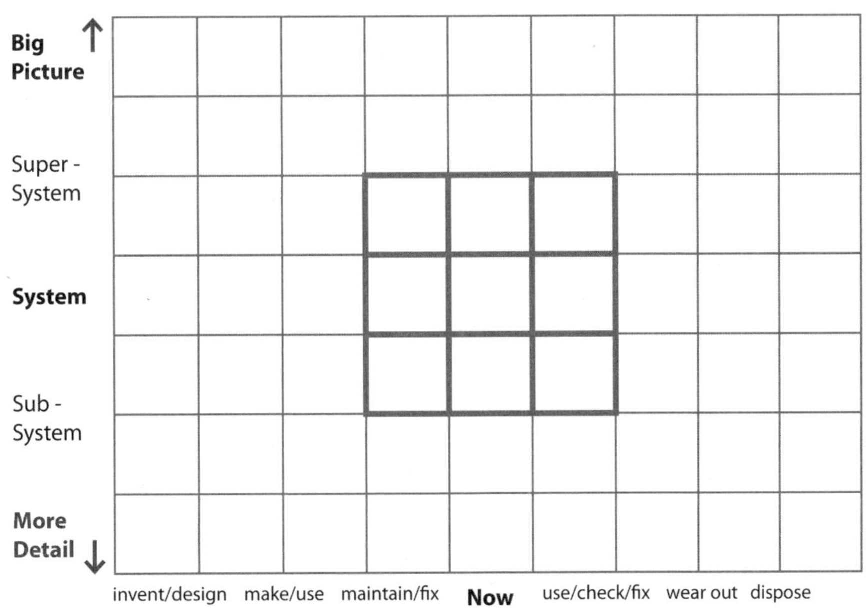

9-박스를 사용하면 어느 상황이나 9개 가까이 줄이는 데 도움이 된다, 그것은 많은 상자를 딱 9개로 결합하거나 가운데 9개 상자를 시스템 주변으로 이동시키면 된다 – 이것은 마치 관련된 지역에 탐조등을 비추는 것

과 같다. 문제 해결 회합에서 우리는 9-박스에 충실히 하려고 하지만, 꼭 확장할 필요가 있으면 상황 서술을 위해 12 또는 15 상자보다 훨씬 많지 않도록 노력하라.

시간과 규모에 대한 트리즈 도구는 엔지니어뿐만 아니라 모두에게 유익하다. 상황의 간단한 이해에는 유익하지만, 복잡해서 혼란스러운(나무를 보고 숲을 아는) 것을 이해 못 하고 분명하게 생각되지 않을 때는 무의미하다. 단순하나 혼란한 상황에서는 특이하게 강력하다. 기술적인 문제에서 더 중요한 것은 문제에 대한 이해를 증진해 주고 해결에 이르는 사고의 명확성을 가져다준다는 것이다. 공학적인 문제는 거의 간단하지 않으므로 복잡성을 억제하고 하나의 상황을 몇 가지 단순한 문제로 줄이는 것이 모두에게 이해하고 해야 할 것을 찾는 데 도움이 된다.

재능적 사고를 초월하는 것은 문제 해결의 최고 수준이다. 천재는 흔히 모든 수준에서 모든 것을 정확하게 볼 수 있으나 알츠슐러는 9-박스는 단지 재능적 사고뿐만 아니라 천재에게도 자주 적용되는 도구라고 주장했다.

천재들 사이에서도 이런 사고를 매일 접하는 사람들은 무의미하다. 실제로 '전체 화면 패턴'(9-박스)은 별이 빛나는 시간의 천재적 사고를 보여주는데, 그것은 위대한 사상가와 예술가의 삶에서는 극히 드문 일이다. '전체 그림'이 IFR이며 이런 아이디어에 접근하는 것이 ASIP(발명 문제의 해결을 위한 알고리즘) 이다.

알츠슐러는 이상적 결과물(이상적 최종 결과 또는 IFR)을 정의하고 진화의 경향과 같은 트리즈 도구(9장)를 사용하여 시스템의 가능한 방향을 예측할 수 있기 때문에 어떤 확신을 하고 미래 박스를 정의할 수 있으며 전진할 수 있다고 주장한다.

9개의 상자는 재능적 사고의 산물일 뿐만 아니라 천재의 것이기도 하다. 위대한 과학자와 공학자를 쳐다보면 그들은 자연스럽게 9-박스로 생각하고, 유지하며 그들의 전문 영역의 세부내용을 숙달하지만 그러나 동시에 맥락에서 큰 그림을 보고 다른 박스와의 충돌, 시간의 의미를 찾아본다. 리처드 페이만, 폴 디렉 등과 같은 위대한 물리학자와 수학자들은 패턴, 시스템 레벨 간의 연결, 대칭성, 시스템과 반 시스템 간의 모순(예; 반물질)을 인식하고, 모든 시스템 레벨에서 어떻게 시간이 똑바로 가지 않는지를 고려했던 사고의 소유자들이다. 그들은 모든 가능성을 그릴 수 있으며, 큰 그림에서 분자 수준까지 시간과 크기의 의미를 알고 설명할 수 있었다. 천재는 본능에 따라 9-박스를 사용한다 – 알츠슐러는 모두 천재들이 생각하는 방식을 인식하고 경쟁할 기회를 얻기를 원했다.

사례연구 : 핵 문제에 시간과 규모 적용하기
폐기된 연구지역 복구 주식회사 - 평가 워크숍

요구사항

RSRL은 1940년대 영국 핵 산업의 여명기로 역사가 되돌아가는 핵 연구지역인 하웰을 폐쇄할 임무를 받았다. 그곳에는 철거하기 전에 청소해야 하는 다양한 수준으로 핵이 오염된 많은 건물이 있으며, RSRL은 각 건물의 핵 폐기를 위한 최신 평가서를 준비해야 한다.

RSRL이 안전하게 철거할 수 있도록 특정 건물 내의 방사능 오염 청소에 대비해서 평가 수치를 수정할 필요성 때문에 트리즈 워크숍이 개최되었다. 이 워크숍은 핵 폐기를 평가하기 위한 공정을 수정하기 위한 더 큰 프로젝트의 일환이었다.

문제

방사능에 오염된 큰 건물과 운전과 유지보수 경험과 빌딩에 대한 깊은 지식은 있으나 폐쇄 경험은 제한적인 운영팀이 있었다. 새로운 연도의 기금 한도는 작업이 완료될 수 있는 최대치에 의해 결정된다. 역사적 평가 사례는 알맹이가 부족하고 위험한 쪽이다

워크숍 동안 행위 모형을 돕기 위한 편리한 도구로, 트리즈가 새로운 평가관리자에 의해 선정되었다. 워크숍은 생산계획과 비용 견적에 대한 정보를 알 수 있는 새로운 요구사항에 맞춰진 폐쇄 프로젝트의 범위에서는 벗어나 있었다.

문제와 씨름하기

워크숍에 사용하기 위해 선정된 두 가지 도구 :

- 이상적 결과물 :
  - '할 수 없다'는 전망보다 '할 수 있다'라는 상황에서 조사
  - 과거에 받아들였던 것보다는 앞으로 원하는 일에 초점을 맞추어 창의적 사고를 허용
- 시간과 규모로 생각하기 (9-박스) :
  - 구조물이 시간이 흐르면서 어떻게 오염되었고 오염이 어떻게 관리되었는지 조사하기
  - 시간 경과에 따른 자금의 변동추이 조사
  - 건물이 지역, 조직 및 산업과 어떤 관련이 있는지 조사
  - 건물과 관련하여 객실과 지역이 어디인지 조사

1	2	3
4	5	6
7	8	9

시간과 규모로 생각하기는 팀에 소개된 첫 번째 도구이고 건물의 평면도와 연계하여 사용되었다. 각 객실이 하위 시스템을 구성하고, 시스템은 건물이고 상위 시스템은 지역/조직으로 결정되었다.

첫 번째 일은 '최고'객실과 '최악의'객실(셀 8)을 선정하고 왜 최고와 최악의 객실(셀 7)이 되었는지 그리고 유사한 객실이 얼마나 존재하는지를 설정하였다. 다음은 객실과 빌딩 사이의 관계를 이해하고 오염이 객실에 국한하는지 또는 넓은 면적(셀 S)에 퍼져있는지를 이해하는 것이었다. 이런 방법 이후 건물이 건축되었고 어떤 위험이나 기회가 있는지(셀 4) 분석되었다. 건물은 세 부분으로 건축되었고, 그것이 자연스럽게 구분되었지만 이러한 경계를 교차하는 수많은 환기와 배수 공용서비스가 있었다. 다음으로 팀은 지역/조직 관점에서(셀 2) 건물에 다른 구조물과 관련되는 지점이 어디인지, 접근이 가능하고 지역과 공유하는 서비스가 무엇인지 하는 문제를 조사했다. 마지막으로 그들은 건물이 건설되기 전에(셀 L) 무엇이 있었는지 조사했다: 녹지였는지 기존 건물이 있던 부지인지?

'미래'의 칸(셀 3, 6, 9)을 조사하기 전에, 사고 과정을 형성하는 데 훨씬 많은 도움을 주고 산업 내에서 안전하게 만들 수 있는 심리적 '맞바람'을 제어하기 위해 이상적 결과물을 도입하기로 했다. 다른 형태의 오염은 서로 다른 안전/오염 관리 해결책이 필요하다 - 이 건물 내에서 사람과 청정지역을 보호할 필요성이다. 우리 건물은 긴 역사를 통하여 여러 용도로 사용되었고 안전관리는 오늘날의 엄격한 요구에서 보면 보잘것없는 것으로 드러났다.

결과

프로젝트의 목표를 설정하는 데 칸 3, 6, 9를 완료하는 것이 아마 모임의 목적이었을 것이다. 이상적 결과물은 위험, 불확실성, 기회와 연계하여 사용되었다. 팀은 그들이 생각한 것이 특정한 활동이나 일관작업을 위한 이상적 성과를 낼 것이라고 주장하고 성공적인 결과로 촉진하는데 요구되는 가정과 제외사항들을 확인했다. 이상적인 결과는 셀 3, 6, 9에 기록하고, 가정과 배제사항은 충격과 확률 측면에서 검토하고 확률 방안지 (PIG)에 기록하였다.

이상적 결과물은 다음 것들이 포함된다 :

- 전체 프로젝트 기간
- 각 업무-패키지 기간
- 전년 대비 부채 / 위험 감소
- 프로세스 비용 절감
- 새로운 폐기물 처리 경로
- 원격 처리하는 중급 수준의 폐기물 금지
- 사이트의 비의존성

성과

워크숍은 두 가지 측면에서 성공했다 :

- 프로젝트에 대한 출발 이벤트로 작용하고 모든 이해관계자가 프로젝트 요구사항이 무엇인지를 이해하고 개발하는데 참여토록 보장하였다.
- 포괄적인 범위의 문서를 만들고 문제가 위험, 불확실성 및 문서화된 기회를 여러 관점에서 고려되는 것을 보장하였다.

이러한 정보는 범위 문서로 작성되었으며 이는 프리마베라를 사용한 프로젝트 계획과 기본비용 산정의 근거로 사용되었다.

다음 단계

이 접근 방식은 비용 재산정이 필요한, 완성된 다른 프로젝트에 채택되었다.

제2부
The Contradiction Toolkit

모순의 노출과 해결

5.1 모순 – 해결할 것인가? 절충할 것인가?

레오나르도 다빈치와 같은 위대한 발명가들처럼 트리즈 엔지니어들은 역설, 모순, 애매함을 편하게 생각한다. 공학 문제는 모두 하나 이상의 모순을 갖고 있다. 그러나 모순은 불확실성, 선택의 어려움, 절충과 연계되어 불필요하게 남아있다. 즉, 어떠한 모순도 해결할 수 있는 실천적인 해법이 있고, 이 해법은 간단한 기본 원리이며, 모든 엔지니어가 어떠한 문제도 해결할 수 있게 해 주므로 모순은 남겨둘 필요가 없다. 또한, 이 매우 유용하고 강력한 해법 – 트리즈 40발명원리 – 은 공개되어 있고, 러시아에서 50년에 걸쳐 드러내 놓고 사용됐으며, 최근에는 모든 사람이 무료로 접근할 수 있다. 트리즈 발명원리의 적용으로 모순은 해결되며, 이것은 양호한 해법에 도달하는 간단한 방법이다. 40발명원리는 복잡하지 않으며 이해하기 쉽다. 아래에서 몇몇 예를 보인다.

원리 4

비대칭. 대상의 형상이나 성질을 대칭에서 비대칭으로 변경하라.

원리 17 차원 변화

차원을 추가하여 이동하라. 일차원에서 이차원으로, 이차원에서 삼차원으로

원리 13 반대로 하기

문제 해결에 사용되는 활동을 거꾸로 하라(예, 대상물을 냉각하는 대신에 가열)

5.2 무엇이 모순인가?

모순은 해법 간의 단순한 충돌이다. 반대의 해법을 원하거나 새로운 해법을 도입하여 시스템의 한 가지 특성을 개선되도록 변화시키면, 시스템의 다른 특성이 악화한다. 재료의 양을 더 많이 투입하여 내구력을 개선하는 해법은 무게를 증가시키는 문제를 일으킨다는 것을 발견할 때와 같이 엔지니어는 모순을 친숙한 상황으로 인식한다. 모순은 또한 반대의 특성이나 기능의 달성을 통해 얻게 되는 이득을 위해 필요하게 될 수도 있다. 우산과 같은 일용품은 큰 것과 작은 것의 두 경우 모두가 이득이 된다. 흰색과 검은색과 같이 반대되는 것들을 원하는 상황이 많이 있다. 트리즈는 이와 같은 반대되는 이득에 도달하는 모든 방법을 보여준다.

원리 33 - 색상변경

한 시스템 안에서 반대이득/반대특성을 함께 얻는 것이 처음에는 비현실적이고 우스꽝스러운 것처럼 보일 수 있다. 북극곰들은 흑곰과 백곰의 둘 모두가 되는 방법을 찾는 문제를 이미 해결했다(따뜻함을 위해 검은색 피부를 가졌고, 투명한 털은 흰색으로 보이게 하여 눈 덮인 북극 풍경에 어우러지게 한다). 북극곰의 해법과 같이 모순을 해결하는 모든 해법은 트리즈의 40발명원리에 있다. 이들 발명원리는 얼핏 보아 불가능한 것처럼 보이는 문제에 대해 간단하고 유용한 해법 촉발기를 체계적으로 찾게 한다.

모순 탐지 - 그러나와 그리고

"해법 아이디어가 이것을 제공한다. 그러나 ... "라고 말할 때, 하나의 문제를 갖게 된다. 즉, 어떤 것을 더 좋게 만들려고 노력하면 그 결과로 다른 것들이 악화한다는 것을 발견하게 된다. 거기에는 대개 모순이 있다(트리즈에서는 기술적 모순이라 부름). 나는 더 많은 빛이 들어오도록 창을 훨씬 크게 만들었다. 그러나 그렇게 하니까 사생활 보호가 안 되고, 더 시끄러워졌으며, 겨울에는 더 추워졌고, 여름에는 더 더워졌다.

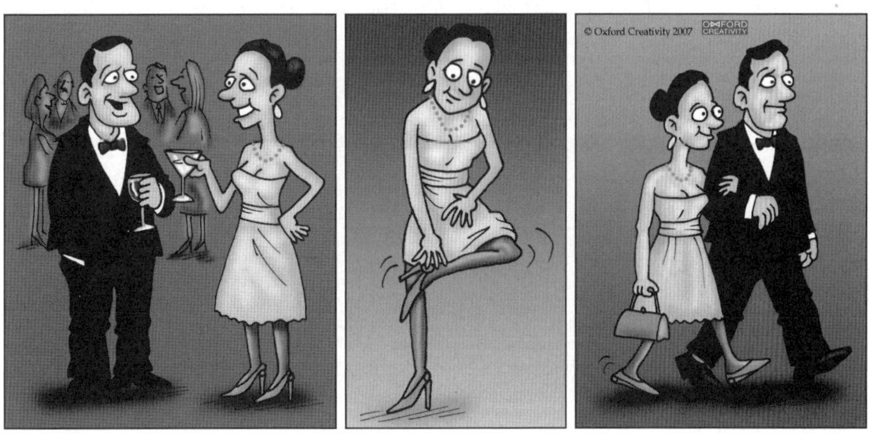

원리 15 - 동적수준. 반대의 이득을 줄 수 있다.

게다가 흑색과 백색, 날카로움과 무딤(칼은 자르기 위해서는 날카로워야 하고, 손으로 잡기 위해서는 무디어야 함), 높은 굽(매력적)과 낮은 굽(편함) 신발을 원하는 것과 같이 두 개의 반대되는 해법 사이에서 선택해야 하는 경우에 모순을 발견하게 된다. 이와 같은 서로 반대되는 해법들로 인한 모순을 트리즈에서는 물리적 모순이라 부른다.

트리즈 40발명원리를 사용하여 이 두 가지 유형의 모순을 해결한다. 40발명원리는 세 가지 트리즈 해법목록 중의 하나로서 강점을 최대화하고 약점을 최소화하는 공학 문제 해결방법을 보여준다. 트리즈 연구에서 발견한 근본적이며 간단한 해법 목록은 40발명원리, 8기술진화경향, 76표준해의 세 가지이다.

시스템은 니즈(needs)에 부응

현실 문제를 해결할 때 시스템을 자신의 니즈(needs)에 맞추려고 노력한다. 모순은 반대되는 니즈(나는 주차를 위해서 소형차를 원하고, 안전을 위해서 대형차를 원함)를 갖고 있거나 하나의 니즈에 초점을 맞추어 다른 것과 충돌할 때 발생한다. – 나는 강력한 힘을 갖는 차를 원한다. 나는 또한 연료효율을 더 높은 차를 원한다.

자동차와 같은 상품을 선택할 때 이러한 모순에 많이 직면하게 된다. 나는 나 혼자일 때에는 소형차가 좋다. 그러나 내 가족과 함께 있을 때에는 대형차가 좋다. 또는 나는 정교한 기능이 많은 차를 원한다. 그러나 나는 단순하면서 유지하기에 경제적인 차를 원한다. 자동차와 같은 시스템에서 원하는 모든 것을 얻는 방법은 가능하면 언제나 모든 니즈들 간의 모순을 인식한 다음, 트리즈 방법을 이해하고 사용하여 문제를 해결하는 것이다. 이러한 상황에서는 모순에 친숙하고, 절충하거나 일부를 선택하지 않고, 모든 니즈를 제공하는 시스템을 찾아야 한다.

절충 아니면 해결?

모순적인 상황에 직면했을 때 절충(최적화)하거나 모순을 해결(제거)할 수 있다. 모순은 많은 문제의 중심에 있다. 트리즈 사고는 먼저 모순을 인식(발견)하게 도와주고, 40발명원리를 체계적으로 사용하여 모순을 해결하는 방법을 보여준다.

더 작게 만든 휴대폰은 장점과 단점을 모두 가진다.

5.3 40발명원리

사실 아니면 허구

알츠슐러는 수천 개의 특허를 조사하여 독창적이라고 판단되는 특허를 찾고, 이들 독창적 특허에서 사용한 해법과 콘셉트를 추출했다. 그는 독창적 특허를 모순을 해결하는 방법을 제공하거나 다른 산업분야의 지식을 독창적으로 적용한 특허로 규정했다. 특허의 약 20%가 독창적 특허임을 알아내었고, 이들 특허에서 채용한 콘셉트들을 모두 기록하였다. 35,000개의 특허를 조사하여 모순 해결에 사용된 37개의 콘셉트를 찾았으며, 50,000개를 조사한 후에 트리즈 40발명원리로 알려진 40개의 콘셉트를 찾았다.

수백만 개의 특허를 분석한 후에도 여전히 40개 콘셉트/원리만으로 모순을 해결하고 있는 것으로 파악하고 있다. 40발명원리는 모순 해결에 사용되는 세상에 알려진 모든 방법을 보여주는 해법 촉발기(알츠슐러가 어린이들을 위해 쓴 책 『그리고 갑자기 발명가가 나타났다』에서는 '비결(tricks)'이라 불렀음)이다. 트리즈는 모순을 발견하면 40발명원리를 활용하여 모순을 해결하게 할 것이다. 40발명원리가 제시하는 강력한 해법 촉발기를 현실성 있는 아이디어로 바꿔 놓아야 한다. 이 과정에서 모순에 대한 현실적인 관련 해법을 만들어 내기 위해서는 높은 지력과 경험을 트리즈 관련 지식과 결합해야 한다.

트리즈는 알츠슐러에게 생활에 충분할 만큼의 돈을 벌게 해 주지 못했다. 그는 알토프(H. Altov)라는 필명으로 공상과학소설을 썼다. 『그리고 갑자기 발명가가 나타났다』는 그가 쓴 가장 유명한 책으로 쉽게 읽을 수 있는 트리즈 책 중의 하나이다. 재미있는 책이지만 트리즈를 실제 사용하는 방법에 대한 것은 거의 없다.

이 책은 그가 발표한 저작물에 기초하여 어린이를 대상으로 출판하였으며, '쟁기질을 도와주는 자성 소재의 사용'과 같은 예는 엔지니어에게 제공하는 현실 사례에서는 보이지 않는다. 알츠슐러는 유머와 카리스마가 있는 사람이었으며, 한번 읽었던 것을 모두 완전히 기억하는 경이적인 기억능력을 갖고 있었다. 러시아 해군의 특허 담당관으로 근무했던 1946~1949년 동안에 그가 조사한 특허 데이터베이스에서 소수의 해법 콘셉트를 발견하게 된 것은 아마도 이 능력이 도움되었을 것이다.

알츠슐러는 세 개의 트리즈 해법목록뿐만 아니라 약 2,500개의 과학 및 공학 콘셉트가 특허 데이터베이스에 활용되고 있다는 것을 발견했다. 수많은 천재와 과학자가 이 분야에서 작업했는가를 상기해 보면 이것은 대단한 성과이다. 어떤 특허 전문가도 이 단순하고 근원적인 패턴들을 보지 못했으며 얼마 안 되는 개념 해법과 과학적 콘셉트의 중요성을 평가하려고 하지 않았다. 실제로 훌륭한 과학자들도 작업 과정에서 이 패턴을 보지 못했다. 에디슨은 단 23개의 콘셉트로 1,023개 이상의 특허를 만들었으며, 투폴레프(Tupolev)는 35개의 과학 콘셉트로 1,010개의 특허를 만들었다.

5.4 모순이란 무엇인가?

두 가지 유형의 모순 – 기술적 모순과 물리적 모순

기술적 모순

나는 뭔가 좋은 것을 얻는다. 그러나 그렇게 하면 뭔가 나쁜 것도 얻는다. 뭔가를 개선하지만 다른 뭔가를 악화시키는 해법을 머리에 떠올린다. 이러한 딜레마에 봉착한 경우에는 보통 다른 것을 희생시키고, 한 개의 해법, 기술 파라미터 또는 특성을 선택해야 하는 것으로 여긴다. 트리즈를 사용하지 않으면 처음부터 둘 다 가질 수 없는 것을 당연한 것으로 여긴다. 두 개의 특성이 불가피하게 연결되어 있고, 하나를 개선하면 다른 것은 어떤 형태로든 불가피하게 악화하는 것으로 믿고 있다.

"It appears we've accidentally laid off all the people who 'do' things..."

하나를 개선하는 것은 다른 뭔가를 악화되게 만들 수 있다.

31쪽의 만화는 트리즈 발명원리 4 : 비대칭화를 사용하고 있다. 세계 전역에 운행 중인 비행기에서 사용되고 있다. 이것은 보잉(Boeing)사가 처음 채택한 것으로 보잉사의 엔지니어들이 트리즈를 이용 가능하도록 만들었다.

기술적 모순의 인식과 발견을 위해서는 연습이 필요하다. 어떤 해법이 원하는 것(즉, 뭔가 좋거나, 유용하거나 이득이 되는 것)을 제공하지만 이 때문에 이전의 좋은 특성이나 기능에 나쁜 결말이 나타나는 상황을 찾는다. 주어진 해법으로 인해 뭔가가 나빠진다(유해하거나 비용이 많이 드는).

곳곳에 발생하는 기술적 모순의 예는 다음과 같은 것이 있다.

- 디지털카메라 - 작은 화소(고해상도)를 원하지만 작은 화소는 잡음을 증가시킨다.
- 냉각팬 - 소음을 발생시키지 않고 공기 흐름을 좋게 하는 방법은 무엇인가?
- 히트씽크를 크게 하면 더 많은 열을 소멸시키지만, 부피가 더 크게 된다.
- 크림 케이크를 즐겨 먹지만 나의 건강에는 좋지 않다.

집안과 작업장 상황에서 모순을 해결했거나 절충을 수용한 예를 생각해 보자. 의자, 책상, 부엌 작업대의 높이는 사용하는 사람들의 특성과 관계없이 전부 같은 높이로 되어 있지만 - 절충한 것으로 개개인의 니즈에 부합하지 못함 - 인지하지 못한 채 수용하고 있다. 많은 일상의 물건에서도 모두 마찬가지이다.

기술적 모순은 돌이킬 수 없이 어떤 방법으로 연결된 것으로 보이는 두 개의 충돌하는 이득이 있는 상황이다. 하나를 선택하고 다른 것을 포기해야 하는 것으로 여기는 것이 전통의 사고이다. 좋은 것을 얻는 경우, 다른 이득이 훼손되거나 상실되는 것을 수용한다. 트리즈는 절충하지 않고 두 개의 이득을 모두 얻는 방법을 제공한다.

원리 22 - 전화위복

절충하지 말고 둘 다를 가져라. 그렇지 않으면 두 개의 충돌하는 해법 사이에서 선택한다.

트리즈는 겉보기에 양립할 수 없는 두 개의 성과/해법의 달성을 원하는 딜레마를 해결하는 모든 해법을 40 발명원리에 모아 두고, 둘 다 가질 수 있는 모든 방법을 제공한다. 트리즈의 기본은 모순을 절충하거나 최적화하지 않고, 근본적으로 모순을 해결(제거)하는 것이다. 두 개의 좋은 것 중에서 선택하려고 시도 하지 않고, 두 가지 모두를 제공하는 해법들을 체계적으로 찾는다. 트리즈 도구 모음은 강력한 해법목록으로 원하는 모든 것을 얻게 하는 세상이 알고 있는 모든 방법 - 모순의 노출, 포착, 해결에 대해서 기록되어 있는 모든 방법 - 을 담고 있다.

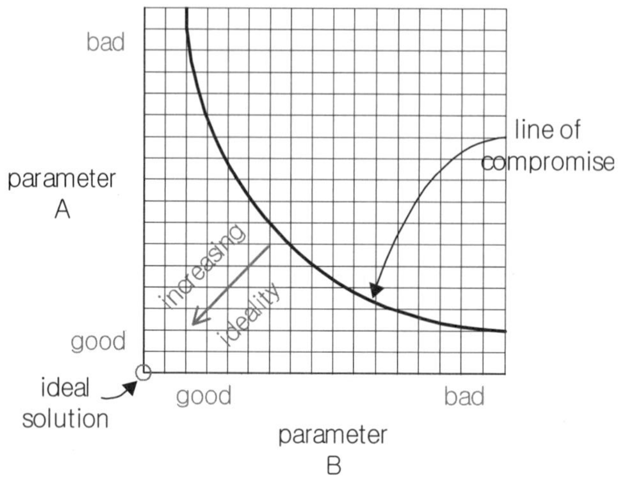

절충선은 엔지니어에게 친숙한 영역이다. 그러나 겨냥하고 있는 것은 트리즈를 사용하여 이 곡선에서 벗어나 다른 파라미터를 변화시키지 않고 원하는 파라미터를 개선할 수 있는 새로운 곡선을 그리는 것이다. 이것은 위 그림의 곡선을 양호/양호점에 가까워지도록 이동시키는 것으로 40발명원리를 문제에 적용하여 달성한다.

문제 해결 과정에서 트리즈의 핵심적 힘은 진실로 원하는 것에 초점을 맞추는 데 있으며, 중요하지만 혼란스럽게 만드는 세부적인 문제 상황에 의해 주의를 빼앗기지 않게 한다. 기본(핵심)이득의 제공에 초점을 맞추고, 그 결과로 나타나는 모순을 해결함으로써 – 보통 한 개의 모순 해결 – 강력하고 좋은 해법의 발견이 가능한 곳을 찾는다. 이 방법은 원하는 모든 이득을 수용할 수 있는 해답으로 이끌어 시스템이 모든 니즈에 부합하게 한다. 무작위로 셀 수 없이 많은 해법을 선택해 봄에 따른 혼란이 감소하고, 하나의 핵심적이고 깔끔한 문제 모형을 설정하고 트리즈를 사용하여 가능한 해법 – 보통 12개 정도의 본질적인 콘셉트를 추출 – 들을 모두 찾도록 한다. 그런 다음에 단순하게 하여 집중한 문제 해결에서 벗어나 특정의 문제를 위한 관련 세부 사항을 더하여 주어진 문제의 해법을 얻는다.

엔지니어들은 두 개 이상의 변수가 있는 많은 실제 상황에서는 어떻게 해야 하는지에 대해서 질문한다. 트리즈는 문제를 단순한 모형으로 축소하여 한 번에 하나의 문제를 해결한다. 우선 정말로 얻고자 하는 주 이득을 제공하는 해법에 집중해야 한다. 집중을 방해하는 다른 변수들은 다음에 다룬다. 대부분 문제는 한 개의 해답을 가진 하나의 핵심적 문제를 내포하고 있다. 핵심적 문제에 집중하여 트리즈가 제시하는 해답을 찾은 다음 이를 실제 상황과 세부적인 문제 상황에 맞추어 발전시킨다.

물리적 모순

반대되는 해법 – 예를 들어, 높고 동시에 낮음 – 을 모두 원한다. 우리는 정원의 경계를 명확히 하기 위해서는 높은 정원 울타리를 원한다. 그러나 우리는 또한 강한 바람에도 넘어지지 않도록 하기 위해서는 낮은 울타리를 원한다. 이와 같은 묘책이 세상에 존재한다. 사생활 보호를 위해서는 있고, 강한 바람을 위해서는 없는 울타리 – 그런 울타리가 존재하고, 이를 '히트&미스(Hit and Miss)'라 부름 – 를 찾아야 한다.

물리적 모순은 세심한 사고를 필요로 한다. 그러나 일단 반대의 해법이나 이득을 원한다는 것을 인식하게 되면, 두 개 모두를 갖는 모든 방법을 트리즈는 보여 준다. 인간은 반대되는 해법을 제공하는 데 독창성과 설계 기술을 사용하였고, 두 개 모두를 얻는 확실한 방법이 있다.

물리적 모순은 뭔가가 '있고' 동시에 '없는' 상황에서 나타난다.

반대의 이득을 성취하는 방법을 찾는 문제를 자연스럽게 해결할 수 없을 때 트리즈 해법 목록을 사용하여 현명한 아이디어를 발상하도록 자극 – 반대의 해법을 갖는 세상에 알려진 소수의 간단하고 강력한 방법으로 향하게 하는 – 한다.

물리적 모순은 반대의 이득/해법/특성을 원한다는 것을 의미한다. 뭔가를 개선하지만 동일한 기술 요소가 악화한다. 나는 커피가 있는 부분은 뜨겁고, 손과 입술이 닿는 부분은 차가우며, 탁자에 놓았을 때는 탄 자국을 남기지 않는 커피 잔을 원한다.

가정에서 볼 수 있는 다른 간단한 예는 풀의 사용이다. 풀을 쉽게 펼쳐지도록 만들면(점성이 낮게 또는 묽게) 풀칠을 더 골고루 할 수 있으나, 원하는 곳에 정확하게 풀칠하는 것은 더 어렵게 된다. 풀이 묽으면서 동시에 묽지 않기(끈적거리기)를 원한다.

물리적 모순은 해법을 여러 가지 방법으로 분리하여 두 개의 해법을 모두 제공함으로써 해결한다. 두 해법은 시간, 공간, 조건, 규모에 의해 분리될 수 있다.

커피 잔은 뜨겁고 동시에 차갑게 되어야 한다. 동시에 그러나 다른 위치에

시간 분리는 한 시점에서는 하나의 해법을 갖고(긴 칠판 지시봉), 다른 시점에는 반대의 해법(짧은 칠판 지시봉)을 갖도록 하는 것을 의미한다.

공간 분리는 한 공간에서는 하나의 해법을 갖고(차가운 커피 잔의 바깥면), 다른 공간에서는 반대의 해법(뜨거운 커피 잔 안쪽 면)을 갖도록 하는 것을 의미한다.

분리의 원리 – 시간, 공간 등의 분리 – 를 사용하여 시스템은 반대되는 요구 사항을 다른 시간과 다른 공간에서 제공한다.

원리 7 – 내포활용(Nested Doll)

시간 분리의 사례는 시스템이 '있기'를 원하는 어떤 시점에는 있고, 시스템이 '있지 않기'를 원하는 다른 시점에는 없어야 하는 많은 상황과 경우에서 찾을 수 있다. 다른 시점에서는 다른 어떤 것을 원한다. 예를 들어, 평상시에는 가방에 들어가는 작은 우산을 원하지만 비가 올 때에는 충분히 큰 우산을 원하고, 비가 그치면 다시 작은 우산이 되길 원한다. 내가 정상적인 조건에서 차를 운전할 때는 보호 시스템이 없고, 사고가 발생하여 내가 필요로 할 때는 에어백 등의 보호 시스템이 나타나기를 원한다. 야간에 술에 취한 클럽 회원들이 술집과 나이트클럽에서 나올 때는 적합한 유흥 시설을 갖춘 도심지가 있기를 원한다. 그러나 낮에는 불필요한 것이 아무것도 없는 도심지이기를 원한다.

원리 19 - 주기활동(Periodic Action)

트리즈는 원하는 것을 어떻게 창조하고 찾는지를 이해하는 데 대한 해법을 생각하게 한다. 물리적 모순을 극복하는 모든 방법은 40발명원리에 있다. 발명원리는 다른 시간에 다른 어떤 것을 제공하는 시스템의 창조를 도와준다. 우산에 대한 아래 가상의 해법에는 원리29 공기유체가 사용된다.

5.5 40발명원리는 모든 모순을 해결

물리적 모순과 기술적 모순은 모두 40발명원리를 이용하면 해결할 수 있다. 그러나 관련 발명원리를 찾는 경로는 두 가지가 매우 다르다.

기술적 모순을 해결하기 위한 모순표가 있고, 물리적 모순을 이해하고 해결하기 위한 분리의 원리가 있다. 물리적 모순을 해결하거나 극복하는 해법 콘셉트로 안내하게 하려고 분리의 원리 각각에 대한 40발명원리 모음을 별도로 제공한다.

모순표는 기술적 모순을 해결하기 위한 것으로 특정의 기술적 모순을 해결하는 40발명원리를 보여주지만 물리적 모순 – 녹색으로 표시된 대각선의 빈칸 – 에 대한 해법은 제공하지 않는다.

Improve this one ↓ without making this one **worse** →

39 Technical Parameters

		Weight of moving object	Weight of Stationary Object	Length of moving object	Length of Stationary object	Area of moving object	Area of stationary object	Volume of moving object	Volume of stationary object	Speed	Force (intensity)	Stress or pressure	Shape	Stability of the object's composition	Strength
		1	2	3	4	5	6	7	8	9	10	11	12	13	14
1	Weight of moving object		-	15 8 29 34	-	29 17 38 34	-	29 2 40 28	-	2 8 15 38	8 10 18 37	10 36 37 40	10 14 35 40	1 35 19 39	28 27 18 40
2	Weight of stationary object	-		-	10 1 29 35	-	35 30 13 2	-	5 35 14 2	-	8 10 19 35	13 29 10 18	13 10 29 14	26 39 1 40	28 2 10 27
3	Length of moving object	8 15 29 34	-		-	15 17 4	-	7 17 4 35	-	13 4 8	17 10 4	1 8 35	1 8 10 29	1 8 15 34	8 35 29 34
4	Length of stationary object		35 28 40 29	-		-	17 7 10 40	-	35 8 2 14	-	28 10	1 14 35	13 14 15 7	39 37 35	15 14 28 26
5	Area of moving object	2 17 29 4	-	14 15 18 4	-			7 14 17 4		29 30 4 34	19 30 35 2	10 15 36 28	5 34 29 4	11 2 13 39	3 15 40 14
6	Area of stationary object	-	30 2 14 18	-	26 7 9 39	-		-		-	1 18 35 36	10 15 36 37		2 38	40
7	Volume of moving object	2 26 29 40	-	1 7 4 35	-	1 7 4 17	-		-	29 4 38 34	15 35 36 37	6 35 36 37	1 15 29 4	28 10 1 39	9 14 15 7
8	Volume of stationary object	-	35 10 19 14	19 14	35 8 2 14	-		-		-	2 18 37	24 35	7 2 35	34 28 35 40	9 14 17 15
9	Speed	8 28 13 38	-	13 14 8	-	29 30 34	-	7 29 34	-		13 28 15 19	6 18 38 40	35 15 18 34	28 33 1 18	8 3 26 14
10	Force (Intensity)	8 1 37 18	18 13 1 28	17 19 9 36	28 10	19 10 15	1 18 36 37	15 9 12 37	2 36 18 37	13 28 15 12		18 21 11	10 35 40 34	35 10 21	35 10 14 27
11	Stress or pressure	10 36 37 40	13 29 10 18	35 10 36	35 1 14 16	10 15 36 28	10 15 36 37	6 35 10	35 24	6 35 36	36 35 21		35 4 15 10	35 33 2 40	9 18 3 40
12	Shape	8 10 29 40	15 10 26 3	29 34 5 4	13 14 10 7	5 34 4 10		14 4 15 22	7 2 35	35 15 34 18	35 10 37 40	34 15 10 14		33 1 18 4	30 14 10 40
13	Stability of the object's composition	21 35 2 39	26 39 1 40	13 15 1 28	37	2 11 13	39	28 10 19 39	34 28 35 40	33 15 28 18	10 35 21 16	2 35 40	22 1 18 4		17 9 15
14	Strength	1 8 40 15	40 26 27 1	1 15 8 35	15 14 28 26	3 34 40 29	9 40 28	10 15 14 7	9 14 17 15	8 13 26 14	10 18 3 14	10 3 18 40	10 30 35 40	13 17 35	

		Duration of action of a moving object	Duration of action of a stationary object	Temperature	Illumination Intensity	Use of energy by a moving object	Use of energy by a stationary object	Power	Loss of energy	Loss of substance	Loss of information	Loss of time	Quantity of substance	Reliability
		15	16	17	18	19	20	21	22	23	24	25	26	27
1	Weight of moving object	5 34 31 35	-	6 29 4 38	19 1 32	35 12 34 31	-	12 36 18 31	6 2 34 19	5 35 3 31	10 24 35	10 35 20 28	3 26 18 31	3 11 1 27
2	Weight of stationary object		2 27 19 6	28 19 32 22	19 32 35	-	18 19 28 1	15 19 18	18 19 28 15	5 8 13 30	10 15 35	10 20 35 26	19 6 18 26	10 28 8 3
3	Length of moving object	19	-	10 15 19	32	8 35 24	-	1 35	7 2 35 39	4 29 23 10	1 24	15 2 29	29 35	10 14 29 40
4	Length of stationary object	-	1 40 35	3 35 39 18	3 25	-		12 8	6 28	10 28 24 35	24 26	30 29 14		15 29 28
5	Area of moving object	6 3	-	2 15 16	15 32 19 13	19 32	-	19 10 32 18	15 17 30 26	10 35 2 39	30 26	26 4	29 30 6 13	29 9
6	Area of stationary object	-	2 10 19 30	35 39 38		-		17 32	17 7 30	10 14 18 39	30 16	10 35 4 18	2 18 40 4	32 35 40 4
7	Volume of moving object	6 35 4	-	34 39 10 18	2 13 10	35	-	35 6 13 18	7 15 13 16	36 39 34 10	2 22	2 6 34 10	29 30 7	14 1 40 11
8	Volume of stationary object	-	35 34 38	35 6 4		-		30 6		10 39 35 34		35 16 32 18	35 3	2 35 16
9	Speed	3 19 35 5	-	28 30 36 2	10 13 19	8 15 35 38	-	19 35 38 2	14 20 19 35	10 13 28 38	13 26		10 19 29 38	11 35 27 28
10	Force (Intensity)	19 2		35 10 21	-	19 17 10	1 16 36 37	19 35 18 37	14 15	8 35 40 5		10 37 36	14 29 18 36	3 35 13 21
11	Stress or pressure	19 3 27		35 39 19 2	-	14 24 10 37		10 35 14	2 36 25	10 35 3 37		37 36 4	10 14 36	10 13 19 35
12	Shape	14 26 9 25		22 14 19 32	13 15 32	2 6 34 14		4 6 2	14	35 29 3 5		14 10 34 17	36 22	10 40 16
13	Stability of the object's composition	13 27 10 35	39 3 35 23	35 1 32	32 3 27 15	13 19	27 4 29 18	32 35 27 31	14 2 39 6	2 14 30 40		35 27	15 32 35	
14	Strength	27 3 26		30 10 40	35 19	19 35 10	35	10 26 35 28	35	35 28 31 40		29 3 28 10	29 10 27	11 3

Technical Contradictions
I make something better (light table)
BUT
Something else gets worse (too weak)

Physical Contradictions
OPPOSITE SOLUTIONS
Benefits / Features
(LONG/SHORT)

5.6 모순표

모순표를 사용한 기술적 모순의 해결

알츠슐러의 팀은 특허 데이터베이스를 분석하여 39×39모순표(더 큰 모순표는 부록에 있음)를 창안하였고, 특허에서 사용한 모든 해법을 1,200개 이상의 모순에 대응시켰다. 그동안 계속해서 모순표를 분석하고 최신화하였으나 현재의 모순표는 알츠슐러팀이 처음에 만든 것과 거의 동일하다. 이 표를 이용하면 문제와 관련이 있는 40발명원리가 무엇인지 볼 수 있다. 그러므로 어떤 것을 개선할 때, 다른 어떤 것이 악화하는 상황을 찾게 되면 모순을 노출한 것이고, 이 모순표를 사용하여 40발명원리에서 어떤 해법들이 기술적 모순을 해결하는 발명원리인지를 찾을 수 있다.

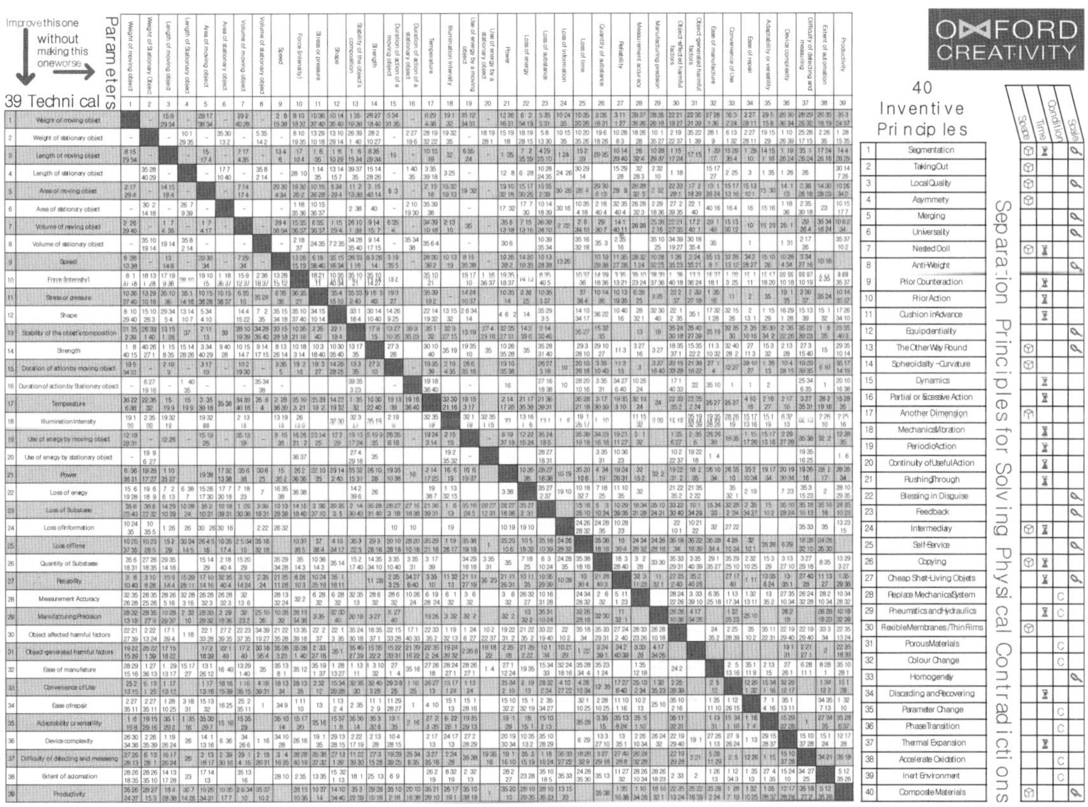

39개 기술파라미터로 모순 정의(상세한 설명과 정의에 대해서는 전체 목록 참고)

모순표의 각 축은 39개의 기술파라미터로 구성되어 있다. 이들 기술파라미터는 특허 연구를 통해 기술 시스템에서 가장 널리 사용되고 중요한 특성치 39개를 선정한 것이다. 이들 기술파라미터는 단순한 것에서 복잡한 특징과 기능의 범위에 걸쳐 있고, 어떠한 공학적 모순도 이들 기술파라미터로 설명할 수 있다.

모순표

모순표는 가장 잘 알려진 트리즈 도구이다. 이것은 39×39 비대칭인 표로서 수천 개의 러시아 특허를 분석하여 만든 것이다. 그러나 전 세계의 모든 특허를 분석하여 최신화 한 이후에도 이 표에는 거의 변화가 없다.

모순표는 특허의 해법을 모순에 대응시켜 40발명원리 중의 어느 것이 특정의 기술적 모순을 해결하는지를 나타낸다. 모순표는 질문 : 'Y를 악화시키지 않고, 어떻게 X를 개선할 수 있는가?'에 응답하고, 각 모순에 대해 최대 4개의 발명원리를 제시한다.

5.7 39개 기술 파라미터

모순표의 첫 행과 첫 열에 나타낸 항목들

1	이동물체의 무게	14	강도	27	신뢰도
2	정지물체의 무게	15	이동물체의 지속시간	28	측정 정확도
3	이동물체의 길이	16	정지물체의 지속시간	29	제조 정밀도
4	정지물체의 길이	17	온도	30	외부 유해 요인
5	이동물체의 면적	18	조도	31	물체 생성 유해 요인
6	정지물체의 면적	19	이동물체의 에너지 사용	32	제조 용이성
7	이동물체의 부피	20	정지물체의 에너지 사용	33	사용 용이성
8	정지물체의 부피	21	동력	34	수리 용이성
9	속력	22	에너지의 손실	35	적응성/융통성
10	힘	23	물질의 손실	36	장치 복잡성
11	응력/압력	24	정보의 손실	37	탐지/측정 난이도
12	형상	25	시간 손실	38	자동화 수준
13	물체구성의 안정성	26	물질의 양	39	생산성

39개 기술파라미터는 공학 시스템의 특성/기능을 묘사한다. 39개 기술파라미터에 대한 더 상세한 설명은 부록을 참고하라.

39개 기술파라미터의 이해

모순표는 명백하게 의존적인 또는 연결된 두 개의 특성을 갖는 상황에 대한 것으로 시스템을 개선하는 해법은 시스템의 변화 또는 개선이 필요하다는 것을 의미한다. 한 가지 파라미터(예를 들어, 강도)를 '개선' 또는 변경하면, 무게와 같이 다른 연결된 파라미터가 '악화'될 수 있다. 악화하는 파라미터(과도한 중량)는 다른 파라미터(중량 증가)의 변경 또는 개선의 결과로서 얻는 산출물이다.

모순표의 수직축에서 변경 또는 개선을 원하는 파라미터를 선택하고, 수평축에서 연결되어 결과적으로 악화하는 다른 기술파라미터를 찾는다. 모순은 다음과 같이 간단한 그래프로 표현할 수 있다.

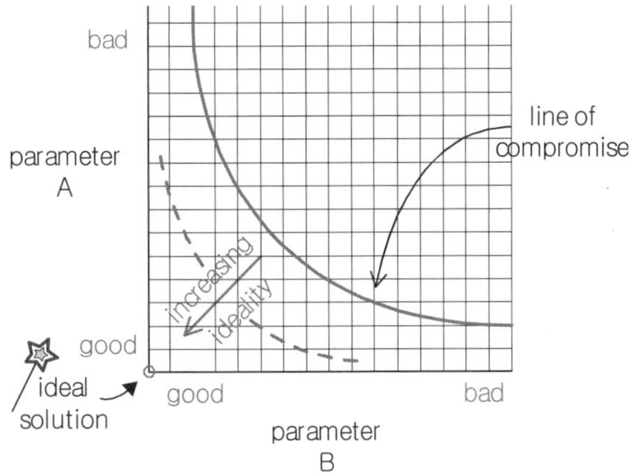

한 파라미터(강도)를 개선하려고 하면, 다른 파라미터(중량)가 악화되고, 반대로도 마찬가지다. 가용한 절충적인 해를 나타내는 실선 상에 부득이 남아 있어야 하는 것으로 보인다. 원하는 것은 실선 절충선을 더 이상적인 해법 – 즉, 점선 화살표로 표시된 방향으로 – 으로 이동시키는 것이다. 이를 달성하기 위해서는 두 파라미터 사이의 연결을 끊어 모순을 해결하는 방법을 찾아야 한다.

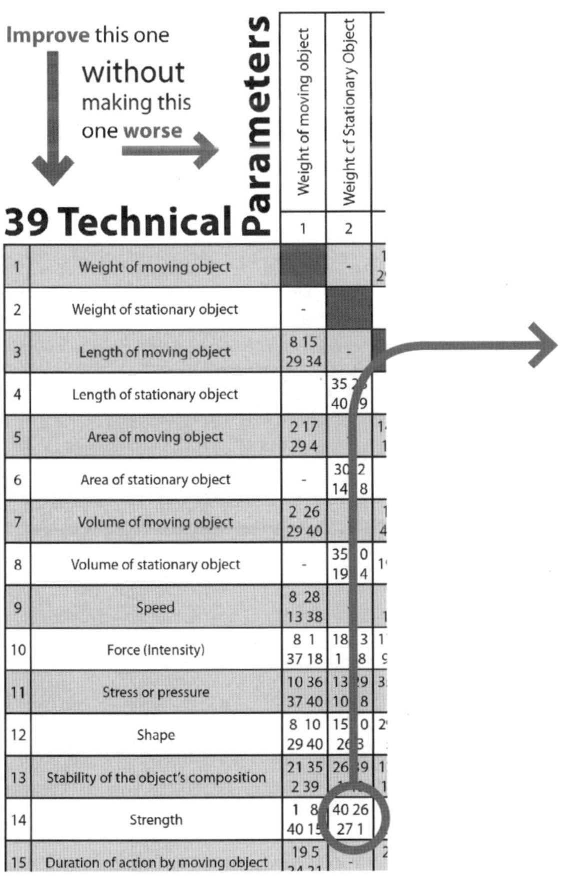

모순표를 사용한 기술적 모순의 해결에서는 연결된 두 개 파라미터의 연결을 끊어 분리하는 방법을 보여준다. 발명원리는 다른 것에 영향을 주거나 악화시키지 않고 어떤 것을 개선/변경시키는 방법을 제시한다.
모순표는 발명원리 40, 26, 27을 제시한다.

40. 복합재료
26. 복제사용
27. 일회용품
1. 분할추출

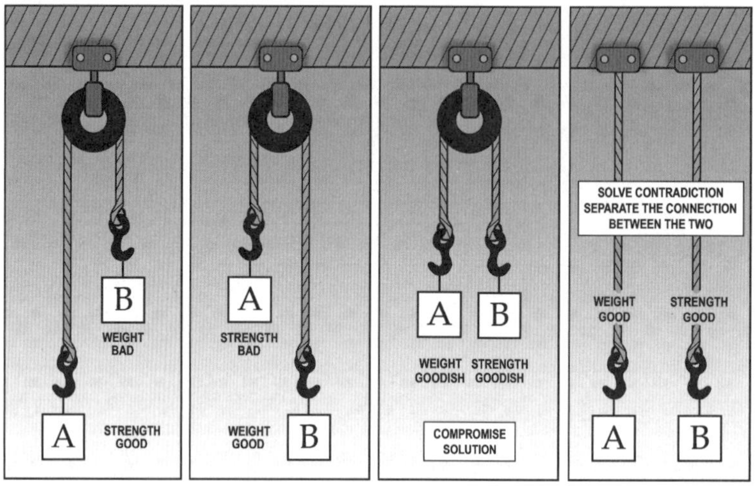

39개 기술 파라미터 목록은 무게, 길이, 넓이, 부피, 형상과 같은 단순한 투입물(수직축) 또는 산출물(수평축)로 시작해서 기술하고 있다. 몇몇 기술파라미터의 정의는 다음과 같다.

1. **이동 물체의 무게** : 중력장에서 물체의 질량. 물체가 물체를 지지하는 지지대에 가하는 힘.

이동의 정의 = 공간에서 자기 자신 또는 외부 힘으로 쉽게 위치가 변경될 수 있는 대상물. 탈것과 휴대 가능하게 설계된 대상물은 이 부류에 포함되는 기본 구성원이다.

39개 기술파라미터 목록은 끝 부분으로 갈수록 더 복잡한 파라미터가 나타나며 속도, 힘, 부하, 응력, 압력, 형상, 안정성, 활동의 지속 기간, 온도, 밝기, 에너지 사용, 동력, 신뢰도, 사용 편리성, 수리 가능성, 적응성, 측정 정확도, 제조 정밀도, 제조 용이성, 생산성, 자동화 수준 등이 투입물과 산출물로 나타나 있다.

39. **생산성** : 단위 시간당 시스템에 의해 수행되는 기능이나 작업의 개수. 단위 기능이나 작업에 걸리는 시간. 단위 시간당 산출량 또는 단위 산출당 비용.

이 목록에는 또한 장치 복잡성, 에너지 낭비, 물질의 낭비, 정보 손실, 시간 낭비, 복잡성 제어, 다른 유해 산출물과 같이 명확하게 구별 가능한 유해(대개 원하지 않는 산출)요소도 포함된다.

39개 기술파라미터는 모순표를 사용함에 따라 점점 익숙해지게 된다. 39개의 모든 기술파라미터에 대해 자세히 살펴보고 의미를 명확히 학습해야 한다. 그렇게 하면, 모순표로 문제를 해결할 때 기술파라미터의 의미를 찾는 데 시간을 낭비하지 않게 된다. 문제를 해결하는 과정에서는 가치 있는 빠른 사고 시간이 필요하므로 기술파라미터의 의미를 완전히 파악하고 있으면 더 효과적으로 문제를 해결한다. 친숙하지 않은 용어를 점검하기 위해 망설일 필요가 없을 때 두뇌는 강력한 창의 모드로 이동하여 작동한다.

5.8 모순표 사용

트리즈를 사용하여 충돌을 찾고, 40발명원리로 모순을 해결한다. 기술적 모순을 해결하기 위하여 우리는 모순표를 사용하여 두 개 파라미터 사이의 연결을 분리한다. 트리즈 초보자는 모순표가 트리즈 도구들 중에서 가장 이해하기 쉽지만 실제로 사용하는 것이 가장 어려운 도구임을 알게 된다. 모순을 발견했더라도 개선해야 하는 것과 그 결과로 악화하는 어떤 것을 39개 기술파라미터에 대응시키는 방법이 쉽지 않기 때문에 실제 사용이 어렵다.

39개 기술파라미터는 특허 데이터베이스에서 비롯된 것이고, 사례들은 간단하며, 일반적인 용어로 축약되어야 했다. 이 책의 뒷부분에 있는 39개 기술파라미터 목록은 각 파라미터의 의미가 무엇인지를 기술하고, 몇 가지 유의어, 동의어를 제공하여 어렵고 친숙하지 않은 업무에 도움이 되도록 했다. 새롭게 배우는 다른 업무에서와 마찬가지로 성공할 때까지 연습하고, 좀 더 쉬워질 때까지 연습을 계속 해야 한다(이 단계는 숙련된 트리즈 전문가의 경우에도 언제나 도전적인 과정이다). 이 과정을 더 쉽게 만드는 방법은 완벽한 모순을 찾기보다는 이에 근접하는 여러 개의 모순을 찾는 것이다. 유사한 몇 개의 모순으로 어떤 원리가 제시되는지를 보라. 한 번 이상 나타나는 발명원리를 몇 개 얻게 되면 이들 원리는 문제 해결의 매우 좋은 출발점이 될 것이며, 아마도 강력한 해법을 제공할 것이다.

기술파라미터의 이름에서 파라미터의 정확한 의미를 항상 이해한다고 가정할 수 없다는 데 특별한 주의가 필요하다. 예를 들어, '27. 신뢰성'은 '예상 가능한 방법과 조건에서 의도된 기능을 수행할 능력이 있는 시스템'으로 정의된다. 이것은 '신뢰할 만한'이란 용어에서 가정하는 어떤 강건성을 반드시 의미하는 것은 아니고, 예측 가능성도 포함한다.

문제에 따라 모순표의 39개 기술파라미터에 실적 문제 상황을 대응시키는데 있어서 다소 수완이 필요할 수 있다. 기술파라미터는 매우 일반적인 형태이므로 '현실 세계' 문제의 파라미터를 일반적 기술파라미터로 구성된 모순표에 대응시키기 위해서는 상당한 양의 사고와 신중한 고려가 필요하다.

가장 중요한 이득이 무엇인지를 파악하는 것이 실제로 관련 해법을 찾는 강력한 출발점이 된다. 아래의 춤추는 여인이 있는 만화에서 그녀가 원하는 가장 중요한 이득이 탁자의 강도라 하면, 탁자가 가벼움을 잃는 것이 문제가 된다. 그녀는 본질적으로 탁자를 더 튼튼하게 만들기를 원하고 있지만 더 무거워지는 것은 원하지 않는다.

모순표는 매우 다양한 유형의 문제에 사용될 수 있다. 모순표를 성공적으로 사용하기 위해서는 문제의 해법을 39개 기술파라미터에 대응시켜야 한다. 그런 다음 '이 해법(강도 개선과 같은)을 적용하면 무엇이 악화하겠는가?'라는 질문을 한다. 어느 기술파라미터가 반대의 영향을 받는가? 탁자를 튼튼하게 설계하는 경우에 '중량의 증가 없이 원하는 강도를 얻는 방법은 무엇인가?'라는 질문을 할 수 있다.

모순표는 기술적 모순 – 중량을 증가시키지 않고 강도를 개선하는 방법 – 을 해결하는 모든 해답을 담고 있다. 중량을 증가시키지 않고 강도를 개선하는 방법을 모순표를 사용하여 트리즈 발명원리를 찾으면 다음의 해법 촉발기를 얻는다.

40	복합재료
26	복제사용
27	일회용품
1	분할

해법 촉발기가 제안한 해법들을 이해하고 활용하기 위해서는 질문 '시스템에 대해서 우리가 원하는 이득(기능)은 모두 무엇인가? 이들 이득의 우선순위는 무엇인가?'에 대해 답을 해야 한다.

40 **복합재료**는 강하지만 가벼운 소재를 사용하고, 분할추출과 함께 사용하여 필요한 부분만 강하게 하는 방법으로 중량을 감소시키는 방법을 제안할 수 있다.

27 **일회용품**은 판지 상자와 같은 것을 제시한다. 이 해법은 내구성은 요구 사항이 아니라는 것을 가정한다. 이 해법이 적절한 해법인지를 판단하기 위해서는 시스템의 모든 요구 사항(과 이득의 우선순위)을 파악해야 한다.

26 **복제사용**은 강하고 무거운 소재를 강하면서도 가벼운 소재로 대체하는 것을 제시한다. 겉은 목재처럼 보이지만 실제로는 튼튼한 소재를 사용할 수 있다. 이 원리는 무거운 소재를 요구하는 수준의 강도를 주지만 적절한 수준의 중량을 갖는 소재로 복제하는 방안을 제시한다. 복제사용 원리를 사용하는 다른 사례로서 매우 단단한 바위에 사용되어야 하는 드릴과 같은 것을 실제 바위에 접근이 어려운 매우 멀리 떨어져 있는 지역에서 시험하는 경우이다. 이 시험을 복제 바위 – 높은 토크가 드릴에 가해지지만, 먼 곳에 있는 바위보다 쉽게 이용 가능하고, 취급하기 쉬우며, 훨씬 더 가벼운 복합재료로 만든 것으로 천연 바위의 강도를 모사한 인공 바위. – 에서 수행할 수 있다. 복제는 춤추는 여인의 비디오를 대신 사용하여 작은 탁자에 응력변형을 주지 않도록 하는 것을 의미할 수도 있다.

1 **분할**은 대부분의 현대적 탁자 설계 – 탁자 크기의 다양성을 위한 상부 분할, 제조 및 조립 용이성을 위한 다리의 분할, 추가적인 강도를 위한 다양한 소재로 분할하여 연결 – 를 나타낸다.

트리즈는 40발명원리(해답/해법 촉발기)에서 얻은 해법들을 아래의 트리즈 프리즘을 사용하여 알맞은 질문과 연결한다.

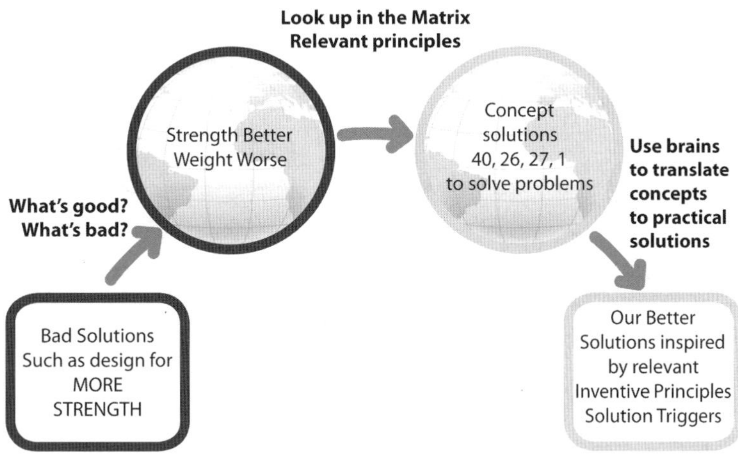

모순표 사용 문제 해결의 논리적 단계 – 비양호 해법에서 출발

모순표를 사용하여 모순을 해결하는 논리는 하나의 프로세스로서 해법을 생각하도록 요구한다. 시스템 개선을 위해서 한 파라미터를 변경하는 경우, '비양호' 해법에는 뭔가 다른 것이 변경되는 것이 포함된다. 비양호 해법은 뭔가가 악화되기 때문에 양호하지 않으며 뭔가를 개선하기 때문에 양호하다. 모순은 '비양호 해법' – 뭔가가 변경되어 양호한 결말과 비양호 결말을 갖는 – 에 의해 생성되었다.

우리는 비양호 해법들을 가지고 개선되는 것과 악화하는 것을 분석함으로써 모순을 정의하거나 노출할 수 있다.

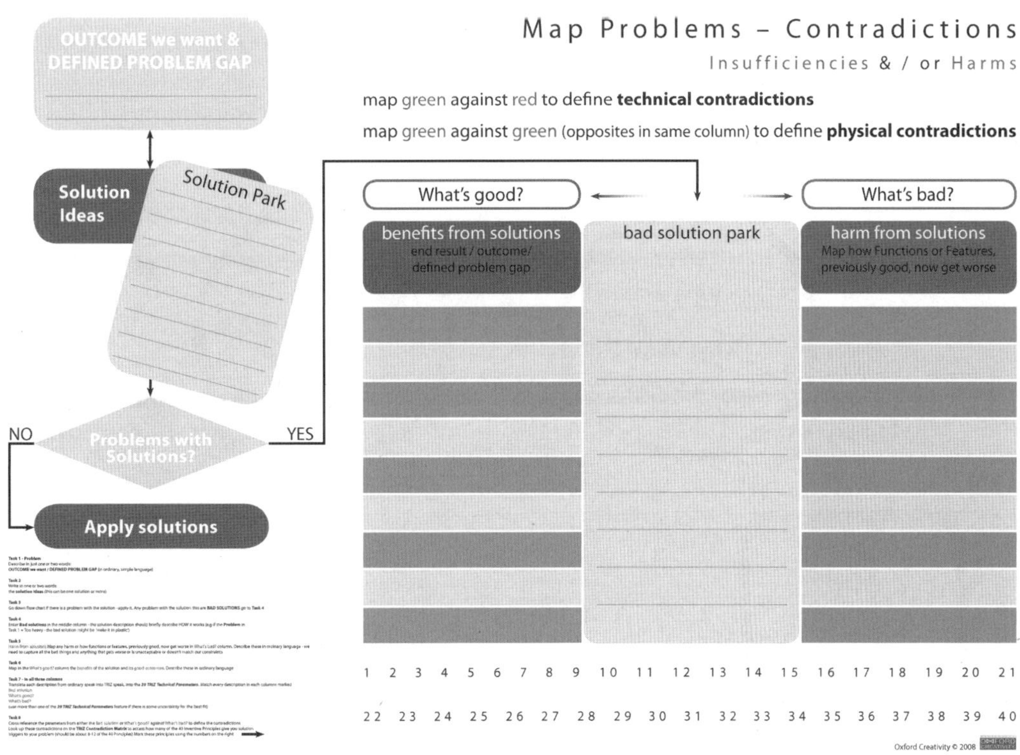

Defined Problem = LEAKING FLANGE

Bad Solution Park

- **Tighten bolts**
- **Increase the number of bolts**
- **Introduce / modify gasket**

We can usually think of solutions BUT …
Whatever we do to solve the problem
makes something else get worse

Tighten bolts
makes it harder to undo etc.

Increase number of bolts
adds weight, complexity etc.

Introduce / modify gasket
adds complexity
How can we match these to the
39 Parameters?

We need to follow the route of the
Prism of TRIZ to solve the problem

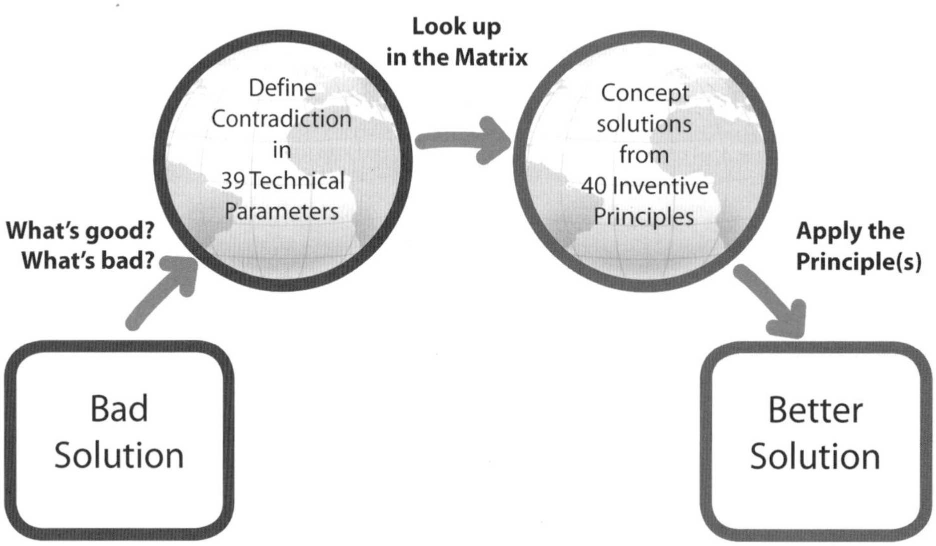

To Uncover and then Solve Contradictions - we start with SOLUTIONS

엔지니어가 플랜지 누출 문제에 직면했을 때 '정수리'에 떠오르는 즉각적인 해법에는 다음과 같은 것들이 있을 것이다.

볼트의 개수를 증가시켜라

볼트를 꽉 조여라

개스킷을 추가하라

이 해법들이 출발점이다.

WHAT'S GOOD? What's Better? **Benefits we want** End result / outcome define problem gap	**BAD SOLUTION PARK**	**WHAT'S BAD?** **Solutions** create harms? Map how Functions or Features, previously good, now get worse map in 39 Parameters
NO Leakage	Increase number of bolts	Higher No. of bolts
NO Deterioration	Tighten Bolts	Bolt Torque too high?
Greater Stability	Add Gasket	Ease of Operation is worse
Greater Reliability	Increase number of bolts	Ease of Operation is worse

이제 문제 해결을 위한 모순을 찾아야 한다. 모순표에서 누출을 무엇과 대응시킬 것인가? 39개 기술 파라미터의 어느 것이 우리의 문제를 설명하는가? 우리는 누출 중지를 원한다. 아니면 적어도 누출을 감소시키는 것이지만 '누출'은 39개 기술파라미터에는 나타나지 않는다. '누출'을 39개 기술파라미터에 제공된 용어에 대응되는 것을 찾기 위해서 물질의 손실, 안정성, 신뢰성을 포함한 몇 개의 선택을 할 수 있다. 세 개 중에서 어느 것을 사용할 것인지를 선택하는 것이 다소 고민이 되지만 이런 경우에는 보통 세 개 모두를 사용하여 시도하는 것이 좋다.

WHAT'S GOOD? Benefits we want End result / outcome define problem gap	**BAD SOLUTION PARK**	**WHAT'S BAD?** Solutions create harms? Map how Functions or Features, previously good, now get worse map in 39 Parameters	Map GREEN against RED Look up in MATRIX write down which of the 40 Inventive Principles are suggested
STOP Leakage **23. Loss of substance** **13. Stability of object**	Increase number of bolts **2. Weight of stationary object**	No. of bolts **2. Weight of stationary object** **36. Device complexity**	
STOP Deterioration **27. Reliability**	Tighten Bolts **10. Force** **33. Convenience of use**	Bolt Torque **33.Convenience of use** **34. Ease of repair**	
GET Stability **13. Stability of object**	Add gasket **13. Stability of object's composition**	Ease of Operation **33. Convenience of use**	
GET Reliability **27. Reliability**	Increase number of bolts **2. Weight of stationary object**	Ease of Operation **33. Convenience of use**	

해법들을 39개 기술파라미터에 대응시키는 방법은 무엇인가?

플랜지 문제의 해법들을 보면 문제가 개선/악화되는 특성을 39개 기술파라미터로 표와 같이 대응시킬 수 있다. 이 표는 여러 개의 모순에 대한 해법을 찾는 좋은 출발점을 제공한다.

개선되는 것은 무엇인가? 표에서 원하는 것(누출과 열화를 감소시키고, 안정성과 신뢰성을 증가)을 물질의 손실, 물체 구성의 안정성, 신뢰성, 힘과 같은 39개 기술파라미터로 전환했다.

악화하는 것은 무엇인가? 시스템을 더 복잡하고, 더 무겁고, 사용이 더 어렵게 만드는 것을 무게, 장치 복잡성, 사용 편리성, 수리 용이성으로 전환하였다. 이것은 해결해야 할 모순을 여러 개 제공한다.

아래 그림은 해법 아이디어를 가지고 출발하여 모순을 해결하는 순서 도를 나타낸 것이다. 이 절차는 기술적 모순과 물리적 모순의 모두에 대해서 적용할 수 있다.

우리는 비양호 해법들을 조사함으로써 모순을 노출한다. 주어진 해법에 대해서 '이것이 어떻게 문제를 개선하는가?'를 질문하여 개선되는 것을 찾고, '이것이 어떻게 문제를 악화하는가?'를 질문하여 악화되는 것을 찾는다.

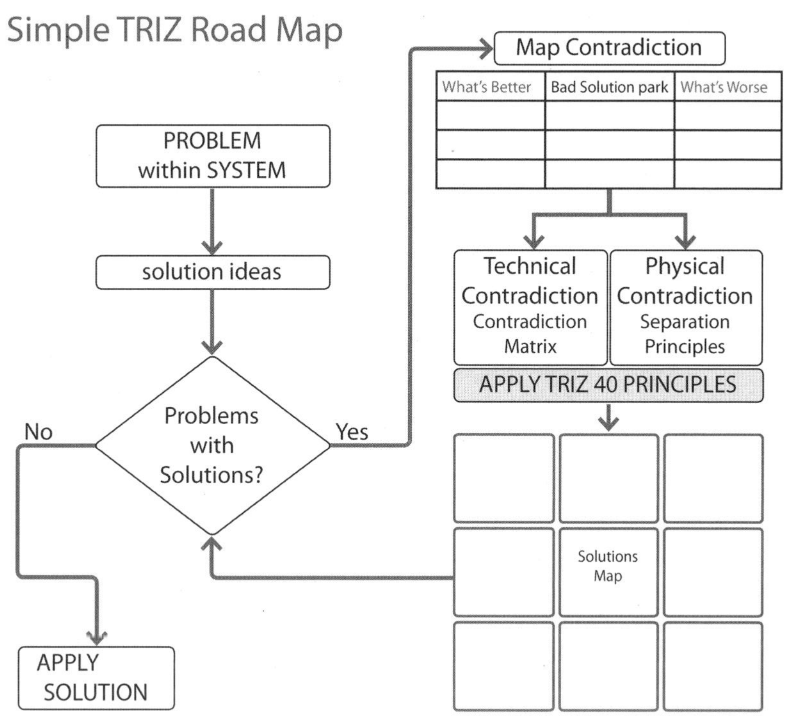

5.9 물리적 모순의 해결

서로 반대의 요구 사항 – 어려운 문제에 대한 신속하고 간단한 해법 – 을 어떻게 모두 얻는가? 물리적 모순의 이해는 사고를 매우 명확하게 한다. 이것은 '어떤 상황(장소와 때를 포함)에서 이들 모순되는 요구가 모두 필요한가?'와 같이 알맞은 질문을 하게 하므로 매우 강력하다. 이들 반대되는 요구 사항을 해결하는 것은 서로 다른 시간 또는 서로 다른 장소 또는 어떤 조건에서 원하는 것을 어떻게 분리할 것인가를 이해하는 것이다. 반대되는 이득/해법을 모두 달성하는 지침은 트리즈 분리의 원리이다. 트리즈 분리의 원리는 40발명원리의 어느 것이 해당 분리의 원리에 사용되는지를 보여준다.

시간의 분리	한 시점에는 한 해법, 다른 시점에는 반대 해법
공간의 분리	한 장소에서는 한 해법, 다른 장소에서는 반대 해법
조건에 따른 분리	동일 공간과 동일 시점에서 반대 해법 한 요소에 대해서는 한 해법, 다른 요소에 대해서는 반대 해법
시스템에 의한 분리	규모에 의한 분리(하위시스템으로 또는 상위시스템으로) 반대 시스템으로 이행 다른 시스템으로 이행

시간의 분리

서로 다른 시간에 반대의 이득을 원한다. 비닐 백이 크고 동시에 작기를 원한다(식료품이 가득 찼을 때는 크고, 사용 전후에는 작은). 우리는 사용하기를 원할 때에는 있고, 사용을 원하지 않을 때는 없는 어떤 것을 원한다.

시간의 분리를 위한 제시된 발명원리

1 분할독립
7 포개기
9 예비반대
10 사전조치
11 예방조치
15 동적수준
16 초과부족
18 진동활용
19 주기활동
21 고속처리
24 중간매체
26 복제사용
27 일회용품
29 공기유체
34 폐기재생
37 열팽창성

지시봉은 지시할 수 있도록 길어야 하지만 서류 가방 안에 넣기 위해서는 매우 짧아야 한다. 이들 반대되는 이득은 원리 7 포개기를 적용하여 달성된다. 우산(원리 15 동적수준), 비행기 날개(이륙 시 길고, 고속 비행을 위해서는 뒤로 돌려 짧게 한다)와 같이 서로 다른 시점에서 반대의 이득을 제공하는 시스템으로 둘러싸여 있다.

시간의 분리 - 서로 다른 시점에 반대되는 요구를 원한다는 관점에서 - 는 많은 수의 문제를 간단하고 기발하게 해결하게 한다. 샌드블라스팅(sandblasting)은 더러운 모래가 쌓이는 문제를 갖고 있으며, 세척이 끝난 후에는 이 모래를 완전히 없애야 한다. 원할 때는 있고, 사용된 후에는 저절로 사라지는 성질을 갖는 연마제를 어떻게 얻을 것인가? 효과적인 해법 중의 하나는 드라이아이스 조각 - 당신이 필요로 할 때 있으나 사용 후에는 없어지는 것 - 을 연마제로 사용하는 것이다.

얼음을 사용하여 사용 시점에는 존재하고 나중에는 없어지는 시스템을 만든 사례들이 많이 있다(사격에서 사용되는 얼음 비둘기는 발사 시에는 있고, 사격 후에는 녹아서 사라져 없다). 혹은 뭔가 무거운 것을 지면으로 천천히 내려가도록 해야 하는 경우에는 얼음으로 만든 세움대 위에 대상물을 두면 된다. 주위 온도가 빙점보다 높으면 세움대는 녹아 없어진다.

물리적 모순은 세상 곳곳에 있다.

반대의 이득 또는 해법 – 다음의 예에서 뾰족하고 동시에 뾰족하지 않은 말뚝을 원하는 상황에서 시간을 분리할 수 있다.

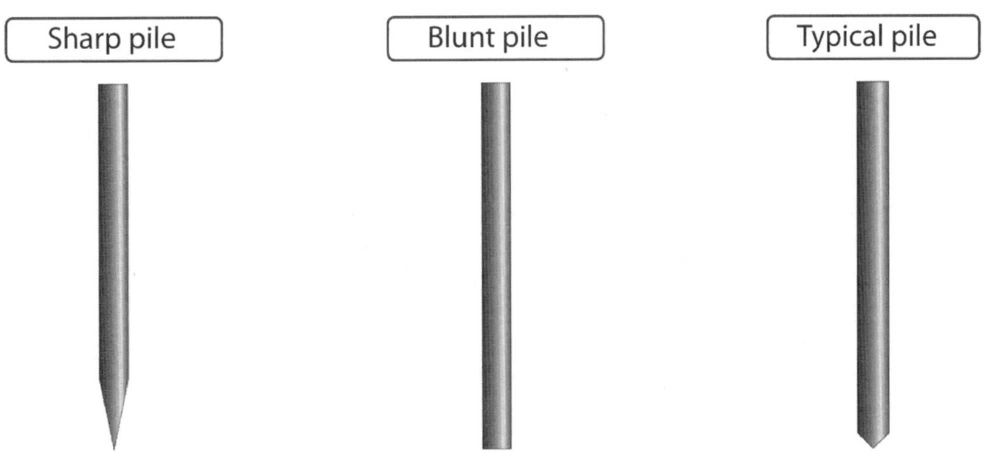

뾰족한 모양의 말뚝은 땅속에 박아 넣는 것을 쉽게 한다. 반대인 뭉툭한 모양은 부하를 견디는데 좋다. 그러므로 서로 다른 시점에서 말뚝이 뾰족하고, 뭉툭하기를 원한다.

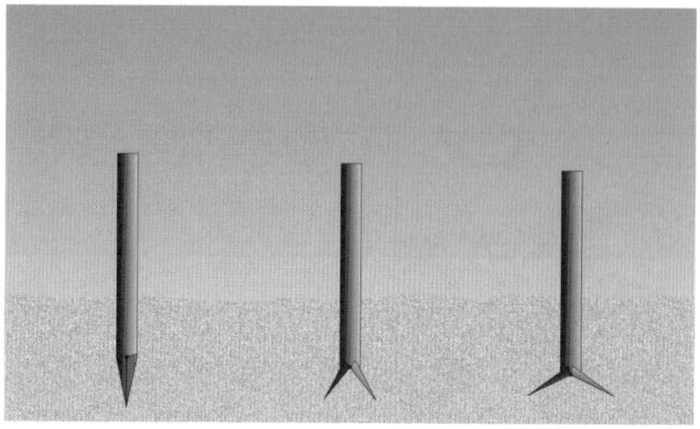

시간의 분리에 의한 간단한 해법. 말뚝은 뾰족한 것에서 뭉툭한 것으로 변한다. 말뚝은 박기 쉽고, 큰 부하를 견딜 수 있다.

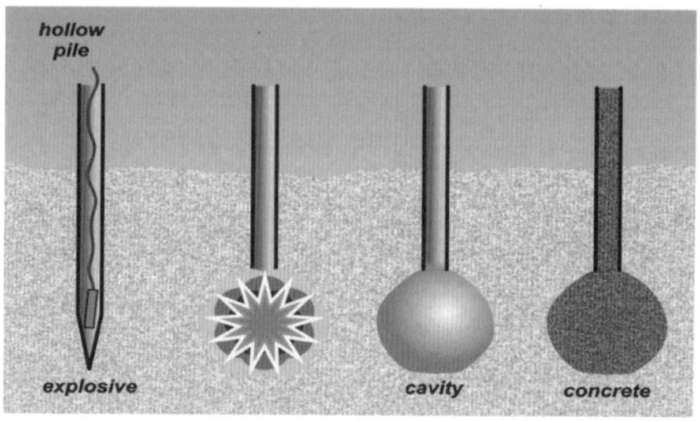

시간의 분리를 사용한 말뚝 문제의 또 다른 해법. 폭약을 속이 빈 말뚝을 통해 아래로 내려 땅으로 넣는다. 폭발의 결과로 생성된 공간에 콘크리트를 붓는다. 이와 같은 방법으로 콘크리트 말뚝을 땅에 쉽게 박아 넣을 수 있고, 부하에 매우 잘 견디게 할 수 있다.

물리적 모순은 시간과 장소를 이용하여 문제를 해결하는 방법을 이해하도록 함으로써 현명한 해법을 찾게 한다. 분리의 원리는 문제를 해결하는 매우 간단한 지침이다. 어떤 면에서 보면 물리적 모순은 서로 다른 시점과 서로 다른 장소 사이에서 충돌을 분리하는 방법으로 문제를 시각화하게 한다. 시간 또는 공간의 단계로 시스템을 단순히 표로 만드는 것(그리고 서로 다른 시간과 장소에서 분리 원리의 사용을 시각화하는 것)이 이해의 명료성을 크게 하고, 자명한 해법을 볼 수 있도록 한다.

모든 공학 문제에서 시간을 분리하는 방법을 찾아보는 것만으로도 문제 해결에 많은 도움이 될 수 있다.

최근의 사내 트리즈 과정에서 화재 경보 제어판을 크면서 동시에 작게 해야 하는 문제가 제시되었다. 지난 15년 동안 이 제어판은 크게 만들어졌다. 왜 그리고 언제 크게 만들어야 하는지를 물었다. 제어판은 이 장치에 친숙하지 않은 사람이 탐지선을 설치 장소에 쉽게 연결할 수 있어야 하므로 '설치 시'에 커야 한다. 그러나 '사용 시'에는 작은 것이 더 좋다.

사용 편리성보다는 설치 용이성에 중점을 두고 설계했다. '설치를 위해서는 장치가 크게 되기를 원하고, 반면에 사용을 위해서는 작은 것을 원한다.'는 물리적 모순을 가진 것을 인식했다. 이에 따라 시간으로 분리할 수 있었다. 그들은 관련 발명원리를 찾았고, 이로부터 곧바로 매우 간단한 (그러나 혁신적인) 해법을 찾았다. 제어판에 경첩을 사용한 접이식으로 만들어 설치 시에 크게 되도록 하고, 사용 시에는 접어 작게 되도록 하는 간단한 해법으로 수개월 동안 최소 5억 원을 절감했다.

다양한 팀 구성원은 다양한 시간과 장소에서 다양한 기술을 제공한다.

공간의 분리

한 장소에서는 존재하고 다른 장소에서는 존재하지 않는다. 질문해야 하는 것은 '이득이 필요 없는 공간이 어디에 있는가?' 라는 것이다. 뜨거운 음료를 위한 컵이 뜨겁고 동시에 차갑게 되기를 원한다. 즉, 컵을 잡는 부분은 차갑고, 차나 커피를 담는 부분은 뜨겁다.

공간의 분리를 위해서 뜨거울 필요가 없는 공간이 어디에 있는가? 라고 질문해야 한다. 혹은 차가울 필요가 없는 장소가 있는가? 관련 원리는 어떤 해법을 제시하는가?

1 **분할** : 적절한 층은?
40 **복합재료** : 컵에 맞는 소재는?
4 **비대칭** : 손잡이?
7 **포개기** : 얇은 플라스틱 컵 - 다른 손잡이

뜨거운 음식을 접시에 담아 제공할 때 유사한 질문을 줄 수 있다. 접시의 가장자리를 뜨겁게 할 필요가 있는가? 이것은 전통의 공간 분리 사례 – 단지 접시의 가운데 부분만 가열할 필요가 있으므로(3 국부적 품질) – 이다.

공간의 분리를 위해 제시된 발명원리

1 분할
2 추출
3 국부적 품질
4 비대칭
7 포개기
13 반대로 하기
14 구형화
17 차원변화
24 매개체
30 유연한 박막
40 복합재료

잠수함이 음파탐지기를 자체적으로 발생하는 소음으로부터 분리하는 난제를 수천 피트의 케이블의 끝에서 음파탐지기를 끌어당기도록 하여 해결한 예는 또 다른 공간의 분리 사례이다. 매우 간단한 일상의 사례인 칼은 공간의 분리를 사용한 성공적인 예시로서 한쪽은 날카롭고, 반대쪽은 뭉툭하다.

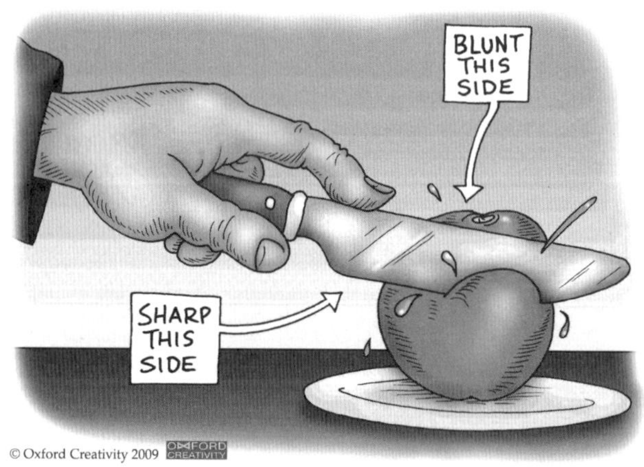

공간의 분리는 경영 문제에서도 사용할 수 있다.

1. 문제에서 벗어나 다른 장소에서 특별팀이 작업하도록 함(휴스턴/아폴로)
2. 사무실에 있는 경험 있는 위기 구호팀이 재난이 발생한 현지의 구호팀에게 조언하는 것
3. 고객과 접촉하고 있는 판매원은 상세한 모든 정보를 갖고 다닐 필요가 없다(단지 정보가 있는 시스템에 접속).

경영 문제에서 공간의 분리를 사용한 이들 사례는 모두 자명한 것처럼 보인다. 그러나 2번과 3번 사례는 둘 다 트리즈 팀이 트리즈를 사용하여 체계적으로 찾아 고안한 것이다. 활동의 시작 시점에서는 극복할 수 없는 것처럼 보이는 어려운 문제를 대상으로 작업하지만 종료 시점에는 쉽게 해결 가능한 문제가 된다.

시간과 공간의 분리는 도로 교통을 위해서는 존재해야 하고, 해상 교통을 위해서는 없어야 하는 교량 문제에 사용된다. 높이가 다른 두 개의 교량(공간의 분리)을 설치하는 것과 같이 영구적인 해법은 간단하지만 비용이 많이 소요된다. 그러나 시간에 따라 분리되어 변화하고 이동하는 교량은 당연히 널리 알려졌고, 또한 매력적이다.

조건에 따른 분리

시간이나 공간에 따라 분리할 수 없을 때, 즉 동일한 장소와 동일한 시점에서 반대되는 해법을 분리해야 하는 경우에는 조건에 따른 분리를 할 방법을 찾아야 한다. 반대의 해법은 구성품이나 어떤 속성의 특정 조건에서 달성된다. 이 해법은 일부 요소에 대해서 동작하지만 다른 것에는 동작하지 않는 방식의 해법 – 한 해법은 한 요소에 반대 해법은 다른 요소에 – 이다. 예를 들어, 부엌에서 사용하는 체는 스파게티를 (담기) 위해서 있어야 하지만 물을 위해서는 없어야 한다(통과해서 흐르도록 허용). '히트&미스' 울타리는 사생활 보호를 위해서는 있어야 하나 바람을 위해서는 없어야 한다(31 다공물질). 또 다른 사례 중의 하나인 이상적 창문은 안쪽에 있는 사람을 위해서는 밖이 다 보여야 하지만(좋은 바깥 경치를 제공) 바깥에 있는 사람들을 위해서는 보이지 않아야 한다. 그들은 안을 볼 수 없다.

어른들을 위한 음악을 조건으로 분리하여 젊은이들을 쫓아낸다.

조건에 따른 분리를 위해 제시된 발명원리

28 기계적 작용
29 공합과 유압
31 다공성 소재
32 색상변경
35 물성변경
36 상전이
38 산화가속
39 불활성 환경

가짜로 쓴 '개조심' 표지는 낯선 사람이 집을 멀리 돌아서 지나가게 하지만 그 집에 대해서 잘 알고 있는 같은 지역의 거주자들은 표지를 이해하고 무시한다. 북극곰은 동일한 시간과 동일한 장소에서 검은색이고 동시에 흰색이다. 북극곰은 따뜻함을 위해서는 검은색이고, 위장을 위해서 주변 환경(눈 덮인 곳에서 흰색)과 동일한 흰색을 가진다.

존재/비존재 - 물은 어떤 곳에서 느리게 흐를 때는 부드럽다. 그렇지만 동일한 물이 10 m의 높이에서 떨어지면 상당히 단단한 느낌이 들게 된다. 따라서 이 원리를 적용하는 경우에는 물체와 물의 상호작용의 속도가 고려해야 할 조건이 된다. 물의 표면에서 생기는 거품이 다이빙을 더 안전하게 한다.

또한, 티백은 많은 수의 모순을 해결한 것으로 조건에 의한 분리를 보여준다. 물은 티백에 출입을 허용하여 차의 잎이 물에 풍미를 더하도록 하지만 찻잎 – 찻잎이 물과 분리되어 있도록 함 – 은 그대로 담고 있다. 또한, 티백을 버릴 때 찻잎을 담고 있어야 한다. 티백 설계에서 아직 해결되지 않는 모순은 티백이 물속에 있는 상태에서는 물의 출입을 허용하지만 컵에서 꺼내어 쓰레기통에 버릴 때 티백의 물이 떨어지지 않는 것이다.

시스템에 의한 분리('대체 방법(alternative ways)'으로 알려졌음)

앞에서 제시한 분리의 원리 중 어느 것도 문제에 적합하지 않으면 시스템에 의한 분리인 대체 방법을 찾아야 한다. 시스템에 의한 분리에는 다음과 같은 방법이 있다.

- 규모의 분리
- 반대시스템 이행
- 대체시스템 이행 - 다른 시스템으로 시도

규모의 분리

a) **상위시스템 이행** - 시스템 수준에서 반대의 이득을 갖는 경우에 특정의 이득은 상위시스템에서 달성

지진이 임박한 지역의 건물들은 서로 다른 자연 진동 주파수를 가진다. 이를 케이블로 연결하면 하나의 시스템이 되고, 이들 간의 진동을 감소시킨다. (복잡한 동적시스템에서 적절하게 조정된 진동정지기(damper)는 진동정지기에 직접 연결되지 않은 구성품이나 멀리 떨어져 있는 구성품의 진동 강도를 감소시킬 수 있다.)

규모의 분리 위해 제시된 발명원리

a) 상위시스템
5 결합/병합
6 범용성
12 등위화
22 유해를 유익으로 전환
33 동일성질
40 복합재료

b) 하위시스템
1 분할
3 국부적 품질
24 매개체
27 일회용품

b) **하위시스템 이행** - 시스템 수준에서 하나의 값을 갖고, 하위시스템/구성품 수준에서 반대의 값을 가짐

자전거 체인은 하위시스템 수준에서는 뻣뻣하지만 시스템 수준에서는 유연하다.

불을 끄기 위해 – 하위시스템 이행 – 대량의 물을 사용하는 것보다 비처럼 많은 물방울을 사용한다. 원하는 것은 물이 증발하여 불의 열기를 흡수하는 것이다. 물방울은 큰 표면적이 열에 노출되는 반면에 대량의 물은 표면적이 작고, 과도한 물 손실을 일으킬 수 있다.

반대 시스템 이행

반대의 시스템으로 시도하라. 물리적 모순을 해결하기 위해 뭔가 '반대활동'을 시도하라(발명원리 13). 반대의 시스템으로 모든 이득을 달성하는 방법은 풍동이나 인공 조류를 갖는 매우 작은 수영장과 같은 시스템에 사용된다. 가만히 있지만 물이 움직이므로 작은 수영장에서 먼 거리를 수영할 수 있다.

재미있는 사례 - 담벼락 대신에 도랑을 만듦(방목으로 키우는 양이 멀리 가지 못하게 하기 위해서는 있어야 하고, 경관을 망치지 않기 위해서는 없어야 함)

제시된 발명원리

반대시스템 이행

13 반대로 하기

대체시스템 이행

6 범용성

8 무게보상

22 유해를 유익으로 전환

27 일회용품

25 셀프서비스

40 복합재료

운동

나는 움직이기를 원한다(달리기 - 좋은 운동). 나는 움직이지 않기를 원한다(나는 집에 있고 싶다). 해법은 운동 기계를 사용하는 것이다.

모임 주선

나는 뉴욕에 있는 사람과 만나기를 원한다. 나는 뉴욕에 가기를 원하지 않는다. 해법은 다른 사람들이 여행하게 하는 것이다.

대체시스템 이행 - 다른 시스템으로 시도하라

다른 시스템으로 전환하여 물리적 모순을 해결하라. 나는 장군이다. 나는 전쟁 중에 부대를 방문하여 용기를 북돋우고 싶지만 전쟁 지역으로 가기를 원하지 않는다(너무 바빠서). 해법은 대신 '똑 닮은 사람(double)'을 보내는 것이다.

5.10 물리적 모순 사례

과일 저장 - 공기를 원하고 동시에 공기를 원하지 않는다.

과일을 저장할 때, 가능한 오랫동안 신선한 상태로 있기를 원한다. 이산화탄소는 과일을 신선하게 유지하도록 하지만 산소는 유해하다. 과일을 신선하게 유지하기 위한 해법으로 산소로부터 격리하거나 이산화탄소로 가득한 공기 중에 적시는 것이 있다. 공기는 산소와 이산화탄소를 모두 갖고 있으므로 공기를 원하고 동시에 원하지 않는다.

우리는 분리를 원한다. 과일 근처에는 이산화탄소를 원하고 산소는 과일에서 멀리 떨어져 있기를 원한다. 엔지니어가 해법을 찾아내는 데 도움이 되기 위해서는 이처럼 정확한 용어로 문제를 기술해야 한다.

공간의 분리를 위해 제시된 해결 원리

각 원리가 제시하는 것을 찾은 다음 제시된 해법에 따라 문제를 해결하기 위해서 추가적인 지식과 자원을 탐색하라. 제시된 해법은 모두 기체가 스며들 수 있는 일종의 필름을 가리키고 있다. 특허 데이터베이스를 검색하여 산소는 탈출할 수 있고 이산화탄소는 계속 함유하는 필름이 있다는 것을 확인하였다.

모든 음식재료들은 이산화탄소 또는 크럼핏에 사용되는 질소와 같은 기체로 충전하여 포장된다.

이 예는 10여 년 이상 동안 트리즈 논문에 나타나고 있다. 2006년에도 관련 특허 – 특히, 바나나와 같은 과일을 최적으로 저장 및 수송하고, 과일을 숙성시키는 적합한 공기를 제공하는 방법을 기술하는 특허 – 가 출원되었다. 과일은 적절하게 설계된 신축성 있는 봉지에 넣는다. 이 봉지는 과일이 공기에 노출되는 것은 허용하지만 신축성 있는 커버에 의해 보호된다. 이 커버는 부분적으로는 기체가 스며들 수 있고 산소와 이산화탄소를 분리한다.

1 분할 – 공기를 분할한다
2 추출 – 산소를 추출한다
3 국부적 품질 – 과일 근처에 이산화탄소층을 가진다
4 비대칭 – 과일 근처에는 이산화탄소가 풍부하고, 멀리 떨어진 곳에는 산소가 풍부한 공기가 되도록 조장한다
7 포개기 – 기체를 포개 넣는다
14 구형화 – 과일 근처에 이산화탄소 거품?
17 차원변화 – 다수개의 층?
24 매개체 – 산소를 제거하기 위해 산소운반 매개체 사용이 가능한가?
26 복제사용 – 과일을 보호하는 모조 과일을 얻을 수 있는가?
30 유연한 박막 – 얇은 필름으로 과일을 산소로부터 격리한다
40 복합재료 – 과일 근처에서 이산화탄소를 풍부하게 하는 소재를 찾는다

5.11 물리적 모순 찾기

많은 트리즈 문헌에서 물리적 모순을 찾는 것의 어려움에 대해서 기술하고 있다. 가장 간단한 접근법은 어떤 모순이 있든지 간에 원하는 모든 것 – 모든 이득 – 을 도시하는 데 도움이 되는 이상적 성과(Ideal Outcome)를 정의하는 방법으로 시작하는 것이다. 이상 상태에서 원하는 모든 것을 기술하면 대개 반대되는 이득이 있기 때문에 물리적 모순은 대개 노출된다. 이득을 얻는 방법을 분명히 밝히기 위해서는 기능 또는 특성으로 이동한다.

또한, 물리적 모순의 정의를 반대되는 특성 또는 기능을 기술하여 시작할 수도 있다. 작고 큰, 빠르고 느린, 날카롭고 뭉툭한 뭔가를 원한다고 생각할 수 있다. 반대의 이득이나 특성 또는 기능을 정의하는 방법으로 물리적 모순을 정의할 수 있다.

문제 기술을 특성과 기능으로부터 이득으로 가져가는 것은 원하는 것과 원하는 이유를 더 명확하게 제공하므로 일반적으로 유용하다. 특성이나 기능이 아니라 이득인지 아닌지를 점검하기 위해서는 그것이 해법을 담고 있는지를 질문한다. 이득은 그것이 어떻게 전달되는지가 아니라 단순히 원하는 것을 기술한다. 그러므로 물리적 모순의 정의를 처음 탐색할 때, 이득, 특성, 기능 중 어느 것을 가지고 시작해도 아무 문제가 없다.

예를 들어, 칫솔에 대한 물리적 모순을 반대되는 이득, 특성, 기능으로 기술할 수 있다. 이상적 칫솔은 효과적으로 치아를 청결하게 하되 잇몸에 상처를 내게 해서는 안 되는 반대되는 이득을 갖고 있다. 이것은 '부드러운 칫솔과 거친 칫솔의 반대되는 특성을 원하거나 물질을 제거하고(치아에서 플라크를 제거) 동시에 물질을 제거 안 하는(잇몸) 반대되는 기능을 원하는 것'과 같이 기술할 수 있다. 이들 세 개는 모두 분리의 원리와 40발명원리로 해결할 수 있는 물리적 모순으로 가는 경로를 제공한다.

물리적 모순을 정의하는 간단한 경로, 즉 문제 분석, 이상성 정의 또는 반대 특성이나 기능의 기술로 시작하여 물리적 모순을 정의하는 경로는 물리적 모순맵에 설명되어 있다.

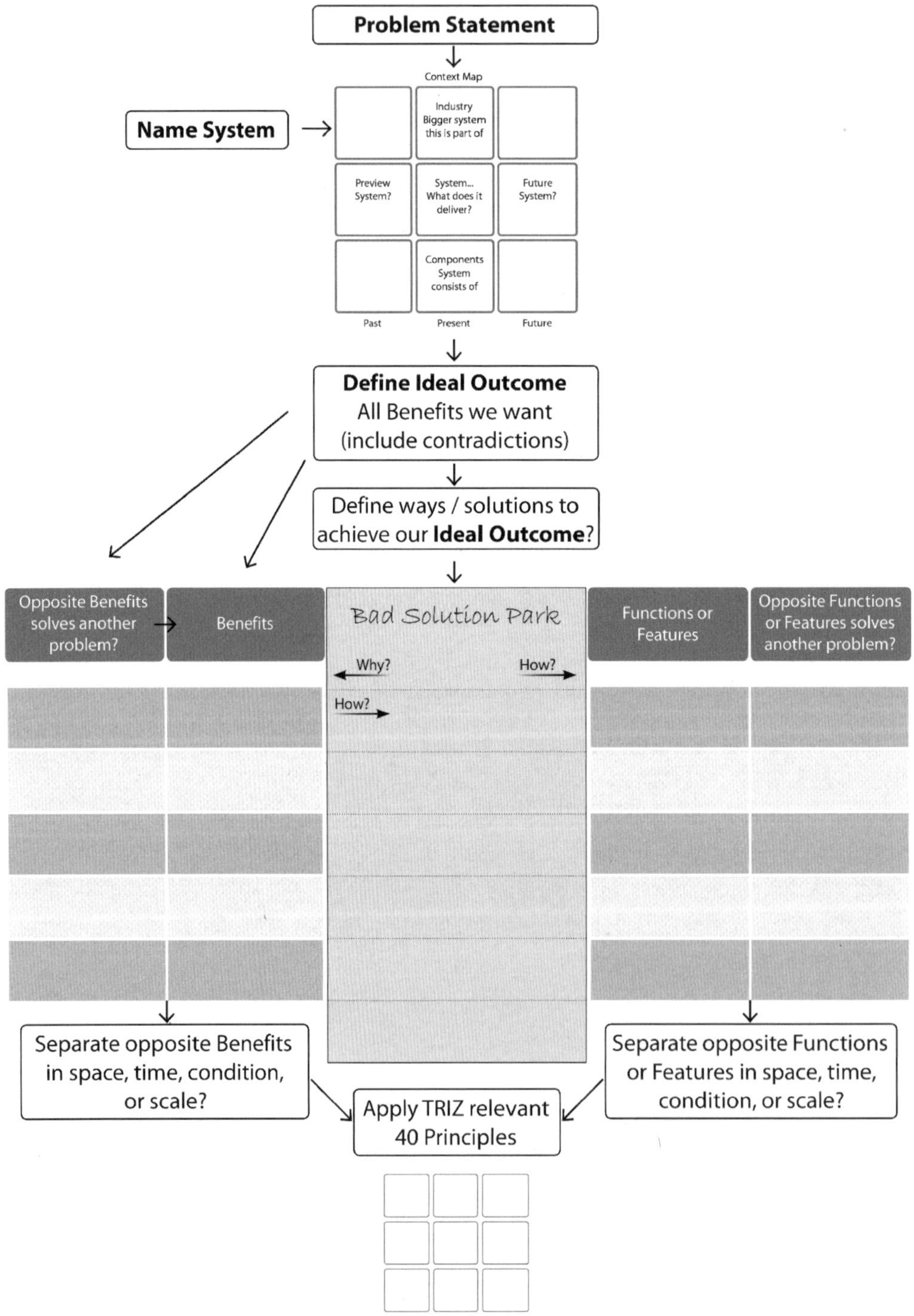

5.12 물리적 혹은 기술적 모순

분리의 원리 사용 아니면 모순표 사용?

지시봉을 설계하라. 우리는 이것이 길고 동시에 짧기를 원한다. 이것은 물리적 모순이다(모순표는 다루지 않는다. 모순표에서 길이와 길이가 만나는 부분은 비어있다). 물리적 모순을 해결하기 위해서는 분리의 원리를 사용해야 한다.

동일한 시간에 길고, 짧기를 원하고 있는가? 아니다. 그러면 이것은 '시간의 분리' 문제이다. 길고 동시에 짧은(시간의 분리) 물리적 모순을 어떻게 해결하는가? 이 요구사항을 분리하여 해결하는 원리 1, 7, 9, 10, 11, 15, 16, 18, 19, 20, 21, 24, 26, 27, 29, 34, 37을 적용한다.

원리 7 – 내포활동이 접이식 지시봉을 제안한다.

지시봉의 물리적 모순 해결을 위해 모순표 사용하기

모순표를 사용하기 위해 지시봉에 대한 기술적 모순을 고안할 수 있나?

무엇을 원하는가? 길이. 언제? 가리킬 때.

언제 길지 않기를 원하는가? 지시봉을 휴대/보관할 때에?

길이가 정말로 원하지 않는 것인가? 아니면 원하지 않는 것을 크지 않는 것과 같이 기술할 수 있는가? 아마 원하지 않는 것은 길이보다는 부피나 넓이가 큰 것이다. 그러면 기술적 모순으로 재정의할 수 있고, 39개 기술 파라미터와 모순표를 사용할 수 있게 된다.

이것은 모순을 모순표의 기술파라미터에 대응하는 용어로 정의하는 것을 의미한다. 그러므로 지시봉을 살펴보고, 길어야 한다고 결정하면 기술파라미터는 자명하게 '정지물체의 길이'이다.

이것은 다음의 발명원리를 제공한다.

17 차원변화
 7 포개기
10 예비활동
40 복합재료

Improve this one without making this one **worse**

39 Technical Parameters

		Weight of moving object	Weight of Stationary Object	Length of moving object	Length of Stationary object	Area of moving object	Area of stationary object	Volume of moving object
		1	2	3	4	5	6	7
1	Weight of moving object		-	15 8 29 34	-	29 17 38 34	-	29 2 40 28
2	Weight of stationary object	-		-	10 1 29 35	-	35 30 13 2	-
3	Length of moving object	8 15 29 34	-		-	15 17 4	-	7 17 4 35
4	Length of stationary object		35 28 40 29	-		-	17 7 10 40	-
5	Area of moving object	2 17 29 4	-	14 15 18 4	-		-	7 14 17 4
6	Area of stationary object	-	30 2 14 18	-	26 7 9 39	-		-
7	Volume of moving object	2 26 29 40	-	1 7 4 35	-	1 7 4 17	-	
8	Volume of stationary object	-	35 10 19 14	19 14	35 8 2 14	-		-

원리 7 포개기는 물리적 모순과 기술적 모순에서 모두 제시되는 방법으로 이 문제를 해결하는 강력한 촉발기를 제공한다.

원리 17 차원변화는 전화기와 전기면도기의 동그랗게 말린 선과 같이 길면서 동시에 짧은 뭔가를 만드는 해법 아이디어에도 주의할 필요가 있다.

5.13 모순에 대한 요약

모순 : 원하는 성과를 제공하기 위해 시스템을 발명, 설계, 생산하는 경우에는 또한 원하지 않는 성과를 언제나 얻는다. 두 가지 종류의 모순 – 물리적 모순과 기술적 모순 – 이 있다.

성과가 서로 반대일 수 있다(물리적 모순) : 나는 카푸치노 커피를 마시기 위해서는 큰 컵을 원하고, 에스프레소 커피를 마시기 위해서는 작은 컵을 원한다.

충돌(나는 뭔가 개선을 만든다. 그러면 뭔가가 악화된다. 기술적 모순) : 나는 컵을 매우 두껍고 튼튼하게 만들어 쉽게 깨지지 않게 했으나 이것이 커피를 차게 만들었다.

트리즈 모순 해결은 트리즈 중에서 가장 잘 알려진 방법이고, 엔지니어에게는 가장 쉬운 출발점이다. 엔지니어 대부분은 40개 발명원리와 모순표의 힘을 인식하고, 이들 도구를 사용하여 많은 문제를 해결한다. 일단 이들 도구에 친숙해지면 흔히 문제에 대한 더 근본적인 통찰력과 더 빠른 해법을 제공하는 물리적 모순을 사용하는 것으로 전환한다. 기술적 모순은 모두 더 높은 수준으로 문제를 추상 – 모순을 정의하는 더 일반적인 방법 – 하는 물리적 모순으로 재정의 될 수 있다.

가볍고 매우 튼튼한 비행기를 원하지만 튼튼하게 할수록 더 무겁게 되는 것과 같은 모순을 모든 시스템은 갖고 있다. 이러한 문제를 해결하는 보통의 접근법은 하나의 특성과 반대의 다른 특성을 절충 – 타협 – 하는 것이나. 트리즈 접근법은 모순을 해결 – 튼튼함과 가벼움을 모두 얻는다 – 하기 위한 것이다. 모순을 해결하는 방법에는 지금까지의 모든 특허를 분석한 것에 기초하여 찾은 40개의 방법이 있다. 이들 방법은 40발명원리로 알려졌으며, 이들이 트리즈의 주춧돌이다.

모순의 노출과 해결을 위해서는 심사숙고를 해야 한다. 그러나 일단 모순을 발견하게 되면 트리즈는 세상이 알고 있는 모순 해결의 모든 방법으로 이끌어 간다. 이것은 절충을 잊고, 원하지 않는 것은 아무것도 없이 원하는 모든 것을 달성하게 하는 훌륭한 해법으로 안내한다. 트리즈 모순해결은 엔지니어들이 명료하게 사고하고, 충돌을 하는 어떤 문제와도 씨름할 수 있는 간단하고 체계적인 방법으로 트리즈는 모든 엔지니어가 문제를 명확히 이해하고 좋은 해법들을 많이 찾게 한다.

사례 연구 : 비행 중 항공기 날개에서 음향방출의 측정의 크고 작음

트리즈를 사용한 7년간의 성공적인 문제 해결 – 에어버스사와 BAE시스템사가 옥스퍼드 크리에이티브티사와 함께 트리즈로 문제 해결/ 옥스퍼드 크리에이티브티사의 카렌 개드(Karen Gadd), 엔드류 마틴(Andrew Martin)

1999년, 옥스퍼드 크리에이티브티사가 제공하는 트리즈 도구와 프로세스의 유용성과 이를 도입해야 하는지 아닌지를 확인하기 위해 리복스타디움(Reebok Stadium)의 임원용 특별실에서 역사에 남을 3일간의 트리즈 과정이 열렸다. 에어버스사와 BAE시스템의 사람들이 참석했다. 주최자인 밥 로빈슨(Bob Robinson)과 파울린 마쉬(Pauline Marsh)는 트리즈에 대해서 매우 열광하고, 매우 효과적으로 사용한 성과로 혁신상(Chairman's Award for Innovation)을 받았다. 이 성공과 열정이 트리즈를 시험하고 두 조직의 다른 많은 부서에서 트리즈를 시도해보도록 하게 했다.

지금은 두 조직의 많은 부서와 분야에 성공적으로 적용되고 있다. 트리즈는 BAE시스템의 엔지니어링 라이프 사이클 경영(Engineering Life Cycle management)의 한 부분으로 혁신과 문제 해결로 가는 공식적이고 인식된 경로이며, BAE시스템사에서는 누구든지 엑스체인징(Xchanging)을 통해 옥스퍼드 크리에이티브티 트리즈 과정을 신청할 수 있다. 트리즈는 경영문제와 공학 문제 해결에 널리 사용되고 있다.

에어버스사는 영국, 프랑스, 독일에서 몇 개의 트리즈 프로젝트를 진행 중이고, 트리즈가 더 널리 알려지고 그들의 엔지니어들에 의해 사용되도록 위해 옥스퍼드 크리에이티브티사, 배스 대학교(Bath University)와 공동 작업을 하고 있다. 아래는 비행기 시험장비에 관련된 사례연구이다.

문제 : 비행 중인 항공기 날개의 음향방출 측정

문제 상황

상용 비행기에 대한 비행시험에서 항공기가 비행하는 중에 날개가 방출하는 음향을 측정해야 하는 요구사항이 있다. 측정은 매우 정확하게 되어야 한다. 그렇지만 시험 환경의 제약으로 인해 정확한 감지장치의 사용이 어려운 상황이다. 특히, 시험 항공기는 사용 가능한 시험 장비의 무게와 부피에 제한을 하고 있다.

트리즈를 사용하여 이 문제가 해결되기 이전에 두 개의 가능한 접근법이 고려되었다.

1. 전기 감지창치는 이용 가능했다. 이것은 요구되는 정확성을 제공할 만큼 훌륭한 시스템이다. 그렇지만 너무 무거워서 비행 중에 사용하지 못했다.
2. 훨씬 가벼운 광 감지장치 또한 이용 가능했다. 그렇지만, 이것은 충분한 정확성을 제공하지 못했다.

문제 검토

이 문제는 자명하지 않은(그래서 흥미로운) 문제로서 아주 우수한 사례이다. 필요로 하는 바람직한 산출/특성치가 있고(이 경우에는 측정 정확도), 그렇지만 유감스럽게도 유해하거나 비용이 들거나 원하지 않는 뭔가(이 경우, 무게)가 연관되어 있다. 트리즈 언어로 말하자면 이것은 모순이다.

이 모순은 간단한 그래프로 표현될 수 있으며, 전형적으로 이 형태를 보인다. 한 파라미터(정확도)를 개선하려고 함에 따라 다른 파라미터(무게)는 악화되고, 반대의 경우도 마찬가지이다. 이것은 가용한 절충해의 집합을 정의하는 실선 상에 부득이 남아 있어야 하는 것으로 나타난다. 원하는 것은 실선의 절충선을 더 이상적인 해법으로 이동시키는 것 – 즉, 점선 화살표로 보인 방향 – 이다. 이것을 달성하기 위해서 모순을 해결하는 방법을 찾아야 한다.

모순의 식별과 해결은 트리즈 문제 해결 정신의 핵심 요소이다. 흥미 있는 모든 문제의 내부에서 언제나 하나 또는 그 이상의 그러한 모순을 찾는다. 이들 모순을 식별하고 해결할 수 있으면, 문제에 대한 고품질의 해법 – 단순히 더 좋은 절충이 아니라 기존의 제약에서 벗어나와 이상적 시스템을 향하여 한 발짝의 변화를 제공하는 혁신적인 해법 – 을 고안했을 것이다.

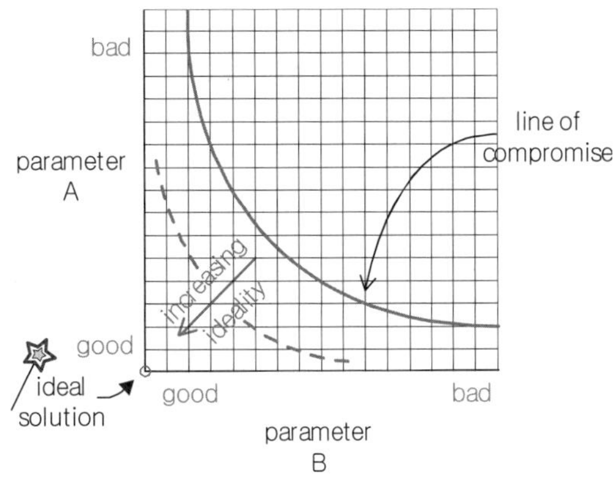

이 문제에 대해서 우리는 정확한 감지장치(기존의 전기 감지장치와 같은, 지나치게 무겁다)이며, 동시에 가벼운 감지장치(기존의 광 감지장치와 같은, 정확도가 충분하지 않다)를 원한다.

개념적인 모순 곡선은 다음과 같이 나타난다.

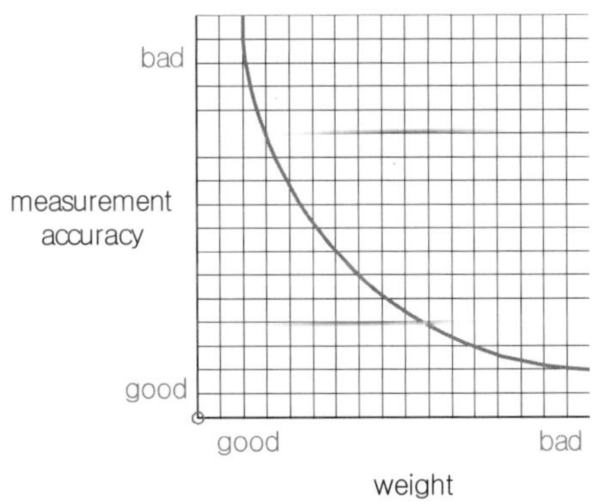

이상적으로 양호한 정확도와 양호한 무게(이 경우에는 낮은 무게를 의미)를 모두 갖는 감지장치를 원한다. 언뜻 보기에(만약 실선 상에 머물면) 불가능한 것을 요구하는 것으로 나타나지만 당분간 그러한 판단은 밀쳐 두고, 체계적인 트리즈 방법을 따라가서 특정의 모순들이 해결될 가능성을 인정 – 이것을 달성하는 방법에 대한 아이디어가 없는 경우라 할지라도 – 하는 것이 중요하다. 그리하여 비용이나 유해와 연관되지 않고 원하는 모든 이득을 제공하는 해법이 있다는 것을 수용한다. 그러한 해법의 존재에 대해서 마음을 열게 되면 찾기를 시작할 수 있다.

문제와의 씨름

에어버스/BAE시스템 팀은 트리즈 도구 모음에서 전통적 도구 중 하나인 모순표를 문제 해결에 사용하기로 했다. 다른 트리즈 기법에서와 마찬가지로 이 방법도 문제 해결에 대한 세상에 알려진 경험들 – 이 경우에는 모순을 해결했던 세상의 성공적 경험 – 으로 다가가는 방법을 제공한다. 이 방법은 3단계의 체계적인 프로세스이다.

단계1 : 문제에서 모순을 파악하고, 이들을 모순적 시스템 파라미터의 본질에 따라 분류하라.

단계2 : 트리즈 도구 모음으로부터 우리의 특정한 문제에서와 동일한 일반적 유형의 모순 해결을 위해 과거에 성공적으로 사용했던 일반적 발명원리를 통계적으로 유도된 대조표(모순표)를 사용하여 결정한다.

단계3 : 단계2에서 제시된 일반적 발명원리를 특정 문제에 적용한다. 이 마지막 단계를 통해 단 하나의 해법이 아니라 후보가 되는 개념 해법을 놀랠 정도로 많이 발생시키는 것이 가능하다.

단계1 : 모순 파악

트리즈는 두 가지 유형의 모순 – 기술적 모순과 물리적 모순 – 을 처리한다. 기술적 모순은(이 경우에) 측정과 정확도와 같이 모순을 구성하는 서로 다른 시스템 파라미터를 갖는 것으로 특징된다. 반면에, 물리적 모순은 동일한 시스템 파라미터로부터 유도된 모순을 갖는 것으로 특징된다. 예를 들어, 우산은(사용 시에) 크고, 동시에(사용하지 않을 때) 크지 않은 것의 둘 모두가 될 필요가 있다.

이 경우에 BAE/에어버스 팀은 두 개의 기술적 모순을 파악했다. 모순을 정의하는 것은 솜씨가 있어야 하는 것일 수 있다. 트리즈에서는 보통 몇 개의 가능성을 시도할 것을 권고한다(정확히 정의된 하나의 모순에 대해서 시도하려고 고민하지 마라).

우리는 정확한 감지장치를 원하지만 무겁게 되는 것은 원하지 않는다.

이 모순에 대해서 왜 무거운지 질문할 수 있다. 대답은 아마 충분한 전력을 얻기 위한 것이다. 이것은 문제에서 또 다른 유형의 모순 존재 가능성을 제시했다. 정확한 감지장치를 원하지만 이것이 큰 전력을 요구하는 것을 원하지 않는다. 필톤(Filton)의 에어버스/BAE시스템 팀은 두 기술적 모순을 모두 파악했다.

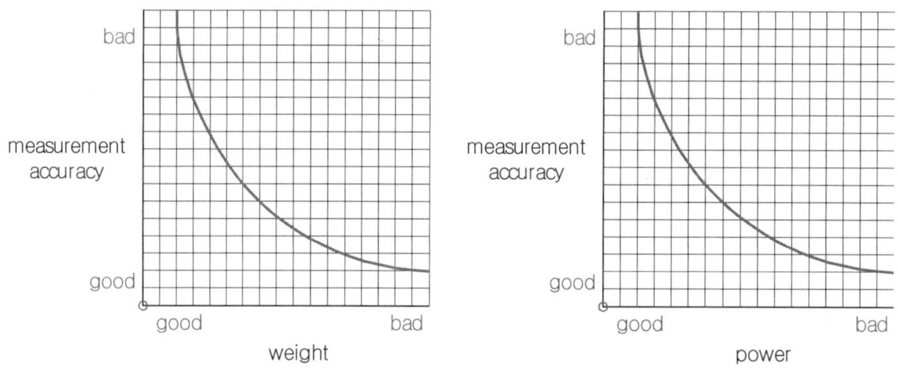

이 두 개의 기술적 모순은 문제 영역의 파라미터로 표현된다.

단계2 : 모순표 사용

모순표를 사용할 수 있는 상태가 되기 전에 문제 파라미터(측정 정확성, 무게와 동력)를 모순표에서 사용되는 일반적 파라미터로 대응시켜야 한다.

일부 문제에서는 현실세계에서의 문제영역 파라미터를 모순표에 사용되는 39개 파라미터로 대응시키는 것이 다소 솜씨가 필요하다. 모순표의 파라미터는 일반적이고, '현실세계의' 문제 파라미터를 '모순표'의 일반적 파라미터로 대응시키기 위해서는 상당한 양의 사고와 주의 깊은 고려가 필요하다. 이 경우에 다음과 같이 대응시키는 것이 그리 어려운 것은 아니다.

파라미터 28 = 측정 정확도가 있는 그대로 잘 대응됨

파라미터 1 = 이동물체의 무게

파라미터 21 = 동력

이들 파라미터 각각에 대한 세부적인 설명은 다음과 같다.

1	이동물체의 무게	중력장에서 물체의 질량 몸체가 지지물에 가하는 힘
28	측정 정확도	시스템의 어떤 성질에 대한 측정값이 실제 값에 가까운 정도. 측정의 오류를 감소시키는 것이 측정 정확도를 증가시킴
21	동력	작업이 수행되는 시간 비율. 에너지 사용률

그러므로 두 개의 실세계 모순은 다음과 같이 모순표의 파라미터로 대응된다.

1. 측정 정확도 대 이동 물체의 무게

2. 측정 정확도 대 동력

이들 모순을 모순표와 함께 사용하여 다음의 발명원리를 얻는다.

첫 번째 모순

개선되는 파라미터	악화되는 파라미터
이것이 개선되기를 원한다.	이것이 악화되기는 원하지 않는다.
측정 정확도	이동물체의 무게

모순표에서 이들 두 파라미터가 교차하는 부분에서 다음 네 개의 발명원리를 얻는다. 이들 네 개 발명원리는 (통계적으로) 이동물체의 무게를 악화시키지 않고 측정 정확도를 더 높게 하는 가장 성공적인 방법이다.

발명원리

측정 정확도 대 이동물체의 무게

32	색상변경
35	물성변경
26	복제사용
28	기계적 작용

두 번째 모순

개선되는 파라미터	악화되는 파라미터
이것이 개선되기를 원한다	이것이 악화되기는 원하지 않는다
측정 정확도	동력

(즉, 많은 동력의 제공을 원하지 않는다.)

이 경우에 모순표는 다음의 세 가지 발명원리를 제시한다.

발명 원리

측정 정확도 대 동력

3	국부적 품질
6	범용성
32	색상변경

단계3 : 제안된 발명원리 적용

몇 가지 일반 발명원리를 얻었다면, 팀의 다음 업무는 이들을 특정의 문제에 적용하는 것이다. 이 부분은 트리즈에서 되풀이하여 발생하는 주제이다. 즉, 특정의 문제를 가지고, 알려진 일반적 해법에 접근하기 위해 문제를 일반화한 다음, 최종적으로 일반적 해법을 특정의 문제에 적용한다.

원리 32 색상변경

A. 사물이나 외부환경의 색깔을 변화시킨다.

- 사진 암실에 안전등을 사용하라
- 온도 측정을 위해 온도에 따라 색상이 변하는 페인트를 사용하라
- 감온변색 플라스틱 숟가락
- 음식이 먹기에 적정한 온도에 도달했음을 나타내기 위해 온도 민감 염료를 사용하여 식품의 상품 라벨을 만듦
- 전기변색 유리(electrochromic glass)
- 위장(camouflage)
- 제1차 세계대전에서 군함에 사용되었던 현란한 위장(dazzle camouflage)
- 색상 변화를 위해서 표면 구조에 간섭무늬(interference fringes)를 도입한다

B. 사물이나 외부 환경의 투명도를 변화시킨다.

- 반도체 공정에서 투명 소재를 솔리드 마스크로 변경하기 위해 포토리소그래피 (pholithography)를 사용한다
- 빛반응 안경 유리
- 연막

C. 관측이 어려운 사물의 식별 가능성 향상을 위해 유색 첨가제/발광 물을 사용한다.

- UV 분광에 사용되는 형광 첨가물
- 도난 물건 식별에 사용되는 UV 마커펜
- 가시성 향상을 위해 반대의 색상을 사용한다. 예, 정육점에서는 고기의 붉은색이 더 붉게 보이게 하려고 녹색으로 장식

D. 대상물이 복사 난방을 하고 있으면 복사열 특성을 변경한다.

- 우주선 열관리를 지원하기 위해 검정과 흰색의 패널 사용
- 에너지 포획을 증가시키기 위해 태양광 패널에 접시형 반사기 사용

발명원리 32 색상변경이 모순표에서 두 번, 즉 고려했던 두 개의 모순 모두에서 제안되었으므로 팀은 문제의 해법 촉발기로서 이 원리에 특별한 주의를 시켰다.

그러므로 팀의 다음 업무는 색상변경 원리를 이해하는 것이었다. 이것은 중요했다. 40발명원리의 이름은 단지 간편하게 붙인 칭호이고, 적용을 시도하기 전에 각 원리의 완전한 정의를 알아내는 것이 중요하다. 색상변경의 경우에 정의(사례와 함께)는 다음과 같다.

문제 해결 과정의 이 시점에서 문제 영역과 기술 영역에 적합한 지식이 중요하다. 이 원리로부터 팀이 도출한 최종의 해법은 전기변색 소재를 사용하여 전기 감지장치로부터 얻은 신호를 광섬유에 의해 응답 신호를 보낼 수 있는 색상 변경으로 전환하는 것이다. 팀은 적합한 소재가 이미 적응위장(adaptive camouflage)에 응용되어 사용되고 있어서 신속하게 확인할 수 있었다.

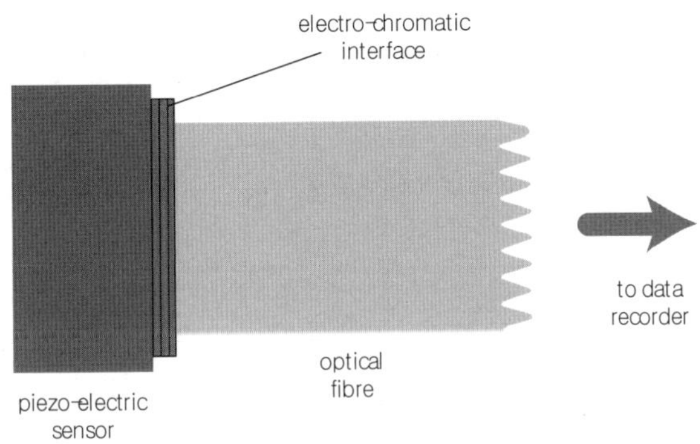

팀이 개발한 최종의 해법

트리즈는 빠르게 알맞은 해법으로 향하게 했다. 일단 문제를 확인하고, 모순을 발견하게 되면, 트리즈 40 발명원리를 사용하여 관련된 모든 해법을 찾을 수 있다. 트리즈의 특별한 힘은 이러한 간단한 해법목록 – 모순을 포함하는 문제를 빠르게 해결하기 위해 모든 사람이 무료로 이용 가능한 세상이 알고 있는 40개 방법/콘셉트 – 을 갖고 있다는 것이다.

부록 5.1
40개 원리: 발명적 문제 해결 이론

1 분할

A. 대상물을 독립된 부분으로 나눈다.

- 다양한 초점거리를 가진 카메라 렌즈
- 멀티핀 커넥터(multi-pin connector)
- 내연기관의 다중 피스톤
- 다중엔진 항공기
- 총알과 총
- 곤충의 겹눈
- 환형동물의 몸뚱이를 이루는 낱낱의 마디(예, 지렁이)
- 방탄유리 – 앞유리는 여러 개의 작은 조각들을 함께 붙여서 만듦 – 총알에 맞아도 작은 부분만 손상을 입게 됨

B. 조립 또는 분해가 쉽도록 대상물을 조립식으로 만든다.

- 자전거의 안장, 바퀴 등을 신속하게 풀게 해 주는 잠금장치
- 배관과 유압시스템의 급속 차단 연결 장치
- 플랜지 연결부에 사용되는 단일 브이 밴드 집게 잠금장치
- 링 바인더의 루스리프(loose leaf) 용지
- 장간 조립교(임시교량), 자전거 체인

C. 대상물의 분할 또는 세분화 정도를 높인다.

- 공기 역학적 구조물 표면에 대한 다중 제어
- 8 밸브 내연기관에 대비하여 16 및 24 밸브 내연기관

- 멀티존(multi-zone) 연소방식
- 겹쳐 쌓기를 사용하여 구성품을 만듦(예, 스테레오 리소그라피(stereo lithography), 용접 등)

2 추출

A. 대상물에서 방해되는 부분이나 특성을 추출한다.

- 음식점, 기차역의 흡연구역
- 에어컨은 시스템이 발생시키는 소음은 밖에 있도록 하고(실외기), 실내의 공기는 원하는 수준으로 조절

B. 대상물에서 필요한 부분이나 특성만을 추출한다.

- 허수아비
- 비행기의 일반석(여행은 하지만 허식은 안 함)
- 강도 방지용 개 짖는 소리(개는 없음)
- 열리지 않도록 밀봉한 창문(이것은 창문의 모든 기능을 알고 꼭 원하는 것만 선택하는 것을 의미한다. 예, 창문은 통풍과 빛을 제공한다. 공기 조절을 하는 경우에는 열 수 있는 창문이 필요하지 않을 수 있다.)

3 국부적 품질

A. 대상물의 구조를 균질 상태에서 비균질 상태로 변경한다.

- 리벳 돌출 또는 '샤크스킨(shark-skin)' 돌출을 추가하여 공기역학적 표면 마찰력 감소
- 음료 캔을 안정되게 쌓을 수 있도록 만든 음료 캔의 외형
- 손 모양으로 만든 공구 손잡이의 그립
- 재료의 표면처리/코팅 - 도금, 침식/부식 방지, 표면경화, 들러붙음 방지 등

B. 어떤 활동 또는 외부 환경(또는 외부의 영향)을 균질한 것에서 비균질한 것으로 변경한다.

- 열전달 특성을 바꾸기 위해서 대상물 주위에 난류를 도입한다.
- 일정한 온도, 밀도, 압력 대신에 변화율을 사용한다.
- 옥외에 설치하는 시스템을 설계할 때 극단의 날씨 조건을 반영한다.
- 섬광등(strobe light, 디스코장 등에서 사용하는 현란한 점멸 조명등)

C. 대상물의 각 부분이 작동에 가장 적합한 조건에서 기능하도록 한다.

- 냉장고에서 냉동실
- 멀티 존(Zone) 엔진 연소 시스템에서 각각의 존
- 야간 운전을 하는 동안에 자동으로 조종되는 자동차 백미러
- 다양한 특성의 음식(따뜻한, 차가운, 고형, 액상 등)을 담을 수 있는 도시락통

D. 대상물의 각 부분이 서로 다른 또는 상호 보완적인 유용 기능을 수행하도록 한다.

- 스위스 군용 칼(Swiss Army knife)
- 캔과 병 일체형 따개
- 압정의 뾰족한 끝과 뭉툭한 끝
- 지우개 달린 연필
- 노루발장도리가 달린 망치

4 비대칭

A. 대상물의 형상이나 속성을 대칭에서 비대칭으로 변경한다.

- 비대칭 깔때기는 보통의 깔때기보다 유량을 더 높게 한다.
- 원주형 샤프트에 잠금 특성을 붙이기 위해 납작한 부분을 만든다.
- 타원형과 복잡하게 생긴 오링(O-ring)
- 코팅한 유리 또는 종이
- 전기 플러그
- 컴포넌트의 가장자리에 각을 두거나 스카프 이음(scarf joint)을 할 수 있는 기하학적 형상을 도입한다.
- 기타 연주에서 사용하는 컷어웨이(cutaway)는 고음 연주를 쉽게 한다.
- 주전자의 주둥이
- 캠(cam)
- 래칫(ratchet, 한쪽으로만 회전하는 바퀴)
- 에어로포일(aerifoil) - 비대칭이 양력(lift)을 생성
- 편심 구동(eccentric drive)
- 열쇠

B. 대상물의 형상을 외부의 비대칭과 어울리게 변경한다(예, 인체 공학적 특성).

- 인체 모양의 좌석 등
- 양손잡이를 위한 디자인
- 대상물에 손가락 모양의 손잡이를 만듦
- 인경
- 도로에서 자동차 조종시스템은 캠버(camber)를 보상한다.
- 프로펠러에 의해 생성되는 비대칭 공기 흐름을 보상하는 날개 설계
- 경계층류(boundary layer flow)에 대한 터보 기계류(turbomachinery) 설계

C. 대상물이 이미 비대칭이면 비대칭의 정도를 증가시킨다.

- 항공기 날개의 양력 특성을 바꾸기 위해 가변 제어 표면을 사용한다.
- 정확한 조립을 위해 복잡한 형상/핀 배열을 한 특수 커넥터 도입
- 하나의 자에 몇 개의 서로 다른 측정 척도를 도입

5 결합/병합

A. 동일하거나 유사한 대상물 또는 동작을 공간적으로 함께 묶는다.

- 자동 소총/기관총
- 다색 잉크 카트리지
- 다중 날 전기면도기
- 다초점 렌즈 안경
- 이중/삼중 창유리
- 스테이플러의 스트립(날)
- 쌍동선(catamaran)/삼동선(trimaran)

B. 대상물 또는 동작을 연속적 또는 병렬로 만든다. 시간 상으로 함께 묶는다.

- 콤바인 수확기
- 셀 제조방식
- 잔디 깎기에 달린 잔디 모음 장치
- 찬물과 더운물이 같이 나오는 수도꼭지
- 파이프라인 컴퓨터 프로세서(pipe-lined computer processors)는 계산에서 서로 다른 몇 개의 단계를 동시에 수행한다.
- 벡터 프로세서(vector processors)는 몇 개의 데이터세트에 대해서 동일한 프로세스를 한꺼번에 수행한다. 푸리에(Fourier) 분석 - 많은 개수의 사인곡선을 적분

6 범용성/다용도

A. 대상물을 다수 개의 기능을 수행하도록 만들어 다른 부분의 필요성을 제거한다.

- 유모차로 전환되는 아동용 자동차 안전의자
- 홈 멀티미디어 시스템용 가구(AV기기 받침대, CD/DVD 장식장 등)
- 스위스 군용 칼
- 그릴 기능이 있는 마이크로웨이브 오븐
- 다중 데이터 저장 매체로 사용되는 CD
- 카세트테이프의 시작 부분에 있는 청소용 띠는 카세트 헤드를 청소한다.
- 전기충전 드릴은 나사돌리개, 전기 사포, 광택기 등으로 기능한다.

7 포개기

A. 한 대상물을 다른 대상물의 내부에 넣는다. 각 대상물을 차례로 다른 대상물의 내부에 넣는다.

- (기체 속으로) 집어넣을 수 있는 비행기의 이착륙장치
- 3D 구조물의 공동(void)
- 이중벽단열에서 벽 사이에 단열재 채움
- 매니큐어 병의 뚜껑에 달린 붓
- 외투의 안감

B. 여러 개의 대상물을 다른 대상물 내부에 넣는다.

- 접이식 테이블
- 망원경
- 계량컵 또는 스푼
- 행사용 스태킹 체어(stacking chair)
- 다층 침식/부식 방지 코팅

C. 한 부분이 다른 물체의 구멍을 통과하도록 한다.

- 접이식 자동차 안테나
- 집어넣을 수 있는 진공청소기의 전원 줄
- 자동차 안전벨트의 수축기
- 줄자

8 무게보상

A. 대상물의 무게(아래쪽으로 내려가는 경향)를 보상하기 위해 상승력을 갖는 다른 물체와 병합한다.

- 선체를 발포 고무로 만든 카약은 가라앉지 않는다.
- 경항공기는 공기보다 가벼운 에어포켓을 갖고 있다.
- 열기구 또는 헬륨 기구
- 물고기의 부레
- 플라이모 칼날(Flymo cutting blade)은 양력을 생성한다(잔디깎기기계의 회전 칼날).

B. 대상물의 무게(아래쪽으로 내려가는 경향)를 보상하기 위해 환경(예, 공기역학, 유체역학, 부력, 지구의 양력 등)과 상호작용하게 한다.

- 공기 소용돌이는 비행기 날개의 양력을 향상시킨다.
- 지표 효과형 주익 항공기(Wing-in-ground effect aircraft)
- 수중익은 항력을 감소시켜 배를 물 위로 들어 올린다.
- 회선하는 시스템에서는 원심력을 사용한다(예, 와트 조속기(Watt governor).
- 자기부상열차는 마찰 감소를 위해 자기 반발(magnetic repulsion)을 사용한다.

9 예비반대활동/사전반대활동

A. 유해효과와 유익효과 모두를 갖는 활동을 수행해야 하는 경우, 유해효과를 제어하기 위한 반대 활동을 미리 한다.

- 사격에서 사용하는 클레이 피전(clay pigeon)을 얼음이나 동물을의 똥으로 만들어 시간이 지나면 차츰 사라지게 한다.
- 유해한 것에 노출되기 전에 대상물을 미리 방호 - 납복(lead apron)을 착용한 후에 X-선에 노출
- 복잡한 가장자리의 칠을 할 때에는 마스킹테이프를 사용한다.
- 신호왜곡의 영향을 예측한다 – 전송 전에 보상
- 극단의 산도(pH, hydrogen exponent)로 인한 해를 방지하기 위해 다른 용액으로 완충한다.

B. 바람직하지 않은 응력의 작용이 알려진 경우, 대상물에 나중에 반대로 작용할 사전 응력을 미리 만들어 둔다.

- 콘크리트 타설 전에 보강용 강철봉에 압축응력을 준다.
- 압축응력을 준 볼트
- 다이버의 감압병 방지를 위한 감압실(Decompression chamber)

10 예비활동/사전활동

A. 대상물에 요구된 변경을 미리 수행한다(완전히 또는 부분적으로).

- 미리 풀칠한 벽지
- 수술에 필요한 기구들의 사전 살균처리
- 접착제를 바른 우표
- 박 판금 부품을 성형하기 전에 구멍을 절단한다.
- 전함침 탄소섬유(pre-impregnated carbon fibre)는 성형시간을 감소시키고 '습윤성(wetting)'을 개선한다.
- 미리 합침시킨 회반죽(impregnated plasters)
- 미리 차갑게 한 칵테일 잔

B. 가장 편리한 위치에서 전달 시간 손실 없이 바로 작동할 수 있도록 대상물을 미리 배치한다.

- 흐름 생산라인
- 커터칼
- 자동차의 잭(jack), 휠브레스(wheel brace), 스페어타이어를 함께 보관한다.
- 작업 전에 필요한 모든 도구와 재료를 모은다.

11 사전완충

A. 대상물의 상대적으로 낮은 신뢰도를 보상을 위해 비상수단을 미리 준비한다(만전을 기하는 대비).

- 다중 채널 제어시스템
- 자동차 에어백/스페어타이어/보조배터리/보조낙하산 등
- 감압 밸브
- 비상 전등 회로
- 컴퓨터프로그램이 자동으로 수행하는 파일 저장 작업
- 고속도로의 중앙 분리대와 보호난간
- 자기 베어링시스템에 장착되는 ‘터치다운(touch-down)’ 베어링

12 등위화

A. 대상물을 올리거나 내려야 하는 경우, 대상물의 환경을 재설계하여 들어 올리거나 또는 내림의 필요성을 제거하거나 환경에 의해 수행되도록 한다.

- 운하의 갑문
- 공장에서 스프링이 장착된 부품전달시스템
- 차고의 정비용 구덩이는 자동차를 들어 올릴 필요가 없도록 한다.
- 무거운 물체를 얼음 위에 두고, 얼음이 녹으면 내려가도록 한다.
- 조명 각도 조정 전기스탠드 - 스프링에 저장된 에너지를 중력퍼텐셜로 변경한다.
- 하강 케이블카는 상승 케이블카의 무게와 균형을 유지한다.

13 반대로 하기

A. 문제 해결에 사용하는 행위를 반대로 한다(예, 대상물을 냉각하는 대신에 가열).

- 꽉 끼인 두 물체를 느슨하게 하기 위해 바깥 부분을 가열하는 대신 안쪽 부분을 냉각시킨다.
- 진공 주조(vacuum casting)
- 로터리 엔진(rotary engines)
- 내부 압력 대신에 외부 압력을 변화시켜 압력 용기를 시험한다.
- 액체저장 용기에 가압된 공기를 채우고 액체 속에 가라앉혀 밀봉을 시험한다. 천천히 누출되는 액체를 추적하는 것 보다 거품의 자취를 추적하기가 더 쉽다.
- 얼어붙어 버린 물건들을 떼 내기 위해서 해동하지 않고 더 차갑게 해버린다.

B. 이동 가능 부분(또는 외부 환경)을 고정하고, 고정 부분을 이동할 수 있게 한다.

- 쳇바퀴
- 노 젓기 조깅 운동기구
- 공구 대신 부품이 회전
- 풍동 실험실
- 무빙워크
- 식당이나 은행의 드라이버스루(DT, drive through)

C. 대상물(또는 프로세스)의 위아래를 뒤집는다.

- 토마토소스 병
- 위쪽으로 물을 분사하여 유리병 세척
- 차고의 정비용 구덩이
- 어셈블리를 뒤집어 놓고 잠금장치 끼운다.

14 구형화

A. 평면을 구면으로, 정육면체(평행육면체) 모양의 부품을 구상의 구조물로 바꾼다.

- 구조물의 내구력 강화를 위해 아치형과 돔형을 사용한다.
- 서로 다른 각도의 면 사이에 필렛반경(fillet radius)을 도입한다.
- 슬롯의 끝 부분에 응력완화공을 도입한다.
- 렌즈의 편광성 조정을 위해 곡률을 변경한다.

B. 롤러, 볼, 나선을 사용한다.

- 나선형기어(spiral gear)는 무게를 들어 올릴 때 연속적인 저항력을 생성한다.
- 볼펜은 잉크를 덩어리 없이 고루 잘 섞어 분배되게 한다.
- 가구를 이동시킬 때 원통형 바퀴 대신에 구형의 다리 바퀴를 사용한다.
- 아르키메데스의 나사못

C. 직선운동을 회전운동으로 바꾼다(또는 그 반대).

- 유압장치의 로터리 액추에이터(rotary actuator)
- 왕복운동 펌프를 로터리 펌프로 전환한다.
- 푸시/풀 스위치와 로터리 스위치(예, 디머 스위치(dimmer switch))
- 리니어모터(linear motor)
- 직선에 대해 회전하는 턴테이블의 트래킹 암은 축음기의 바늘이 레코드판의 홈에 상대적으로 일정한 각을 유지하게 한다.
- 나사선과 못

D. 원심력을 이용한다.

- 원심주조는 일정 두께의 주조물을 만드는 데 유용
- 페인트칠 후에 과도하게 칠한 페인트 제거에 사용되는 회전기기
- 빨래한 의류를 쥐어짜는 방식보다는 회전식으로 탈수
- 원심분리기(centrifugal separator)를 사용하여 서로 다른 밀도의 화학성분을 분리
- 진동자 속도 조절기(watt governor)
- 서로 다른 밀도의 물체를 분리하는 볼텍스(vortex)/사이클론(cyclone)

15 동적수준

A. 작업의 모든 단계에서 최적의 수행도를 갖도록 대상물(또는 외부 환경)을 변경한다.

- 발포 고무 또는 형상변화 매트리스
- 젤충진 좌석은 사용자의 인체 특성에 적응하게 한다.
- 조정 가능한 핸들(또는 좌석, 등받이, 룸미러, 사이드미러 등)
- 형상기억 합금/폴리머
- 경주용 차의 서스펜션은 서로 다른 트랙과 운전기법에 맞추어 조정 가능하다.
- 자동차 핸드브레이크는 브레이크 패드의 마모량에 맞추어 조정 가능하다.
- 로만 쉐이드형(roman shade) 커튼의 커튼레일 – "두루 적용되도록 만든(one size fits all)"
- 실을 꿰기 쉬운 바늘 – 실을 꿸 때는 바늘 눈을 열고, 바느질할 때는 바늘 눈을 닫음

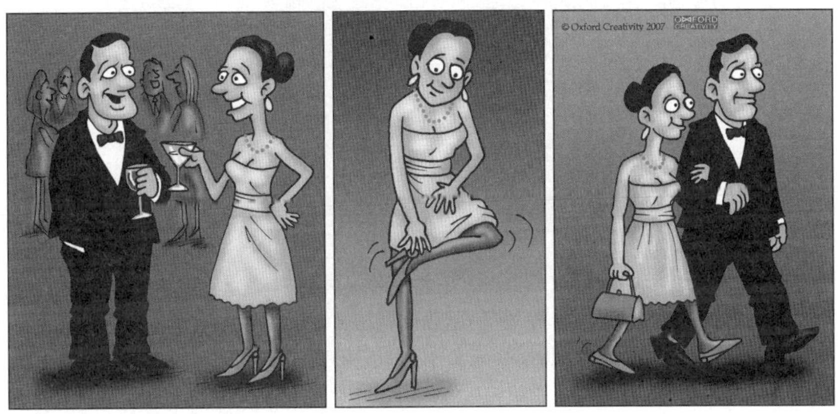

B. 대상물을 부분으로 나누어 상대적인 움직임이 가능하도록 한다.

- 두 갈래로 나뉜 자전거 안장 - 전립선 보호 안장
- 트레일러트럭(articulated lorry)
- 접이식 의자, 폴더폰, 노트북 등
- 접을 수 있는 구조물
- 브러시 실(brush seals)

C. 움직이지 못하는 것을 움직일 수 있게 변경한다.

- 휘어지는 빨대
- 플렉시블 조인트
- 접이식 호스는 사용할 때는 잘 구부러지고, 단면의 굴곡성은 보관을 더 쉽게 한다.

D. 운동의 자유도를 증가시킨다.

- 칫솔에 뻣뻣한 정도가 다른 여러 칫솔모를 사용한다. 가장자리에는 쉽게 방향을 바꾸도록 하여 잇몸 손상을 방지하고, 중심부에는 단단한 것으로 한다.
- 플렉시블 전동 드라이버는 굽은 곳을 둘러서 움직임을 옮기게 한다.
- 트럭 타이어 내부의 흩어져 있는 모래(loose sand)는 고속에서 자체 균형 성질을 제공한다.
- 운동 가능도의 증가를 위해 로봇 팔에 조인트를 추가한다.

16 초과 및 부족

A. 요구결과를 100% 달성할 수 없으면, '약간 적게 또는 많이'하여 해결한다.

- 초과해서 칠하고 여분을 제거한다.
- 맥주를 따를 때, 가득 채운 다음 윗부분의 거품을 따라버린다.
- 수축포장공정(shrink wrapping process)은 진공압력의 변화에 적응하기 위해서 포장 재료의 소성변형을 이용한다.
- 기계 가공에서 '황삭(roughing)'과 '정삭(finishing)'
- 회반죽으로 구멍을 과하게 채우고, 문질러 매끈하게 한다.

17 차원변화

A. 1차원에서 2차원, 2차원에서 3차원의 높은 차원으로 이동한다.

- 코일형 전화선
- 곡선형의 뻣뻣한 털로 만든 솔
- 피자 박스 바닥 부분의 골판지
- 나선형 계단은 바닥면적을 적게 사용한다.
- 역과 역 사이를 내려간 후에 올라가도록 하는 언덕형 기차역의 도입은 종합적으로 요구되는 동력을 감소시킨다.

B. 단층에서 다층으로 이동한다.

- 다중 CD 플레이어
- 적층 또는 회로판
- 다층 주차장 및 사무실

C. 대상물을 기울이거나 옆으로 눕혀 둔다.

- 자동차 수송용 차량에 실린 자동차는 공간 절약을 위해 기울게 한다.

D. 주어진 부위의 '다른 면'을 사용한다.

- 레코드판의 양쪽 면에 홈을 찍어낸다.
- 회로판의 양면에 전자부품을 끼운다.
- 동전의 가장자리 주변에 글자 인쇄한다.
- 종이 집게 - 종이의 양면을 함께 눌러 묶인 상태가 되게 한다.

18 진동

A. 대상물을 진동시킨다.

- 진동 날을 가진 전기조각도
- 페인트칠을 하기 전에 흔들거나 저어 페인트를 섞는다.
- 해머 드릴(hammer drill)
- 진동발생기(vibration exciter)는 타설된 콘크리트 내부에 들어있는 공기 방울을 제거한다.
- 체거름공정(sieving operation)에서 진동은 처리량을 증가시킨다.
- 악기
- 진동이송기(vibratory conveyor)
- 휴대폰

B. 주파수를 증가시킨다(초음파 수준까지).

- 개의 호각(인간의 가청주파수 범위 밖의 소리를 전송)
- 초음파 세척기
- 초음파를 활용한 비파괴 균열검사

C. 대상물의 공진주파수를 이용한다.

- 초음파 공진을 사용하여 담석 또는 신장결석을 파괴한다.
- 병의 공진주파수로 물을 요동치게 하여 병을 세척
- 소리굽쇠
- 촉매의 공진주파수로 진동하여 촉매의 작용을 향상한다.

D. 기계적 진동 대신에 압전 진동기를 사용한다.

- 수정발진기는 매우 정확한 시계를 만든다.
- 압전 진동기를 이용한 분무노즐의 유체 미립자화를 향상시킨다.
- 광위상변조기(optical phasc modulator)

E. 초음파와 전자기장 진동을 결합하여 사용한다(진동을 만들기 위해 외부 요소를 사용한다).

- 유도가열 전기로를 이용한 합금 생성
- 음향 화학(sonochemistry)
- 필름의 초음파 건조 - 초음파를 열원(heat source)과 결합한다.

19 주기적 활동

A. 연속적 활동 대신에 주기 또는 맥동 활동을 사용한다.

- 망치로 반복하여 때림
- 항타기(pile driver)와 해머 드릴은 주어진 무게에 대해 훨씬 큰 힘을 가한다.
- 연속적인 사이렌을 고동치는 음향으로 대체한다.
- 자전거의 반짝이는 라이트는 자전거 타는 사람이 자동차 운전자들의 눈에 더 잘 띄게 한다.
- 진공청소기의 펄스 흡입은 모음 성능을 향상시킨다.
- 펄스 워터젯 가공(pulsed water jet cutting)
- 자동차 ABS 브레이크

B. 활동이 이미 주기적이면, 주기의 크기나 주파수를 변경한다.

- 진폭과 주파수를 변경하여 사이렌 소리를 변화시킨다.
- 모스 부호 전송에서 점과 선
- 정보 전송에 AM, FM, PWM(pulse width modulation)을 사용한다.

C. 활동과 활동 사이의 일시 정지를 사용하여 다른 활동을 수행한다.

- 배리어필터(barrier filter)는 미가동 시간에 백 플러싱(back flushing)으로 청소한다.
- 잉크젯 프린터의 헤드는 캐리지가 되돌아오는 동안에 청소된다.
- 진공청소기는 흡입 펄스 사이에 비질한다.
- 단일전화송신선 상에서 다자간 대화
- 에너지 저장 수단들을 사용한다. 예, 배터리, 플라이휠 등

20 유익한 작용의 지속

A. 중단 없이 작업을 수행한다. 대상물의 모든 부분이 최대의 용량에서 끊임없이 작동

- 플라이휠은 차량이 정지할 때 동력을 저장하여 차량이 최적의 동력에서 주행할 수 있도록 한다.
- 하이브리드 카의 등출력가스터빈(constant output gas turbine) 또는 항공기의 APU(auxiliary power unit, 보조동력원)는 동력원이 전환되는 모든 시점에서 최고 효율로 주행하게 한다.
- 등속력/가변피치 프로펠러
- 자가조정 엔진 - 최대 효율을 보장하기 위해 자체적으로 끊임없이 조정한다.
- 심장페이스메이커(heart pacemaker)
- 재료를 계속해서 뒤집어 퇴비화 공정을 개선한다.
- 철강 또는 유리의 연속생산

B. 비가동 또는 간헐적 운동을 모두 제거한다.

- 자가 세척/자가 비움 필터는 비가동시간을 제거한다.
- 프린터의 캐리지가 되돌아오는 동안에 인쇄한다. 도트프린터, 데이지휠프린터(daisy wheel printer), 잉크젯프린터
- 디지털저장매체는 '즉각적으로' 정보 접속을 허용한다.
- 카약은 회복타(recovery stroke)를 활용하기 위해 양쪽으로 사용할 수 있는 노를 사용한다.
- 컴퓨터 운용체제는 필요한 하우스키핑 태스크(housekeeping task)의 실행을 위해 유휴주기를 활용한다.

21 급속통과

A. 어떤 프로세스 또는 특정의 단계(예, 파괴할 수 있거나, 유해하거나 위험한 작업)를 최고의 속도로 수행한다.

- 세포조직이 가열되는 것을 피하려고 고속의 치과용 드릴을 사용한다.
- 플라스틱은 열이 소재에 전파될 수 있는 속도보다 더 빠르게 절단하여 형상 변형을 회피한다.
- 망치로 때리면 토피사탕은 산산이 부서진다.
- 드롭 해머, 낙하 망치
- 플래시 사용 촬영 사진
- 초임계 샤프트(super-critical shaft) - 공진모드를 신속하게 지나간다.
- 체모제거용 왁스(bikini wax)

22 유해를 유익으로 전환

A. 손해를 이득으로 – 긍정적 효과를 얻기 위해 유해요인(특히, 환경 또는 주변 환경의 유해 효과)을 사용한다.

- 폐열을 전력 생산에 사용한다.
- 부스러기 재료를 다른 것을 위한 원재료로 재사용한다. 예, 합판
- 백신 주사
- 수술 중의 신진대사를 늦추기 위해서 신체 온도를 낮춘다.
- 퇴비
- 회전하는 샤프트에서 뭔가 유용한 것을 수행하기 위해 원심력을 사용한다. 예, 냉각 공기를 봉쇄하거나 조절한다.
- 압력 차를 밀폐 성능의 향상에 유용하게 사용한다.

B. 주 유해활동에 다른 유해 활동을 더하는 방법으로 주 유해활동을 제거하여 문제를 해결한다.

- 부식성 용액에 완충물질 투입한다(예, 산에 알칼리를, 알칼리에 산을 투입).
- 질소 마취와 산소중독 방지를 위해 헬륨-산소 혼합물을 사용한 잠수용 산소통을 사용한다.
- 폭발물에서 양전자 검출을 위해 감마선을 사용한다.

C. 유해요인을 더는 유해하지 않은 정도까지 증폭한다.

- 산불 진화 시에 불의 연료 제거를 위해 맞불을 사용한다.
- 유정화재 진압을 위해 폭발물을 사용한다.
- 레이저 칼은 피부나 혈관을 자를 때 상처를 지진다.

23 피드백

© Oxford Creativity 2007

A. 프로세스나 활동의 개선을 위해 환류를 도입한다.

- 오디오 회로에서 자동 음량 제어
- 자이로컴퍼스 신호는 항공기 자동조종에 사용된다.
- 배기가스 수준에 기반을 둔 엔진관리시스템은 기화기를 활용하는 것보다 더 효율적이다.
- 온조 조절장치는 온도를 정확하게 제어한다.
- 통계적 공정관리(SPC, statistical process control) - 언제 공정을 수정할 것인지를 결정하기 위해 측정치를 사용한다.

B. 환류를 사용하고 있는 경우, 환류의 크기나 영향을 작동 조건에 따라 변경한다.

- 공항에서 5마일 이내일 때 자동항법장치의 감도를 변경한다.
- 냉각할 때 에너지를 덜 효과적으로 사용하므로 냉각할 때와 가열할 때의 온도조절장치의 감도를 변경한다.
- 비례, 적분, 미분 제어 알고리즘 조합을 사용한다.

24 매개체

A. 중간 매개체 또는 중개 프로세스를 사용한다.

© Oxford Creativity 2008

- 연주용 피크를 사용하여 기타를 연주한다.
- 돌을 자르고 조각하는 데 끌을 사용한다.
- 제조공정의 드웰기간[3](dewll period)
- 괴물 독두꺼비(1935년 하와이에서 호주 시드니로 들어왔으며, 이들을 잡기 위한 모든 시도가 실패) 근절. 자외선 디스코 불빛을 사용한 덫으로 두꺼비를 잡았다. 불빛이 곤충을 유혹했고, 곤충들이 두꺼비를 유혹했다.

B. 한 대상물을 (쉽게 제거될 수 있는) 다른 물체와 임시로 병합한다.

- 오븐에서 뜨거운 접시를 꺼낼 때 사용하는 장갑
- 종이 집게로 종이를 하나로 묶음
- 화학반응에서 촉매의 도입
- 연마 입자는 워터젯가공의 성능을 향상시킨다.
- 요리 시에 사용하는 부케 가르니(bouquet garni)

3) 동적프로세스가 다른 프로세스가 발생할 수 있도록 하기 위해 멈추어 있는 기간

25 셀프 서비스

A. 보조의 유용기능을 수행하게 하는 방법으로 대상물은 자가 서비스를 하게 한다.

- 할로겐램프는 필라멘트를 재생한다. 증발된 재료가 재퇴적된다.
- 셀프 얼라이닝, 자동조정 밀폐
- 자동세척식 오븐, 거울, 옷감
- 자동시계
- 악취 잡이(Odour eater)
- 항균성 식품 저장용 플라스틱 용기(Tupperware)
- 엔진의 배전기
- 도마뱀의 꼬리
- 소프트웨어 패치 - 항바이러스
- 원자시계
- 전조등 자동레벨링
- 자동장전 소총
- 분해할 수 있는 봉합실
- 재생식 주행 조향(regenerative track steering)
- 나무의 광학성
- 처녀생식
- 자기 수분(受粉) 식물
- 펭귄의 (냉동된 상태에 있음)
- 암벽 등반용 부츠 - 꽉 붙잡은 상태를 유지하는 방식으로 닳게 한다.
- 고객데이터
- 위키피디아
- 자동으로 복원(復元)하는 배
- 뼈
- 나비형 밸브(FLAP valve)
- 회생 제동(regenerative braking)
- 자체폐쇄문
- 응축형 보일러(condensing boiler)

B. 낭비하는 자원, 에너지, 물질을 사용한다.

- 공정에서 발생하는 열을 사용하여 전력을 생산한다. 열병합발전
- 동물 배설물을 비료로 사용한다.
- 퇴비를 만들기 위해 버리는 음식물과 풀을 사용한다.
- 밀폐작용을 강화하기 위해 압력 차를 사용한다.

26 복제사용

A. 손에 넣을 수 없고, 고가이고, 깨지기 쉬운 대상물은 저가의 복제물로 대체한다.

- 이미테이션 보석
- 인조잔디
- 자동차 충돌시험용 사람 인형
- 문신 대신 스티커 사용

B. 대상물 또는 프로세스를 광학적 복제물로 대체한다.

- 현장에서 하는 대신에 항공사진으로 조사를 수행한다.
- 대상물을 사진 척도측정으로 측정한다.
- 가상 실물/가상모크업(mock-up)을 사용한 전자식 사전조립 모델링

C. 가시광선 복제가 사용되고 있으면, 적외선 또는 자외선 복제로 대체한다.

- 보안시스템 침입자, 작물의 질병과 같은 열원 탐지를 위해 적외선 이미지를 만든다.
- 비파괴 균열검사에 UV를 사용한다.
- 날아다니는 해충을 덫에 끌어들이기 위해 UV 빛을 사용한다.

27 일회용품

A. 고가의 대상물을 어떤 품질(예를 들어, 서비스 수명)을 양보하는 여러 개의 저가 물품으로 대체한다.

- 값싼 도구들 - 스크루드라이버
- 일회용 냅킨, 기저귀, 일회용 컵/접시/포크/카메라/손전등 등
- 일회용 가스라이터
- 성냥과 라이터
- 산화부식방지코팅/부품(sacrificial coating/components)

28 기계적 작용

A. 기계시스템을 감각 시스템으로 대체한다.

- 자동차 후방센서와 범퍼
- 천연가스 부취제(odorization)[4)]
- 물리적 장벽을 (동물만 들을 수 있는) 음향장벽으로 대체한다.
- 천연가스에 나쁜 냄새를 첨가하여 사용자에게 누출을 경고한다.
- 열쇠 대신 지문, 망막 등을 스캔한다.
- 음성인식 전화 걸기
- 전등 스위치를 움직임 감지로 대체한다.
- 화재 경보 - 연기, 열에 의해 화재 촉발
- 보안을 위한 망막인식
- 키보드입력 대신 음성인식소프트웨어 사용
- 교통경찰 대신 교통신호등 사용
- 철도 교차로에서 안전 차단장벽 대신 불빛과 종 사용
- 유아용 경보기[5)]
- 보안시스템

B. 전기장, 자기장, 또는 전자기장을 사용하여 대상물과 상호작용한다.

- 두 종류의 분말을 혼합하기 위해서 하나는 양의 정전기를 나머지는 음의 정전기를 대전한다.
- 전기집진기(clcctrostatic precipitators)는 기류에서 분자를 분리한다
- 반대로 대전된 페인트 방울을 대상물에 페인트 분무를 하면 효율이 개선된다.
- 픽업(pickup) 도구
- 자기베어링(magnetic bearing)
- 장작동스위치(field activated switch)
- TV리모컨
- 바퀴/레일 위에 있는 자기부상열차

C. 고정장을 이동장으로, 비구조화장을 구조화장으로 대체한다.

- 초창기 통신에서는 무지향성방송(omni-directional broadcasting)을 사용했다. 오늘날에는 매우 정교한 방사 패턴구조를 갖는 안테나를 사용한다.
- 자기공명 화상기(MRI scanner)

D. 장 활성화 입자(예, 강자성 입자)와 함께 장을 사용한다.

- 변화하는 자기장을 사용하여 강자성재(ferromagnetic material)를 포함하고 있는 물질을 가열한다. 온도가 퀴리점을 넘어서면 강자성재는 상자성체(paramagnetic)가 되어 더는 열을 흡수하지 않는다.

---

4) 무색, 무취의 천연가스, LP가스, 도시가스 등을 파이프라인으로 공급할 때 가스 누출을 인지할 수 있도록 가스에 극미량의 농도로 첨가하는 냄새나는 약품

5) 영아의 소리를 멀리서 들을 수 있도록 하는데 사용되는 무선 시스템

- 강자성 촉매(Ferro-magnetic catalysts)
- 자기유변효과(magnetorheological effect) – 강자성 입자와 가변자기장을 유체 점성변경을 위해 사용한다.
- 액체자석(ferrofluid) – 예, 캐스트롤 마그나텍 엔진오일(Magnatec oil) : 윤활이 요구되는 표면에 부착된 상태를 유지한다.
- 초음파 밀폐(의료용/비닐 봉투)

29 공압과 유압

A. 대상물의 고체 부분 대신 기체와 액체 부분을 사용한다(예, 공기주입식의, 액체로 채워진, 에어쿠션, 유체정역학의, 수반응성의).

- 기계적 구동을 유압 구동, 공압구동으로 전환
- 공기주입식 가구, 매트리스 등
- 사용자에게 맞추는 젤로 채워진 안장
- 중공형재의 오링(hollow section O-ring)
- 공기부양선(hovercraft)
- 기체베어링(gas bearing)
- 헬름홀츠 공명기(Helmholtz resonator)를 포함하는 음향패널

30 유연한 박막

A. 삼차원 구조 대신 유연한 외형과 박막을 사용한다.

- 공기주입식 구조(박막)
- 화물칸의 양쪽 측면이 커튼으로 된 트럭(taut-liner truck)
- 차고 대신 타폴린(tarpaulin) 차량 커버
- 늘릴 수 있는 주머니에 에너지를 저장한다. 유압시스템의 축압기(accumulator)

B. 유연한 막을 사용하여 물체를 외부 환경과 격리한다.

- 버블랩(bubble wrap)
- 붕대/반창고
- 티백(tea bag)
- 문 대신에 히트커튼(heat curtain)
- 냉장과 병원에서 사용하는 분할된 플라스틱 버티컬 스트립

31 다공성 소재

A. 대상물을 다공성으로 만들거나 다공성 요소를 추가(삽입, 코팅 등)한다.

- 무게 감소를 위해 구조물에 구멍을 뚫는다.
- 이중벽단열(cavity wall insulation)
- 냉각구조물의 증발 필름(transpiration film)
- 발포금속(foam metal)
- 유체흡수매체로 스펀지 구조를 사용한다.

B. 대상물이 이미 다공성인 경우, 구멍을 사용하여 유용한 물질이나 기능을 도입한다.

- 이음매에서 과도한 땜납을 흡입하기 위해 다공질 메탈메쉬(metal mesh)를 사용한다.
- 팔라듐 스펀지의 구멍에 수소를 저장한다. (수소자동차의 연료탱크, 수소 기체를 저장하는 것보다 훨씬 더 안전)
- 폴리스티렌 포장재에 들어있는 건조제
- 약제가 든 면봉/드레싱

32 색상변경

A. 대상물 또는 대상물 외부 환경의 색상을 변화시킨다.

- 색상변화 페인트 또는 선크림
- 음식 온도가 바람직한 수준에 도달했음을 표시하기 위해 식료품의 라벨에 온도 민감 염료를 사용한다.
- 전기변색 유리(electrochromic glass)
- 위장(camouflage)
- 구조물의 표면에 간섭무늬를 이용하여 색깔을 변하게 한다(나비의 날개와 같이).

B. 대상물 또는 대상물 외부 환경의 투명도를 변화시킨다.

- 반도체 공정에서 포토리소그래피(photolithography)는 투명한 소재를 솔리드마스크로 변화시키는 데 사용된다.
- 감광 안경(light-sensitive glasses)

C. 관측이 어려운 사물의 관측성 향상을 위해 유색 첨가제 또는 발광성 요소를 사용한다.

- UV 분광에 형광 첨가물을 사용한다.
- 도난물건을 식별하는데 UV 마커펜을 사용한다.
- 가시성을 증가시키기 위해 반대 색깔을 사용한다. 예, 정육점에서는 붉은색 고기를 더 붉게 보이게 하려고 녹색의 장식을 사용한다.

D. 복사 난방을 하는 대상물의 방사율 성질을 변경한다.

- 우주선 열관리를 위해 검은색과 흰색 판을 사용한다.
- 태양광 판의 에너지 포획을 증가시키기 위해 접시형 반사기를 사용한다.
- 눈금을 매긴 열상으로 대상물의 온도 측정을 위해 고 방사율 페인트를 대상물에 칠한다.

33 동일성질

A. 주 대상물과 상호작용하는 주변 대상물은 동일한 소재(또는 동일한 성질을 갖는 소재)로 되어야 한다.

- 진(gin) 얼음조각 - 차게 하려는 음료와 동일한 액체로 얼음조각을 만든다.
- 먹을 수 있는 물질로 만든 음식 용기 - 아이스크림의 콘
- 화학적 반응을 감소시키기 위해 내용물과 동일한 소재로 용기를 만든다.
- 마찰용접은 결합되는 두 표면 사이에 매개물질을 요구하지 않는다.
- 일시적으로 사용하는 화분은 퇴비가 될 수 있는 소재로 만든다.
- 인간의 수혈, 이식에서 생체 적합성 소재를 사용한다.
- 나무로 된 구성품의 결합에는 나무로 된 맞춤 못을 사용한다.

34 부분적 폐기/재생

A. 대상물(또는 대상물의 일부)은 해당 프로세스를 수행하는 동안 유용기능을 완료하거나, 쓸모없게 되거나, 수정한 다음에 곧장 사라진다.

- 비타민 또는 약물을 위한 용해되는 캡슐
- 생분해성 용기, 봉투 등
- 주조공정 - 로스트왁스(lost-wax), 모래 등
- 로켓을 발사하는 동안에 몇 가지 요소의 보호에 사용되는 발포보호막 - 충격 흡수가 더는 요구되지 않을 때 우주공간에서 증발하여 사라진다.

B. 대상물에서 소모품, 다 써버린 부분을 작동 중에 재생한다.

- 자동으로 날카롭게 되는 칼날 - 전동잔디깎이의 칼날 등
- 스트리머[6]는 끈이 파손되면 자동으로 많은 수의 끈을 내놓는다.
- 자가 조율 차량 엔진
- 샤프펜슬
- 자동장전 소총

6) 금속 날 대신 강한 합성수지 끝을 회전시켜 깎는 풀 베는 기계

35 물성변경

A. 물리적 상태(고체, 액체, 기체)를 변화시킨다.

- 산소, 질소, 석유 가스는 부피를 감소시키기 위해 기체 대신 액화시켜 수송한다.

B. 농도나 밀도를 변화시킨다.

- 액체 비누
- 가스터빈 엔진 밀폐를 위해 어브레이더블 라이닝(abradable lining)을 사용한다.

C. 유연성의 수준을 변화시킨다.

- 고무의 유연성과 내구성을 변화시키기 위해 가항 처리를 한다.
- 래버린스(labyrinth) 또는 고정구조실즈(fixed geometry seals) 보다는 유연브러쉬실즈(compliant brush seals)

D. 온도와 부피를 변화시킨다.

- 강자성 물질을 상자성 물질로 변화시키기 위해 온도를 퀴리점 위로 올린다.
- 요리하기, 베이킹 등

E. 압력을 변화시킨다.

- 압력솥은 더 빠르게, 맛의 손실 없이 요리한다.
- 진공에서 전자빔 용접
- 상하기 쉬운 식품의 진공 포장

F. 다른 파라미터를 변화시킨다.

- 형상기억합금, 폴리머
- 자성의 변경을 위해 퀴리점을 사용한다.
- 요변성(thixotropic) 페인트, 겔 등
- 고전도성 소재를 사용한다. 예, 탄소섬유

36 상전이

A. 상전이 과정에 발생하는 현상을 사용한다(예, 부피변화, 열 흡수의 손실 등).

- 용융, 비등 시의 잠열효과(latent heat effect)
- 암석을 물에 적신 다음에 얼리면 물이 팽창한다. 그러므로 암석의 균열을 개방하여 쉽게 깨지도록 만든다.
- 히트 펌프(heat pump)는 유용한 작업을 수행하기 위해 폐쇄형 열역학 사이클의 증발열과 응축열을 사용한다.
- 물이 증기로 전환하는 동안의 부피 팽창
- 초전도성

37 열팽창

A. 소재의 열팽창(또는 수축)을 사용한다.

- 안쪽 부품은 차갑게 하여 수축시키고, 바깥쪽 부품은 가열하여 팽창시켜 두 개를 결합하고, 균형 상태가 되면 두 부품은 꽉 조여 결합된다.
- 오래된 빌딩에서 좌굴 벽(bucking wall)을 똑바르게 하는 데 사용되는 금속 타이바(metal tie-bar)
- 열 스위치, 열차단기
- 형상기억 합금, 폴리머
- 수축 포장

B. 서로 다른 열팽창 계수를 갖는 다수 개의 소재를 사용한다.

- 온도조절장치에 사용되는 두 가지 금속으로 된 가느다란 조각
- 양방향 형상기억 합금
- 가스터빈 엔진에서 패시브 깃 끝 간격(passive blade tip clearance) 제어
- 열팽창률 0(또는 특별히 맞춘 열팽창률)인 성질을 갖는 합금을 얻기 위해서 반대의 열팽창 계수를 갖는 소재를 결합한다. 예, 세로트루합금(cerro-tru alloy)은 제조 작업 동안에 부서지기 쉬운 터빈 날개 부품의 장착과 위치 찾기에 사용된다.

38 산화가속

A. 보통 공기를 산소가 풍부한 공기로 대체한다.

- 스쿠버 다이빙의 지속시간을 늘리기 위해 니트록스(Nitrox) 또는 다른 비공기혼합물을 사용
- 천식 환자는 산소텐트에 머물게 한다.
- 고성능엔진의 파워부스터(power booster)를 제공하기 위해 아산화질소 주입

B. 농축 공기를 순수 산소로 대체한다.

- 산소 아세틸렌 토치램프를 사용하여 고온에서 절단한다.
- 혐기성 세균을 박멸하고 치료에 도움이 되도록 고압산소환경에서 상처를 치료한다.
- 순수산소에서 반응시켜 산화 반응을 더 효과적으로 제어한다.

C. 공기 또는 산소를 이온화 방사선에 노출한다.

- 식품의 유효기간을 늘리기 위해 빛을 투사함
- 식품의 세균 파괴와 살균을 위해 이온화 공기를 사용한다.

D. 이온화된 산소를 사용한다.

- 사용하기 전에 이온화 기체에 의해 화학반응이 가속되게 한다.
- 산소를 이온화하여 혼합 기체에서 산소를 분리한다.

E. 오존화(또는 이온화) 산소를 오존으로 대체한다.

- 과산화수소보다 상대적 비용이 저렴한 표백용액에서 금속을 산화시킨다.
- 옥수수의 미생물, 독소의 파괴를 위해 오존을 사용한다.
- 오존이 용해된 물은 선체의 유기오염물을 제거하는 데 사용한다.

39 불활성 환경/진공

A. 정상 환경을 불활성 환경으로 대체한다.

- 아르곤 공기를 사용하여 뜨거운 금속 필라멘트의 열화를 방지한다.
- MIG/TIG 용접
- 진공상태에서 전자빔 용접
- 진공포장
- 불꽃을 공기 중의 산소와 분리하기 위해 거품을 일으킨다.

B. 대상물에 중립적 부분 또는 불활성 첨가제를 더한다.

- 인화점을 바꾸기 위해 해군 항공기 연료에는 첨가물을 넣는다.
- 티타늄 화재 가능성을 감소시키기 위해 방화 효과가 있는 성분을 티타늄에 첨가한다.
- 음진동 흡수를 위해 발포 고무를 추가한다. 예, 하이파이 스피커

40 복합재료

A. 균일한 것을 층을 이루고, 복합의 (다층) 구조로 변경한다.

- 저중량, 고강도가 요구되는 항공기 구조물
- 골프채의 샤프트에 사용되는 복합재료
- 콘크리트 골재
- 유리섬유 강화플라스틱
- 섬유 강화 세라믹
- 침식성질 개선을 위한 경(硬)-연(軟)-경(硬)의 다층코팅

제3부
Fast Thinking with the TRIZ Ideal Outcome

이상성이 문제를 해결한다

6.1 빠르고 다양한 체계적 문제해결을 위한 간단한 단계

이상성은 완벽한 상태와 결과를 표현한다. 이상적인 성과를 상상하는 것은 문제를 풀 때 실제 문제와 우리가 원하는 모든 것을 이해하는 데 도움을 주는 강력한 도구이다. 트리즈에서 이상성은 좋은 해결책을 찾기 위한 올바른 방향과 나쁜 해결책에 집착하려는 심리적 관성(우리 자신과 모든 사람의)을 깨뜨리고, 또 다른 무수한 가능성으로의 마음속의 접근을 방해한다.

이상성을 어떻게 기술할 것인가는 문제 해결을 위한 예민한 첫 단계(또는 초기 단계 중 하나)이다. 이상성을 정의하도록 노력하는 것은 아이디어가 나오도록 자극하고, 모든 사람이 명확하게 생각하는 데 도움을 주며, 올바른 방향으로 유도하며 원하는 최종 목적지와 결과물에 초점을 맞추도록 해준다. 씨름하고 있는 것이 어떤 문제일지라도 원하는(단순히 '이상성' 이라 이름 붙인 것) 이상적인 버전을 상상하면서 시작한다면 최상의 결과물에 대해 빠른 이해를 얻을 수 있다. 이것은 이상적인 해결책, 이상적인 고객, 이상적인 손님, 이상적인 기계, 이상적인 프로세스, 이상적인 태도, 이상적인 가격이나 이상적인 결과 등(또는 작업하고 있는 상황과 관련된 뭐든지 간에) 도전하는 문제의 모든 범위에 적용된다 - 모든 사람에게 극도로 완벽한 최종 목표에 집중하도록 요구하는 것은 문제의 이해 및 해결 모두에 도움이 된다.

트리즈 문제 해결에서 개념으로서 이상성은 네 가지 주요 역할을 가진다.

1. 해결책 발견 - '이상성은 스스로 문제를 해결한다.'라는 트리즈 촉진자로 사용한다.
2. 유용한 자원 탐지 - 이상성은 공짜 또는 유용한 자원을 탐색하고 식별하고, 인식하고 움직일 수 있도록 돕는다. (7장 참조)
3. 심리적 관성타파와 제한사항 제거
4. 우리가 정말 원하는 것의 이해 및 정확한 정의(이상성 감사 - 제8장)

이상성은 매우 단순하지만 생각을 명확하게 하는 데 매우 효과적이고, 트리즈 문제 해결에서 많은 사용자와 다양한 표현을 갖고 있다. 이상적 성과, 이상적인 최종 결과(IFR), 이상적인 해결책, 이상적인 시스템, 이상적인 기계, 이상적인 프로세스, 이상적인 사용자 설명서, 이상적인 자원, 이상적인 설계, 이상적인 물질과 이상적인 X 인자 등의 용어는 트리즈 문헌에 모두 나타난다. 이러한 용어는 종종 중복되기는 하지만 문제 해결의 궁극적 목적에서부터 이득, 기능, 구성 요소 및 자원 등과 같이 서로 다른 레벨을 다루고 있으므로 상호 변환될 수는 없다. 이들은 항상 같지 않지만 이상성을 정의하는 것에 의해서 각 수준에서 진정 원하는 것을 정의할 때 도움이 되는 매우 단순한 조언자가 되고 또 그것을 어떻게 얻을 수 있는가 하는 방법들을 제시해준다. 이상적인 성과는 우리가 원하는 모든 것에 대한 빠른 이해를 가져다준다 - 해결책 없이도 이득과 같은, 이상적인 해결책의 정의에 다가갈수록 문제에 대한 해결방안과 우리들이 이러한 이득을 얻을 수 있는 이상적인 방법에 관한 아이디어를 제공한다.

이상적 결과물은 유일무이하게 이득(모든 이득이 충분히 제공되고 필요할 때만 나타나는)과 관련된 궁극적인 이상성이며 입력물(비용)도 필요 없고 원하지 않는 결과물이나 어떤 종류의 문제(해로운)도 또한 없다. 오로지 이득만 있는 이상적인 성과에 도달하는 것이 이론적으로 가능한 최종 목적지일지는 모르지만 이는 트리즈 문제를 이해하고 해결하는 데 있어서 매우 중요하다.

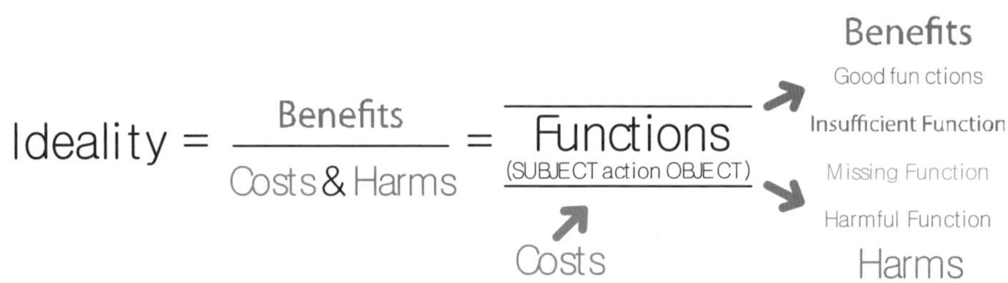

이득은 기능에 의해 전달되고, 이상성만이 좋은 기능과 원하는 모든 기능을 갖고 있다. 자원은 기능을 전달하며, 원하는 바로 그 기능에 집중하여 이상성을 정의함으로써 우리들의 자원탐색 범위를 공정하고 신속하고 유효하게 좁혀갈 수 있다. 이상성을 정의함으로써 문제 해결을 매우 빨리할 수 있다. - 이상성 정의는 필수 요구사항을 인식하는 데 도움을 주고 이득을 제공할 수 있는 기능과 자원을 찾을 수 있게 도와준다.

우리가 스스로 '이상성'의 궁극적인 관점을 강하게 생각해 봄으로써, 심리적 관성을 타파하고 '실용적인' 해결책을 받아들이거나 타협하기를 거부할 수 있게 된다. 이것은 매우 잘 알고 있다고 느끼는 문제에서 특히 중요하다 : 우리가 보지 않는 것을 더 이상 볼 수는 없다. 이상성을 사용하면 문제에 관한 새로운 관점을 갖게 되고 새로운 시각에서 접근할 수 있다.

6.2 원하는 시스템 - 수용 가능한 이상성

대부분의 일상적인 문제 해결은 수용 가능한 이상성을 전달하기 위한 옳은 기능을 얻는 것(기능을 옳게 하는 것)을 포함한다. 우리는 '우리가 가진 시스템'을 개선하고, 그리고 더 많은 이득을 제공하는(보통 모든 요구는 아니지만) 원하는 시스템으로 변형하고 또 투자할 준비가 된 시스템 개선에 필요한 수용 가능한 비용(입력물)만

있기를 바란다, 또한 완벽함과는 반대인 수용 가능이라고 정의한 범위 내에서 견딜 수 있는 불가피한 유해성(문제)만 있기를 바란다.

문제 해결에 트리즈를 사용하는 것은 단순한 문제 해결뿐만 아니라 수용 가능한 이상성을 뛰어넘어 - 보다 좋은, 더욱더 높은 이상성으로 - 성공할 수 있도록 도와준다, 그것은 원하는 모든 이득을 더 작은 비용과 더 작은 유해성이라는 목표를 달성한다는 의미이다. 궁극적인 이상성의 극단은 비용도 없고 유해성도 없는 이상적인 상태를 말한다. 이것이 모든 트리즈 문제 해결의 방향이다 - 이상성을 향하는 것 - 궁극적인 목표가 달성되는 이론상의 목적지이다. 이러한 강력하고 간단한 개념은 문제 해결의 방향이 최종적으로 향해야 할 곳을 보여 준다. 이 장에서는 이상성을 정의하고, 사용 가능한 자원으로부터 최대로 접근된 해결책을 찾는 시작점으로 이상성을 사용하여 문제를 해결하는 현명한 트리즈 문제 해결 지름길을 탐험한다.

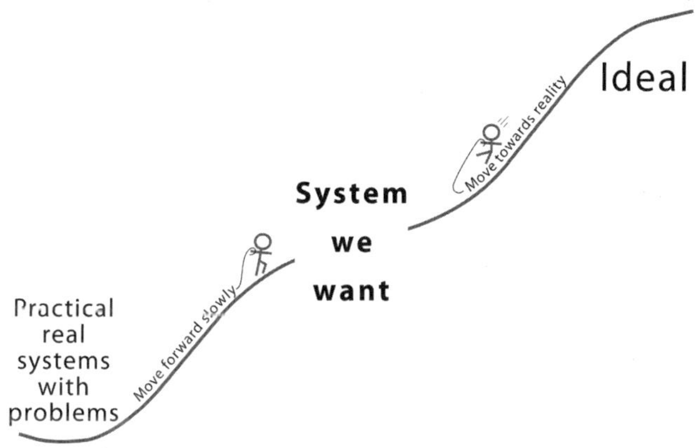

> 많은 트리즈 입문자들에게 이상성의 개념이 중요한 중심 자리를 차지한다는 것은 혼란스러운 일이다. 이런 간단한 도구는 이해하는 데 몇 분도 안 걸리지만 여전히 트리즈 문제 해결과 문제 이해의 중심이 된다. 이상성은 트리즈에서 매우 중요한, 아주 기본적이고 쉽고 강력하고 위대한 사고의 도구이다. 그 이유는 문제 해결을 위한 복잡하고 상세한 길잡이인 이상성이 길잡이 별이나 나침반과 같아서 올바른 방향으로 향하게 하며 - 최종 목적지를 잃지 않도록 올바른 방향을 지시하여 주기 때문이다. 이상성을 이상적인 가상 해결책 또는 이상적 최종 결과(IFR)로 설명한 알츠슐러는 'IFR은 등산에서 가파른 경사를 올라갈 때 붙잡는 로프에 비유될 수 있다'고 말했다. 로프는 위쪽으로 당겨주지 않지만 지지해주고 뒤로 미끄러지는 것을 방지한다. 당신이 로프를 놓치면 불가피하게 추락할 수밖에 없다……. 'CAAES p.97

6.3 이상성 – 스스로 문제를 해결

트리즈에서는 이것이 문제 해결에 착수하는 매우 간단하고 강력한 방법이다. '이상적 해결책은 문제를 스스로 해결한다.' 그리고 그곳에 도달하는 길을 찾는다. 트리즈는 명백한 시스템이나 답이 없거나 우리의 사고를 확장할 때 특히 유익하다.

제일 먼저 원하는 모든 이득을 전달할 방법을 제안하고 정의하는 이상적 성과와 해결책을 상상하면서 시작하라는 것은 실용적인 현장 엔지니어에게는 제정신이 아니고 좀 미친 듯하게 들릴 것이다. 그러나 이것은 트리즈 문제 해결에 성공적으로 사용할 수 있는 가장 효과적이고 간단한 도구이다. 이상적 성과를 정의하라고 모든 사람에게 요청하면서 공학적 문제 해결 모임을 시작하고(본인들이 원하는 크고 작은 모든 이득을 포함한), 이런 결과를 가져오는 시스템에 대해 브레인스토밍(트리즈 해결도구의 사용 여부와 관계없이)하면 참여하는 모든 사람으로부터 어쩔 수 없이 신속하고 강력한 결과, 그리고 우수한 생각을 얻을 것이다. 모든 시스템은 그들 자신의 시스템이 완벽해지는 방향으로 진화한다는 것을 트리즈 법칙은 말하고 있다-우리에게 진짜 필요하면서 가장 단순한 역사적 발명품을 조사해보면 종종 이러한 발명품들이 진정한 이상적인 시스템임을 알게 된다.

교통 제어 시스템 – 이상적인 셀프 시스템

19세기 후반 기술 진보는 시스템의 변혁을 가져왔다. 시스템이 진화함에 따라 말은 자동차로 대체되었고, 도로 시스템(상위시스템)은 새로운 하위시스템(엔진은 연료가 필요하고 타이어는 아스팔트가 있어야 하는)에 조화를 이루고 환경은 새로운 차량, 자전거, 화력 엔진에 적응해야 했다. 교통제어가 필요했고 사람들은 교통통제-시간과 위치에 상관없이 바람직하게는 스스로 자동화된 시스템으로, 교통을 제어하는 방법을 찾아야 했다.

자동차, 교통 및 도로 시스템이 발전됨에 따라 사고, 특히 교차로에서 사고가 발생할 것이 분명해졌고 따라서 훌륭한 해결책이 필요했다. 한 가지 해결을 위해 고용된, 젊고 무서울 것이 없는 남성 운전자(특히 조종사처럼 보이는)가 표지판이 없는 교차로는 위험하므로 가능한 한 짧은 시간 내에 횡단하는 것이 논리적이라는 이상한 논리를 가지고 교차로에는 어떤 차량도 없기를 바라면서 최고의 속도로 질주하였다. (이것은 발명원리 21 빨리 통과하기와 발명원리 13 우회하기를 적용하여 느리지 않고 빨리 가는 것이다.) 이것은 분명히 이상적 해결책이 아니다.

실제로 초기 해결책은 교통을 감시하기 위한 복잡한 교차로의 중앙에 경찰관을 세우는 것이었다. 그러나 이러한 방법은 운전자나 경찰관 모두에게 인기도 없었고 일시적이지 항구적인 해결책은 아니었다. 이어서 트리즈 진화의 법칙인 자가 시스템(인간의 개입이 줄어드는)이 다음 단계로 경찰을 기계로 대체했다. 이것은 1923년 가렛 모건에 의해 특허화되었는데, 인간의 행동을 무작정 복제한 기계로 사람을 대체하려는 첫 번째 시도였다. 기계는 정지와 진행의 신호를 위한 팔과 신호기를 갖고 있었다. 이것은 오늘날까지도 여전히 사용하는 두 가지 주목할 만한 발명을 예견하였다. 첫 번째는 기존의 유사한 시스템(유사한 질문으로 이것은 이미 존재해 있는가?, 다른 데서 죽기 살기로 해결해야 하는 문제인가?)을 빌려왔다. 유사한 시스템인 철도 시스템은 이미 개발된 교통 신호등인 빨강, 황색, 녹색을 시스템에 사용하고 있었다. 이것은 1868년 이래로 가스램프를 사용해 오던 런던 거리에 첫 번째로 채택된 것이다. 두 번째는 영국 레치워스에서 1903년에 처음 나타났던 로터리다. 로터리는 자가 시스템에 가깝고, 흥미로운 점은 매우 큰 로터리와 매우 작은 미니 로터리가 곧이어 나타났다는 점이다. 이것은 일단 수용하고 이해된 미니 회전로터리가 매우 높은 이상성을 가지고 있으며 이상적인 해결책에 가깝다는 것을 말해준다 - 다른 모든 교통제어 시스템과 거의 같은 이득을 주고 설치 및 유지 보수에 매우 낮은 비용이 들며 유해성과 문제점이 거의 없고 - 교차로에서 교통제어를 스스로 한다.

이상적인 해결책은 많은 자가 시스템에 기초를 두고 있다 - 자동복구 시스템(표면, 플라스틱 및 기타 재료, 고정 볼트, 자동차의 페인트, 타이어, 연료 탱크 등) 그리고 자동개폐 서랍, 항공기의 자동조절 날개, 자동배출 용기, 그리고 다른 무수한 것들이 있다. 이것은 결함을 가진 시스템의 작은 개선에서부터 현명한 공학적 사고와 아이디어를 자극하여 완벽에 가까운 해결책으로 이끄는 매우 단순하고도 강력한 과정이다. 그런 후에는 다시 이상성으로부터 실제적인 현실로 되돌아가게 한다. 문제 해결 모임에서 이상적 해결책은 거의 매시간 혼란스러운 문제의 해결책 방향을 만들어 낼 수 있게 작동한다.

간단한 단계는 다음을 포함한다. :

- 이상적 성과를 상상하라(만일 요술 지팡이를 가졌다면 어떤 이득이 모든 문제 해결을 낳을 것인가?)
- 모든 이득을 제공하는 이상적인 해결책을 브레인스토밍하라.
- '이상적인 괴짜 해결'에서 물러나 진짜를 향해 가라. 최종 해결안을 찾기 위하여 이상성을 사용할 수 있게 도움을 제공하는 간단한 트리즈 창의력 트리거를 적용하면 이 과정이 도움될 수 있다. 이것은 존재하는 생사는 유사하다는 것을 찾는 것까지 포함한다(해결책이 특별히 존재하는 다른 산업 또는 지역이 있는가, 그 해결책이 생명을 구하고 유사하지만 치명적인 상황을 대처해야 한다면?). 발명원리 13(좋은 셀프시스템을 찾기 위해 우회하라)을 적용하라.

성공적인 자가 시스템은 종종 '다른 길로 돌아가라'의 힘을 보여준다.

6.4 이상성을 정의하라. 그리고 그것을 창조하는 자원을 찾아라.

대부분의 영리한 해결책은 사용 가능한 자원을 혁신적인 방식으로 사용한다. 궁극적인 목표 즉 이상적 성과는 단지 이득만 있고 입력물은 없다. 그러나 현실을 향해 이상성에서 한 걸음 뒤로 물러서면 최고의 선택은 이상적인 해결책에 접근하기 위하여 신규 또는 추가적인 입력물이 필요하지 않다는 것이다. 이상적인 해결책은 사용할 수 있고 무료인 자원을 사용하여 만들어진다. 다시 말하면 해결책이 새로운 자원을 추가하지 않으므로 비용이 전혀 들지 않으면서 문제를 해결한다는 것이다.

신속한 이상적인 문제 해결

1. 이상적 성과를 정의하라(원하는 모든 것-이득-해결책이 없음을 빨리 이해) 원하는 모든 것을 제공하는 마술 지팡이를 흔들어 이상성을 달성하는 것을 상상해보라.
2. 문제 해결을 위한 이상적 해결책에 대한 아이디어를 탐색하라. 식별된 모든 이득을 제공하는 이상적인 해결책을 브레인스토밍하라-현재의 기술 수준을 초월하더라도 이상적으로 상상되는 모든 해결책을 포함시켜라(나중에 '이상적인 익살스러운 해결책'에서 실제적인 해결책으로 될 수 있다.)

3. 이상적 해결책의 주요 기능을 확인하라.
4. 이상적 해결책을 만들고 기능을 제공하는 가용 자원을 찾아라.

가용 자원을 활용하는 요령은 시스템과 그의 모든 요소와 그들의 특징(작은, 큰, 높은, 빽빽한, 깨끗한, 시원한, 제 모양의, 냄새나는, 투명한, 흡수성의)을 열심히 조사하는 것으로, 기존에 존재하는, 제공할 수 있고 또한 제공할 때에 필요한 어떤 자원에 대해서도 조사하는 것이다. 또한, 입력 자원을 조사할 때 주위에서 공짜로 얻을 수 있는 자원인지, 해로운 자원인지를 열심히 조사하라, 그 이유는 그러한 자원들이 원하는 것을 전달하기 위하여 움직일 수 있는지를 확인하기 위함이다. 예를 들어 차량 헤드라이트에서 도로 방향으로 조명을 비추기 위한 유용한 자원으로서 도로 반사판(Cat's Eye)를 활용하는 것이다.

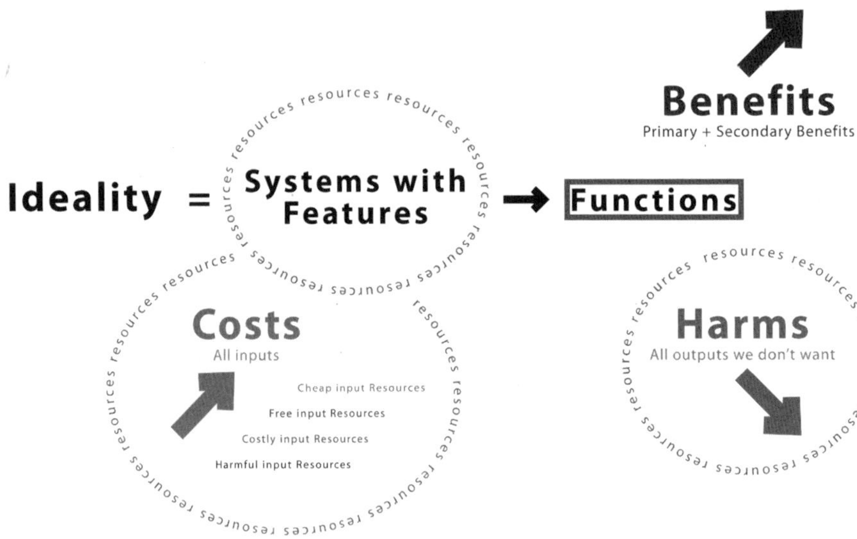

이상성과 자원

이상적인 자원 또는 물질-또는 이상적인 X 인자-이라는 단순한 개념은 유익하다, 특히 현재는 무엇인지 모르지만, 앞으로 무엇인가 원하는 것을 해줄 것으로 알 때 그렇다. 모든 기능을 정의할 수 있고 그 기능은 신비한 X 인자에 의해 사용자에게 전달될 것이라고 말할 수 있다. 이상적 결과물, 이상적 해결책 및 이상적 자원(X 인자)이라는 간단한 아이디어는 원하는 결과물을 시각화하고 입력물(비용) 또는 유해한 결과를 최소화하거나 전혀 전달하지 않도록 도와주는 이론적 해결책들이다. 알츠슐러의 문제 해결 과정에서는 이러한 아이디어들은 최후의 해결책이며, 문제를 해결하는 X-인자를 정의함으로써 필요한 자원을 찾을 수 있다.

문제 해결 과정에서 이상적 해결책의 역할

일단 모든 요구사항을 이해하고 나면 이상성은 해결책을 정의하는 데 도움이 된다 – 이상성은 스스로 문제를 해결한다. - 그래서 트리즈에서 찾은 최초의 해결책은 사용 가능한 자원을 사용하여 해결하는 방법이다.

이상적 해결책은 입력물이 필요 없다.

이상적 해결책으로의 접근은 기존의 자원 활용으로부터 온다. 이상적 해결책은 기능이 이상적인 결과물의 모든 이득을 전달하는 방법, 그리고 올바른 기능들을 비용이나 해로움이 없이 전달하는 방법을 신속히 정의하는 것이다. 이상적인 해결책을 정의하는 것은 시스템이 마땅히 갖고 있어야 하는 모든 지표를 제공하고 일을 수행해야 하는 방향을 정의하는 데 도움이 된다. (나의 이상적인 주방 도마는 항상 깨끗하고, 흠집나지 않고, 미끄러지지 않으며, 작은 것들을 자르기 좋고, 고기즙과 야채즙을 모으고, 생선이나 마늘과 같은 음식냄새로 오염되지 않으며, 안전하고, 찾기 쉬우며, 위생적이다.) 우리가 어떻게 완벽하고 이상적인 해결책을 찾을 수 있을까?

흔히 이러한 이상적 해결책을 시각화할 수 없으므로 실제 존재하고 있는 불완전한 시스템에 대해 생각하고, 개선 방법을 찾기 위해 극한의 이상성으로 끌고 가지 않으면 안 된다. 또한, 시스템의 모든 부품, 모든 구성 요소와 상호 작용하는 시스템에 대해 이러한 방법을 사용할 수 있다-그리고 이상성이란 무엇인가? 라고 질문해 보는 것이다.

이상적인 자원 또는 이상적인 물질 - 이상적인 X-인자

이상적인 기능은 기존의 자원에서 만들어진다. 트리즈에서는 이것을 신비한 X-인자로 단순하게 설명한다. X-인자는 우리가 원하는 것을 주거나 문제를 해결하지만 기존의 자원으로 만들어지므로 더 이상의 추가 입력물은 필요하지 않다. X-인자는 추가 비용이나 해로움 없이 문제를 해결한다. 이상성을 지향하는 것이 현실적인 해결책으로부터 도피하는 것은 결코 아니다. 많은 사례에서 이상적인 해결책이 완전히 구현될 수 있다. 이상성에 대한 전폭적인 신뢰는 IFR을 공식화하는 단계뿐만 아니라 문자 그대로 문제 해결의 모든 단계에서 필요하다. CAAES p.84

이상성 - 고객을 끌기 위해 무료의 자원 사용하기

사용 가능한 자원을 활용하여 훌륭한 해결책을 찾는 것은 마케팅 문제를 포함한 모든 종류의 문제에 적용된다. 작은 제과점의 이상적인 마케팅 해결책은 고객의 주의를 끌고, 기억하게 하고, 제품을 원하게 하고, 찾아오게 하는 것이다. 이런 것을 달성하기 위한 무료로 활용 가능한 자원은 고객을 가게로 유혹하는 갓 구운 빵 냄새이다. 트리즈 용어로 이러한 맛있는 냄새는 사용하지 않는 결과물(트리즈에서 유해함)이었으나 여기서는 이득으로 변환되었다.

당신이 원하는 것(고객유치)을 위해 당신이 가진 것을 사용하라

6.5 천재, 자원 및 이상적 사고

위대한 발명가들의 이야기에는 이상적 시스템을 상상함으로써 자원을 현명하게 동원했다는 이야기들이 거의 항상 포함되어 있다. 자신의 편리를 위해 만든 개인적인 장치에 관련된 몇 가지 이야기가 있는데, 그들이 이상적 사고를 어떻게 사용하고 문제를 해결했는지를 보여준다, 크고 작은 문제들을 해결하기 위하여 그들이 갖고 있는 자원을 어떻게 현명하게 활용해왔는지를 보여준다. 현존하는 가장 위대한 발명가 중 한 명인 제임스 다이슨이 갖고 있는 테니스장은 통상적인 장방형 모양이 아니고, 테니스공을 모으기에 약간 신경질 나는 코너를 가졌으나, 회수하기 쉽도록 모든 공을 중심으로 반송하는 육각형의 테니스 코트 울타리를 갖고 있다. 이것은 자원으로서 모양-문제를 푸는 특징 중 하나-을 이용하고 있다. 헨리 포드는 친구인 에디슨의 정원 현관문이 열기에 너무 빡빡하여 유지보수가 필요하다고 불평했다. 에디슨은 헨리 포드에게 뻣뻣한 문을 열 때마다 우물에서 1갤런의 물을 펌프질한다고 알려주었다. 에디슨의 방문객은 그들이 단지 낡고 녹슨 문이라 생각했던 것을 밀 때마다 옥상 탱크에 물을 1갤런씩 펌프질했던 것이다.(rzollinger.wordpress.com/page/2)

트리즈는 자원을 현명하게 사용하는 위대한 발명가처럼 생각하도록 도와준다

이상성과 같은 트리즈 창의력 도구의 목적은 자신을 위대한 발명가처럼 생각하도록 하고 신속한 이상성 문제해결을 사용하여 훌륭한 해결책을 마련하는 것이다. 다이슨이나 에디슨처럼 창의적으로 현명하게 문제를 해결하려면 우리는 앞의 4단계를 적용하고 이상적 결과물로부터 시작해야 한다. (자가 반환 테니스공, 우물에서 옥상 탱크로 펌프질되는 물 등의 요구사항을 신속히 이해) 그리고 이러한 일들을 어떻게 수행할까 생각하고 시스템 주변의 모든 것에서 자원을 탐색해야 한다. 이러한 작업은 우물물을 펌프질하는 것에서부터 지루한 회의에 아무런 목적 없이 참석하는 사람의 태도에 이르기까지 모든 것에 작용한다.

단순한 자원을 현명하게 사용하면 매우 효과적일 수 있다.

6.6 요구된 기능을 모두 보여주는 이상적 해결책/기계/사용설명서

일단 이상적 해결책을 정의하면 우리는 이것들이 어떻게 사용될 것인지를 생각해야 한다(관련성이 있는 경우). 시스템을 사용하는 방법(인간과 상호작용하는 방법)은 약간의 사용자 설명서가 필요하다; 이상적인 사용자 설명서를 정의하여 완벽에 가까운 상호작용에 대한 정의를 내릴 수 있다. 이것은 이상성의 남용이 아니다 - 이상성을 정의하는 것만으로 제한사항과 '나는 할 수 없어'라는 생각이 폐기되는 것을 도와준다. 결과물, 시스템, 사용자 설명서, 기능과 해결책에 앞서 이상성을 덧붙이는 것이 문제를 이해하는 데 도움을 주고 모순을 발견하고 개선하는 방법을 찾을 수 있는 간단하지만 강력한 사고 도구이다. 이상성 사용자 설명서를 정의하면 다음 단계에 무엇이 필요한지를 정확하게 이해함으로써 더 단순한 셀프시스템을 개발하는 데 도움을 주며, 불필요하거나 복잡한 단계를 제거할 수 있으며, 사용자들이 다음 단계에 필요한 것이 무엇인지에 대해 질문할 수 있도록 한다.

이상적 방법이나 이상적 사용자 설명서는 더 이상의 비용, 후속 단계, 계속적인 학습 없이, 더 이상의 에너지나 시간이 필요하지 않고, 해로움이 없고, 유지보수도 없이, 자가 제어 프로세스만 가지고 시스템을 사용할 수 있는 완벽한 방법을 정의해 준다.

공공화장실에서 이상적인 해결책 및 이상적인 사용자 설명서

최근의 연구는 공공 화장실에서 상당량의 청소비용을 절감하기 위하여 남자 소변기를 어떻게 재디자인 했는지를 보여준다. 그들이 사용한 방법은 단 하나의 요소로서, 이상적 사용자 설명서는 청소비용에 큰 의미가 되는 정확한 사용법을 제시한다. 어떤 X-인자가 도움 될까? 한 가지 해결책은 아래와 같이 남성들에게 자신을 자원으로 사용하게 하는 것이다. X-인자는 남성들에게 동기 부여하는 것을 포함한다.

효과적인 자원은 가장 이상한 곳에서 찾을 수 있다

6.7 시스템 - 올바른 시스템을 얻고 시스템을 올바르게 하기

이상적 해결책을 식별하는 것은, 트리즈 문제 해결 과정의 일부로서 옳은 시스템을 옳게 함으로써 문제를 식별하고 해결하기 위해 다양한 트리즈 도구를 사용하는 강력한 프로세스부터 시작된다. 이상적 결과물은 우리의 요구사항을 이해하도록 확신을 주고, 이상적 해결책은 최상의 시스템을 식별하는 데 도움을 준다. 그렇지만 만일 실제 제약조건이 최상의 시스템을 갖지 못하게 하면, 이미 가지고 있는 시스템을 최상으로 만들고 가능한 한 많은 문제를 제거하기 위해 트리즈를 사용해야 한다.

또한 요구사항을 충족시키는 시스템을 선택할 때는 무료로 선택할 수 있는 시스템의 범위와 종류를 이해하고 사용 가능한 자원으로부터 얻을 수 있는 것이 무엇인지를 이해할 필요가 있다.

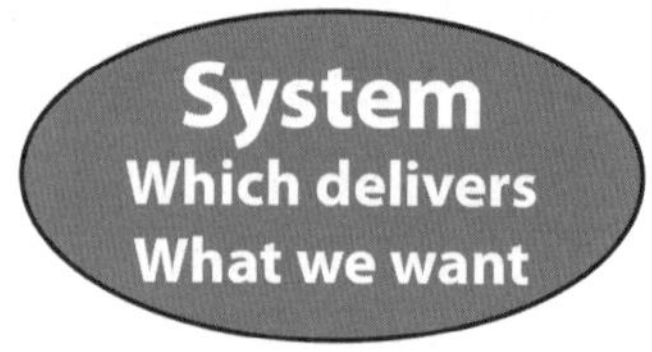

트리즈는 적절한 시점에 기존 시스템을 개선하고, 훨씬 나은 시스템으로 나아가도록 도와준다. 기존 시스템이나 해결책에 대한 이상성을 정의하고 나면 원하는 모든 윤곽에 이상적 결과물을 갖고 시작하는 것과 같고, 심지어 이득이 불가능하거나 역설적인 경우에도 그러하다. 그다음에 우리가 원하는 것을 전달하는 시스템과 해결책을 찾을 수 있다. 시스템을 선택하기 전에 운송에 대한 이상성을 서술하면 효과적이고, 비용이 없으며, 편안하고, 안전하고, 즐겁고, 흥분되며, 빠르다고 설명할 수 있다. 사용 가능한 시스템은 이상적이라고 판단된 이득 일부만을 제공할 수 있다. 예를 들어 자동차를 사용하면 많은 이득을 주는 대신 교통체증으로 늦을 수도 있지만, 정체 시에는 오토바이가 빠르고 신나는 일이지만 차량보다는 덜 안전하다. 이상적 결과물은 우리에게 일부가 아닌 모든 이득을 주지만, 일단 선택한 이상적 시스템을 규정하면 그 이상적 시스템에 의해 옵션이 제한된다. 자동차는 오토바이와는 다른 이득을 제공하며, 이상적인 오토바이는 이상적인 자동차와는 다른 이득을 주지만, 각각의 시스템은 그들의 유형에 따라 완벽한 표현으로 정의되어야 한다. 이상적 시스템은 모든 면에서 이상적이고, 획득하는 데 얼마나 어려운지에 상관없이 원하는 바를 전달하는 모든 기능을 제공하지만 이는 선택된 시스템이라는 맥락에서 한정적이다. 근시인 사람은 안경, 레이저 수술이나 콘택트렌즈를 선택할 수 있다. 각각의 경우에서 이상적 시스템은 사람에 따라서 매우 다르다 - 하지만 선택한 경로 내에서 완벽에 이르게 한다.

6.8 이상적 성과는 제약조건을 적당히 무시/완화 하는 데 도움이 된다

이상적 성과를 정의함으로써 필수 요구사항을 확실히 이해할 수 있고, 제약조건이 우리로 하여금 성급하게 특정한 제한적인 해결책과 시스템으로 향하지 않도록 한다. 올바른 실질적인 문제를 풀기 위하여 노력하는 것이지, 적절할지 그렇지 않을지도 모르는 제약조건 안에서 작용하는 사고를 제한하거나 겉모습만을 위해 노력하는 것은 아니다. 비록 시간과 돈(그리고 제약조건-공간, 안전등)과 같은 입력물 때문에 최선의 엔지니어링 및 시스템을 채택하지 못할 수도 있지만, 이 단계에서는 그들을 분리하는 것이 중요하다. 원하는 주된 일들을 명확히 해두지 않으면 문제를 효과적으로 풀 수 없고 좋은 해결책을 선택할 수도 없다. 최상의 엔지니어링 해결책(이상성)이 거부되면 그 이유와 함께 프로젝트가 완료되기 전에 붙들고 기록할만한 가치가 있다. 트리즈로 이상성을 정의하면 확실한 정의의 의미를 전달할 수 있다 - 혁신 감사는 미래의 프로젝트에 유익하다. 제약조건이 변경된 후 때로는 최선의 선택과 해결책을 거부했던 관리자와 고객들이 최선의 해결책을 고려하지 않았던 이유를 묻기도 한다 - 트리즈 혁신 감사는 모든 가능한 좋은 해결책을 기록하므로-무슨 일이 왜 일어났는지를 모두에게 보여준다.

혁신이 일어날 수 있도록 허용해야 한다 - 만일 당신이 그런 시도에 인색하다면 새로운 해결책을 찾지 말라

6.9 너무 많은 혁신?

혁신에 대한 끊임없는 갈증으로 기업은 새로운 것이라면 그 어떤 것이라도 무조건 시도하려고 안달이 나 있다. 최근 영국 정부 당국이 많은 혁신을 요구함에 따라 트리즈가 군사 프로젝트에 광범위하게 사용되었다-많은 새로운 혁신적인 실행 가능한 개념의 해결책이 제안되었지만 필요로 하는 혁신적 접근보다는 '실용적 접근'으로 결정되었고, 새로운 차세대 시스템을 기존 시스템과 거의 구분할 수도 없게 되었다-이것이 이해가 잘되고 더 안전하다고 느껴짐에 따라서. 더 좋은 새로운 잠재 시스템들이 정부 방침의 변경에 따라 이상성을 사용하여 식별되고 기록되었다. 이상성의 상세한 정의를 기록해 두는 것은 사후 재방문 시 전체적인 혁신 과정을 감사하는 중요한 부분이다. 선택된 결과만이 기록되는 유일한 결과물은 아니며 좋은 아이디어, 해결책, 가능한 새로운 시스템들이 미래의 혁신 모임에 사용될 수 있음을 확인시켜 준다.

6.10 문제 해결을 위한 이상적 결과물

문제 해결을 시작할 때 아래 차트에서 보여주는 것과 같은 통상적인 경로를 따른다. 9-박스에서 문제의 맥락을 설정하고 문제 정의문을 만들고, 이상적 결과물을 정의한다. 이러한 과정들이 문제 해결 팀에 의해 수행되면 문제 해결 과정에 생기를 불어넣어 줄 것이며, 이상적 결과물을 정의하는 동안 문제 해결 팀은 해결책을 만들 것이고 마침내 '나쁜 해결책 공원'을 채우게 될 것이다. 이것은 가끔 우리가 원하는 모순된/상반되는 이득과 이득을 전달하는 상반된 기능을 제시한다. 예를 들어 어떤 상황에서는 매우 짧고 높은 자동차를 원하고 다른 상황에서는 훨씬 더 길고 납작한 자동차를 원할 수 있다. 이것이 바로 물리적 모순이며 이를 해결하는 모든 방법은 분리의 원리와 40가지 발명의 원리에 포함되어 있다. 아래의 표는 문제 해결 과정에서 중요한 초기 단계인 '이상적 결과물'을 취하여 문제를 해결하는 경로를 만들어 주는 간단한 논리적 단계를 보여준다.

미래의 시스템은 한 시스템에서 원하는 모든 것을 제공하기 위해 트리즈 해결책을 사용할 것이다.

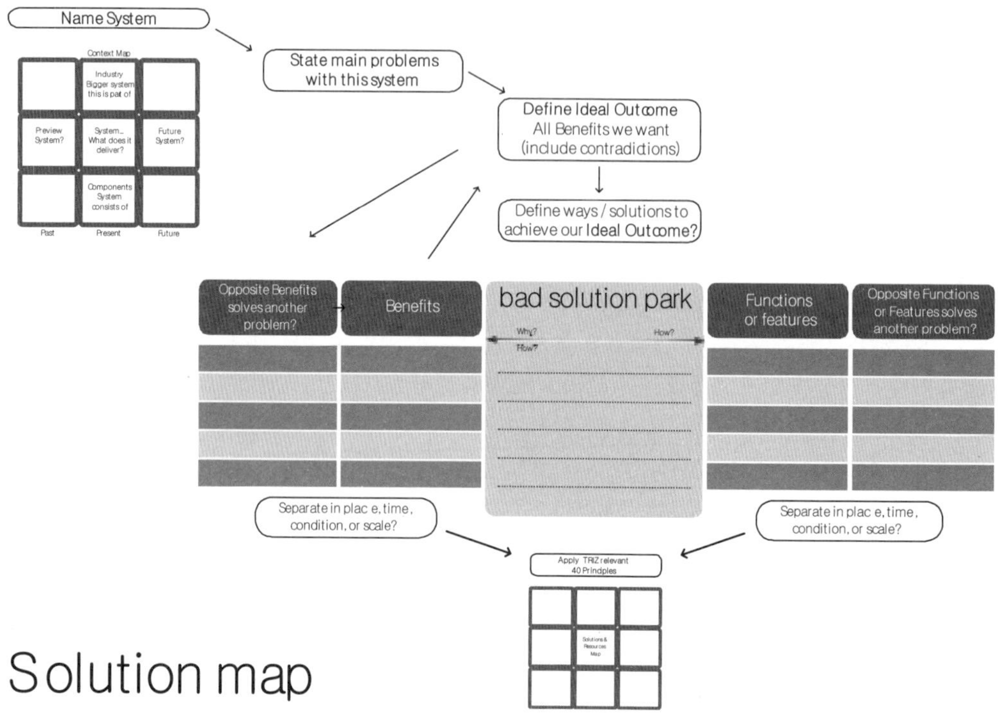

6.11 이상성과 제약조건, 현실과 문제 해결

'예술은 제약에 의해 살고 자유에 의해 죽는다.' 레오나르도 다빈치

이것과 동일하게 공학적 발명과 문제 해결은 제약에 의해 살고 자유에 의해 죽는다. 가끔 노력과 자원에 집중하기 위하여 제한된 시간, 시급한 필요성 또는 위기감과 같은 제약조건이 필요하다 -시험 합격, 프로젝트 완료-와 같은 제약조건과 마감 시간은 해결책으로 도달하는 데 유익하다. 그러나 때로는 그런 제약조건의 존재 때문에 좋은 해결책을 얻기 위한 노력이나 심지어는 우리가 원하는 것을 이해하는 것도 방해받을 수 있다. 이상적인 해결책을 정의하는 트리즈 접근 방식은 공학적 문제 해결에 많이 등장하는 '이것은 할 수 없다.'라는 부정적 접근방식을 극복하는 매우 간단한 방법이다. 제약조건은 중요하며 무시할 수는 없지만 때때로 가능한 모든 해결책에 대해 명확한 생각을 할 수 있도록 전체에 만연된 부정적인 영향을 일시적으로 제거해야 한다.

초기 단계에서는 모든 제약조건 목록을 머릿속에서 단순히 비워버리는 것이 도움된다 - 나중에는 그것들이 모두 다 실제의 제약조건이 아닐 수도 있지만 프로세스의 초기 단계에서는 그들을 내려놓을 필요가 있다. 마찬가지로 일부 '나쁜' 입력물은 어느 때는 나쁜 것이 될 수 있고 또 다른 때는 좋을 수 있다 - 왜냐하면 어떤 것이 초기에 부정적인 영향을 가졌더라도 일정 시간 이후나 좋은 것을 제공했던 이전에도 그랬다는 것을 의미하지는 않기 때문이다(전과 동). 스트레스에 관한 유명한 고전적 종 모양 곡선은 스트레스가 시험 보러 가기, 힘든 과제 마치기 등에 어떻게 좋은 영향을 주는지를 보여주지만 너무 많을 경우는 결국 나쁜 영향을 준다는 것을 보여준다. 이상적 자원에 대한 사고는 다른 규모, 다른 시간, 다른 장소에서 이 모든 것을 보고, 그리고 언제 어디에서 좋고 사용하는 방법을 생각해 봄으로써 '선' 과 '악' 이라는 꼬리표를 떼어낼 수 있다. 전통적으로 좋은(잘 동작되는) 것들이 계속해서 점점 '선'을 유지하고 사용할수록 이득을 증진한다는 것을 의미하지는 않는

'낮게 달린 과일' 해결책은 처음에는 쉬울지 모르나 두 번째는 해가 될 수 있다

다. 최근 지나친 다이어트와 과도한 운동은 해로운 효과가 있을 수 있음을 보여주었다; 회사에서 잘 작동했던 일들이 기업 거식증 사례와 같이 한없이 부적절하게 적용될 수도 있다.

6.12 제약조건=전달방법에 대한 제한(원하는 것이 아닌/원하지 않는)

제약조건은 모든 문제 해결 모임에서 매우 현실적으로 공식 목록과 참가자들의 머리와 기억 속에 모두 새겨진다. 제약조건은 이득을 전달하는 방법과 확보 가능한 시스템을 제한한다. 제약조건은 우리가 가질 수 있는 현실성이며 - 원하는 것이 아니다. 실질적인 제약조건을 이해하고 존중해야 한다 - 상상 속의 제약사항은 식별하여 제거해야 한다. 해결책이 다르면 제약조건이 달라지므로 문제 해결의 어느 단계에서는 제약조건을 고려하지 않고 해결책을 생각해야 한다, 이전과 다른 시스템 또는 동일한

다른 시스템은 다른 제약이 있다.

1960년 나의 아버지는 러시아에 파견된 영국 무역 사절단에 근무하는 젊은 엔지니어였다.

전시된 제품 중에 1미터 높이의 전면에 문이 달려 있는 장방형의 흰색 영국제 냉장고가 있었다. 러시아제 냉장고는 곡선형 지붕과 큰 모양이었다. 반면에 영국제 냉장고는 작고 부드러운 형태여서 러시아 대표단은 이에 매료되었다. 냉장고의 상부까지 편평한 이유를 묻자 부엌 물건을 저장할 수 있도록 실내 천정까지 맞추어 설계했기 때문이라고 설명했다 - 이에 대해 러시아 사람은 웃으면서 물건은 곧바로 매진되기 때문에 냉장고 상부에 물건을 쌓을 수 없을 거라고 말했다.

시스템이라도 시간 및 장소가 다른 경우에는 그때까지 익숙했던 제약조건을 더 이상 적용할 수 없기 때문이다. 따라서 문제 이해의 시작단계에서 요구사항, 해결책 및 제약조건을 분리하고, 정말 원하는 것을 정의하고, 다른 것이 아닌 현재의 해결책에 관련된(상상이 아닌 실제 존재하는) 제약조건임을 명백히 해야 한다. 그들은실질적 수요와 우리가 결국에 얻고자 하는 것 사이의 차이를 구술해 줄 것이다.

제약조건은 그들과 함께 살고 있고 같이 일하는 것이며, 삶의 실제이다.

문제 해결을 시도하는 초기에 제약조건을 유보(매우 간단히)해야 하는 세 가지 이유:

- 우리가 진짜 원하는 것을 이해하기 위해 (우리가 원하는 것은 가진 것과 매우 다를 수 있으나 그것은 진정 원하는 것과 아무런 차이도 있을 수 없다)
- 올바른 시스템으로 문제를 해결하였는지 확인하기 위해(시스템이 다르면 제약조건도 다르고 동일 시스템이라도 상황이 다르면 다른 제약조건을 가진다.)
- 상상, 과장, 관련 없는 역사적 제약에 의해 제한받지 않도록 확인하기 위해

동일한 시스템도 장소와 시간이 다르면 제약조건이 다르다

스코트 랜드에서 개최된 문제 해결 모임에서, 싱가포르 공장에 수출하는 기계와 관련된 문제가 있었다. 목록에는 고온 조건에서 파이프가 녹아내리는 것을 막기 위해 보온을 중지하는 방법이 있었는데, 누군가 보온이 무엇이냐고 물었고 파이프를 동결로부터 보호하는 것이라는 설명으로 해결되었다. 제약조건에 대해서 간단한 9-박스가 여기서는 유익하게 사용되었다.

이상적 결과물의 시작 단계에서는 제약조건이 사고에 들어오지 않을 것이 확실하므로 - 문제 이해의 시작단계에서는 제약조건을 미루어 둘 수 있어야 한다 — 왜냐하면 제약조건을 극복하면 우리의 생각을 한 단계 높이며 뛰어난 해결책을 발견할 수 있도록 하기 때문이다. 필요한 시스템을 선택하는 시점에서 원하는 이득을 얻는데 들어가는 비용과 그들의 우선순위를 이해할 필요가 있다, 일단 원하는 것을 이해하면, 이를 얻기 위하여 자원을 어떻게 적용하고 동원할 것인지 또는 이득은 작지만(작은 인내) 보다 적은 비용이 요구되는 시스템을 선택할지 그리고/또는 원하는 시스템을 얻기 위해 지불해야 하는 좀 더 많은 유해성(최소화된 해로움)—물론 더 많은 비용--을 선택할지를 평가해야 한다, 이상적 자원에 대한 생각은 요구된 입력물을 최소화하는 데 도움이 된다.

6.13 이상성은 실제 제약조건을 테스트하게 한다

이상성을 정의하는 것은 진짜 제약조건이 무엇인지, 예를 들어 진짜 큰 제한이 예산인지 등을 확실하게 해준다. 만일 위기가 있다면 비용에 대한 제약조건으로 무엇이 일어날까? 예산의 제약조건이 창밖으로 날아가 버릴 수 있는가? 돈, 자원, 시간 등을 갑자기 사용할 수 있겠는가? 만일 그렇다면 초기예산의 제약조건이 현실화되고 다음에 발생 가능한 문제를 피하려고 수정된 투자가 이루어질 수 있을까?

제약조건은 우리가 원하는 것은 결정할 수 없고 전달하려는 것만 결정할 뿐이다. 그러므로 제약조건에 대한 생각을 하기 전에 요구사항을 먼저 이해해야 한다는 것이 분명해진다. 명백한 요구사항의 인정을 거부하려는 것은 대부분의 우리들에게는 어려운 정신 훈련이다, 왜냐하면 무의식적으로 받아들일 수 없다고 판단하기 때문이다. 제약조건에 관한 마음의 노트를 갖고 있어서, 전달될 수 있고 수용 가능하다고 믿는 요구사항 목록을 줄이려고 한다. 요구사항과 제약조건을 섞는 것은 심리적 관성으로 야기된 공통 함정이며, 간단하고 마음의 속임수인 이상적 결과물은 마술 지팡이와 함께 이것을 깨기 위한 목적이고, 우리가 정말, 정말 원하는 일이 무엇인지를 분명히 이해하게 한다.

입력물과 제약조건은 최종적으로 어떤 해결책을 채택할 것인지 가르쳐 줄 수도 있다; 제약조건은 우리가 전달하는 방법은 제한하지만 우리가 원하는 명확한 사고에는 영향을 주지 못한다. 예를 들어 핵 청정화 지역에서 요구사항은 12개월간 안전하게 핵 오염 물질을 처리할 수 있는 적절한 핵 등급의 건물일 수 있다. 제약조건 중의 하나는 외부 환경으로부터 차폐된 핵 등급 건물의 설계, 승인 및 건설에 5년이 걸리는 것일 수도 있다. 초기 해결책(이상성에서 멀리 떨어진)은 핵 오염에서 사람을 보호하기 위해 건물 내에서 모든 생산물을 국부적으로 차폐시켜 첫 5년 동안 처리해야 하는 것일 수 있다. 현실성 없는 제약조건 때문에 원하는 것을 얻지 못할 수도 있다는 가정과 함께 문제 해결을 시작했다. 이 프로젝트가 매우 중요하다면 인증 및 계획은 더 빨라질 수 있다. 그러나 만일 국부적 오염 차폐만으로도 이 문제를 해결할 수 있다는 믿음에서 착수한다면, 가장 최고의 선택(이상적 결과물)을 이해하고 그것을 위해 싸워야 하는 번거로움은 갖지 않을지라도, 불완전하고, 비싸고, 다루기 힘들고, 비현실적인 해결책에 가로막히게 된다. 해결책 선택의 초기 단계에서 제약조건을 받아들여야 한다.

그렇다면 제약조건이란 무엇인가?

제약조건은 우리가 일하는 방법에는 영향을 주지만, 우리가 원하거나/원하지 않는 것에는 영향을 주지 못한다.

생각해 보라

크기

속도

배달

안전

금액의 크기와 타이밍

시스템의 수명 (우리가 선택할 수 있는 시스템)

예: 만일 일반 주택과 이동식 주택 중 하나를 선택해야 한다면 우리는 몇백 년 동안 지속되는 큰 저택을 원할 수 있지만 제약조건은 또 다른 선택을 강요할 수 있다.

6.14 요구사항만 가지고 시작하라 – 초기에는 시스템과 제약조건은 잊어라

문제 해결 과정의 어느 때나 제약조건을 나열할 수 있지만, 채택할 시스템을 선정할 때까지는 제약조건의 영향력을 정상적으로 고려해서는 안 된다. 이상적 결과물은 시스템에 대한 것이 아니라 요구사항에 대한 것이며, 항상 시스템으로부터 요구사항을 분리해야 한다. 요구사항을 정의할 때는 시스템을 생각하지 말라, 단지 요구사항에서 시작하고 문제 해결 단계에서는 시스템은 잊어버리는 것이 중요하다. 미국 우주선 펜과 관련된 유명한 사례(도시의 전설)가 이것을 보여준다.

요구사항 : 우주공간에서 쓸 수 있는 펜이 필요하다? 또는 우주공간에서 글을 쓰고 싶다?

허황된 질문은 '우주공간에서 쓸 수 있는 펜을 어떻게 만들 수 있는가?'였다. 요구사항과 특정 시스템(펜)을 혼합한 잘못된 실문 때문에 우주 볼펜이 엄청난 비용을 들여 개발되었다. 신화는 계속되어 러시아인들은 시스템과 관계없이 오로지 요구사항에서 시작하여 '우주에서 필기할 뭔가를 원한다.' 라는 올바른 질문을 하였고 그 후 전해진 바로는 연필을 선택했다고 한다. 우리에게 시스템은 없고 (요구사항만) 있다면 우리는 적절한 시간에 올바른 기존 시스템을 선택하고 식별할 수 있을 것이고 존재하지 않는다면 요구사항에 걸맞은 적절한 시스템을 발명할 필요가 있다.

기업들은 고객과 협상할 경우 어느 부서나 해결책으로서 시각화 시스템을 갖고 있어야 한다. 시스템보다는 요구사항과 함께 시작하는 것이 국방비 조달과 같은 대규모의 장기 프로젝트에 시간과 놀라운 규모의 돈을 절약할 수 있다.

행복한 고객들은 우리가 갖고 있는 것이 아닌
그들이 원하는 것을 얻는다.

6.15 이상성, 제약조건 - 문제 해결의 적절한 수준

이상적 결과물을 가지고 원하는 작업을 하면, 이상적 해결책이 제약조건에 방해받지 않고 문제 해결 수준을 식별하는 데 도움을 줄 수 있다. 만일 문제가 이상적인 방법으로 설정되어 작동한다면, 원하는 것을 수많은 요구사항으로 기술할 수 있을 것이다. 그 요구사항은 편안하고 개인적인 것 그리고 스트레스와 아침 출근하면서 소비하는 시간을 최소화하는 것일 수 있다. 우리는 요구사항의 총범위를 가지고 있을 수 있고 각각에 대해 마술을 부려 이상적 해결책을 생각해 보는-예를 들면 탄력적 근무시간제나 직장 근처에 거주하는 해결책으로 교통체증을 회피하거나 버스 전용차선제를 이용하거나 교통정체를 뚫고 다닐 수 있는 오토바이나 자전거를 사용하기 등이 있다.

각 해결책은 서로 다른 기본 이득을 전달하는 별개의 시스템을 이용하며 선택한 해결책은 우리들의 권한과 구현 능력에 달려 있다. 우리가 회사를 소유하고 거대 자산을 갖고 있다면 회사를 가까이 옮길 수 있다. 우리가 권한도 없고 자산도 별로 없을 경우는 바쁜 시간을 피할 수 있는 유연 노동시간제나 운전사 딸린 자동차 갖기와 같은 편리한 해결책에 접근하거나 시작하지 못할 수도 있다. 이상적 결과물은 우리가 원하는 것(직장 출근에 많은 시간 낭비하지 않기)을 정의하는 것을 도와주고 이상적 해결책은 해결책을 구현할 수 있는 자신의 적절한 수준-문제에 대처하는 우리의 권한 수준-을 선택하는 것을 도와준다. 아래의 표는 이런 순서를 보여준다. 이상성은 첫 번째로 우리가 정말로 원하는 것을 보여준다. 그런 후에는 제약조건에 의해 영향을 받는 실질적 문제 해결 수준을 정의하도록 돕는다. 제약조건과 자원이 현명하지만 우리 욕구를 충족할 수 있는 실제적 해결책을 찾을 수 있는 적절한 수준을 정의하기 위해 아래의 차트를 사용한다.

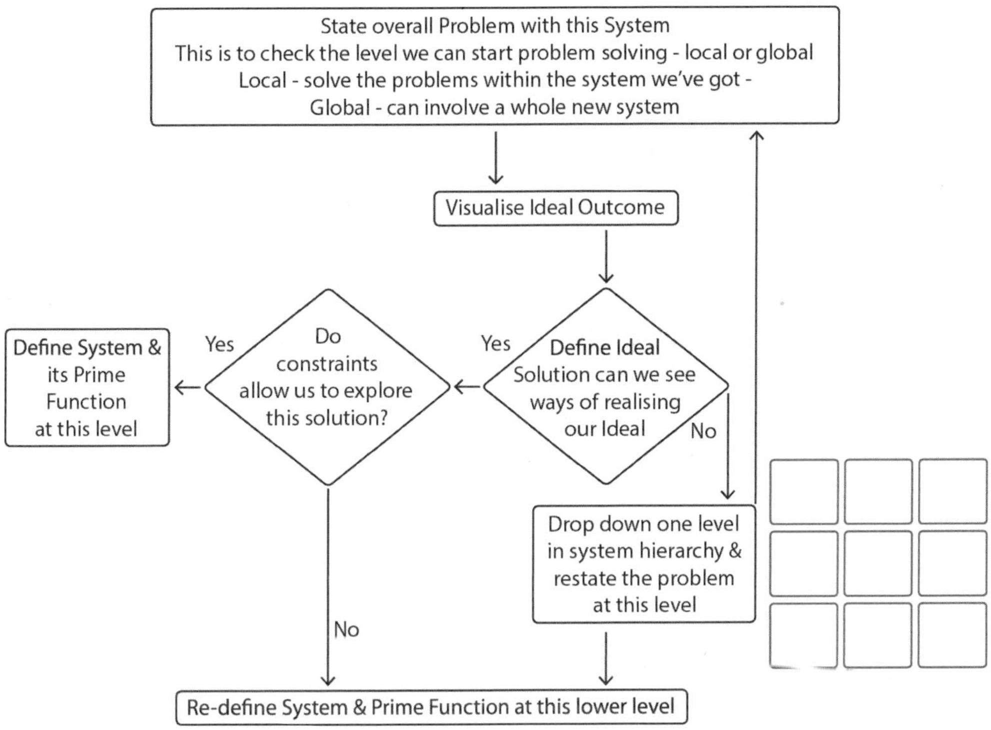

자전거에 작용하는 울퉁불퉁한 도로와 같은 간단한 문제를 위의 흐름도의 순서대로 시도해 볼 수 있으며, 이상적 해결책(어떤 시스템 레벨에서)은 내 손안에서, 내 권한 및 제약조건 내에서 만들어 낼 수 있다. 나의 이상적 결과물은 내가 업무로 복귀하는 기간만큼은 완전한 편안함을 원한다는 것을 말해줄 것이고 나는 여러 다른 시스템 수준에 많은 해결책이 있다는 것을 알게 된다. 가능한 행동 범위뿐만 아니라 모든 선택사항을 이해하는 것은 좋은 일이며, 그리고 권한, 기회, 예산 등의 제약조건을 무시하지 말고 주의해서 지도에 그려 보아야 한다. 제약조건은 항상 영원하거나 심지어 실제적이지 않을 수도 있다는 것을 기억하라 - 그것들은 '상자 밖의 생각'처럼 상상이거나 거짓 가정일 수 있다.

자전거를 타고 울퉁불퉁한 길을 통행하는 문제를 언제 어디서 해결할까?

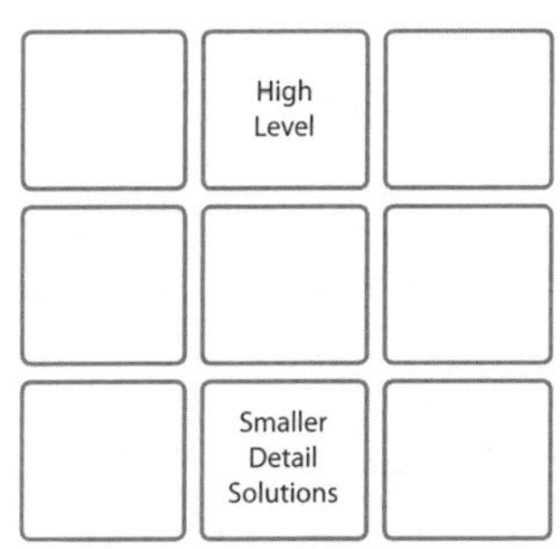

- 새로운 부드러운 자전거 트랙 재건설
    - 도로의 구멍 수리
    - 이 일을 위한 권한/자원
    - 없다면? 그러면 시스템 수준으로 하강
- 좋은 현가장치가 있는 자전거 구매
    - 이를 위한 예산?
    - 없다면? 하위 시스템 수준으로 하강
- 젤 타입 안장/부드러운 타이어 구매
- 울퉁불퉁한 길의 통행 전후에 뭔가를 하면서 시간을 사용할 수 있다

- 덜 민감하게 만들기(주행 전)
- 부드러운 의자/큰 쿠션에 앉기(주행 후)
- 대안 시스템을 찾아보기
    - 버스 타기-재택근무-구멍가게-스코티화장지 일터 옮기기

이러한 이상적 결과물의 모든 요소를 정의하는 것은 문제의 분석과 해결을 시작할 때 유익하다. 문제의 소지가 있는 시스템상에서 이상적 결과물의 모든 요소를 정의해 보는 것은 가치가 있다.

예를 들어, 산업계에 직면한 하나의 도전은 탄소 발자국 이슈이며 또 여행의 필요성-특히 단순한 회의 및 관리를 위한 여행이다. 회의를 위한 여행이 필요할 때 이상적 결과물의 정의는 모든 사람에게 똑같이 완벽한 여행은 될 수 없다 - 이 '여행'은 실제 문제를 해결하는 데 도움이 되는 해결책이다. 회의의 궁극적인 목적을 정의할 때, 여행을 전혀 포함하지 않고도 의사소통, 합의, 토론 및 의사결정 등의 해결책이 있을 수 있는지를 조사해 봐야 한다. 이상적 결과물을 정의함으로써 높은 수준의 명확한 사고를 얻게 되고, 궁극적인 목표를 해결하고 있는지를 확인하는 방법은 어떠한 해결책도 포함하지 않는다는 것을 검사하는 것이다. 그런 후에야 이것은 우리가 실제 문제를 이해하고 정의하고 해결하는 데 도움을 준다.

어떤 상황에서 여행은 불가피하고 필요하다고 일단 결정했다면, 그 후는 인간의 교통문제가 된다-우리 스스로 짧거나 대단히 긴 거리를 이동-이상성을 정의한다는 것은 분명한 이득을 설명해 주는 것과 같다. 궁극적/이상적인 여행의 목적은 한 장소에서 다른 장소로 효율적으로 신속하게 이동하는 여러 가지 방법으로 정의될 수 있으며, 이를 달성하는 데 도움이 되는 많은 시스템이 있을 수 있다. 운송 요구를 충족하는 시스템은 보트, 동물, 기계(자전거, 자동차, 기차, 비행기, 우주선)와 심지어 이론적인 공간이동까지도 포함된다. 이에 관련된 모든 시스템은 오솔길, 도로, 철도, 운하, 우주선 엔터프라이즈 등이 연합된 상위 시스템을 갖고 있으며 이들은 모두 교통 시스템의 일부이다. 우리의 목적, 필요성은 한 장소에서 다른 장소로 이동하는 것이고 우리는 시스템을 선택할 기회가 주어진다. 일단 시스템을 선정하면 우리는 문제로 가득한 세부내용이나 작업 중 문제개발 단계를 만나게 된다. 어느 단계에서 작업하더라도 이상성을 잃으면 안 되며 그 이상적 시스템이 우리의 실질적이고 본질적인(기본적 출력물) 목적을 충족하는 가장 높은 수준의 요구임을 우리 스스로 상기해야 한다.

이것은 기술발전에 따라 진보하는 시스템에 의해 전달된다(9장에서 트리즈 진화의 경향에 의해 예측되고 매핑된 것처럼). 궁극적으로 이상적 해결책은 존재하지 않으면서 원하는 모든 것을 제공한다-아래의 예는 세탁용 세제의 기술적 진보의 발자취이다. 트리즈 경향에서 고체 - 단상 시스템은 그 기능이 아래 그림처럼 일종의 물질 장 효과에 의해 제공될 때까지 더 많이 분화될 것으로 예측된다. 트리즈 진화의 지도는 이상성을 증가시키는 것으로 예측되며-존재하지 않으면서 모든 기능을 주는 이상적 해결책의 최정점까지, 그래서 이상적인 세제는 이 상황에서는 존재하지 않는 세제이다.

TRIZ 경향은 이상적 해결책을 얻는 현실적 방법을 제시

6.16 결론: 이상적 결과물은 요구사항의 이해와 동시에 해결책 발견을 촉진한다

이상적 결과물은 우리의 요구를 제대로 식별하도록 도움을 주고, 원하는 시스템을 이해하고 정의할 수 있게 한다, 즉 트리즈를 사용하여 문제 해결 과정을 착수하게 하고 원하는 것을 새로운 입력물 없이 또는 최소한으로 투입하여 사용 가능한 자원을 찾게 해준다. 이상적 결과물은 모든 사람들의 요구사항을 정의하는 데 도움이 된다. 모든 문제 해결 모임의 시작 단계에서 이상성은 모두가 원하는 것을 효과적으로 요약할 수 있게 해준다. 이런 효율성은 기술팀에 의해 평가된다, 왜냐하면 요구사항을 수집하는 것은 엔지니어들에게는 악명 높은 고된 과정이기 때문이고, 따라서 그들은 문제 해결에 곧바로 탑승하기를 원하며 문제 이해에 관련된 많은 질문을 좋아하지 않는다. 그들은 곧바로 해답 찾기를 좋아하고 가끔은 질문을 제대로 이해하기도 전에 해결책을 내놓기도 한다. 나쁜 해결책 공원을 사용하는 것은, 필요하다면 문제의 이해와 해결 두 가지 모두를 필수적인 초기 단계에서 동시에 일어나게 한다.

엔지니어들이 잘 써먹을 수 있는 이상적 결과물의 정의는, '우리가 무얼 원합니까?'라는 매우 신속하고 근사적인 대신 신뢰성 높은 질문을 사용할 수 있다. 질문은 빠르고 정확하며 트리즈 문제 해결 모임 전에 주로 사용하는 기타 요구사항을 수집하는 도구함을 보완한다. 더 중요하게는, 질문이 토론과 논쟁을 자극하고, 그들 자신의 상상력에 불을 붙이고 효과적이며, 신속하고 즐거운 모임을 만드는 영리한 생각을 촉진한다. 실제의 트리즈 문제 모임에서 이 단계는 항상 모두를 긴장시키고, 참여시키고, 논쟁적이며, 요구사항에 대해 명확하게 생각함과 동시에 해결책을 만들도록 한다. 이것은 약간 진부하고 이론적으로는 왜곡되지만 항상 인상적인 성과를 가져온다.

문제 해결 모임은 최소비용(입력물)과 해로움(원하지 않는 출력물)으로 원하는 것(출력물)을 제공하는 좋은 적절한 해결책이 있을 때는 일반적으로 성공적인 것으로 간주한다. 해결책의 적당한 범위는 흔히 장·단기 요구사항을 모두 받아들인다. 가능한 모든 해결책을 알고 있으면, 식변한 조건에 가장 적합한 해결책 옵션을 선택할 수 있도록 해준다. 우리는 단기간에 적합한 빠른 조치를 선택해야 할지 모르지만, 장기적으로는 훨씬 더 나은 해결책을 사용할 수도 있다. 시간이 걸리더라도 최고의 선택이 무엇인지 아는 것은, 즉시 사용할 수는 없어도 중요하다.

일단 이상적 결과물과 모든 필요성을 이해하고 나면-다음에는 유용한 자원을 사용하여 현명한 해결책을 찾는 촉진제로서 '스스로 문제를 해결하는 이상성'을 사용한다. 이상성과 자원과의 관계는 중요하다. 이상적 결과물은 우리에게 이득을 보여주고, 올바른 자원에 의해서만 제공되는 이상적인 해결책/기능으로부터 이득을 얻는다. 이상적 해결책은 좋은 기능(유해성 없고, 부족함이 없고, 빠진 기능이 없는)을 제공하고 유용한 자원을 사용하여 완벽하고 쉽게 작용한다.

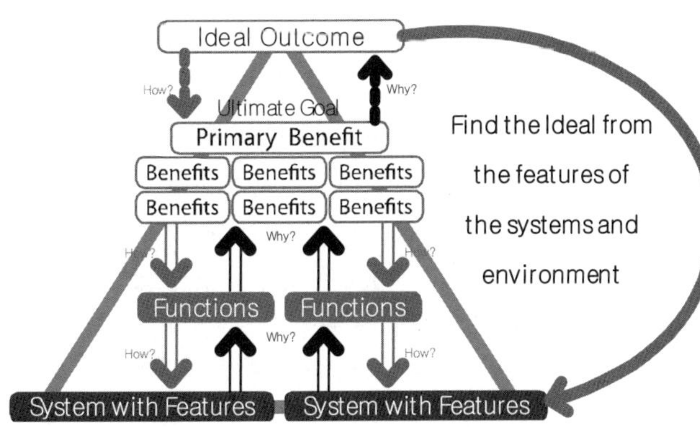

자원 : 혁신의 연료

7.1 자원의 사용 - 수단 좋은 엔지니어가 되는 방법

자원은 모든 문제 해결에서 혁신의 연료이지만, 특히 트리즈에서는 자원을 부지런히 활용함으로써 자원을 현명하게 쓸 수 있도록 적극적으로 찾아내서 감독하고, 자원의 잠재력을 깨닫게 해 준다. 트리즈는 간단히 의식적으로 자원을 동원하여 최소 입력물로 최대 효과를 얻기 위한 새로운 방법과 새로운 시스템을 찾고, 혁신을 전달하는 데 도움이 된다. 혁신은 여러 가지로 정의되는바, 새로운 상품 및 서비스의 창조, 기존 지식의 새로운 적용, 또 단순히 어떤 일을 하는 새로운 방법 등이다. 실제로 혁신을 촉진하는 트리즈는 아이디어를 풍부하게 하고 기존 자원을 잘 활용하여 새로운 개선된 시스템을 제공할 수 있게 해 준다. 풍부함은 상황에 맞게 효율적으로 대처하는 수단을 사용할 수 있는 능력으로 정의된다. 적절한 자원을 인식하고 동원할 수 있다는 것이 트리즈에서는 기본이며 필수이다. 일단 자동검색으로 올바른 자원을 찾고 현명하게 활용하면, 그것은 창조, 문제 해결, 발명과 신규방법 발견, 새로운 방법, 기존 시스템의 신규 개발, 익숙하고 검증된 기술, 신규 응용, 유용성 증가, 더 저렴하고 축소된 문제나 유해성 등을 가능하게 한다.

가용자원을 현명하게 사용하면, 사업과 설계의 모든 측면에서의 제품과 공정에 화려한 혁신을 가져오게 된다. 혁신적 도구를 생각하라, 신구의, 위대한 발명이나 성공한 신제품, 그리고 그런 성공의 중심에는 기존의 문제영역에 이미 존재하는 어떤 자원과 얽혀있다.

- 나침반(인류의 가장 유용한 발명 중의 하나로 인용되는 나침반은 지구에 항구적으로 존재하는 자기장 사용)
- 해시계(현명하고 간단한 햇빛을 사용), 또는 더 현대적인 문제 해결
- 햇볕에 타는 정도를 알려주는 새로운 셔츠의 깃(노출되는 만큼의 햇빛 양 사용)

모든 발명은 시스템의 일련의 필요성과 관련된다 - 시스템 제공자의 중요한 요소는 유용한 자원으로부터 나온다. 트리즈적 문제 해결이 이런 관계를 단순화 정형화하고, 총명한 두뇌 움직임, 순간적 영감을, 현명하고 논리적으로 매핑하여온 요구사항과 일치시키려고 깔끔하고 체계적인 주변의 자원으로 대체한다. 트리즈에서 올바른 자원을 찾기 위한 첫 번째 규칙은 항상 문제영역에 근접한 문제의 해결책을 먼저 찾는 것이다.

무제 영역에 근접한 자원이 자주 좋은 해결책을 제공한다

트리즈의 강력한 하나의 측면은 적시에 사용 가능한 올바른 자원을 찾아 픽업하는 방법이다. 이것은 우연이나 행운이 아니지만, 트리즈 문제 해결의 다른 모든 측면처럼 장황하거나 지루한 검색어와 수많은 목록이 없이도 사용 가능한 모든 것들로부터 올바른 자원을 체계적으로 찾을 수 있다. 트리즈는 체계적으로 올바른 해답과 자원을 향해가는 방법을 제공하며, 우리의 요구사항과 기능들을 정밀하고 정확하게 이해하고 정의함으로써 맨 처음의 질문이 올바른지를 확인시켜 준다.

7.2 습득한 자원을 사용하라

이것이 트리즈의 주문이나 - 제대로 된 인식과 가용자원의 현명한 활용은 트리즈 문제 해결에 필수적이다. 이것은 모든 자원 가운데 최고 중 하나인 엔지니어링 재능임에 틀림없다. 비록 문제 해결에서 모든 자원을 지적으로 사용하는 것은 분명하지만, 트리즈 프로세스는 쉽게 사용할 수 있는 모든 것을 인식하기 위해서 특별히 체계적 접근 방식이 요구된다. '가진 자원'(물질, 에너지 장, 태도, 색상, 공간)은 아래와 같이 정의될 수 있다 :

- 시스템 내부나 주변에서 쓸 수 있는 것
- 이미 존재하는 것
- 다른 입력 물로 가져오기 전에 무료로 사용할 수 있는 것
- 문제 영역에 가까이 있는 것
- 환경 내 어떤 것(햇빛, 중력, 주위 온도, 압력 등)

- 구성 성분을 상세히 쓸 수 있는 것(분자 수준까지)
- 문제, 문제나 해로움의 원인

유해성의 변형

재활용, 퇴비화, 예방접종, 동종요법, 경쟁력, 학교 시험은 모든 유해 요소를 좋은 것으로 변형 : 유해 요소를 잘 관찰하여 좋게 만드는 것이 많은 발명을 성공으로 이끄는 원천이었다. 이러한 접근이 트리즈의 핵심이다. 모든 해로움 속에는 쓸모 있는 뭔가가 숨어 있다: 어떤 해로움 속에서 좋고 쓸모 있는 것을 움직인다는 것은 해로움을 빨리 제거하거나, 취소하거나 피하는 대신에 그것들을 조사, 분석하고 이용해야 한다는 의미이다.

분명히 귀찮고, 고통스럽고 불쾌한 일에서 쓸모 있는 것을 찾는 데는 의식적 노력이 수반된다. 그러나 어리석은 실수일지라도, 아래 만화에서처럼, 일부는 직업 전망이나 보안(현재 세계적으로 많이 나타나고 있는) 측면에서 상업적 현실을 적용하여 과다보수를 받는 은행가 또는 콜센터에서 억압받는 직원들에게 보다 슬프게 또 더 많이 일하고, 쥐어짜는 노동착취를 쓸모 있는 일로 보는 불확실성을 해로움의 공포로 간주한다 - 고의든, 실수든.

"Mr Frimley, sir, can I have a word about the motivational artwork..."

해로운 자원일지라도 때로는 좋은 결과를 제공한다

입력물의 최소화

비용이 많이 드는 자원 지출을 최소화하기 위한 체계적인 트리즈 접근 방법은 먼저 소유한 것을 사용하여 불필요한 투자와 낭비를 회피하는 것이다; 이런 식의 경종이 현재 세계적인 분위기이다. 거센 바람과 파도의 힘 그리고 태양광을 효율적으로 활용하기 위한 높은 이윤의 프로젝트를 통하여 활용 가능한 에너지 자원을 최대로 이용하려는 현명한 자원 사용이 도처에서 나타나고 있다. 트리즈식 접근이 이에 근본적으로 도움이 된다.

7.3 자원의 탐색과 정의

논리적으로 자원을 탐색하려면 용어의 광범위함을 알아야 하며, 단순한 입력물로서뿐만 아니라 시스템의 모든 부분 그리고 주변의 모든 것, 잠재적 자원으로서의 상호작용도 알아야 한다. 자원이라는 용어는 매우 포괄적이며, 시스템의 많은 부분에 적용되지만 정확하게 정의할 수 있다. 자원은 이득을 주는 기능을 제공하도록 도와준다. 이것은 분명히 시스템에 속한 입력물을 포함할 뿐만 아니라, 시스템이 사용되는 방법, 시간 및 프로세스 단계, 상황, 환경 측면과 시스템의 주변을 포함한다. 자원은 따라서 필요한 기능을 제공하는 데 도움이 되는 시스템의 어떤 특정 부분을 포함한다. 예를 들면, 냄비 속에 들어 있는 액체가 언제 끓는지를 알려주는 것이 필요한 경우 여러 방법으로 제공될 수 있다. 하나는 액체가 끓을 때 달가닥거리는 작은 금속 원판을 추가하여 넣어두면 물이 끓을 때 들을 수 있게 된다. 다른 자원은 볼 수 있는 어떤 물건을 추가하여 얻지 않고 스스로 기능을 전달하는 냄비 자체의 특징에서 얻을 수 있다. 하나의 해결책은 투명한 냄비다: 유리와 같은 투명한 물질의 특성은, 투시기능을 제공하고 그 특징이 아래 그림에서와 같은 문제 해결의 자원이다.

시스템의 특징은 유용한 자원이다

자원 탐색 – '우리가 원하는 것'을 제공하는 기능에 집중된

트리즈에서 자원 탐색은 가능한 모든 것을 샅샅이 조사하는 마구잡이식이 아니고, 이득을 전달하는 필요한 기능의 이해에 집중하는 것이다. 가용한 최소 비용을 들여 해결책의 요구사항을 충족시키는 것이 트리즈 사고의 의식적 사고 부분이다. 이미 사용했던 또는 기존의 해결책을 참고하더라도 그것이 모두 장. 단기 지출 모두와 이득 제공에 적절한 해결책인지를 확인하기 위하여 이득과 가용 자원을 둘 다 체크해 보는 것이 도움된다.

'우리가 원하는 것'을 아는 것은 자원 탐색의 필수적 단계이며, 필요한 기능과 이를 전달하는 실제 비용에 대한 이해부족으로 기존의 해결책을 선택하는 것보다 더 나은 출발점을 제공한다. 비즈니스와 일상생활 모두에서, 사용 가능한 시스템은 그것이 다른 사람의 해결책인지, 물려받은 시스템인지, 사용 가능한 제품인지 또는 혁신에 대한 유혹인지에 상관없이 출발 시점의 해결책으로 받아들인다. 사용된 비용에 맞게 이득을 제공하는지를 확인하기 위해서는 자원이 (돈과 다른 모든 입력물)을 상쇄하는지를 철저히 검사해야 한다. 자원 사냥은 비용은 최소로 늘이고 최대의 이득을 전달하면서도 정확한 욕구를 충족시키는지를 확인하기 위하여 사용된다. 이것은 우리가 해결책을 선택할 수 없음을 의미한다. 왜냐하면, 해결책들은 그곳에 없고 원하는 것보다 원하지 않는 더 많은 부분적 욕구나 물건을 가져다주는 시스템을 인정해야 하기 때문이다. 트리즈에서는 최소의 입력물에 대한 정확한 이득에 맞는 완벽한 맞춤을 찾아야 하고 이들을 함께 맞추기 위한 공식적인 트리즈 자원 사냥을 추구해야 한다.

오늘날 세계 시장에서는 기성품과 재화, 원하는 모든 것은 무엇이나 줄 수 있다는 메시지 폭탄을 받고 있으나, 어떤 것들은 과도하게 넘치거나 단지 부분적으로만 우리의 필요

(우리가 원하지만 인식하지 못하는 불만스러운 몇 가지 답변)를 충족시킨다. 할 수 있고, 사용하고, 입고, 먹는 음식, 국산 가전제품, 오락 등이 기성품으로 선반에 진열된 다양성에 직면해 있다.

7.4 자원과 제조 또는 구매 결정

산업계에서 '재고품'은 글로벌 하고, 눈에 보이며 많은 기술적 시스템에 사용할 수 있으며 좋은 자원이 될 수 있지만, 그것은 정당한 비용으로 원하는 이득을 줄 경우에 한해서다. 인터넷 상에 있는 정보에 빠르게 접근함으로써 정교한 제품과 부품의 재고품을 매입할 수 있는 기회는 해결책이나 제품을 구매하는 것보다 제공(생산)하는 것을 더 어렵게 만든다. 일부의 방위산업에서(조선소의 과거 몇 년처럼) 모든 것을 만들어 버리는 것과 부품과 시스템을 대량 매입하는 것을 균형있게 조절하는 것은 세계 시장의 변화를 반영한 것이다. '원하는 것'을 정확한 시각과 뒤이어 훌륭한 자원탐색으로 시작하지 않으면 가끔 욕구에도 맞지 않고 가치도 없는 기성품을 부적절하게 선택하게 만든다. 효율성과 비용절감을 위한 충동은(국내에서 민감한 국방용 부품 구매와 관련된 규칙과 실무의 완화) 일부만 이해하고 타협된 결론을 가져오는 기성품을 구매해 버리는 위험성을 내포하고 있다. 재고 부품의 선택은 욕구를 일부만 만족시키고 전부를 만족시키지 못하며, 과도한 추가 기능으로 불필요한 비용과 복잡성이 높아지는 것을 선택하지 않을 확신을 위하여 매우 명확한 이해(이상성에 대한 정확한 정의)가 필요하다. 그렇지 않으면, 기술적 도전에 대한 정확하고 적절한 답을 찾는 대신에 상당수의 기성품들을 조합하게 되는데, 이것은 산업이 수직적으로 통합되는 신세계의 부정적인 단면을 반영하는 것이다. 결국 핵심산업이 단순화되는 한심스러운 일이 일어날 것이다. 신세대 잠수함 또는 군용 비행기와 같은 프로젝트에서 기금, 의지와 전문지식을 갖고 있을 때는 특히 더 불행한 일이다.

제품은 원하는 무언가를 제공한다

상점에서 제시한 제품들에서 한두 가지 기능을 제공하는 5개의 도마와 내가 생각지 못한 기능(모든 빵부스러기들과 작은 찌꺼기들을 효율적으로 깨끗하게 쓰레기통으로 버릴 수 있는)을 갖고 있는 1개의 도마를 선택했다. 매우 가벼운 도마 하나는 잡기 쉽도록 밑면을 깔끔하게 처리했고, 또 다른 도마세트는 생선이나 양파같은 서로 다른 식품에 쓸 수 있도록 다른 색상으로 칠해진 얇은 것이었고, 또 하나는 접혀질 수 있는 도마였으며 한 도마는 추가기능으로 경첩이 달려있었다.

소비자 제품은 부분적인 욕구의 충족을 연구하는 데 흥미로운 장소이다. 최근 부엌 도마를 구매할 때, 내가 원하는 여섯 기능 중 한두 가지 기능도 제공하고, 전에는 몰랐지만 내가 원했던 몇 가지 기능도 제공해 주는 도마의 선택을 제안받았다. 날카로운 칼로 반복적으로 쳐도 충분히 견디고 안정되고 흘러내리지 않고 위생적이며(생 닭고기의 피와 같은 불쾌한 식품을 흡수하고 지니지 않는다), 모든 식품에 적합하며(마늘, 생선 냄새를 유지하지 않는다), 요리된 음식을 떼어낼 때 즙을 잡아주는 가장자리도 있고, 세척하기 쉽고, 싱크대로 가져갈 때 무겁지 않으면서 싱크대 내에서 세척하기에 적당한 크기의 내가 원하는 도마를 트리즈를 사용하여 식별하였다. 나는 마음속으로 바깥 가장자리가 둥글고 적당히 무거운, 쓰기에는 충분히 크고, 싱크대에서 세척하기에는 작은 목재 도마를 생각하였다.

7.5 요구 사항 - 모든 프로세스의 시작 - 엔지니어링 또는 기타

재고품의 복잡한 배열이 있는 곳에서, 트리즈의 자원 접근방법은, 프로세스의 정확한 종점에서 정말로 원하는 것을 효율적이고 빠르게 완성하도록 도와주고(원하는 최소한을 희망하고, 적은 것이 많다는 접근방식) 최소의 입력물로 최상의 해결책을 달성하는 방법을 찾는 데 도움을 준다. 이 영역에서 트리즈와는 무관한 흥미로운 문제가 있는데, 해결책을 찾고 개발하는 것이 엔지니어에게는 흥미로운 부분으로 그들은 항상 앞서가기를 열망하기 때문이라는 것이다. 그러나 적합한 해결책을 찾는 이 가장 중요하고 복잡하고 불확실한 작업은 설계와 프로세스 개발에 시간 부족으로 종종 포기되는데, 빨리 해결책을 제시하라는 압력 때문이다(1부 데이브 노트의 롤스로이스 사례연구 참조). 트리즈는 디자인, 선택 및 제조의 모든 단계에서 규정된 프로세스를 가진 대기업들에게 충분한 부가가치를 갖고 있음을 입증하였다. 트리즈가 규정된 단계에 추가되면, 엔지니어들은 필요한 세부내용에서 뒤로 물러나 나무에서 목재를 볼 수 있게 도와준다. 또 적절한 사용 가능한 해결책의 전 범위를 찾기 위해 규정된 요구사항을 이용하고 결과물을 포착하는 데 트리즈의 자원 탐색을 추가하도록 도와준다.

자원탐색은, 요구사항 포착에 집중되어 있고, 이것의 핵심 부분이다.

요구사항, 해결책과 자원 사이의 단순한 관계는 다음과 같다

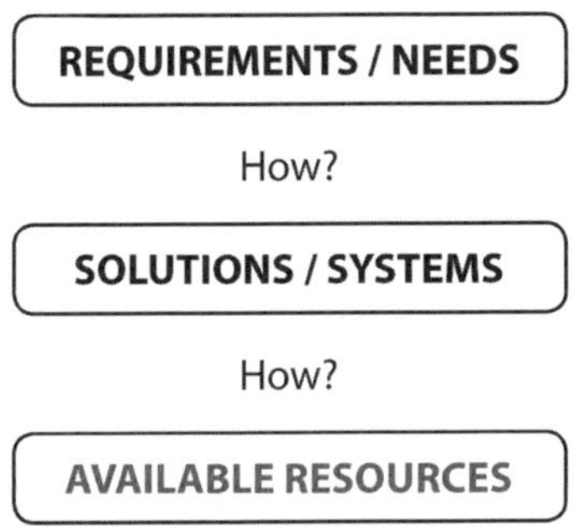

7.6 요구사항, 해결책 및 자원

모든 문제에서 중요한 첫 번째 단계는 어떤 해결책을 선택하기 전에 정확히게 정의된 요구사항을 확보하는 것이지만, 이것이 필요성과 해결책 제안이 서로 단절되어야 한다는 것을 의미하지는 않는다. (트리즈 모임에서는 요구사항 포착이 언제나 동시적이며 추후 해결을 위해 나쁜 해결책 공원에는 나열된 좋은 해결책 아이디어로 넘쳐난다).

해결책에 대해 생각하는 동안 원하는 것을 정의하고, 모든 해결책의 가능성(해결책 목록의 모든 아이디어를 포함)을 살펴보는 것이 요구사항을 수집하는 스케줄 만들기(그리고 동시 해결책 아이디어를 허용 않는), 그리고 요구사항에 맞는 문제 해결 방법들을 찾는 시간표를 만드는 것보다 더 좋은 과정이 된다. 요구사항에 대해 의식적 연결이나 사전작업 없이 해결책을 찾으려고 시작하는 것은 가장 옳지 않은 일이다. 모든 필요성을 정의하는 것은 초점을 제공하지만, 그렇지 않으면 혼란을 일으킨다. 왜냐하면 엔지니어들은 새로운 시스템의 설계나 발명에 신나는 기회를 얻게 되지만, 그들이 충족시켜야 하는 요구조건/필요조건에 맞추지 못하면 당황하여 동떨어진 선택을 해버리기 때문이다.

7.7 트리즈는 엔지니어가 설계에서 독창성과 혁신의 용기에 필요한 시간 간에 균형을 잡도록 도와준다

이상성을 통한 트리즈의 자원 탐색은 원하는 것(모든 이득)과 그것을 얻는 최상의 방법 사이의 단계들에 대한 명확한 관점을 가질 수 있도록 도와준다-설계의 옳은 방향, 이득을 충족시키는 올바른 해결책을 찾고(거나) 선택하는. 모든 이해관계자의 요구사항이 QFD, VE, 6 Sigma와 같은 다른 도구세트로부터 완전히 수집되면, 새

로운 시스템 설계과정은 이 단계에서 트리즈를 적용하여 훨씬 많은 도움을 받을 수 있다. 이상적 결과물을 통한 트리즈의 '신속하지만 하기 싫은' 요구사항 수집은 이전에 가정했던 해결책과 새로운 시스템을 빠르게 확인할 수 있게 도와준다.

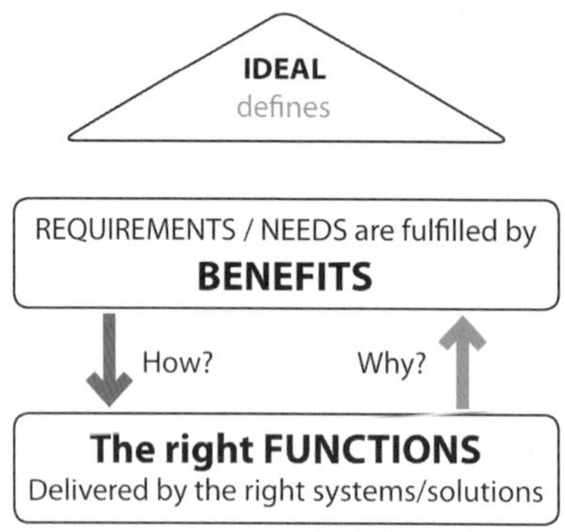

7.8 기능 = 전달하려고 원하는 것을 우리에게 제공하는 해결책

기능은 우리에게(이득과 해로움 둘 다 주는) 해결책을 제공한다. 그것들은 시스템으로 들어가는 입력물이거나 시스템 내의 어떤 것 또는 시스템의 구성 성분과 같은 자원에서 왔다.

다른 자원은 환경, 시간, 시스템의 결합 프로세스 단계와 그들을 조합한 장을 포함한다.

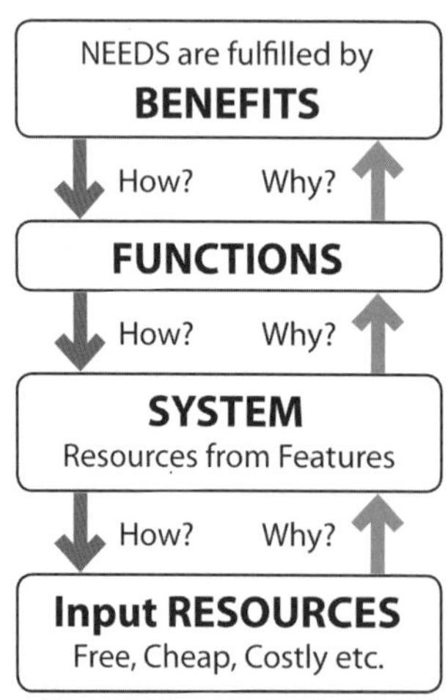

따라서 자원은 입력물일뿐만 아니라 시스템의 특징과 시공간에서의 시스템의 상호작용을 포함한다. '자원'이라는 용어의 범위를 이해하는 것은 모든 종류의 문제 해결에서 중요하다. 움직일 수 있는 자원을 이야기하면 사용 가능한 시스템 내나 주위의 모든 것을 찾게 된다. 이상적으로는 문제를 해결하기 위해 새로운 어떤 것을 가져오기 전에 이미 존재하는 모든 것으로부터 시작한다. 우리가 원하는 것(모든 이득)을 안다면 무슨 기능이 이득을 제공하는지 그리고 어떤 자원이 이 기능을 제공하는지를 찾을 수 있다.

예를 들어, 해결을 원하는 문제가 햇볕에 의한 화상을 방지하는 것이라면 원하는 주요 이득은 손상 받지 않은 피부이다. 이런 이득을 제공할 수 있는 많은 해결 방법과 기능이 있다. 자외선 차단크림(Sun-block), 또는 양산(햇빛가리개), 또는 옷, 또는 선크림 로션으로 덮어 우리의 피부를 보호할 수 있다. 그렇지 않으면, 시간을 자원으로 사용할 수 있는데, 사전에 햇볕에 의한 화상을 입는데 걸리는 시간에 대한 정보를 입수하여 정확한 시간동안 햇볕에 피부를 그을리거나 인공선탠을 하여 햇볕에 민감하지 않도록 피부를 변화시킬 수 있다. 햇볕에 피부가 타는 이러한 문제를 해결하기 위한 많은 자원이 있으며, 이들은 피부, 환경속이나 새로운 자외선 차단제 등에 있다. 문제 해결은 정상적으로는 시스템 내에 이미 존재하는 자원들, 환경자원들, 그리고 필요할 때에 한해 입력물로서의 자원을 영리하게 결합하는 것이다. 목표는 기존 자원을 영리하게 사용함으로써 입력 자원을 최소화하는 것이다. 새로운 현명한 해결책은 다음을 포함한다: 자외선에 대해서만 활성화되는 선크림(태양이 빛나고 있을 때만 작동), 피부에 최다 햇빛양이 쬘 때 이를 알려주는 목걸이와 같은 장치; 시원하고 가볍지만 자외선을 막아 우리의 피부를 손상하지 않게 하는 의류(이것은 두껍지 않아야 한다는 것과 보호하기 위해서는 불투명해야 한다는 모순을 해결한다).

삶과 죽음에 대한 해결책이 좋은 자원이다

트리즈는 현존하는 자원, 특히 다른 사람들이 이미 사용했던 해결책, 그리고 해결책이 가장 절실했던 사람들이 찾아낸 해결책을 찾아보기를 권장한다-그 해답이 삶과 죽음에 대한 것. 호주에서의 햇빛 차단 해결책은 오존에 의한 손상과 야외 생활에서 오는 피부암의 높은 위험 때문에 개발된 좋은 해결책의 예이다.

제2차 세계 대전 중 미 공군에게 남태평양에서의 비행 범위를 제한하는 연료소비 문제가 발생했다. 해답을 찾은 사람은 1927년 최초로 단독 대서양 횡단비행을 했던 찰스 린드버그이다. 린드버그 대령은 진주만 사건 후 공군에 재입대를 원했지만, 그의 유명세 때문에 거부당했고 대신 산업계에서 일했다.

1944년까지 린드버그는 미국의 항공기 회사가 F4 U 함재 전투기의 필드 테스트하는 것을 돕는 컨설턴트를 하였다. 1944년 봄 린드버그는 남태평양에서 함재 전투기 조종사들에게 비행기 연료 소비를 극적으로 줄이고 임무 범위를 늘리는 방법을 가르치고 있었다. (www.eyewitnesstohistory.comllindbergh2.htm)

린드버그의 전문성이 그를 전쟁터로 돌아오게 했다. 연료 탱크 하나로도 비행 거리를 두 배 또는 세 배로 늘리는 효과적 자원 사용 방법에 대해 자신의 특별한 지식과 기술을 전수하는 데 집중하였고 이것이 평화 시와 전쟁 시에 최고의 조종사로 성공하는 열쇠였다.

태도, 기분, 두려움과 열정도 역시 의미 있는 자원

자원의 영리한 사용은 좋은 기술적 해결책뿐만 아니라 일상생활, 사업과 경영 문제를 푸는 데도 중요하며 문제란 사람을 다루는 일로 그들의 열정, 두려움, 동기부여와 동기 상실, 좋아하는 것과 싫어하는 것들로 결과를 얻기 위해 사용되는 자원들이다. 이것이 여러 경영문화의 변경 근거가 되는 도구들로서 감정, 경쟁심, 불확실성을 자극하며, 어떤 경영문화 이슈나 부여된 해결책을 찾으려는 의지나 욕망을 불러일으킨다.

트리즈 자원의 영리한 사용은 이미 존재하는 것들을 사용하여 최소의 입력으로 원하는 것을 얻음을 의미한다. 아래 그림에서 먼 거리에 그림 같은 아름다운 집에 사는 사람들은 집 가까이에 남이 거니는 것을 싫어하여 - 이상성하고는 거리가 먼 비싸고 커다란 울타리나 벽을 설치한다. (트리즈의 이상적 시스템은 원하는 것을 주지만 존재하지 않는 것이다.) 보행자 자신들의 내부의 자원을 사용하는 것(황소에 대한 두려움)이 이상적 시스템이라고 할만하다. (이상적 황소는 존재하지 않는다!)

울타리는 잊어라 – 커지는 두려움이 침입자를 멀리 있게 하는 매우 싸고 효과적인 방법이 될 수 있다

7.9 자원을 사용하여 트리즈 문제풀기

요구사항이라고 정의된 것과 일치하는 사용 가능한 모든 자원을 탐색하는 과정이 다음 그림에 요약되어 있고 도움이 될 것이다. 자원은 입력물이거나 시스템 내부나 그 주위에 이미 있어 사용 가능한 것이다.

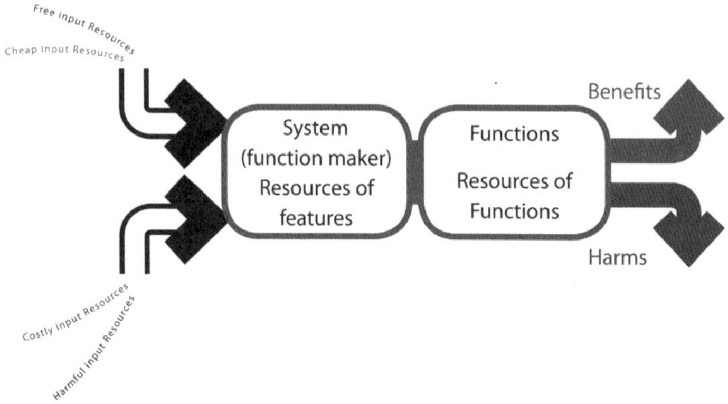

유용한 자원에 대한 상세한 정의는 시스템 내부나 주변에 이미 존재하고, 잠재능력은 모두 다 사용되지 않은, 우리가 원하거나 문제를 풀 때 사용할 수 있는 어떤 것이다. 부분적으로 사용되었거나, 전혀 사용되지 않았거나, 이전에 전혀 사용된 적이 없던 이용 가능한 것을 체계적으로 검색해야 한다.

자원들은,

모든 가능한 입력물

- 재료(좋고 나쁜, 저렴하고 비싼 또는 심지어는 무료인)
- 장, 작용, 움직임, 성분 간의 상호작용
- 시간과 공간
- 공학적 및 과학적 지식과 경험(관련 정보와 데이터)
- 해로운 입력물.

문제 영역에 있는 것

- 시스템, 물질 및 구성 성분 ... 사용할 수 있는 것은 모두
- 구성 성분의 주변과/에 작용하는 환경 및 천연자원 - 주변과 시스템에 있는 온도, 공기, 햇빛, 중력, 압력, 온기, 소음, 냄새, 압력, 빛, 냉기, 에너지
- 공간, 공백과 결핍(중요하고 놓치기 쉽다!)
- 문제가 생겼을 때 발생하는 모든 행동, 반응 ... 일상적인, 심지어 눈에 보이지 않는, 항상 그 곳에 있기 때문에
- 문제의 유해성과 요인 - 문제와 같은 시간과 장소에 나타나는 것은 모두.
  유해성은 보통 주위에서 얻으려 하지만 볼 수 없다 : 나쁜 것을 사용하고 변형하는 것이 가장 강력한 자원 해결책 중 하나이다. 나쁘고, 짜증나게 하고, 더러운 것들을 모두 찾아보라.

시스템과 모든 부품의 모든 특징(크거나 작은, 분명하거나 숨겨진)

- 모양, 동작, 색상, 투명성, 대칭, 표면 마무리, 부드러움/거칢, 내부속성, 자기성, 재료 특성, 사용의 편의성, 저렴성, 견고성 등

모든 시스템의 상호작용(시스템 내부 부품들 간의, 그리고 다른 시스템들 간의)

- 장의 특징/상호작용을 일으키는 작용; 요소에 작용하는 장 - 압력, 정보, 온도, 중력, 기상 조건, 냄새, 소음, 에너지 운반체와 흐름으로서의 정상적 장보다 넓은 정의를 포함 - 그래서 열, 소리, 냄새, 두려움, 열정, 자극은 모두 장이며 중요한 자원이다

규모 - 문맥과 세부내용 - 문맥으로 축소해보거나 세부내용으로 확대해 봄

- 환경 - 시스템 내외부의 모든 것을 관찰
- 분자수준까지 세부적으로 상세히 관찰

시간

- 몇 가지 작업수행 준비
- 공정 단계에서 발생하는 변화
- 작업을 수행하기 위해 남아있는 시간,
- 전,후, 동안
- 과거, 현재, 미래
- 시간에 따라 달라질 수 있는 어떤 것 (예: 상변화)
- 병렬조작(멀티태스킹)
- 시간이 시스템에 미치는 영향, 예로 어떤 초콜릿은 소비자에게 어떻게 즐길 수 있을지 모른 상태에서 포장된 채 공장을 떠난다 (운송, 저장 및 배송 시간이 초콜릿의 달콤함을 바삭바삭하게 만들고 (공장에서의 부드러움을 유지한 채) 초콜릿의 어떤 첨가물을 물렁물렁하게 만드는(점성있고 끈적끈적한 상태로 공장을 떠났던) 자원이 된다.

노인 타이머가 효과적 자원 사용에 대해 알고 있다.

7.10 자원 탐색

자원 탐색 작업은 적절하고 가능한 모든 것을 사용하는 것임이 확실하다 - 원하는 기능을 자원에 일치시키는 것이다. 우리가 원하는 모든 것을 얻을 수 있도록 시스템의 어떤 것 또는 모든 것을 어떻게 우리가 결합, 변환, 제거, 변경할 수 있는지를 물어봐야 한다. 문제의 원인을 포함해야 함을 항상 기억해야 한다 - 유해성, 해로운 입력물을, 그리고 해로운 입력물이 유용한 것으로 변환되도록 노력해야 한다. 예를 들어 눈보라 속에 갇혔을 때 생존용 침낭의 바스락거리는 소음은 조난당해 구조를 기다릴 때 등반가를 잠 못 들게 만드는 해로운 결과물이라는 불만이 있다. 따라서 자원은 시스템 자체, 문제영역, 큰 그림에서의 세부사항과 구성성분, 압력, 냉/온, 지식, 중력, 기상조건, 냄새 또는 소음 등을 포함한 주변과 환경 내에 있는, 모든 것과 문제와 동시에 나타나는 어떤 것들 모두를 포함한다. 그리고 이것들이 문제를 해결해줄 것이다. 자원에는 또한 찾을 때까지는 보통 잘 보이지 않는 유보된 것들을 포함한다. 우리는 이런 것들을 찾아 체계적으로 최고의 자원으로 동원해야 한다.

- 시스템 내부 또는 주변
- 그것이 필요할 때와 필요할 때 활용 가능한 가까운 곳
- 싸고 쉽게 (아주 싼 비용으로) 활용 가능하며 문제의 원인이 되는 것

자연에서는 먹을 것에 대한 투쟁이 가끔 형제자매들 사이에서 일어난다: 가능한 자원은 직계가족을 먹을 것으로 만들어 버리는 것이다. 가끔 올챙이들에서 이런 일이 일어난다.

조그만 많은 입들이 효과적인 먹는 기계를 만든다 - 약한 형제들은 좋은 음식 소스다

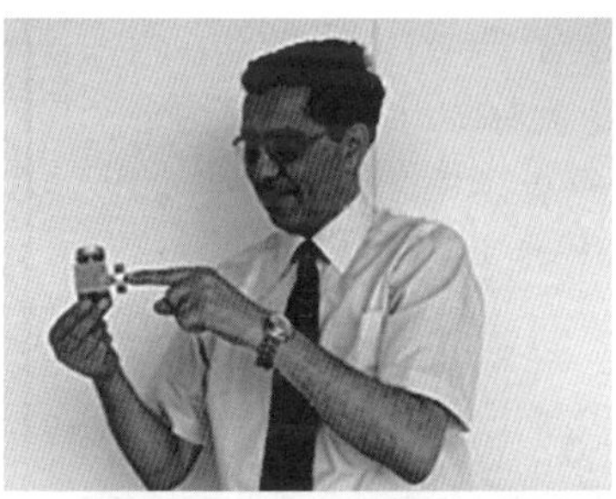

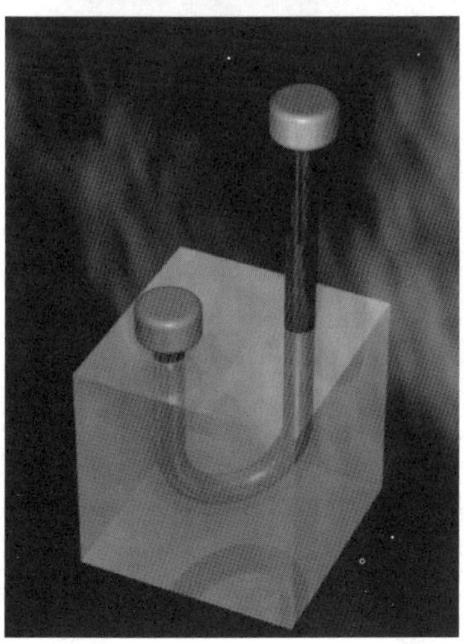

하위 시스템 자원을 이용한 훌륭한 발명의 예

충격을 완벽히 흡수하는 뛰어난 발명은 금속이 변형될 때의 재료 특성인 간단한 자원을 사용하는 것이다. 고체 재료에 힘을 가하여 닫힌 채널의 곡선 주위로 지나도록 변형을 가함으로써, 저비용으로 영원히 재사용 가능한 기계적 에너지를 흡수하는 소형장치를 만들 수 있다. 이것은 모든 성분과 재료의 기능과 특징을 찾아보고 하위시스템 수준에 있는 자원을 사용하는 것이다 -세부 수준(필요시 분자 수준)까지 축소함으로써. 배스대학에서 2005년 9월 7일 발간된 보도자료에 의하면: 배스대학의 한 엔지니어에 의해 고안된 간단하나 영리한 아이디어가 전 세계에 걸쳐 구축된 안전장치의 방향에 일대 변화를 가져왔다. 페이덱 오스만 박사의 새로운 개념은 기차의 완충장치, 안전벽과 항공기 이착륙 장치 등이 훨씬 더 효율적이고 저렴해질 수 있음을 의미하게 되었다. 영국의 배스대학교 기계공학과의 오스만 박사는 엄청난 충격을 흡수하지만 재사용이 가능하도록 다시 온전한 상태를 유지할 수 있는 완충장치를 개발했다. '일반적으로 기차 완충장치와 같은 안전장치에 가해지는 충돌의 충격은 장치 자체를 변형시켜 재사용이 불가하여 교체해야 한다. 비행기의 이착륙 장치처럼 더 작은 급격한 충격을 일상적으로 받는 스트레스조차도 그들을 쉽게 망가뜨린다. 오스만 박사의 아이디어는 안전장

치가 곡면을 가진 채널 안에서 금속조각처럼 간단해야 한다는 것이다. 충돌하는 동안, 충격이 금속에 힘을 가하여 채널 아래로 향하고, 충돌 에너지가 금속에 흡수되어 채널의 끝 부분의 곡면 주위로 이동한다. 채널은 그 후 복귀하고 다음 충격이 채널 끝에서 금속을 때리게 하고 원래의 시작 지점으로 되돌아오게 한다. '장치는 저렴하고 충격 후에도 교체가 필요 없다. 이것들은 무기의 부품, 자동차 범퍼 장착, 교량과 크레인의 접합, 지진 지역 건물의 충격 흡수기에 사용될 수 있다.'

상위 시스템의 자원 사용

자원은 사용할 수 있는 주변의 모든 것을 포함하지만 문제를 해결할 때는 의식적으로 찾거나 기억해야 하는 것들이다. 상위 시스템의 자원은 잊기가 가장 쉽다, 왜냐하면 공기, 중력, 지식, 햇빛, 온도, 압력, 물질 또는 에너지 장과 같은 환경에서 우리를 에워싸고 있는 모든 것을 포함하기 때문이다. 이들은 모두 무료로 사용할 수 있다.

보통 문제 영역에 꽤 가까이 있는 자원을 찾는 것부터 시작한다 - 작업하려는 시스템. 트리즈의 중요한 부분은 자원을 간과하지 않는 것으로 그 이유는 자원을 보통 해로운 것으로 여기기 때문이다. 그런 일들이 너무 자명해서 쉽게 잊어버린다는 것을 기억해야 한다. 훌륭한 많은 해결책 등 무료로 존재하는 것을 이용하는 데서 나온다, 하지만 아주 평범한 자원들이다. 자원은 대부분의 시스템에서 중요한 열쇠가 되며 많은 자원들이 사용되지 않은 채 남아 있는 이유는 사람들이 그들의 일부나 그들과의 관련성을 보지 못하고 그들을 해롭다고 생각하기 때문이다.

가장 간단한 환경 자원 - 언덕 - 역시 매우 효과적인 해결책이 될 수 있다

자원 및 위험

자원은 문제를 문제의 뿌리에서부터 곧바로 해결한다 - 문제 원인의 고리들은 문제 해결에 중요하며 '왜?' 라는 질문은 우리를 문제의 근본 원인으로 인도할 것이다. 많은 사람이 문제 해결 도구를 근본 원인을 찾는 도구세트처럼 생각하고 - 비록 그러한 도구세트가 문제 해결에서 중요한 요소지만 많은 것 중의 하나일 뿐이다. 무엇이 문제를 일으키는지를 정확히 찾는 것이 중요하고 일단 원인을 알고 나면 해결책은 때로는 명백해진다 - 그러나 자원은 항상 필요하게 된다. 예를 들어, 암스테르담 (Amsterdam)의 스히폴 공항 (Schiphol Airport)에서 비행기와 새의 충돌이 2003년에 항공편 10,000건 당 3건에서 2004년에 5건으로 증가했다. KLM사의 보잉 737이 이륙할 때 새가 엔진을 쳐서 활주로를 미끄러졌다. 이 의미는 스히폴 공항을 논할 때 일상적으로 재발할 수 있는 주제이다. 새들은 비행기 엔진을 손상하고 비행을 위험상태에 빠뜨릴 수 있다고 'KLM 대변인 휴고 바스가 말했다. 공항은 개를 풀어 순찰하고, 경고용 권총과 새를 쫓기 위한 큰 소음을 내는 테이프를 사용하였다, 그 후 누군가가 왜 새들이 저곳에 있지요? 라고 질문하였다. 조사한 결과 활주로 근처 잔디에서 새들이 쥐를 먹고 있는 것을 발견했다. 말똥가리새와 왜가리처럼 쥐가 새들을 유인한다 - 일단 이런 먹이사슬이 확립되자 문제는 쥐를 제거하는 방법이 되었다. 다음 질문은 암스테르담에서 사용할 수 있는 자원은 무엇입니까? 이었다. 하나의 자원은 쥐에 관한 지식으로 쥐는 튤립 냄새를 싫어한다고 알려진 것이다. 쥐를 제거하기 위해 암스테르담 스키폴 공항에 수십만 송이의 꽃을 심어 달라고 네덜란드 튤립 재배자들에게 요청했다. 그 결과로 튤립의 아름다운 모습이 나타났고 냄새가 쥐를 몰아냈고, 쥐가 없어져서 새들이 거의 자취를 감추었다.

쥐는 튤립을 싫어한다 - 먹을 쥐기 없으므로 위험한 새가 공항을 떠난다

위험한 경우의 자원

제한된 자원만 있는 경우의 위험한 상황, 특히 시간, 자원에 대한 유연한 사고, 유용하고 쉽게 사용 가능한 모든 것들은 삶과 죽음의 문제가 될 수 있다. 위험의 원인을 자원으로 사용하는 것은 악을 선으로 바꾸는 영리한 변환이다. 아래 그림에서 배의 구멍은 몰려드는 물의 힘 때문에 처리하기가 어려운데 그런 것을 해로운 입력물로 정의할 수 있다. 외부에서 임시로 돛 조각을 배에 대는 것은 수압의 해로운 힘을 이용하여 돛을 구멍난 자리에 붙어 있도록 하는 것이다. 나쁜 것을 좋은 것에 사용하는 변환은 오래된 선원의 책략이다.

아폴로 13호 영화는 유명한 닫힌 계(시스템)의 예를 보여주었다, 제한된 자원, 생존을 위한 제한된 시간의 창문만으로, 승무원이 어떻게 구조되었고 자원을 어떻게 영리하게 적용했는지, 이용 가능한 관련된 모든 것들의 절묘한 결합, 특히 경험과 두뇌의 힘을 어떻게 결합했는지를 보여준다. 유해성을 자원으로 사용하는 것은 위험한 상황에 익숙해 있는 사람들에겐 거의 제2의 본능이다. 1998년 온두라스에서 허리케인 미치가 지나간 후 많은 사람들이 위험요소에 노출되고 물과 대피소 부족으로 사망했다. 지역 사람들 일부는 사려 깊은 트리즈 전문가로부터 자원에 대한 조언을 받고 도움을 받았는데, 영국의 롤스로이스 트리즈 전문가들을 전화로 연결하여, 폭풍 바로 다음 날 제한적인 자원(특히 유해하고 환경 제한적인)을 활용하여 어떻게 물과 음식물을 많은 사람에게 신속하고 효율적으로 전달할 것인지를 자문한 결과였다. 사용된 자원은 홍수가 난 강으로, 강의 상류에서 깨끗한 강물(음식물이나 간단한 도구)을 대형 플라스틱 통에 채우고 작은 깃발로 표시하여 다리와 도로가 파괴되어 고립된 사람들에게 닿도록 떠내려 보냈다.

보다 효과적으로 자원을 사용하기 위한 네 가지 간단한 단계

(6장에서와 같이 = 빠른 이상적 문제 해결)

1. 문제가 무엇입니까 ?
2. 이상성을 정의 - 필수적인 요구사항 목록/이득을 정의하기 위한 필요성
3. 이득을 전달하는 기능을 발견하고/정의
4. 필수 기능을 전달하는 시스템 주변의 자원 탐색

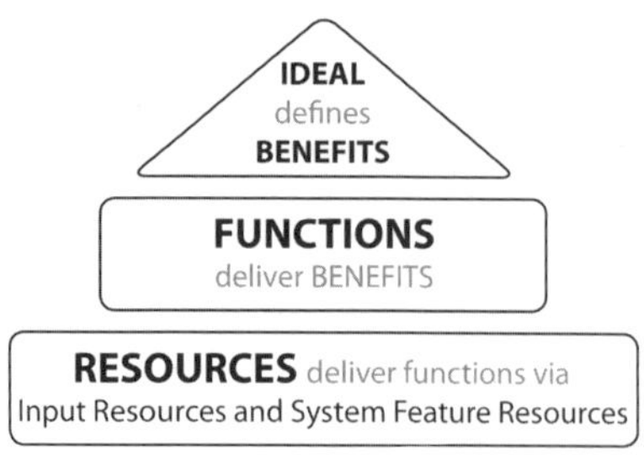

본질적으로 트리즈는 우리에게 우리가 가진 시스템으로부터, 트리즈 해결책 트리거를 사용하여, 찾고자 하는 본질적인 기능 이해를 제시하는 방식으로 가용한 자원을 적용하여 현재의 시스템에서 원하는 시스템으로 어떻게 옮겨가는지를 보여준다.

자원을 어디에서 찾을까? 답은 시스템의 내. 외부의 모든 것, 그리고 시스템 주변의 사용 가능한 입력물, 시스템의 부품들, 유해성 등에 있다. 그것들은 시스템의 특징적 자원들로서, 표면 거칠기나 매끄러움(거칠기란 벨

크로처럼 좋은 마찰력을 찾을 때는 자원; 매끄러움은 아이들의 미끄럼틀이나 음식 운반용 컨베이어 슈트와 같은 시스템에 필요한 자원)과 같은 구성 성분들의 개별적 특징을 포함한다. 다른 유용한 특징으로 색상을 포함한다(위험한 상황에서 잘 보이도록 도와주는) -밤에는 흰 코트가 검은 것보다 더 안전하다. 자원을 찾을 때는 필요한 이득을 전달하기 위해 필요한 기능을 제공할 수 있는 시스템의 내. 외부와 주변의 모든 것을 찾아봐야 한다. 예를 들어 많은 어린이 놀이터는 재미있고 안전하게 설계되어 있다. 놀이터의 트램펄린의 새 디자인은 부드러운 모래로 둘러싸인 밑으로 파여진 모래밭 상단에 지상 높이로 만들어져 있다. 이 디자인은 만일 아이가 튕겨 나와 떨어질 때 높이차가 거의 없고 부드러운 모래로 떨어지도록 확실히 하기 위해 낮거나 거의 같은 높이라는 환경자원을 사용한다. 지상 높이의 디자인은 간단한 무료 환경 자원을 사용하고 모래(비용이 드는 입력 자원이더라도)는 추가적인 안전을 확보한다. 해로운 입력물도 역시 자원이다 - 나중에 더 큰 부상을 방지하기 위해 통증이 피드백을 제공하는 것처럼.

자원 탐색, 우리가 가진 자원을 동원하기

어떤 것(이미 있는)이 찾고 있는 기능을 제공한다(X-인자 포함)
시스템 내부와 주변, 특히 문제와 가까이 있거나 문제가 생겼을 때에만 필요한 모든 자원을 나열한다
변하지 않거나 거의 변하지 않는 자원은 사용해야 한다

- 변경되지 않은 / 발견된 원래 상태
- 결합된 - 다른 사용 가능한 지원과
- 수정된 - 필요한 기능을 제공하도록 변경된

복수의 자원이 있다고 가정 - 자원 A, B, C 그리고 역시 기능의 조합이 필요

기능 1, 2 -각각에 대해 차례로 시도(기능이 필요한 경우 정확히 무엇이고 어디인지 정의)

각각의 자원에 대해 차례로 간단한 질문을 한다

자원 A는 기능1을 제공합니까?
자원 A는 기능 2를 제공합니까?
구성 성분(자원 A가 실행하는데 필요한)은 요구되는 기능 자체를 제공합니까?

자원 B는 기능 1을 제공합니까?
자원 B는 기능 2를 제공합니까?
구성 성분(자원 B가 실행하는데 필요한)은 필요한 기능 자체를 제공합니까?

자원 C는 기능 1을 제공합니까?
자원 C는 기능 2를 제공합니까?
구성 성분(자원 C가 실행하는데 필요한)은 필요한 기능 자체를 제공합니까?

전문가 / 관련 경험을 가진 엔지니어 팀과 함께 이 작업을 수행할 수 있습니까?
이런 간단한 훈련이 문제를 명쾌하고, 싸고 효율적으로 해결한다.

7.11 실용적 해결책을 위한 트리즈 트리거와 자원들

입력물의 최소화는 가용한 자원의 영리한 사용으로 달성된다. 비 트리즈적인 문제 해결 도구들은, 역시 최고의 자원을 사용하는 것으로, 그 일에 적합한 최적의 자원을 확실히 발견하기 위해 많은 자원 목록을 사용하고

광범위한 자원 탐색 등을 장려한다. 트리즈는 영리하고, 집중된 트리즈 문제 모델을 통하여 훨씬 깨끗하고 깔끔하고 신속하게 자원의 위치를 제공하며, 그 모델들은 문제를 해결하기 위한 소수의 트리즈 해결책 개념을 갖고 있다. 이러한 트리즈 해결책 개념(40가지 원리, 8개의 경향과 76표준해) 트리즈 개념을 적용하여, 적절한 자원을 찾고, 현재 시스템에서 더 나은 시스템으로 우리를 이동하도록 도와주는 해결책을 제시한다. 이 과정은 우리가 개선된 시스템에 만족할 때까지 또는 궁극적으로 이상성만이 우리가 원하는 이득이며 비용과 손실이 없는 이상적 결과물에 도달할 때까지 반복될 것이다.

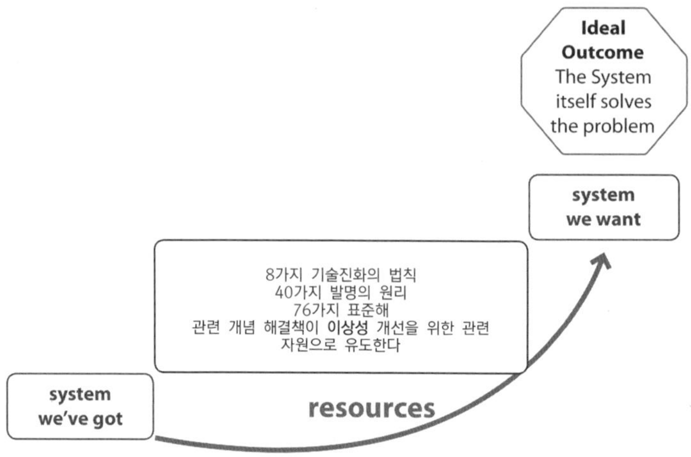

트리즈는 자원과 해결책 트리거가 제시하는 모든 것과의 결합이다. 세 가지 목록에 모두 나타나는 중첩된 하나의 해결책 트리거는 분할이다 - 이것이 표시되면 분할을 사용하여 문제를 해결하는 자원을 찾기를 요구받는다. 분할은 모순을 해결하기 위한 40가지 원리의 첫 번째로, 두 개의 방이나 두 개의 환경을 분리하기 위해 항상 거기에 있어야 하지만 걸어 나가야 할 때 없는 문을 가져야하는 모순을 해결하는 것이다.

분할은 그곳에 있어야 하면서도 교수대나 발판처럼 다른 시간에는 없어야 하는 시스템에 대한 해결책이 되어왔다 -이곳저곳으로 이동할 수 있는 하나의 견고한 구조물에 대한 문제이다. 가용한 자원과 분할을 포함한 발명의 원리로 모순을 해결하는 방법이 상반되는 이득을 어떻게 달성하는지를 보여주는 디자인 해결책을 제시해준다 - 조립과 분해가 쉽고, 한 위치에서 다른 위치로의 이동은 쉽지만, 때에 따라서는 강하고 안정적인. 트리즈의 본질은 '우리가 가진 시스템'으로부터 트리즈 이상성으로 곧바로 신속하게 도약하고 그것을 전달하는 자원

을 찾아 '원하는 시스템'으로의 바람직한 전이를 어떻게 정의할 것인지를 보여준다, 또는, 모순을 해결하기 위한 트리즈 문제 해결 과정에서 제시된 방법으로 훨씬 적은 단계로 자원을 적용하여 유해성이나 증가하는 이득을 다루는 것을 보여준다. 이러한 것들이 자원을 움직여 구현할 수 있는 40가지 원리, 8가지 경향 또는 76가지 표준해로부터 해결책 트리거로 이끌어 준다.

현명한 해결책은 옳고 이용 가능한 자원을 사용한다

크고 무거운 종을 이동시켜야 한다고 상상하자 - 이상성은 종을 누구나 아무것도 사용 않고 불편함이 없이 쉽게 이동하는 것이다. 만일 편리함을 악화시키지 않고 자동화 상황을 개선하기 위하여 트리즈 모순 행렬표를 찾아보면 40가지 발명원리 중 네 가지의 해결책 개념을 제시한다, 1 분할 12 동등성, 34 폐기 및 복구, 3 국부적 품질. 그 후에는 이러한 개념을 사용하여 자신의 문제를 해결하기 위한 자원을 찾는 것이 문제 해결자의 과제이다.

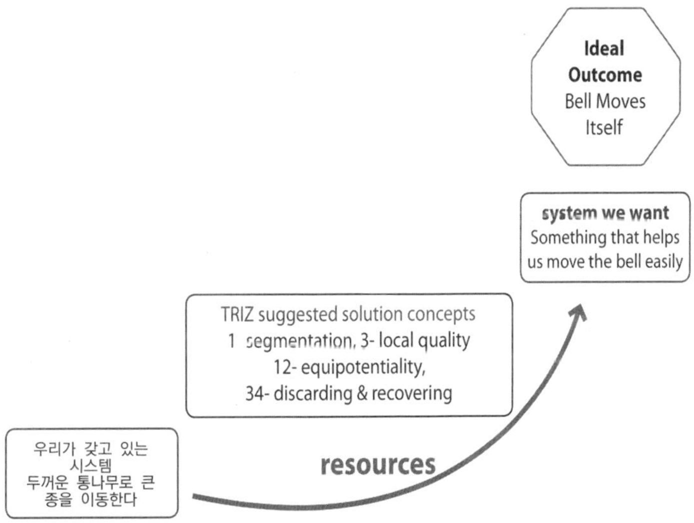

문제를 해결하기 위해 제안된 네 가지 트리즈 발명 원리를 각각 적용하여 사용 가능한 자원에 대해 생각해 보자.

자원(형체의 간단한 특징)은 현명하고 간단한 해결책을 제공한다

풍부하고 체계적인 문제 해결에 이르는 간단한 단계

트리즈의 많은 아이디어와 마찬가지로 가장 간단한 것이 가장 강력한 것이다. 시베리아 강제수용소에서 냉혹하게 시작한 트리즈는 아마도 주변의 모든 것을 좋은 용도로 쓸 가능성을 찾아보는 트리즈 문화를 창조하는 데 도움이 되었을 것이다. 이상적 결과물과 자원을 새롭게 보려는 간단한 트리즈 방법은 사고를 간단한 문제 해결 단계로 바로 가는 지름길을 찾게 도와주도록 초점을 맞추고 있으며, 이상성(우리가 원하는)에서 자원(해결책)으로 곧바로 인도한다. 자원을 찾는 이상성을 사용해서 문제를 해결하는 간단하고 유사한 세 가지 작업이 있다 - 기능과 자원;

- 이상적 결과물과 모든 이득을 정의하라, 이득을 제공하는 기능/특징을 찾고 나서 관련 자원으로부터 이들을 탐색하라.
- 이상적 시스템을 정의하라, 그리고 본질적인 기능들을 식별하고, 자원으로부터 만들어진 이상적 자기 시스템으로 이것들을 전달하라.
- 이상적 해결책이나 수수께끼 같은 X-인자로부터 만들어진 기능을 식별하라, 그리고 사용 가능한 자원으로부터 모든 문제를 해결할 수 있는 X-인자를 만들도록 시도하라.

이상적 결과물의 아이디어는 원하는 모든 이득을 가져다준다. 이상적 시스템은 아무런 비용이 없이도 이득을 주는 모든 기능을 제공한다 - 이것은 바꾸어 말하면 '이상적 기능' 또는 '이상적 해결책'으로 묘사되며, 그것은 더 이상의 입력물이 없어도 원하는 모든 것을 준다. 어떻게 비용이나 입력물이 없는 기능을 가질 수 있을까? 이미 존재하는 것(기존 자원)을 사용함으로써 우리가 원하는 것을 얻는다. 이상적 기능은 기존 자원으로부터 만들어지며 추가의 비용이나 입력물이 필요 없다. 간단한 트리즈 규칙은 이상성이 스스로 문제 해결하는 것을 말한다.

빠른 이상적 사고

이상성을 정의하게 되면 두 가지 활동이 동시에 일어난다 - 특히 팀에서 일할 때 - 우리는 요구사항을 이해하고 다양한 해결책을 만들어낸다. 일단 강력한 해결책 모드로 몰입하면 흔히 창의적이고 명쾌한 생각에 잠긴다. 이런 고순도의 생각하는 시간을 억제해서는 안 된다 - 그리고 이러한 모든 아이디어와 해결책은 간결하게 즉시 나쁜 해결책 공원에 기록되어야 한다. (창의적으로 설계된 모든 환경이 아이디어를 기록하는 모든 장소가 된다 - 레오나르도 다빈치는 항상 작은 수첩을 휴대하여 떠오르는 어떤 아이디어나 해결책도 잊어버리는 일이 없었다).

이상적 결과물, 필수적 기능에 의해 전달되는- 관련 자원을 찾아보라

이상성-기능-자원에 도달하는 가장 간단한 접근법

- 이상성으로 원하는 것(이득)을 정의하라
- 그들을 제공하는 본질적 기능을 정의하라
- 사용 가능한 자원을 탐색하라

최근에 나는 심해에 가라앉은 선박으로부터의 탈출 시스템과 관련된 많은 조직들과 일해 왔다. 이상성은 집으로 안전하게 (탈출한 사람들을) 데려가는(후송하는) 것으로 정의되었다.

그 단계 전에 어떤 이득이 필요했다:

- 탈출
- 생존
- 살아있는 상태로 발견되고 잘 구조되어 집으로 후송되기

탈출 이후에 이행되어야 하는 필수적인 기능은 아래와 같이 정의되었다

- 떠 있을 것
- 따뜻한 상태일 것
- 모여 있을 것
- 구조대에 탐지될 것
- 생명을 유지시켜주는 것들 - 물과 음식과 약물치료와 같은

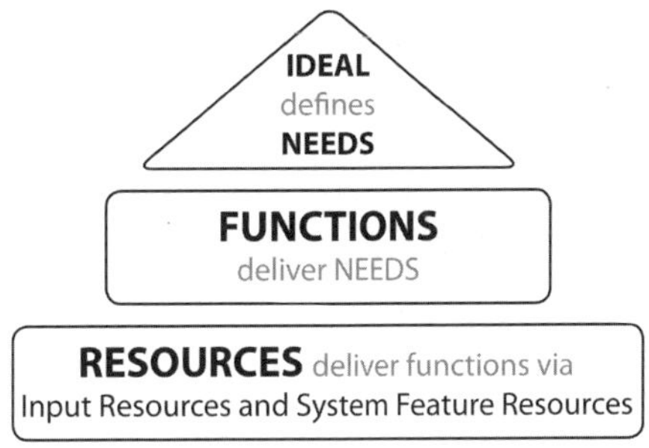

사용 가능한 자원을 생각하여 이러한 간단한 목록을 작성하여 문제 해결에 착수할 수 있었다. 사용 가능한 자원을 찾는 일은 탈출하려는 선박에 달려있다. - 잠수함이면 타이트한 공간의 제약 속에 저장된, 어떤 것을 찾아야하고 그것은 잠수함에 극적으로 딱 맞는 작은 구멍을 통해 제거될 수 있다. 유람선이라면 구명보트는 충분하지만, 승객들이 보트에 도달하고 탑승하기에는 너무 늙거나 쇠약한 사람들이 있을 수 있다. 바다에 불시착한 비행기에는 중량 및 접근이라는 또 다른 제약조건이 있다. 어떤 상황에서나 간단히 이상성으로의 접근방식-기능-자원이 신속하게 해결책을 제공한다.

이상성으로 시작하는 것은 매우 강력하고, 빠르고, 유용하다, 즉 원하는 것을 획득하기 위해 이상성을 간단히 상상하는 것만으로 트리즈를 사용하는 것, 그리고 어쩔 수 없이 이상성을 제공하는 신속한 해결책을 생각하는 것, 자원 가운데서 이러한 해결책을 찾는 일, 이상성에 도달하게 하거나 최대한 이상성에 근접하게 하는 가용한 자원을 탐색하는 방법 등이 이상성으로 시작하는 것이다. 그러므로 이상성을 정의하는 것이 우리에게 옳은 방향을 곧장 지적해 주고, 욕구를 이해하려는 우리의 생각과 시스템과 해결책에 대한 상상력을 자극하는 트리즈 도구이다(좋은 해결책은 우리가 원하는 것 - 욕구 - 와 우리가 현재 가진 시스템 간의 격차를 줄여준다).

이상적 결과물에 대해 생각하는 것은 매우 단순하지만, 모든 현실적이고 본질적인 요구사항을 이해하고 이상적 결과물에 도달하기 위하여 이상적 해결책을 상상하도록 도와주도록 우리의 두뇌를 톱니바퀴가 돌 듯이 만드는 체계적인 방법이다.

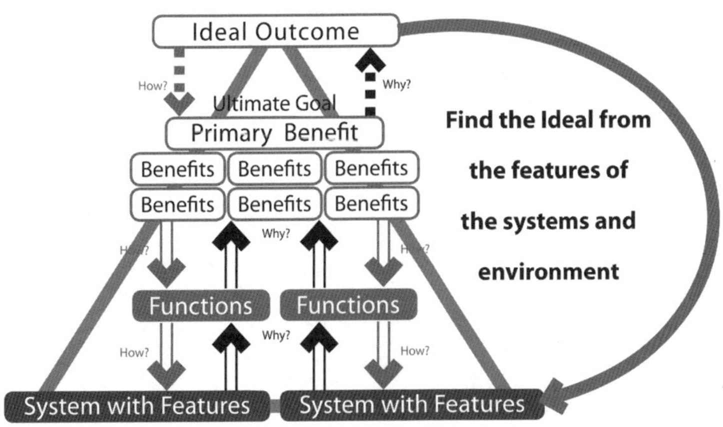

이상적인 간판은 홍수가 있을 때만 보인다.

이상적인 자기 시스템 – 모든 요구사항을 제공한다

총명한 시스템은 우리가 원하는 기능을 주는 셀프 시스템을 제공하기 위해 가용 자원을 사용한다. 그것은 이상적으로는 필요할 때와 장소에서만 현명한 해결책을 제공한다. 이득이 되는 결과물을 주기 위해 가용한 입력물을 사용하여, 우리에게 심지어는 눈사람을 도로표지판으로 삼는 것처럼 해롭거나 문제가 되는 입력물을 유용하게 만든다.

뛰어나면서 매우 실제적인 셀프 시스템의 한 가지 예는 도로에서 생명을 구하는 눈부신 야간반사장치로, 차량 안내판은, 항상 그곳에 있지만 차 불빛이 비추었을 때처럼 필요할 때만 동작하는 야간반사장치로부터 도움을 받는다. 이것은 필요한 경우에만 에너지를 사용하고, 이미 가진 에너지를 사용하는 것으로, 탄소 흔적을 줄이는 데 필수적이다.

1930년대에 퍼시 쇼의 천재적인 야광반사장치 발명은 또한 그 장치가 스스로 청소하도록 설계되었는데, 자동차의 자원을 가끔 이용하도록 하였다. 즉, 유익하고 무료인 빗물자원을 배출하여 청소하는데 자동차가 달리면서 반사장치위로 빗물이 뿌려지고 장치들에 피해없이 빗물이 흘러내려 청소가 되는 것이다. 그 장치들은 어쩌면 매우 춥고 얼음이 얼 때 운전자들에게 경고하기 위해 간단히 색을 바꾸는 가용 자원을 더 사용하여 위험함을 나타내면 더욱 쓸모가 있을 것이다. 야광 반사장치의 새 디자인은 차량 헤드라이트가 없어도 도로를 밝게 비추기 위하여 태양광이나 LED 같은 환경 자원을 사용한다. 야광 반사장치는 필요할 때 활성화되고, 자동차에 의해 가해지는 유해성마저도 가용 자원으로 현명하게 사용하는 것을 보여주는 완벽한 시스템이다.

7.12 이상성은 문제를 스스로 해결한다 – 이상적인 셀프 시스템

어떤(가끔 상반되는) 이득을 달성하기 위해 스마트한 자원을 탐색하기

강력한 해결책을 위한 중요한 트리즈 촉진제는 셀프 시스템을 찾는 것이다 - 가용자원을 사용하여 스스로 해결책을 제공하는, 단순하지만 효과적인 셀프 시스템을 만드는 것이다. 셀프 시스템은 원하는 모든 것을 다른 시간, 장소 및 조건에서 제공한다. 셀프 시스템은 서로 다른 모든 공정단계에서 변화하고 적응한다. 예를 들어, 앞에서 도로표지판의 홍수와 같이 원할 때는 그곳에 있고 원하지 않으면 있지 않다. 셀프 시스템은 분리를 위해 자원을 사용하면서 물리적 모순(상반된 이득을 제공하는)을 해결하고 모순된 이득을 영리하게 제공한다.

자원(재료 특성)은 공간에서 다르게 전달한다

일정하면서, 시간에 불변하는, 시스템은 다른 장소에서 상반된 상황을 제공한다 - 다음 페이지 만화에 나오는 이상적인 맛있는 음식이 담긴 접시는 단지 가운데만 뜨겁다-열이 필요할 때, 그러나 사람 손가락이 닿는 가장 자리는 시원하다.

가장자리까지 뜨거워질 필요가 없는 따뜻한 접시

자원(공극/구멍)은 조건에 따라 다르게 전달한다.

성공한 울타리는 서로 다른 요소에 대해 다르게 반응하게 하는 구멍을 갖고 있다 - 이상적인 울타리는 바람은 통하게 하지만, 안이 보이지 않아서 사생활을 지켜주고 바람은 배출한다.

성공적인 울타리는 공극이나 구멍이 거대한 트리즈 자원임을 보여준다

고전적 문제에 현대적 해결책 - 피부에 착 달라붙게 하는 방법

드레스의 자원(상변화)이 시간에 따라 다른 이득을 제공한다

시스템 변경 - 이상적인 드레스는 크고 입기 쉽고 따라서 지퍼 또는 버튼에 맞는 구멍이 필요하지 않으나, 필요할 때는 작아지고 끼워 맞출 수 있다, - 시간에 따라 변한다.

7.13 이상적인 자체 시스템 - 토마토소스 병 디자인에 사용된 이상적인 자원

토마토케첩을 담는 전통적인 유리병은 19세기에 처음 나타난 후 수십 년 동안 인기가 있었다. 매력적인 색상을 자랑하고, 순수 토마토가 얼마나 들어있는지를 보여주기 위하여 투명한 유리의 특징/자원을 사용하였다. 그러나 항상 적재적소에서 소스의 정확한 양을 전달하기가 어려운 귀찮은 문제를 지니고 있었다. 전통적으로 병을 흔들어 준 다음에 병의 바닥을 두들기면 소스 덩이(요변성 유체)가 불쑥 튀어나온다 - 음식에 소스를 뿌릴 때 원하는 자리에 정확히 있기도 하지만 어떤 때는 우리에게 또는 벽에 붙는다. 이 문제에 대한 유명한 해결책은 기존의 토마토소스 병의 성능을 개선하기 위해 유익한 자원을 간단히 사용함으로써 발견되었다.

병 또는 **케첩** 스스로 소스 덩어리가 언제 어디에 필요한지
정확히 이동/전달한다

이 시스템에는 세 가지 주된 요소(또는 자원), 사람, 케첩이나 소스, 그리고 병을 갖고 있다.

트리즈 도구의 이상성을 사용하여 다음과 같이 해결책을 기술할 수 있다 :

이상성은 스스로 문제를 해결한다 =병이 소스를 움직인다(이렇게 하는 방법을 찾고 있음).

또는

이상성은 스스로 문제를 해결한다 =소스 자체가 움직인다(이렇게 하는 방법을 찾고 있음).

자원 탐색에서 우리는 사람 , 병, 소스의 근처와 내부에서 모든 것을 시도한다. 어떤 자원이 소스를 이동시킬까? 무엇이지? 찾을 수 있는 자원을 조사한다 - 규정한 영역 내에서만.

이상성은 스스로 문제를 해결한다 - 병이 소스를 이동시킨다(이렇게 하는 방법을 찾는다.)

병이 소스를 움직일 것이다. 어떻게?

병의 어떤 특성이 이런 일에 동원될 수 있을까?

병은 모양, 유리, 병 주둥이, 두께, 강성 등을 가졌다. 병의 구성 성분과 특징이 아무튼 소스를 움직인다. 병의 어느 특성이나 주변의 어느 것이 소스를 어떻게 움직일까?

차례대로 각 특성에 대하여 질문한다.

원래의 유리병 이후 약 100년이 지나 쥐어짜는 해결책이 도입되었다.

많은 영리한 자원들이 간단한 일에도 사용된다

이상성은 스스로 문제를 해결한다 = 소스가 스스로 움직인다(이런 방법을 찾는다)

사람이 소스를 움직이거나 소스가 소스를 움직인다. 어떻게?

소스의 어떤 기능을 이 일에 농원할 수 있을까?

소스의 특징 중 어느 것이나 주변의 어느 것이 어떻게 소스를 움직일 수 있을까?

소스는 점성 액체의 모든 특성을 가졌다.

환경의 어떤 것이 소스를 움직일까? 어떻게?

소스가 소스를 움직일까? 어떻게?

소스 특징이 소스를 움직인다? 어떻게?

환경이 소스를 움직인다? *중력이 소스를 움직인다?*

쥐어짜는 병이 시장에 등장한 지 적어도 10년 후에 케첩, 헤어 컨디셔너와 같은 점성 액체를 담는 병의 위아래를 거꾸로 하는 해결책이 도입되었다.

7.14 자원의 최선의 활용 - 전반적인 트리즈 철학

트리즈는 우리에게 자원을 조사하고 탐험하라고 가르친다. 최선의 노력을 하는 훌륭한 엔지니어는 자원을 현명하게 사용하는 좋은 해결책을 찾아간다. 사람들은 가끔 빨리 생각하는 버릇을 본능적이라고 믿으며 이것은 바보가 100파운드에 할 수 있는 일을 현명한 엔지니어는 10파운드에 한다는 널리 퍼진 믿음을 더욱 강화한다. 엔지니어는 현명한 사고를 하지만, 항상 순서에 따라 일정표에 철저할 수는 없다. 자원에 대한 트리즈의 접근방식은 엔지니어에게 일정표를 영리하게 사고하도록 도와주고, 필요할 때만 순서에 따라 만들어내도록 도와준다. 이런 식으로 트리즈는 모든 엔지니어가 정상적인 방법으로 일부 평범한 해결책을 만들어 낼 때에만 도와줄 수 있다 ; 트리즈가 제안하는 것은 머리를 스치듯 떠오르는 영리한 아이디어를 재생산함으로써 평범한 해결책을 좀 더 나은 것으로 변환하는 것이다. 트리즈 과정은 무의식적으로 나타나는 것 같은 체계적인 단계를 거쳐 문제를 매우 빠르고 깔끔하게 해결하도록 한다. 이런 단계 속에는 자원의 의식적인, 유익한 사용이 들어있고 이것이 '현명한 엔지니어' 행동의 필수적인 부분이다 - 최상의 해결책은 항상 유익한 자원에서 나온다. 매우 영리한 발명을 보면 이미 존재하고 있는 자원을 흔히 놀랄 만큼 영리하게 동원하여 이용한 것이다.

간단한 하위-시스템 자원은 우리가 원하는 모든 것을 제공한다

새로운 입력물도 물론 자원이지만 어떤 식으로든 비용을 지급해야 한다, 돈으로 계산하거나, 시간, 운송, 복잡성, 장래의 유지보수, 탄소 발자국 등이 아니더라도. 그러므로 가용한 자원의 탐색은 언제나 새로운 자원을 가져오기 전에 선행되어야 한다. 문제 해결을 위한 트리즈 접근은 초기에는 문제의 영역에 아주 근접한 자원을 경계해야 하고, 너무나 명백해 볼 수 없어서 보통 유해하다고 간주하는 자원을 무시하지 않아야 한다. 과학과 공학 가운데에는 현존하는 무료의 자원을 이용하는 눈부신 해결책들이 있기 마련이며, 이들은 문제에 우연히 동원된 것들로, 더러운 접시에서 페니실린을 만들게 도와준 유해한 요소들, 더는 세척하지 않아도 청소하기 쉬운 멜라민 컵 등이다.

이상성과 이상성 검증

목표 이해를 위한 이상성 -> 이득 -> 결과 -> 시스템 -> 기능 -> 해결책

일상에서 우리가 찾는 대부분의 일들은 해야 할 곳에서, 원하는 것들을 얻기 위해 문제 해결에 수반되는 것들을 지적으로 이해하면서 시작한다. 원하는 것과 그것을 어떻게 얻을 것인가의 이해는 명확한 사고, 모든 사실들의 조합, 관련된 자원을 인식하고 얻는 능력, 그리고 제한받지 않는 두뇌 능력을 요구한다. 트리즈는 이상성 정의라는 간단한 도구를 제공하는데, 이 도구는 마법처럼 이상성을 상상하는 간단한 과정을 통해 문제점 없이, 어떤 종류의 비용이나 단점 없이 원하는 모든 것을 얻도록 돕는다. 이처럼 이론적 이상성을 생각하는 것은 현실에서 이러한 이득을 얻기가 얼마나 어렵고, 모순적 상황인지와 관계없이, 원하는 모든 것들, 궁극적인 목표와 작은 요구사항들을 분명하게 이해하는 데 도움을 준다. 또한 이상성을 상상하는 것은 종종 많은 해결책을 찾을 때 좋은 결과로 안내해 준다. 그러므로 이상성은 요구 조건들을 이해하도록 도우며, 천재적인 아이디어를 생각해 내도록 뇌를 자극한다. 더욱이, 이상성은 비용대비 효과적인, 환경친화적인, 그리고 효율적인 해결책을 실행하기 위한 공짜로 이용 가능한 자원을 인식하고 동원하도록 도와준다.

현명한 해결책을 찾고, 이용 가능한 훌륭한 자원을 사용하기 위한 이상성 정의하기는 6장에서 다루었다. 6장 '이상성이 문제를 해결한다.'는 이상성 정의에서부터 재치 있고 체계적인 문제 해결에 이르기까지 간단한 단계들을 제시한다. 7장은 문제 해결을 위해서 어떻게 자원을 찾고 적용할지에 대해서 다루었다. 본 장은 효과적으로 요구 조건들을 잡아내기 위해서 이상성의 능력을 살펴보고, 약간은 대략적일지 모르지만, 이상성 검증을 통해 보다 주의 깊고, 정확하게 실제적인 요구 조건들을 어떻게 정의할지를 다룰 것이다. 이상성 검증은 문제를 이해하고 문제 해결 방향을 설정하고, 감춰져 있는 모든 단계들을 기록하기 위해서 꼭 필요하다. 혁신 과정을 기록하는 것은 중요하며, 이것은 현재 시스템, 원하는 시스템, 그리고 이상 시스템을 정의한 후에 탐구할 혁신의 방향에 대한 이득, 비용, 해로움을 정의하는 데 도움을 준다.

이상성 검증은 현재 시스템에서 원하는 시스템으로 이동하기 위해 다가가야 하는 문제의 갭을 나열하도록 돕는다. 이상성 정의하기는 문제 해결 과정의 방향을 설정할 뿐 아니라, 궁극적으로 성취하고자 하는 모든 이득(이상성 수식의 위 라인, 트리즈 문제 해결의 기본적인 선언)을 정의한다. 이상성은 다음에서 보는 바와 같이 정확한 의미를 가진다.

all the useful outputs

$$\text{Ideality} = \frac{\uparrow \text{benefits}}{\downarrow \text{costs} + \text{harms} \downarrow}$$

all the inputs

all the other outputs

8.1 이상성 검증

이상성 검증은 3가지의 별도의 요소들을 정확하게 기록할 것을 요구한다 - 기존 시스템의 이상성, 원하는 시스템의 이상성 그리고 이상성(비용과 해로움이 없이 이득만 존재하는 시스템). 문제를 해결하기 위해서 기존 시스템의 이상성에서 원하는 시스템의 이상성으로 이동할 필요가 있다. 이러한 2가지 상태를 정의함으로써, 현재 우리가 원하는 것 사이의 갭을 탐색할 수 있다. 그러나 이것을 하기 전에 이상성(완벽한 해결책을 얻기 위해서 원하는 모든 것에 도달하고자 하는 최종 목적지를 정의하기)을 정의함으로써 올바른 문제 해결 방향을 확인할 필요가 있다. 이 과정은 처음에 의도했던 이상성보다 좀 더 앞으로 나아가게 해주며, 당면한 문제의 해결을 넘어선 보다 혁신적인 해결책을 탐색할 수 있도록 해준다.

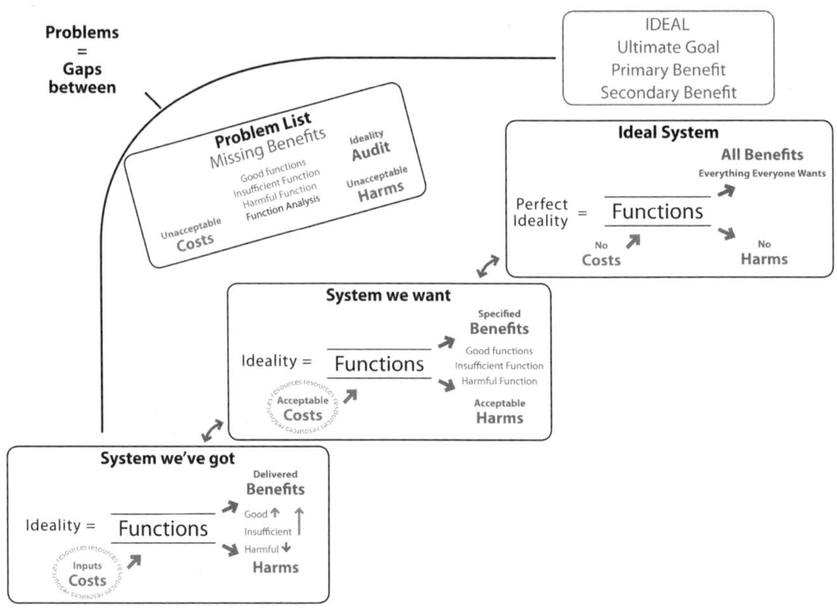

트리즈 이상성에는 다수의 이름과 도구들이 있다.

- 이상적인 결과는 요구조건들을 이해하는 데 도움이 되며, 이상적 해결책(비용과 해로움이 없는)을 끌어낸다.
- 이상적 시스템은 모든 요구 조건들을 수행하는, 올바른 특성과 기능의 전달하는 이상적 해결책을 얻게 해준다.
- 이상적 기능은 이상적 시스템을 얻게 해주는 가용 자원들(또는 X-인자)로 구성된다.

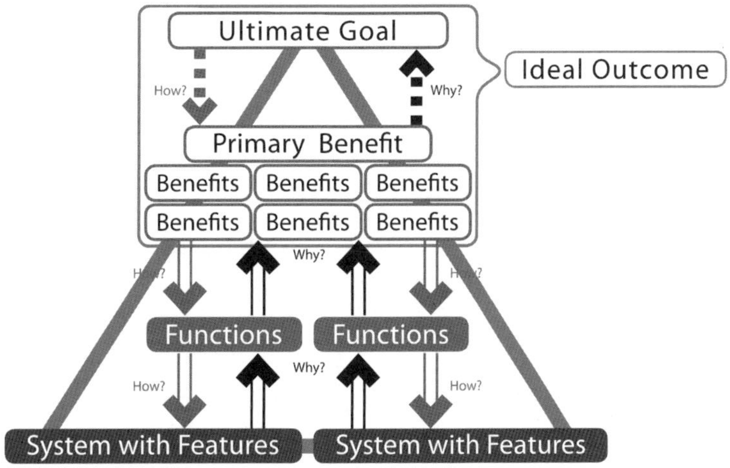

이상적 결과는 이상 해결책에 의해 얻어지므로, 이상적 결과/이상 해결책을 서로 구분 지을 수는 있다. 이상 해결책은 마법처럼 어떻게든 원하는 모든 것이 있는 곳으로 안내해 주는 것, 바로 이것이 이상적 결과이다. 이 둘 간의 구별은 별로 중요하지 않다. 단지 하나는 도달하고자 하는 상황을 정의하는 반면, 다른 하나는 변화와 그곳까지의 이동, 원하는 모든 것을 전달하는 해결책을 설명한다. 이들 둘은 원하는 모든 목록을 주면서 서로 겹치기 때문에 종종 서로 바꾸어 사용될 수 있고, 하나의 정의는 다른 하나를 정의하는 데 도움을 준다.

보다 큰 그림으로 얻는 이상직 결과

Before	**During**	**After**
Unfulfilled needs	**Ideal Solution** Locate and deliver	**Ideal Outcome** All & everyone's Needs fulfilled
System we've got With Problem Gaps (or many potential systems if we haven't yet got one)	**Problem Solving** **Define Ideal system which meets all needs** **solution we want**	**System we want** or NEW SYSTEM solved problems
Under-used & un-observed **available resources**	FIND Ideal Resources to solve problems & complete the system	Appropriate & **available resources** cleverly mobilised

트리즈 이상성 과정이 효율적이며 빠르다고 해서 우리가 원하는 모든 이득 수준들을 정의하지 않고 건너뛴다는 의미는 아니다. 요구조건들은 최종 목표에서부터 보다 높은 수준의 이득(있어야만 하는)과 낮은 수준의 이득(있으면 좋은)으로 나눌 수 있는 주요 이득과 이차 이득에 이르기까지 계층구조를 가진다. 이러한 것들의 정확한 포착이 중요하다.

이상성 검증은 이상적 결과로 시작한다.

이상적인 결과는 이상성 검증에서 정확한 역할을 한다 - 이것은 궁극적인 목표, 시스템 또는 프로세스가 존재하는 이유, 그리고 다른 모든 이득(주요 및 이차 이득)을 포함한다.

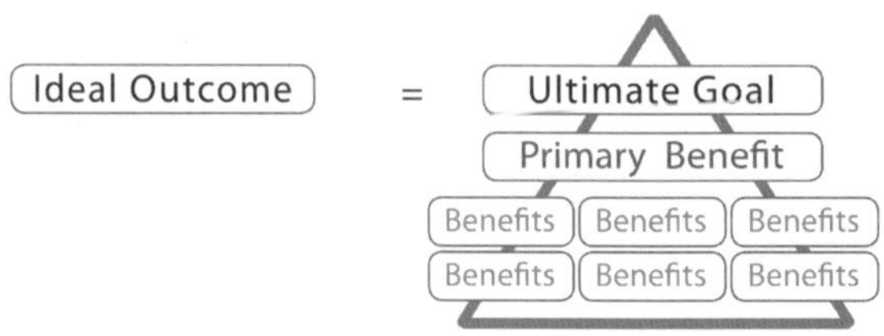

이상적인 결과의 정의는 적절하게 우리를 도와서 원하는 시스템의 궁극적인 필요성, 궁극의 모든 요구 사항을 정의하게 해준다. 이 단계 이후에 부가적으로 기능분석을 정확하게 실시함으로써 시스템을 상세하게 이해하고, 기존 시스템의 문제, 특별한 어떤 해로움이나 불충분한 기능을 확인할 수 있다. 트리즈 해결책 도구들, 특히 표준 해결책이 문제 해결로 안내한다) 이상적인 결과가 제시하는 모든 이득을 시각화할 필요가 있을 때 이득 획득 과정(아래 참조)을 사용하거나 다양한 요구 조건 획득 도구들을 사용해서 검증된 많은 경로 중에 하나를 사용한다. 이러한 것들이 트리즈 논리와 결합되면, 모든 요구 조건들을 기록하면서 문제 해결을 시작하기 위한 몇 가지 간단하고 적절한 단계가 얻어진다.

이상적인 결과 정의(당신에게 마법의 지팡이가 있다면, 당신에게 무언가를 줄 것이다)

1. 궁극적인 목표(시스템 존재 이유)
2. 주요 이득(한 가지, 주요 필수 이득)
3. 이득을 얻는 과정에 의해 자세하게 기록된 다른 주요 이득
4. 현재 시스템이 제공하는 것
5. 현재 시스템과 이상적인 결과 사이의 간격

처음에 시스템의 문제 갭(시스템이 우리의 모든 요구 사항을 충족시키지 못하는 모든 것)을 이해하려면 시스템에 있는 원하는 것과 현재 정확하게 제공하고 있는 것을 매우 간단하게 매핑하고, 그들 간의 차이로부터 문제/이상성 갭 목록을 작성해야 한다.

일상 시스템에서 원하는 이득들에 대해서 생각해 보자. 예를 들어 도로를 놓을 때, 누가 비용을 지불하는가? 그들은 장기적인 이득에 대해서 관심을 갖는가? 또는 도로는 우리 일생보다 오래 지속되는가?

도로에서 우리가 원하는 이득들은 무엇이 있을까? 아마도 이럴 수 있다.

- 부드러운/완벽한 표면, 모든 조건에서 안전 운행, 소음 또는 오염이 없이, 풍경을 망치지 않고(고속도로 터널을 놓는다면), 사고 발생 시 주변 환경의 오염 없이 기름과 파편의 제거.

- 도로 위에 위험에 처한 올빼미/조류/사슴/여우/캥거루가 없고, 혼잡을 최소화하기 위해 적절한 도로 수와 배치.
- 도시와 시골 풍경을 망치지 않도록 도로 수의 최소화, 내구성(최소의 도로 보수공사), 최소 비용, 짧은 기간.

이러한 요푸 사항 사이에 어떤 모순이 있는가?

도로 건설을 방해하는 어떤 제약이 있는가?

더 나은 결과는 일반적으로 더 많은 선행 투자를 필요로 하지만, 결국에 더 나은(값싼) 것이 항상 채택되는 옵션은 아니다.

8.2 이득을 얻는 과정

이 과정은 시스템의 완전한 이상적인 결과를 맵핑하고 기록하는 과정으로 팀 활동으로 할 수 있다.

주요일차 및 이차의 모든 요구/요구 사항/이득들을 찾아내는, 이상적인 결과 정의 단계는 비용과 해로움을 고려하지 않고 이루이져야 한다.

간단한 5단계를 따른다.

1. 모두는 개별적으로 스티커에 그들의 시스템에서 원하는 모든 것을 기록한다. 그들이 원하는 각 이득, 기능 또는 특성(스티커당 하나)을 적는다. 이렇게 모두가 시스템에서 원하는 모든 것을 기록한다. 이 단계에서 우리는 참가자들에게 적어 둔 것들을 점검해 보거나 정리 또는 정렬하지 말라고 요구한다. 그냥 무작위로 머리에 우선 떠오르는 아이디어를 기록한다.
2. 참가자 모두는 작성한 모든 스티커를 모은다.
3. 모든 참가자는 함께 각 스티커에 적절한 주요 이득 목록 명을 정하고, 그것들을 범주로 그룹으로 정렬 분류한다. 모든 스티커는 간단한 제목 밑으로 정렬된다. 중복은 삭제한다. 미묘한 차이가 있는 중첩된 해결책은 그룹에 그대로 둔다.
4. 함께 모두가 토론하고 주요/핵심 이득들을 각각 이득 그룹이라고 이름을 붙여 식별한다.
5. 상호 동의하에 이득 스티커를 우선순위에 따라 번호를 매긴다.

이 과정으로 원하는 핵심 이득 목록이 얻어진다; 또한 매우 분명한 주 이득(우리 시스템의 궁극적인 목표와 주요 이득)을 정의하는 것을 잊지 말아야 한다. 다음 예제에서는 차에 관해서 모든 이득을 모은 팀 활동 결과를 보여준다. 그들은 운송이라는 궁극적인 목표와 독립성, 밀폐, 동력화된 교통기관으로 자동차의 주 이득을 정의하였다.

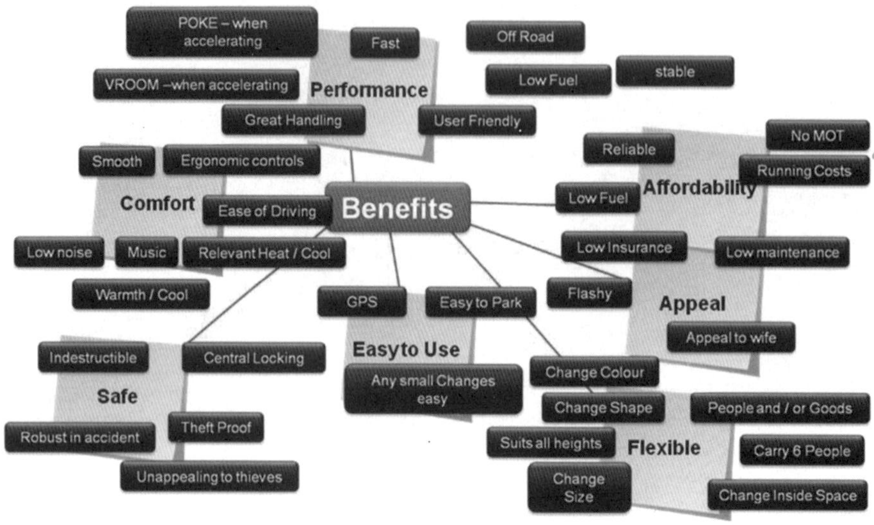

이득에 대한 캡처와 몇 가지 우선순위를 부여한 후에 팀은 다음과 같은 이상성 결과 시트를 작성한다(AO 종이시트). 문제 해결 세션에 참여한 4-6명의 그룹은 이러한 시트에 해결해야 할 문제에 대해 요약하고, 이상적인 결과를 정의한다.

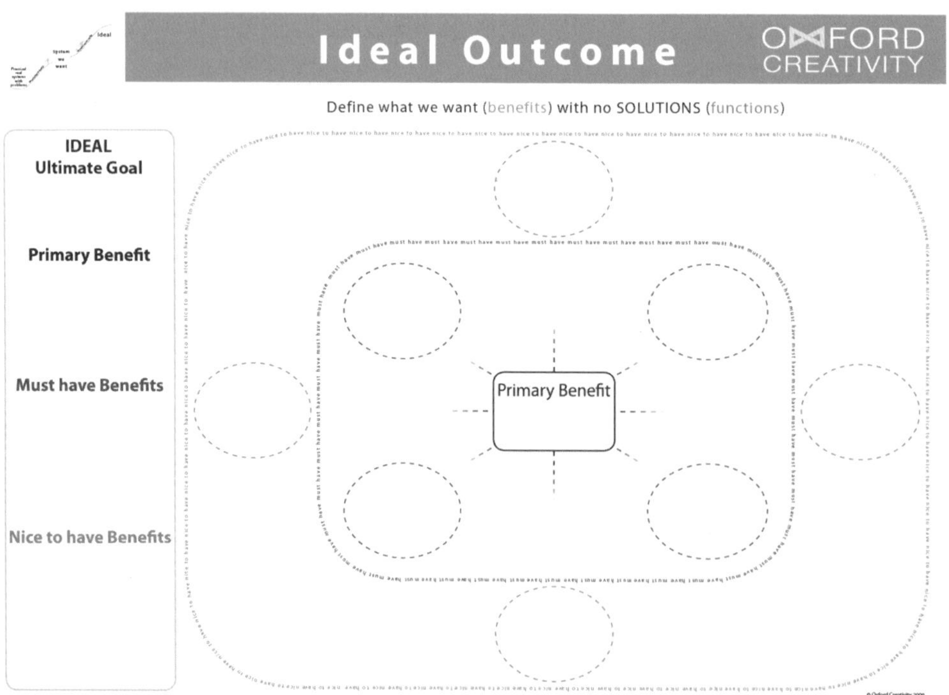

8.3 이상성 검증 착수

이상적인 결과의 이상적 결과를 얻었을 경우에는 캡처는 우리로 하여금 무관한 세부 사항, 부적절한 해결책으로의 방향이나 제한사항 없이 시작을 깔끔하게 하도록 한다. 문제 해결을 시작할 때 보통 문제의 제약조건과 경계에 갇히거나, 그것들을 걱정하지만, 정의에 따라 공식적으로 이상적 결과를 얻는 과정은 단지 우리가 원하는 것만을 생각하게 하고, 어떤 제약조건이나 무의식적으로 우리가 선택하게 하는 문제의 이력에 대해서는 생각하지는 않도록 해준다.

그 다음 현재 시스템의 이상성을 따져보는데, 일반적으로 현재 시스템의 몇 가지 세부 사항을 포함해서 좋은 것(이득)과 나쁜 것(비용과 해로운 것)을 살펴본다. 이것은 또한 시스템의 기능 분석 맵을 포함할 수도 있는데(제11장 참조), 우리가 한눈에 볼 때 현재 시스템 어디에 문제가 있는지를 알 수 있게 해준다. 이상성 검증은 현재 시스템의 이상성과 원하는 시스템의 이상성 사이의 비교이다. 이 둘 간의 비교는 더 나은 시스템을 만드는 모든 도전과 문제를 맵핑하고, 이해하고, 우선순위를 매기는 데 도움이 된다. 우리가 원하는 이상성, 현재의 이상성, 그리고 이상성 결과를 정의하는 것은 어떤 문제를 이해하고 해결하기 위한 좋은 시작점이다. 이것은 문제나 상황이 얼마나 복잡한가 또는 간단한가에 상관없이 매우 도움이 되는데, 그 이유는 현재와 우리가 원하는 결과, 그리고 투입하고 있고, 투입하려고 준비한 입력, 현재와 앞으로 용납될 해로운 점 등을 다루기 때문이다. 결과적으로 모든 이상성 갭, 근본적인 문제를 이해하는 데 도움이 된다. 찾아내야 할 어떤 알 수 없는 문제의 원인이 있다면, 문제를 해결하기 전에 적절한 근본원인 도구(이것은 트리즈 9박스를 포함함)를 사용하여 추가적인 탐색이 필요하다. 우리의 이상성 검증은 문제 목록(없거나 과도하고나 불충분한 모든 이득, 받아들일 수 없는 비용과 해로움과 같은)을 끌어내는 데 도움이 된다. 일단 다루어야 할 문제를 확인했다면, 그다음은 트리즈 문제 해결 도구를 사용한다.

우리가 원하는 이상성의 정의는 실용적인 현실로 한 스텝 물러서는 것이다. 원하는 이상성의 요약은 간결하게 원하는 이득, 투입할 준비가 되어 있는 입력(비용), 그리고 우리가 허용하는 바람직하지 않은 또는 불필요한 산출물(해로움) 등이다. 원하는 이상성을 명확히 정의함으로써 세부 사항까지 진짜 문제를 이해하기 시작한다.

이상성 검증

먼저 대략 이상적인 결과를 정의한다 – 궁극적인 목표 & 우리가 원하는 모든 것을 다음과 같이 정의한다.

현재 시스템과 우리가 원하는 시스템의 이상성	이상적인 결과	이상성 갭
주요 이득		
기타 이득		

주요 산출물/ 기능
받아들일 수 있는 비용/ 투입자원
받아들일 수 없는 비용/ 투입자원
받아들일 수 있는 해로움/문제
받아들일 수 없는 해로움/문제
간단한 시스템 드로잉을 포함하여 문제의 이해와 해결을 위한 기타 관련 요인들을 포함한다.

이상적인 결과의 정의는 원하는 모든 것과 모두의 요구사항을 제공할 뿐 아니라, 투입(비용)이 없고 문제가 없는 좋은 산출물을 제시한다는 점에서 좋은 시작점이다. 모든 문제 해결 세션의 시작 부분에서 이상적인 결과의 정의는 모두가 원하지만 어떤 비용과 해로움이 없는 것에 대한 빠른 요약을 제공한다.

8.4 아직 시스템이 없다면?

아직 시스템이 없고, 하나를 선택하거나 발명해야 한다면, 이상성과 원하는 이득을 정의함으로써 시작할 수 있다. 우리는 현실에서 한 발짝 물러서서 기능으로 원하는 이득을 얻고, 시스템이 전달하는 기능을 이해하고 살펴보아야 한다. 이렇게 함으로써 올바른 시스템을 찾아낼 수 있다. 발명이란 이루지 못한 요구사항에 맞게 새로운 시스템을 찾아내는 일이다.

예를 들어 런던에서 비교적 빨리 파리로 여행하기를 원한다면(내가 원하는 기본 이득) 나는 이것을 제공할 기능과 시스템을 살펴본다 - 나는 비행기를 타거나, 운전하거나 기차와 페리 등을 이용할 수 있다. 내가 원하는 것을 정확하게 정의하는 한 가지 방법은 여러 이득들을 정의하고, 내가 무엇을 원하는지 더 정확하게 정의하는 것이다(안전하게, 경제적으로, 편안하고 신속하게 파리까지 이동하는 것). 그다음 시간, 비용 및 노력과 같은 투입 값을 더함으로써 나의 이상성(나의 이상 시스템)의 정의를 완성할 수 있다. 이렇게 준비를 하고, 내가 견딜 수 있는 몇 가지 나쁜 점(붐비는 기차, 뱃멀미, 끔찍한 서비스와 공항에서의 지연)을 평가한다. 그럼 내게 가장 잘 맞는 시스템을 선택할 수 있다.

어떤 시스템을 선택하기 전에 단순히 원하는 이득 및 허용비용과 해로운 점을 정의할 필요가 있다 : 어떤 시스템과 관계없이 이상성을 정의한다. 트리즈의 문제 이해는 시스템을 가지고 있지 않아도 이상성 검증으로 시작한다.

8.5 우주 항공 문제 해결 세션에서 이상성 사용

다양한 위기 상황에서 비행기로부터 탈출하는 방법을 다룬 한 문제 해결 세션에서 일부가 물에 잠긴 비행기에서 탈출하는 방법을 살펴보았다. 이상적인 결과를 정의하라고 요구하자, 누군가가 외쳤다. '날 위로 쏴줘요 스코티' 또 다른 사람은 '날 집으로 쏴줘요 스코티'라고 소리쳤다. 이러한 쾌활한 해결책은 우리가 원하는 결과가 어떤 것인지를 제안함으로써 몇 가지 중요한 시작점을 주었다 - 속도, 어떤 부상도 없이 그냥 사람들의 이동 등, 뿐만 아니라 바다에서 집에 데 데려다 주는 결과적인 구조. 그것을 얻는 방법에 대한 걱정 없이 또는 실제 제약 조건을 고려하지 않고 모든 요구 조건들을 이해하고 정의하기 시작하였다. 우리의 이상적인 결과는 모두가 비행기에서 신속하고 안전하게 빠져나오는 것이 기본이며, 또한 그다음 구조되고, 어딘가 안전한 곳으로 인도되어 살아남는 것이다. 이것은 몇 분 동안 찾고 있었던 해결책의 주요 이득들에 대한 높은 수준의 좋은 정의를 얻게 해주었다. 이상적인 결과는 따라서 정상적인 요구 사항 캡처가 아니라, 그러한 모든 활동에 대한 매우 간단하고 자극적인 상호 보완적인 과정이다.

문제 상황에 직면한 경우 이상적인 결과를 정의하기 위해서 문제를 어떻게 해결할지를 말하지 말고, 단지 '당신이 마술 지팡이를 가지고 있다고 상상하고, 마술 지팡이가 당신에게 어떤 이득을 주었으면 하는지(오직 최종 결과만을 말하라)'를 말해야 한다. 대답은 신속해야 하고 대략 모든 현실과 필수 이득을 커버해야 한다. 이 간단한 트릭은 그 대답이 너무 정확하지도 않고 너무 막연하지도 않게, 오로지 해결책 모드가 되지 않도록 하면서, 우리를 자극하게 하는 지적 고려를 하게 해준다. 심각한 엔지니어 그룹에게 핑크색 마법 지팡이를 들어 그것을 흔들라고 요구하는 것은 그들의 경력을 제한하자는 소리가 아니다. 이것이 설정하는 원리는 일시적으로 제약이 없다는 것, 즉 어떤 이유 때문에 할 수 없는 것이 없다는 것이다. 마법의 지팡이를 통한 이상적 사고는 요구조건들에 대한 박스 밖의 생각을 일관되게 전달한다.

아홉 점 박스 사고 훈련은 그릇된 제약의 위험성을 알리고, 실제와 상상한 제약 모두에서 그것들이 어떻게 작동하는지를 완벽하게 보여주기 위해서 설계되었다. 아홉 점 훈련은 먼저 세 개의 점을 가로줄로 등-같은 간격으로 배치하고 각 점에서 세로줄로 두 개의 점을 등-같은 간격으로 추가로 배치시켜 총 9개의 점들로 구성된 정사각형을 그리면서 시작된다. 그 다음 두 단계가 진행된다.

1. 아홉 개의 모든 점을 5개의 직선으로 종이에서 연필을 떼지 않고 연결한다. 이것은 상당히 쉽고, 이것을 달성하는 방법은 한 가지 이상이 있다.
2. 아홉 개의 모든 점을 4개의 직선으로 종이에서 연필을 떼지 않고 연결한다. 대부분의 사람들이 이 해결책이 찾기 어려워하는데, 왜냐하면 1단계와는 다르게 9개의 점 밖으로 직선을 더 길게 연장해야 하기 때문이다. 1단계에서는 모든 점들을 상자 안에서 연결할 수 있었다. 따라서 다른 해결책을 찾으라는 요구를 받을 때 잘못된 규칙이나 제약 조건으로 자신을 설정한다. 따라서 이 훈련은 '상자 밖'을 살펴보고, 실제 제약만을 깨닫도록 우리를 가르친다.

이상성이라는 강력한 사고 트릭과 마법 지팡이의 상상력은 제약조건(실제 또는 가정) 내에서 사고 제한을 없애고, 요구 사항 및 해결책에 대한 강력하고 혁신적인 사고를 제공한다.

체계적이고 상세한 방법으로 모든 필요 사항을 찾아낼 수 있도록 도와주는 훌륭하고, 빈틈없는 많은 도구들(QFD, 가치 공학, 8D, TQM 및 식스 시그마와 같은)이 있으며, 트리즈 문제 해결 방법은 항상 이러한 도구들의 어떤 이전 작업의 문제 이해 단계에 추가하면 그 가치가 더해진다. 그러나 심지어 다른 도구의 도움 없이 트리즈의 이상성 분석 도구는 효율적으로 정확하고 매우 빠른 요구조건의 수집을 위해 매우 도움이 되고, 정확한 요구조건을 찾기 위한 각 수준에 대한 이상적인 트리즈 도구이다. 요구조건을 찾는 데 있어 기본 및 보조 이득 모두를 이해해야 하며, 그렇지 않고 요구 사항의 부분적 정의는 문제로 이어질 수 있다.

모든 문화에 존재하는 동화, 민속 이야기 그리고 농담을 통해 종종 원하는 이득에 대한 엉성하고 부분적인 정의 때문에 생기는 놀라운 교훈을 배우며, 요구 사항과 해결책을 혼동하는 위험성에 대해서도 배운다. 그러한 이야기를 듣고 현명하고 훌륭한 사람은 그들이 원하는 것에 대해서 분명하게 정의할 수 있다. 반면, 어리석고, 바보 같으며 충동적인 사람은 불완전한 해결책과 그들이 원하는 것을 혼동하며, 명확하고 완벽한 요구사항 진술보다는 잘못 생각한 해결책을 제시한다. 이야기들은 그들의 마음속의 욕망을 정의할 때 기본 혜택만을 정의하거나 시간을 부적절하게 지정한 것에 기반을 두고 있다. 그들은 대부분 보조 혜택을 제대로 정의하지 않는다.

시스템이 우리가 원하는 모든 것(목적 및 기타 혜택)을 제공하지 않는다면 비효과적일 수도 있다.

당신을 위해 무엇을 소원할 때 조심할 것...

당신이 원하는 무엇을 정의하는 것은 까다로운 일이다. 부정확하고 부주의하게 원하는 것을 정의하고 보조 혜택을 정확하게 정의하지 않은 많은 신화와 놀라운 중세 단편들(참조 '원숭이 발' http://en.wikipedia.org/wiki/W._W._Jacobs)이 있다. 또한 요정 또는 마귀가 요술 병에서 갑자기 나와 놀란 사람에게 마법으로 부여하는 소망, 즉 사람들이 원하는 것을 정확하게 들어주는(더 이상도 더 적게도 아닌) 유머 이야기들이 있다.

8.6 해결책을 생각해 내는 것이 요구조건 회의보다 더 재미있다.

요구조건을 정의하기보다는 오히려 해결책을 제시하는 것이 창의성(마케팅 사람들)과 의사결정(경영진)에 특히 관여하는 모든 관리그룹의 일반적인 특성이다. 이러한 특성은 그들의 해결책이 요구조건을 충족시키는지 살펴보는 것이 그들의 일이기 때문에 놀라운 일이 아니다. 트리즈와 마케팅 팀이 함께 일할 때, 그들이 자신들의 '나뻔 솔루션'과 얼마나 사랑에 빠져있는지를 충고하고, 이상적인 결과를 정의하는 방식으로 요구 사항을 정의하도록 그들을 설득하기란 항상 어렵다. 어떤 회사와 이상적인 마케팅 시스템을 정의하는 것은 흥미로운 결과를 낳는다. 왜냐하면 그들은 회사의 명성, 이전의 투자, 성공적인 제품 등을 구축하고 있다고 인식하고 있고, 일단 잠재적으로 성공적인 제품이 인식되면 마케팅은 계속해서 점진적이며 복잡한 프로세스를 개발하고 착수하기 때문이다.

마케팅 지출과 좋은 결과 사이의 관계는 아케이드 게임의 승리처럼 불규칙하다고 그릇되게 느낄 수 있다.

마케팅의 한 가지 일은 진짜 요구 사항이 무엇이든 잊게 하면서, 그들의 해결책을 구매하도록 한다는 것이다. 마케팅은 그들이 제안한 해결책이 정확하게 원하는 것임을 확신시키려 한다. 완벽한 마케팅 캠페인은 해결하는 데 이용 가능한 많은 다른 해결책(경쟁 제품)을 의식적으로 인식하지 않고서 그들이 제공한 해결책으로 바로 안내한다. (성공적인 마케팅은 달콤한 간식 같은 것에 대한 열망에서부터 매우 특별한 과자 바에 이르기까지 감동시킬 것이다.) 이런 것들이 시장에 노출되면 종종 아이들에게 나쁜 영향을 미칠 수 있고, 만화 캐릭터나 영화와 선물에 대한 아이들의 요청 때문에 우리는 매우 특별한 해결책을 채택하도록 강요받는다. 크리스마스 전에 필사적으로 썬더버드 트레이시 섬이나 특정 바비 인형을 찾는 모든 부모가 이것을 경험한다. 빈 선물 상자와 함께 노는 자녀를 보는 사람이 자신들의 아이가 세부적으로 해결책을 찾는 일부 어른의 시각보다 오히려 개념적인 장난감을 갖고 놀 때 더 행복하다는 것을 알지 모르겠다. 아이들은 야외 운동장에서 스윙, 로터리 및 슬라이드 등과 같은 간단한 장비는 가장 많이 이용하지만, 상세한 해적선과 같은 일부 과도하게 설계된 쓸모없는 장난감들은 자주 무시한다. 과도하게 설계된 어린이 놀이터를 설치하는 것은 일반적으로 아이들이 원하는 것에 대한 일부 어른의 비전이며 어른의 해결책이다. 그것들은 거의 아이들 놀이터의 단순한 요구 사항을 충족시키지 못한다.

8.7 다른 이해 관계자는 다른 이상적인 결과를 갖는다.

트리즈는 다른 요구 사항을 갖고 있는 다른 이해 관계자들에 대한 해결책을 찾는 데 도움이 된다.

문제의 이해에 있어서 종종 장벽은 매우 많고 다른 이해 관계자의 요구 사항과 반대일 수 있다. 군용 프로젝트 또는 핵 정화 계획에서 정부 기관과 공급 업체와 같은 강력한 고객과 함께 일할 때, 이러한 이해 관계자들은 매우 다른 기대를 가지고 있고, 모두가 이해할 수 있는 방식으로 신속하게 이를 요약하는 것은 매우 중요하고 유용하다. 이상성의 매우 강력한 활용 중 하나는 각 이해 관계자의 이상적인 결과를 찾아내는 것이다. 이러한 캡처 결과들이 서로 매우 모순될 수 있지만 이것은 차이와 오버랩을 요약하고 우선순위를 이해하는 한 수단이다.

한 이해 관계자의 해악을 제거하는 것은 다른 이해 관계자를 망칠 수 있다.

모든 이해 관계자의 이상성

트리즈 없이는 이해 관계자들의 반대 요구 상황들이 모순되는 갈등의 해결책으로 안내될 수 있다.

이상성과 이상적인 결과는 종종 다양한 이해 관계자에 따라 다르다. 모두의 이상적인 결과를 정의하는 것은 모든 이해 관계자들이 원하는 모든 이득들의 극단적인 현실을 포착하기 위한 간단한 길을 제공하며, 이상성 검증에 있어서 첫 번째 중요한 단계가 될 수 있다. 또한 갈등을 일으키는 이해 관계자의 요구사항에 관한 많은 조크들이 있다. 각 이해 관계자가 마법같이 자신의 마음속의 욕망을 제시하면 최종 이해 관계자 한 명이 갈등을 원하면서 다른 것들을 상쇄시킨다.

8.8 트리즈는 해결모드의 생각을 포용한다.

정식으로 단계별로 문제를 이해하는 작업을 할 때 어느 누구도 엄격하게 문제의 이해에 집착하는 지루함 때문에, 또는 반대로 완벽한 문제의 이해와는 거리가 먼, 개발할 한 가지 해결책을 너무 빨리 선택하기 때문에 생기는 좌절에서 벗어날 수 없다. 트리즈의 고유한 측면은 문제를 분석하는 동안(그리고 필연적으로 해결책 찾는) 우리는 동시에 두 가지 활동을 할 수 있다는 것이다. 정확한 문제 이해(요구 사항과 시스템 분석)를 유지하고 완료하면서 동시에 발생하는 나쁜 해결책들을 찾아내 한 곳에 모아둘 수 있다. 이것은 다른 도구와는 달리 트리즈는 몇 가지 문제 해결 도구, 개념 그리고 프로세스를 가지고 있기 때문에 가능하다. 이는 초기에 찾아내 모아둔 나쁜 해결책들은 나중에 적절한 시간에 문제 해결의 좋은 시작점을 위해 유용하게 검토, 변환하는 데 활용될 수 있다.

브레인스토밍을 통한 무의식적으로 얻는 해결책에 기반을 둔 다른 문제 해결 과정은 신기한 인위적 이분법이 있다. 많은 비 트리즈 세션에서 먼저 문제를 상세하게 분석하고 이해한 다음(해결책 없이), 재미있는 문제 해결 단계를 갖게 된다. 이것은 해결책이 나타날 때나, 가장 마음이 끌리거나 창의적일 때가 아니라, 누군가가 우리를 방에 가두고 '자 이제 문제를 해결합시다.'라고 말하는 것과 같이, 별도의 문제 해결 단계를 갖는 것과 같다. 트리즈 프로세스는 이처럼 하지 않고, 전반적으로 마음을 끌며 창의성을 유지한다. 또한 트리즈 프로세스는 미리 정해진 재미있는 문제 해결의 단계로 이동하기 전에 우리에게 요구 사항을 찾아보라고 강요하지 않는다.

8.9 궁극적인 목표와 주요 이득 정의하기

이상적인 결과라는 트리즈 도구는 여러 측면을 가지고 있지만 주로 원하는 모든 것을 정확하게 정의하는 데 도움이 되며, 일단 우리가 모든 측면(궁극적인 목표, 주요 이득 및 높은 수준의 이득과 모든 작은 이득들)을 정의하고 나면, 대략적으로 요구 조건들을 정확하게 수집했다는 것을 꽤 확신할 수 있다. 궁극적인 목표와 주요 이득들 사이의 차이는 주의 깊은 정의를 요구한다. 일단 선택된 한 시스템이 이론적이고 학문적으로 보일 수 있지만 주요 목적과 왜 시스템을 가지는지를 확실하게 이해하기 위해, 그것들 간의 차이를 구별하는 일은 가치가 있으며, 다음 사례 연구는 그 사실을 보여준다.

아기 소음 문제 - 미숙아용 인공호흡기의 소음을 줄이는 트리즈 문제 해결 세션에서, 부모들은 이러한 기계 옆에 앉아 많은 시간을 보내면서, 특히 받아들일 수 없는 소음으로 괴로움을 느꼈다. 이 문제는 트리즈 워크숍에서 다루어 해결되었다. 처음에 우리는 이상적인 결과의 모든 요소(가장 높은 수준까지 문제를 다룸)를 정의하였다. 이것은 새로운 시스템의 연구와 같은 몇 가지 흥미로운 새로운 방향을 제시하였다.

이상적인 결과를 정의할 때 '부모를 걱정시키지 않는 이득'(조용한 인공호흡기의 기능으로 제공되는)이 추가되었고, 이것은 바람직한 새로운 시스템으로서 확인된 많은 이득들 중 하나였다. 그리고 다른 많은 이득을 발견하고 기록하였다. 주요 이득은 '아기의 기관 속의 튜브를 통해 폐에 안전하고 적절하게 공기를 전달하는 것'으로 정의하였고, 궁극적인 목표는 '아기를 위한 충분한 수준의 혈액 산소 유지 필요'로 정의하였다. 그 다음 참석자 모두에게 현재의 인공호흡기는 아기에게 적절한 혈액 산소를 제공하는 단지 하나의 시스템이며, 여러 가지 면에서 매우 투박한 시스템으로 인식되었기 때문에 흥미로운 순간이었다.

이때 갑자기 방에서 탯줄(또는 인공적 대체품)을 유지하면서 발달 중인 폐를 사용하지 않고 아기의 피부를 통해 바로 혈액에 산소를 제공하는 해결책이 제안되었고, 그러한 아이디어들은 워크샵에 참석한 사람들에게 새로운 방향의 탐색항목으로 첨가되었다. 이 모든 것은 "왜 인공호흡기를 사용합니까?"라는 질문을 통해 주요 이득에서 궁극적인 목표로 적절하게 이동함으로써 얻어졌다. 그리고 궁극적인 목표가 아기의 혈액에 적당한 양의 산소를 제공하는 방법이라고 이해하고, 올바른 질문을 했을 때 바로 그들은 인공호흡기나 아기의 폐를 포함시키지 않은 해결책에 대한 많은 가능성을 확인하였다.

궁극적인 목표와 주요 이득 사이의 미묘한 차이

궁극적인 목표와 주요 이득 사이의 차이는 때때로 명시하기 어렵고, 중요하지 않을 수 있다. 가족 휴가의 주요 이점은 그것의 궁극적인 목표와 비교해서 어떠한가? 이는 사람에 따라 다르지만 사람들에게 가족 휴가의 주요 이점은 가정과 직장에서 휴식을 취하는 동안 함께 즐길 수 있는 것을 포함한다. 궁극적인 목표는 아마도 개인과 다른 사람과의 관계를 새롭게 하거나 재충전하는 것이며, 이를 위해 가족 휴가와는 별개로 다른 방법도 있을 수 있다. 일반적으로 주요 이득은 그것을 제공하는 시스템에서 선택한 해결책과 이득의 일부에서 선택에 집중할 것을 제안하지만, 궁극적인 목표는 그것을 제공할 수 있는 다양한 해결책과 시스템의 한계를 넘어서 있다. 궁극적인 목표는 받아들이거나 받아들일 수 없는 많은 방법으로 얻을 수 있다. 반면 주요 이득은 우리가 얻을 수 있는 선호도, 받아드릴 수 있는 선택 그리고 필수적인 이득으로 나타난다.

예를 들어 많은 사람들의 하나의 궁극적인 목표는 출퇴근하는 시간을 최대한 줄이면서 안전하고 즐거운 일상의 출퇴근 시간을 갖는 것이다. 이에 대한 일반적인 해결책은 근무처 가까이에 살거나, 도로가 한가할 때 이동하거나 집에서 일하는 등이다.

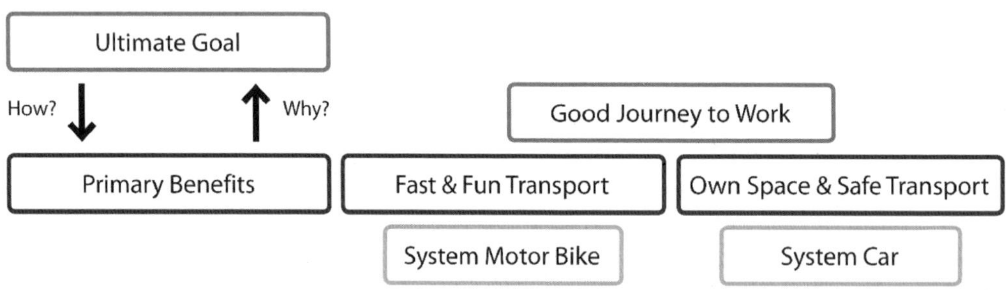

이상적인 결과는 심지어 시스템이 존재하지 않는 경우에도 궁극적인 목표를 정의하는 데 도움이 된다. 이러한 경우에 이상적인 결과와 많은 이득을 정의할 수 있다. 출근길 교통을 위한 이상성은 시스템을 선택하기 전에 효과적으로, 무비용으로, 편안하게, 안전하게, 즐겁게, 활기차게, 빠르게 등으로 설명할 수 있다. 이용 가능한 시스템은 확인된 이상성의 이러한 이득들 중 일부만을 커버할 것이다. 예를 들어 자동차를 사용하는 것은 많은 이점을 커버하지만, 이동이 느려질 수 있다. 반면에 오토바이는 이동이 빠르고, 좀 더 활기차지만 자동차보다 안전하지 못하다. 이론적인 이상성은 일부가 아닌 모든 이득을 제시할 것이다. 이상적인 궁극적 목표를 정한 후 이어서 대략 원하는 것들을 정의하고(주요 이득), 원하는 다른 모든 것들에 대해서 생각할 것이다(이차 이득).

주요 이득의 정의는 우리를 각자의 선호도 및 실제적인 선택으로 안내한다. 어떤 사람들은 빠르고 유쾌한 이동을 선호하겠지만, 다른 사람은 자신의 공간과 안전한 이동을 선호할 것이다.

반대 주요 이득 확인하기

궁극적인 목표를 정의하는 것은 우리가 달성하고자 하는 것을 생각나게 해주는 유용한 단계이지만, 선호도와는 관계가 없다. 반대 이득이나 다른 주요 이득을 살펴보는 것은 유용한 활동이며, 해결책에 대한 더 많은 옵션을 인식하는 데 도움이 된다. 내가 결혼 직후에 원했던 한 가지 궁극적인 목표는 '가사에 너무 많은 시간을 할애하지 않기'였다. 나는 많은 친구들과 논의하였고, 이것을 달성하기 위한 두 가지 극단적인 경로를 확인하였다(나를 도와줄 다른 사람을 구하거나 가사 일을 전혀 하지 않는 것). 분명히 청소를 전혀 하지 않고 4년이 지나면 집은 더 이상 더러워 보이지 않고, 더러움이 안정된 상태에 도달할 것이다. 이러한 반대 해결책(가사 일을 다른 사람에게 맡기거나 가사 일을 하지 않기)으로부터 나의 주요 이득은 가사에 드는 개인적인 시간을 최소화하고 깨끗한 집이라는 사실을 알게 되었다. 이득은 여러 이해 관계자에 따라 다르며, 궁극적인 목표를 정의하기 위한 이 추가 단계를 거치는 것은 심리적 관성을 깨고, 원하는 핵심을 명확하게 이해하기 위해 일반적으로 매우 유용하다.

반대 주요 이득, 반대 시스템에 의해 달성되는 궁극적인 목표

글로벌 파워, 테러와 전쟁과 같이 가변적인 세계에서는, 많은 사람들이 아마도 자신과 가족을 위한 궁극적인 목표로 안전을 선택할 것이다. 침략이나 공격으로부터 안전에 대해 생각한다면, 여러 집단들의 주요 이득은 완벽한 평화에서부터 군사 하드웨어를 통한 높은 수준의 보호에 이르기까지 다양할 수 있다. 개인의 총기 사용이 일반화되어 있고 합법적인 국가에서는 개인의 최적의 안전을 제공하는 길이 어느 방향인지가 논쟁거리가 된다.

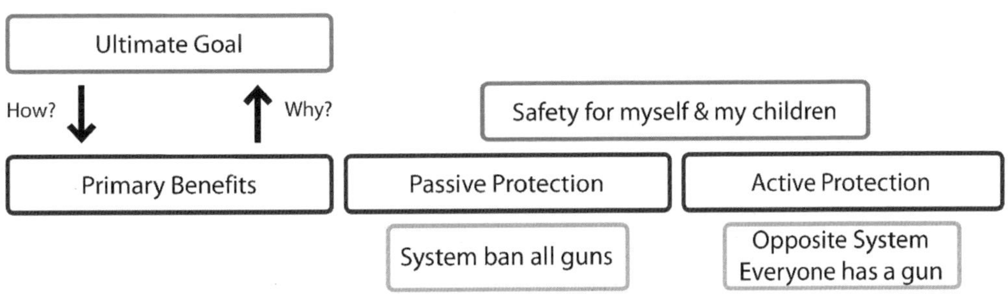

8.10 진짜 목표의 식별 – 잠수함 함대의 소유

궁극적인 목표 및 주요 이득 모두를 정의하는 것은 시스템의 존재 이유를 이해하는 데 도움이 된다. 예를 들어, 다음과 같은 대부분의 상황에 도움이 된다.

- 잠수함 함대를 소유함으로써 얻을 수 있는 이상적인 결과는 무엇인가?(안전?)
- 잠수함 함대를 소유함으로써 얻을 수 있는 궁극적인 목표는 무엇인가?(아무도 공격하지 않는다?)
- 잠수함의 주요 이득은 무엇인가?(억제력?)

잠수함 설계에 참여한다면 이러한 것들은 생각하는 첫 번째 질문이 아닐지도 모른다. 잠수함 문제를 해결하고자 한다면 공간, 안전성, 통신의 수신범위, (공격)능력 등을 고려해야 한다. 그러나 국가가 잠수함 함대를 가져야 하는 궁극적인 목표와 잠수함의 주요 이득 사이에 높은 수준의 차이를 이해하는 것은 디자인 선택에 영향을 미칠 수 있다.

잠수함에 대한 이상적인 결과를 정의할 때 "왜 이 시스템을 가져야 하는지, 시스템이 제공하는 모든 이점은 무엇인지"를 물어볼 수 있다. 일반적인 하나의 대답은 안전일 것이다. 이 대답은 궁극적인 목표를 포함한다. 여러 사람들이 다른 방식으로 정의할 수도 있지만, 궁극적인 목표에 대해 하나의 합의된 답은 아무도 우리를 공격하지 않도록 보장하는 것일 것이다. 잠수함 시스템의 주요 이득은 공격을 방지하는 억제력이다. 일부 시스템의 궁극적인 목표는 매우 명확하다고 느끼고, 다른 시스템은 애매할 수 있지만 이것은 노력의 가장 높은 수준의 목적이며, 문제를 정의할 때 생략할 수 없는 것이다.

그러므로 잠수함의 주요 이득은 억제력을 제공하는 것이며, '아무도 우리를 공격하지 않는' 궁극적인 목표를 달성하는 유일한 하나의 방법/해결책을 제공하는 것이다. 하지만 궁극적인 목표는 반대 해결책을 포함한 다양한 방법으로 얻을 수 있다. 아무도 당신을 공격하지 않는 것을 보장하는 반대 방법은 아무도 당신을 공격하고 싶어 하지 않도록 자신을 매우 가난하거나 중요하지 않거나 전혀 공격적이지 않게 만들 수도 있다. 영국의 북쪽으로부터 침입하는 스코틀랜드를 저지하고 반란을 분쇄하기 위해 영국의 정복왕 윌리엄 1세가 1069년에 사용했던 야만적인 해결책이 이와 같은 사례이다. 그는 모든 마을을 불태우고 모든 가축과 농작물을 파괴하였으며, 15만 명의 스코틀랜드인을 죽임으로써 아무도 그 지역을 침략하거나 공격하고 싶어 하지 않도록 영국의 북동쪽을 폐허로 만들었다. 다른 해결책으로 북쪽을 방어하고 스코틀랜드를 공격하거나, 그들을 설득하여 공격을 단념시키는 무서운 억제력을 만들 수도 있었다. 공격 또는 침공할 어느 것도 남겨두지 않은 '아무도 우리를 공격하지 않는' 1069년 해결책은 잔인한 가능한 해결책 중 하나였다. 오늘날 세계에도 우리의 이상적인 결과인 안전, 그리고 궁극적인 목표 '아무도 우리를 공격하지 않는 것' 또한 걱정스러운 많은 잔인한 해결책들이 있다. 가장 높은 수준에서 잠수함에 대한 선택된 해결책이 원하는 것을 제공하는지 확인하기 위해, 무엇을 원하는지를 이해하는 데에 집중해야 한다. 일단 우리가 '아무도 우리를 공격하지 않는' 한 가지 해결책을 선택하고 수용하였을 때, 선택에 한계가 있고 제약이 생긴다면, 해결책을 위한 최적의 시스템을 제공하는 방법을 찾아야 한다.

궁극적인 목표의 정의 내에는 제약 조건이 없으며 해결책이나 시스템이 없다. 당신은 최고 수준에서 자신에게 '궁극적인 목표가 이것을 얻기 위한 수단이나 시스템을 제시하는가?'라고 묻고, 그 답이 no라면, 아마도 궁극적인 목표를 정의했을 것이다. '아무도 우리를 공격하지 않는다.'라는 용어에는 그것을 달성하는 해결책이나 수단이 포함되어있지 않다.

이상적인 결과

해당 엔지니어 팀과 시스템에 대한 이상적인 결과를 정의할 때 종종 다음 단계를 따르는 것이 바람직하다.

1. 그들이 생각할 수 있는 모든 이득, 받아들일 수 있는 비용 및 해로움을 메모장에 간략히 적으라고 요구한다(크든 작든 - 중요하거나 중요하지 않은).
2. 이득들을 그룹화하고 각 그룹의 이름을 정한다(이것은 우리에게 높은 수준의 이득을 제공한다).
3. 시스템이 우리에게 제공하는 주요 이득을 정의한다(주요 이득).
4. 왜? 라고 묻는다. 왜 우리는 이 주요 이득을 가지고 있는가 - 이것이 우리에게 궁극적인 목표를 제공한다.
5. 1-4의 이상적인 결과의 모든 요소를 보여주는 간단한 다이어그램을 그린다.

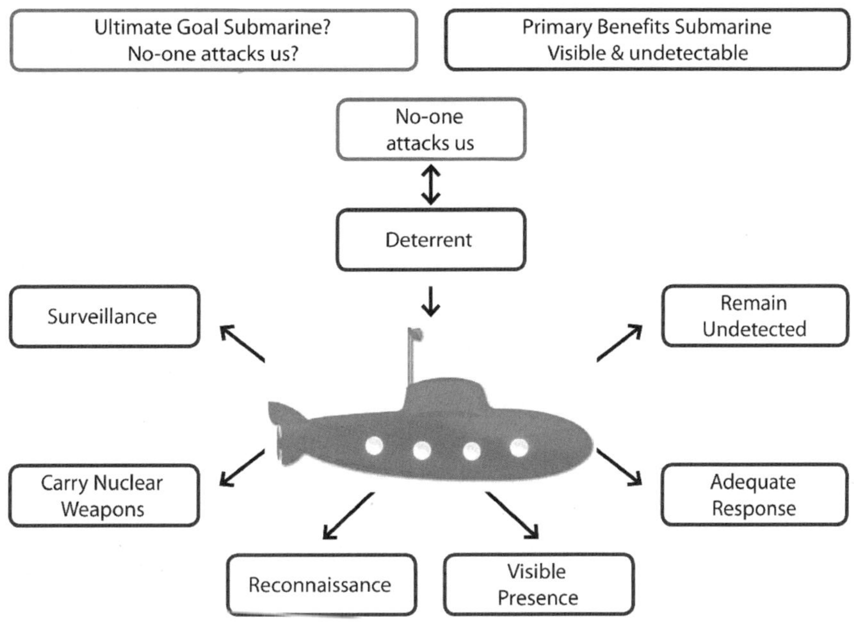

8.11 이상적인 결과와 발명하기

이상성이라는 간단한 트리즈 도구는 발명과 같은 어려운 문제에 있어서 매우 중요하다. 발명은 전에 없었던 필요성을 충족시키기 위한 새로운 시스템을 제공한다. 중요한 단계는 이러한 필요성을 완벽히 매핑한 후, 필요성을 최상의 가능한 새로운 시스템(이미 다른 영역이나 산업에 존재할 수 있는)과 일치시키는 것이다. 이 새로운 시스템은 솜씨 좋은 흥미로운 발명품으로 나타날 수 있으며, 과학과 기술의 최전선에 있는 최고의 기술, 최첨단의 새로운 시스템(예, GPS)에서부터 오래된 몇몇 기술의 최초의 새로운 조합과 같은 또 다른 극한(시계 라디오)에 이르는 어떤 것일 수 있다.

이상적인 결과는 새로운 시스템을 시각화/상상하는 데 도움이 될 뿐 아니라, 이루어지지 않은 요구 사항을 정의하는 데 도움이 된다. 이상성을 시각화하는 것은 엔지니어와 과학자들이 '빠르고 간편한' 높은 수준의 요구 사항 캡처(훨씬 더 완전하고 철저한 요구 사항 검증에 의해 필요할 때마다 보충됨)를 수행하는 데 도움이 되며, 미확인 기능과 확인된 이득을 일치시키는 데 도움이 된다. 아직 존재하지 않는 시스템이 이상적인 시스템으로 정의될 수 있다. 이것은 시스템이 제공해야 하는 기능을 이해하는 데 도움이 되며, 우리가 만들고자 하는 시스템의 일부 비전을 제공한다.

새로운 해결책의 수집을 위한 발명, 이상적인 결과 및 공상과학 소설

공상과학 소설은 미래 기술을 예측한다. 공상과학 소설이 쓰인 지 최소 200년이 지난 오늘날 미래에 대한 환상이 얼마나 잘, 매우 명확하게 우리의 미래 요구 사항을 예측했는지를 매핑하기는 쉽다. 공상과학 소설을 쓰는 것은 바로 이상적인 결과의 정교하고 상세한 정의이며, 그러한 사고력을 보여준다. 알트슐러는 자신과 그의 가족을 부양하기 위해 트리즈로는 충분한 돈을 벌지 못해서, 공상과학 소설 작가라는 다른 경력을 가져야 했다.

알토브라는 필명으로 그는 1958년부터 1998년 자신의 인생이 끝날 때까지 책을 출판하였다. 그의 책의 일부는 그의 아내 발렌티나 쥴라브료바와 공동으로 쓰였고, 그녀 또한 자신의 공상과학 소설을 출판하였다. 이상적인 결과는 그들의 소설에서 예를 들어 *별들의 발라드*에서 설명되어 있다. 산업용 기계가 아주 작은 미세입자로 구성되어있고 그 기계의 구성요소들은 자성의 힘을 사용하여 그들을 함께 붙어있도록 만들어졌다. 기계가 구식이 되거나, 업데이트할 필요가 있을 때, 작은 입자들이 새로운 기계를 형성하기 위해 다시 프로그래밍 될 수 있다 (www.abebooks.com/검색 isbn: 0025017403). *이 아이디어는 이상성과 관련이 있으며 시스템은 모든 것이 작은 입자로 구성될 때까지 작아져 장 효과만 남게 될 거라는 트리즈의 기술진화 경향의 주요 기본 가정 중 하나와 관련이 있다.*

예언은 단지 언급됨으로써 실현되는가?

미래 사건의 예언은 아이디어가 심어져 사람들이 그것에 반응하기 때문에 때로는 정말로 실제로 실현된다. 어떤 사람들은 이것을 공상과학 소설이 미래 기술을 실현하는 방법이라고 주장한다. 많이 인용되는 한 가지 유명한 예는 스타트랙의 영향이다. 우리 모두는 '전송되어 나타나는' 순간 이동이 가능한 기술을 기다리고 있고, 추정된 초기 휴대 전화 디자인들은 스타워즈의 유명한 통신기에 의해 형성되었고, 이것이 휴대전화가 어떻게 생겨야 하는지에 대한 우리의 아이디어를 설정해 주었다.

시스템을 발명하기 위해 이상성의 활용

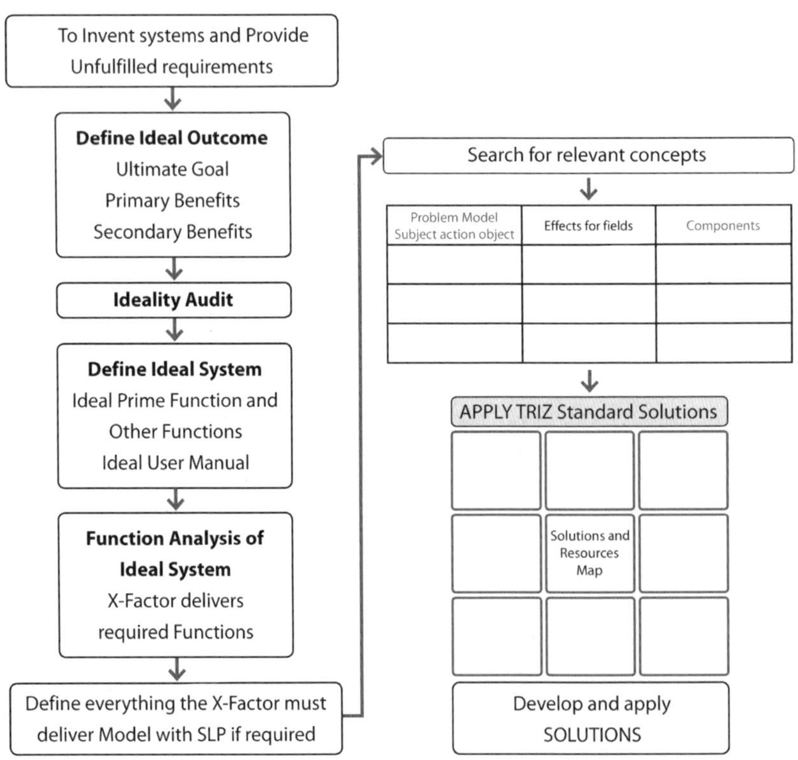

8.12 원하는 것을 이해하고 이를 달성하기 위한 이상성의 사용 – 주택과 사무실을 위한 창문

1. 문제의 기술(제약 포함)
2. 9-박스에 상황을 맵핑한다.
3. 이상적인 결과(충족되지 않은 요구사항)와 이상적인 사용자 매뉴얼을 정의한다.
4. 이상성 검증
5. 이상 시스템(이러한 요구 사항을 충족하는 시스템)을 정의한다.
6. X-인자가 제공하는 이상적인 기능을 정의한다.
7. 사용 가능한 자원에 의해 제공되는 좋은 해결책(이전 6단계를 수행하는 동안 적어둔 나쁜 해결책 공원에서)을 찾는다. 이상적인 기능을 제공하는 모든 관련된 방법을 찾기 위해 모든 지식으로부터 나쁜 해결책, 기존 해결책과 유사한 해결책들을 살펴봄으로써 자원을 활용할 방법을 찾는다.

1. 문제, 상황 및 초기 문제 기술 + 제약 조건

나는 창문을 개선하고(보통의 문제를 제거하고), 개선된 창문이 집과 사무실의 에너지 사용을 최소화해주기를 원한다.

전형적인 문제 - 창문이 더러워지며, 청소 및 유지 보수가 필요하다. 창문이 약해서 깨질 수 있고, 도둑의 침입도 가능하다. 해로운 열, 빛과 소음이 바깥쪽에서 안으로 들어오거나 열과 소음이 밖으로 나갈 수 있다. 창문들이 방 전체에 햇빛이 들어오지 못하게 하며, 외부에서 내부가 보여 사생활이 침해된다.

초기 문제 기술 - 나는 원하는 모든 것을 제공하는 창문을 갖고 싶다. 내가 원하는 조망, 소명, 환기, 완벽한 사생활, 외부로부터의 소음 차단, 외부 침입자로부터 완벽한 안전, 화재 비상탈출이 가능하고, 내가 원할 때 외부로부터 열을 유지, 수집, 저장하고 제공한다.

제약조건? 합리적인 예산? 현재 이용 가능한 창을 사용하는가?

2. 9-박스에 상황을 맵핑한다.

Past Windows for Light and Ventilation	**Present** **Ideal Solution** Locate and deliver	**Future** **Ideal Windows**
System we've got With Problem Gaps	**Problem Solving** Define **Ideal system** which meets all needs solution we want	**System we want** or NEW SYSTEM solved problems
Under-used and un-observed **available** resources	FIND **Ideal Resources** to solve problems and complete the system	Appropriate and **available** resources cleverly mobilised

3. 이상적인 결과 – 우리는 정말, 정말로 무엇을 원하는가?

3.1 이상적인 결과

궁극적인 목표 = 방을 향상(우리가 원하는 조명, 전망 및 환기를 위해)시켜 주지만, 열 손실, 잡음, 사생활침해, 안전 등 어떠한 불이익을 일으키지 않고 외부와의 연결.

3.2 주요 이득(기본 기능으로 제공)

햇빛, 조망 등을 위해 외부 세계와 연결

3.3 2차 이득

보조 기능으로 제공되는 것들은 조명, 환기, 좋은 전망, 사생활, 비상출구, 보안, 온도 조절, 방음, 어린이 안전, 실내의 아름다움/매력 등이 있고, 외부와의 연결도 보장한다.

4. 이상성 검증

먼저 대략적으로 이상적인 결과(궁극의 목표 및 우리가 원하는 모든 것)를 정의한 후에 다음을 정의한다.

이상성	기존 시스템	우리가 원하는 시스템의 이상성
주요 이득	외부 세계와 연결 (햇빛, 전망, 공기)	필요할 때 필요한 곳의 연결
기타 이득	조명	필요에 따라 실내 전체의 조명
	밝기	밝지만 눈부시지 않게
	환기	우리가 원할 때 필요한 곳의 환기
	좋은 전망	전망 범위의 증대
	사생활	아무도 안을 보지 못하게 함
	비상출구	필요할 때 즉시 외부와 연결
	보안	외부로부터의 접근 금지
	온도 조절	필요하지 않는 한 열기나 냉기가 들어오지 않음
	방음	외부로부터의 소음 없음
	어린이를 위한 안전	창문 재질의 안정성
	실내의 아름다움/매력에 도움	사용자에게 즐거움을 주는 외관
	외부와의 연결	필요할 때에만 즉시
	제한된 열 조절	완벽한 열 조절
	점등	퇴색하거나 손상이 없는 점등
주요 결과/기능	빛, 공기, 사람들에게 밀폐/개방적인 공간, 필요한 경우 통과하기	
받아들일 수 있는 비용/투입자원	보통의 비용	보통의 비용 또는 낮은 비용
받아들일 수 없는 비용/투입자원	무언가 예상치 못한/ 과도한 +	높은 예상치 못한 & 초기 비용

받아들일 수 있는 해로움/문제	청소, 낮은 유지 보수	청소나 유지 보수 없음
받아들일 수 없는 해로움/문제	위험스럽고, 시끄러우며 너무 덥고 밝음	퇴색되지 않고 열 변화가 통제됨
다른 관련 요인들을 포함한다.	문제의 이해와 해결을 위해 다음과 같은 것을 포함한다: -	
제약 조건	(부과된 조건, 규칙 또는 규정)일반 건물에 적합/기존 구조에 추가할 수 있다.	
시스템의 간단한 도면(해당되는 경우)		

5. 이상 시스템 — 이것은 무엇을 하는가?

5.1 이상 시스템

내가 밖을 볼 수 있게 해주며 내가 원할 때 완벽한 조명과 외부에서 방안으로 완벽한 환기가 가능한 벽에 있는 어떤 것. 또한 화재 시 비상구 역할을 하고 실내의 어떤 내용물에 어떤 위험도 없고 손상시키지 않는다. 방안으로 또는 밖으로 열을 조절한다(태양열을 수집하고 필요할 때 방안으로 또는 밖으로 열을 재분배한다).

선택한 시스템은 어떤 창문인가?(카메라일 수도 있는가? 투명 벽돌? 다른 시스템???)

5.2 이상적 사용자 매뉴얼

그것은 유지보수나 청소 없이 설치하기 쉽고, 열고 닫기가 쉬우며, 잠금/해제가 빠르고 안전하다.

6. 이상적인 기능의 정의(X-인자에 의해 전달)

6.1 기본 시스템이 전달하는 이상적인 주 기능

필요할 경우 공기는 통과할 수 있고, 빛을 위한 밀폐/개방되는 투명한 면

6.2 2차 시스템이 전달하는 창문의 이상적인 보조 기능

a. 청결 유지
b. 방에 과도한 밝기 없음.
c. 방의 뒤쪽까지 방 전체에 햇빛이 들어오게 한다.
d. 겨울에는 열을 유지하고 여름에는 열을 밖으로 내보낸다.
e. 가구/내용물을 퇴색시키지 않는다.
f. 신선한 공기 환기(원래 이름은 색슨 족 '바람구멍'에서 유래)를 위한 열 수 있다.
g. 먼지나 곤충이 내부에 침투하지 않도록 한다.
h. 우리는 밖을 볼 수 있지만, 다른 사람은 외부에서 내부를 볼 수 없다.

i. 화재 시 비상탈출(쉽고 빠르게 열림)이 가능하지만 강도에게는 강하게 잠겨있다(이방인이 외부에서 열고 들어오기가 불가능하다).
j. 낮에는 열을 저장하고 나중(필요에 따라 밤에)에 방출한다.
k. 외부 소음으로부터 방음을 제공한다.
l. 어린이에게 견고하고 안전하다(아이들이 밖으로 나가거나 깰 수 없다).
m. 매력적이고 내구성 있는 외관 재질과 디자인

7. 좋은 해결책 찾기

(이전 6단계를 수행하는 동안 기록했던, 이용 가능한 자원에 의해 제공되는 나쁜 해결책 공원으로부터)

이상적인 기능을 제공하는 방법을 찾기 위해 모든 지식으로부터 나쁜 해결책 및 이전 해결책과 유사한 해결책을 확인하여 자원 활용 방법을 찾는다.

창문을 개선하는 많은 해결책이 있지만, 이상적 기능의 일부를 제공하는, 자원을 현명하게 사용하기 때문에 구별되는 단지 몇 개만을 여기서 제시한다.

7.1 이상적인 기능 = 청결 유지

특수 코팅된 자동 세척 유리는 햇빛과 빗물을 자원으로 사용한다. 코팅 물질에는 광촉매제가 있고, 외부 UV 빛을 받으면 조류의 배설물이나 나무 수액과 같은 유기 오염을 분해되고, 무기 먼지를 느슨하게 풀어준다. 코팅 물질이 수용성이어서 빗물이 느슨해진 먼지를 씻어 낼 수 있으며, 물을 균등하게 퍼지게 해서 빠르게 마른다.

7.2 이상적인 기능 = 실내에 과도한 밝기 없음

이것은 하루 중 여러 시간대와 계절, 그리고 당신이 사는 곳과 당신이 원하는 것에 따라 달라진다. 관련 자원은 창문의 크기와 남향 또는 북향(또는 동쪽 또는 서쪽)으로 존재하는 자원들을 포함한다. 블라인드 또는 커튼과 같은 자원이 여기에 도움이 될 수 있다. 한 가지 아주 멋진 디자인은 우측 위도의 지구 위치에 따른 햇빛의 각도를 자원으로 사용한다. 이 해결책은 낮은 겨울철 태양은 창문으로 들어오게 해주고 높은 여름 태양은 막아주는 외부 차양막이다.

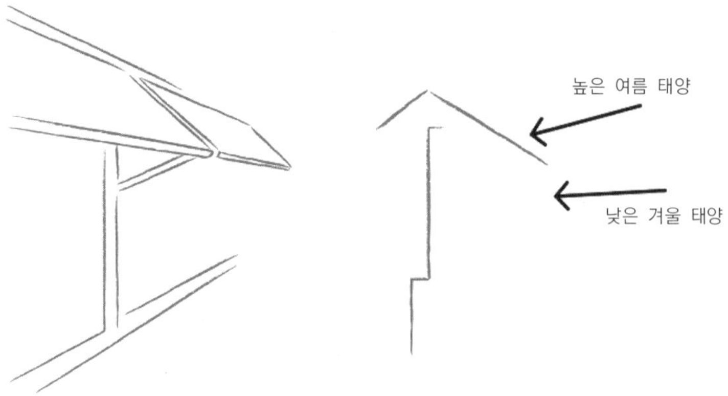

7.3 이상적인 기능 = 햇빛이 실내 뒤쪽까지 방 전체를 비추도록 하기

19세기의 말에, 일광은 귀중한 자원이었고 실내에서 효율적인 일광이 필요했다. 럭스퍼 프리즘이 1898년 시장에 출시되었고, 이것을 창문에 부착하면 실내 뒤쪽과 먼 구석까지 햇빛이 전달되었다. 제임스 G. 페니쿠익(James G. Pennycuick)이 설립한 럭스퍼 프리즘(Luxfer Prism) 사와 레디에이팅 라이트(Radiating Light) 사는 그의 특허(특허 제312290 '창문-유리 개선')를 배포하고 대중화하였다. 이것은 정사각형 유리 타일의 안쪽에 수평 프리즘을 간단하게 추가하였다. 이 프리즘은 창문으로 들어오는 햇빛의 방향을 바꾸어 빛이 필요한 실내 안쪽까지 비추어 주었고, 낮에 고가의 인공조명과 조명 공간의 필요성을 없애주었다. 럭스퍼 프리즘 유리는 이리디언(Iridian) 사의 프리즘 타일을 설계한 프랭크 로이드 라이트(Frank Lloyd Wright)에 의해 유명해졌으며, 그의 빌딩 일부에 사용되었다. 럭스퍼 프리즘은 이제 시장에 재진입 중이며, 일반적으로 값비싼 인공조명의 필요성을 줄이기 위해 사용한다.

멋진 자원 해결책들은 우리가 원하는 다른 기능을 위해 존재한다.

유리 회사들은 연구 과제를 추진하여, 외부 태양열을 막아주거나 저장하고 필요로 할 때 그것을 방출(추운 밤에는 안쪽으로 뜨거운 밤에는 바깥으로)하기 위한 유리를 개발하였다.

이 유리는 또한 밖을 볼 수 있지만 어느 누구도 안을 볼 수 없게 해야 한다는 모순을 해결하는데 활용될 수 있다.

이제 가구가 퇴색되지 않도록 방으로 들어오는 빛을 필터링할 수 있다.

이중 유리 장치는 탈출과 환기를 위해 내부에서 바깥쪽으로 열 수 있지만 도난 방지를 위해 안쪽으로 접근할 수 없도록 재설계되고 있다.

8.13 결론

이상성은 요구 사항을 수집하는 데 도움이 되는 간단하고도 강력한 개념이다. 일단 원하는 것을 알면, 이상성은 자원을 통해 그러한 아이디어들을 실현하는 해결책 아이디어와 방법을 마련하기 위해 우리의 두뇌를 자극하는 데 도움이 될 수 있다.

이상성은 요구 사항을 찾아내는 모두에게 도움이 될 수 있다 - 여러 이해관계자가 있고, 각자에게 자신의 이상성을 정의하라고 요구하는 경우 중복, 모순 및 차이가 생길 수 있다. 예를 들어 영국 핵정화의 주요 이해관계자들에게 그들의 이상성을 정의하라고 요구한다면, 우리는 그들의 난제를 그들 사이의 모순과 차이점으로 쉽게 알아볼 수 있을 것이다.

이러한 훈련활동은 모두가 서로 다른 이해 관계자의 요구 사항, 가장 중요한 갈등 및 중복을 캡처할 수 있게 해준다. 이상성은 작은 구성 요소의 문제에서 전체 시스템, 높은 수준의 전략 계획에 이르기까지 모든 종류의 문제에 유용하다. 모두에게 자신의 이상적인 해결책을 정의하게 하면 공급망/파트너/고객 및 기타 이해 관계자를 포함한 모든 사람들이_토론하는 데 도움이 된다.

이상적인 결과를 정의할 때, '이 정의가 해결책을 포함하고 있는가?'를 확인해 볼 수 있다. 대답이 예인 경우, 이득만 아니라 어떻게 이것을 제공할 것인지에 대해 생각을 제한했던, 이상적인 해결책과 거리가 있는 것을 정의했을 것이다. 이 경우 우리는 다시 생각해야 하고, 더 정확하게는 숨겨져 있던 해결책을 제거해야 하고, 그러한 해결책들이 수행하는 요구 조건만을 정의해야 한다. 그렇지 않으면 잘못된 요구 사항을 캡처하거나, 더욱 위험스럽게는 잘못 캡처된 요구 상황 부분만을 문제의 해결책으로 생각하기 때문에 잘못된 문제를 해결하려 할 수 있다. 숨겨진 해결책에 대한 이와 같은 확인은 부분적, 조잡한 해결책에 빠지지 않고, 원하는 것만을 기술하게 해준다. 부분적, 조잡한 해결책은 주요 요구 사항을 애매모호하게 하며, 대신에 겉으로는 좋아 보이지만 실제로는 나쁜 해결책을 우리에게 준다 - 이러한 상황은 많은 조크의 주제다.

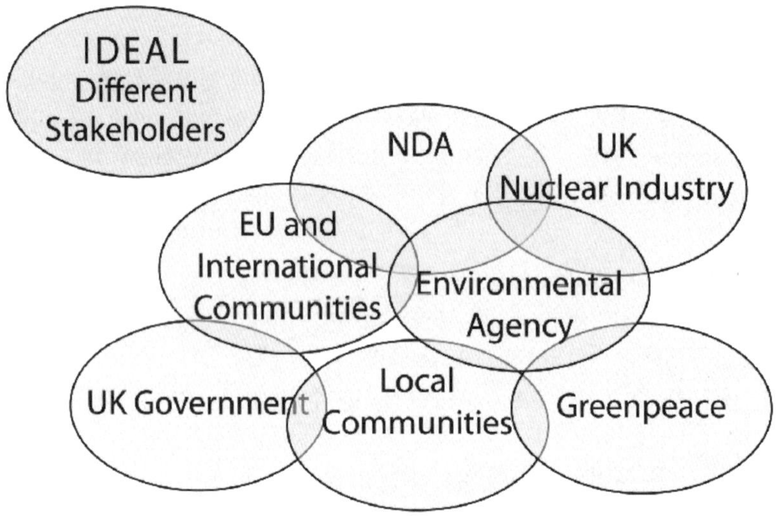

이상적인 결과를 정의하고 원하는 것을 이해했을 때 어떤 해결책이 이미 존재하는지를 알 수 있다. 이상성이라는 간단한 언어의 사용은 유사성과 어떤 해결책을 찾는데 적합하고, 실제 해결책으로 안내해주는 관련 자원을 찾을 수 있도록 우리를 도와준다.

이상성은 놀라운 정신적 트릭이다 - 문제의 요구 조건과 해결책에 대해서 제약 없이 백지상태에서 일을 시작해야 할 때 관련 없는 세부 사항에 얽매인 구식 사고를 일소하는 방법. 이것은 다양한 요구 사항과 해결책을 이해하기 위한 매우 근사적 방법으로 사용될 수 있으며, 또한 정확하게 요구 사항을 캡처하고 우리가 원하는 모든 이득을 정의하기 위한 매우 정확한 방법으로도 사용될 수 있다.

많은 공학적 성공은 이상성을 향한 올바른 방향으로 움직여, 시스템을 올바르게 찾고, 올바른 시스템을 선택하고, 원하는 것의 제공을 보장하거나 또는 기존 시스템을 개선하고, 시스템의 문제를 조사하고, 올바른 방향으로 작동하는 올바른 시스템을 갖고 있다고 확인하는 정도에 따라 달라진다. 문제 해결은 기존 시스템과 원하는 시스템의 갭을 좁히는 것이다 - 올바른 문제를 해결하기 위해서 이상성 검증과 함께 기존 시스템이 우리가 원하는 것과 어떤 갭이 있는지를 이해하고 정확하게 매핑해야 한다.

제4부
TRIZ, Invention and Next Generation Systems

시스템 발전 및 진화경향

9.1 미래의 시스템을 찾는 트리즈 진화경향

트리즈의 8가지 진화경향은 발명가의 도구에 필수적인 요소이며, 새로운 제품을 개발하거나 나음 세대의 시스템이나 제품을 찾고자 하는 사람에게 매우 유용한 도구이다. 트리즈 경향은 기술 시스템을 위한 강력한 메시지를 제공할 뿐 아니라 공정 문제, 일반적인 비즈니스 상황, 관리 및 기획 등에도 잘 적용된다. 이것들은 특정 문제 영역에 집중하고 관련 해결책을 찾을 수 있도록 하는 다른 트리즈 문제 해결 도구들과 비교해서 매우 다른 역할을 수행한다; 즉 트리즈 경향은 머리를 들어 미래로 볼 수 있도록 하는 것처럼 우리로 하여금 선체 시스템과 그것의 발전 가능성을 더 넓게 보도록 도와준다. 트리즈 경향은 우리가 경쟁력을 갖고, 시장 점유율을 더 높이며 차세대 디자인을 찾을 수 있도록 도와준다. 독립적인 트리즈 도구로서 이것들은 다른 트리즈 문제 해결 도구의 이전 지식이나 그 어떤 다른 것을 필요로 하지 않는다. 이것들은 개인이나 연구팀이 사용하는 데 있어 이해하기 쉬우며 강력하고 단 몇 시간 동안 사용으로 새로운 제품을 만들거나 이미 완성된 것들을 진화시키기 위한 다양한 옵션을 제공한다.

트리즈 경향은 제품의 가능성 있는 미래를 보여주며 모든 기술 시스템의 발전 과정을 보여주는 간단한 역사적 패턴이다. 이러한 패턴은 러시아의 트리즈 커뮤니티가 특허 데이터베이스에 나타난 시스템의 진화를 연구함으로써 밝혀졌다. 트리즈 경향은 광범위하면서도 다소 개괄적인 예측 도구를 제공함으로써 거의 모든 제품에 적용할 수 있으며 이것들은 전체 시스템뿐만 아니라 개별 구성 요소를 개발하는 데도 도움이 된다는 점에서 일종의 프랙탈[7]이다. 트리즈 경향은 우리로 하여금 미래 기술 시스템의 전체와 모든 구성 요소를 예측하는 데 도움을 주며 현재 시스템의 향후 발전을 위해 어떻게 지능적으로 과거의 지식을 적용해야 하는지를 우리에게 보여준다.

예를 들어, 트리즈의 8가지 진화경향 중 하나인 '역동성, 유연성 및 제어 성능의 증가'가 있다. 이것은 초기의 시스템들이 부동적 시스템에서 보다 역동적이고 유연한 시스템으로 어떻게 변해 가는지를 보여준다. 마지막 단계는 모든 시스템 구성요소들이 아주 작아져서(분자 크기) 시스템이 결국 어떤 장효과만 남게 되는 완전히 자유롭게 운동하는 단계가 된다.

---

7) 자기유사성을 갖는 기하학적 구조. 부분 구조가 전체 구조와 유사성을 갖는 구조.

TRIZ TREND - Increasing Dynamism, Flexibility & Controllability

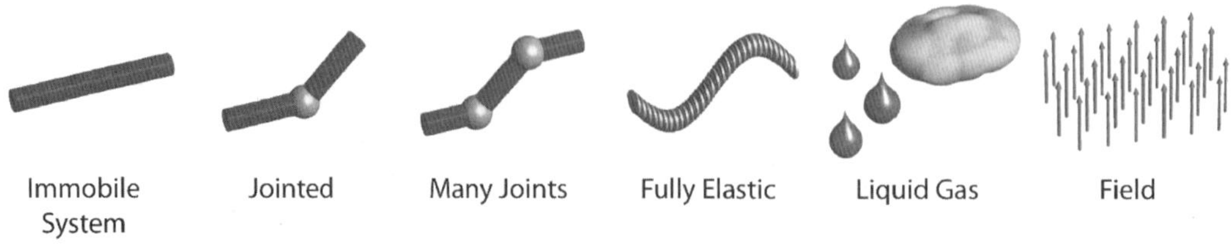

지시자와 길이 측정 시스템(자)은 처음에는 단단한 나무 막대기로 만들어졌지만 다음에 구부릴 수 있도록 개발되었고 망원경 구조의 디자인이 사용되었으며 보다 유연한 시스템으로 발전해서 포인터와 측정 장치에 장효과를 적용한 레이저 시스템이 개발되었다. 많은 다른 시스템들이 보다 훨씬 더 유연하게 개발됐지만 아직 장효과만을 이용하는 마지막 단계의 해결안(트리즈 경향의 예측과 같은)에는 도달하지 않았다. 아래 갑옷 개발의 만화에서 보듯 갑옷이 어떻게 그 긴 역사를 통해 보다 역동적이고 유연하게 되었는지 보여준다. 그림 아래에는 아직 존재하지 않는 장효과의 갑옷을 상상하고 있지만, 트리즈 경향은 그것을 예측하고 있으며 언젠가는 개발되어 시장에 나타날 것이다.

트리즈에 따르면 갑옷은 더 나은, 더 가볍고 더 유연하게 될 것이기 때문에 번쩍이는 갑옷을 입은 기사를 예측할 수 있다.

9.2 완벽한 제품

트리즈 진화 경향은 인간의 필요를 충족하기 위해 발명, 개선, 완성 및 성공적인 시스템과 기술의 결합을 통해 시스템과 제품이 따라야 하는 방향을 제시하는 간단하고 개괄적인 가이드이다. 트리즈 진화 경향은 시스템이 진화해 나아가고 보다 정확하게 시장의 요구를 충족시킬 수 있는 방향을 예측하는 데 도움이 된다. 진화 경향은 완벽을 향한 기술 향상을 위한 개괄적인 패턴을 포함할 뿐만 아니라 관련된 모든 이득을 달성하고 가치를 높이며 해로움과 인간의 개입을 줄이고 시스템을 개선시키기 위해 모든 필요한 것들을 찾는 방법의 중요성을 보여준다. 이 경향은 제품의 성공적인 개선을 위해 이득과 해로움, 투입과 결과 사이의 적정 균형을 찾는 방법을 제시한다.

예를 들어, 매우 간단한 경향 하나가 분할의 증가이다 - 하나의 온통 구조를 분할된 구조로 바꾸는 것을 제시한다 - 나노 기술(1970년대에 트리즈에서 예견했다)에 도달할 때까지 분할을 증가시킨다.

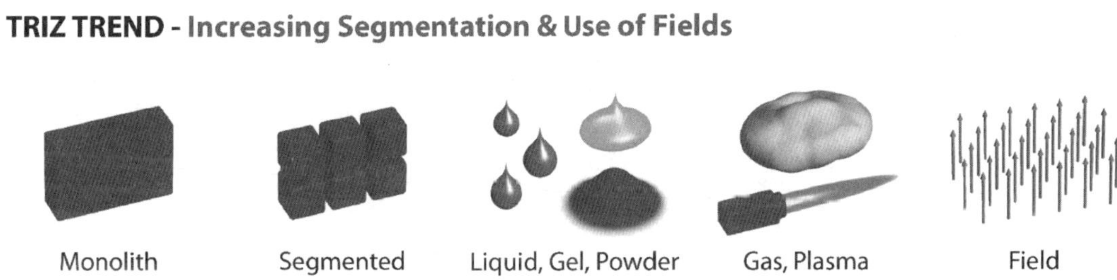

분할은 시스템 발전에 대한 낮은 수준의 기술로 간단하며 실용적으로 적용할 수 있을 뿐 아니라 상당히 정교하다.

트리즈 분할 경향은 이상적 문(있으면서 없는)에 이르기까지 문의 진화를 예측한다.

유연성이나 분할의 증가와 같은 간단한 트리즈 경향은 인기 있고 경제적으로 유리하며 기술적으로 지능적인 제품을 제공하기 위한 방향 및 개괄적 방법을 광범위하게 이해하는 데 도움이 되며 또한 시간에 따른 그 균형의 변화를 보여준다.

트리즈는 이상성이 증가하고 모든 시스템은 더 작고 저렴해진다고 예측한다.

9.3 트리즈 진화 경향의 유래

알트슐러와 그의 팀은 시스템 개선에 대한 기본적인 진리를 알아냈고 - 트리즈 진화 경향 - 기술발전이 진행됨에 따라 반복되며 쉽게 인식되는 진화 경향을 이용하는 방법에 대해 아주 간단하게 설명을 했다. 알트슐러는 이 경향을 정의할 때 수천 개의 특허를 조사했을 뿐 아니라 성공적인 기술과 제품들의 수명 주기를 파악하고 그릴 수 있는지 알아보기 위해 연구했다. 그는 기술시스템들의 가능성 있는 미래와 발전을 보여주는 모든 간단한 진화의 패턴들을 표로 만들어 경향을 분류하였다. 아래 표는 알트슐러에 의해 기술되고 정의된 8가지 진화 경향이다. 그것들은 제품, 산업 및 프로세스의 가능성 있는 진화와 발전을 확인하고 성공적인 시스템의 진보를 위한 미래의 방향을 준비할 수 있도록 도움을 준다.

새로운 기술에 대한 알 수 없는 미지의 세계에서 트리즈의 진화 경향은 가장 독특하고 계속 된 반복적 패턴을 제공하며 그것들은 시장의 요구를 충족할 수 있도록 가장 가능성 있고 성공적인 제품과 공정의 미래 방향에 대한 나침반을 제공할 수 있다. 따라서 이 경향들은 지적 재산권(우리 자신의 제품을 개발하고 경쟁자들을 평가할 수 있다)을 평가하고 개발하는 데 막강하며 특허를 강화하고 혁신하는 데 유용하다. 새로운 제품과 공정에 혁신이 필요할 때 이 트리즈 도구는 미래의 가능성 있는 성공으로 이끌 수 있는 간단하고 체계적인 도구이다. 그러나 이 경향들은 매우 일반적이며 단지 진화의 광범위한 방향을 정의한다는 것을 기억해야 한다.

9.4 트리즈의 진화 경향과 라인

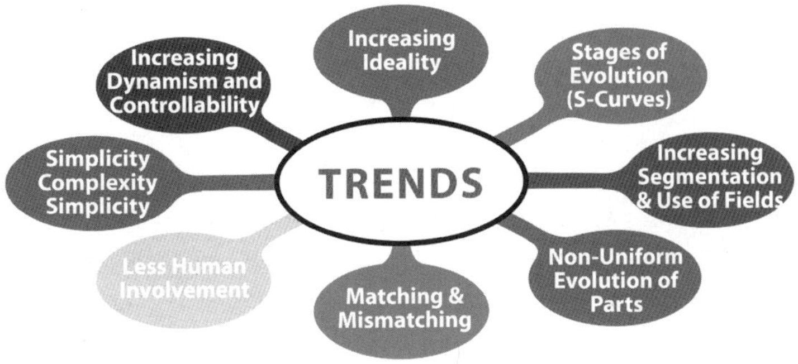

진화 경향 = 진화의 유형 = 진화의 법칙

트리즈 이론에 있어 특히 진화경향에 대해 많은 여러 용어들이 책과 기사에 따라 달리 사용됨으로써 혼란이 되고 있다. 그러나 일반적으로 진화의 유형 = 진화 경향 = 진화의 법칙이다.

(비록 때로는 법칙이란 용어가 너무 강압적으로 보인다 - 법칙이란 용어는 그것을 사용해야 한다는 것을 암시한다). 이러한 경향은 진화의 라인 = 하위 경향 = 하위 유형으로 세분화될 수 있다. 여러 트리즈 문헌들에 따라 이러한 유형/경향들의 숫자가 크게 달리 나타나고 있다 - 8, 10, 20, 30 - 모든 목록들이 아주 유사하여 그 차이가 혼란스럽다. 진화경향이 일반적인 의견이고 여러 책에서 기술된 더 많은 숫자들은 경향들로서 8개의 원래 목록들에 몇 가지 그것들의 서브 패턴들이나 진화의 라인들을 합쳐 단지 좀 더 자세하게 설명하고 있다(그리고 때로는 혼란스럽다).

그러나 아마도 기술 발전의 미래 패턴을 표로 만드는 모든 중요 방법들이 경향의 요약이나 진화의 주요 라인을 포함하고 있으면 그것을 라인으로 부르거나 또는 경향으로 부른다 해도 별 문제는 없다. '진화의 라인이란 용어는 8개의 경향의 하위 세트에 포함되며 그것들은 총 230~340개에 이르고 중요 라인들을 이 책에서 설명하겠다. 진화의 라인들은 8개의 각 경향을 좀 더 자세하게 설명한 버전이다. 따라서 라인들은 여러 진화의 경향/유형/법칙에 포함된 진화의 특별한 단계들을 구별하고 있다.

왜 그것들이 유용한가?

진화의 경향들은 과거에 반복적으로 있었던 성공한 기술들을 설명하는 것으로, 결과적으로 미래에 일어날 가능성이 무엇인지를 안내해 주기 때문에 잠재적으로 매우 유용하다. 즉, 그것들을 특정 산업에 있어 기술시스템이나 그 하위시스템에 대해 다음에 나타날 가능성이 있고 유익한 기술 개발을 예측하거나 적어도 확인하는 데 이용할 수 있다. 모든 규칙에는 예외가 있으며 이해하기 어려운 인간의 여러 요인들은 특히 그 수요가 기술진화 라인 안에 있지 않을 때는 논리적인 기술개발을 붕괴시킬 수 있다. 많은 휴대용 라디오들이 점점 커진 것(소리 큰 휴대용 스테레오라디오)은 트리즈가 보여준, 모든 것들은 점점 작아진다는 중요 경향을 역행하는 예외 사례 중 하나이다. 할리 데이비슨 오토바이 등(시끄럽지만 매력적인)과 같은 시스템에서나 의류, 가구 등의 전통시장에서는 취향이 기술적 논리를 넘어설 수 있다. 기술적으로 가능한 것뿐 아니라 인간적 요인들도 시장을 정의할 수 있다. - 우리는 새로운 개발을 위한 역사적 욕망을 갖고 있거나 단지 준비가 되어있지 않을 수도 있다.

냉동식품은 대부분의 사람들이 자신들이 먹을 채소들을 재배하고 가정용 급속 냉장고가 없었던 20세기 초에 개발되었다. 이 위대한 혁신제품인 냉동식품의 내수는 이것이 발명되고도 수십 년 동안 크게 낮았다. 음식을 냉동시킴으로써 보존할 수 있다는 아이디어는 1626년에 프랜시스 베이컨에 의한 최종 실험에서 시도된 대로 새로운 것이 아니었다. 베이컨은 눈으로 식품을 얼려서 닭의 분해가 늦어지는 것을 보여주었다. 불행하게도 눈으로 닭을 냉각하는 동안 그는 감기에 걸려서 결국 죽었다. 프랜시스 베이컨은 때로는 과학의 아버지라고 불리는데 그것은 그가 사실을 이론에 맞추기보다는 과학이론은 사실에 기초해야 한다고 제안했기 때문이다. 알트슐러와 베이컨은 지식을 현명하게 사용하였으며 지식의 공유를 주창했다는 점에서 많은 공통점을 가지고 있다. 베이컨은 과학 그 자체를 구성할 것을 제안하였고 연구와 자원을 공유할 연구 센터들 사이의 소통을 촉진시켜 결과적으로 영국의 왕립 학회가 결성되었다. 베이컨은 행동으로 옮기지 않는 지식을 경멸했다. 그래서 아마도 그는 트리즈를 인정했을 것이며 또한 냉동 닭이 20세기 후반에 유럽에서 값싸고 신속히 먹을 수 있는 음식 재료가 된 것에 만족했을 것이다.

9.5 진화 - 기술 포함

시스템과 기술 제품들은 생명체와 유사하다. 가장 성공적이고 적응력이 강한 것들만이 적대적 시장에서 발전하고 생존하며, 성숙하고 번창하기 위한 모든 코드를 가지고 있다. 일단 시장에 노출되어 출시에 성공하고 수요가 입증되면 제품 자체는 변화하는 요구를 충족하기 위해 단순히 트리즈의 8가지 진화경향을 따르는 경향이 있다. 기업들이 이 진화 경향을 적용하게 되면 시장에서 다음에 요구하는 것을 예견하고(그래서 맨 먼저 출시하며) 자신의 제품 개발을 예측하고 가속화할 수 있을 것이다.

진화는 적자생존이며, 트리즈의 진화 경향은 탄생에 성공하고(발명), 초기의 개발품이 시장에 출시하여 계속 살아남는 가장 적합하고 견고한 제품 및 시스템을 예측한다. 시장 출시 이후 그것들의 발전은 어려운 시장 상황, 기술 환경 및 요구 변화에 적응하고 경쟁 제품에 대응할 수 있는 견고한 시스템이 되기 위해 올바른 발전 방향을 제시해 주는 것도 트리즈 경향의 영역에 속한다. 진화 경향은 미래 계획에 대한 폭넓은 전략을 제공한다. 독점 기업들 또는 정부 투자 기업들과 같이 보호된 환경에서 생산된 제품들만이 진화가 덜 된 제품이거나 약한 제품이라도 적응 전략 없이 생존할 수 있다.

트리즈 경향들은 비용과 해로움에 대한 이득의 이상적 균형을 갖춘 기술적으로 성공한 제품만이 아니라 시장 출시 후 그 결과가 시장으로부터 유용하고 필요하다고 인정받을 수 있는 제품들의 성장을 보여준다. 성공적인 시스템들은 현재 사람들의 욕구를 예상하고 충족시켜주는 기술들을 활용하며 결합하고 발전한다.

9.6 요구 사항을 충족시키는 성공적 제품들

제품은 시장, 개인, 사용자의 요구 사항을 충족해야 하고 이를 위해 발명되고, 출시되며 나아가 더 발전하게 된다. 문제 해결의 중요한 타입은 제품이 이전에 불충분한 요구 사항을 충족시키는 것이며, 나아가 더 많은 이득을 제공하고, 비용을 적게 하고, 단점을 더 적게 갖도록 하며 일반적으로 더 많은 사용자들에게 어필하고 수요가 유지되도록 제품을 발전시키고 향상시키는 것이다(이상성 증가).

제품 또는 시스템이란 용어는 매우 광범위하게 정의되어 있으며 많은 것들을 나타낸다 : 즉 전체적인 기술 또는 환경을 의미한다 - 상위 시스템(예 : 도로 등), 하나의 완성된 시스템(예 : 자동차) 또는 타이어와 같은 구성 요소 중 하나인 하위시스템.

시스템이란 용어는 단일 공정이나 여러 공정들을 나타낼 수 있다.

모든 제품들이 통과해야 하는 필수적인 시험은 시장에서의 수용이다. 아무리 세심하게 연구, 개발, 설계, 포장 및 판매한다 하더라도 성공적으로 시장에 출시되어 그 유용성과 필요성이 입증되기 전까지는 확실한 건 아무것도 없다. 모든 제품은 그 기능 면에서 시장이 현재 원하는 이득과 관련된 것들이 제공 가능한지를 증명해야 한다. 출시된 제품이 일단 시장에서 인정받고, 사용되어, 다른 사용자들과 상호 소통이 되면 그 제품에 대한 요구가 사라질 때까지 계속 발전, 적응, 성숙의 과정을 거친다. 이러한 과정을 거치면서 해당 제품은 계속해서 피드백과 비판을 받게 된다. 일단 제품이 출시되면 그것의 발전과 진화는 변화하는 요구에 대응하기 위해, 향상된 기술을 개발하기 위해 트리즈의 진화경향 패턴을 따르게 된다. - 출시부터 필요 없어질 때까지 그 진보를 예상하고 예측하는 것이 트리즈 신화경향의 역할이다.

9.7 실용적 문제 해결을 위한 진화 경향의 사용

회사들이 새로운 기술, 새로운 제품이나 새로운 방향과 현재 제품의 개선방법을 찾기 위해 트리즈 경향을 사용할 때, 그들의 반응은 종종 비슷하다 - 이 도구가 신속하고 유용한 결과를 제공한다는 데에 만족한다. 또한 이 도구를 자신의 제품에 체계적으로, 또 간단하고 즐기면서 적용하는 게 용이하다는 것과 전체 팀이 유용한 아이디어와 지향할 방향으로 계속해서 바쁘게 일하게 해주는 데에 대해 감사한다.

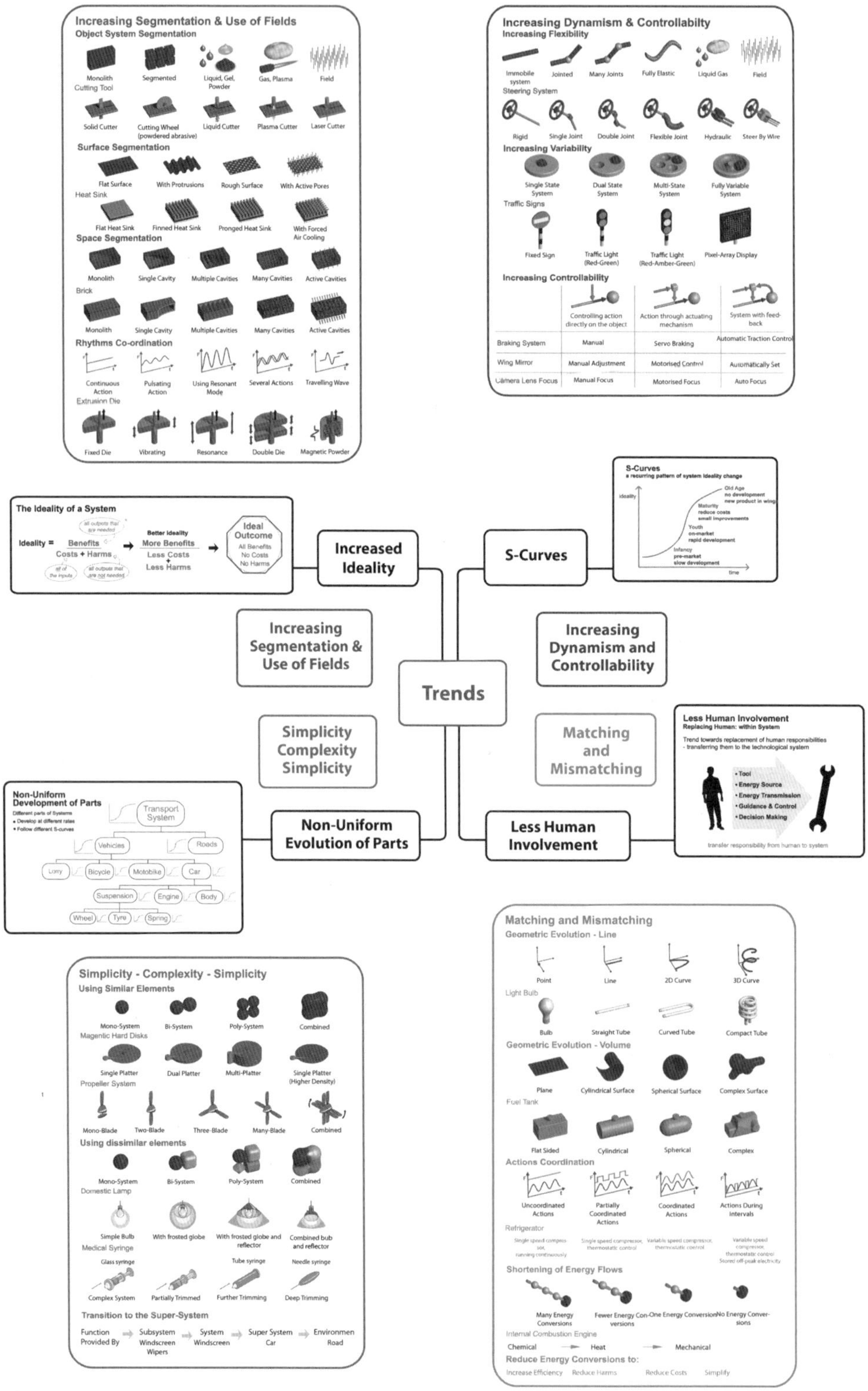
Increasing Segmentation & Use of Fields
Increasing Dynamism & Controllabilty
The Ideality of a System
Increased Ideality
S-Curves
Increasing Segmentation & Use of Fields
Increasing Dynamism and Controllability
Trends
Simplicity Complexity Simplicity
Matching and Mismatching
Less Human Involvement
Non-Uniform Development of Parts
Non-Uniform Evolution of Parts
Less Human Involvement
Matching and Mismatching
Simplicity - Complexity - Simplicity

8개의 트리즈 진화경향

케임브리지의 한 유능한 컨설턴트 단체가 그들이 한 작업을 완료할 때까지 트리즈 진화경향이 팀 전체를 그것에 몰두하게 했으며 유용하게 사용토록 하였다고 언급하였다. 그들은 에너지가 고갈될 때까지 브레인스토밍을 했지만 좋은 아이디어를 거의 얻지 못했고 처음 몇 개의 좋은 아이디어를 얻고 회의를 접으려 했었다. 트리즈 진화경향이 아이디어를 다섯 배로 제공했고 그 해결안의 질과 유용성은 훨씬 우수하였다고 언급했다.

8가지 진화경향은 진화 라인으로 나눌 수 있다. - 다음 그림이 보여주는 바와 같이 더 자세히 설명하는 다른 버전도 있다.

9.8 자연적 진보 및 발전을 나타내는 8가지 경향맵

시간에 따른 시스템의 발전은 다음과 같이 표시할 수 있다:

1. **이상성의 증가** - 더 좋아지며 더 저렴해 지고, 더 많은 이득/기능을 달성하는 반면 비용(투입 - 우리가 지불해야 모든 것)과 해로움(우리가 원하지 않는 결과)은 감소한다.

$$\text{Ideality} = \frac{\uparrow \textbf{Benefits}}{\downarrow \textbf{Costs} + \downarrow \textbf{Harms}}$$

2. **S-곡선을 따름** - 발명된 이후 초기에는 새로운 시스템들이 서서히 진보하면서 발전한다. 새로운 시스템들은 시장에 나온 후에 보통 기능성과 제조방법들에 많은 진보를 보이고 그와 함께 비용감소가 뒤따른다. 그 결과는 이상성의 급격한 증가로 나타난다. 결국 시스템은 더 이상 개선이 불가능하고, 새로운 시스템(새로운 S-커브를 갖는)이 필요해질 때 사라지게 된다.

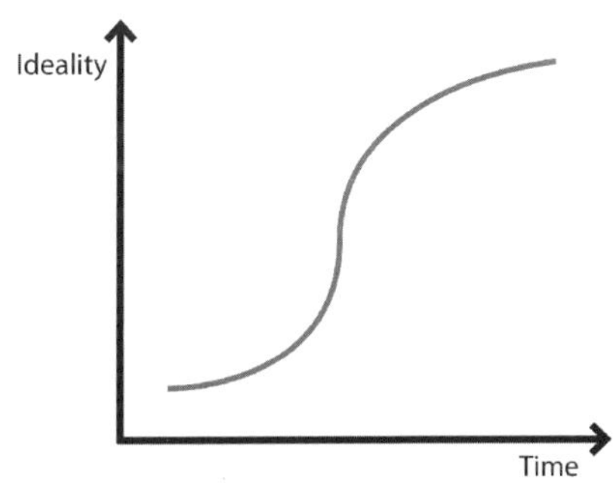

3. **인간의 개입이 줄어듦** - 더 많은 자동화 및 셀프 시스템
4. **부품의 불균일 발전** - 시스템의 어떤 부품들은 다른 것보다 더 빨리 발전할 수 있다.
5. **단순 - 복잡 - 단순** - 처음에는 단순하게 시작해 복잡성이 증가하고 다시 단순화된다(패턴을 반복).
6. **역동성, 유연성 및 제어성의 증가** - 보다 분할되며, 분할됨에 따라 더 많은 부품을 가지게 되고, 그러므로 보다 효율적인 제어가 필요하다.
7. **분할의 증가 및 장의 사용** - 점점 작은 부품들을 사용하게 되고 부품들은 더 작아져서 결국 장 효과만 남게 된다(마이크로 수준으로 전이 및 장의 사용 증가).
8. **일치와 불일치** - 단지 주 산출물만 아니라 모든 요구 사항에 기능과 기능성을 일치시킨다. 마침내 우리의 요구 사항만이 아니라 우리가 원하는 모든 것을 제공한다.

1. 이상성은 트리즈의 8가지 진화경향 중 가장 기본적인 것이다.

아래 그림과 같이 이 경향에는 4개의 라인이 있다.

$$\textbf{Ideality} = \frac{\uparrow \textbf{Benefits} \text{ (Primary + Secondary Benefits)}}{\downarrow \textbf{Costs} \text{ (all inputs)} + \downarrow \textbf{Harms} \text{ (all outputs we don't want)}}$$

이상성은 시스템의 '우수함'을 측정할 수 있는 트리즈 용어이다. 이상성은 하나의 식으로 설명되고 트리즈의 유일한 수식이지만 실제 방정식을 의미하지는 않는다. 이상성 증가의 논리는 너무나 단순하여 누구나 쉽게 이해하고 사용할 수 있다. 이상성은 더 많은 이득과 더 적은 비용, 그리고 문제점들을(어떤 원치 않는 결과 - 해로움들) 제거함으로써 달성된다. 모든 시스템, 제품 또는 공정은 이상성 수식에 의해 설명될 수 있다. 그 단순함 때문에 때때로 그 유용성과 중요함을 놓치게 된다.

이상성이 중요 출발점인 이유

이상성은 어떤 시스템, 공정 또는 해결안을 생각하고 평가하는 강력한 방법 중 하나이다. 시스템의 이상성을 이해하는 것은 기존 시스템을 개선하는 방법이나 새로운 시스템을 발명하는 방법을 알아내는 데 도움을 준다. 궁극적 목표는 우리가 원하는 모든 것을 제공하며 우리가 원하지 않는 것은 전혀 주지 않으며 비용이 전혀 들지 않는 이상적 시스템이다. 이 이상성이 항상 노력하여 문제 해결의 올바른 방향으로 우리를 안내해 주는 목표이다.

이상성을 정확하게 정의하는 것이 어떤 문제 또는 시스템을 분석하기 위한 좋은 시작점이며 모든 사람들을 이해시키는 데 언제나 도움이 될 것이다. 이득의 정의는 정확하고 중요하다: 이득은 요구 사항을 충족하는 경우에만 이득이다. 그러므로 이득은 우리가 필요로 하는(더도 덜도 아닌) 모든 결과를 의미하며 어떤 결과가 우리가 원하는 것일 때만 이득이다. 그렇지 않으면 그것은 해로움이고 시스템으로부터 원하지 않는 결과의 일부분이다.(전구의 열 등과 같이 비록 중성적이거나 외견상 해로움이 아닐지라도)

비용은 시스템에 투입되는 모든 것이다 - 시스템이 필요로 하는 모든 것(돈뿐 아니라 투입되는 모든 것 - 재료, 전문적 지식이나 기술, 저장, 운송, 유지 보수 등). 투입이 있는 시스템은 이득뿐 아니라 해로운 결과를 제공한다(중립적인, 중간 카테고리, 잠재적으로 유용한 결과들은 없다). 요구사항을 충족하는 경우에만 이득이다.

제품은 이득을 제공하기 위해 발명된다 - 성공을 보장하기 위해서는 이득이 비용 및 해로움과 균형이 맞아야 한다.

이상성 균형의 달성

시장에 제품이 출시되었다는 의미는 이상성이 양적(陽的)이며, 어떤 이상성 균형에 도달했고, 이득이 비용과 해로움의 합을 초과했다는 것을 의미한다.

$$\textbf{Ideality} = \frac{\uparrow \textbf{Benefits} \text{ (Primary + Secondary Benefits)}}{\downarrow \textbf{Costs} \text{ (all inputs)} + \downarrow \textbf{Harms} \text{ (all outputs we don't want)}}$$

발명 후에 이상성이 양적이며, 이득이 비용과 해로움을 초과했을 때 시스템이 날아갈 것이다.

이상성의 중요성은 트리즈에서 강조를 많이 할 수밖에 없다. 이상성은 시스템의 성공을 판단하는 트리즈의 기본 척도이다 - 극복해야 할 문제들, 줄여야 할 비용들, 달성해야 할 모든 이득들. 다음과 같은 맥락에서 이득은 매우 적절한 용어이다 - 즉 시장에 대한 제품의 요구사항과 이득이 어떻게 관련이 있는가 하는 점에서. 이득이 비용과 해로움을 합한 것보다 더 많아야만 이상성 균형이 양이 된다. 트리즈에 있어서 이득은 요구사항을 충족해야 하고 요구사항을 충족하지 않는 모든 결과들은 해로움이라는 것을 명심해야 한다 - 사용되지 않는 이득은 이득이 아니다(이득은 요구사항을 충족하는 경우에만 이득이다). 예를 들어, 12개의 프로그램 옵션을 가지고 있는 식기세척기가 있고 나는 단지 4가지만 원한다면 비용과 복잡성이 추가되었고 필요 없는 요구사항을 갖추었기 때문에 나머지 8가지는 해로움이다.

이상성은 이득을 시장의 요구에 더 잘 맞추고 비용을 낮추거나 해로움이나 문제를 제거했을 경우만 증가한다. 이상성은 첫 번째 트리즈 진화경향이다 - 일단 이상성 균형이 양이 되면 투자가 그것을 비상하게 하며 시스템 이상성은 트리즈 진화경향에 따라 증가하게 될 것이다.

어떤 시스템이 발명되고 발전하여 시장에 의해 인정되면 그 시스템은 발전할 수 있는 올바른 이상성 DNA를 가졌다는 증거이다. 이것은 그 시스템이 시장의 모든 요구사항을 만족시킬 수 있는 가능성을 가지고 있으며 결국은 최대로 발전을 이룰 수 있다는 것을 의미한다. 이러한 제품은 스스로 변화하는 미래의 수요를 정확히 충족시키며 진화할 수 있는 열쇠를 가지고 있다. 시장 내에서 시스템 발전의 미래 방향은 단순히 트리즈의 8가지 진화경향에 시스템을 맞춰봄으로써 예측할 수 있다. 이것은 시스템 자체가 진화가 완료되고 제품이 더 이상 필요하지 않거나 새로운 기술로 대체 될 때까지 자신의 미래(시스템 또는 제품의 목소리)를 예측할 수 있다는 것을 의미한다.

이상성을 향해

트리즈는 문제를 이해하고, 이상성의 이론적 종점(비용과 해로움이 전혀 없고 이득만 있는)을 향한 해결책으로 안내해 준다. 트리즈로 하여금 모든 요구사항을 충족시키는 완전한 시스템인 이상성 종점을 향한 올바른 방향으로 우리의 노력을 집중하게 해준다. 트리즈 경향을 적용하면 시스템의 이상성 DNA가 활성화되어 시스템이 이 완벽한 점으로 움직이도록 도움을 준다. 제품이 시장에서 처음으로 받아들여질 때는 대개 그 초창기(진입기)에 많은 오류가 있을 수 있다. 그러나 시장에 처음 받아들여졌다는 것은 제품이 시장 출시에 필요한 결정적 시험을 성공적으로 통과했으며 시장의 요구사항을 충족시켰다는 것을 의미한다 - 이 제품은 양의 이상성 균형을 갖고 있다.

이상성 DNA - 성공의 청사진

비록 이상적 시스템을 비용과 해로움이 전혀 없는 이득만이 존재하는 시스템으로 정의했지만 이상성 DNA는 시스템이 요구사항(주, 이차 이득 모두)을 충족시키기 위해 필요한 모든 이득, 그리고 허용될만한 비용과 해로움(실제로는 시스템이 존재하기 위해 얼마간의 자원이 사용되는 실제 시스템을 표현한다)을 인코딩한다. 시스템이 일단 양의 이상성 값을 달성하고 시장에 출시되면 몇 가지 요구사항을 충족하기 때문에(경쟁이 심한 상업 세계에서 제품이 생존하기 위한 이러한 요구사항에 대한 충분한 수요를 갖기 때문에) 성공한다. 이상성 DNA라는 것은 시스템이 결국 충족시켜야 하는 모든 요구사항의 척도인 것이다.

부적절한 이상성 DNA를 갖는 시스템은 성공할 수 없다. 특허 데이터베이스는 독창적이며 기술적으로 우수하고 아마도 잘 활용될 것 같지만 그것들이 충족시켜야 할 수요가 틈새시장(단지 아주 소수의 사람이 원하거나 필요한)이거나 많은 요구사항들을 실제로 충족시키지 못해(어떤 경우는 전혀 충족시키지 못해) 시장에 성공적으로 출시하지 못한 발명들 중에는 놀라운 것들이 많다.

때때로 외견상 환상적으로 보이는 제품들이 시장의 요구를 충족시키지 못하는 경우가 있다. 잘 알려진 예로 붙였다 떼었다 할 수 있는 메모지(포스트-잇®)가 있는데 이것이 찬송가의 페이지 표시에 쓰이는 틈새시장만을 충족시킬 것이라는 잘못된 생각을 가지고 있었다. 일단 시장이 생기고 충족되지 않은 요구 사항이 인식되면 올바른 제품/기술 시스템을 성공적으로 출시할 수 있고, 계속해서 시장에서 인정되면 발전의 과정을 시작할 수 있다. 팔릴 수 있고 사용할 만한 제품의 창조, 개발, 마케팅은 많은 단계들을 거치는 커다란 위업이며, 각 단계에서 올바른 제품의 '이상성 DNA'가 개발되고 창조된다. 제품의 이상성 DNA는 그 안에 완벽한 시스템을 향한 미래의 발전과 성장의 패턴을 보유하고 있다. 이상성의 DNA는 트리즈 경향에 의해 나타나고 활성화될 수 있다.

시장에 출시된 첫 제품은 완벽한 시스템과는 거리가 멀 것이다 - 이것은 요구사항들을 더 정확히 조율할 수 있는 완벽한 시스템이 되는 방향으로 움직이기 위해 개선시키고 더 많은 요구사항을 충족시키며 비용을 줄이고 문제를 최소화해야 할 많은 영역이 있을 것이다. 트리즈 경향은 완벽을 향한 경로를 나타내준다. 이것은 트리즈 경향과 함께하는 제품(그리고 그 제품의 이상성 DNA)은 미래의 성공을 예측할 수 있고 그 방향으로 우리를 인도해 준다는 것을 의미하며, 트리즈는 이것을 이상성 향상으로 정의한다. 이상성 향상은 트리즈 경향 중에 가장 핵심이며 모든 문제 해결(새 제품과 차세대 시스템의 개발 등을 포함해서)의 목표를 의미하며, 정확히는 더 많은 이득과 더 적은 비용 및 해로움을 달성하는 것을 의미한다.

성공적인 시장 출시는 이상성 DNA를 보여준다 - 제품은 그 다음 트리즈 경향에 따라 진화한다.

이상성의 개선은 비용과 해로움의 감소와 함께, 종종 주요 이득을 뛰어넘는 이득의 실현이 있다. 예를 들어 20세기 초에 시장에 출시된 최초의 모터 자동차는 동물이나 인간의 힘을 사용하지 않고 운송을 지원해주는 주요 이득을 제공함으로써 사람들을 놀라게 했다. 안전성, 편안함 그리고 신뢰성과 같은 많은 다른 이득들이 빠져있었다. - 차가 발전하고 이상성이 개선됨으로써 이것들이 실현되었다. 이러한 이득의 최종 실현은 예측할 수 있었을 것이고, 자동차가 결국은 사용자가 요구하는 모든 이득들을 제공하는 방향으로 발전하며 비용이 줄고 모든 문제들이 제거되거나 실질적으로 줄어들 것이라고 예측하는 자동차의 이상성 DNA에 있었다. 요구되는 이득들은 시간, 상소, 시장 및 개인의 요구사항에 따라 변할 것이고, 완벽한 자동차의 청사진은 이상성 DNA 안에 있을 것이다. 최초의 자동차를 위험하고 불편하며 예측할 수 없게 하려는 의도는 없었다 - 단지 그러한 이득들이 빠져있었고 다루어야 할 미해결 문제들이 있었던 것이다. 오늘날의 시장에서 환경을 손상시키지 않는 생태적이고 경제적이며 고성능인 차량들이 현재 세계 자동차 업계에서 특정한 설계 및 개발 과제로 모색, 제시되고 있다.

당신의 제품을 판매할 수 있도록 주 이득을 예상하는 것은 시스템에 요구 사항을 일치시키는 재능이다. 최초의 휴대 전화는 어디에서나 통화를 할 수 있는 능력을 제공하였지만(이론적으로는 그랬지만 초기 제품들은 매우 제한된 범위에서 사용되었고 매우 크고 비쌌다) 오늘날 대부분의 휴대 전화에서 사용할 수 있는 이차적 이득들을 거의 제공하지 못했다. 트리즈 경향과 함께 그것들의 이상성 DNA의 인식은 아마도 휴대 전화 업계에서 보여주고 있는 정신없이 빠른 혁신을 이루는 데 도움이 되었을 것이다 - 특히 수요의 유형과 수준 모두가 정말 새로운 것이어서 전혀 알려지지 않았기 때문에.

트리즈 진화 경향은 우리에게 올바른 방향을 제시하지만 시장 출시도 필수

제품이 사용자에게 도달하면 그들은 제품을 시도해보고 사용해 보며 누군가 다른 사람의 해결책에 옛날부터 사용했던 방식으로 응답할 수 있다 : 그들은 좋은 것과 나쁜 것을 요약해 보고 그것이 자신의 요구를 어떻게 충족시키는지 이해한다. 고객이나 사용자에 대한 노출에 의해서만 모든 사용자의 요구를 인식하고 진정 이해할 수 있으며 어떻게 훌륭히 또 정확하게 시스템을 그러한 요구와 일치시킬 수 있는지 알게 될 것이다. 그렇지 않으면 허황된 결과에 빠지고 아마도 성과 없이 매우 비싼 대가를 치르게 될 것이다.

발명을 완벽으로 이끄는 이상성 단계

- 이상성 균형에 도달한 발명(그리고 발명의 모든 단계)
- 시장에의 출시와 수용 - 이상성 DNA를 드러냄

- 시스템에 대한 시장의 반응 - 피드백과 개선
- 더 높은 이상성과 완벽한 시스템 쪽으로 진화 경향을 따라감

시스템은 성숙함에 따라 계속해서 더 많은 요구 사항과 변화하는 요구사항을 충족해야 할 것이다. 성공적인 제품은 허용될 수 있는 비용 및 해로움과 더불어 올바른 이득들(올바른 이상성 균형)을 제공한다. 이 기술적 균형으로부터 우리는 시스템의 '우수성'을 가늠하며 요구사항을 충족하는 기술의 실용적 성공을 판단할 수 있다. 보통 시스템들이 원하는 기능을 갖기 위해서는 투입(비용)을 필요로 할 뿐 아니라 원하지 않는 몇 가지 결과들(해로움들)을 만들어 낸다. 그리고 이 둘 사이의 균형은 이득들이 많아지고 비용과 해로움들이 적어질수록 개선된다. 일단 시스템이 발명되면 그것을 시장에 출시될 만큼 충분히 실용적일 때까지 투자(많은 종류의 투입)가 필요하다. 이때가 양의 이상성을 가질 때이다 - 그리고 어떤 의미에서는 이상성 균형이 양이 되면 이제 많은 투자를 통해 시스템이 계속 발전할 것이다.

실패한 제품(우수한 기술적 시스템 포함)이 좋은 시스템일 수도 있지만 아마도 그것들은 시장에 출시하기에는 지원이 불충분했거나 또는 요구사항을 잘못 인식했거나 이득과 비용 및 해로움들 사이의 불일치가 있었기 때문일 것이다. 이상성 균형이 나쁜(종종 너무 해로움이 많은) 제품의 예로는 누워서 타는 자전거, 비행선과 연료전지 등이 있다.

생존해서 번창하는 제품들은 그것들이 창조된 목적을 성공적으로 충족시키고 몇 가지 충족 못 한 요구사항들을 비용과 해로움을 올바르게 대처하여 이상성 균형을 맞춘 결과이다 - 비록 초기에는 시장의 요구사항들을 인식하지 못했지만. 일부 상업적 성공은 제품에 대한 요구사항의 충족을 우발적으로 맞춘 경우도 있다. 잘 알려진 예로 전혀 예상 못 할 정도의 성공을 거둔 소니의 워크맨이 있는데 소니는 자신들의 제품의 발명과 개발에 투자할 때 그것의 특별한 매력을 인식하거나 예상, 예측하지 못했다, 일단 예측 못 했던 필요성이 발견되고 그것을 활용하게 되면 필요성과 그것을 위해 제공하는 기능 또는 특징 사이의 연동은 현재 가능한 기술을 사용하여 후속 버전을 개발할 수 있게 한다. 소니 워크맨의 성공으로 아이팟(iPod)이 예상되었다.

이러한 사용자들의 신비스러운 요구사항을 알아내기 위해 시장 조사에 많은 투자를 한다 - 사람들에게 그들이 원하는 것이 무엇인지 질문하는 것은 그들에게 빈 종이를 주는 것과 약간 비슷하다 - 일반적으로 빈 공백은 사람들을 고무시킨다. 대부분의 사람들은 문제를 해결하고 해결안을 찾아 더 나은 응답을 해준다 -그리고 어떤 해결안은 요구사항과 시스템이 일치된다. 어떤 해결안들, 발명들, 새로운 제품들이 고안될 때마다 거기에는 경이로움이나 요구사항을 충족시키는 기술들이 포함되어 있다 - 따라서 이것은 매우 창의적으로 요구사항들과 사용자 분석을 포함한다 - 따라서 이것이 이상성 DNA를 만든다. 트리즈의 진화경향을 통해 기술시스템의 발전에 대한 징후를 알 수 있고 사용자들의 요구사항들을 예측할 수 있다. 그러나 일단 제품이 시장에 출시되면 시장의 피드백이 제품을 올바른 방향으로 발전시키며 결함이나 문제점들이 밝혀지는 추가적 이점이 생긴다.

많은 제품들이 일부 실현되지 않은 시장의 요구사항을 충족시키겠다는 희망으로 시장에 출시된다. 혁신을 일으키는 양식 중 한 가지 유행하는 방식이 있는데 그것은 우리가 필요로 했는지 알 수 없는(그리고 많은 경우에 우리가 원하지 않는) 것들을 우리에게 제공한다 - 그것들은 모두 문제를 해결한다 - 종종 하나의 제품은 단지 하나의 문제를 가지고 있다. 위아래가 전도된 토마토 파종기, 더 많은 공간을 위한 곡선 모양의 샤워커튼 레일, 하이테크 전문가용 토치, 안이 들여다보이는 토스터 등은 모두 그것들이 사람들에게 매력적인지, 또 몇 가지 요구사항들을 충족시키는지 알아보기 위해 출시되었다.

2. S-곡선의 힘

시간에 따른 성능/이상성을 매핑하면 S-곡선으로 나타난다.

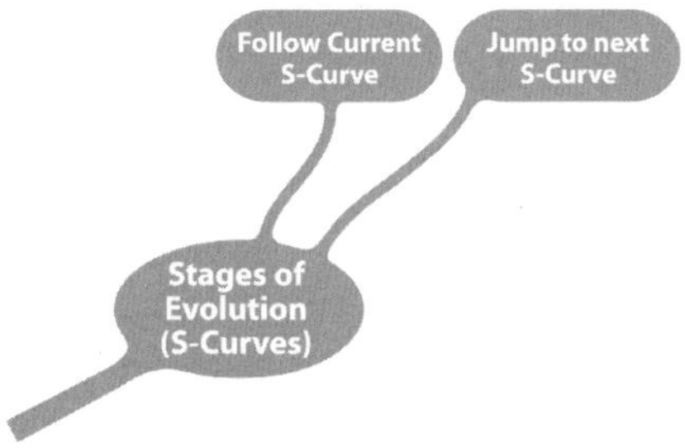

시스템은 S-곡선을 따라감

새로운 시스템이 발명된 후 발전 초기에는 개선이 천천히 진행된다. 그것들이 주요 시험에 통과하여 성공적으로 시장에 출시되고 시장의 세력, 사용자의 요구사항들과 의견들에 노출된 후에는 빠르게 변화한다. 일반적으로 기능뿐 아니라 제조 방법에서도 많은 개선이 일어난다: 문제점들이 정리되고 나아가 비용의 감소를 가져온다. 이것은 이상성의 급격한 증가로 나타난다. 최종적으로 더 이상의 개선이 나타나지 않고 더 이상 사용자의 요구사항을 충족시키지 못하게 되면 시스템은 소멸되며, 새로운 요구사항들과 이득을 충족시키는 한 스텝의 변화는 새로운 S-곡선을 갖는 새로운 시스템에 의해서만 가능해진다. 시간에 따른 시스템의 발전 속도는 매우 다양하다 - 발명 직후에는 천천히, 그리고 시장에 출시되어서는 가속을 받으며, 이어서 그 시스템과 적용된 기술들이 완성단계에 들어서는 다시 속도가 떨어진다. 보통 이 모양은 S자 모양이 일반적이며, S-곡선으로 알려져 있다.

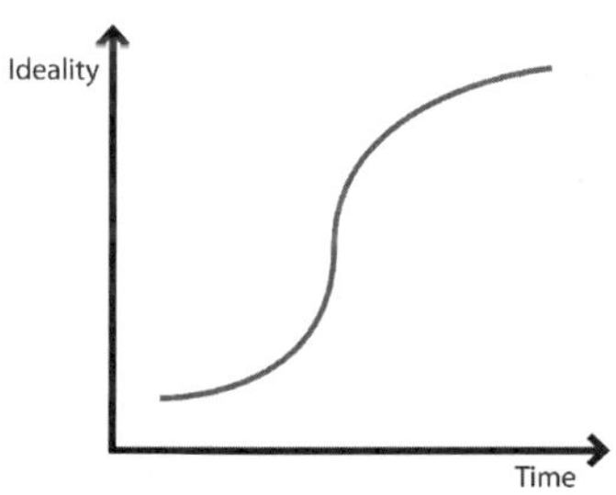

S-곡선은 시스템이 개발을 통해 발명되어 시장에 출시되어 발전하는 단계를 보여준다. 그림은 시스템의 유용성과 수용이 증가함에 따라 시스템의 개선은 급격하게 일어나며 가격은 감소하며 모든 단점(해로움들)은 처리되는 것을 보여준다. - 그리고 최종단계는 시스템이 더 이상 발전하지 못하고 이상성이 정체된다.

여기서 이 간단한 S-곡선을 통해 알게 되는 지식의 중요성을 과소평가해서는 안 된다. 수직축이 가끔 다르게 설명되기도 한다 - 가치공학에서는 이득과 기능 사이의 중요한 관계뿐 아니라 해로움들이 무시되며 수직축을 오직 가치(비용에 대한 기능)로만 설명한다. 기능이 이득을 제공하며 결국 궁극적으로 관심을 갖는 것은 '이득'이다. 우리가 이득 즉 기능을 얻는 방식은 시스템의 일생을 통해 여러 번 바뀔 것이다.

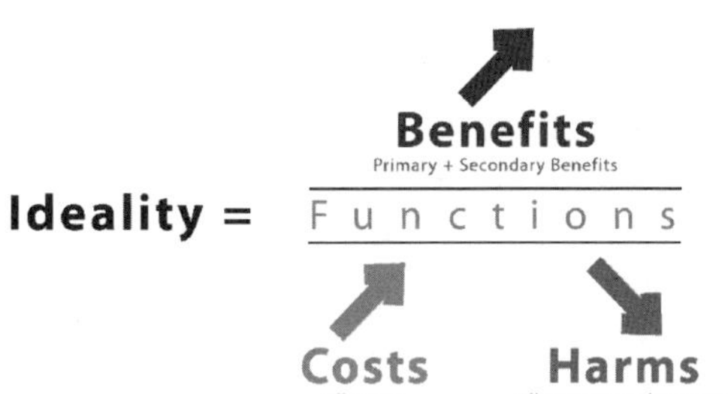

모든 시스템 자원들이 보다 효율적으로 사용됨에 따라 이상성은 일반적으로 증가한다. 자원의 올바른 사용은 문제점들을 제거하고 비용을 절감하는 데 도움이 되지만, 더 이상의 개선이 불가능할 때가 생긴다. 모든 기술 시스템, 공정과 산업의 수명은 S-곡선(생체 시스템을 포함한 대부분의 시스템에서)으로 나타낼 수 있다.

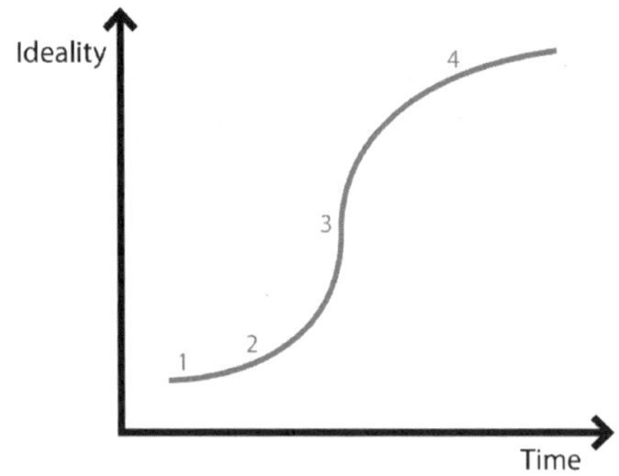

각 시스템의 구성 요소는 독립적으로 진화하며 기술시스템의 일생을 나타내는 각자의 S-곡선을 가진다.수직 축은 이상성이며, 수평 축은 시간이다.

S-곡선을 위로 이동하려면 이상성을 증가시켜야 하는데 이것은 시스템의 이득(시스템의 기능들)을 증가시키고 비용 및 해로움들을 감소시키는 것을 의미한다.

S-곡선 : 4 단계

S-곡선은 시간의 경과에 따라 시스템의 주요 성능이 어떻게 변화하는지 보여준다. S-곡선에서 진화 단계는 다음과 같다.

1. 시스템을 발명하고 제대로 작동하도록 발전시키고 제조 공정을 고안한다.
2. 시장에 출시한다.(시장의 피드백으로 인해 빠르게 진보한다)
3. 이상성의 급속한 증가 - 더 많은 이득, 적은 비용과 해로움들.
4. 가능한 오랫동안 시장에서 성숙한 시스템으로 유지된다. 왜냐하면 이것이 거의 항상 수익성을 낼 수 있는 단계이기 때문이다.

누가 S-곡선의 바닥에 있는 시스템을 구매하거나 사용하는가?

초기 제품 광신자들, 신기술에 약한 괴짜들, 틈새시장의 얼리어답터이거나 매우 전문적인 요구사항을 가진 사람들은 높은 비용과 해로움들이 있음에도 불구하고 독특하면서 새로운 주요 이득을 제공하는 제품에 대해 다른 사람들보다 더 많은 비용을 지불할 것이다. 시장의 기타 나머지 사람들은 이득, 가격 및 기술적 문제들의 균형이 개선되면 뒤를 따를 것이다. 이러한 변화와 기술에 대한 여러 요구들과 관계는 트리즈의 S-곡선 분석의 일부이며 트리즈 경향의 중요한 요소이다.

이상성의 증가는 연속 시스템의 연속적인 S-곡선으로 표시된다

어느 시스템에서 우리가 시스템 내에 있는 모든 자원들을 사용하여 대부분의 이득들을 달성하고 비용 및 해로움들을 최소화했다면 그것은 S-곡선의 상단 근처에 있는 것이다. 그 다음은 뭘까? 이제 시스템은 개선이 불가능하고 새로운 시스템(다음 S-곡선)이 필요해지며 S-점프를 해야 한다! 이것은 새로운 그리고 더 나은 기술로의 점프이다. 즉 현재 S-곡선 위에 있는 S-곡선(빨간 선), 또는 낮은 이상성을 갖지만 현재 기술에서 벗어나서 좀 더 개선된 S-곡선(파란 선)으로 점프한다.

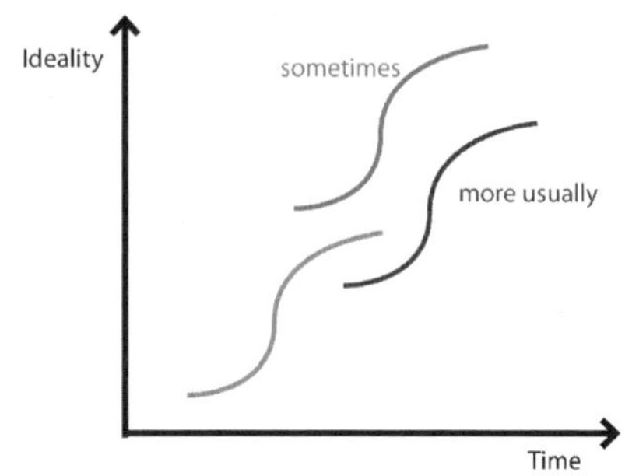

S-점프 만들기

파란 선은 새로운 시스템이 기존 시스템에 비해 이상성/성능 면에서 열등한 경우의 일반적인 S-점프의 패턴이다. 그러나 S-곡선을 이해하게 되면 이전 시스템이 시장에서 사라지거나 경쟁 업체가 새로운 기술을 가장 먼저 시장에 내놓기 전에 새로운 기술에 대한 새로운 투자가 이루어져야 한다는 근본적인 통찰력을 갖게 된다. 빨간 선은 거의 드물게 나타나며 새로운 기술에 대한 올바른 투자 결정을 내리기가 쉽다. 파란 곡선은 우리로 하여금 현재 기술보다 더 열등해 보이는 기술로 점프하도록 하기 때문에 - 또 선택해야 할 많은 파란 선들이 있을 수도 있고, 새롭고 경쟁적인 기술들이 매우 많기 때문에 판단하기가 더 어렵다. 시장의 힘 때문에 항상 최고의 기술을 선택하지 못할 수도 있다. 우리는 가장 신속하게 시장에서 얻을 수 있다고 알고 있는 인기 있는 기술을 선택해야 할 수도 있다.

새로운 S-곡선으로 점프하는 것은 앞으로의 발전을 위해 다음에 사용될지도 모르는 새로운 자원에 대한 새로운 자세, 수요와 연구를 필요로 한다. 이 새로운 자원들은 복잡할 수도 간단할 수도, 또 오래된 것일 수도, 새로운 것일 수도 있으며 다른 시스템이나 시장으로부터 가져올 수도 있을 것이다.

새로운 자원들 - 특히 새로운 재료들 - 은 스테인리스 스틸로 된 면도날과 같이 새로운 제품을 만들어낼 수 있다. 제임스 다이슨 진공청소기는 과거에 잘 알려진 기술(사이클론 방식에 의한 분리기술)을 적용하여 먼지봉투 없는 진공청소기를 만들어냄으로써 새로운 S-커브로 점프하였다. 장기적인 발전은 전체기술의 진화 또는 시장 전체의 힘을 필요로 한다 - 전쟁은 무기 시스템과 같은 큰 기술 측면에서뿐 아니라 안전면도기와 같은 일반 가정용 기술 측면에서도 시장에 많은 새로운 기술을 제공한다. 극적인 새로운 S-곡선의 유명한 예로는 기계식 시계에서 전자/디지털 시계로의 대체, 또는 비닐 레코드에서 CD로의 대체 등이 있다. 유내 진화나 컴퓨터에서 자주 보듯 때로는 새로운 기술이 예전 기술을 거의 완전히 없애버리기도 한다.

모든 시스템이 시간에 따라 신속하게 개신되는 것은 아니다

인간의 취향, 시장의 힘 또는 기술의 관성은 S-곡선 상에서 시스템을 멈추게 할 수도 있다.(피아노, 연료 전지?) 그러나 일반적으로 시스템은 해당 시스템의 자원들을 더 이상 거의 사용하지 않는, 최고로 진화된 상태가 될 때까지 발전을 계속한다. 그 후, 이상성은 다음 S-곡선으로 S-점프를 해야만 증가한다.

시스템은 S-곡선 위 어디에 있는가?

아래의 간단한 그래프들은 하나의 시스템이 그것의 S-곡선 위의 어느 위치에 있는지를 이해하는 데 많은 도움이 된다. 이 진화경향을 사용하려면 주위에 있는 모든 것들에 대해 생각하고 그것들이 S-곡선 상 어디에 있는가를 살펴볼 필요가 있다. 이것은 일반적으로 시스템의 발전 잠재력을 이해하는 데 도움이 되며 새롭고 향상된 시스템을 보다 쉽게 찾아내는 네 도움이 된다.

발명 후 시장에 제품을 출시하기 위해서는 개발이 필요하다. 이것은 돈과 시간을 투자할 필요가 있다는 것을 의미한다. 제품이 시장에 출시되고 수익성이 정상적으로 S-곡선 상에서 생긴 후에서야 투자가 회수될 수 있을 것이다. 시스템이 다음 세대에 의해 교체되지 않고 시장에 오래 남으면 남을수록 그 시스템이 벌 수 있는 돈은 많아질 것이다. 일단 시장에 출시되면 바라는 대로 돈이 다시 유입되기 시작하고 S-곡선의 상단에서는 보통 가장 많은 이득을 볼 것이다.

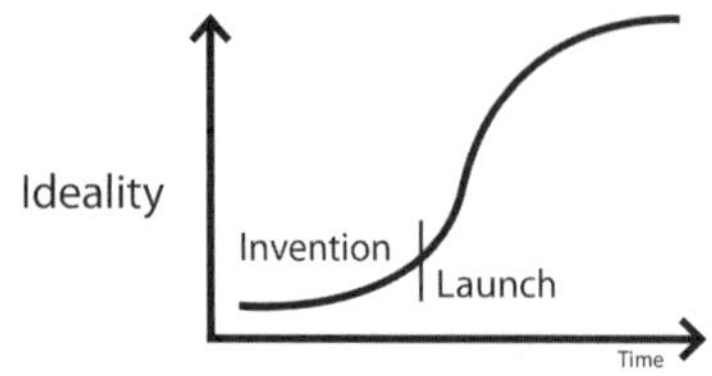

많은 제품들이 발명되고 그 중 일부가 개발되고, 그 중 일부가 시장에 성공적으로 출시된다. 일단 어떤 제품이 시장의 요구사항들을 충족시키면 시장의 반응에 맞춰 계속 개선될 것이다.

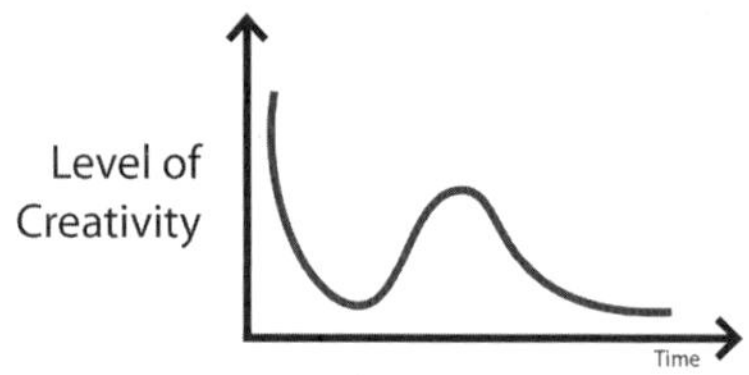

시스템의 생애 초기(그것의 발명)에는 창의성이 매우 높은 수준에 있다. 이것이 점점 감소하다가 중간에 초기 시장에 출시될 때의 높은 수준의 창의성보다는 못하지만 한 번 더 창의성의 증가가 나타난다.

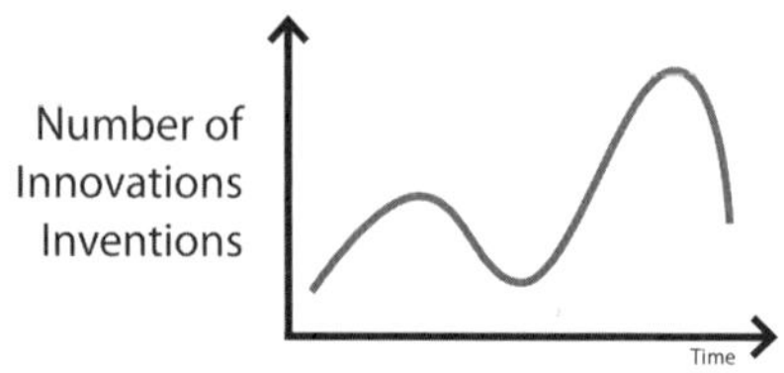

초기(발명 단계에서는 특허들이 거의 없다)에는 혁신의 수는 적지만 반대로 시스템 생애의 말기에는 많아지게 된다. 종종 중간에 작지만 확실한 변화들이 있을 수 있으며, 또 비용이 줄어든다.

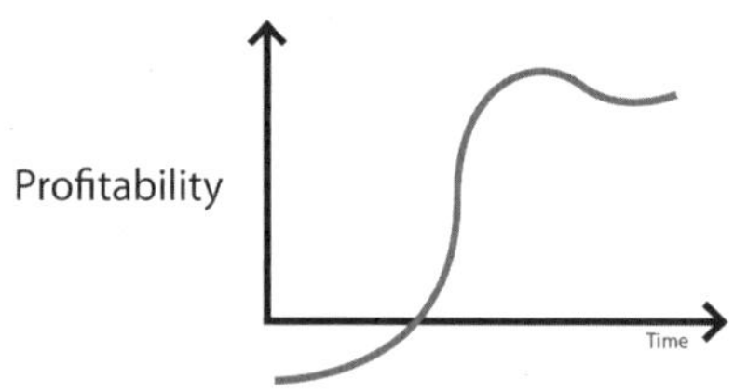

이 곡선의 모양은 제품과 산업에 따라 다르다. 확실한 것은 성공적으로 시장에 출시되어 그 상품에 대한 시장이 확립되기 전까지는(투자 기간) 적자가 발생한다.

적기에 제품 출시

시스템의 이득들이 사용자의 요구사항들을 충족시키게 되면 시스템은 아마도 성공하겠지만 경쟁자들 역시 시장에 출시하려 한다면 타이밍이 중요할 수 있다. 시장 점유율을 장악하기 위해 너무 일찍 출시하면 위험성이 있다. 왜냐하면 제품에 너무 많은 오류들이 있는 경우(당신 제품에 아주 특별한 차별성(USP)이 있거나 또는 독점이 아니면) 고객들이 실망할 수 있기 때문이다. 또한 개발 엔지니어들이 완벽한 시스템이 되도록 계속 작업하여 아주 훌륭한 제품을 너무 늦게 출시하면, 당신이 시스템을 개선하는 동안 당신 경쟁 업체들이 시장 점유율을 구축해 버릴 위험성이 있다. 시장의 출시는 종종 시스템을 어느 정도까지 개선해야 하는지 구별해주고 알려주며 무엇이 진정 필요한지를 확인하는 데 도움이 된다.

군사 시스템들은 시스템의 이상성이 높은 제품(S-곡선의 상단)만을 사용하고 싶어 해서 S-곡선 상단에 오를 때(유용한 피드백이 충분하고 문제점들이 제거 또는 최소화되어 충분히 안심될 때)까지 시장에 출시하지 못하는 특별한 문제점을 가지고 있다. 군사 시스템의 일부 해결책들은 비군사적인 민간 응용 기술을 찾아 그것들을 시장에서 테스트하고 연마한다.

당신은 S-곡선 중 어느 쪽에 있길 바라는가?

엔지니어와 과학자들에게 가장 도전적이고 때로는 가장 즐거운 일은 제품을 발명한 후, 생애 초기 단계에 있는 발명품을 작동시키는 것이다.

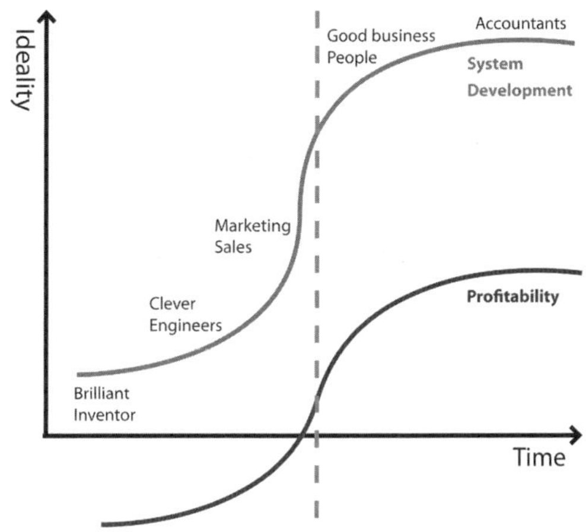

당신은 S-곡선 상의 어디서 일하는가?(점선의 왼편에 있어도 항상 재미있나?)

당신이 훌륭한 엔지니어나 과학자이지만, 현재 관리에 당신의 모든 시간을 쓰고 있다면, 당신의 작업 포트폴리오에 S-곡선의 하단(초기)에 가까운 몇 가지 프로젝트를 추가하는 것을 고려해 보아라.

3. 인간의 개입을 가능한 적게

아래 그림과 같이 이 진화 경향에는 세 가지 라인이 있다.

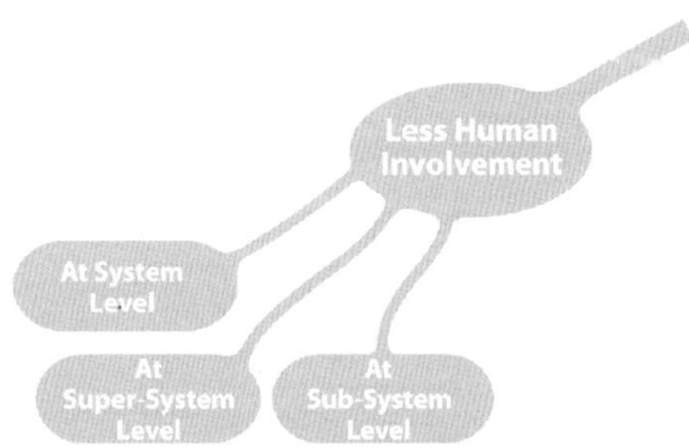

이 경향은 사람의 개입을 최소로 하도록 시스템을 진화시키는 방법에 대한 것이다. 기술과 과학의 발전이 많은 작업으로부터 인간을 자유롭게 해주는 기계와 시스템을 제공했다고 볼 수 있다. 공장, 사무실, 공공장소 그리고 집 등 모든 장소에서 많은 경우에 기계는 지루하고 반복적인 작업을 대신하여 삶을 더 편리하게 만들어줬다. 50년 전 유럽에서 많은 여성들은 하루 종일 다림질, 청소와 요리(아이들 양육뿐 아니라), 집 청소를 하였다. 매주 나의 할머니는 옷과 시트 등을 빨래하고 빨래에 남아있는 물을 탈수기로 제거하고 젖은 빨래들을 집게로 줄에 고정시키고 빨래가 말랐을 때 옷들을 거둬들이는 노동으로 월요일 하루 종일을 바쳤고 그 다음날은 다림질로 하루를 소비했다. 오늘날, 세탁기, 드럼 건조기, 강력한 스팀과 이지케어 원단들이 이 힘든 작업들을 보다 간단하고 노동이 적게 들도록 한다.

세계적으로 산업이 발전한 부유 국에서는 인간이 하는 일들이 더 정교한 기계에 의해 대체된 것을 알 수 있고 그에 따라 개인 수준에서 우리는 보다 편리하고 다양한 삶의 가능성을 가지게 되었다. 그러한 기계들의 공급으로 우리는 단지 생존을 위해 시간과 에너지를 소비해야 하는 데서 해방되었다. 우리는 또한 다양한 좋은 교육 프로그램, 저렴한 국제 운송 수단, 세계의 거의 모든 곳으로부터 다양한 식음료와 쉬운 의사소통 수단, 좋은 의료 기술 등을 제공하는 여러 가지 많은 정교한 기계 장치들과 사치품들을 가지고 있다. 우리는 집을 깨끗하고 따뜻하게 유지할 수 있고 아이들을 잘 먹이고 교육시키며 대부분이 건강을 유지할 수 있게 하며, 선택할 수 있는 다양한 직업, 활동과 엔터테인먼트를 제공받는다. 우리가 사용하는 시스템과 제품들은 점점 셀프시스템이 되고 있다.

셀프 시스템

특히 인간의 개입을 줄이는 경향은 인간의 작업을 기술로 대체하는 방법에 대한 것이다. 인간의 노동 기능과 실수를 최소로 하기 위해서 자동 세척 유리, 자동 수리 건물이나 파이프라인, 자가 균형 타이어, 자동 초점 렌즈, 자체 조정 TV 등과 같은 셀프 시스템을 찾는다. 차, 주택, 공장들은 유지 보수를 줄이고 기계적 고장과 위험에서 안전하게 지키기 위해 셀프시스템을 사용한다.

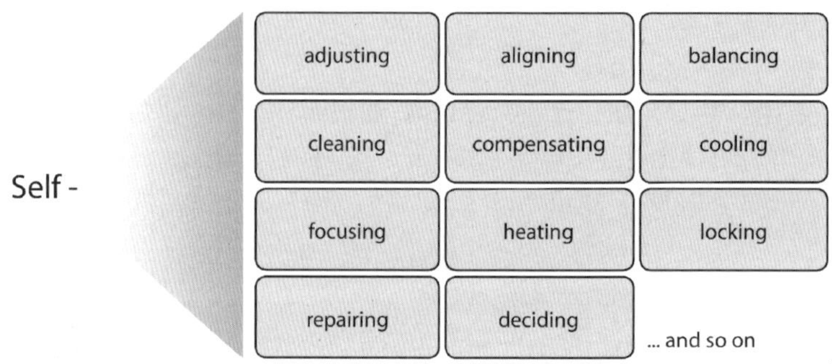

셀프시스템은 핵과 같은 폐기물을 처리하거나 하수 산업 등과 같은 폐기물 산업에서 중요하다. 인간이 남긴 폐기물들을 제거할 때 자동 세척시스템은 매우 만족스러운 시스템이다 - 매년 하수 시스템의 자동 세척에 대한 수많은 특허가 나오고 있다. 셀프시스템은 기술이 생기고부터 존재했으며 빗물에 의해 세척되는 로마식 하수구들은 로마와 여러 곳에서 자동 세척 작용을 하였다. 1850년대 죠셉 바잘겟트(Joseph Bazalgette)의 감독하에 런던의 하수구를 건설하기 시작했을 때 자동 세척을 돕는 계란 모양의 터널이 발견되었고 인간의 개입을 최소로 하는 그 기능은 지금도 유지되고 있다.

자체적으로 날벌레를 찾는 스프레이 제품이 지금 특허출원 중

날벌레를 죽이는 스프레이 제품은 환경에 좋은 것으로 간주되지 않는다. 또한 날벌레들이 작은 양에 면역이 되고 도망가 버리면 효과가 없을 수 있다. 날벌레들이 너무 작고 또 매우 빨리 멀리 도망갈 수 있으므로 해결하기 어려운 문제이다. 보통 스프레이를 사용할 때 벌레에 도달해 그것을 덮을 수 있도록 충분한 양의 살충제를 넓게 살포한다. 이것은 살충제가 날벌레를 놓치지 않도록 필요 이상의 많은 양을(일반적으로 90% 이상) 사용하기 때문에 살충제가 낭비되고 날벌레들에게 면역이 생기게 한다. 스스로 날벌레를 찾는 스프레이가 특허출원 중인데 그것은 정전기 차이에 기초를 두고 있으며 날벌레를 찾아 덮어씌우는 데 필요한 스프레이 양이 아주 적으며 확실히 날벌레를 죽일 수 있다.

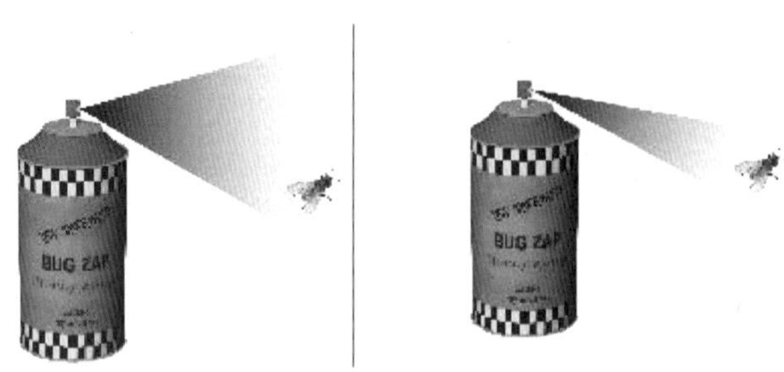

셀프시스템과 인간의 개입을 줄이는 이러한 경향은 더 분명하게 일반적인 상식에 근거를 두고 나타날 수 있지만 이것이 모든 시스템에 적용되며 시스템의 진화에 따라 다음에 어느 시스템에서 인간의 개입과 접촉이 사라지고 어떤 종류의 셀프시스템이 그것을 대체할 것인지를 질문해 보는 것은 항상 가치 있는 일이다.

자가 치유 페인트 프로텍터는 현재 일부 검은 자동차들에 사용된다. 이것은 자동차 표면에 있는 긁힌 부분, 특히 영국의 좁은 시골 길에서 운전할 때 나뭇가지들과 접촉해서 생기는 가벼운 긁힘을 자가 복구해주는 특별한 페인트 마감재이다. 나는 아주 반짝이고 때깔 나게 마무리한 검은 색 렉서스 차량을 가지고 있다. 페인트칠된 차 표면의 안쪽 층은 높은 탄성을 갖는 수지로 처리되어 있고 외부 보호 층은 자가 치유 기능이 있어 계절과 긁힘의 심각성에 따라 다르지만 며칠 내에 긁힌 표면이 자가 보수된다. 그 페인트는 또한 방수가 되며 보통 대부분의 긁힘의 원인인 자동세차에 의한 긁힘으로부터 높은 내구성을 가진다.

몇 명의 장인들만이 기계에 의해 대체되어 잃어버린 인간의 기술을 되찾으려고 노력하는 시대에 우리는 살고 있다. 산업 혁명 이후 기계와 기술이 인간을 대체하는 경향을 쉽게 관찰할 수 있었다. 러다이트(영국에서 산업혁명에 의한 기계의 도입에 반발하며 기계를 파괴한 노동자 집단)이래로 특히 기계가 사람들을 대체함에 따라 사람들이 일자리를 잃을 때 기계로의 대체가 크게 유리하지만 크게 불리하기도 한 일로 여겨졌다. 새로운 기술에 의한 커다란 이익은 초기에는 사회의 모든 구성원에게 균등하게 공유될 수 없을 것이다.

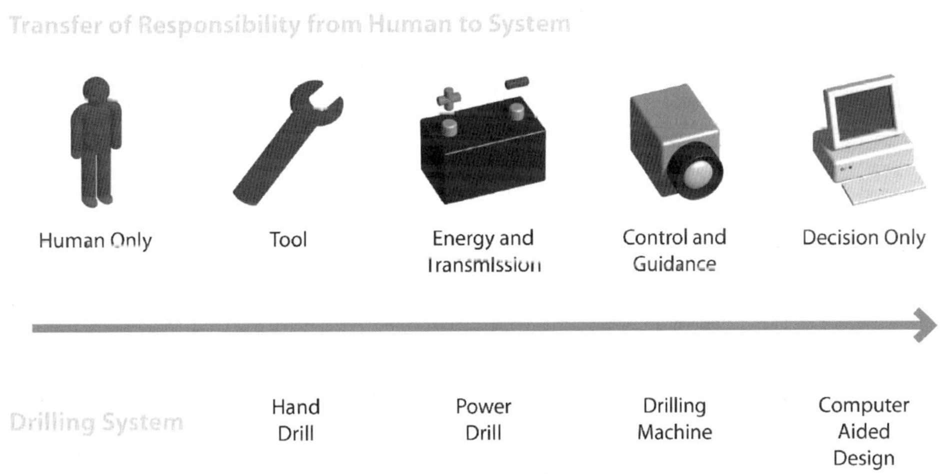

인간의 개입을 줄이는 경향은 기계의 역사를 추적하면 분명히 드러난다: 기계들이 인간에게 에너지원, 트랜스미션과 유도 및 제어, 의사결정을 제공하는 방식으로 인간으로부터 인간의 개입이 거의 없거나 전혀 없는 정교한 기술 시스템으로 발전함으로써 인간의 개입이 점점 줄어드는 완벽한 기술 시스템으로 발전하는 방향이 뚜렷이 나타난다. 인긴은 일반적으로 다음과 같은 순서에 의해 대체된다.

1. 도구(기능을 수행)
2. 엔진(에너지원)
3. 트랜스미션(에너지를 전달)
4. 유도 및 제어
5. 의사 결정

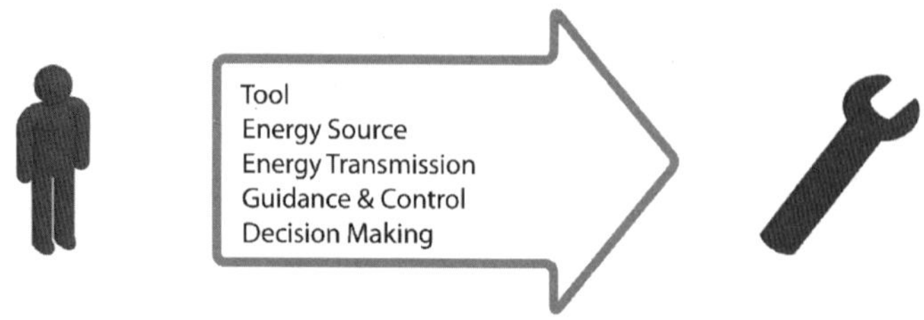

위에서 보듯이 인간은 1에서 5까지 특정 순서에 따라 기계로 대체된다. 처음에는 인간이 기능 제공을 중단하지만, 여전히 다른 역할을 제공할 것이다. 종종 초기 시스템은 인간의 작업방법을 유지한다. (초기의 자동차 유리창 와이퍼는 상단부터 유리창을 닦는 사람의 손을 흉내 내었지만 운전자가 핸들을 돌려야 작동되었다.) 그다음에는 기계가 에너지원을 제공하였고(그다음 발전은 유리창 와이퍼를 다양한 방법에 의해 구동하게 하였다.) 다음에는 에너지의 트랜스미션, 마지막으로 제어와 의사결정을 하게 되었다. (일부 자동차는 현재 유리창 와이퍼가 완전 자동으로 작동한다.) 많은 다른 시스템들도 완전 자동 시스템 또는 셀프시스템이 되고 있다.

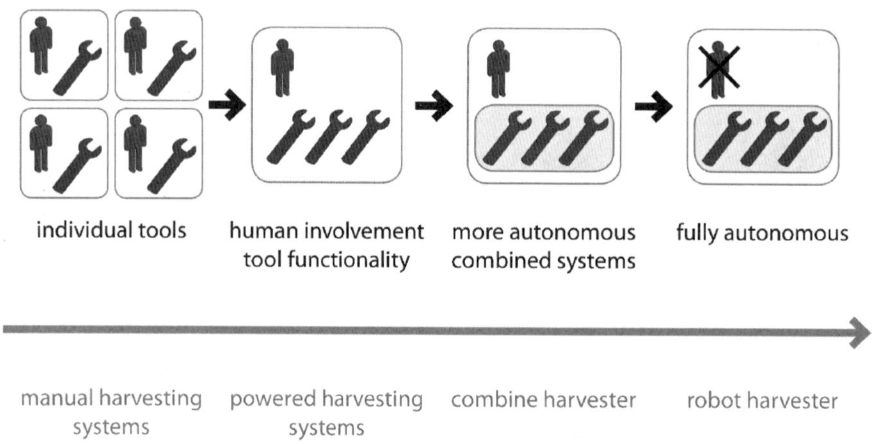

4. 부품의 불균일 발전

다음 그림과 같이 이러한 경향에는 세 가지 라인이 있다 :

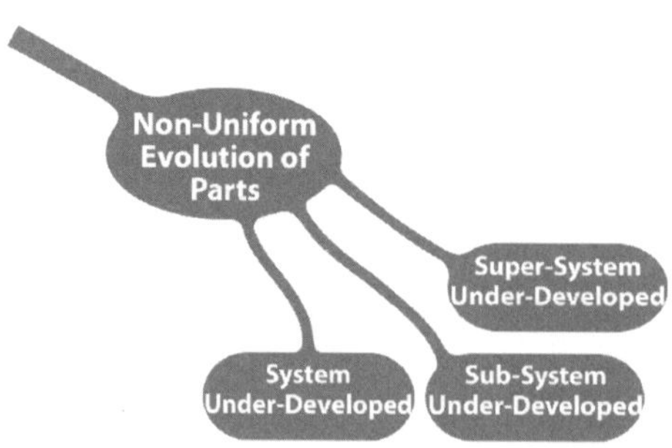

이 경향은 시스템의 다른 부분들이 서로 다른 속도로 서로 다른 S-곡선을 따라 전체 시스템의 S-곡선과는 매우 다르게, 자신의 S-곡선의 다양한 수준에 도달하는 것을 나타내준다. 이것은 또한 때때로 '시스템의 협력(구

성 요소 사이에, 시스템과 상위 시스템 사이에, 시스템과 하위 시스템 사이에)이 증가하는 경향'으로 알려져 있다. 이것은 크기에 따라 발전이 부족한 곳을 알려주는 진화의 세 가지 주 라인이 있다:

- 상위 시스템(예 : 유럽 차에 적합하지 않은 아프리카의 도로)
- 시스템(예 : 개인용 컴퓨터와 전화기가 불필요하게 복잡하고 수명이 짧다.)
- 하위 시스템(도로와 자동차는 가능한 한 안전하게 만들었지만, 운전자는 다양하고 변덕스러움 그대로이며, 핸들이나 자동차 에어백과 같은 일부 시스템은 한순간 사람들을 죽일 수 있다)

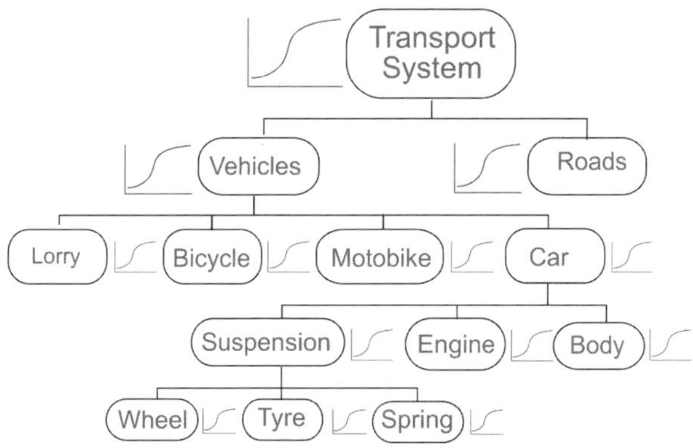

진화 또는 인간의 노력 어느 것도 단기 또는 중기로 모든 시스템을 균등하게 발전시키지 못한다. 시스템을 개발하고 개선할 때 잘 알고 이해하는 부분에 대해서 먼저 작업하는 경향이 있다. 왜냐하면 그러한 부분들이 편안하고 익숙하며 이들을 개선하는 방법을 알 수 있기 때문이다. 반면에 필연적으로 더 많은 문제가 되는 어려운 영역을 무시한다. 때로는 다른 부분보다 앞서 개발한 일부 부품들은 기회 또는 행운을 가져다준다. 심리적 관성, 전체 시스템의 전략 또는 비전의 부족 그리고 그것의 환경과 자신의 구성 요소와의 적합한 정도가 최대 잠재력을 갖는 시스템으로 개발되는 것을 저지시킨다. 우리가 균형이 잡히지 않은 시스템을 새롭고 공정한 눈으로 볼 때는 언제나 문제를 찾아낼 수 있다 - 이것은 아웃사이더에게는 쉽겠지만, 세부시스템에서 일하는 사람들은 개발에서 한 단계 물러나 개발이 명백히 부적합하게 이루어지고 있다는 것을 알기는 어려울 수가 있다. 많은 사례들이 트리즈 문헌에 제시되어 있다. 사례들 중에서 예를 들어 속도가 빠르도록 개발된 화물선이 그 속도에 대응하는 제동 장치가 충분하지 못한 사례가 있다. 일반적으로 시스템이 복잡할수록 시스템의 각 부품의 불균일 발전으로 인해 시스템의 어느 부분이 발전이 덜 돼 있는지 알기는 더 어려워진다. 우리가 알고 좋아하는 부분은 최고 성능을 발휘할 수 있도록 개발(과도한 개발)하고, 그렇지 않은 부분은 피하면서 시스템을 악화시킬 수 있다.

각 시스템 구성 요소는 독립적으로 진화하고 하위 시스템의 일생을 나타내는 고유의 S-커브를 가지고 있다. 수직 축은 이상성이며, 수평 축은 시간이다. S-곡선을 위로 이동시키려면 이득(일반적으로 시스템이 제공하는 기능)의 증가나 시스템의 비용 또는 해로

어떤 발명은 늦은 감이 있다 - 특히 단순히 두 개의 오래된 시스템을 결합할 때 그렇다.

움의 줄여 이상성을 증가시켜야 한다. 이것은 구성 요소들이 서로 다른 시간대에서 자신의 발전에 한계에 도달한다는 것을 의미한다. 한계에 도달한 구성 요소가 전체 시스템을 억누른다.

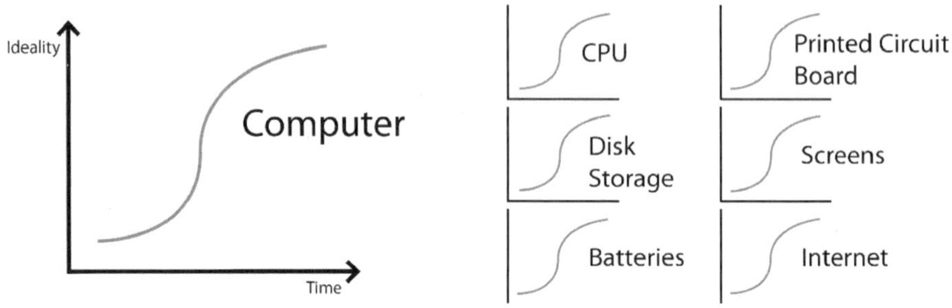

5. 단순성 - 복잡성 - 단순성

아래 그림과 같이 이러한 경향에 네 개의 라인이 있다 :

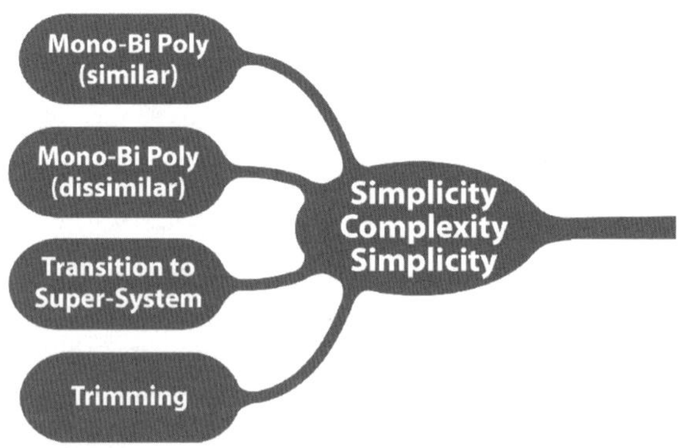

많은 기술 시스템은 처음에는 매우 단순하지만 이어서 복잡해지고(종종 더 많은 기능을 원하며 이는 더 많은 부품을 의미한다), 원하는 기능을 유지하면서 부품을 줄이는 방법을 배움에 따라 나중에 다시 단순해진다. 희한하게도 이 사이클에서 복잡해지는 구간은 항상 존재한다. 마치 인간은 시스템을 단순화시키기 전에 복잡하게 만들 필요가 있는 것처럼 보인다. 그러므로 기능의 양과 질이 증가함에 따라서 초기에는 더 많은 부품이 요구된다. 하지만 그런 다음 종종 비용과 해로움을 줄이기 위해, 새로운 추가 기능을 잃지 않고 시스템의 단순화를 시도하다. 이 사이클의 마지막 부분은 최대의 기능과 최소의 부품으로 제공되는 우아한 디자인이다. 트리즈에서 이 단순화 과정은 특정 문제를 해결하고 시스템을 개선하기 위한 매우 강력한 방법이다. 표준 해결책은 단순화를 위해 많은 조언을 포함하고 있고, 특히 매우 구체적인 트리밍 규칙들이 모든 기능을 유지하면서 구성 요소를 제거하는 방법을 제안한다(제11장 참조).

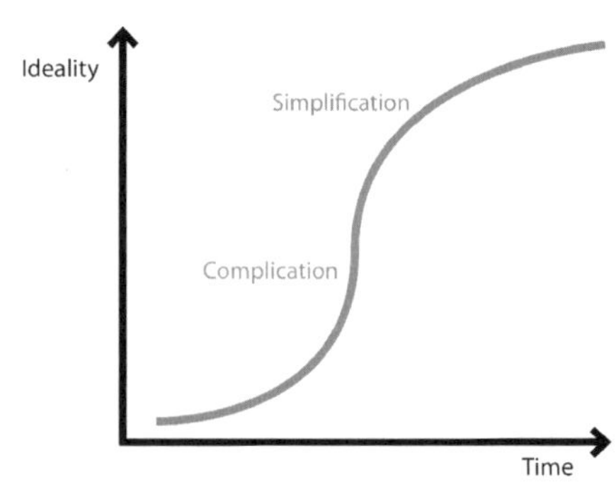

이 경향을 적용할 때 단순히 따라야 할 지침을 제공받는다 - 시스템 단순화를 위한 상세하고 구체적인 제안에 대한 트리즈 도구의 다른 부분을 사용한다. 우리가 처음 제품을 개발하고 발전시킬 때 종종 개선은 매우 빠르게 진행된다. 부품(또한 비용과 있음직한 새로운 문제가 추가될 수 있지만 - 이득이 빠르게 증가한다)을 추가함에 따라 복잡성이 증가하고, 이상성이 더 높아진다. 이것이 S-곡선의 가파른 부분이고, 곡선의 상단과 평평한 부분에 도달하면서 이 개선의 속도는 느려지기 시작한다. 단지 복잡성이 개발 초기에 이득을 제공하기 때문에 더 많은 부품을 추가하는 것이 항상 더 많은 이득을 준다는 의미는 아니다. 우리는 같은 일을 중지하고 이상성을 증가시키기 위한 새로운 방법을 찾아야 하는 시점에 이르고, 바로 이때가 일반적으로 단순화가 시작되는 순간이다.

시스템 진화 - 단순하게 시작해서 복잡해지고 훨씬 더 많은 것을 제공하며, 성능을 잃지 않으면서 다시 단순해진다.

복잡화에 대한 두 가지 경로

시스템은 발전함에 따라 점차 복잡해지는데, 이 경향은 따라서 '단일-이중-다중'이라 불리며, 이것은 시스템이 단일 시스템에서 이중 시스템, 다중 시스템으로 진행함에 따라 얼마나 복잡해지는지를 설명한다.

시스템은 일반적으로 다음과 같이 두 가지 방법으로 복잡해진다 :

- 유사한 요소(프로펠러 또는 마그네틱 하드 디스크에서와 같이)
- 서로 다른 요소(카메라, 음악, 알람시계 등 포함한 휴대 전화와 같이).

유사 요소

일반적으로 더 이상 장점이 없을 때까지 구성 요소를 추가하여 복잡하게 만들며, 이상성은 증가하는 대신 감소하기 시작한다. 그러면 구성 요소를 재결합시켜 다시 단순화시킨다. 시스템을 개선할 때, 가지고 있는 것을 배가시키는 것은 분명하면서도 쉬운 조치이다. 그리고 이것이 도움 된다면 시스템은 피크에 도달할 때까지 또 다른 요소를 추가한다. 최적의 수는 예측하기 어렵고 아마도 재료 기술 및 제조 방법에 따라 바뀔 것이다. 아래 그림은 개발 초기에 복잡해졌다가 차후에 단순화된 마그네틱 하드디스크 사례를 보여주고 있다.

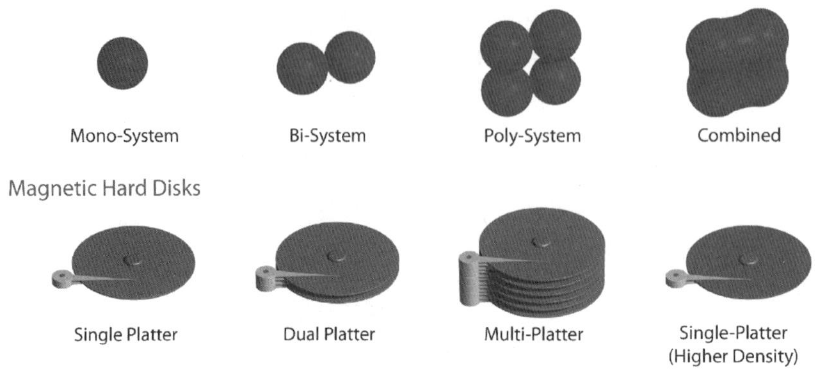

서로 다른 요소

서로 다른 요소의 추가에 의한 시스템의 복잡화는 오늘날 사용하는 많은 시스템에서 명백히 드러난다. 음악을 듣기 위한 나의 최초의 스테레오 시스템은 작은 레코드플레이어였다. 나는 또한 별도의 라디오가 있었다. 시스템이 더 복잡해짐에 따라 나는 앰프, 턴테이블, 테이프 녹음기(오픈 릴식의 녹음기와 카세트), 2개의 거대한 스피커, 라디오 튜너 및 몇 개의 헤드폰을 추가했다. 이러한 것들은 많은 투자, 전문 지식, 특수 가구와 큰 공간을 필요로 했다. 그러나 복잡화 이후에 네 가지 주요 방향으로 발생하는 단순화가 온다. : 처음 두 방향은 복잡화 단계에서 추가된 요소들의 결합이며, 세 번째 방향은 상위 시스템으로 기능의 전이이며, 트리즈 접근에서 가장 중요한 네 번째 방향은 모든 기능과 이득을 유지하면서 시스템을 절대 최소 부품 수로 줄이는 단순화이다.

매우 다양한 요소를 결합하여 멋진 결과를 얻을 수 있다

단순화를 위한 네 개의 경로

다음과 같이 하여 단순화를 얻을 수 있다 :

- 유사한 요소들의 결합
- 서로 다른 요소의 결합
- 상위 시스템으로 전이
- 모든 기능을 유지하면서 구성 요소의 트리밍

유사한 요소들의 결합에 의한 단순화

주위에 많은 일상적인 시스템을 볼 때 매우 분명하게 이러한 경향을 볼 수 있다 – 유사한 요소들을 배가시킨 다음 더 이상의 이점이 없을 때까지 계속해서 유사한 요소의 추가에 의한 복잡화. 그 다음 단순화가 필요해지며 시스템은 단일 요소들로 결합된, 모든 요소를 사용하는 뭔가가 된다.

서로 다른 요소의 결합에 의한 단순화

이것은 하나에 많은 시스템을 결합한 휴대 전화나 하나의 제품에 여러 시스템의 기능을 제공하는 아이패드의 개발에서처럼 많은 현대적인 시스템에서 볼 수 있다.

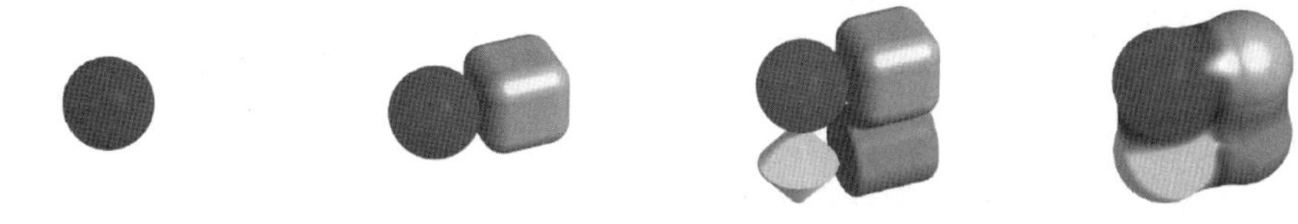

상위 시스템으로 전이에 의한 단순화

이것은 상위 시스템이 시스템 역할의 일부를 취함으로써 단순화된다는 것을 의미한다, 예는 다음과 같다 :

- 도시의 도로 및 길 위에 있는 간접 조명은 개인이 횃불이나 램프를 가지고 다니는 수고를 덜어주었다. 조명이 잘 된 도로는 차의 헤드라이트 필요성을 제거할 수 있다.
- 인터넷에서 사용할 수 있는 정보는 개인별로 정보를 제공해 줄 필요성을 없앴다. 이것은 광고물, 포스터, 프로그램 책(이러한 것들은 비용이 많이 들고 투자를 회수하기도 어렵다) 등을 인쇄하여 사용하는 예술과 음악 사회에 매우 유용함이 입증되었다. 이제 그들은 자신의 웹 사이트와 'what's on' 웹 사이트에 모든 정보를 게시함으로써 인쇄 및 배포 비용을 현격히 줄일 수 있나.

모든 기능을 유지하면서 구성 요소의 트리밍

시스템이 개발되어 S-곡선 위쪽으로 이동할 때 일반적으로 우리는 더 많은 이득을 제공하고 더 많은 기능을 얻기 위해 더 많은 구성 요소를 추가한다(복잡화). 시스템이 S-곡선의 상단에 도달하고 단순화 단계에 들어갈 때, 우리는 모든 이득을 제공하기 위해 모든 기능을 유지시키면서 가능한 한 많은 부품을 빼내려는 시도를 한다. 시스템이 처음 개발된 후 부품 수는 S-곡선의 상단에서 최대가 되고 이후 트리즈 트리밍이 적용되어 최대한으로 줄어든다. 다음 그림에서 진한 선은 어떻게 부품 수가 증가하는지를 보여준다.

트리즈의 트리밍 규칙들은 부품은 줄이지만 모든 기능을 유지하도록 설계되어 있고(자세한 사항은 기능 분석 제11장 참조), 간단하면서도 강력하다.

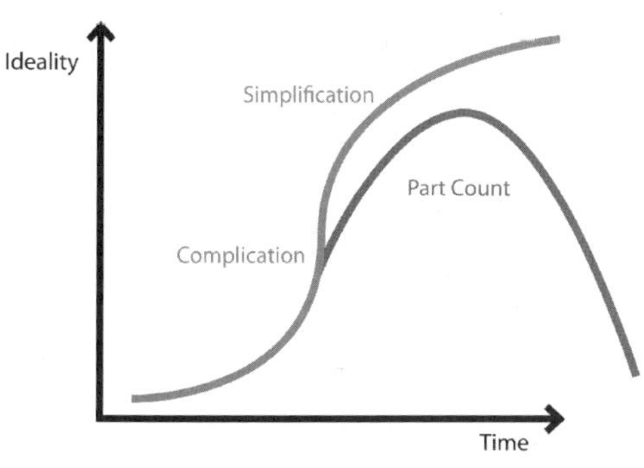

트리밍은 훨씬 단순화된 시스템과 함께 우리가 필요한 모든 것을 제공한다

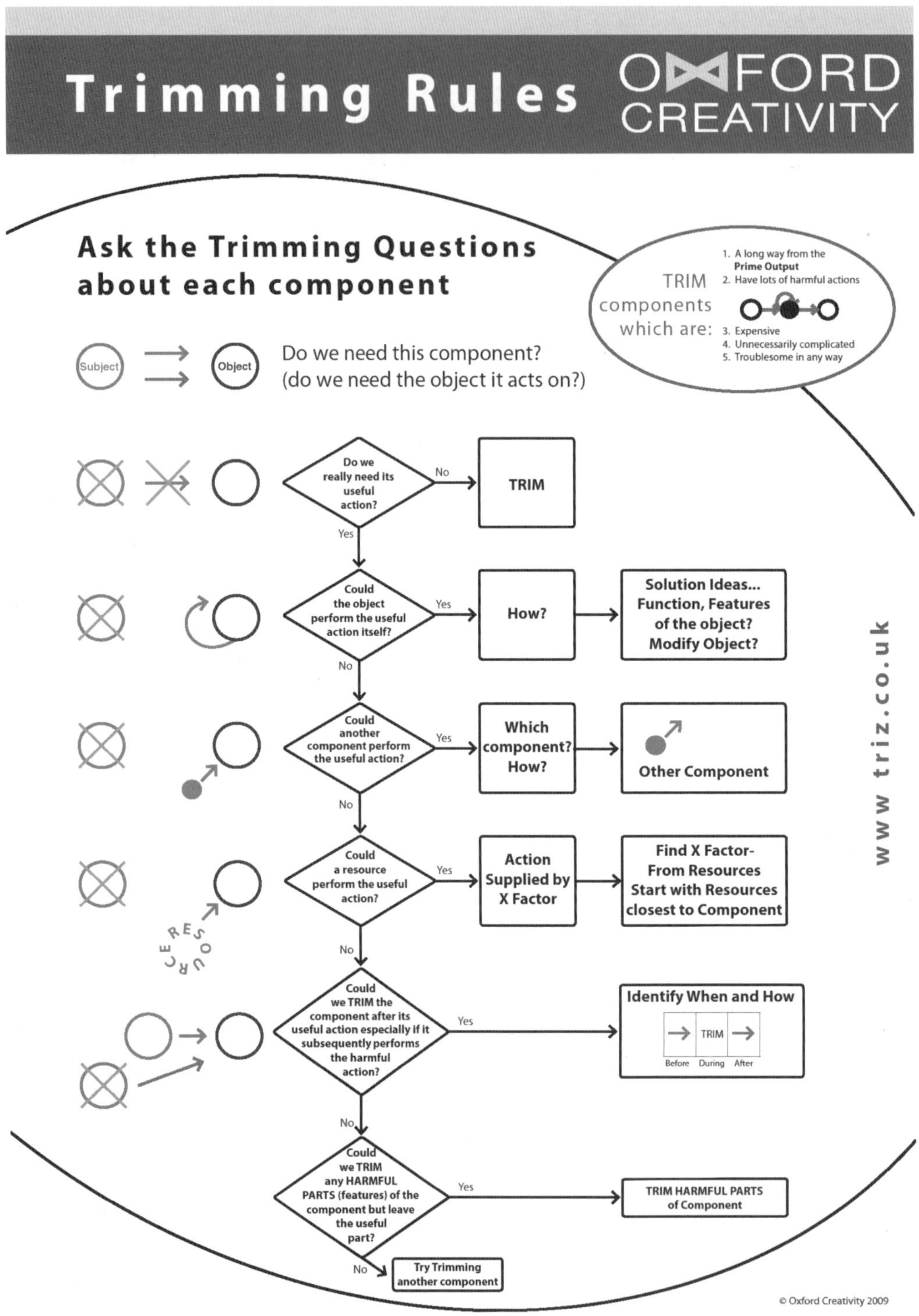
Trimming Rules
OXFORD CREATIVITY
Ask the Trimming Questions about each component
TRIM components which are:
1. A long way from the Prime Output
2. Have lots of harmful actions
3. Expensive
4. Unnecessarily complicated
5. Troublesome in any way
Subject
Object
Do we need this component? (do we need the object it acts on?)
Do we really need its useful action?
No
TRIM
Yes
Could the object perform the useful action itself?
Yes
How?
Solution Ideas... Function, Features of the object? Modify Object?
No
Could another component perform the useful action?
Yes
Which component? How?
Other Component
No
Could a resource perform the useful action?
Yes
Action Supplied by X Factor
Find X Factor- From Resources Start with Resources closest to Component
RESOURCE
No
Could we TRIM the component after its useful action especially if it subsequently performs the harmful action?
Yes
Identify When and How
TRIM
Before During After
No
Could we TRIM any HARMFUL PARTS (features) of the component but leave the useful part?
Yes
TRIM HARMFUL PARTS of Component
No
Try Trimming another component
www triz.co.uk
© Oxford Creativity 2009

단순화 또는 트리밍 또는 결합은 매우 중요한 설계 수단이다.

트리즈는 분명 단순화의 힘을 보여주는 엔지니어를 위한 유일한 도구는 아니다. 엔지니어와 설계자를 돕기 위해 존재하는 많은 훌륭한 도구로 시스템을 보다 단순화하면서 모든 기능을 유지하는 과정은 도전이다.

우리는 모든 기능을 유지하고 일부 필수 기능을 별도로 유지하거나 결합시킬 수 있는가? LEAN 또는 공리적 설계와 같은 도구를 사용하여 이러한 질문을 던지며 질문과 씨름한다. (공리는 출발점이며 자명한 사실이기 때문에 입증할 수없는 무언가 이다) 이것은 다음과 같은 규칙을 포함한다 :

독립 공리 = 훌륭한 설계는 설계의 기능 요구 사항이 서로 독립적으로 유지될 때 나온다.

정보 공리 = 훌륭한 설계는 최소의 정보량을 달성할 때 나온다(좋은 디자인 = 최소 복잡성).

6. 역동성, 유연성 및 제어 성능의 증가

아래 그림과 같이 이러한 경향에는 세 가지 라인이 있다 :

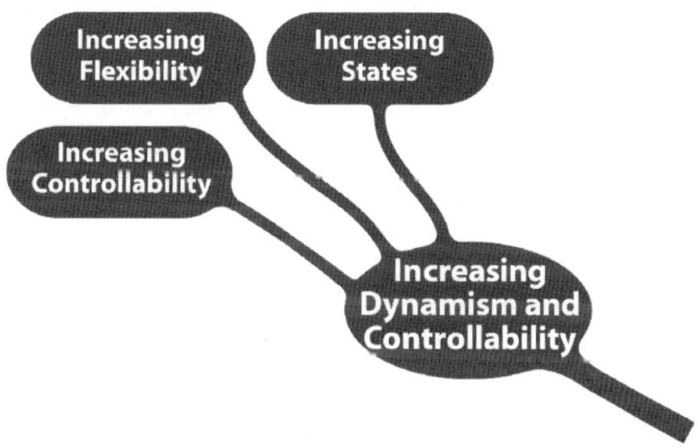

역동성, 유연성 및 제어 성능의 증가

시스템은 큰 자유도를 가지고 더 유연해지면서 진화한다. 이것은 고정된 시스템의 부분들이 움직일 수 있게 된다는 것을 의미한다. 유연성과 제어 능력의 증가는 기능을 더 큰 유연성을 갖도록 하는 다양한 방식이 적용된다. 그러나 우리가 시스템을 보다 역동적이고 유연하게 만들면 더 많은 제어가 필요해진다. 따라서 제어 성능의 증가는 다음과 같은 라인을 포함한다 :

- 더 많은 유연성으로 전이
- 더 많은 가변성 또는 상태로 전이
- 제어 성능의 증가

자전거와 자동차 기어와 같은 시스템은 시스템이 얼마나 더 많은 기능을 허용하고 다양한 옵션을 제공하면서 더욱 역동적이며 자신의 환경에 더 적응하고, 모든 수준에서 조종 가능하게 할 수 있는지를 보여준다.

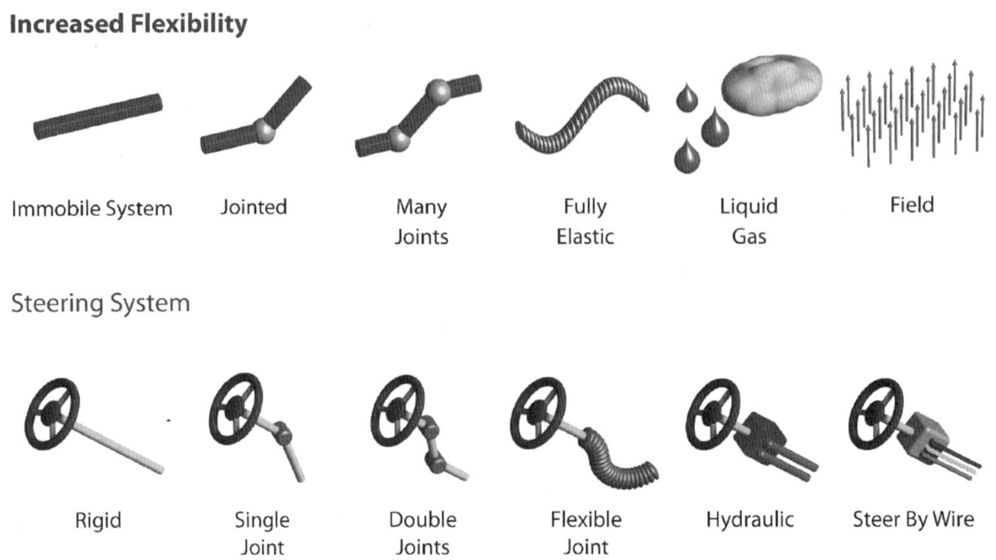

기계적 수준의 유연성 증가는 그림에서처럼 경첩이나 경첩 장치를 추가하고, 유연한 재료를 사용하며, 장 효과의 사용에 이르기까지 동적으로 되는 시스템을 보여준다. 그러나 유연성이 증가하면 안정성이 떨어지고 더 진보된 시스템은 더 많은 제어를 필요로 한다. 때로는 훌륭한 시스템도 초기에 과도한 비용과 해로움이 추가되어 이상성을 줄일 수 있다. 위 사례, 와이어 조종은 오랫동안 항공 우주 산업에서 널리 사용되어 온 기술이다. 자동차 산업에 적용된 이 기술은 처음에 너무 비싸고 널리 사용하기에는 위험하다고 생각했다.

가변성과 자유도의 증가는 시스템 성능에 영향을 미칠 수 있으며, 고정된 단일 시스템에 비해 구성 요소 사이에 더 많은 유연성을 제공한다. 구성 요소가 더 나은 유연성을 주도록 연결되면, 유지 보수 및 수리에 도움이 되며 많은 이점을 제공한다.

아래 그림에서처럼 간단한 교통 시스템과 같은 많은 시스템의 개발에서 볼 수 있듯이 이러한 경향의 또 다른 라인으로 상태의 가변성 증가가 있다.

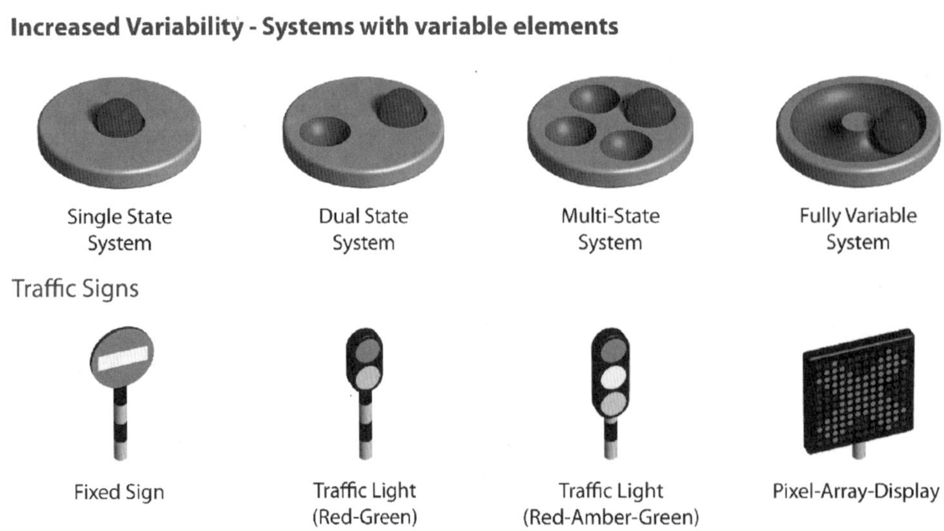

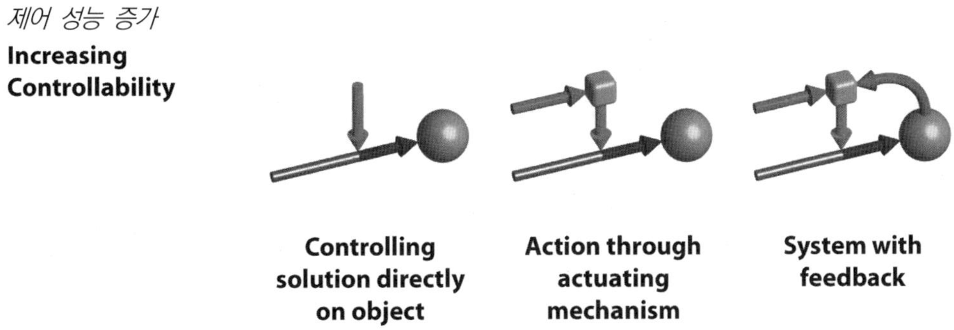

브레이크 시스템	수동	서보 제동	자동 견인력 제어
사이드미러	수동 조정	전동 제어	자동 설정
카메라 렌즈 초점	수동 초점	전동 초점	자동 초점

제어 시스템의 추가는 시스템 진화의 기회이며, 우리에게 더 많은 다양한 기능과 문제에 대한 더 많은 해결책 옵션을 제공한다.

7. 분할 및 장 사용의 증가

아래 그림과 같이 이러한 경향에는 네 개의 라인이 있다 :

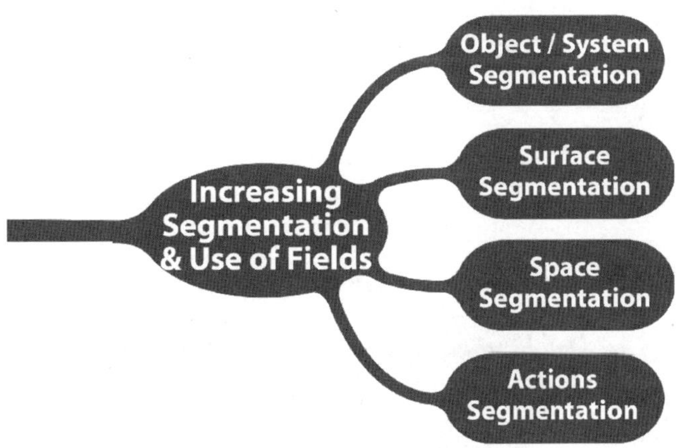

분할은 기술적인 문제를 해결하기 위한 트리즈 접근 방식에 매우 중요한 요소이다. 이것은 모순을 해결하기 위한 40가지 발명 원리 중 첫 번째 원리이고, 물리적, 기술적 모순 모두를 해결하기 위해 광범위하게 사용된다. 작게 만들고, 여러 개의 부분으로 나누는 분할은 시스템의 발전과정을 살펴보면 매우 분명한 경향임을 알 수 있고, 이해 및 적용이 일반적으로 매우 쉽다. 분할은 아래 그림과 같이 다양한 형태로 나타난다.

대상 또는 시스템의 분할 : 절단 도구 진화의 예

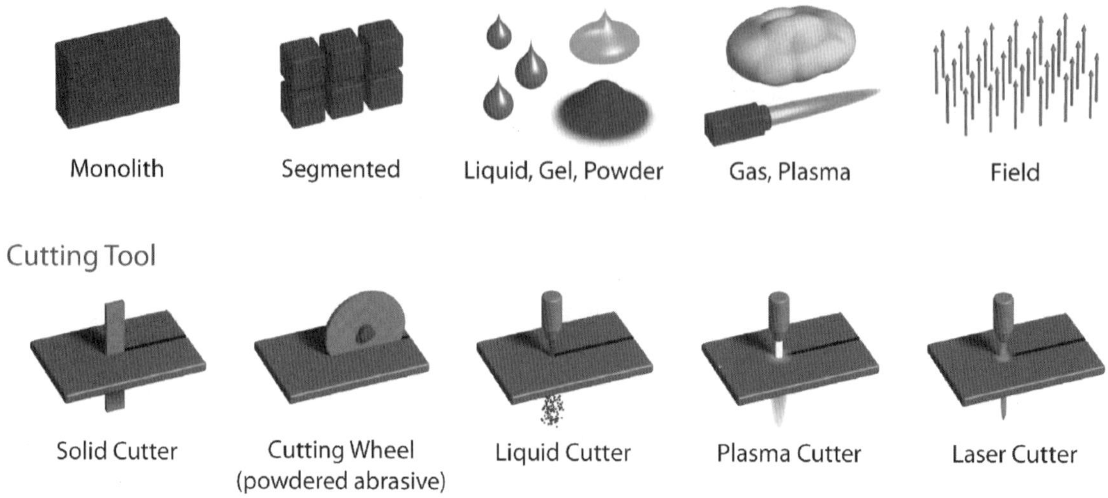

어떤 방법으로 한 덩어리를 분할하여 더 복잡한 무언가로 이동하는 것은 많은 기술 개발에 영향을 미치는 넓은 생활 영역에서 볼 수 있는 경향이다. 표면 또는 3-D 물질의 분할은 우리 주위 많은 제품(칫솔과 플라스틱 면도기의 손잡이에서 세정 재료, 의복, 포장 제품, 건축 재료 및 바닥 깔개에 이르기까지)에서 목격할 수 있다.

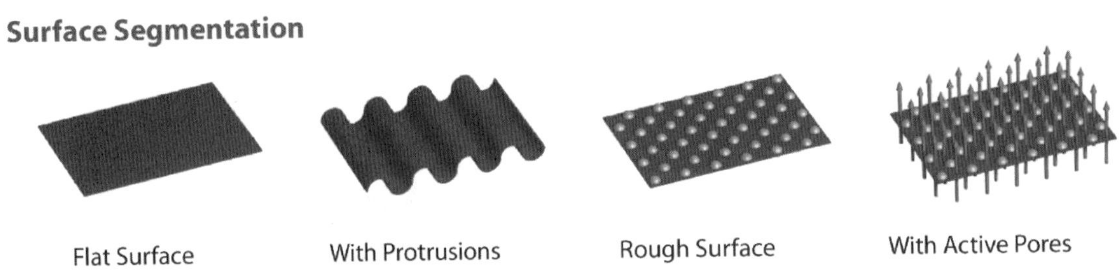

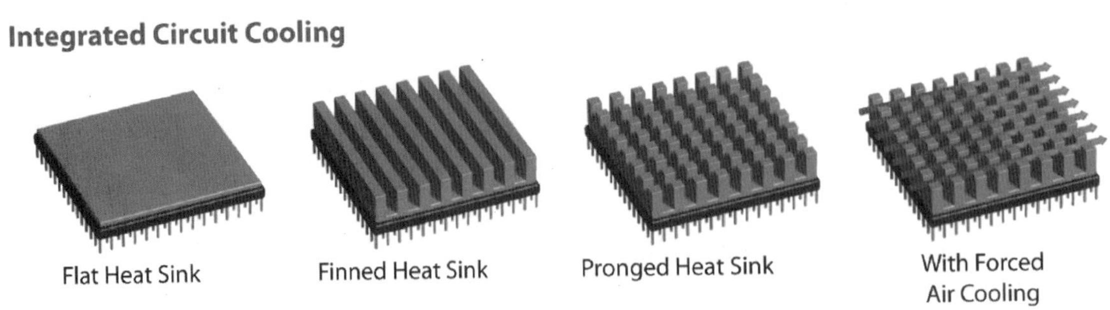

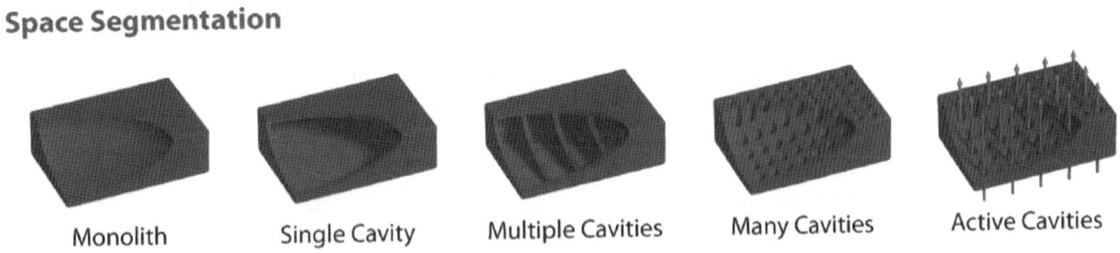

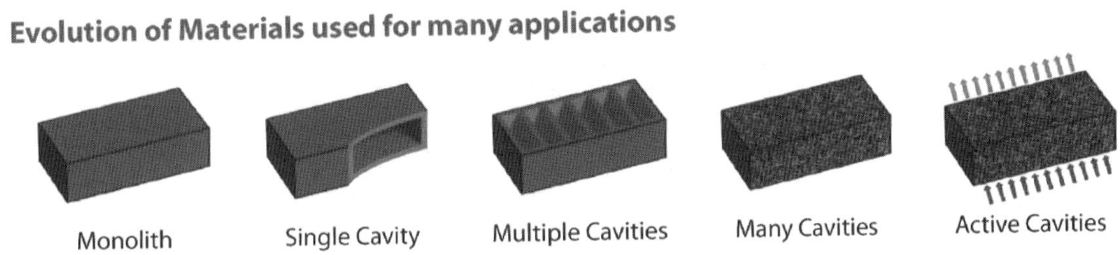

동작 분할

이것은 연속 동작이나 힘이 나뉘어 서로 다른 패턴과 다른 방식으로 전달되는 방식으로 바뀐다는 것을 의미한다. 시스템이 발전하면 부품뿐만 아니라 동작의 분할이 일어난다. 여기에는 많은 사례가 있으며, 간단한 예로 제트 와셔가 있다. 단일 제트는 펄스제트보다 효과적인 세척 능력을 제공하지 못한다. 이러한 경향을 검토하면 세정할 대상의 고유 주파수를 사용하는 여러 기업을 찾을 수 있다 - 맥수병 및 석탄 드릴 등의 사례가 있다 - 대상의 고유 진동수로 제트 세정에 펄스를 주면 모든 먼지가 떨어지는 데 도움이 되며, 공진이 이 과정에 도움이 될 수 있다는 것을 의미한다.

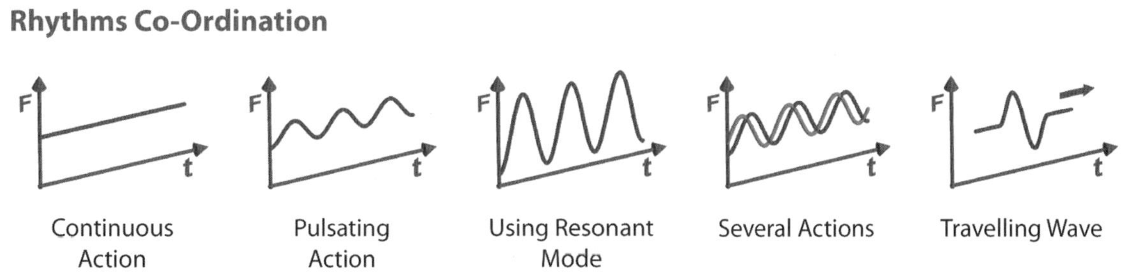

연속 동작에서 펄스파, 사인파, 구형파, 톱니파, 공명 동작, 복합파와 진행파 동작으로 이동하는 수많은 동작 분할 사례들이 있다. 우리는 전기 모터에서 이 경향을 볼 수 있다. 연속 동작에서 구형파 펄스로, 사인파로, 그리고 이제 모든 파가 선형이 아닌 형상파(사인파를 이상적인 파동 형태로 만들어주는)가 사용되고 있다. 새로운 수학적 방법(웨이블릿 수학, 솔리톤 파)들이 이 경향에 따라 진행을 돕는 중요한 역할을 하고 있다.

8. 부품의 일치와 불일치

아래 그림과 같이 이러한 경향에는 네 개의 라인이 있다 :

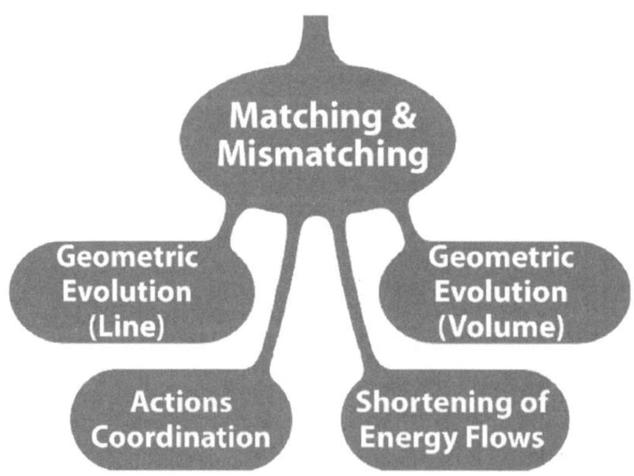

이 경향은 시스템의 부분들, 특성과 산출물이 모든 필요 기능을 보다 더 효과적으로 제공하기 위해 개선하거나 변경할 수 있도록 진화하는 시스템과 관련이 있다 - 이것이 시스템 제조를 어렵게 할 수도 있다. 시스템 요소들은 기능을 제공하는 최선의 방법에 일치(또는 불일치)시키기 위해 개선되거나 진화한다. 시스템을 보다 효과적으로 만들기 위해 더 많은 이득을 달성하고 해로움을 줄이면 투입량과 비용은 증가한다. 일치시키는 것은 시스템 구조의 발전, 사용된 재료의 진화, 더 나은 제조 공정, 시스템의 개선 타이밍이나 다양한 결과물과 훌륭한 조화 등을 포함한다. 이 모든 것들은 비용과 복잡성을 추가할 수 있지만 계속해서 상당한 이점을 제공하므로 이상성은 증가한다.

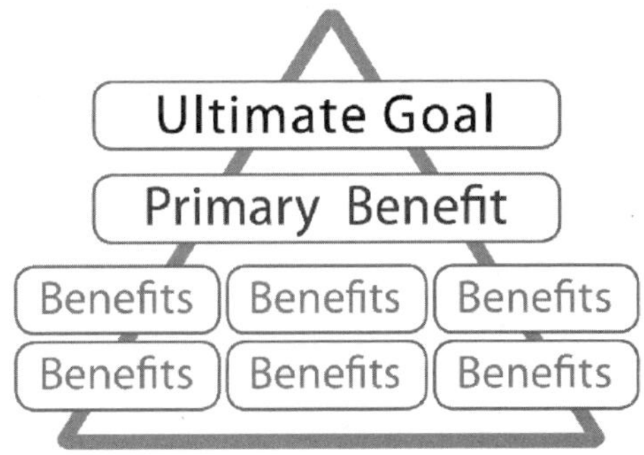

시스템은 단지 그것의 주 이득만이 아니라 많은 여러 이득을 전달하기 위해 일치시킨다. 시스템이 처음 발명되었을 때 시스템은 일반적으로 많은 다른 이득 없이 주 이득만을 제공하다. 시스템이 발전함에 따라 많은 여러 이득을 제공하기 위해 일치된다. 예를 들어, 첫 번째 매트리스는 짚이나 깃털로 만들어진 편안하고 따뜻한 주 이득을 제공하였다. 현대 매트리스는 모든 요구에 훨씬 더 잘 일치되는 많은 다른 이득을 제공한다. 원하는 것에 따라 이러한 것들은 오랜 지속성(20년 보증), 완전한 안락감(신체 관절에 압박이 없는), 다른 영역에서 가변적 부드러움(침대와 공유하는 개인과 일치시킴), 그리고 해충 저항성, 위생, 청소하게 쉬운, 방수(필요한 경우), 회전이 필요하지 않는 등의 모든 이득을 제공하는 많은 기능을 포함할 수 있다.

불일치

이것은 시스템의 성능을 향상시키기 위해 의도적으로 일치시키지 않는 경우이다. 이것의 예로는 다른 원치 않는 방해 잡음을 제거하기 위해 백색 소음을 사용하는 것(잡음 제거 헤드폰과 같이), 소음 수준을 줄이고 베어링 마모를 줄이기 위해 스위치드 릴럭턴스(SR) 드라이브에 사용되는 반-공진 파형에서처럼 손상 공진을 방지하기 위해 불일치시키는 것 등이 있다. 다리를 건너 때 군인들의 걸음 스텝을 일치시키지 않는 것도 하나의 간단한 예이다.

기하학적인 진화 – 선형 진화

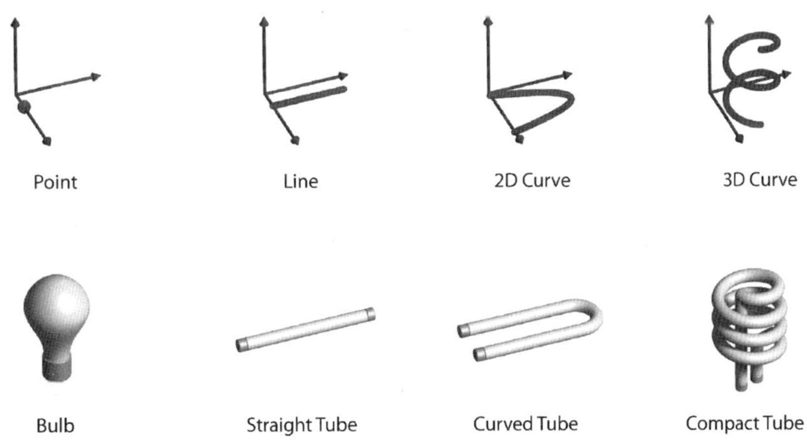

간단한 시스템인 전구는 단일 점에서 다중 점 광원, 기다란 형광등, 곡면 형광등, 복잡한 곡면 형광등, 표면 조명에 이르기까지 불빛 요구를 정확하게 필요와 일치시키면서 진화하였다.

일치하는 요소들은 조명과 난방 시스템의 개발에서 찾아볼 수 있다. 화롯불, 촛불, 램프와 같은 원래의 점광원들은 작은 영역에 빛과 열을 주었다. 조명과 난방 시스템의 진화는 필요한 경우 객실 어디에서나 동일한 수준으로 난방, 조명의 일률 성을 제공한다(어떤 특별한 분위기를 위해 오픈 화롯불, 작은 램프 또는 촛불은 여전히 자주 사용되고 있지만). 조명 및 난방 시스템은 특히 재료와 기술이 진화함에 따라 전달 자원으로 이제는 벽, 천장과 바닥을 사용한다.

더 나은 기능을 제공하기 위한 크기와 모양의 변화

이것은 다음 순서에 따라 이동하는 것을 의미한다 - 점에서 직선으로, 곡선으로, 다수의 반경이 있는 선으로, 여러 차원의 곡선으로. 비슷하게 표면은 평면에서 곡면으로, 다차원 표면으로, 세부적으로 다른 크기를 갖는 복잡한 모양의 표면으로 이동한다.

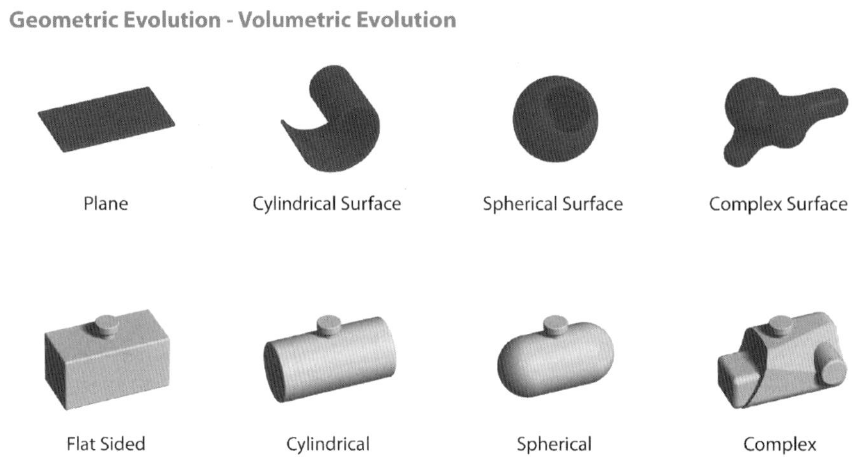

특히 1980년대부터 개발된 컴퓨터 지원 설계(CAD)와 컴퓨터 지원 제조(CAM)와 같은 많은 시스템과 제품에서 이 경향을 볼 수 있다. CAD는 많은 디자이너들의 꿈을 실현시켜, 자세하고 복잡한 곡면을 정확하게 지정하고 생성할 수 있게 해주었다. 체적 진화는 특히 최근 몇 년 동안 자동차 바디 모양과 많은 다른 시스템에서 볼 수 있다. 기계 엔지니어에 의해 개발된 현대 CAD 도구의 훌륭함, 혁신 및 능력은 다른 분야 쪽으로 이동하고 있다. 건축 및 토목 엔지니어들은 이제 그들의 산출물 중심에 있는 기하학적 진화, 특히 체적 진화와 함께, 복잡한 건설 프로젝트의 모든 단계에서 CAD 도구를 활용하여 자신들의 기술을 통합하고 효과적으로 정보를 공유할 수 있다. 우리는 이제 비용 효율이 높은, 정교한 건축 방법 및 프로세스와 일치된 설계와 함께, 새로운 건축물에 나오는 많은 재미있고 복잡한 모양과 곡선을 볼 수 있다.

일치 - 에너지 흐름의 단축

절대 최소로의 에너지 변환의 감소는 가용 에너지의 효율적인 활용을 위한 한 인자이다. 주요 장점은 다음과 같다 :

- 효율성 증가
- 해로움 감소
- 비용 절감
- 단순화

에너지는 진정 가치 있는 필수품이지만, 자원부족과 제한된 자원의 적절한 사용이라는 글로벌 문제에 직면해 있다. 산업용 응용을 위한 에너지와 가정과 사무실에 공급되는 전기에 대한 수많은 연구가 많은 공정에서의 에너지 사용, 유통 및 에너지 변환의 흥미로운 역사와 진화를 이끌었다. 에너지 흐름의 단축은 에너지의 효율적 사용과 공급을 매핑하는 중요한 경향이다. 예를 들어 내연 기관에서 주 에너지 변환은 화학 → 열 → 기계이고, 석탄 화력 발전소에서는 화학 → 열 → 운동 → 기계 → 전기이다.

Shortening of Energy Flows

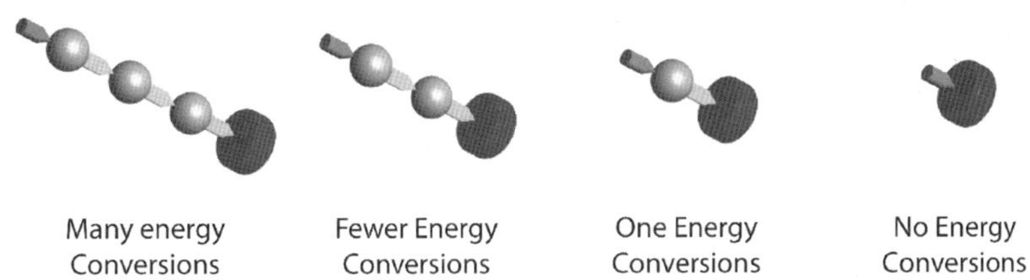

동작의 일치

동작이나 기능의 일치로 많은 시스템과 프로세스를 설명할 수 있다. 간단한 난방 시스템의 경우 투입된 열과 가열된 실내 온도가 일치하지 않게 동작할 수 있다. 차단 스위치가 특정 온도 이상에서 활성화될 때 일부 일치된 동작이 가능하다. 건물의 외부 온도를 측정하는 온도 조절장치를 갖춘 난방 시스템에서 일치된 동작이 나타날 수 있고, 외부온도와 일치되도록 제어되는 난방 시스템은 실내에 항상 적절한 수준의 열을 공급한다. 일정한 간격으로 작동되는 난방 시스템이 있을 수 있고, 이것이 햇빛과 같은 외부 소스로부터 열을 저장하고 적절한 때 그것을 방출하는 것 외에도 통합 작동 시스템이 제공하는 모든 것을 한다.

이러한 경향은 시스템 또는 프로세스 내의 모든 것이 최대 성능을 보여주고, 모든 이득(주 이득뿐만 아니라)을 제공하며 보다 높은 이상성을 달성하기 위해 더 일치되고 더 잘 조화될 것이라는 것을 나타낸다.

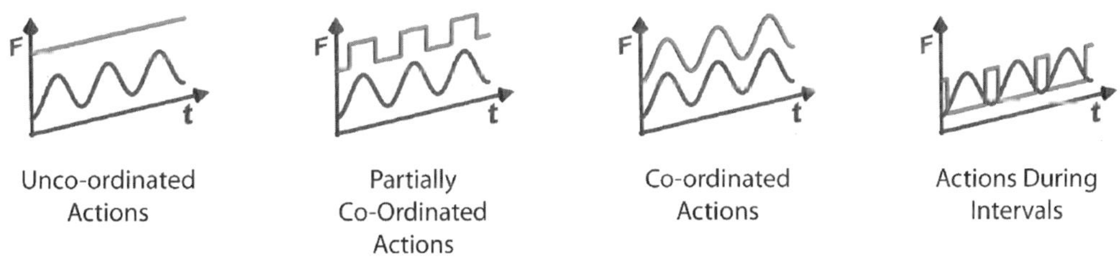

이러한 경향은 팀워크에도 적용되고, 팀이 함께 일하는 방법을 배우면 조화로운 동작이 증가한다.

보다 나은 일치와 조화로운 시스템은 기술과 경영에서 중요하다.

9.9 이상성은 트리즈의 어떤 또는 모든 경향에 따라 이상적 방향으로 이동하면서 증가한다.

시스템이 특정 경향의 어디에 있다고 입증되면, 경향에 따라 완벽, 즉 이상성을 향해서 이동하는 장점이 있다. 그러므로 의식적으로 경향을 따라가는 것을 목표로 해야 시스템을 개선할 수 있는 가능성을 높일 수 있다. 이득이 무엇인지 알 수 없는 경우에도 마찬가지가 될 것이다! 의식적으로 당신의 제품에 트리즈 경향을 적용하고, 개발, 진화 그리고 당신의 시스 및 해당 구성 요소의 이상성을 높이기 위해 노력해야 할 곳을 살펴보고자 할 때 아래 차트가 유용할 것이다.

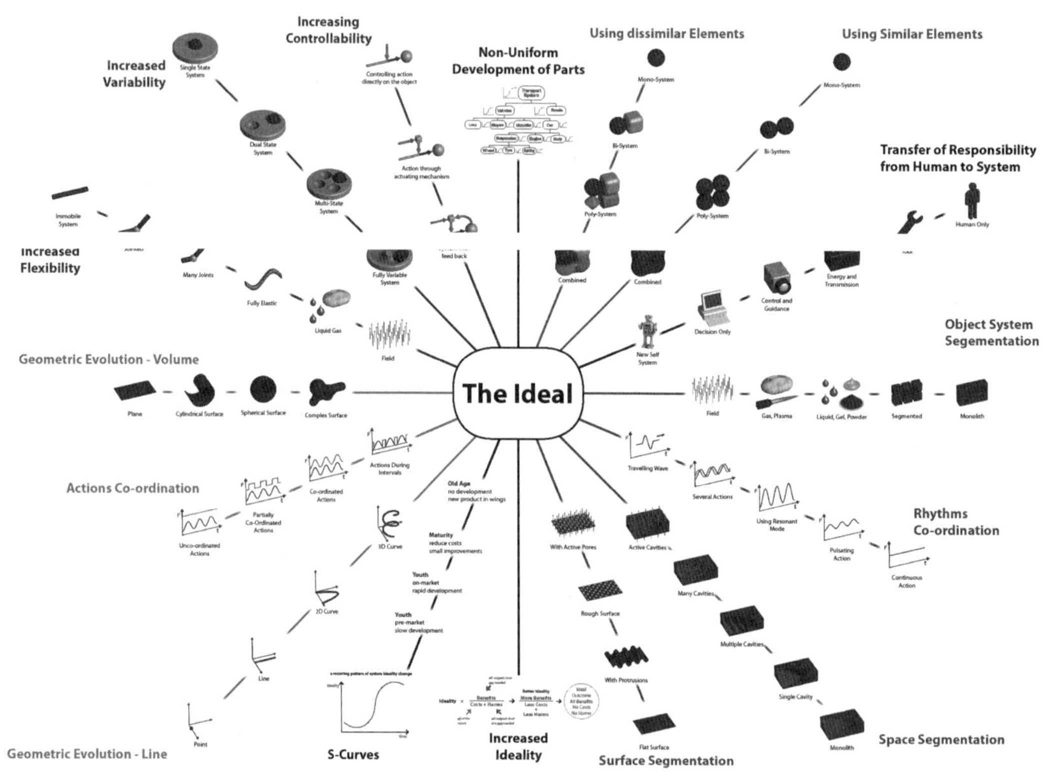

트리즈로 발명하기

어떻게 발명을 장려하는가? 이것은 알고 싶은 딜레마이고 - 혁신과 새로운 아이디어에 기금을 대고, 신제품의 연구개발에 투자하는 본질이다. 발명은 임의적이고 예측하기 어려워서 오로지 기회와 행운만이 도울 수 있다는 것이 산업계 이외의 시각에서 널리 퍼져 있음은 흥미롭나. 훈련, 지원 및 개인 발명가를 격려하고 성공적인 연구에 투자하는 일은 미래 번영에 중요하다. 과학과 기술의 역사는 자신의 꾸준한 발전과 모든 삶의 영역이 어떻게 윤택하게 되었고, 새로운 분야에 대한 지속적인 연구에서 온다는 것을 보여준다. 이러한 조사는 회사 및 개인에게 지속적으로 시간과 돈의 투자가 필요하다는 것을 보여준다. 그러나 이러한 미래의 필수적인, 미래에 대한 지속적인 장기투자는 위험과 연결된 대중적 이미지와 그 자체의 결과적 보상이 불확실성을 갖고 있다.

트리즈는 단순히 과거에 성공적이었던 것에 대한 기록을 제공한다 - 발명을 포함하고 - 그리고 관련된 단순하고, 미래의 발명에 적용할 수 있는 성공을 위한 공식을 나타낸다. 트리즈는 과거에 검증된 발명의 패턴에 대해 알고 있는 것을 보여주고 우리에게 미래의 발명과 새로운 제품에 대한 패턴을 인식하고 적용할 수 있게 도와준다.

기업들은 다음과 같은 자사의 주요 활동의 많은 부분을 지원하기 위해 자기들의 연구팀에게 트리즈를 활용하도록 한다 :

1. 신제품 - 트리즈는 여러 방향의 유용한 연구를 실제 제품으로 수렴하고 문제를 극복하는 데 업무를 집중하도록 돕는다. 트리즈는 팀이 새로 개발한 기술과 미래의 차세대 제품을 일치시키고 식별할 수 있게 돕는다.
2. 연구를 위한 새로운 영역 - R & D 부서에서의 트리즈 업무는 어디서 유망한 방향을 찾아야 할지, 어디로 확산해야 할지에 대한 매우 지루한 초기과정이 포함된다. 혁신의 도구 세트로서 트리즈는 미래의 업무에 대한 유망영역을 탐색할 때 심리적 관성을 극복하도록 도와준다.
3. 특허작성, 특허강화와 경쟁사 특허에 도전하기.
4. 문제 해결 - 본래의 R & D는 문제들로 가득할 것이다 - 어떻게 규모를 키우고, 어떻게 제조하고, 어떻게 수익률을 개선하고, 어떻게 불순물, 흠이나 예상치 못한 해로움을 제거할 것인지 등이다. 트리즈 문제 해결 프로세스와 도구는 종종 R & D에서 '해결 못 하는' 문제를 해결한다.

TRIZ 도구는 발명과 신제품 개발에 이르는 체계적인 경로를 제공한다

트리즈 팀은 어디서나 R & D 부서와 잘 조화한다. 한 주요 기업이 가장 어렵고 해결 못 하는 문제에 대응하기 위하여 유럽 각지에서 린츠로 모든 연구팀을 초대한 '샘플 트리즈'라는 3일간의 워크숍 기간에 모든 트리즈 팀이 즐긴 하나의 흥미로운 모임이 있었다. 모임은 자신들의 귀중한 시간의 낭비라고 선언했던 스칸디나비아 팀과 침울한 분위기에서 시작했지만, 각국에서 온 연구 책임자들이, 가장 총명하고 훌륭한 멤버들과 함께 참석했기 때문에 성공적 결과에 대해 큰 기대가 있었다. 그들 중 누구도 트리즈에 대해 알거나 이전에 도구로 사용해 본 적이 없었다. 매우 빠른 훈련 워크숍은 하나 또는 두 개의 문제에 각각의 작업에 따라 6팀이 배정되었다. 이러한 종류의 모임은 어렵기도 하고 편의를 추구하는 트리즈 전문가에게는 도전으로서, 전문가들은 그들이 해결책을 찾을 수 있도록 빠르게 트리즈를 사용하는 방법을 의사소통해야 하므로, 그들이 자주 나타나는 복잡성과 고도의 기술적 문제를 이해하고, 팀에게 해결책을 찾도록 도와주기 위해 올바른 트리즈 도구를 안내한다. 이것은 많은 집중력과 기술이 필요하다, 팀이 때로는 모임에 성공하지 못하게 방해가 될 수도 있는 아래와 같은 행위를 요구하기 때문이다:

- 이전에 발견된 적이 없는 곳에서의 재탐색
- 지식의 '안락지역'의 세부내용에 너무 많은 시간 소비
- 새로운 접근을 시도하는 지루함(기존 접근방식이 듣지 않는 경우에도)
- 각자가 이미 상당량의 시간과 에너지를 소모해 버리고도 다른 도구로 다른 접근방식 사용을 거절하는 것(예: 6시그마, RCA,요구사항 포착)

문제가 특히 긴급하고 중요할 때는 아이러니하게도 이런 문제들이 더 많이 나타난다. 문제 해결에 필요한 시간은 놀라울 정도로 부족하므로 귀하다, 오래된 그러나 안전한 곳으로 넘겨 버리고 시간을 허비하기 쉽다. 트리즈는 이것에서 벗어나도록 도와주고 나의 경험상 항상 트리즈를 활용했을 때 실제로 문제가 해결되었다.

린츠에서 세 번째 날의 마지막 두 시간 동안 사람들이 흥분하기 시작했다. 내가 동료들과 귀국 항공편을 잡아 마지막 날 떠날 때, 적어도 두 팀은 작별인사도 건너뛴 채 문제 해결 토론과 풀리지 않는 문제를 해결하는 흥분에 빠져 있었다. 트리즈는 개인의 문제 해결 기술의 증폭기이므로, 해결책 개념 개발과 흥미로운 연구 분야의 문제를 해결해야 하는 교육을 잘 받고 고도로 집중할 수 있는 팀이나, 명석한 사람들에게 특히 잘 적용된다.

기업의 발명 장면은 개별 발명가의 세계와는 매우 다르다. 발명가들은 엄청난 어려움을 극복하고 모든 고난을 딛고 성공한 사람들이라는 흥미로운 명성 - 젊은 과학자와 엔지니어들에게 위대한 영감을 줄 수 있는-을 가지고 있다. 전통적으로 발명가들은 대개는 위대한 엔지니어와 훌륭한 사업가들이었다. (역사적인 이유로 대부분은 남성 - 그렇지만 오늘날 많은 연구부서는 빈번하게 여성이 이끌고 운영한다) 그들은 사회가 요구하는 것을

식별하고, 이러한 요구를 충족하기 위해 시스템을 만들고, 사회에 그들의 해결책을 판매하는 데 성공하는 등의 세 겹의 도전에 직면하게 된다. 통찰력, 기술적 우위, 탄력성, 비즈니스 기술, 후원과 자원을 동원할 수 있는 능력은 항상 성공적인 발명의 일부가 되어 왔다. 대기업 내의 발명은 다른 게임이며 대부분 제품은 오늘날 우리가 접할 수 있는 것들이다. 발명자로 자수성가했던 유명한 개인(때로는 대기업에 맞서서)들에 대한 현재까지의 이야기는 여전히 흥미로운 이야깃거리다.

물론 위대한 그러나 알려지지 않은 많은 발명가(현재와 과거)들은 좋고 유용한 제품에 대해 좋은 아이디어를 만들어 냈지만 가능성이 너무 그들에게만 집중되었기 때문에 실패할 수도 있었을 것이다. 유명한 발명가들은 항상 기술적 성공, 많은 시련과 좌절이 선행된 마케팅의 승리에 대해 흥미로운 이야기를 하고 있다. 우리가 아주 멀리 역사를 거슬러 보아도 위대한 발명가들에게는 일반적인 특성들이 많이 있다 : 강박적인 헌신, 혹독한 노력의 지속, 냉혹한 야망, 큰 그림을 볼 수 있는 능력. 출판된 많은 흥미로운 연구들 일부는 이 지역에서 마지막 몇 년을 보낸 알츠슐러의 저작물을 포함하고 있다 : 그의 연구 결과물은 천재가 되는 방법, 이단자가 되는 방법 등을 포함하지만 러시아어를 읽을 수 있는 사람만 이해할 수 있다.

우리가 발명가 영웅으로 존경하는 것과는 상관없이 - 레오나르도 다빈치, 존 로지 베어드, 제임스 와트, 프랭크 휘틀, 제임스 다이슨 - 그들은 모두가 끊임없이 일하고 지속적으로 많은 장애물을 극복해 왔다는 점에서 어떤 행위들을 공유하고 있고 역사의 한 페이지를 장식하고 있다. 수년간 매일같이 열심히 일하는 것은 이야기 작가에게는 덜 흥미로운데 왜냐하면 위대한 진리의 발명과 발견 둘 다 항상 극적인 우연 및 유레카의 순간과 관련되기 때문이다.

수학, 과학 및 기술에 의한 철저한 훈련에도 불구하고, 과학 및 공학 발전의 많은 부분에 아직도 종종 시행착오, 그리고 행운의 한순간이 기여한다는 것은 오히려 이상한 일이다.

트리즈는 과학적인 업적에 대한 우연성을 제거한다

아르키메데스가 목욕탕에서 뛰쳐나와 변위에 대한 자신의 이해에 대해 '유레카'를 외치면서 빙빙 돌아다녔다는 것은 이러한 것에 대한 답변이라 할 것이다. 우리는 너무 자주 과학자들이 단순히 천재성의 섬광으로부터 우연히 업적을 달성했다고 상상한다. 플레밍과 페니실린, 뉴턴과 떨어지는 사과는, 고된 노력과 위대한 생각보다는 과학자의 업적이 일순간의 행운 때문이라는 관념만을 강화시켰다.

우연한 발견의 매력은 과학, 수학, 공학의 역사 속에 존재하며, 사회와 개인이 연구에 충분한 시간과 지속적인 노력을 투자할 진보가 이루어진다는 것을 보여준다. 사고하는 시간이 허용되고, 그리고 연구할 시간이 주어지고 우리가 필요로 하는 실제 제품으로 변환할 수 있는 새 아이디어를 개발할 때 우리는 비로소 결과를 얻을 수 있다. 활동의 감시가 허용하지 않는 조직문화와 같이, 모든 것을 측정하고 확인하는 데 집착하는 회사에서는 이런 일에 시간을 허용하는 것은 어렵다.

그렇지만 모든 창조활동에는 흥미로운 모순이 존재하는데, 이것은 '생각해야 할 시간과 공간이 상당한 압력과 마감 시간과 연결되어야 한다는 것이다. 압력으로부터 완전히 자유로울 때의 부정적 효과에 대한 유명한 사례는 핀란드 작곡가 시벨리우스로서, 그에게는 상당량의 국가 연금이 지급되었고 다시는 작곡하지 않았다(그리고 30년 이상 생존). 모든 창조적인 노력은 - 발명, 예술, 음악 등을 포함하여 - 생각하는 시간 이외에 힘든 노력, 교육, 훈련, 견습 기간 경험이 있어야 한다. 모차르트, 베토벤, 하이든, 헨델과 바흐와 같은 위대한 작곡가 대부분이 평생 매일 같이 음악을 열심히 하였고, 마감일을 맞추어야 했고, 삶과 높은 수준의, 새로운, 훌륭한 음악 작품을 제공하기 위하여 일을 찾고, 싸워 온 직업적인 음악가와 작곡가였다. 시험에 대비하여 열심히 노력해온 사람은 동기부여를 주는 인센티브의 중요성에 대해 알고 있다. 창의력은 시간이 필요하지만, 또한 마감 시간 같은 압력이 필요할 수 있다 -이것은 하나의 모순으로서-트리즈에서 풀고자 하는 모순과 같은 것이다.

시간의 제공이 창의적으로 되기 위한 중요한 측면은 작은 압력에서 자유로운 '정신적 공간'을 확보하는 것이다. 또 다른 음악의 예를 들어 보면, 작곡가 말러는 지휘자이기도 하였고, 그의 지휘 업무는 많은 성가신 행정적 잡무들을 포함하고 있었다. 그는 도시에서 멀리 떨어진 호숫가 근처에 여름 내내 머물 수 있는 오두막을 짓고, 이런 문제에 대처하였는데, 거기에서 그는 방해받지 않고 작곡하였다(처와 아이들까지도). 많은 엔지니어는 엔지니어로서의 창의력이 너무 사소한 일 때문에 약화되고 있다고 느낀다: '기업의 비용절감'은 그 기업을 위한 여행사, 비서 등을 두라고 할 정도이다; 긴 회의에서 그들에게 부과된 상세한 시스템의 극심한 복잡성, 자신의 사용시간을 집계하는 일 등이 그들의 에너지와 시간을 고갈시킨다. 문제를 해결하고 혁신적인 능력을 제약하는 것이 무엇인지를 발견하기 위하여 팀을 이루어 함께 일할 때, 우리는 아래의 일련의 그림에서 보여주는, 그들이 처한 상황을 가장 잘 나타내는 것이 무엇인지를 묻는 워크시트를 사용한다. 첫 번째 그림에는 어느 팀도 그들이 현재 처한 상황을 지적하지 않았다.

영감을 받은 디자인과 과학적 성공은 충분한 공간, 시간과 헌신이 필요하다

연구에 필요한 시간, 문제 해결을 위한 시간, 생각하고 이해하기 위한 시간은 정상 업무에서 휴가로 주어지는 것은 아니다. 단순히 생각하기 위한 시간은 어느 회사나 압력이 가해지는, 열심히 일해야 되는 정규적인 환경의 일부로서 필요하다. 영국 롤스로이스의 데이브 노트는 엔지니어들의 능력을 증진하고 혁신의 동기를 부여하는 구조화되고 체계적인 프로세스에 관한 논문을 트리즈 콘퍼런스에 발표하였다. 그러나 트리즈를 사용할 기회가 없고, 그리고 혁신과 창의력을 배양하는 환경을 제공하지 않는 한, 이득은 제로가 된다.

모든 것은 - 정기적으로 범람하는 나일 강 변 토지의 소유권을 표시하는 데 도움이 되는 고대 이집트에서 개발된 기하학의 첫 번째 막대기에서부터 20세기의 우주 경쟁에까지 - 사람들이 새로운 아이디어를 개발하고 풀리지 않는 문제를 해결하기 위하여 능력, 교육, 시간과 공간에 관한 전문성을 갖출 여유가 있을 때 어떻게 위대한 업적이 일어나는지를 보여준다. 단순히 따뜻하고, 안전하고, 식음료를 충족하기 위한 일에서의 자유로움은 언제나 사회의 부로부터 오는 사치이다(기술 진보가 모두 매일의 고난에서 자유를 얻을 것이라는 신념으로 미래를 바라보지만). 풍요와 부를 가진 많은 사회는 과학, 수학, 공학의 발전에 많은 투자를 하고 있다.

대학과 같은 전문교육과 연구를 위한 장소는 항상 시간과 사고를 위한 공간을 제공하고, 진보에 대한 보상은 기회나 행운이 단독으로 돌파하여 가져다주는 것보다 훨씬 높다. 위대한 과학자와 수학자 중 한 명인 아이작 뉴턴은 그의 가장 위대한 일을 케임브리지 대학에서 연구원으로 있는 동안 수행하였다. 그러나 그는 큰 전염병이 창궐하던 1665-6년이 '나의 발명의 황금기'라고 말했다. 그가 옮겨갔던 링컨셔 대학의 요구에서 벗어나 2~3년간 방해받지 않고 정신적 활동에 집중한 결과 '자연 철학의 수학적 원리'라는 그의 가장 위대한 저서를 발간하게 되었다. 뉴턴의 관성의 법칙과 역학에서의 그의 업적에 덧붙여 많은 추상적인 사고의 업적들은 그를 즉시 영국의 위대한 과학자와 수학자(www.newton.ac.uk / newtlife.html)의 한 명으로 인정하게 했다. 그러나 중력에 대한 근본적인 진리를 발견하는데 도움을 준 것은 3년간의 케임브리지에서의 강연 시 얻었던 예기치 못한 자유가 아니라 사과였다. 기회, 행운, 쾌활함, 유머는 새로운 아이디어와 시스템의 발견에 모두 중요하다, 왜냐하면 그것들이 심리적 관성을 깨뜨리고 체계적이고, 분석적인 측면에서 인간의 두뇌를 창조적인 쪽으로 합류하기 때문이다. 사고, 행운과 즐거움은 우리의 인식을 끌어올리고 새로운 방식으로 익숙한 사물을 볼 수 있도록 도와주는 이야기의 작지만 중요한 부분이다. 흔히 도약단계가 필요하다. 매우 친숙한 퍼즐 조각을 새로운 패턴으로 재배열하는 것과 같이 원하는 것으로 불현듯 옮겨주는 단계이다. 우리가 매우 지속적인 방식으로 일하고 원하는 패턴을 열심히 찾고 알려고 열망할 때 어떤 이상한 자극과 우연한 신호를 따라가거나 얻으려고 한다면 잡기 어려운 의미나 답변을 마침내 인식할 수 있도록 도와준다.

'Unfortunately for science, Newton was feeling a bit peckish that day.'

기회와 행운(지속된 연구도 힘든 일도 아닌)이 과학적 도약을 일으킨다?

트리즈는 우리에게 유용한 아이디어 창출 도구와 9-박스 같은 명확한 순간을 만들고 보이지 않는 연결도 볼 수 있게 도와주는 것들을 제공한다, 그뿐만 아니라 트리즈 프로세스를 따라갈 때 바라지 않던 답변에 대한 우연과 운 좋은 엄청난 도약을 제시하기도 한다. 트리즈는 작은 도약만이 필요한 해결책 공간으로 접근시킨다. 행운의 획기적 순간을 생각하면 많은 시도와 막다른 골목, 수년간의 연구는 잊어버리고 단지 위대한 사고의 깨달음이라는 위대한 순간에만 집중하게 된다, 그 순간이란 올바른 연결이 이루어지거나 관련 답변이나 패턴이 갑자기 보이고 이해되는 때이다. 갑작스러운 도약이 일어났다는 것이 해답이다 - 그러나 그 도약에 앞서 관련 지식이 인식되고 올바르게 이용할 수 있게 되어 해결책 방향이 분명해질 때까지 때로는 도약 방향으로 수년간의 작업과 시도와 정보수집이 선행되어야 한다.

창의적이며 혁신적이기 위해서는 문제를 새로운 방식으로 보는 것이 중요하고 필수적이다 ; 뒤돌아보고 더 큰 규모로 찾아보는 것, 문맥을 통하여, 또는 세부내용에서 벗어나는 것이 복잡하거나 단순한 문제를 함께 해결하는 데 도움이 된다. 하나의 간단한 트리즈 도구는 발명 원리 13이다 - 다른 방식으로 수행하라, 이 강력한 접근 방식은 롤스로이스 트리즈 그룹이 어떤 해결책을 위한 훌륭한 출발점으로 추천하였다. 호주 고속도로에 대한 9-박스에 관한 사례 연구에서, 문제를 이해하고 해결하는 데 사용된 간단한 트리즈 논리를 보여준다. 복잡한 고속도로 나들목을 구축하기가 아주 까다롭고 어려운 프로젝트에서 현명한 해결책이 - 예기치 않은 시간에, 예산 내에서 - 완전한 성공을 도와주었다.

발명, 연구 및 본질적인 과학적 진실의 발견과 마찬가지로 실질적인 실용적 문제 해결은 올바른 지식, 체계적 접근 방법, 지속적인 노력 및 옳은 방향으로 가고 있다는 자신감이 필요하다. 트리즈는 흔들기도 하고 지지도 한다. 트리거는 정신적 무기력(우리를 느리게 하고 유용한 곳에서 꼼짝 못 하게 하는)을 깨고 나오도록 도와주고 우리를 움직여 흔히 매우 가까운 거리에 있는 해답과 문제에 대한 해결책을 얻을 수 있도록 도와준다. 사고, 놀이, 그리고 새로운 패턴 훑어보기는 모두 혁신과 발명에 기여하지만, 트리즈는 필요할 때 올바른 방향으로 도약하도록 도와주는 창의력 도구를 제공한다. 9-박스는 규모와 시간에서 우리의 관념을 바꾸고, 본질적 문제에 집중하도록 도와준다. 트리즈는 소수의 올바른 해답만 보여준다.

매우 평범한 발명

발명을 뭐라고 부르지? 첫 번째로 시스템이 원하는 것을 전달하도록 창조되었다? 발명은 비행기와 같이 수년간의 시도와 노력 끝에 이루어지는 것이나 또는 화장지, 연필이나 티백 같은 매우 간단한 것들일 수 있다.

오랫동안 바퀴와 쓰레기통이 같이 사용되었다. 1980 년대 후반까지 옥스퍼드에서는 바퀴와 통을 결합하지 않았다. 그 이후로 부인들(남편보다는)이 쉽게 쓰레기통을 내어놓게 되었다.

정기적으로 이동해야 하는 쓰레기통(또는 옷가방) 같은 무거운 것에 바퀴를 부착하는 일은 로켓 과학이 아니다. 이 간단하고(때늦은) 명백한 혁신/발명이 많은 사람들을 등(허리) 문제에서 구하고 주간 단위의 걱정거리와 가족 간 논쟁을 피하게 하였다.

뜻밖의 행운을 가져다 준 함정과 잘못되고 어울리지 않는 중요성에도 불구하고, 성공적인 새로운 발명은 모든 시대에 일어나며 고도로 기술적이고, 진기하며 복잡하다 - 또는 아주 평범하고 단순할 수 있다. 그들의 용도는 자신의 시장 수요와 욕구 충족으로 측정된다. 욕구 충족은 대부분 의도적이지만 때로는 우연히, 또는 충족시킬 수 있는 모든 요구사항을 이해하지 못한 채 시스템을 발명하기도 한다.

영리한 발명은 종종 현존 시스템들을 결합하고 있다

10.1 트리즈로 위대하지만 평범한 발명가가 되는 방법

무언가 발명하려는데 사용할 시스템이 없을 때는 자주 요구를 충족시키기 위해 어떤 끔찍하고 부적절한 시스템에 대해 사고함으로써 그리고 더 나은 시스템을 얻기 위해 트리즈 도구를 사용함으로써 가능하다 - 이것이 옳은 시스템을 얻고 시스템을 올바르게 하는 것이다. 먼저 필요성을 정확하게 정의해야 하지만 이렇게 가정하는 것이 정확하다. 트리즈의 문제 해결 도구는 나쁜 시스템에서 더 좋은 시스템으로 만들 수 있게 해준다. 성공한 제품들은 종종 가진 자원을 사용하여 충족되지 않은 욕구를 영리하게 채워줌으로써 성취된다. 문제들에 접근하는 가장 트리즈다운 방식은 이미 알려지고, 오래되었으며, 시도하고 시험했던 시스템을 포함하며 또 영리한 새로운 접근도 필요하다. 누군가가 문제를 해결하고 신제품을 개발하기로 결정했을 때 그리고 트리즈 없이도 성공적으로 이루어진 정말 좋은 발명 예들이 많이 있다. 그러나 성공적인 결과물에 대해서만 듣기 때문에 얼마나 많은 실패작이 시간, 자원과 발명 의지를 소모했는지 우려가 된다.

트리즈에 대한 한 가지 질문은 이것이 체계적으로 반복해서 성공을 도와줄 수 있는가 - 트리즈가 성공적인 발명의 단계를 맵핑할 수 있는가? 대답은 그렇다 이고 단계는 발명논리의 가장 높은 수준에서도 복잡하지 않다. 내가 정말 좋아하고 영리하다고 생각하는 발명을 볼 때마다, 나는 트리즈 프로세스로 맵핑해본다 - 그리고 좋은 발명은 항상 간단한 트리즈 논리를 따르고 아래의 예에서와 같이 자원을 잘 활용하였음을 안다. '화재의 천사'라 불리는 국내의 스마트 화재경보기에 대한 새로운 발명에 대한 요구가 많았는데 플러그가 조명기구들 속에 있었다. 간단한 화재경보기들은 기존의 조명기구에 부착되었고 필요하지만 보이지 않는 천장 높은 곳에 있었지만 - 더 중요한 것은 고장 날 수 있는 배터리를 필요로 하는 대신 기존의 자원을 사용한다 - 전기조명 회로에 의해 전원이 공급되고 그 안에 충전식 배터리를 설치하여 - 전원이 중단되어도 작동한다. 이 발명은 출력을 제외하면 전혀 새롭지 않다 - 기존의 자원을 사용하지만 현명하고 유익하며 경제적이고 신뢰할 만하다. 이것은 이전 화재경보기보다 더 좋으며, 발명가인 나이젤 루터와 샘 테이트를 30대 초반에 성공 기업가로 만들었다(그들은 둘 다 코벤트리 대학의 졸업생이며 그것이 그들을 결정적으로 일찍이 성공할 수 있도록 도왔다).

루터는 그의 디자인 학위에 고무된 후에 뭔가를 발명하기로 결심하고 어느 날 저녁 영감에 차서 주위를 둘러보다가 성가시게 하는 배터리로 작동되며 눈에 띄고 볼품없는 전선이 삐져나온 채 천장에 부착된 화재경보기에 주목했다고 주장했다. 테이트와 함께 그는 내수용의 새로운 화재경보기를 발명하기로 결정했다. 그들의 '화재천사'는 고도의 이상성 시스템이다 - 많은 이득이 있고 비용과 해로움은 감소시킨. 1998년 루터와 테이트는 특허를 등록하고 제품을 출시하는 데 도움을 주었던 코벤트리 대학에서 운영하는 제도를 통해 5만5천 파운드 기금을 얻을 수 있었다.

그 당시 나는 코벤트리 대학 총장으로 있었을 때이므로 특히 이 성공 이야기를 즐기며 졸업생들에게 대학이 실질적 도움을 제공하는 것을 볼 수 있다는 것과 2명의 젊은 졸업생이 훌륭한 디자이너에서 성공한 사업가로 성공하도록 도왔다는 것에 고무되어 기뻐했다. 이런 이야기는 용기를 북돋는다, 왜냐하면 영감이 떠오른 아이디어가 결과물로 나타나는 것을 자주 보지 못하고, 발명이, 너무 많은 기로에서, 난타당하고, 많은 노력이 필요하고, 그들의 성공이 개념과 기술의 올바른 결합에 대한 발견과 탐색에 의존하기 때문이라는 것을 잘 알고 있다. 트리즈의 지적 응용은 이러한 노력을 감소시키고 이런 종류의 활동에 영감을 불러일으킨다.

나노기술은 많은 농담을 낳는다

우연한 발명은 전설과 신화의 재료이며, 기회나 행운으로 태어난 새로운 위대한 제품을 생각하고 싶어 한다. 한 가지 유명하고 위대한 우발적 발명은, 다소 평범하지만, 19세기의 감자 칩(영국에서는 크리수프로 부르지만 - 미국에서는 칩으로 알려진)의 창조다. 감자 칩은 프랑스식 감자튀김이 두껍다고 불평하는 고객에 대한 반응으로 식당의 화난 요리사에 의해 생겨났다. 점점 얇아진 튀김이 섣부른 고객에 의해 거부된 후, 화난 요리사는 바삭바삭 구워진 감자를 종이처럼 얇게 구워 내보냈다. 고약한 농담으로 말하면 이 감자 칩은 웨하스처럼 얇은 감자 조각으로, 식사요리로서 나이프와 포크로는 먹을 수 없었지만, 그 결과로 생긴 크리수프/칩은 맛있고 가장 인기 있는 스낵 중 하나가 될 운명이었다. 우연한 발명이 흥미로울지 모르지만, 냄비 안에서 마구잡이로 튀기면 된다는 식으로 잘못 암시하여 오도될 수 있다. 이 발명은 냄비를 사용하여 헌신적이고 힘든 노력 끝에 나왔지만, 통상적으로 관련된 일을 하는 사람들과 정말 심오한 기술을 이해하는 사람들만이 위대한 발명에 대한 우연한 즉흥발명을 인식할 수 있다. 우연히 크리수프/칩을 만든 요리사는 감자를 잘 이해하였고, 어떻게 감자를 얇게 썰고 튀기고, 여러 사이즈와 두께로 완벽한 프랑스식 감자튀김을 만드는 방법도 이해하고 있었다 - 이 새로운 스낵의 창조는 이전의 그의 작업과 프랑스식 감자튀김 기술의 확장과도 관련이 있고 그의 숙련과 경험이 필요했다.

10.2 트리즈와 발명

알츠슐러는 모든 시스템 발명가들을 도울 수 있다고 믿었다 - 그 발명가들에게 많은 도움이 되는 트리즈 도구세트 내에서지만;

- 문제 이해하기, 역사와 미래의 방향과의 관련성(9-박스).
- 8 가지 진화의 법칙은 완벽을 향해 시스템이 진화할 수 있는 모든 방법을 보여준다.
- 이상적 결과물은 우리의 업무가 따라야 할 방향을 안내하고 필수적 요구사항을 기술하는 데 도움이 된다.
- 모순을 들추고 해결하기. 40가지 원리로 해결하라 - 시스템을 개선할 때 갈등을 극복하도록 도와주고, 상반되는 이득을 달성하는 방법을 보여준다.
- 76 가지 표준해는 시스템의 단순화와 개선, 그리고 시스템 내의 문제 해결에 도움이 되고 특별히 우리의 시스템에 어떤 문제가 있을 때 - 과도함, 유해성, 불충분 또는 결핍이 있을 경우이다. 표준해로 문제를 해결하는 것은 진화의 지도에서 차세대 시스템으로 움직이거나 시스템을 개선하는 것이다.
- 정신적 충격을 주는 창의력 도구들, 인식의 전환: 거기에 모두 13개가 있고, 규모 - 시간 -비용 및 작은 사람 모델을 포함한다.
- 최고 수준의 해결책을 변환하여 마음의 선명함을 통해 더 나은 해결책을 취하기 위한 것. 트리즈는 해결책 아이디어를 해결책 개념으로 전환하고 나서 그 개념에 전달할 더 많은 해결책 아이디어와 이를 전달하는 알려진 기능을 찾는 훈련을 고취한다.

이러한 도구들을 사용하기 위해서 다양한 문제 해결에 적용되는 적절한 트리즈 도구를 식별하도록 도와주는 트리즈 문제 해결 프로세스가 필요하다. 만일 우리가 시스템을 개선하거나 올바른 시스템을 선택할 필요가 있으면, 무엇이 우리의 요구사항을 가장 잘 전달하는지를 이해하고 있음을 확인해야 한다. 제약조건이 최선이나 차선의 시스템을 갖지 못하도록 방해하면, 이미 갖고 있는 시스템을 최상으로 만들어야 하고, 가능한 한 많은 문제를 제거해야 한다.

위의 모든 트리즈 도구는 그런 본질적 요구사항을 충족하도록 시스템의 창조와 개선에 유익하다, 덧붙여 해결책을 시각화하는 결정적 순간을 위한 트리즈 창조성 촉진자(규모-시간-비용, 작은 사람 모델, 이상적 해결책을 포함하는)에도 유익하다. 단순한 트리즈 훈련과 생각의 명료함은 본래의 개념과 해결책 아이디어 간의 차이에 대한 완벽한 이해를 장려한다. 트리즈는 팀이 모든 사람의 초기 '나쁜 해결책'(많은 유익한 아이디어를 포함)을 사용하고 더 나은 해결책을 만들기 위해 그들을 결합하여 함께 잘 운영할 수 있게 도와준다. 트리즈는 팀원들에게 처음 개념에서 더 많은 아이디어를 유도하는 숨겨진 개념을 찾아냄으로써 초기의 '나쁜 유레카' 형태의 아이디어에서 체계적으로 유도될 수 있는 가능한 모든 좋은 해결책을 바라볼 수 있게 해 준다.

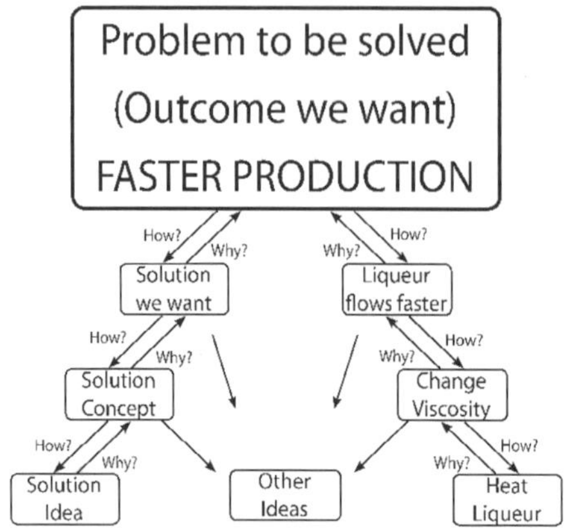

하나의 유명한 트리즈 문제의 예는 액체 초콜릿의 생산 속도를 증가시키는 방법이다. 이 시스템은 진한 액체의 초콜릿을 병에 채우는 것을 개선할 필요가 있다. 액체는 점성이 있고 끈적거리므로 천천히 흐른다. 하나의 해결책은 흐름을 빠르게 하려고 액체를 가열하는 것이지만 이것은 뜨거운 액체는 초콜릿 병을 녹인다는 문제점을 갖고 있다(하나를 좋게 하면 다른 것이 악화된다는 명확한 기술적 모순).

어쩔 수 없는 실망에도 불구하고 많은 발명가들의 새로운 개념은 창조적인 팀으로부터 많은 유익한 해결책을 찾아낼 수 있다.

트리즈는 개념을 사용하고, 새로운 시스템을 만들기 위해 개념을 아이디어로 변환하고, 기술로부터 새로운 응용 프로그램을 창조하기 위해 기존 시스템들을 결합하는 것을 도와준다. 이런 일은 팀원들이 서로 다른 아이디어를 가져야 최고로 잘 작동한다.

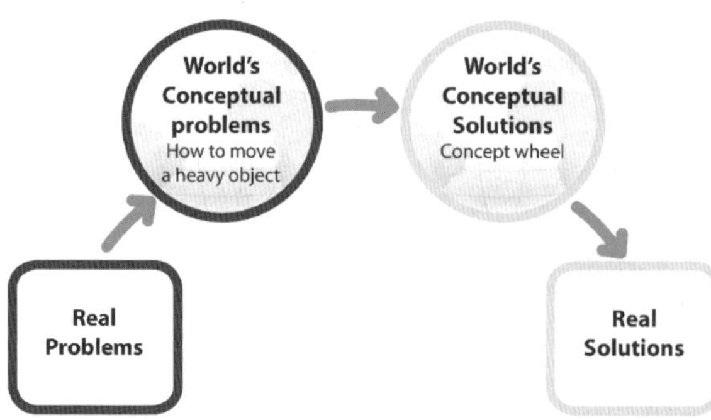

바퀴(큰 발명)는 훌륭한 개념이다 : 무엇을 사용하기 위함인가, 가장 잘 사용하는 방법은 우리가 원하는 것 그리고 다른 시스템과 유익하게 결합하는 방법에 대한 이해가 필요하다. 팀 내의 각 개인은 불쌍한 노인을 보는 데도 다른 시각을 갖고 있다(누가 혁신을 밀고 갈 것인가). 그들의 열정과 유익하고 개인적인 통찰력이 하나의 바퀴 개념이 어떻게 쓰이느냐에 따라 많은 해결 아이디어를 만들 수 있다. 발명은 요구사항을 찾고 그들에게 맞는 시스템의 탐색이나, 바퀴와 같은 시스템(특히 개념적 시스템)을 찾고 거기에 맞는 요구사항을 탐색하는 양 측면에서 나온다. 이 두 가지는 팀 활동일 때 잘 작동된다.

10.3 제품 DNA는 미래의 시스템을 예측한다

성공적인 발명품이 시장에 나오면, 그것은 흔히 자체 내에 시장의 욕구에 따라 개발할 수 있는 잠재성을 포함하고 있다. 제품이 필요할 때 한순간에 나타나는데 이것은, 놀랄만한 상호일치에 의해서가 아니고 개인 및 팀들(엔지니어와 과학자를 포함하는)이 인식하고 나서(의식적 또는 무의식적으로) 신기술로 이러한 요구사항을 충족시키기 때문이다. 요구사항과 시스템은 더 이상 필요하지 않아 시스템이 사라질 때까지 둘이 함께 진보한다. 이것이 바로 똑같은 발명들이 전 세계적으로 동시에 발생하는 이유이다 : 인간의 욕구를 충족시키는 기술, 과학 방법들이 모두 함께 진보하고 있으며, 인간들이 욕구를 충족시키고 신기술을 사용하며 그것들이 서로 일치하도록 애쓰게 될 것이다.(다른 영역에서처럼 경쟁이 과학에는 큰 동기이다.)

시스템을 발명하는 것은 시스템이 현재와 미래에 만나게 될 모든 필요성을 본질적으로 인식하는 것이다. 새로운 많은 아이디어, 발명, 제품들은 그들의 성공이 상업적인 인식, 안전한 지원 그리고 기술적 용도를 창출할 용기 등을 포함한 여러 요인에 의존하고 그 이후의 시장 상황에도 의존한다. 비록 빛을 보지 못하고 사라진 훌륭한 발명품들의 죽음을 슬퍼해야 하지만, 성공했던 물건들이 현재의, 채워지지 않은 요구에 맞고 적절하게 가격이 책정된 이득을 제공해야 한다고 인식하는 것이 중요하다. 만일 시스템이 성공하고, 자체 DNA가 만들어진다는 것은 그 시스템이 탄생하게 된 모든 요구사항을 이상적으로 충족할 수 있는 능력이며, 8가지 트리즈 진화법칙에 따라 개발할 때 그 제품은 마치 미래의 시장 수요에 부응하는 것처럼 제품 자체가 진화하게 될 것이다.

이것은 시스템 자체가 관련 디자이너와 발명가에게 올바른 미래의 방향을 이야기해주고, 8가지 진화의 법칙을 적용함으로써 관련된 미래 제품을 지적해 줄 수 있음을 의미한다. 이것은 단순히 유망한 새로운 방향을 찾기 위해 시장을 공부하는 대신에, 연구원들이 그들 자신의 성공적인 미래를 그들 자신의 DNA에 새기는 것처럼 제품들 자체를 연구해야 한다는 것을 제시한다. 발명이 생기면 어떤 무의식적인 수준에서 시스템을 충족시킬 수 있는 모든 요구사항에 대한 이해와 예측이 있었다. 발명가들은, 그들이 시스템을 만들 때, 진화라는 기술여행을 시작한 것이고 비록 시스템의 발명에서 일부 요구가 충족되어도, 나중에 시스템이 채워야 할 모든 요구사항이 개발과 진화로 실현될 수 있다. 제품의 첫 번째 버전은 보통 기본적 이득과 몇 가지 다른 것을 제공한다 - 하지만 당시에는 인식되지 않았더라도 모든 요구사항을 잠재적으로는 충족할 수 있는.

처음 개발된 자동차는 말과 같은 동물 없이 운송이라는 기본적 이득을 제공하였다. 초기 자동차는 위험하고, 불편하고, 에너지 사용을 억제할 수 없었지만 그런 모든 것을 만족시키는 자동차는 발명되지 않았다 ; 초기 자동차의 발명은 이러한 해로움이 제거되고, 불충분한 이득을 가져올 수 있고 허용되지 않는 입력물과 비용 등을 제어할 수 있는 곳으로 긴 여정의 시작인 것이다. 트리즈의 기술시스템 진화 법칙에 따라 개발되는 자동차에 의해서 더 많은 요구가 더 적은 비용과 해로움으로 충족되어 감에 따라 우리는 완벽한 자동차에 더 가까이 다가간다. 모든 시스템이 처음에는 요구사항을 이해해서가 아니라 인식하지 못한 일련의 것들을 만족/전달하기 위하여 만들어졌다는 생각은 진화의 힘에는 필수적이다. 시스템의 DNA는 모든 요구사항을 인식하고 있으며, 트리즈 진화의 법칙은 모든 요구사항을 충족할 경우 개발되어야 할 시스템의 방향이다.

트리즈는 우리가 원하는 모든 것을 제공하는 시스템을 개발하도록 돕는다

트리즈는 이상적인 종점을 향하도록 문제를 이해하고 해결하도록 지시하며, 시스템이 만들어 낸 모든 요구사항이 충족되는 완벽한 시스템에 도달하는 최종 시점을 향하도록 한다. 트리즈 진화의 법칙을 적용하는 것은 이러한 DNA 시스템이 완벽을 향하여 이동할 수 있도록 확인하도록 활성화한다 - 종점은 시스템이 없으며, 이상적 시스템은 시스템이 없는 것과 같다. 이것은 이상적으로는 시스템은 가능한 한 작아야 하고, 입력물은 가능한 한 수가 적을 필요가 있다는 아이디어다; 아무 문제가 없는 이론적 종점에서는 요구사항은 전달되지만 시스템은 공간을 차지하지 않고, 비용도 없고, 어떤 해로움도 없다 - 아무것도 전달해야 할 필요가 없는 이상적인 곳이다.

10.4 음주 측정기의 개발

발명가들이 문제를 해결한다 : 그들은 해결책을 찾음으로써 요구사항을 충족시킨다. 이러한 해결책들은 정상적으로는 기술의 배열과 기존 시스템의 결합을 포함하지만, 모든 훌륭한 발명가들은 일련의 채워지지 못한 요구사항들과 그들을 충족시키기 위한 방법들을 인지해 왔다.

음주측정기 제품은 필요성에 딱 들어맞는 개발이었다. 초기에는 모든 필요성을 인식하지 못했지만 - 1920년대와 1930년대에 음주운전이 증가하고 음주운전이 왜 잘못인지에 대한 일부의 논쟁이 있었다 ; 그러나 약간 애매했지만, 마침내 법률이 바뀌어 음주운전은 위법행위임이 명확해졌다. 이 법률은 만취한 운전자들로부터 자신들은 술에 취하지 않았고 걸음걸이의 불안정, 붉은 눈 또는 깨어있을 수 없는 불능 상태가 만취해서가 아니라 과로에 기인한다고 주장하는 많은 항변이 있었다. 그 결과 하나의 필요성이 확실해졌다 ; 비외과적 방법으로 운전자로부터 알코올 수준을 측정하는 것이었다. 이것은 1933/34 년의 금지규정의 폐지에 압력이 되었고 알코올은 더 쉽게 사용 가능하게 되었다.

롤라 하거 교수가 첫 번째 돌파구를 열었는데, 그가 음주측정기(Drunk-O-meter)를 발명하였다. 이것은 심호흡 속의 알코올은 혈액 속의 알코올에 비례한다는 지식을 활용하였다. 음주가 의심되는 운전자는 알코올의 비율에 따라 색상이 변화하는 화학적 해결책을 포함하는 풍선 같은 장치 속으로 숨을 불어야 한다 ; 더 많은 알코올은 더 많이 색상 변화를 나타낸다. 혈액 속의 알코올의 농도를 계산하는 일은 쉽다. 음주측정기는 다소 귀찮은 존재였고 사용 중에 교정이 필요하였지만 잘 작동하였다, 왜냐하면 극적인 색깔 변화는 경찰과 음주 운전자에게 즉시 알코올의 양을 보여 주었기 때문이다. 이것은 많은 경우에 음주를 인정하게 했으며 받아들이기 어려운 여러 가지 다른 변명(보통 일어나는 뻔한)들을 만들어 내지 못하게 되었다.

로버트 보르켄스타인 박사, 인디애나 주 경찰서장, 그리고 성공적인 한 발명가에 의해 1953년 휴대용의 사용하기 쉬운 화학적 산화와 분광을 이용한 음주측정기(Breath alyzer)라고 이름 붙인 차세대 장치가 발명되었다. 그 때부터 도로변에서의 음주-운전 분석이 매우 싸고, 사용하기 쉽고 빠르고 정확한 제품으로 진화했으며, 이후 법정의 증거로 인정되기에 이르렀다.

음주측정기처럼 유사한 장치들이 개발되어 점증하는 요구에 부응하였고, 도로변에서뿐만 아니라 법정에서도 즉시 음주의 증거로 받아들일 수 있게 되었다. 더 필요한 요구사항들은 시간에 쫓기는 비과학자인 경찰들이 관리하고 결과를 기록하기에 알맞은 휴대성과 조작이 간단하고 사용이 쉬운 장치이다. 알코올이 법적 한도(또는 정확한 측정을 할 수 없었던 몇 시간 동안의 허용 한계치)를 초과했는지 즉각적으로 분명하게 보여줄 필요가 있었다. 이러한 모든 요구는 진화된 음주측정기로 충족되었다 - 그리고 트리즈 진화의 법칙을 따라서 초기에 단순한 장치였던 발명품들을 오늘날의 정교한 장치로 진화되었다. 시스템은 아직도 진화 중이며 음주 상태를 알려줄 뿐만 아니라 차량에 설치하여 음주한 경우는 운전하는 것을 방지하고 음주 테스트가 깨끗할 때에만 차량이 운행될 수 있게 하였다. 이러한 요구사항들은 초기에 개발된 장치의 사용자들이 처음에는 필요성을 인식하지 못했다 하더라도 초기 장치의 DNA에 있었던 것이다.

이것은 제품 개발자가 초기 시스템이 말하는 미래의 시장과 요구사항을 조사하고, 미래의 제품과 미래의 고객 요구사항이 충족되도록 시각화하기 위해 트리즈 진화의 법칙을 사용해야 함을 제시한다. 고객뿐만 아니라 제품에도 귀 기울이고, 올바른 미래 제품을 설계하는 것이 트리스 메시시의 일부이다 - 트리즈 진화의 법칙은 시스템이 더욱 향상되고 모든 요구사항에 부응하는 방법이다.

10.5 발명을 위한 트리즈

발명을 위한 트리즈는 강력하다 : 트리즈는 좋은 해결책을 위한 체계적인 경로로 우리를 안내한다. 발명을 길들지 않은 마구잡이 활동이라 주장하는 언짢은 문화에 대하여 그리고 우연히 위대한 발견에 이르렀다고 주장하는 미친 발명가에 대하여 트리즈는 매우 확실한 논거를 제시한다. 트리즈는 체계적인 도구이기 때문에 때때로 부적절한 발명이라는 저항을 받는다. 그러나 트리즈는 발명가들이 관련된 해결 영역으로 곧바로 갈 수 있도록 창조되었고 궁극적으로 올바른 답을 찾는 데 필요하다고 간주된 공허한 끊임없는 시도를 단념하도록 만들어졌다. 트리즈는 체계적이고 언제든 확인할 수 있으므로 발명가와 연구팀에게는 항상 매우 유익한 것이었으며 기회의 영역이 아니라 발명이란 아마도 트리즈를 좀 더 일상적인 문제해결처럼 매일매일 사용하는 것이 아니라 가끔씩 사용하는 영역일 것이다.

알츠슐러는 발명가들에게 자신이 '헛된 시도'라 이름 붙인 것에 대한 대안을 제공하고 현명한 해결책이 나올 수 있는 영역으로 자신 있게 움직이기를 원했다. 이상적 결과물과 같은 트리즈 도구는 좋은 해답에 이르는 장소와, 틀린 방향에서 해답을 구하거나, 충분히 멀리 찾아보지 않거나, 국부적 해답이나 자만심으로 진실을 볼 수 있는 우리의 능력을 단순히 차단해 버리는 심리적 관성을 깨도록 도와준다. 시간과 규모 및 9-박스는 우리에게 이해의 혜안과 나무에서 숲을 볼 수 있는 능력을 제공한다. 진화의 법칙은 완벽한 시스템으로 가는 방향을 보여준다.

알츠슐러는 '정확한 과학으로서 창조성'이라는 책에서 트리즈는 발명과 과학 이론의 탐구 모두에 도움이 되는 알려진 공식을 제공하는 정확한 과학이라고 주장했다. 알츠슐러는 '창조의 고통'은 불필요하다고 주장했다. 왜냐하면 현재 위대한 창조를 달성하기 위한 규칙들이 존재하며 또 알려져 있고 그 규칙들이 공허한 시도와 결실 없는 연구를 제기하는데 적용될 수 있기 때문이다. 그는 이중 나선구조와 DNA 구조의 위대한 발견을 진리와 최종의 간단명료함으로 인도하는 우연한 연결의 사례로 인용하였다. 이 이야기는 과학적 발견은 항상 힘든 노력, 지적인 엄격함과 끈질김뿐만 아니라 최후의 예상치 못한 목표를 달성하기 위한 우연한 연결이 필요하다는 관점을 지지하고 있다.

1953년의 크릭과 왓슨의 업적은 흔히 영감을 받은, 자신만만한, 직관적이며 개척자적인 것처럼 보이며 그것은 그들이 다른 많은 영역에서의 폭넓은 업적을 통합했던 순수한 기회였다고 결론지어진다 : 그리고 두 명의 활기찬 과학자들은 어울리지 않았지만 DNA를 밝히기 위한 모든 지식을 집중하기 위하여 다른 사람의 세심한 연구를 끌어모았다. 이 기회와 행운은 서로 다른 교육 기관에서 일하는 다른 사람들에 의해 이루어진 DNA에 관한 연구가 통합되어 이루어진 것으로 언급되어 있다. 또한 20세기의 가장 위대한 과학 논문 중 하나가 단지 한 페이지 길이였다고 논평하고 있다. 현재 알려진 것은 DNA 구조를 밝히기 위한 경쟁이었다는 것이고, 그것은 어쨌든 나중에 다른 사람에 의하여 달성되었고, 크릭과 왓슨의 위대한 업적은 숙련, 지식 그리고 동시에 이론을 정립하려고 노력한 비정통적인 접근 방식(모델 설정)과 로잘린 프랭클린의 특별한 노력으로 전달된 증거와 결합시키는 노력 끝에 가장 먼저 도달했다는 것이다.

런던 왕립대학의 로잘린 프랭클린은 위대한 생리학자이며, DNA의 구조를 밝혀준 놀라운 X-선 회절 이미지를 만든 X-선 결정학자였다. 그녀는 분명 처음에는 자신의 중요성을 인식하지 못했고, 이 사실은 자신의 전문 분야가 아니고 동일한 문제에 대해 다른 사람과의 상호작용이 부족한 탓이었다.(여성으로서 그녀는 다른 학자들과의 상호작용이 제한되었다: 그녀는 심지어 커피를 마시기 위해 KCL 수석 휴게실에 들어가는 것도 허용되지 않았는데, 그곳은 프로세스의 중요 부분에 대한 관점의 토론과 교류가 이루어지는 장소였다). 그녀의 경쟁자이며 다소 비우호적 동료인 모리스 윌킨스는 그녀에게 알리지 않고 크릭과 왓슨에게 프랭클린의 연구결과를 보여주었다. 그녀의 DNA 분자의 고해상도 X-레이 이미지는 나선형, 코르크(마개) 따개와 같은 모양이었다. 그녀의 DNA에 관한 연구는 곧이어 나중에 잘 알려지긴 했지만(1958년 그녀가 젊은 나이로 죽을 때까지 그녀는 크릭, 왓슨과 협조적이며 개방적인 좋은 친구로 지냈다), 프랭클린은 노벨상을 포함한 자신의 업적에 대한 평생 명예를 받은 크릭, 왓슨과 윌킨스와 함께 핵심 발견자(단지 여성 협력자로서가 아닌)의 한 명으로 인용되어 왔다. 크릭과 왓슨 두 사람 모두 프랭클린의 사진이 DNA 구조를 밝히기 위해 '우리가 실제로 사용한 데이터'라고 말했다.

왓슨의 책 '이중나선구조'는 논란에 휩싸였고 크릭은 그 책의 출판을 저지하기 위해 노력하였는데, 그 책이 과학자로서의 그들을 나쁘게 비추고 학문적 경쟁을 괴롭힐 수 있는 개인적 논쟁과 불쾌감을 보여준다고 느꼈기 때문이다. 이런 중요한 과학적 진실이 밝혀진 위대한 이야기는 항상 과학적 진보에 관련된 많은 뜻밖의 순간을 갖고 있다:

- 프랭클린은 그녀의 사진에서 증거를 만들어 냈지만 이것을 DNA에 관해 별도로 연구 중인 다른 사람 크릭과 왓슨에게 주어졌고, 실제로는 그들이 밝힌 것으로 인식한다.
- 크릭과 왓슨은 단지 우연으로 함께 있었다. 크릭이 우연하게 케임브리지 술집에서 '완벽한 우주 원리'에 대한 왓슨의 연구내용을 엿들었다 - 분명히 완벽한 생물학적 원리를 고려하기에 충분하다고 생각한 그 문구에 이끌렸던 것 같다.
- 팀워크는 다른 분야에서 왔다 - 왓슨과 크릭은 물리학 및 X-선 결정학(크릭)과 바이러스와 세균 유전학(왓슨)이라는 서로 다르지만 상호보완적인 과학적 배경을 갖고 있다.
- 뜻하지 않은 발견과 유사한 생각 - 잘 알려졌듯이 두 가닥의 분자를 인식한 크릭과 왓슨의 영감은 단순한 물질로부터 유명한 (DNA의)모델을 구축하는 동안에 이중나선구조를 암시하게 한 듯하다. DNA 결정의 대칭성에 대한 자신의 지식에서, 결정 구조의 전문가인 크릭은 DNA의 두 가닥이 서로 반대 방향으로 달린다고 보았다.

이 이야기는 과학적 성공에는 수많은 결정적인 요인들이 있다는 것을 말해준다:

- 진실의 비전 (초기에는 반드시 완전히 사실과 부합될 필요는 없는);
- 서로 다른 배경과 기술을 가진 팀의 중요성,
- 심리적 관성에서 벗어나 사실과 증거를 볼 수 있는 편견 없는 맑은 눈.
- 과학 공동체 내에서의 진보와 아이디어의 개방된 공유는 한 사람만을 위한 돌파구를 생산하는 것이 아니고, 어디서나 많은 팀을 위한 돌파구를 만든다;
- 하향식(크릭과 왓슨)과 상향식(로잘린 프랭클린)이 사실과 이론을 결합하는 접근방식

이것은 과학적이고 수학적인 증거가 세계적인 두뇌의 통합으로 발견되고 인터넷이 도움될 수 있음을 의미한다. 마음을 사로잡은 책 페르마의 마지막 정리에서, 사이먼 싱은 18세기의 프랑스 혁명에서 20세기 케임브리지까지 다른 시간과 장소에서 조립된 여러 가지 퍼즐 조각을 보여준다 - 일본처럼 멀리 떨어진 곳에서 많은 수학자들이 개별적으로 작업한 위대한 수수께끼. 나는 이 책을 십 대인 아이들과 함께 (많은 학교에서 운행하는 차량에서 오디오 형식으로) 즐겼고, 내가 트리즈를 배우고 사용한 것은 이때가 처음으로, 그때 글로벌 팀과 글로벌 의사소통의 중요성에 충격을 받았다. 지난 10년 동안 글로벌 의사소통은 많은 경쟁 분야에서 일상적인 현실이 되었다.

아무튼 경쟁이 주는 장점을 지켜준다는 모순을 극복해야 하고 새로운 발견으로 얻은 장점과 이득을 공유해야 한다. 라이벌 및 경쟁은 최종기한이라는 추가적인 자극을 제공하고, 첫 번째로 발견해야 한다는 긴박감과 경쟁을 만드는 데는 도움이 되지만, 그것은 좀 더 빠르게 과학과 기술을 선도할 수 있는, 그러나 반대로 다른 사람들과 함께 전진하는 모든 단계를 공유하는 개방된 글로벌 사회를 갖는, 그래서 진보를 빠르게 하고 다른 사람들과 그 장점을 공유하는 과정일 수 있다. 수년간의 투자와 힘든 연구의 결과로 이룩된 약품들에 대한 제약회사의 높은 가격 논쟁은 항상 논란거리가 될 것이다. 기업이 자금을 조달하고 연구를 조직하는 동안 그들은 이득을 필요로 할 것이다. 그렇지 않으면 그들은 거기에 관여하지 않으려고 할 것이다.

특허 시스템 자체가 지식을 공유하고 보호하는 모순을 해결하기 위해 노력한다 - 특허 시스템이 지적 재산(IP)을 통해 새로운 글로벌 식민지화를 조장하는지 여부에 대해 많은 논쟁이 있다. 일부는 가장 중요한 IP를 소유한 기업들이 미래에 세계의 자원을 너무 많이 소유하는 효과가 나타날 것이라고 주장한다. 논란이 된 책 중에는 '보호냐 약탈이냐?(*Protect or Plunder?*)'가 있다. '지적 재산권 이해하기(Understanding Intellectual Property Rights)'(글로벌 사건 시리즈:Zed 서적), 반다나 쉬바(Vandana Shiva)는 '특허'라는 단어는 원래 열려있다는 의미- 지식의 공유를 지칭 - 이지만 실제로는 항상 폐쇄적 소유권과 관련이 있고 최초의 땅과 자산에 대한 식민지화와 유사하며, 그리고 특허의 식민지화는 인간의 DNA부터 다음 해의 종자의 DNA에 이르기까지 모든 폐쇄적 소유권을 만들어 내는 것이라고 주장한다. 그녀의 항변은 거대한 글로벌 기업의 소유권이 지식의 공유를 대체하고 세계를 암울한 미래로 만들지 않도록 하자는 것이다.

특허 소유권의 동향이 어떻든, 만일 기업이 IP를 지배하면 천부적인 개인 발명가들의 손실로 이어지고 비과학자들에 의해 설정된 기업문화 풍토에서 개인의 창의성을 짓누르는 비극이 될 것이다. 인터넷을 통한 세계 특허의 개방은 어디서나 엔지니어와 과학자들에게는 훌륭한 촉진제이다. 트리즈 모임들에서 모든 사람들에게 맨 처음 권고하는 것 중 하나는 그들이 정기적으로 세계 특허 데이터베이스를 사용하지 않는다면 현대 세계의 경이로움 중 하나를 잃어버린다는 것이다. 이러한 놀라운 무료 자원(인터넷에 접근 가능한 누구에게나 무료)은 많은 위대한 과학자와 엔지니어들에게 공표된 천재성을 제공하며, 몇 개의 버튼 클릭으로 모두 사용할 수 있다. 이러한 자원에서 얻은 지식의 삼 분의 일 이하만이 실제로 여전히 보호되고 제한되며 그것들은 문제의 해결책으로 알려진 종합적 자원이다 - 그래서 어떤 종류의 문제 해결에도 좋은 출발점이 된다. 2006년 3월 16일 나는 빈톤 써프가 BBC 라디오4 에서 말하는 것을 듣고 그의 메시지와 그의 상상을 초월한 직책 '구글 수석 인터

넷 책임자'에 감동했다. 그의 메시지는 지식에의 접근이 용이한 사람들에게는 의미가 덜하지만, 엔지니어와 과학자(메시지의 대부분을 이해할 수 있는 사람과는 다른)들에게는 그것은 더 나은 세상을 바꿀 기회를 제공하고, 미래가 이전의 그 어느 때보다 자신들의 손에 달려있다는 사실을 일깨워 줄 것이다. 그는 '인터넷에 의한 정보의 공유는 이제는 새로운 발견이 이루어지고 공학의 새로운 위업이 일어나는 속도를 가속화 할 것이다.'라고 말했다.

10.6 영감적 아이디어와 과학적 증거 사이의 흥미로운 간격

위대한 과학적 발견은 상향식과 하향식 접근방법을 갖고 있다 - 관측된 데이터를 쌓아 올리는 상향식, 진정한 이론의 발견이라는 과학자의 비전으로부터 이루어지는 하향식이 그것이다. 뉴튼의 냉각 이론은 말 그대로 자명한 것으로 보인다 ; 아인슈타인의 상대성 이론은 태양의 일식이 과학적 데이터를 제공하여 이론의 토대가 된 상향식 연구 끝에 인정되었다. 알츠슐러는 트리즈가 두 방식 모두에 도움이 되고 하향식 부분은 간단한 트리즈 창의력 도구에 의해 도움받을 수 있다고 주장한다 - 이상적 결과물로 진실을 비추고 상상력을 격려하고 자극하는.

발명이 항상 과학과 기술을 향한 찬란한 도약을 하게 하는 것은 아니지만 인간의 욕망을 충족하는 새로운 방식으로 입증된 제품 또는 시스템을 사용하는 상당히 실용적인 단계이다. 획기적인 과학과 기술적 진보로부터 나온 발명은 극히 드물고 그들은 훨씬 더 많이, 더 자주 입증되고 정립된 기술을 사용한다. 물론 특별히 채택된 최첨단 기술에서 등장하는 신기한 시스템도 있지만 기존에 존재하며 잘 알려지고 신뢰할 수 있는 시스템들을 미리 시도하지 않은 채 결합하여 구성하는 것이 더 자주 나타난다.

트리즈는 문제를 직접 신속하고 효과적으로 해결한다

2009년 초 영국에서 대단히 성공한 18세기 발명가들이 설립한 오래된 회사들이 도산했다: 웨지우드, 로얄워세스터, 비엘라 등. 이 회사들은 모두 기술적 탁월성, 사회가 원하는 것에 대한 인식, 고객들에 대한 마케팅의 재능과 탁월성, 200년 이상 많은 시장에서 바라는 최고 품질의 제품 제공에 기반을 두고 창설되었다. 그들의 최근 하락의 공통 요인은 고객들의 요구에 대한 통찰력 상실(더는 존재하지 않는 거대한 저녁 식사 파티를 위한 시장 제공)과 생산기지를 중국으로 이동하여 제조비용을 절감하려는 시도 때문이며, 비용 절감은 품질의 저하와 일관성의 부족을 수반하게 된다. 그 결과로 아직까지 주로 좋은 품질 때문에 그들의 제품을 구매한 고객들이, 사라져 버렸다. 의도적으로 이전에 성공적이었던 이상성의 균형을 이동하는 것은(시장에 성공적으로 진입하여 확립된, 그리고 장기간 번성하는 능력) 튼튼한 기업에서는 위험한 사업이다.

이상성의 균형은 매우 단순하다 - 그것은 손해와 문제는 최소화하고 적정한 가격으로 올바른 기능이 실제의(상상이나 가정이 아닌) 요구사항을 전달하는가를 확인한다는 의미이다. 발명가는 올바른 기능이 올바른 이상성의 균형을 전달하는 방법을 찾게 된다.

우리가 원하는 것-요구사항-을 확인하면 그것들을 달성하는 최선의 시스템을 찾아야 한다 ; 만일 올바른 시스템이 아직 존재하지 않으면, 그것을 만들어 내야 한다. 시스템은 기능을 전달하며, 기능은 이득을 전달한다. 발명은 올바른 기능을 전달하는 새로 만들어진 시스템과 충족되지 않은 요구사항의 첫 만남이다.

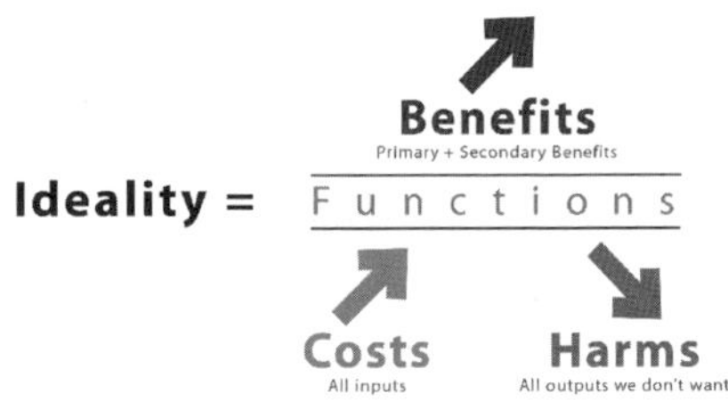

성공적인 발명도 또한 충족시켜야 할 요구사항에 대한 매우 정확한 접근이 필요하다. 일부의 연구 개발은 매우 협소하거나 더는 존재하지 않거나 실현되지 않은(냉동식품은 해당 수요보다 오래전에 만들어짐) 요구사항에 대한 잘못된 인식을 따르기도 한다. 요구사항을 잘못 예측하는 것은 빈약한 또는 부적절한 시장 조사나, 시장 조사의 불완전한 이해, 또는 모든 사람의 요구를 직관적으로 이해할 수 있다는 오만한 가정에서 나온다. 다른 사람의 욕구를 예측할 수 있는 능력을 갖추고 있다고 잘못된 사신감을 갖고 군림하는 관리자들이 많다. 그들은 요구사항을 잘못 이해하고, 극소수의 사람들만이 실제로 원하는 제품을 비싸게 개발하고 출시된 각종 제품들을 모두가 원한다고 오해한다. 전문적으로 요구사항을 잘 포착할 수 있는 QFD, 가치 공학과 Six Sigma와 같은 중요한 일반 도구들이 놀라울 정도로 많이 있으며, 그러한 도구들은 요구사항을 이해하고 기록할 수 있는지 확인하기 위한 유익하고 검증된 방법으로 적용되어 왔다. 트리즈는 모든 도구를 잘 보완하고 스스로 요구사항을 대충 잡아내면서 이상적 결과물을 빠르고도 유익한 방법으로 제공한다. 일련의 요구사항들을 정확히 정의함으로써 그들을 충족시킬 수 있는 제품을 탐색하고 그 요구사항들이 존재하지 않으면 우리가 발명해 낼 수 있다.

10.7 트리즈와 발명으로 가는 모든 통로 - 시스템의 창조

우리가 요구사항을 식별했지만 시스템이 없는 경우에는 우선 발명 모드에 들어가서 시스템을 선택하거나 찾아내야 한다. 시스템이 갖고 있지 않은 필요성/욕구를 인지한 사람들은 올바른 시스템을 찾아낼 수도 있고 새로운 시스템을 개발하거나, 오래된 시스템을 새로운 방식으로 욕구를 충족할 수 있도록 적용하여 매우 부유해질 수도 있다. 때로는 새로운 욕구로 인하여 발명이 일어나고 - 때로는 욕구는 전과 같지만 시스템이 그 욕구들을 기술상의 진보, 새로운 자원 또는 새로운 제조방법을 통하여 유익하게 만든다. 인터넷은 새로운 많은 발명과 Facebook, eBay와 Friends Reunited와 같은 성공적인 사업 가능성을 제공했다. 1998년에는 친구찾기(Friends Reunited)가 존재하지 않았다. 그것은 충족되지 못한 욕구 - 연결에 대한 필요성 -를 인식한 부부에 의해 단독주택의 뒤편 침실에서 시작되었다. 그들은 이러한 요구사항을 충족하는 시스템을 만들었고 - 이메일 기반의 친구 재회 - 우정 쌓기, 옛날 친구와의 재회 그리고 옛날의 학교사회와 접촉할 기회를 제공할 수 있는 거대한 욕구를 자극하였다. 친구 찾기는 영국에서 처음으로 상업적으로 성공한 온라인 SNS이다 - 창시자는 2009년에 2천5백만 파운드에 그것을 팔았다.

10.8 트리즈는 발명에 이르는 모든 주요 경로를 지원한다

아래에 보여주는 바와 같이 발명에 이르는 길은 자신의 하위 집단으로 두 개의 기본 경로가 있다. 경로들은 여러 발명에서 의도적이든 우연적이든 모두 볼 수 있었다.

1. 신. 구 시스템을 이용하여 새로운 방식으로 요구사항을 충족시켜라. 우리가 충족되지 않은 요구사항이 있다면 새로운 방식으로 충족한다 :
   1.1 새로운 시스템 - 문제를 해결하고 매우 특별한 요구사항을 충족시키기 위한 새로운 시스템을 만들기 위하여 새로운 기술을 찾아라(Whittle, Watt). 요구사항을 충족하는 혁신적 방법으로 신기술이나 시스템을 가져와서 발명을 계획하라.
   1.2 구 시스템 - 충족되지 않은 요구사항을 충족시키는 새로운 혁신적인 방법으로 구 시스템들을 통합하라. 요구사항을 만족시키기 위하여(바퀴 달린 쓰레기통, 망원경, 배일리스 및 시계 라디오, 다이슨 진공청소기 등의 발명처럼) 혁신적인 방법으로 기존 시스템들을 가져와서 발명을 계획하라.
2. 시스템, 기술, 기능과 특성에 대한 새로운 용도를 찾아라. 원래 의도와는 다른 요구사항을 충족시켜 사용할 수 있는 새로운 방법을 찾을 수 있는 시스템을 갖기 마련이다 :
   2.1 신기술 - 원래 의도와는 다른 산업에 신기술을 적용하라 - 요구사항을 채울 수 있는 신개념에 대한 새로운 응용 방안을 찾아보라(예; GPS 시스템, 전자레인지, 인터넷). 혁신적인 방법으로 새로운 시스템이나 기술에 대한 새로운 용도를 찾고 발명을 계획하라. 다이슨 제품은 진공청소기를 뛰어넘어 '공기를 움직이는' 전문성을 응용한다 - 새로운 팬과 공기 판으로 손을 건조시킴으로써.
   2.2 낡은 기술 - 정립된, 낡고 중복된 기술, 시스템이나 기능(예; 윌킨슨의 검)에 대한 새로운 용도를 찾아라. 낡은 시스템이나 전문적 기능을 혁신적 방법으로 새로운 용도를 찾아 발명을 계획하라.

도전은 채택할 네 가지 경로 중 하나이다 - 현대적 발명의 유명한 예는 우주 펜이다. 믿거나 말거나 같은 이야기인데 수백만 달러를 소모했지만 이 발명을 통하여 미국은 세계적으로 위대한 NASA의 기술을 보여 주었고(1.1항) 러시아는 연필을 사용하였다(1.2항). 사실은 NASA와 러시아 모두 우주에서 처음에는 연필을 사용했는데 무중력 상태에서 연필심이 깨지고 무중력 상태에서 둥둥 떠다니고 나무의 가연성 위험 문제가 있었다. 폴 피셔라는 발명가가 우주 펜을(NASA 자금 없이) 독자적으로 발명하였고 그 펜은 거꾸로 뒤집어도, 물속에서도, 어느 각도에서도, 어느 온도에서도, 기름진 종이나 기름진 물건에도, 그리고 무중력 상태에서도 쓸 수 있었다. 미국과 러시아 우주 프로그램에서 모두 우주 펜으로 쓰고 있다.

1. 신. 구 시스템을 이용하여 새로운 방식으로 요구사항을 충족시켜라

요구사항을 충족하는 방법을 찾거나 발명하라.

오염과 모든 신종 플루의 걱정이 우리로 하여금 정교하고 안전한 해결책을 찾도록 한다

1.1 문제를 해결하거나 매우 특별한 요구에 부응하는 새로운 시스템을 구축할 수 있는 신기술을 탐색하라

요구를 충족하기 위해서는 혁신적인 방법으로 신기술이나 시스템을 함께 도입하라.

발명의 가장 흥미로운 영역은 바로 과학, 기술 그리고 발명의 맨 끝 부분이다. 세계에는 우리가 직면한 많은 문제들이 있다 : 인간의 빈곤, 기아, 질병, 지구 온난화, 에너지 공급 등, 그리고 이러한 문제들을 향하여 인류의 재능이 집중되어야 한다. 많은 제약회사 및 식품회사들이 적극적으로 건강식품을 찾기 위해 노력하고, 질병을 예측, 치료, 치유하는 새로운 방법을 찾고 있다. 많은 에너지 회사들이 비용-효율적인 방식으로 에너지를 효율적으로 활용하는 방법을 찾고 있다.

최근의 한 가지 이야기는 수백만 와트 전구의 밝기 정도의 빛을 사용한 '슈퍼 현미경' 개발로서, 그것은 파킨슨병의 조기 징후를 파악하고 질병이 뇌를 파괴하기 전에 뇌세포의 변화를 식별하는 데 도움이 된다. 하웰 옥스퍼드 주에 위치한 싱크로트론 - 또는 다이아몬드 라이트 소스 (DLS) -을 사용한 큰 도넛 모양의 입자가속기(축구 경기장 5배의 크기이며, 광속 근처까지 입자를 발사)에서 단세포 하나의 직경보다 작은 크기의 빔으로 초점을 맞춘다. 이 연구는 파킨슨병에 걸린 개인의 뇌세포 철분 수준을 관찰할 수 있고, 회복할 수 없는 손상이 발생하기 전에 치료를 시작할 수 있다(BBC 웹사이트 2009년 2월 14일).

의료기 혁신을 위한 DLS 사용이 최초의 공표는 아니며 최초의 언급은 재료의 분석 능력에 대한 것이었다. 하나의 예는 자성재료의 영상에 나노-과학 빔-라인을 적용하여 새로운 자성재료가 어떻게 동작하는지를 살펴보는 것으로, 그것은 더 나은 컴퓨터 하드 드라이브를 만드는 것처럼 많은 실용적인 응용 프로그램을 가지고 있었다.

흥미로운 신소재의 또 다른 예는 많은 응용형태를 가진 에어로젤이며, 그것은 여러 주목할 만한 특성을 가진 극히 저밀도인 고체 물질로서, 가장 특이한 윤활특성과 열 절연체로서의 놀라운 효율성이다. 또한, 투명 재료가 빛을 산란시키는 방식 때문에 얼어붙은 연기, 고체 연기 또는 파란 연기라고 불리며, 몇 가지 흥미로운 특성을 갖고 있다. 하나는 부서지기 쉽다는 점이다 - 그래서 부드럽게 만지면 아무런 충격이나 표시가 없으나, 강하게 밀면 마크가 생기고 더 강하게 밀면 산산조각이 난다.

Reproduced from http://stardust.jpl.nasa.gov/photo/aerogel.html

에어로젤에 대한 많은 응용과 잠재적 용도가 이제 막 탐색을 시작했고 햇빛가리개부터 우주왕복선까지 어디에나 사용 가능한 물질에 적용되고 있다. 그러나 이것은 여러 새로운 발명의 일부가 될 수 있는 주목할 만한 소재이다.

도전

충족되지 않거나 제대로 충족되지 않은 요구사항을 조사하고 그들이 요구하는 기능을 정의하라 - 이런 기능을 전달하는 새로운 기술을 찾아라. 모든 요구사항이 필요로 하는 새로운 기술에서 이론적 시스템을 만들어 내라. 예: 완벽한 오븐 장갑을 발명하라.

1.2 충족되지 못한 요구사항에 부합하는 새로운 방식으로 기존 시스템들을 결합하라

요구에 맞는 혁신적 방법으로 기존 시스템들을 함께 가져오라

위대하지만 평범한 발명 - 무엇이 그들의 발견과 성공을 유도하는가? 인지되었으나 충족되지 않은 일련의 요구사항들을 가지고 그들을 전달하는 최고의 방법을 어떻게 찾을 수 있을까? 이것은 흔히 구 시스템을 새로운 방식으로 보는 혁신적 접근 방식이 요구된다 - 물건이 어떻게 발명되고 설계되었는지보다는 다르고 혁신적인 방법으로 사용하는 방법을 시각화하는 것이다. 옛 기술들을 재조합하는 것만으로도 성공적인 신제품이 된 많은 유명한 사례들이 있다.

아이스크림콘 - 1900년의 아이스크림은 훌륭한 접대였고 최고의 접시에 담아 제공되었다. 1904년에 세인트루이스, 미주리에서 개최된 미국 세계박람회에서, 아이스크림콘은 두 식품회사의 우연한 만남으로 발명되었다. 날씨가 매우 더웠고, 한 간이상점에서 아이스크림을 판매하고 있었는데 매우 인기가 있었으며 아이스크림은 충분히 갖고 있었지만 접시는 충분하지 못했다. 그래서 접시는 모아서 재사용 전에 세척해야만 했다. 인근 상점에서 어니스트 함위(Ernest.A.Hamwi)는 잘라비아(Zalabia) - 일종의 웨하스 - 페르시아에서 온 얇은 와플의 일종으로 더운 날씨에는 인기가 별로 없었다 -를 팔고 있었다. 함위는 자신의 잘라비아를 팔면서 아이스크림 상점을 도와주겠다고 제안했다. 잘라비아를 원뿔 모양으로 둥그렇게 말아 맛있게 먹을 수 있는 접시를 만들었고 아이스크림을 거기에 담아 아이스크림과 같이 먹을 수 있었으며 접시를 모으고 세척할 필요성이 없어졌다.(www.ideafinder.comlhistory/ inventions/ icecreamcone.htm)

다이슨 진공청소기

제임스 다이슨은 값비싸고 지저분한 봉투가 달려있지 않고 더 잘 흡입하는 진공청소기의 필요성을 인식하였다. 많은 위대한 발명가들처럼 다이슨은 훌륭한 사업가와 훌륭한 엔지니어들의 기술 결합을 보여주었다.

그러나 자신의 볼-손수레(Ball-barrow)부터 다이슨 진공청소기에까지 사용되는 기술들은 새롭다고 할 수 없었다. 자신의 진공청소기에 사용된 사이클론 분리의 원리는 다이슨이 진공 청소용 봉투를 제거하기 위해 채택하기 전에 최소 100년 이상 제재소에서 사용되었다. 그의 진공청소기에서 의도하지 않은 좋은 결과는 모아놓은 오물과 먼지가 얼마나 많은지 볼 수 있다는 것이다. 이 점이 사람들에게 인기를 끌게 되었다.

태엽 라디오

발명가인 트레버 배일리스는 아프리카처럼 배터리를 쉽게 사용할 수 없는 지역에서 라디오와 같은 휴대용 기구가 필요함을 인식하였다. 그는 오래되었으나 신뢰할 수 있는 태엽 기술을 라디오와 손전등과 같은 다른 장치들에 적용했다. 라디오를 설계할 때 매우 작게 만들 수 없었기 때문에 그는 실망했다 - 아프리카에 있는 이 문제를 젊은 잠재 고객들과 토의하는 도중에 그들은 어쨌든 작은 라디오는 원하지 않는다고 말했다 - 그들은 큰 라디오를 원했다. 그래서 그는 그 디자인이 시장의 욕구에 맞는다는 것을 알았다.

도전

충족되지 않거나 제대로 충족되지 않은 요구사항을 조사하고 그들이 요구하는 기능을 정의하라 - 이런 기능을 전달하는 오래된 기술을 찾아라. 모든 요구사항이 필요로 하는 오래된 기술에서 이론적 시스템을 만들어내라.

예) 세척하는 동안 양말 한 켤레가 같이 유지되게 하는 완벽한 해결책을 발명하라.

2. 신. 구 시스템, 기술, 기능과 특성을 위한 새 용도를 찾아라.

2.1 새로운 시스템/기술/기능을 위한 새로운 용도를 찾아라.

우리는 새로운 시스템을 갖고 있다 - 만족시킬 수 있는 여러 가지 다른 요구사항을 찾아보자.

트리즈는 많은 '다른 우회적인 방식의' 해결책을 제시한다

원래 의도와 다른 산업에는 신기술을 적용하라 - 요구사항을 충족하는 신개념에 맞는 새로운 응용을 찾아라(GPS 시스템, 전자레인지, 벨크로, 인터넷)

도전

신기술을 살펴보고 그들이 전달하는 기능을 검사하라(예 에어로젤은 단열 기능과 큰 중량을 지탱하는 기능을 제공한다). 이러한 기능을 위한 새로운 응용을 찾아라.

2.2 구 시스템/기술/기능을 위한 새로운 용도를 찾아라.

우리는 기존 시스템을 갖고 있다. - 이를 만족시킬 수 있는 몇 가지 다른 요구사항을 찾아보자.

확립된, 낡거나 중복된 기술, 시스템 또는 기능에 대한 새로운 용도를 찾아라.

도전

오래된 기술을 검토하고 그들이 제공하는 기능을 검사하라 (예 콘크리트는 강도와 탄성 기능을 제공), 이러한 기능에 대한 새로운 응용을 찾아보라.

10.9 발명에 이르는 체계적 경로

아리아네의 실(Ariadne's Thread) -갈 길을 잃지 말라!

이상적인 간단한 트리즈 도구는 아리아네의 실이며, 좋은 해결책으로 안내할 것이다. 이상적 결과물을 정의하는 것은 연구팀이 미래의 요구사항을 빨리 포착할 수 있으며, 이상적 시스템을 정의하는 것은 우리가 원하는 기능과 사람들이 만들고 싶어 하는 시스템의 희망목록을 이해하는 데 도움이 된다. 역으로 트리즈 도구세트를 적용함으로써 이득으로부터 그 이득을 제공하는 유익한 첨단 기능(신.구)까지 이동할 수 있다.

해결책을 포착하라 - 최상위 아이디어

우리가 원하는 모든 것과 가장 일반적인 방법으로도 문제를 갖고 있다고 생각하는 이유를 포착하도록 도와주는 모든 해결책 아이디어를 빨리 써내려가는 것만으로도 초기에 미래 문제를 해결하는 좋은 아이디어를 얻을 수 있다 - 가장 먼저 떠오르는 - 정밀한 분석이 없이도. 트리즈 문제 해결은, 비록 체계적이고 철저하고, 흔히 신속한 사고를 포함하지만 잘못된 시간에 부적절한 세부내용으로 몰입(그래서 자주 길을 잃는다)하지 않도록 도와준다. 우리들의 사고의 맨 앞에 필수사항을 유지하려면 적당량의 세부내용을 9-박스에 담아 시스템 지도를 대충 그려보아야 한다, 그래야 아무것도 빠뜨리지 않았다는 것을 알고 되돌아갈 수도 있고 초기부터 중요한 이슈에 집중할 수 있다.

Before Unfulfilled needs	During Ideal Solution Locate and deliver	After Ideal Outcome
Problem Gaps with current system	Ideal System Solves problems Meets all needs	New System Solved problem
Underused and unobserved resources	Ideal Resources Used to complete system	Appropriate resources mobilized

발명을 위한 플로차트

새로운 시스템 - 매우 특이한 요구사항을 충족시키기 위한 새로운 시스템을 창조/발명하기 위한 기술을 찾아라

다음의 트리즈 프로세스를 따라 평범한 무엇을 발명해 보라. 발명해야 할 시스템의 이상적 결과물을 정의함으로써 모든 요구사항을 정의하라 : 완벽한 오븐 장갑과 효율적인 양말 짝짓기를 발명해 보아라. 각 시스템에 대한 이상성을 정의함으로써 시작되는 간단한 경로를 따라 해 보아라.

이상적 결과물은 트리즈에 정확한 정의가 나와 있다 : 그것은 최종 목표, 시스템이나 프로세스의 존재 이유, 그리고 모든 다른 이득을 포함한다.

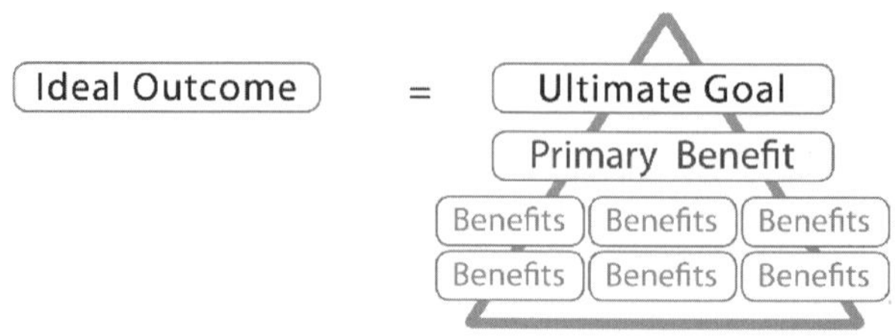

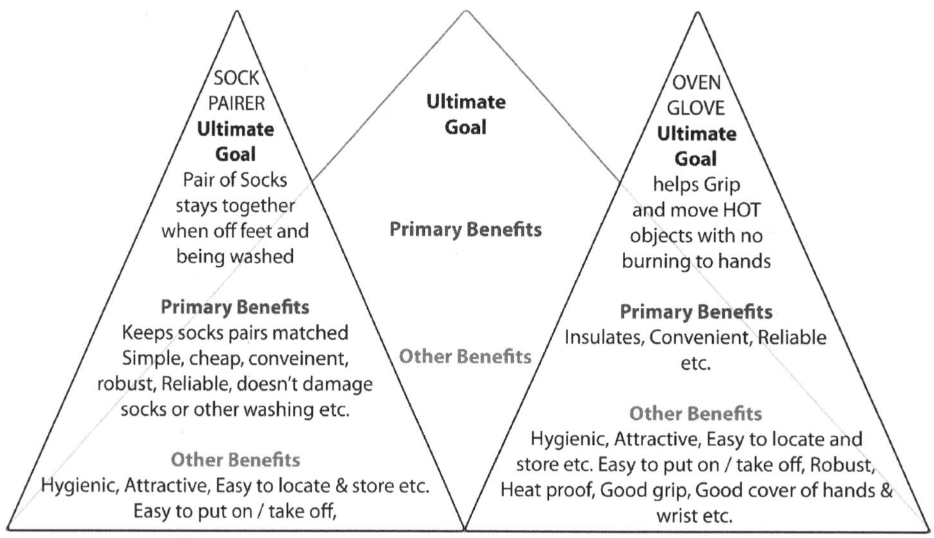

이상적 결과물과 이상적인 시스템 및 X-인자

이상적 결과물 - 우리가 진정으로 원하는 것, 우리가 원하는 모든 것?

오븐 장갑의 이상적 결과물은 모든 이득을 포함한다.

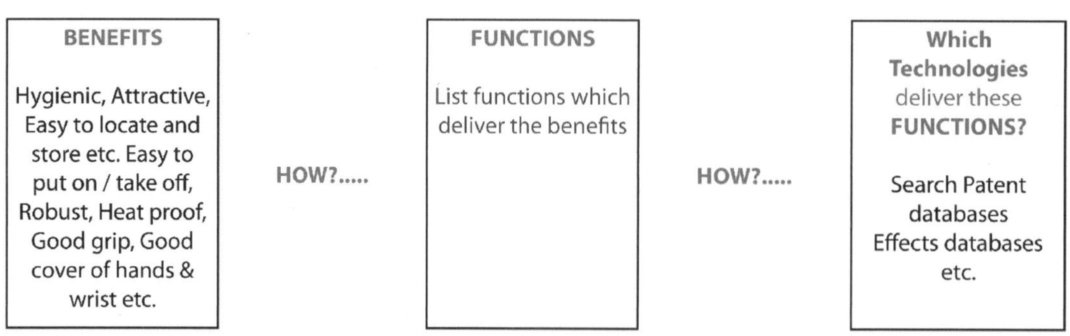

신. 구 시스템, 기술, 기능 그리고 우리가 인식한 기능을 전달하는 특성을 찾아라.

SYSTEMS, TECHNOLOGIES etc	WHY?.....	FUNCTIONS	WHY?.....	BENEFITS
	What functions do these systems use?	List functions of system Technology etc.	Who else needs these Functions? What benefits do they supply? Who is looking for these Benefits?	Search Patent databases and effects for examples of systems using the functions

10.10 기업의 혁신과 발명은 별로 보상받지 못한다

트리즈는 차세대 시스템을 개발하기 위해 시스템을 발명, 완성, 개선하기 위한 도구를 가지고 있으며, 제품과 공정에 관련된 혁신을 전달한다. 혁신과 성공적인 발명은 모든 기업이 원하며 미래의 부에 대한 천연자석으로 여겨진다, 그러나 두 가지 모두를 제공한 사람들은 흔히 성공에 대한 형편없는 보상을 받고 실패에 대한 문제에 직면한다(진정한 혁신적인 기업에서는 실수에 대한 용서의 문화가 실제화되어 있다). 충분히 보상받기를 원하는 은행가들의 주장은 그들의 능력과 일이 이익에 기여했느냐에 달려 있다. 일부 기업은 장기적이고, 본질적인 이익이 소수의 특허에서 파생된다고 하지만, 아직은 은행들처럼 그들의 사내기업 창조자에 대해 보상하는 시스템은 없다. 만일 성공적 발명이 보상으로 주어진 경우는(금융 시스템의 보너스와 같은 규모) 더 크고 효과적인 발명가들의 공동체 구축을 위한 지구력과 회원모집에 현저한 영향을 미칠 것이다.

제5부
TRIZ for System Analysis and Improvement

시스템에 대한 기능 분석 이해

트리즈 기능 분석은 적절한 어느 순간에 공학 시스템(혹은 어떤 시스템)의 기능 맵을 제공한다. 이 기능 맵은 시스템을 이해하는 데 도움을 주고, 문제를 강조하며, 문제의 유형을 파악할 수 있도록 간단한 가이드를 가지고 있어 이러한 문제들에 대한 트리즈 해결책을 정확하게 찾을 수 있도록 해준다. 이것은 관련된 문제에 직접 일치하는 것으로서 간단하지만 강력한 옥스퍼드 표준 해결책으로 드러난 각 문제들을 어떻게 해결할지에 대한 모든 관련된 개념적인 프롬프트를 제공해준다.

이것은 각 문제들에서 유용하고 상세한 해결책을 찾을 수 있도록 트리즈가 제안하는 답안(해결책 트리거)으로 확장된 문제 해법의 작업이다. 모든 관련된 개념해결책을 가지고 자신 있게 일하면서 문제 해결자들이 현명하고 실질적인 해결책을 제공하도록 문제들에 관련된 실무 지식을 간단하고 신속하게 적용하도록 하게 해준다.

이 과정에서 트리즈의 문제 해결책은 종종 유사한 사고를 통해 매우 강력하고 새롭지만 현존하는 해결책을 발견하게 한다. 관련된 개념들은 각 문제에 대한 가능한 모든 대답을 알려준다. 이것은 매우 일반적인 형태이며, 이미 잘 알려진 해결책일 뿐 아니라 새로운 해결책도 포함하고 있다. 이것은 필요한 기능을 전달하거나 혹은 기존 해결책, 즉, 이미 입증되고 테스트화 되었지만 이전에 그들에게 알려지지 않았고 그들의 산업에서 사용되지 않았던 혁신적인 방법이다. 이러한 유용하고 확립된 기술들은 종종 새로운 혁신적인 해결책을 이루는 방법을 그것들의 전문 지식과 그것들의 산업 혹은 회사의 고유 영역 밖에 놓여 있게 하기도 한다.

11.1 문제 이해를 위한 기능 분석과 맵

공학적 시스템을 만드는 목적은 부분의 합이 개별 요소들보다 더 크고, 우리에게 원하는 모든 것을 제공하는 최고의 방법에서 상호작용하는 부분들의 올바른 조합을 보장받기 위해서이다(시스템의 정의 INCOSE 참고). 기능 분석은 시스템을 이해하고 개선하는 데 도움이 된다.

우리가 잘못된 것을 해결하고 최소한의 비용과 해로움으로 원하는 모든 것을 제공받을 수 있는 방법을 찾고자 시도할 때, 때로는 매우 간단한 제품과 과정조차도 복잡하게 보일 수 있다.

우리가 무슨 일이 일어나고 있는지 정확히 이해할 필요가 있을 때, 간단한 기능 맵은 문제를 가져온 구성요소 혹은 요소들을 찾고, 그것들이 모두 어떻게 상호작용을 하는지, 그리고 문제를 해결하기 위한 답을 어디에서 찾을 수 있을지를 도와준다.

기능 분석은 무슨 일이 일어나고 있는지, 그리고 모든 문제들, 그것들의 상호관계 및 그것들의 우선순위를 이해하기 위해서 무엇이 가장 효과적인 도움이 되는지를 간단하지만, 상세한 묘사, 짤막한 묘사로 제공하고, 자신과 다른 사람들에게 필수적인 문제들을 수집하고 기록하고 전달하는 데 도움이 된다.

기능 분석 맵은 정확하고 완전한 문제 목록을 작성할 수 있도록 해준다. 그래서 확인된 문제는 그것을 해결하기 위해 관련된 옥스퍼드 표준 해결책의 접근 방법에 따라 분류된다. 그것은 플로차트도 아니며 시간에 대한 각 해당 포인트를 위한 기능 맵을 필요로 하는 순서 또는 프로세스 단계를 보여주는 것은 아니다.

시스템의 정의

시스템은 요소들만으로는 얻을 수 없는 결과를 함께 생산하는 구조 혹은 다른 요소들의 집합이다. 요소 혹은 부품은 사람, 하드웨어, 소프트웨어, 시설, 정책 및 문서들, 즉, 시스템 수준의 결과를 생산하는 데 필요한 모든 것들을 포함할 수 있다. 결과는 시스템 수준의 품질, 속성, 특성, 기능, 동작 및 성능을 포함한다. 이 가치는 전체 시스템에 의해 추가된 것인가? 부품들에 의해 독립적으로 기여한 것 이상으로 주로 부품들 사이의 관계에 의해 생성되는데, 즉, 그것들은 상호 연결된 것이다(Rechtin, 2000). 2006년 10월 2일 시스템 공학에 관한 국제 협회(INCOSE) www. incose.org/practice/fellowsconsensus.

왜 기능 맵을 그려야 할까?

기능 맵은 시간과 세심한 노력을 기울여야 하고 간단하지만 유용한 무언가를 생산하기 위해서 이해하고 배우고 준수해야만 하는 엄격한 논리를 가지고 있다. 문제가 있는 시스템을 분석하고 맵핑하기 위한 기능 분석의 체계적인 양상은 너무 많은 정보로 인해 혼란스럽거나 혹은 우리가 단순히 미리 방법을 볼 수 없어서 어떻게 해결할지를 모르는 어려운 문제에 직면해 막혔을 때 특별한 가치가 있다. 기능 분석은 정확히 이해하고 정의하기 어려운 다양한 문제와 원인이 있는 복잡한 상황들에 도움이 된다. 문제 상황의 기능 맵을 그림으로써 개별적으로 모든 문제를 식별하고 순위를 평가하는 데 도움이 될 것이다.

트리즈 기능 분석은 많은 기능들이 매우 복잡한 뭔가와 함께 연결되어 있는 하나의 기능적 관계로부터 매우 간단하게 만들 수 있다. 트리즈 기능 맵은 어떤 시스템이나 상황에 대한 문제의 장소, 즉 일반적이거나 세부적인, 경영 혹은 기술적인 문제 지점을 이해하고 강조하는 데 도움이 된다. 그것은 간단한 일상적인 문제에 노력한다는 점에서 항상 가치가 있다.

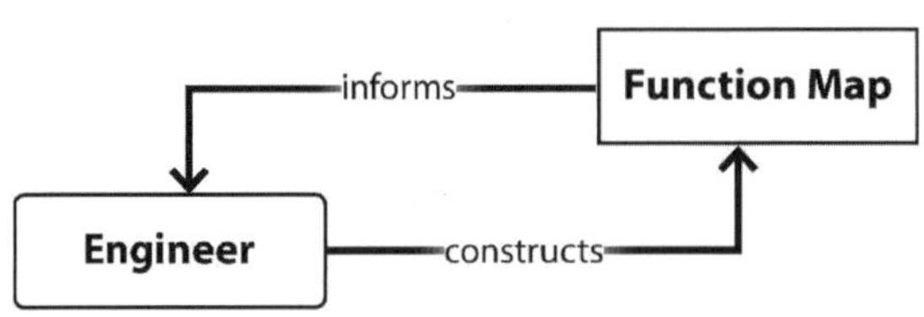

11.2 왜 TRIZ 기능 분석을 사용하는가?

기능 분석은 문제를 해결하는 중에 우리의 선택과 제약 조건을 이해하는 데 도움이 된다. 비록 기능 맵을 구축하기 위해서는 세심한 사고와 엄격한 접근 방식이 수반되기는 하지만 많은 이점을 가지고 있다. 이것은 다음과 같은 점들에서 도움이 된다:

- 간단한 시각적 기능 맵을 가진 시스템을 이해한다.
- 시스템 내의 모든 문제 영역을 체계적으로 강조한다.
- 시스템이 기능과 어떤 문제(작고 큰 모든 문제)를 제공하는 방법을 설명해줌으로써 요소와 그것들이 상호 작용하는 것을 정의할 수 있도록 해준다.
- 시스템의 복잡함과 어떤 요소들이 가능한지, 혹은 제거되거나 충전되어야 하는지 정의하는 방법을 보여준다.
- 우선순위를 정하고 문제를 해결하는 방법을 볼 수 있는 모든 쟁점 문제들을 분류한다.
- 모든 문제에 대한 모든 가능한 해결책을 찾는다. 즉, 모든 문제에 작동시킨 관련된 트리즈 해결책을 찾는다.
- 다른 사람에게 실제적이고 중요한 문제를 전달하게 한다.
- 무엇을 완료하고, 시스템을 왜 이해하고 개선해야 하는지의 검증 절차를 제공하고 시스템에 대한 모든 정보를 기록한다. 이것은 나중에 즉시 사용할 수 있다.

11.3 트리즈 기능 분석은 한눈에 무엇을 밝힐 수 있는가?

- 모든 요소와 그것들의 상호 작용
- 모든 기능들, 즉 좋은, 나쁜, 불충분한, 없어진, 과도한 기능 등
- 한순간의 짤막한 시스템의 기능 묘사
- 모순(두 가지 요소 사이에 있을 때 좋고 나쁜 작용이 모두 다 있는 경우)

기능 분석을 맵핑한다는 것은 추가로 종종 모호한 문제들을 분명히 할 수 있는 잘 인식된 문제와 잘 정의된 시스템에 대한 맵이라는 것을 기억할 필요가 있다. 다른 문제들은 매핑 과정에서 명백해질 뿐만 아니라 종종 강조되고 해결된 추가적인 이득들, 즉, 원래의 문제를 해결하는 것보다 때로는 더 많은 이득을 제공한다. 기능 분석은 관리 및 비즈니스 문제를 포함하여 모든 종류의 문제에 대해 강력하다. 가지고 있는 시스템의 어떤 상황과 해당 시스템이 완벽하지 않다고 하더라도 기능 분석은 우리에게 있을 수 있는 어떠한 문제를 이해하고 분명하게 하는 데 도움을 줄 수 있을 것이다. 우리가 문제를 찾는 것을 시작하기 전에 단지 시스템 내에서 상호 작용을 이해하는 데도 또한 유용하다. 아래에 테이블 위에 커피가 들어있는 커피 잔의 간단한 기능 맵이 있다. 그것은 흐린 선으로 표시된 시스템에 의해 제공되는 간단한 유용한 기능을 보여준다. 주위의 공기가 커피를 냉각시켜 발생할 수 있는 등의 간단한 문제, 테이블을 표시한 커피 잔, 커피를 냉각시킨 커피 잔, 커피 얼룩이 있는 잔은 모두 진한 선으로 강조 표시되어 있다.

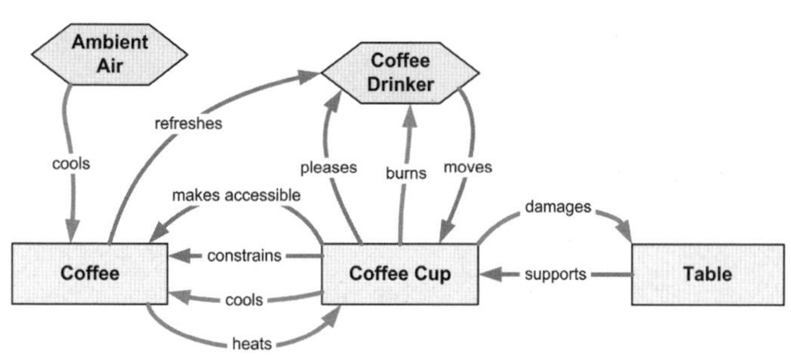

11.4 문제 해결을 위한 기본 건축 블록 - 이상성 정의하기

시스템이 문제가 있는지를 평가한다는 것 또는 그렇지 않으면 먼저 시스템에서 원하는 것, 즉, 시스템이 원하는 모든 것(이득), 투입(허용된 비용)하길 원하는 것, 그리고 시스템의 제약 조건 내에서 원하지 않는 모든 것(해로운 요소)을 제공해야 한다는 시스템의 이상성을 정확하게 이해한다는 것은 어렵다. 기능은 이득을 제공하고 불분명하거나 부분적으로 이해된 이득은 모든 기능이 필요한지의 여부, 혹은 기능이 가진 잘못된 무언가를 볼 수 없고 만일 그것들이 해롭고, 불충분하고, 과도하거나 심지어 없어진 기능조차도 볼 수 없다는 것을 의미한다.

원하는 것을 주기 위해, 즉, 어떤 이득을 주는 기능을 제공하기 위해 간단한 기술 시스템을 개발한다. 컵은 어떠한 것을 마시기 위한 필요/이득이 완수할 수 있도록 액체를 유지해 주는 기능을 제공하며, 컵을 선택하거나 디자인할 때 고려해야 할 다른 많은 이득도 가지고 있다. 모든 이득/필요/요구 조건의 분석은 문제를 이해하는 데에 중요한 단계이며, 이러한 이득이 제공되는 것은 기능으로부터 오며, 기능분석은 이득에 대한 분명한 이해와 연관되어 있어야 한다.

기능은 또한 몇 가지 투입이 필요하고 거의 항상 어떤 문제들을 생산하고 있다(해로운 요소/우리가 원하지 않는 산출). 시스템을 개선한다는 것은 그것의 이상성을 개선한다는 것을 의미하고 기능은 이상성 상황을 보여준다.

개선하려는 시스템은 '가진 시스템'에서 '원하는 시스템'까지 포함하는 것이고, 이를 위해 이 모두의 이상성을 이해할 필요가 있다. 기능 분석으로 '우리가 가진 시스템'을 맵핑할 때 우리는 이득이 기능에 의해 어떻게 능숙하게 혹은 서투르게 전달되는지 보여준다. 또한 모든 해로운 요소(문제들)를 분명히 하고 또한 불필요하고 과도한 뭔가를 맵핑할 수 있다. 트리즈 문제 해결에서 우리는 기능을 최소화하고 최소한의 비용과 해로운 요소에 대한 가장 이득을 얻을 수 있는 방법을 모색하기 위해 노력하고 있다.

이상성 검증. 먼저 이상적 결과 - 최종목표 & 우리가 원하는 모든 것을 간략하게 정의한다. 그 뒤 다음과 같이 정의한다.

이상성　우리가 가진 시스템　원하는 시스템　이상성 차이

주요 이득
기타 이득
주요 결과/기능
받아들일 만한 비용/투입
받아들일 수 없는 비용/투입
받아들일 만한 해로움/문제
받아들일 수 없는 해로움/문제
문제를 이해하고 해결하기 위해 다음과 같은 다른 관련 요소들을 포함한다:
제약 조건(부과된 조건, 규칙이나 규정)
시스템의 간단한 드로잉

이상성 검증을 놓치거나 건너뛰지 않도록 하세요.

이득은 종종 이해할 수 있는 것으로 간주되기도 한다(위험한 가정). 이상성 검증을 놓치는 것은 시스템과 문제 방향을 정확하게 정의하는 것을 어렵게 만든다. 때로는 '우리가 가진 시스템'이 주요 이득을 제공하지만 받아들일 수 없는 너무 많은 다른 중요한 단점을 가지고 있을 수 있다.

11.5 문제 해결을 위해 우리는 이상성 검증과 기능 분석 모두 필요하다

문제 해결은 '우리가 가진 시스템'과 '우리가 원하는 시스템' 사이에 있는 차이를 좁히는 것이다. 꽤 간단하거나 매우 복잡할 수 있는 이상성 차이를 확고히 한다. 그것은 높은 수준에 있거나 상세한 것이 될 수 있다. 이상성 검증에서 가고 싶은 일반적이고 특정한 방향 모두, 즉, 우리가 있는 곳, 원하는 최종 지점, 필수적으로 원하는 이득, 전달하고자 하는 방법을 알려 줄 수 있다.

이상성 검증은 원하는 것을 보고 알아내고 이득의 차이를 간략하게 정의하는 것을 도와주며 문제 해결의 폭넓은 방향을 제시한다. 이상성 검증은 처음에 원하는(그리고 원하지 않는) 모든 것을 어느 정도 이해하는 것이 필요한 것 같이 기능 분석을 사용하여 문제 해결을 시작하기 전에 중요한 것이다.

이상성 검증을 마친 후에 문제의 차이를 정의할 수 있는데, 그것은 문제의 차이를 좁힌다는 것으로 문제 해결을 위해 달성해야 하는 것을 보여주는 것이라 할 수 있다. 기능 분석은 상세하게 문제를 살펴볼 수 있는 시스템을 연구하도록 하며, 트리즈 해결책 도구를 적용하여 이러한 문제들을 각각 해결하는 방법을 찾도록 한다.

이상성 검증 **열교환기**

이상적인 결과를 매우 대략적으로 정의 및 설명 - 최종 목표 및 우리가 원하는 모든 것

열 교환기를 위한 이상적인 결과 = 어떤 종류의 손실이나 문제 등이 없이 즉각적이고 완벽한 100% 열 교환

이상성	우리가 가진 시스템	우리가 원하는 시스템	이상성 차이
주요이득	효율적인 열 교환	더 효율적인 열 교환	% 효과
다른 이득	소형의	매우 작은	너무 큰
	저렴한 비용	비용 절감	너무 비싼
	튼튼하고 믿을만한		
	진동 없음		
주요 결과/기능	다른 것에 의한		
	한 매개체의 가열		
받아들일 만한 비용/투입	현재 비용의 70%		
받아들일 수 없는 비용/투입	높은 유지비		
받아들일 만한 해로움/문제	일부 작은 열 손실		
받아들일 수 없는 해로움/문제	누출, 불신 등		

문제를 이해하고 해결하기 위해 다음과 같은 다른 관련 요소들을 포함한다:

제약조건(부과 조건, 규칙 또는 규정). 열 교환기의 제약조건의 경우 열 교환기 제약조건들은 매개물이 분리되어야 하고(혼합되지 않아야 함) 입구와 출구 조건은 변경될 수 없다는 것을 포함하고 있어야 한다.

간단한 시스템의 드로잉 제공은 가능하다.

11.6 현재 시스템의 기능 분석(우리가 가진 시스템)

현재의 시스템(우리가 가진 시스템)의 기능 분석과 문제 해결을 위한 단계는 다음과 같다:

1. 모든 요소와 그것들의 상호 작용의 기능 목록을 만든다(주요 시스템과 요소 S-a-Os, S-a-Os 설명은 다음 섹션 참조)
2. 기능 맵을 그린다.
3. 다른 시간대별로 기능 맵을 그린다. 시스템 과정 단계(관련이 있고 필요한 경우).
4. S-a-Os에 의해 표시된 모든 시스템 문제들 기록한다(해로움, 불충분, 모순 혹은 일을 수행하는 방법).
5. 문제를 먼저 처리하고 트리밍 한다. 트리밍 후에도 시스템에 어떤 문제가 있는지 보여주기 위해 문제 목록을 구체화한다.
6. 직접 문제를 해결한다. 시스템에 해로운 요소/불충분한 요소와 관련이 있는 옥스퍼드 표준 해결책을 적용한다(우리는 일반적으로 종종 큰 개선을 가져올 수 있는 해로운 요소를 먼저 처리하려고 시도한다).

기능 분석의 단계 - TRIZ 기능 맵 그리기

주체 작용 대상 SaO - 문제 해결의 기본 건축 블록

트리즈 기능 분석은 시스템 기능의 문제점을 이상화하기 위하여 전체 시스템을 매핑한다. 기능 매핑은 시스템을 각각 주체/작용/대상에 의해 창작되어 전달되는 기능을 시간의 한순간을 위해 작은 간단한 단위로 대폭 축소하는 것이다. 알츠슐러는 간단한(최소한의) 기술 시스템이 그것들 사이에 단지 작용/장을 가진 두 가지 요소만을 갖는 것으로 설명될 수 있으며, 그것들이 함께 결합할 때 이 기능을 제공한다고 인식했다.

완전한 S-a-O에 의해 전달되는 기능은 상호 작용하는 두 가지 요소 또는 둘 이상의 요소 사이의 작용이다. 기능은 시스템 속에서 일어나며 시스템을 가지고 있는 이유이다. 즉, 기능은 우리가 결과를 얻을 수 있는 방법이다. 예를 들면, '망치로 못을 친다/이동한다'는 간단한 시스템은 '친다' 혹은 '이동한다' 작용을 가진다. 그리고 그 작용은 기능에서 나온 결과이다(일반적으로 이동되는 못). 결과, 즉, 기능은 정확히 말해 원하는 것(문제없는 것)이거나 원하는 것이 불충분하고(약하고), 과도하거나 해로울 수 있다는 것이다. 기능이 갖고 있는 문제들은 망치, 그리고/혹은 물건을 치는 작용, 그리고/혹은 못이나 망치에 의해 안으로 들어가 있는 못과 같은 환경으로도 뭔가를 해결할 수 있다.

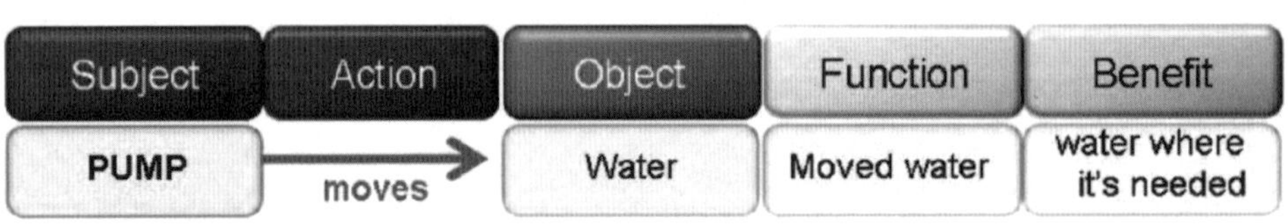

기능 분석에 대한 몇 가지 정의 및 설명

주체(도구)는 시스템(S-a-O) 내의 활성 도구 혹은 작용 또는 영향의 개시자이다. 주체는 기능 공급자이다.

대상은 시스템(S-a-O) 내의 작용 또는 영향의 수동적인 수신자이다.

작용은 그것들 사이에서 어떠한 장에 의해 제공된다. 따라서 작용은 대상이 변하는 원인이 되는 S-a-O 내에서의 어떠한 영향이다. 어떤 종류의 장이 주체와 대상 사이에 존재하는 경우, 작용은 일어날 수 있다.

주제 작용 대상은 다음과 같이 문제의 서로 다른 유형을 설명해주는 간단한 기능이다:

→ 해로운

→ 정상

- - → 불충분한

펌프가 물을 이동 (불충분한 물이 이동됨) - - → 불충분한

펌프가 물을 이동 (너무 많은 물이 이동됨 - 홍수가 발생) → 해로운 작용

장은 작용을 일으키는 효과, 에너지의 본질을 설명해 준다. 기술 장의 예에는 기계, 열, 전기 및 자기장이 포함된다. 관리의 예에는 어떤 종류의 영향이 포함되어 있다(예를 들면, 보상, 인식, 공포, 사랑, 영감, 충성도 등). 망치로 못을 움직이는 것(기술 및 시스템) 혹은 관리자가 영업사원에게 동기를 부여하는 것(비즈니스와 사람)을 예로 들 수 있다. 이동한 못이나 동기부여 받은 영업사원의 기능이 활성화되지 않았을 때(혹은 문제를 일으키는 방식으로 달성되는 경우)에만 무엇이 잘못되었는지 검토하기 위해 기능 분석을 사용하고, 잘못된 것을 어떻게 제자리에 갖다 놓는지 보기 위해 옥스퍼드 표준 해결책을 사용한다. 이 표준 해결책은 이러한 가능성들을 달성하게 하는 모든 방법을 제안하는 트리거를 제공한다. 이 기능은 우리가 찾고자 하는 이익/결과/최종 목적이 아니다. 기능은 그 결과를 얻을 수 있도록 하는 것이다.

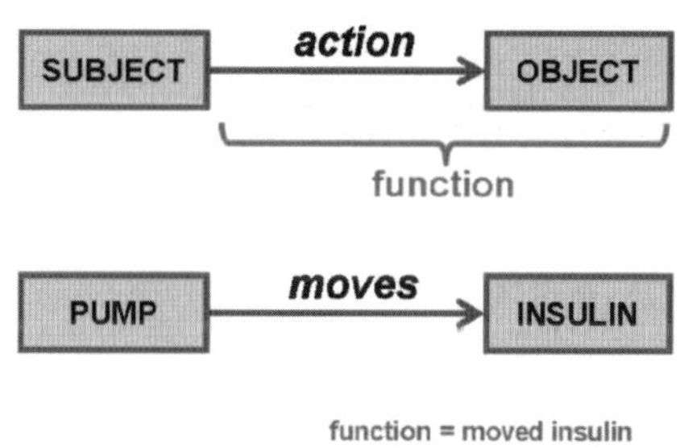

기능맵 - *모든 주체 작용 대상을 함께*

시스템의 모든 요소의 트리즈 기능 맵은 각 요소가 시스템에 무엇을 제공하는지를 보여준다. 또한, 각 요소가 다른 요소에 정확히 무엇을 하고 있는지, 그리고 다른 요소에 의해 거기에 무엇이 일어나고 있는지 보여준다. 따라서 트리즈 기능 분석은 모든 개별 요소들이 수행하고 모든 개별 요소들에 이루어진 모든 기능들을 맵핑함으로써 전체 시스템의 결과들을 맵핑하게 된다. 그것은 작용의 결과가 좋은 /또는 나쁜지, 충분한 또는 과도한지의 여부와 요소들 간의 작용 분석으로 제공되는 시스템 요소들의 모든 기능들을 확인시켜 준다. 기능적인 모델은 하나의 요소가 다른 요소에 뭔가를 하고 있다는 것, 즉 어떠한 작용이 다른 어떠한 작용을 한다는 것이다. 활성화된 요소는 주체로, 수동적인 요소는 대상으로 설명되고, 행위는 작용으로 설명된다(주체 작용 대상 혹은 S-a-O).

11.7 간단한 문제를 이해하고 해결하기 위한 기능 분석

기능은 종종 아주 간단한 뭔가, 두 가지 요소 사이의 한 작용의 결과이기도 하다. 예를 들어 어떻게 나무에 박혀서 움직이지 않는 오래된 나사를 느슨하게 할 수 있을까? 주요 요소는 드라이버, 나사와 나무이며, 그리고

녹이나 타르 등의 문제를 일으키는 다른 요소가 있을 수 있다. 간단한 기능 분석은 움직이는 나사의 드라이브 작용이 유용(흐린 선)하지만 불충분(흐린 점선)하다는 것을 보여준다. 그리고 타르 및 녹은 나사가 움직이지 못하도록 막는 유해한 작용(진한 선)을 수행하고 있다는 것을 보여준다.

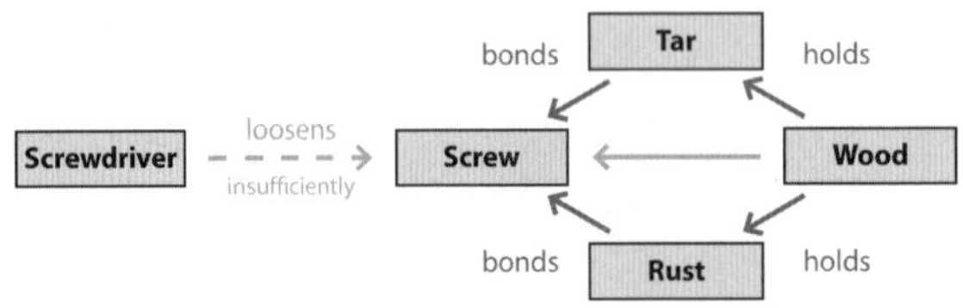

해결책은 아마도 나사와 타르 및 녹 둘 다 간의 사이에서 접착 관계를 잡아떼야/느슨하게 할 필요가 있을 것이다. 기능 분석을 보면 간단한 해결책에 대한 실마리가 주어진다, 예를 들면, 일부 힘/장은 녹과 타르 모두를 처리할 수 있는 나사에 적용해야 한다(드라이버 혹은 다른 어떤 도구를 통해). 드라이버를 탭핑하는 것과 같은 이러한 해결책은 부식을 늦출 수가 있고 거기에 열을 추가하여 타르를 녹게 할 수도 있다. 간단한 해결책을 가진 간단한 문제는 상식과 경험으로 해결될 수 있다. 그것들은 또한 항상 기능 분석 및 옥스퍼드 표준 해결책으로도 해결될 수 있다. 이 문제에 대해 만일 해결책을 생각할 수 없는 경우, 옥스퍼드 표준 해결책은 드라이버와 나사 사이의 불충분한 작용을 극복하기 위한 섹션이 있다(트리즈 목록에서 첫 번째 개념적 해결책은 열 및 진동을 포함하여 다른 장을 추가하는 것을 제안할 수 있다). 트리즈는 특히 상식과 경험이 올바른 실질적인 대답을 주지 못하는 문제(가장 복잡하고 어려운 문제에서 가장 단순한 문제까지)를 해결할 때 도움이 된다. 엔지니어는 항상 먼저 자신의 해결책을 시도하려 하지만, 트리즈는 일반적인 문제 해결을 위해 도와주고 보완해준다. 기능 분석을 표로 만드는 것은 우리가 문제를 이해하는 데 도움을 주기 때문에 항상 유용하다. 그리고 우리는 그것을 해결하기 위해 지식과 경험을 사용할 수 있고, 우리가 적절한 답을 스스로 제공할 수 없을 때, 우리는 옥스퍼드 표준 해결책 안에서 세상이 알고 있는 모든 해결책을 사용할 수 있다.

모든 요소들의 모든 작용에 대한 그림인 기능 맵핑은 우리가 원하는 기능과 그것들이 충분한지 아닌지와 우리가 원하지 않는 것 모두를 보여준다. 따라서 기능 맵핑은 무엇이 잘못되었는지를 보여주는 간단한 안내서이다. 이러한 기능이 있는 모든 문제(모순, 해로운, 불충분한 및 과도한)를 한눈에 볼 수 있다. 모순은 두 가지 구성 요소 사이에 빨간색 선과 녹색 선이 있을 때 나타난다. 시스템의 기능 맵을 그릴 준비가 되면 우리는 간단하게 혹은 원하는 만큼 상세하게 할 수 있다. 이러한 작업은 우리가 해결하려는 문제에 따라 달라진다. 그것은 어쩌면 최고의 그리고 간단한 수준에서 시작하여 필요에 따라 더 상세한 맵으로 더해질 만큼 가치가 있을 수도 있다. 우리는 어쩌면 관련되지 않는 것은 찾아낼 필요가 없을 수도 있다.

기능들, 두 가지 요소 사이 작용의 결과는 표에서 암시적으로 나타내준다. 간단하게는 하나의 요소(주체)가 다른 요소(대상)에 작용하는 것(장, 작용)과 이러한 조합행위가 좋고 나쁜 기능(피해)을 생성해내는 것을 보여준다. 문제 기능은 작용의 색깔로 표시된다. 피해가 생성되면(작용이 해롭거나 요소의 특성이 해롭거나 해로움에 민감한 경우) 그것은 빨간색으로 표시된다. 좋은/유용한 작용은 녹색으로 표시된다.

작용을 나타내기 위한 화살표와 그것을 설명하기 위한 활발한 동사와 함께

좋은/유용한 특징도 녹색 선으로 표시된다. 이것은 둥그런 녹색 선으로 표시함으로써 좋은 특징을 가진 요소라는 것을 보여준다. 거기에 너무 비용이 비싼 요소들을 가진 문제들 혹은 어떠한 해로운 특징들이 포함되어 있을 때, 이러한 해로운 혹은 약한 특징은 요소 자체에 둥그런 빨간색 선으로 표시된다. 기능 맵에 추가된 이러한 정보는 우리가 본질적으로 좋은, 불충분한 혹은 나쁜(또는 해로운) 혹은 비싼 등의 특징을 표시함으로써 우

리에게 개별 요소에 대한 큰 처리 방법을 알 수 있게 해준다.

이것은 좋고 나쁜 특징의 모순을 보여줄 수 있다. 한 유명한 패션 신발 제조업체는 한정된 성분 분석을 사용하여 매우 높은 굽의 신발을 디자인하고 편안함과 높이의 모순을 해결할 수 있다고 주장하고 있다. 비록 이러한 제조가 매우 복잡하고 신발이 매우 비싸기는 하지만 말이다.

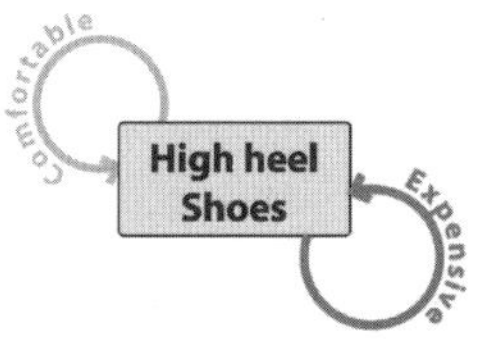

물론 트리즈는 모순 해결에 대한 많은 해결책을 제공하고 옥스퍼드 표준 해결책에서는 높은 힐에 대한 모순을 해결하기 위한 하나의 제안(모순을 과장)과 반대 해결책 모두를 가지고 있다.

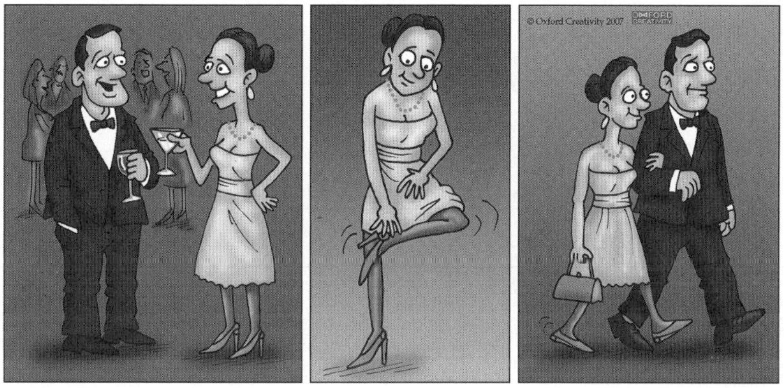

편안함과 화려함의 모순조차도 TRIZ에 의해 해결됨.

11.8 더 나은 이득을 제공하기 위해 시스템 개발 – 이러한 이득을 제공하는 완벽한 기능

모든 시스템은 요구 조건, 이득, 원하는 것을 제공하기 위해 존재하며, 시간이 지남에 따라 시스템이 발전함으로써 더 좋게 되어 발전시킬 수 있는 기능들에 의해 그러한 것들이 제공된다. 기능 분석을 위해 이득이 기능에 의해 전달되는 방법을 이해하고 별도로 기능 맵에 포함할 정도로 중요한 주요 기능 또는 주요 결과를 제공하는 우리가 원하는 주요 이득을 잊어버리지 않는 것이 중요하다. 만일 남자들이 자신들의 얼굴을 면도하기 위해 단순히 면도기를 사용한다고 생각해 볼 때, 면도기의 주요 이득은 털을 안전하게 제거하는 것일 것이다. 이 작업을 수행하는 방법, 즉 주요 기능은 면도하거나 털을 깎는 것이다. 시스템의 기능 분석은 모든 요소와 그것들의 관계를 연구하고, 각 상호작용을 찾아 S-a-O로 설명하고, 기능 맵으로 모든 것을 함께 표로 만들고, 문제 목록에서 모든 문제를 식별하고 이러한 문제들을 옥스퍼드 표준 해결책을 사용하여 한 번에 하나씩 해결해 가는 것 모두를 포함한다. 모든 시스템은 여러 S-a-O로 구성되어 있다. 우리가 복잡한 상황을 가지고 있어 문제를 정의하기 어려운 경우, 문제 상황에 대한 각 부분의 기능 맵을 그림으로써 개별적으로 문제를 식별할 수 있다. 이것은 문제를 하나씩 밝혀줌으로써 상세하게 문제 상황을 볼 수 있게 해주고 그것의 상호 작용과 결과 및 성과를 볼 수 있도록 도와준다. 최소한의 시스템은 두 가지 요소와 그것들 사이의 작용이 있는 것이다. 하나의 요소(주체)가 활성화되어 다른 수동적인 요소(대상)에 작용한다. 면도기는 간단한 시스템이다:

면도기는 털을 깎는다.

이 시스템에 의해 몇 가지 기능이 전달될 수 있는데, 일부는 우리가 원하는 것일 수 있고, 일부는 우리가 원하지 않는 또는 원하지만 적절한 또는 너무 많은 것일 수 있다. 기능 분석은 매우 간단할 수 있다. 즉, 하나의 기능적 모델(주체, 작용, 대상)에서 뭔가 매우 많은 기능과 복잡한 것이 함께 있는 것일 수 있고, 혹은 그것들 사이에 아무것도 없는 것일 수 있다.

아래 표는 작은 플라스틱 면도기로 전달되는 주요 기능의 간단한 기능 맵을 보여준다. 면도기의 경우 간단한 수준에서 필수적인 시스템을 나타내는 요소들 중 하나 혹은 두 가지 맵핑은 대략적으로 기능들이 모든 이득을 제공하는 방법들을 보여주고, 또한 문제가 무엇인지, 시스템이 부적절하게 이러한 기능을 제공하는 시기와 방법, 그리고 면도기가 피부를 잘라내는 것과 같은 유해 기능이 언제 있는지를 보여준다. 면도기는 털을 깎기 위해(주요 기능) 존재하는데, 이것은 또한 피부를 베게 할 수 있는 해로운 기능과 피부를 부드럽게 하는 유익한 작용을 가지고 있다. 문제를 이해한다는 것은 정확한 기능 맵을 그릴 수 있도록 해주는 모든 기능 관계를 정확히 포착해야 한다는 것이다.

주체	작용	대상	기능	이득/해로움	최종목표
면도기	깎는다	털	털을 깎는다(좋음)	털을 제거함	좋은 면도
면도기	깎는다	피부	피부를 벤다(해로움)	피부를 손상입힘	
면도기	부드럽게 한다	피부	피부를 매끄럽게 한다(좋음)	피부를 부드럽게 함	매끄러운 피부

면도기의 요소 중 하나 또는 두 개의 매핑은 전체 시스템이 어떻게 기능이 이득을 제공하는지를 보여주며, 또한 무엇이 잘못되었고 어떤 해가 있는지, 그리고 시스템이 어떻게 불충분하게 혹은 적당히 그러한 기능을 제공하는지를 보여준다(매끈하게 하는 것은 불충분한/너무 약한 작용이며 대시 기호로 된 녹색 선으로 표시된다). 일단 유해하고, (과도한 작용을 포함), 불충분한 작용을 처리할지 여부와 방법을 선택할 수 있는 모든 문제들을 이해하게 된다. 옥스퍼드 표준 해결책은 불충분한 기능과 해로운 기능을 위한 해결책 목록을 가지고 있고 모든 해결책을 안내해준다. 즉, 이러한 문제를 처리하는 방법에 대한 모든 간단하고 개념적인 조언을 제공해준다.

11.9 니즈 변경에 대한 응답으로 시스템 개발

면도기가 처음 개발되었을 때는 '칼날이 긴' 면도기였다. 칼날이 긴 면도기는 미가공 되고 간단한 시스템이었으며, 날카로운 칼날로 털을 깎아내어 면도하는 기능은 제공했지만, 털과 마찬가지로 피부가 절단되는 심각함을 방지하기 위한 기술과 세심한 조작이 필요했고, 자기 스스로 사용할 수 있도록 설계된 것이 아니라 일반적으로 다른 사람에 의해서(이발사나 그들의 대리인에 의해) 면도할 수 있도록 설계된 것이었다.

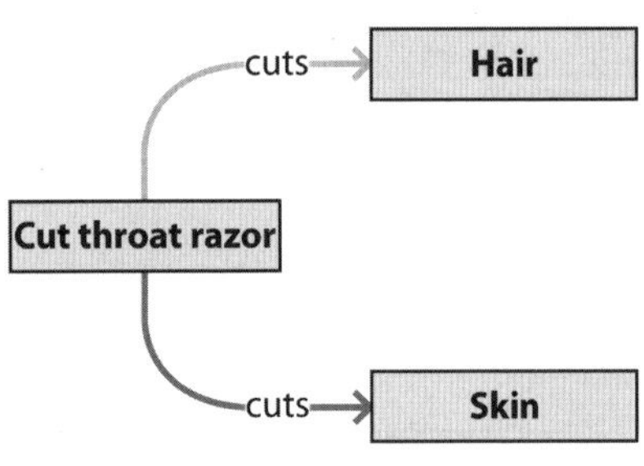

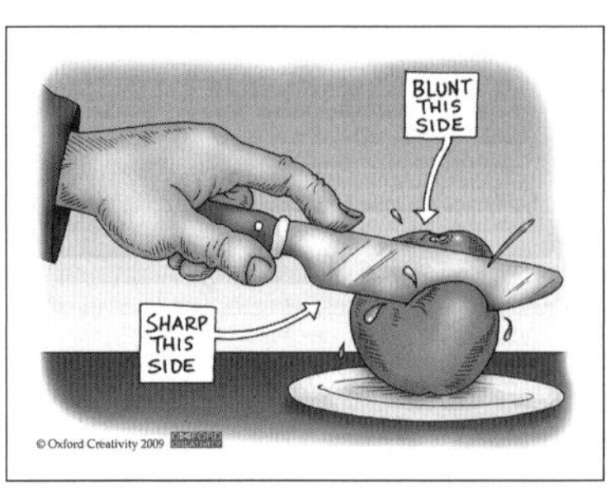

오래되고 간단한 시스템조차도 해결된 모순을 가지고 있다.

날카로운 칼날을 가지고 있는 문제는 '공간 분리'에 의해 무딘 칼날을 날카로운 칼날로 디자인하는 데 오랜 시간이 걸려 해결되었지만 여전히 안전에 대한 문제는 남아 있다. 인간이 도구를 사용하고 시스템을 만들기 시작한 이래 인류의 독창성이 문제를 해결해왔다. 이러한 독창성은 옥스퍼드 표준 해결책에 나타나 있으며, 시스템을 변경해야 할 필요가 있을 때, 기능 분석은 성공적인 변화를 위해 우리에게 간단한 설정 규칙을 적용할 수 있는 장소와 때를 보여줄 것이다.

세계 1차 대전이 발발할 때까지 20세기 초에, 그것은 서양 사회에서 수염을 가지고 있는 많은 사람들에게 유행했었고 칼날이 긴 면도기의 제한적인 사용은 면도하고 싶어 하는 사람들을 위한 일반적인 방법이었다. *얼굴을 매끄럽게 해주는/면도*해주는 이득은 칼날이 긴 면도기가 가진 *얼굴 털을 깎아주는* 기능에 의해 제공되었다(매우 조심스럽게). 이것은 몇 가지 주의와 기술이 필요했는데, 그것은 숙련된 과정과 경험을 요구하는 위험한 활동, 연습과 꾸준한 손길(다른 사람에 의한)이었다. 안전한 면도기는 1차 세계 대전 기간에 나타나기 시작했지만, 그것이 백 년 전에 발명되고 사용할 수 있게 되었더라도 널리 채택되지 않았을 것이다.

1790년에 남자들이 스스로 면도할 수 있는 안전한 면도기가 Perret에 의해 발명되었다. 그는 또한 『*스스로 면도하는 것을 배우는 예술*』이라는 책을 썼다. 이것은 작은 영향을 끼쳤다. 19세기에는 안전하게 스스로 사용하는 면도기가 셰필드, 영국과 독일에서 만들어졌고 첫 번째 안전한 면도기는 1880년에 특허를 낸 것이었다. 1901년 미국의 발명가 질레트는 일회용 칼날을 가진 안전한 면도기를 발명했다. 이것이 상업적으로 성공만 하면 널리 사용 가능한 것이었고, 대부분의 사람이 처음으로 안전하게 자기 스스로 면도를 하고 가족이나 이발소에 의존하지 않을 수 있게 된 것이었다. 1914년에 전쟁의 발발과 함께 많은 수염을 가진 사람들이 군에 합류하게 되었다. 그들의 얼굴뿐만 아니라 이가 출몰하는 몸의 어느 곳이나 면도를 해야만 하는 것이 특히 문제였는데, 안전하게 하는 것이 매우 중요하게 되었다. 털을 안전하게 절단해야 하는 주요 이득은 면도칼에 대한 아무 스킬이 없거나 이전 경험이 있는 사람들에 의해 원시적인 상태에서 신속하게 실현되어야 했다. 처음 면도기를 사용할 때 털은 자르고 다른 것은 절단되지 않아야 하는 최소한의 요구 조건을 충족시켜서 만들어야 한다는 안전 요소가 시스템 자체와 350만 개의 안전한 면도기에 추가되었다. 면도기 시스템은 필요한 이득을 인식하고 이를 제공하는 모든 기능의 위치와 변화하는 요구에 대한 응답으로 함께 바꾸고자 하는 요구 변경에 대한 반응으로 개발되었다.

주요 기능은 여전히 '안전하게 털을 제거하는 것'이고 여전히 새로운 안전한 면도기도 피부에 상처를 내는 것이 있었지만, 미숙한 손에서 칼날이 긴 면도기로 낼 수 있는 손상에 비하면 상대적으로 보잘것없는 것이었다! 시스템은 우리가 원하는 것을 제공하기 위해 존재하고 개발되지만 더 나은 개발이 되기까지 종종 그 시기가 짧아지기도 한다. 이상성 검증은 우리가 안전한 면도기를 발명해서 현재까지 우리가 면도기에서 원하는 모든 것을 찾아내고, 요구를 충족하기 위한 개발을 생각하는 데 도움이 된다. 기능 분석은 문제 영역과 제품을 개발하고 향상하기 위한 요구 작업의 지점을 강조하고 옥스퍼드 표준 해결책은 답을 제안한다.

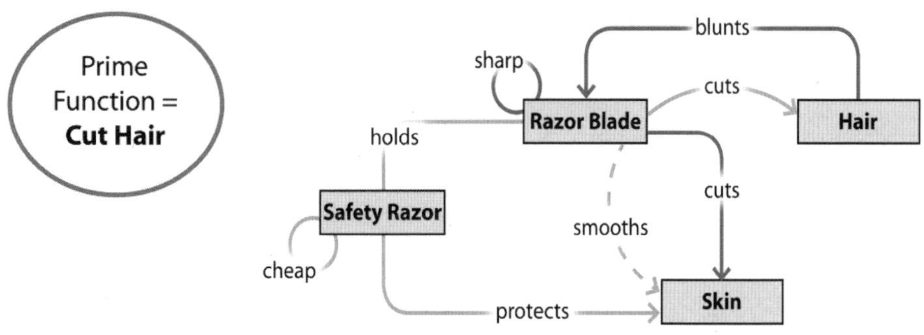

11.10 기능 분석의 간단한 규칙

우리는 기능에 의해 제공되는 이득과 *주체 작용 대상*은 기능을 제공한다.

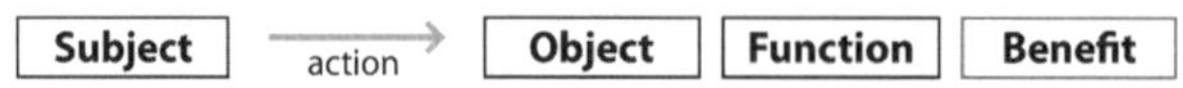

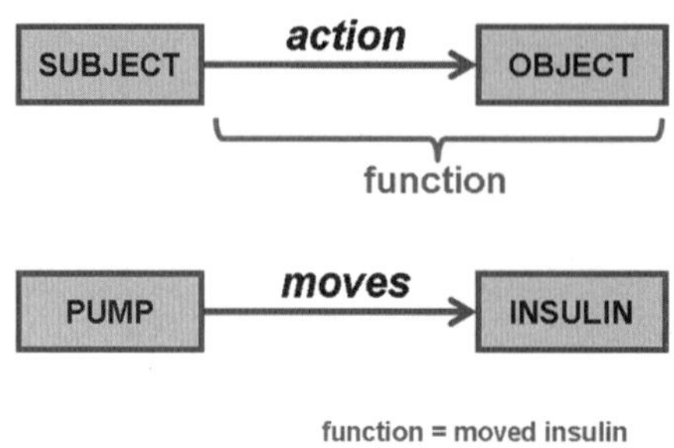

요구 조건/이득과 기능을 혼동하지 않는 것이 중요하다. 이득은 해결책이 없다.

S-a-O는 해결책을 제공하고 우리가 가진 기능(S-a-O의 물리학)과 시스템의 구조를 자세히 보여준다.

여러분의 S-a-O를 찾는 것이 항상 쉬운 일은 아니다

S-a-O는 간단하게 이해할 수 있는 단위이기 때문에 문제 해결에 유용하다. 하나의 S-a-O 내에 있는 문제는 옥스퍼드 표준 해결책으로 해결될 수 있다. S-a-O 문제 목록은 한 번에 하나씩 씨름할 수 있게 되어 있다. 대부분의 복잡한 기술 시스템은 문제 해결을 위한 명확한 출발점을 제공하는 S-a-O로 축소할 수 있다. 각 S-a-O를 정의하고 설명하는 것은 몇 가지 생각과 세심한 단어 선택이 소요된다. 주체가 무엇인지, 대상이 무엇인지 정의하기 위한 간단한 규칙이 있다. 뭔가가 대상에 수행되어야 하며, 이것은 작용과 주체에 의해 이루어진다.

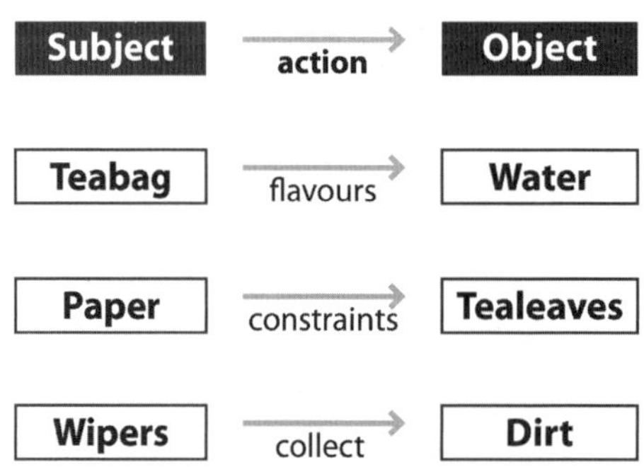

올바른 S-a-O를 정의하는 것은 우리가 대상이 변경되어 있는지 확인해야 한다는 것을 의미한다. 이러한 변경은 작용과 주체가 대상에 함께 작업함으로써 발생한다.

I *LOVE* YOU 이것이 주체 작용 대상인가?

아니다! 대상은 반드시 변경되지 않는다. I(주체) love(작용) YOU(대상)는 대상(YOU)에 어떠한 영향이 없을 수 있다. 특히 당신이 나를 좋아하지 않거나 심지어 나를 모르는 경우라면. 이럴 때 올바른 S-a-O는 다음과 같다 :

YOU *INSPIRE LOVE IN* ME (ME 대상은 바뀌지 않는다!)

온도계를 위한 올바른 S-a-O 정의

온도계로 다른 사람의 온도를 측정할 때 무엇이 주체이고 무엇이 대상인가?

*온도계*가 몸의 *온도*를 측정하는 것은 S-a-O가 아니다. 온도계는 어떤 방식으로든 온도를 변경하지 않지만, 몸은 온도계의 온도를 변경한다. 올바른 S-a-O는 다음과 같다:

시스템은 S-a-O로 구성되어 있다

일단 우리는 기능 맵핑을 통해 전체 시스템을 확인하기 위해 그것들을 함께 결합하여 정확하게 맵핑한 모든 기능을 가지고 있다. 완벽한 기능이 있게 하려면 우리는 각 **주체 작용 대상**이 존재하고 있는지 확인할 필요가 있다. 작용 혹은 주체에 의해 대상에 대해 아무런 영향 없이 스스로 생산될 수 있다. 그것은 대상에 함께 작용할 필요가 있다. 주체와 대상은 요소 또는 전체 복잡한 시스템 또는 간단한 요소가 될 수 있다:

- 티백과 손가락
- 잠수함과 해군
- 강과 댐
- 칼과 사과
- 너트와 볼트
- 망치와 못
- 노트북과 정보
- 트리즈와 기술자

Many popular systems have obvious problems yet to be solved

S-a-O의 효과는 세 가지 요소에 따라 달라지며, 문제는 하나, 둘 또는 세 가지 모든 요소의 변화로 해결될 수 있다.

작용 혹은 장은 대상에 대한 주체의 *효과*를 보장하는 에너지 힘을 제공한다. 대상을 변경하려면 기구나 도구(주체)와 작용 혹은 장 에너지가 모두 필요하다. 사과를 절단하기 위해서는 주체(칼)와 사과를 통과하는 칼의 움직이는 작용이 필요하다. 대상으로서 사과는 절단하는 칼의 수동 수신기이다. 두 요소, 즉, 사과와 칼의 확실한 특징은 '사과를 절단하는' 기능을 전달하는 데 있어 얼마나 효과적이거나 쉬운 영향을 미칠 수 있게 하는 것이다. 무딘 칼 및/ 또는 매우 힘든 사과 중 어느 하나는 기능을 불충분하게 만들 수도 있다. 요소의 특징은 기능의 효과에 영향을 미친다.

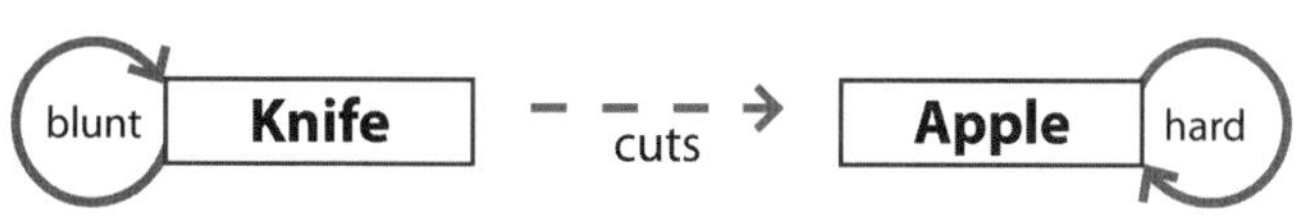

불충분한 기능을 개선하려는 방법을 제안하는 옥스퍼드 표준 해결책은 주체 및/또는 대상뿐만 아니라 작용 자체를 변경하는 방법에 대해 살펴보도록 알려준다.

작용을 정의하는 것은 신중하게 생각해야 한다.

올바른 작용에 대한 올바른 활성 동사를 찾아서 설명하는 것은 조금 까다로운 작업이 될 수 있다. 주체와 대상은 명사이고 작용 자체는 동사이다. 작용이 올바른지 확인하려면 주체와 함께 작업하는 작용이 대상을 변경하려고 작업하는 방법을 정확하게 명시할 수 있는지를 보면 알 수 있다. 작용이 지나치게 막연하거나 부정확하게 설명되는 경우에 추구하는 기능의 정확한 본질을 이해하지 못하게 되므로, 잠재적으로 찾을 수 있는 해결책의 수가 줄어들게 된다. 작용이 대상을 변화하는 방법을 정확하게 정의하는 방법은 어려운 것이 아니라 간단한 시스템을 설명하는 일반적인 방식으로 직관할 수 있다. 그리하여 기능 분석 언어는 일반적인 언어보다 훨씬 더 정확하므로, 주의 깊은 사고와 실천이 필요하다. 예를 들어:

시스템	기능 분석으로 말하기	일반적으로 말하기
플라스틱 물병	뚜껑은 액체를 제어한다	뚜껑은 병을 밀봉한다
실린더의 피스톤	오일은 피스톤을 제어한다	오일은 실린더를 기름칠한다
피뢰침	전선이 전류를 전도한다	전선은 흐름을 유도한다
측정하는 기구	신호는 기구를 알려준다	기구는 신호를 측정한다

11.11 기능 맵은 모든 시스템과 주위 환경 요소를 포함한다

고려해야 할 주요 요소는 다음과 같다:

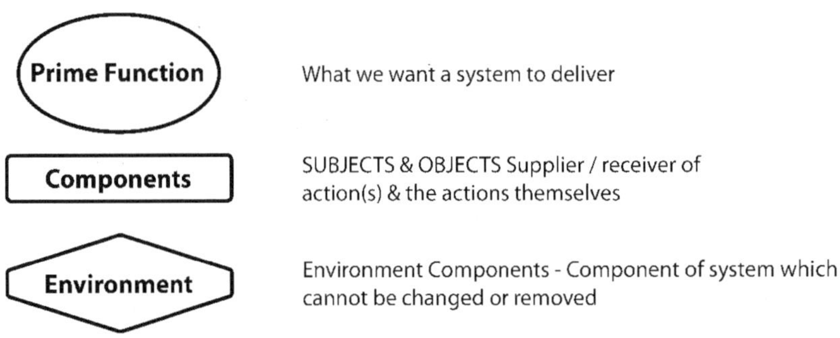

모든 트리즈 분석의 중요한 부분은 시스템의 맥락과 그 시스템에 영향을 주는 방법과 가능한 해결책이다. *주위환경 요소*들은 시스템과 상호 작용하는 통제 밖에 있는 것이다. 다른 요소들과 달리 그것들을 제공하지 않고, 우리는 그것들을 통제하지 못하고 우리는 그것들을 변경할 수 없다.

칫솔 요소 = 솔과 손잡이
주위환경 요소들 = 잇몸, 치아, 침
그것들은 칫솔과 상호 작용하지만, 그 시스템의 일부가 아니고, 우리는 일반적으로 그것들을 변경할 수 없다.

추가 기능을 통한 시스템 개발

시스템을 개선하기 위하여 시스템에 의해 전달하고자 하는 이득과 이를 전달하는 방법과 어떤 기능이 있는지 확실히 이해해야 한다. 시스템의 주요 목적과 기능이 이것을 제공하는 것임을 잊지 말아야 한다(주요 기능). 예를 들어, 만일 시스템이 칫솔이고 원하는 주요 이득이 깨끗한 치아(더 높은 수준의 이득을 달성하기 위한 것 - 부식되지 않도록 하는 것)인 경우, 그 다음으로 시스템이 제공하는 방법을 이해해야 한다. 주요 기능은 종종 시스템이 작동하는 방식의 단서이다. 칫솔에 의해 전달되는 주요 기능은 플라크를 제거하는 것이다. 이것은 깨끗하게 한 치아의 결과/이득을 제공한 것이다. 다른 이득은 반짝거리는 치아, 치아나 잇몸에 손상 없는 것, 신선한 호흡, 치아나 치아 사이에 붙어있는 눈에 띄는 불순물 제거, 미백 치료, 부드러운 치아 등을 포함할 수 있다. 칫솔의 주요 기능은 플라크를 제거하고 칫솔이 플라크 제거를 더 잘 마킹하도록 하는 어떠한 개선이다. 또한, 우리가 원하는 다른 모든 이득 시스템에 일치하도록 할 수 있다. 이득이 일치하는 것은 우리에게 미래에 대한 더 나은 시스템을 제공한다(문제 해결의 이상적인 시스템 캡처 단계의 일부로 트리즈 8가지 진화의 경향을 참조).

아래의 간단한 시스템은 주요 이득과 최종 목표를 제공하는 간단한 주요기능을 보여준다.

시스템	주요 기능	주요 이득	다른 이득	최종 목표
칫솔	플라크 제거	치아 청결	좋은 잇몸	충치 예방
진공청소기	먼지와 쓰레기 수집	바닥 청결	카펫 손상예방	위생
펜	종이에 얼룩	쓰기	긁히지 않는 종이	커뮤니케이션

칫솔에 대한 문제는 치아를 청결하게 하려고 최선을 다해 치아를 닦지만, 우리에게 불충분한 작용을 줄 수 있는 잇몸 손상을 방지하기 위해 부드럽게 솔질해서 해결해야 한다는 것을 포함하고 있다(부드럽게 칫솔질). 옥스퍼드 표준 해결책에서 제안된 불충분한 작용을 극복하는 한 가지 방법은 불충분한 작용에 다른 장을 추가하는 것이다(기계 칫솔질).

트리즈 표준 해결책에서 제안된 간단한 해결책은 진동을 추가하여 크고 작은 많은 시스템을 개선하는 것이다.

11.12 기능 분석 문제 목록에서 문제 해결

문제(해로운, 없어진 및 불충분한 기능)의 후속 목록을 작성하기 위해 기능 분석 맵을 사용하고 문제 해결을 도와주기 위해 옥스퍼드 표준 해결책과 드러난 모순을 해결하기 위하여 40가지 원리를 사용할 수 있다. 표준 해결책은 특히 특허에서 과학과 기술에 의해 기록된 문제를 해결하기 위한 모든 방법 중 아주 간단한 목록이다. 그것은 어떤 문제가 단지 기술적인 것들에 도움이 되도록 간단하고 일반적인 언어로 축소시킨 것이다. 표준 해결책은 트리밍 법칙으로 시작하고, 요소를 제거하거나 시스템을 단순화하는 방법을 보여준다. 이것은 트리즈 문제 해결 과정에서 매우 중요한 부분이며, 트리밍 법칙은 간단하고 유용한 기능을 상실하지 않으면서 요소를 제거하는 방법을 보여준다. 일단 기능 맵에 확인된 각 문제에 옥스퍼드 표준 해결책에서 해당 트리거를 적용할 수 있는 경영, 조직 또는 사람들 문제에 대한 분명하고 정확한 기능 맵을 구성해야 한다.

표준 해결책은 문제 요소를 가지고 다음의 방법을 제공함으로써 시스템을 단순화하는 모든 방법을 제안하는 것으로 시작한다.

- 해로운 요소를 처리하기
- 모든 불충분한 것을 개선하기
- 측정 및 검출하기

유해한 무언가가 있는 경우 문제 유형을 식별한 후에 옥스퍼드 표준 해결책을 사용한다. 해로운 요소를 멈추기 위한 모든 방법을 통해 멈추게 할 수 있다.

- 트리밍한다
- 더 이상 문제가 발생하지 않도록 해로움을 중지/방지 혹은 예방한다
- 더 이상 해로운 요소가 없도록 변환한다(유용한 것도 표시하기)
- 나중에 수정한다.

다른 대중적인 문제 해결 도구 세트들은 옥스퍼드 표준 해결책이 필요하다

문제들은 옥스퍼드 표준 해결책을 사용하여 다음과 같이 간단하게 해결되고 있다. 트리즈 기능 분석은 강력한 것이며, 이것은 린(LEAN), 종합 품질 관리(TQM), 가치 공학(Value Engineering), 시스템 공학(Systems Engineering), 식스 시그마(Six Sigma) 등과 같이 지난 세기 중반에 자신들의 뿌리를 지켰던(트리즈처럼) 모든 다른 대중적인 문제 해결 도구 세트와 연결되어 있다. 이러한 것들은 문제를 파악하는 데는 도움이 되지만, 문제를 해결하기 위해서는 경험과 브레인스토밍을 남겨둔다. 트리즈가 추가로 표준 해결책을 제공한다. '린'의 문제 해결 세트에서 어느 것이든 사용하는 기술자들은 기능을 상실하지 않고 요소를 제거하는 모든 방법을 포함하여 그들의 문제 해결에 유용한 도움이 되는 트리밍 법칙을 발견하게 된다.

11.13 기능 분석에 맵핑된 문제 해결을 위한 옥스퍼드 표준 해결책

기능 분석의 문제를 식별하는 간단한 트리즈 코드는 문제를 해결책에 일치하도록 하게 한다. 기능 분석은 일반적으로 불충분한 것과 해로운 것을 표시해주고, 옥스퍼드 표준 해결책은 우리에게 간단하게 하는 방법, 시스템의 비용을 절감하고 해로운 요소를 처리하고 불충분한 것을 개선하는 방법을 포함하여 세상에서 처리할 수 있는 모든 방법들을 제공해준다. 문제를 이렇게 해결책에 일치하게 하는 것은 트리즈의 고유한 특징이며 그것은 우리가 어떤 문제를 해결할 수 있도록 돕는 강력한 것이다. 우리는 해로운 작용을 식별할 때, 해로운 작용을 다루는 다른 24가지 방법들이 있는 간단한 TRIZ 목록을 사용하여 해로운 작용을 처리하는 세상에 알려진 모든 방법을 알 수 있게 된다. 마찬가지로 불충분한 작용을 극복하는 35가지 방법이 있다. 이러한 방법을 사용하여

간단한 해결책 트리거를 실제 해결책으로 바뀌게 한다. 표준 해결책은 특히 데이터베이스 안에서 모순과 경향뿐만 아니라 자주 사용되는 지식으로부터 정제된 트리즈 지식 중에서 가장 유용한 것을 포함하고 있기 때문에 이것은 40가지 원리 혹은 8가지 경향들을 더 자세히 사용하는 것과 같다.

옥스퍼드 표준 해결책은 기능 분석을 통해 시스템에 식별된 문제를 해결하기 위해 해결책 트리거의 포괄적인 세트를 제공한다. 복잡한 상황을 가지고 문제를 정의하기 어려울 때, 하나씩 문제를 공개하고 그 문제가 상호 작용하는 것을 보여주기 위해 개별적인 문제의 기능 맵으로 문제를 식별하여 이 문제를 극복한다. 게다가 문제 목록을 가지게 되고 그 문제를 각각 한 번에 하나씩 해결할 수 있다. 기능 분석이 밝힐 수 있는 문제의 세 가지 주요 유형은 다음과 같다:

- 해로운 작용 ▪ 유용한 작용이지만, 불충분한 것 ▪ 측정 및 검출

아래에 있는 요소들을 추가 또는 변경하여 식별된 문제를 해결할 수 있습니다

- 주체 ▪ 대상 ▪ 작용 ▪ 그것들의 혹은 두 개, 혹은 세 개.

이것은 그것들을 직접 변화시키거나 주위를 둘러싸고 있는 주위 환경을 통해 무언가를 그것들에 추가하거나 영향을 주어 해결할 수 있다. 우리는 문제 유형을 식별한 후 옥스퍼드 표준 해결책을 사용한다.

무언가 불충분한 것을 가지고 있을 때(문제가 지나치게 약하고, 느리고 통제되지 않는 등의 기능을 제공할 때), 불충분한 것을 개선하고 변경하거나 혹은 강화하여 극복하는 두 가지 기본 전략이 있다:

구성 요소 (주체 및/또는 대상) 작용/장

해로운 무언가를 가지고 있으면, 해로운 요소를 처리할 방법으로 네 가지 기본 전략을 통해 단계를 밟을 수 있다:

제거/정돈 - 해로운 요소를 제거한다 - 트리밍 법칙

정지 - 해로운 요소를 막는다

이로운 것으로 변환 - 해로운 요소를 이로운 것으로 바꾼다

*나중에 수정 - 해로*운 요소를 바로잡는다

불충분한 것 → 기능을 개선하기 위한 35가지 표준 해결책

불충분한 작용은 해로운 요소는 없지만 여전히 문제가 남아 있는 경우에 발생한다. 주체, 작용과 대상 모든 것이 존재하고 기능을 제공하는 데 필요하지만 지나치게 약하고, 지나치게 느리고, 지나치게 통제가 되지 않는 등 어떤 식으로든 불충분한 것이 있다. 불충분한 것을 극복하기 위해 35가지 개념적 해결책이 있는데, 그것은 갖고 있는 해결책을 개선하기 위해 알려진 모든 방법을 보여준다.

다음은 불충분한 것을 유용한 기능으로 개선하는 방법에 대한 간단한 해결책 목록이다. 이 목록에서 제안된 해결책은 불충분한 것을 극복하거나 혹은 최소한의 복잡함이나 단점을 가지고 있는 새로운 기능을 도입하기 위하여 주체 및/혹은 대상 및/혹은 작용을 변화하는 방법을 우리에게 살펴보도록 한다. 해결책에는 세 가지의 기본 유형이 있다.

전달 기능을 향상하기 위해 요소(주체 및/혹은 대상) 또는 그것의 주변 환경을 개선하는 방법은 다음과 같다:

- 불충분한 것을 극복하기 위해 요소에 뭔가를 부가(7가지 방법)
- 불충분한 것을 극복하기 위해 요소를 변화/진화(10가지 방법)
- 더 효과적인 작용을 달성하기 위해 더 나은 혹은 다른 작용 마련(18가지 방법)

불충분한 의사소통과 이해는 많은 분야에서 큰 문제를 일으킬 수 있다.

검출과 측정 → 17가지 해결책

17가지 표준 해결책은 엔지니어링 시스템에서 측정 또는 검출 문제를 해결하는 데 사용된다. 해결책에는 5가지 유형이 있다:

1. 시스템 변화의 측정 혹은 검출을 대체한다. 혹은 사본을 사용하거나 혹은 2개의 연속 검출을 사용한다. — 3가지 해결책
2. 측정 시스템을 만들거나 구축할 수 있다. 일부 요소 또는 장은 기존의 시스템에 추가해야 한다 — 4가지 해결책
3. 측정 시스템을 향상시킨다. — 3가지 해결책
4. 강자성 장을 측정한다 — 5가지 해결책
5. 측정 시스템을 진화한다 — 2가지 해결책

측정 문제는 현명한 트리즈 해결책이 필요하다.

해로운 작용 → 해로운 요소를 극복하기 위한 24가지 표준 해결책

해로운 요소를 방지하기 위한 4가지 기본 전략이 있다 :

1. 제거/정돈 - 해로운 요소를 제거한다	6가지 해결책
2. 정지 - 해로운 요소를 막는다	11가지 해결책
3. 이로운 것으로 변환 - 해로운 요소를 이로운 것으로 바꾼다	4가지 해결책
4. 나중에 수정 - 해로운 요소를 바로 잡는다	3가지 해결책

해로운 요소를 위한 24가지 개념적 해결책은 공학 시스템에 적용될 뿐만 아니라 경영, 비즈니스, 이론적이고, 과학적이고, 심지어 개인적인 해로운 작용을 가진 어떠한 문제를 해결하는 데도 사용될 수 있다. 24가지 해결책은 이해하고 적용하기 간단하며, 해로운 요소를 처리하기 위해 세상에 알려진 모든 개념적인 답변을 제공한다.

문제 해결의 많은 방법들

트리밍의 첫 번째 카테고리는 시스템을 간소화하여 해로운 요소를 제거하기 위한 것이다. 이것은 해로운 요소, 및/혹은 비용이 많이 들뿐만 아니라 복잡한 및/또는 성가신 요소들을 받아들이는 대상을 전달하는 주체를 절단함으로써 이루어진다. 특히 그 요소들이 시스템의 주요 목적에 아무런 기여도 하지 않는다면 더욱 그렇다. 이 목록에서 해로운 요소를 다루기 위해 제안된 해결책은 해로운 작용을 제거하거나 최소한의 복잡함이나 단점을 가지고 있는 새로운 기능을 위하여 주체 및/혹은 대상 및/혹은 작용을 변화시키는 방법을 살펴보도록 하고 있다.

시스템을 단순화하기 위한 트리밍, 비용 절감과 해로운 요소 제거

트리밍에 의한 시스템 개발

우리는 부품을 제거하고 '트리즈에서 트리밍'이라고 불리는 시스템을 간소화함으로써 간단하고 멋진 해결책을 찾기 위한 첫 번째 단계로서 문제들(해로운 요소와 불충분한 것)을 보여주는 기능 맵을 사용한다. 이 트리즈 용어는 요소 또는 구성 요소의 일부를 제거하여 시스템을 단순화하는 방법에 대해 설명한다. 트리밍은 몇 가지 점에서 부적절한 이름이며 부드러운 과정처럼 여겨진다. '제거하기' 혹은 '단절'이라는 말은 가능한 한 전부 또는 많은 기능을 유지하면서 시스템에서 최대한으로 단절시키는 과정을 설명하는 용어로 더 적합하다고 할 수 있다.

왜 트리밍인가?

트리밍은 이상성(동일하거나 또는 더 나은 이득, 더 적은 비용, 더 적은 해로운 요소)을 증가시키고 공학 시스템에서 문제를 해결하는 데 도움이 된다. 이것은 복잡한 것과 부품 수를 줄여 성가신 요소를 제거하는 데 도움이 된다. 이것은 대부분의 문제 상황(이것은 트리즈 특허 회피와 특허 강화를 위한 중요한 단계이다)과 일반적으로 해로운 요소, 비용과 복잡함을 제거하여 시스템을 향상할 수 있도록 하는 데 유용하다.

트리밍 - 트리즈 문제 해결에서 가장 강력하고 효과적인 단계 중 하나

트리밍은 어려운 실제 점검이며, 현재 시스템에 심리적 관성과 부적절한 부속물을 버릴 수 있는 순간이다. 그것은 모든 요소가 필요한지를 질문하게 하고, 그것을 개선하기 위해 시스템의 모든 부분을 깎아내려야 하는 현실에 직면하도록 하게 한다. 기능 맵에서 많은 요소들이 빨간색 선으로 표시될 경우, 특히 그것들이 직접 주요기능을 제공하는 것에 관여하지 않는다면, 우리는 그것들과 관련된 요소들을 트리밍하는 것에 관해 생각해 봐야 한다. 그러나 트리밍은 해로운 요소, 초과량 또는 비용을 처리하는 방법만 있는 것은 아니다. 그것은 거의 모든 요소를 위해 고려되어야 하고 각 요소에 트리밍 규칙을 적용하여 일부 창의적이고, 혁신적이며 지략 있는 해결책을 만들 수 있도록 해야 한다.

간편하고, 효과적이며 경제적인 시스템

트리밍의 일부를 해결하는 현명한 공학기술은 체계적으로 트리밍 규칙을 적용하여 트리밍되는 요소들의 유용한 기능을 제공하기 위해 사용할 수 있는 자원을 찾는 데 초점을 맞춘다. 이 요소가 시스템에서 제거되는 경우에 잃게 되는 유용한 기능이 무엇인지 질문하게 된다. 무엇이 이러한 기능을 제공하기 위해 거기에서 이미 사용될 수 있었을까? 이것은 문제 해결에 핵심이다. 실제 원하는 것은 무엇이고, 무엇이 가장 좋으며, 무엇이 비용 대비했을 때 그것을 제공하는 가장 효과적인 방법인가? 트리밍 규칙을 적용하는 것은 사용할 수 있는 자원을 찾고 모든 가능성을 다루는 체계적인 경로이다. 그것은 간단하고 효과적이다. 린(Lean) 제조 또는 린 생산의 린 실무자와 지지자는 낭비하는 것을 최소화하고 가치 창출만을 위해 자원을 사용하려 노력한다. 또한 트리즈를 배우는 사람은 트리즈 트리밍이 기능에 자원을 일치시키기 위한 체계적인 단계를 추가해야 한다고 주장한다. 대부분의 린 프로세스들은 비록 체계적으로 트리밍하기 위해 무엇인가 찾아내는 동안에도 간단하고 체계적인 트리즈 규칙을 적용하기보다는 오히려 자원을 중요하게 일치하도록 만들기 위해 경험과 브레인스토밍에 의존한다.

트리밍을 위한 법칙

트리밍의 목적은 문제를 제거하는 것이고, 그래서 일반적으로 낮은 이상성을 가진 무언가를 트리밍하는 것을 고려해야 한다. 그것들이 제공하는 이득을 위하여 매우 해로운 요소, 비싼 비용과 복잡함을 가지고 있는 요소를 트리밍한다. 먼저 비싸고, 문제를 가지고 있는 요소를 트리밍하거나 제거하고/혹은 시스템의 주요 기능에서 멀어지게 한다(즉, 어쩌면 그것들이 교정하는 요소들과 같이 시스템의 유용한 결과에 영향을 주지 않는다는 점에서 비생산적일 수 있다). 기존 요소와 사용할 수 있는 자원을 대체/교체하고 각 요소가 시스템에 추가하는 가치에 대해 생각하고 그 이상성(해로운 요소의 가치 더하기 고려)을 평가할 수 있는지 보기 위해 확인한다. 만일 이상성이 낮을 경우 트리밍을 한다.

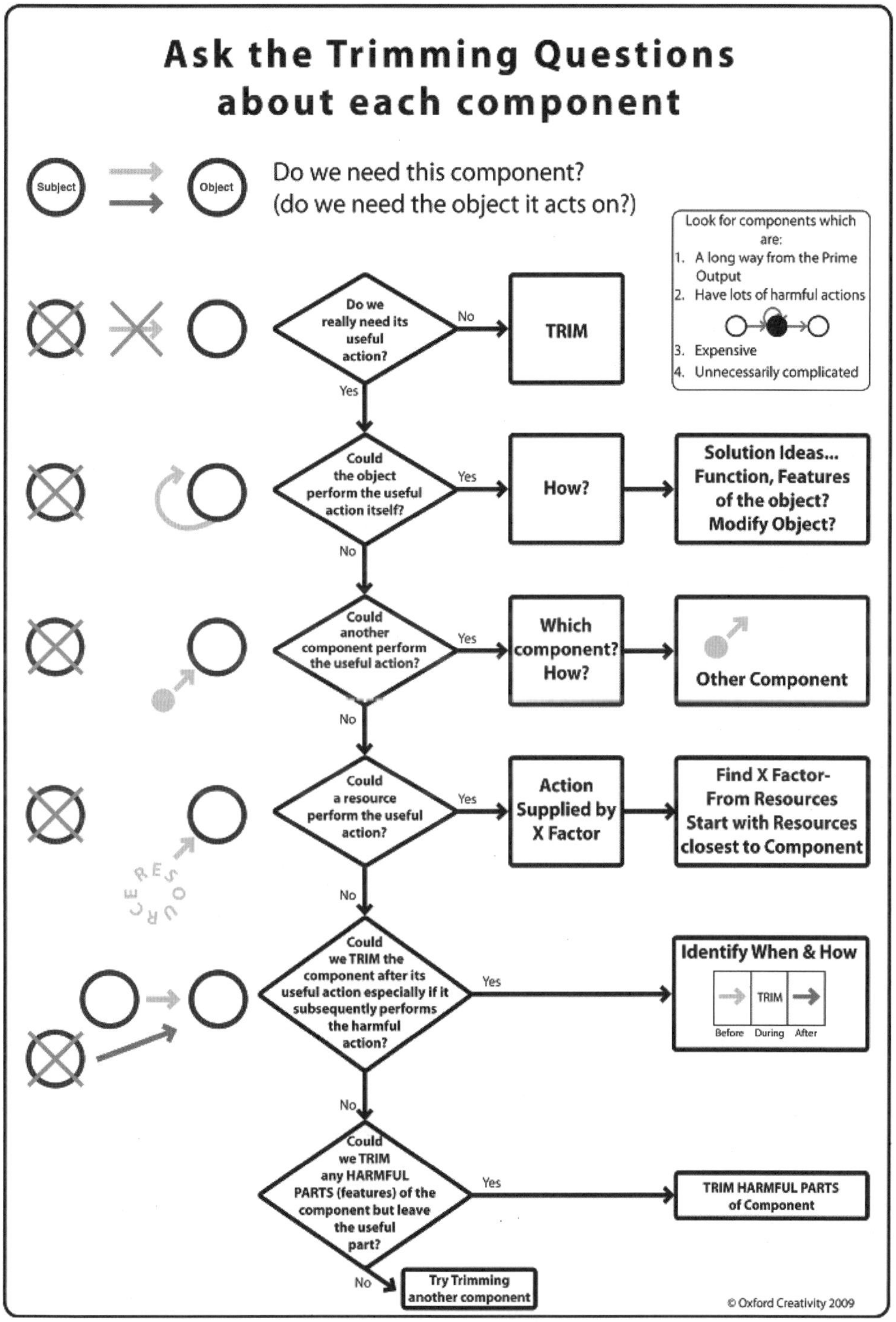

유용한 작용에 대한 책임을 옮기기 위한 지침

(예 : 작은 사무실에서 히터를 트리밍)

1. 동일한 대상에 동일한 기능을 수행한다(에어컨 시스템을 사용).
2. 다른 대상에 동일한 기능을 수행한다(오븐이나 물 히터에서 열을 얻음).
3. 동일한 대상에 다른 기능을 수행한다(공기를 이동하는 팬 혹은 저장되는 특수태양열 창문과 필요에 따라 열을 방출하는 팬).
4. 적절한 자원을 마련한다(벽이나 바닥이나 천장 모두 공기가 접촉할 수 있는 큰 공간을 갖춘다).

트리밍이 문제를 야기할 수 있다는 것을 기억해야 한다(하지만 괜찮다. - 우리는 문제 해결자이기 때문이다!). 아주 별난 트리밍 제안들에 대해 대처할 준비가 되어 있어야 하고 그것들을 무산시켜서는 안 된다. 다른 트리즈 도구들은 트리밍에 의해 제기된 문제를 해결하기 위해서 있다. 시스템을 개선하고 단순화하기 위해 전체 트리즈의 도구 세트를 사용할 수 있다.

교육 환경에서 해로운 영구 매직펜 트리밍

나는 트리즈를 강의하고 가르치며 콘퍼런스 룸에서 문제를 해결하는 데 많은 시간을 보내는데, 하루는 나를 짜증 나게 하고 성가시게 한 진행 중인 한 가지 문제를 해결하기 위하여 트리즈 트리밍을 사용하기로 했다. 나는 매직펜을 잘못 사용하여(영구 매직펜) 화이트보드를 뒤덮고 얼룩지게 했다. 나는 이를 해결하기 위해 전체 기능 분석 프로세스를 사용했다. 일반적으로 프레젠테이션 매체에는 두 종류가 있다. 플립 차트 매직펜과 종이가 있는 플립 차트, 그리고 화이트보드 매직펜이 있는 화이트보드이다. 플립 차트 매직펜은 화이트보드를 영구적으로 얼룩지게 한다. 화이트보드 매직펜은 플립 차트에 사용하면 매우 희미하게 되고 또한 프로젝터 화면을 얼룩지게 한다. 얼핏 보면 매직펜은 매우 유사하고, 같은 크기, 같은 뚜껑, 같은 색상으로 보이며, 일부 작은 글씨일 때만 어떤 것이 어떤 펜인지 알 수 있다. 문제 해결 기간 중간에 의욕이 넘치는 바쁜 진행자를 위하여 매직펜들을 사용하기 전에 매직펜들에 대해 세심한 검토를 하지 않는 것은 타당한 선택이 아니었고 실제로 그러지도 않았다.

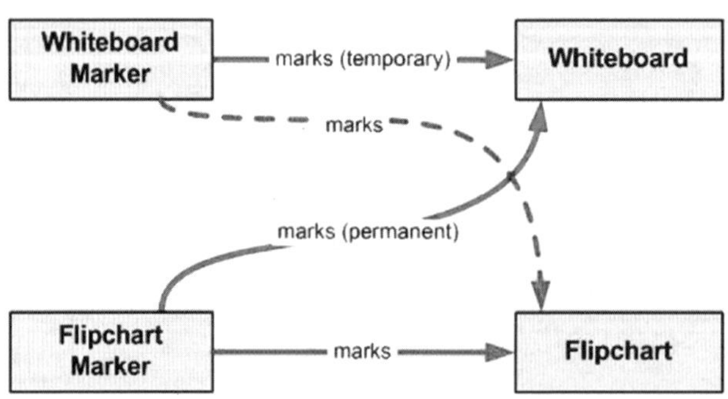

이것은 내가 상황의 기능맵을 그리고 필요한 것을 참고하여 트리밍 규칙을 적용했을 때 간단한 문제만 남은 것이다. 상황의 간단한 기능맵은 두 가지 문제(해로운 작용과 불충분한 작용)가 있다는 것과 내가 기능 분석 법칙을 따른다면 분명히 해결할 수 있다는 것을 보여준다. 일반적으로 보통 가장 큰 개선점을 가져다줄 수 있는 요소의 해로운 작용을 해결하는 데서 시작한다. 대부분의 진한 선을 가진 요소에서 시작한다. 나의 해결책은 화이트보드를 못 쓰게 되는 것을 막기 위해 모든 플립차트 매직펜을 트리밍하고/제거하는 것이 첫 번째였고, 그에 따른 결과에 생겨난 두 번째 문제, 즉 플립 차트 용지에서 읽기에는 너무 부적절한 화이트보드 매직펜을 해결하는 것이었다. 이것은 플립 차트 용지를 변경함으로써 해결되었다. 플립 차트의 추가 분석을 통해 지나치게 거칠게 된 플립 차트 용지 표면으로 인해 문제가 발생하는 것으로 보였는데, 화이트보드 매직펜으로 쓸 때 광택이 있고 부드러운 플립 차트 종이로 대체하면 플립 차트 매직펜만큼이나 명확하게 보였다. 모든 플립 차트 매직펜을 제거하고 모든 화이트보드가 손상되는 것을 막으면서 한 종류의 매직펜으로만 사용하는 것이 가능하게 되었다. 화이트보드 매직펜은 플립 차트와 화이트보드 모두에 사용 가능했으며 다시는 문제, 혼란이나 손상이 없었다.

해로운 요소를 제거하기 위한 요소의 트리밍은 문제를 해결하지만, 지나치게 유용한 기능을 상실했다는 것을 의미할 수도 있다.

요소(주체 및/또는 대상)는 유용한 기능을 제공하기 위해 함께 작용할 수 있는 시스템 내에 있으며, 또한 그것들이 해로운 요소를 생산할 때, 우리가 문제를 제거/감소하기 위해 그것들의 하나 또는 둘 다를 트리밍한다면, 우리는 그것들의 유용한 기능도 또한 트리밍할 수 있다. 유용한 기능이 손실되거나 시스템 안 또는 시스템 주변의 다른 요소에 의해 제공될 수 있다.

예를 들어, 호텔 방에 있는 미니바를 트리밍한다고 가정해보면, 호텔의 바는 수익의 원천이며 손님에게 좋은 서비스를 제공하지만 확인과 유지를 위해 큰 비용이 소요된다. 이러한 미니바 사용에 대한 질문 등의 문제는 체크아웃할 때 바쁜 손님을 자극하고 고객과 호텔 사이에 마찰의 원천이 될 수 있다. 미니바를 다시 채우고 확인하는 것은 대단히 세심한 작업과 비용이 많이 드는 관리를 필요로 한다. 간단한 기능맵으로 문제의 일부를 보여줄 수 있다.

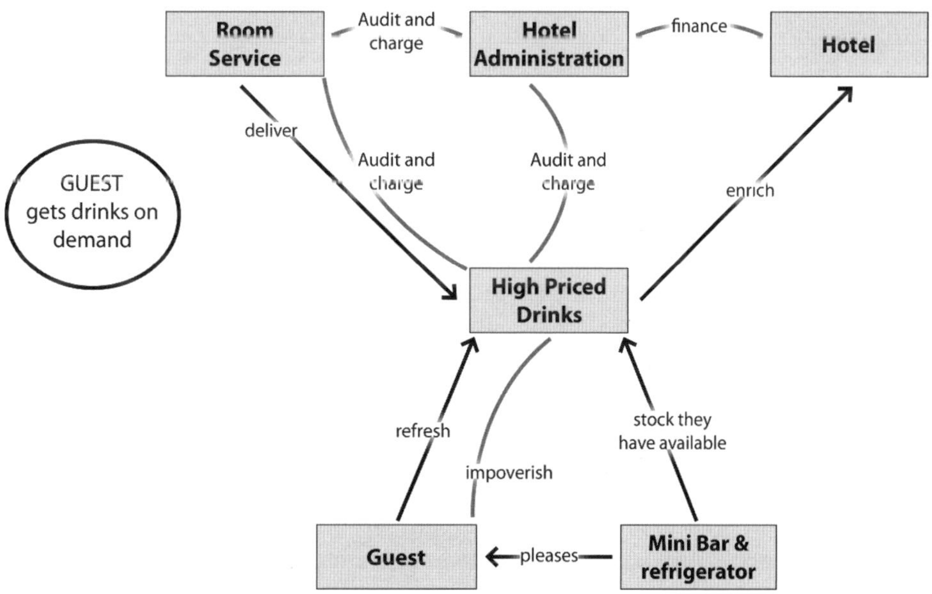

혁신적인 호텔의 최근 해결책은 매일 모든 방에 소박하게 채워진 무료 미니바 혹은 그 안에 아무것도 없는 미니바는 아니지만 무료 아이스와 자동판매기 및/혹은 좋은 룸서비스를 포함한 흥미로운 해결책이 들어 있었다. 트리밍 규칙을 사용하여 찾을 수 있는 문제에 대한 많은 해결책과 이러한 문제에 대한 흥미로운 모든 해결책들은 어떠한 유용한 것도 상실하지 않고 요소를 트리밍하는 방법을 제안하는 것이라는 점이다. 시스템을 단순화하거나 유용한 기능이 다른 무언가에 의해 분실 또는 초래될 수 있는 해로운 요소를 제거해야 할 필요가 있을 경우, 트리밍 법칙을 적용하는 데 필요한 모든 가능성을 찾을 수 있다.

트리밍한 후에는 이제 중단하지 마라!

일단 요소가 트리밍 되면, 계속하면 더 많은 트리밍을 할 수 있다.

트리밍 이후 이제 시스템이 변경되었다. 이제 새로운 시스템이고 기능 분석을 업데이트해야 하고 추가로 트리밍을 시도해야 한다. 한 요소의 트리밍은 종종 추가적인 트리밍을 위한 기회를 열어 준다.

트리밍은 우리가 이미 갖고 있는 것과 트리밍 된 기능을 얻기 위해 시스템 자원을 이해할 필요가 있다.

이를 위해 모든 자원을 이해하고 알고 있어야 한다. 이것은 의식적으로 사용할 수 있는 모든 자원을 최대한 활용하고 사용되지 않는 자원을 찾을 필요가 있다는 것을 의미한다. 문제의 해로운 요소와 나쁜 일/원인을 잊지 말아야 한다. 그것들은 얼마든지 동원될 수 있는 자원들이기 때문이다. 이미 있는 자원들을 사용하는 것만으로 트리밍 된 요소의 기능을 가지도록 노력한다(오히려 더 많은 입력을 추가하거나 돈을 더 내는 것보다).

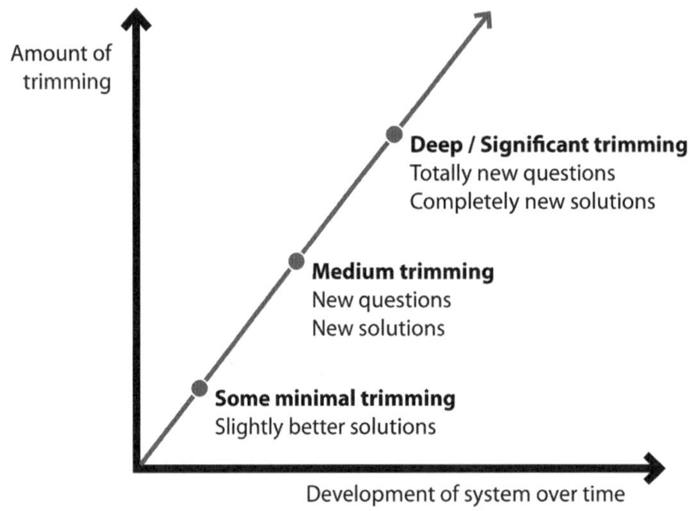

11.14 모든 단계에서와 어려운 모든 종류의 문제들을 위한 기능 분석

대부분 트리즈 문제 해결은 기능 분석이 필요하다. 그것은 하나의 요소에 대한 간단한 기능맵을 가진 매우 작은 공정일 수도 있고, 대형 및 전체 시스템을 위한 커다란 기능맵을 갖는 아주 세부적이고 복잡한 공정일 수 있다. 기능 분석은 전체 시스템의 최고 수준의 검사에 사용하며 모든 요소의 상호 작용에 대한 세부 검사에 사용된다. 기능맵은 어느 한 순간에 시스템의 순간 장면 혹은 부분이라 할 수 있다. 시스템 프로세스의 모든 단계는 여러 가지 별도의, 각 단계에 대해 하나의 기능맵으로 표시할 수 있다.

기능 분석은 문제 해결의 어떠한 단계라도 시스템을 맵으로 만들어 사용할 수 있다. 그것은 다른 단계의 많은 부분을 커버할 수 있고 아래의 그림과 같이 요구 조건을 충족하기 위해 시스템을 사용할 수 있다.

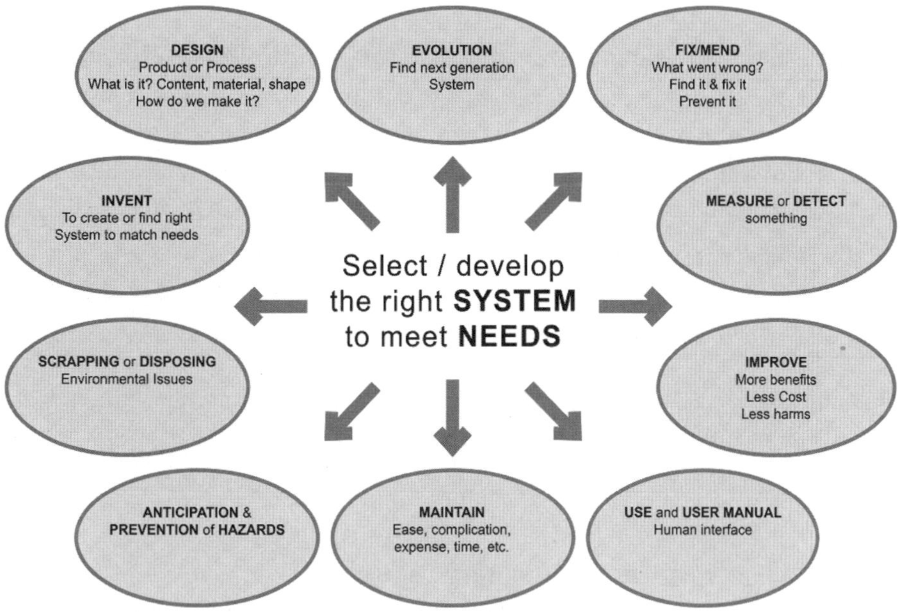

시스템은 제품이나 공정, 기술 또는 관리가 될 수 있다.

실제 문제와 어려운 문제에서 기능 분석 사용

핵 정화는 모든 사람들의 두뇌 능력, 경험과 문제 해결 경험에 직면한 매우 중요하고 해결되지 않은 문제들/도전들 중의 하나이며, 과학 커뮤니티가 위험한 문제 영역에서 유용하게 적용할 수 있다. 트리즈는 영국 내에서 사용하고 적용되고 있으며, 기능 분석은 특히 처음 문제를 이해할 때 효과를 극대화하기 위해 사용되었다.

아래의 그림은 오염된 물에서 핵 작용을 제거하는 과정이다. 간단한 기능 분석 다이어그램은 문제, 유해한 작용과 불충분하지만 좋은 작용을 보여주고 모순을 강조한다(동일한 요소에서 진한 선과 흐린 선). 아래의 그림은 디자이너가 초기 시스템이 가지고 있는 많은 문제를 정의하고 이해하는 데, 또한 초기의 결함이 많고 문제가 있는 설계를 상당히 개선할 방법에 대해 도움을 준다.

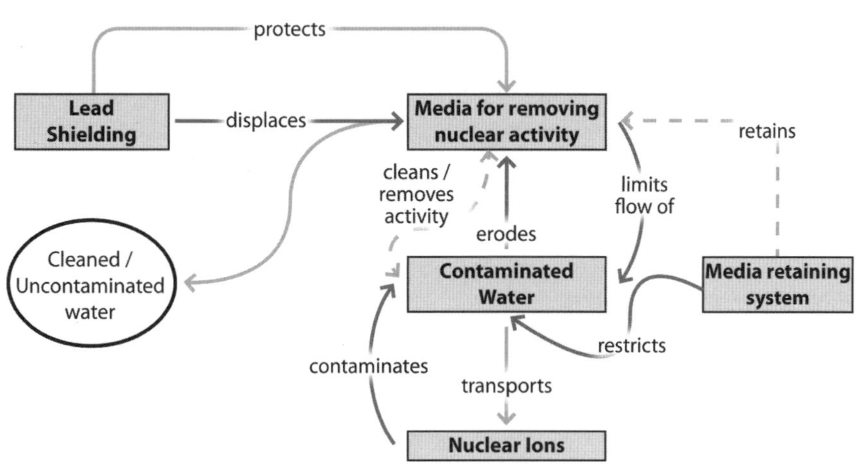

핵 문제는 오염된 물에서 핵 정화를 해주는 올바른 매개체와 올바른 매개체 시스템을 찾는 것이다.

이 기능맵에서 '원하는 것'은 깨끗한 물이며 주요 기능(직사각형 모양)으로 표시된다. 이상적인 결과는 물을 깨끗하게 하는 것이며, 이상적인 시스템은 핵 오염물질을 즉각적으로 흡수하여 세척을 통해 오염물질이 매우 적은 양이 되도록 하여 깨끗한 물을 제공하는 매우 적은 양의 매체이다. 핵 오염물을 제거하는 방법은 유동하는 물에 핵 오염 물질을 모으는 여과기/매개체/재료의 일부를 포함하는 것이다(고정시키는 매개체 내의 매개체). 매개체를 구매하고 처분하는 비용이 비싸고, 우리는 핵의 장기 보관을 위해 사용된 오염 매개체를 최소화하기 위해 가능한 한 작은 매개체로 사용하고 싶어 한다. 따라서 매개체가 효율적이고 균등하게 소모될 수 있도록(오염 물질을 수집) 시스템에 매우 좋고 효과적인 매개체를 원한다. 초기 설계 문제는 매개체가 물의 정화를 극대화하기 위해 가능한 빠르고, 많은 핵 이온을 수집하기 위해서는 가능한 천천히 물이 흐르도록 할 수 있어야 한다는 모순이 있다. 기능 분석은 간단한 시스템과 같은 모든 기본 모순과 문제들을 보여준다. 이것은 설계 과정의 초기 단계에서 도움이 된다.

11.15 기능 분석은 모든 중요한 문제를 식별한다

시스템이나 프로세스의 이상성 격차를 가깝게 하는 방법을 찾는 경우, 그것들이 원하는 것보다 더 적은 것을 주거나, 원하지 않는 것을 원하는 것에 더하여 주려거나, 또는 시간, 에너지 및 물리적 요소의 측면에서 너무 큰 비용이 들 때 문제가 있게 된다. 문제 해결은 종종 시스템과 이상성을 일치시키고 그것들 사이의 간격을 제거하는 것이다. 트리즈 기능 분석은 한눈에 옳고 그름의 문제 - 원하지 않는 것 혹은 부적절하거나 과도하거나 불필요하거나 유해한 - 모든 것을 볼 수 있도록 도와주는 시스템의 간단한 시각적 맵을 제공한다.

기능맵을 그리기 위해 간단하거나 복잡한 시스템을 작동하는 방법을 이해하고 문제를 분명히 할 수 있어야 한다. 또한, 모든 문제를 서로 분리할 수 있고 한 번에 그것을 한꺼번에 처리할 수 있어야 한다. 기능 분석은 쉽게 이해하고 의사소통할 수 있도록 너무 복잡한 문제 상황으로부터 간단한 문제 목록으로 안내해 줄 수 있다.

문제의 이러한 목록은 트리즈 도구들을 가지고 한 번에 하나씩 해결할 수 있도록 한다.

시스템 분석 및 기능 분석

트리즈 기능 분석은 공학 문제를 위해 설계되었지만 일반, 관리, 기술, 과학, 세부적, 복잡하거나 간단한 문제를 위해서도 잘 작동된다. 일반적으로 트리즈 해결책과 함께 사용하면 이 모든 문제를 이해하고 해결하는 데 유용하다. 기능 분석은 시스템 맵이고, 경로이며, 올바른 질문을 통해 체계적으로 문제를 해결하고 트리즈에 포함되어있는 세상의 모든 종합적인 해답 목록에서 관련된 답변을 찾는 열쇠이다.

간단한 질문에 대한 간단한 답변

기능맵을 구축하기 위해 시스템의 요소 사이의 기능적 상호 작용을 맵핑 해야만 한다. 기능의 상호 작용은 한 가지가 다른 것에 작용할 때 일어나는 것이다(열이 왁스를 녹인다, 아내가 남편을 귀찮게 한다. 기계는 신호를 측정한다 등). 기능 다이어그램을 구축하는 것은 두 가지 방법에서 문제 해결에 유용하다. 먼저 시스템의 작동

방식을 이해하고 시각화하는 데 도움이 되고(그리고 한눈에 그 문제를 보게 한다), 두 번째는 옥스퍼드 표준 해결책 및 40가지 원리와 같은 트리즈의 체계적인 문제 해결 도구들을 적용할 수 있다는 것이다. 이것은 어떤 기능 분석 문제 목록으로 이제 우리에게 제공되는 간단한 질문에 대한 간단한 답변 혹은 해결 트리거를 제공한다. 모든 문제의 목록을 구축할 수 있도록 하고 각 문제에 대해 가능한 모든 해결책을 안내하는 힘은 문제 해결을 위한 트리즈의 가장 유용한 부분이다.

11.16 단일 항목의 기능 분석의 예 – 커피 잔

기능 분석은 복잡한 프로세서에서 작동하며, 제품을 사용하는 방법과 좋은 점과 나쁜 점 둘 다를 제공하는 기능을 볼 수 있도록 도와줄 수 있다. 모든 트리즈 문제의 출발점은 어디에 있고 무엇을 원하는지(우리가 원하는 경우) 둘 다를 정의하도록 도와줄 수 있는 이상성 검증이다. 트리즈에서 우리가 가진 모든 것, 원하고 원하지 않는 모든 것, 수행하는 데 드는 큰 비용/투입과 허용해야 할 해로운 요소가 무엇인지 정의하는 데 이것을 사용할 수 있다. 일반적으로 시스템은 하나의 가장 주된 이득을 가지고 있는데, 그것의 수요 이득(그것의 목적)은 하나의 가장 주된 기능, 그것의 주요 기능, 더해진 다른 기능들에 의해 제공된다. 한번 시스템이 존재하면, 또한 종종 원하는 것 또는 해로운 요소와 비용과 같은 최소한으로 원하는 것도 존재하게 된다. 기능 분석을 위해 이상성 검증으로 시작할 수 있고 우리가 원하는 모든 것(제공하기 위해 존재하는 것)을 체계적으로 기록할 필요가 있다. 커피 컵의 기능 분석을 만들기 위한 단계는 다음과 같다:

© Oxford Creativity 2007

1. 이상성 검증(높은 수준의 설명과 우리가 확보한 시스템의 간단한 도면)
2. 모든 요소와 그것들의 상호 작용 기능 목록(주요 시스템과 S-a-O로서 그것들의 요소)
3. 기능맵 그리기
4. 문제 목록
5. 트리밍하기(해당되는 경우)
6. 한 번에 문제 하나를 해결하기 위해 표준 해결책의 나머지 부분을 적용하기
7. 새로운 시스템 해결책을 정의하기

1. 이상성 검증

이상성 검증 **(문제에 따라 관련된 부분에 기입)**

이상적 결과 - 최종 목표 + 주요이득 + 모든 다른 이득들(비용과 해로운 요소가 없는) = 완벽한 커피 잔, 정확한 크기와 스타일을 원하는가?

시스템 - 우리가 원하는 이득들

주요이득	커피를 마실 수 있도록 커피를 보호하고 향상시킨다
다른 이득	깨끗이 닦기 쉽다
	커피를 따뜻하게 유지한다
	적당한 양의 커피를 담을 수 있다
	휴대하기 쉽고 편안하고 잡을 수 있다
	슬겁게 마실 수 있다.
	만족스러운 디자인/스타일/재료
	재사용이 가능하다
	기타
받아들일 만한 비용/투입	구매 또는 제작 시 재료, 연소, 디자인 입력 등에 필요한 합리적인 비용
	공간/보관할 곳이 있어야 한다
	컵은 정확한 위치, 선택 & 결정된 것 등이 필요하다
	청결/위생이 유지되어야 한다
받아들일 수 없는 비용/투입	너무 비싸거나 매우 희귀한 값어치
	손을 씻어야 하는 것
받아들일 만한 해로움/문제	설거지/지저분한 것을 치워야 할 필요가 있다
	커피에 의해 컵이 얼룩진다
받아들일 수 없는 해로움/문제	너무 크거나 너무 작다
	커피가 온도를 잘못되게 한다
	컵이 너무 깨지기 쉽다 - 쉽게 부스러진다/훼손된다

문제를 이해하고 해결하기 위해 다음과 같은 다른 관련 요소들을 포함한다:

제약조건(부과 조건, 법칙 또는 규정) 국내사용, 재사용, 부엌 찬장에 저장하고 식기 세척기에 세척 할 수 있는 안전하고 안정된 그릇 용기.

도움이 되는 경우 시스템의 간단한 그림을 제공한다.

2. 모든 요소와 그것의 상호 작용의 기능 목록

각 이득이 제공하는 것은 하나의 기능이다. 이득들을 모으면 이상성 검증 전부 혹은 일부를 완성할 수 있고 (우리가 완성해야 할 것들은 상당 부분 우리의 문제 유형에 달려있다) 의식적으로 그것들의 목록을 만들 수 있다. 이득들에 연관된 기능들을 포착하기 위해서는 기능맵을 그려야 한다. 하나의 컵은 액체를 담는 기능을 제공하기 때문에 컵으로 마시는 목적을 달성할 수 있다. 하나의 간단한 트리즈 기능맵이 각각의 구성요소들이 수행하고 있는 기능과 각각의 구성요소들에 수행한 기능들, 그리고 시스템 전체의 부분 혹은 시스템 전체를 위한 기능들을 어떻게 보여줄 수 있는가? 기능맵은 간단하게 모든 구성요소들을 그것과 관련된 작용(좋거나 나쁜)들과 연결하는데, 이것 때문에 우리는 시스템이 어떻게 작동하는지 간단하고 명료하게 통찰할 수 있다. 기능맵은 항상 몇 가지의 관련된 개별적인 S-a-O들로 시작하는 것이 바람직하다. 주체가 대상에게 뭔가를 한다는 사실을 기억하라. 커피를 담고 있는 컵은 그 컵을 가지고 일상적으로 마시게 해 줄 수 있는 S-a-O이다.

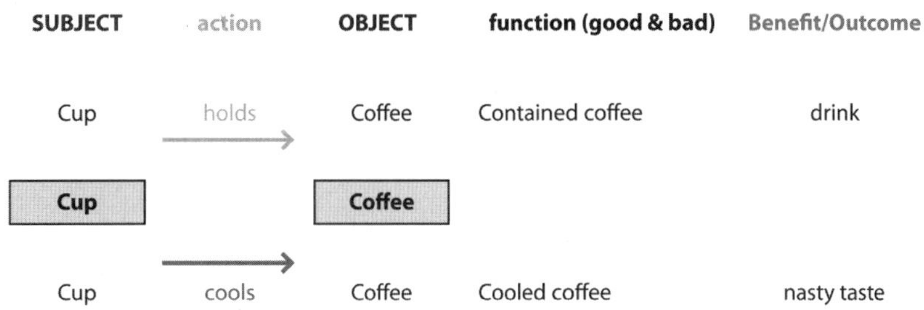

이 그림을 보면 컵이 커피를 식히는 것과 같은 단순한 시스템과 연관된 문제를 밝힐 수 있다. 컵이 어떻게 커피를 식히게 되는지, 왜 식히는지 물어보게 된다. 거기에 대한 답은 다음과 같이 컵의 모양 때문에, 열을 흡수하는 컵의 재질 때문에, 컵의 두꺼운 두께를 갖도록 단순하게 디자인되었기 때문이라고 생각할 수 있다. 하나의 시스템을 창조하도록 작용하는 구성요소들을 도입시키자마자 문제들이 나타난다. 하나의 기능을 수행하려고 하자마자 몇 가지 다른 기능들이 나빠질 수 있다. 이 경우에 우리는 두껍고/튼튼한 컵은 커피를 담을 수 있고(좋은 점), 튼튼해서 이가 빠지기가 어렵지만(좋은 점), 또한 커피를 식게 하는 것(나쁜 점)과 같은 요소의 특징들을 추가할 수 있다.

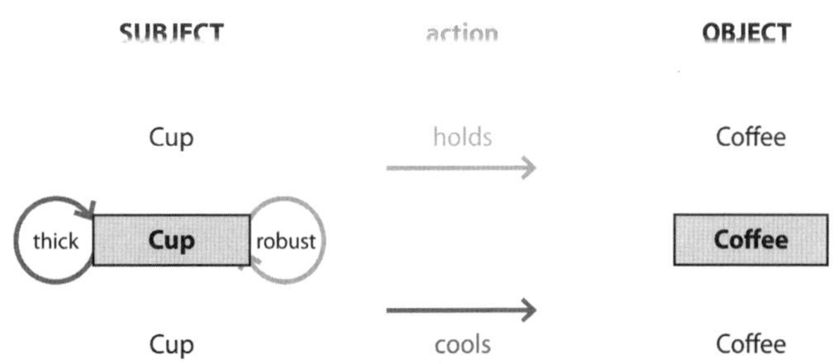

이러한 사실들로 인해 컵에서 그리고 컵과 커피 사이에서 흐린 선과 진한 선이 나타나기 때문에 모순이 나타나고 단번에 모순을 갖게 된다는 것을 알 수 있다. 시스템을 고안하고 발전시키고 고정하거나 향상시킬 때 모순이 나타날 수 있다. 하나의 것을 향상시키게 되면 다른 어떤 것이 나빠진다. 컵을 더 튼튼하게 만들게 되면(덜 깨지도록 하는) 그 컵은 더 무거워지고 비싸지고, 뜨거운 음료를 냉각시키게 될 것이다. 기술 향상이란 모순이 도처에서 나타나고 그것들을 해결하기 위한 혁신적인 방법들이 필요하다는 것을 의미한다. 트리즈는 모순들을 제거하기 위한 40가지 원리를 제공하거나 각각, 그리고 직접 해롭고 불충분한 작용들에 대응할 수 있도록 해준다.

기능맵은 간단한 시각 모델을 제공하고 구성요소와 특징들 사이에 관계를 정확하게 기술하고 이해하게 한다. 모든 해롭고 원치 않았던, 그리고 필요 없는 기능들을 알아봄으로써 우리는 인과관계를 단순화시킬 수 있고 하나의 생산품 안에 있는 문제들, 실패 혹은 결함들을 들추어내서 그것들을 향상하는 방법들을 알게 된다. S-a-O가 전달하는 기능들을 전달하게 되면 우리가 원하는 이상성(아무 문제 없음)이라고 규정된 사실에 더 가깝게 접근하게 되거나 그것들을 아주 훌륭하게 완성할 수 있다. 각각의 주체-작용-대상은 유용성이 요구되거나 유용한 것으로 판단되게 되면 하나의 기능 진술로서 목록화될 수 있다. 이 표에 이득을 포함하게 되면 무엇을 원하는지 상기해 볼 수 있고, 원하는 것과 시스템이 전달하는 것 사이의 차이를 기억하는 데 도움을 줄 수 있다. 하나의 기능 진술 목록은 모든 구성요소들의 목록을 만들고 그것들이 다른 구성요소들에 어떻게 작용하는지, 그리고 다른 구성요소들의 좋거나 나쁜 방식으로 작용하는 경우들을 인지함으로써 만들 수 있다. 어떤 다른 것에 작용하는 것이라면 어떤 것이든 구성요소가 될 수 있다. 따라서 구성요소는 컵, 커피 마시는 사람, 테이블 등과 같은 분명한 것들이 되겠지만, 중력이나 주변의 온도 같은 것과 같은 덜 분명한 것도 될 수 있다.

컵의 초기 기능 = 커피를 보존하다

주체	작용	대상	기능	결과/이득
컵	담다/ 보존하다	커피	담긴 커피(좋은 점)	커피를 마실 수 있다
커피	에너지를 공급하다	커피 마시는 자	활기를 되찾은 커피 마시는 사람	즐거움/에너지
외기(外氣)	차갑게 하다	커피	차가워진 커피(해로움)	불만족스런 경험
커피 컵	뜨겁게 되다	테이블	테이블 위에 뜨거운 흔적	손상된 테이블

3. 트리즈 기능맵 그리기

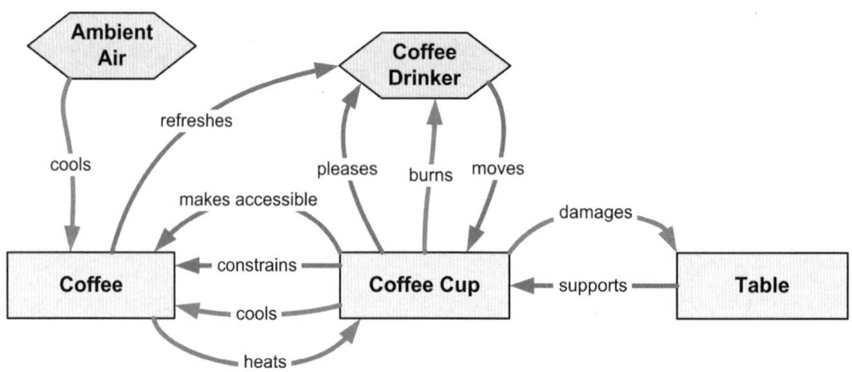

커피 컵을 쥐고 있는 남자의 만화로부터 위의 기능 분석에서 해로운 작용을 설명하는 적절한 동사를 시도해보고 정의 내린다.

앞의 그림 기능맵은 간단한 커피 컵이 가진 유용하거나 해로운 기능을 보여주고 있다. 또한 시스템과 환경의 상호작용을 포착할 수 있다. 환경은 커피를 식힐 수 있고(커피에 먼지가 들어가는 것을 막을 수 있고), 또는 커피와 당신과의 상호작용(환경요소)에 이득이 될 수 있고(편안함, 기운 충전)/혹은 해로운 것이 될 수 있다(각성을 시키거나 혈압을 높일 수 있다).

적절하고 정확하게 이루어진 기능 분석은 밝혀진 모든 문제를 담고 있는 하나의 문제 목록을 제공해준다. 그때 우리는 이해하게 되고 한 번에 하나의 문제를 해결할 수 있다. 40가지 원리로 모순들을 밝히고 해결함으로써(S-a-O 둘 중 하나가 문제가 있다면) 두 개가 서로 연결된 S-a-O 문제들을 해결할 수 있다. 옥스퍼드 표준해결책을 적용함으로써 요소의 특징들과 작용들을 가지고 문제들을 해결함으로 하나의 문제, 각각의 S-a-O를 다룰 수 있다. 목록에 있는 각각의 문제는 표준해결책의 어느 한 유형에 연결되어야 한다. 일단 적절한 유형을 선택하게 되면 그 문제에 대해서 입증되고 알려진 일반적인 해결책들을 모두 체계적으로 볼 수 있게 된다. 그렇게 되면 우리의 머리를 작동시켜 사용할 수 있는 자원들을 연결하고 경험, 지식, 판단을 사용하여 상세하고 적절한 해결책들을 찾을 수 있다.

문제 한눈에 보기

생산품과 과정에 관련된 기능맵을 만들 수 있다. 시스템의 특정한 영역들이나 과정에서 하나의 특정한 문제가 있는 기계나 시스템 사용에 초점을 맞출 수 있다. 원치 않거나 필요 없는 결과들을 들춰냄으로써 인과관계를 단순화시킬 수 있고 한눈에 모든 문제들, 즉, 모든 불필요한 것들, 불충분한 것들, 생산품의 결함이나 실패 원인들을 밝힐 수 있다.

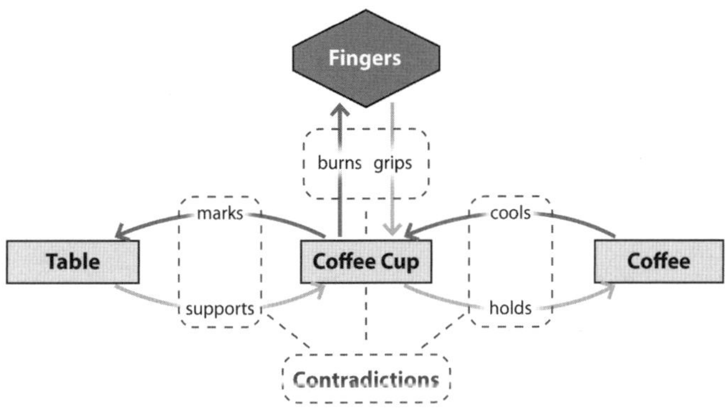

커피 컵의 문제를 해결하는 마지막 단계:

4. 문제 목록 - 실제적인 문제 해결에 참여하는 5-7단계로 이동할 준비가 되어 있는 다양한 기능맵에서 문제 목록을 만든다
5. 부분들을 트리밍하고 축소하면 더 단순화한다(해당되는 경우).
6. 한 번에 하나씩 문제들을 해결하기 위해 옥스퍼드 표준 해결책(그리고 관련될 경우 40가지 원리)의 나머지 부분을 적용한다.
7. 새로운 시스템 해결책을 적용하고 문제를 해결한다.

여기서 마지막 세 단계는 기술자가 트리즈 표준 해결책들을 체계적으로 탐구할 수 있도록 촉진해준다. 그 단계는 트리밍(5단계)에서 시작한다. 이 단계는 해롭고 불필요한 나머지 부분들을 제거함으로써 시스템을 단순화시킨다. 6단계는 표준 해결책들의 나머지 부분들이 다른 해로움들을 제거하고 불충분한 것들을 어떤 것이든 다 극복하는 데 적용할 수 있게 해주고, 모순이 해결되지 않았다면 최종적으로 그리고 부가적으로 40가지 원리들을 적용하게 해준다.

1-3단계가 하는 모든 일은 시스템이 어떻게 작동하는지 이해하는 데 우리의 분석을 집중시키는 것이고 시스템 안의 모든 문제 기능을 규정하는 것이다.

4단계는 문제 기능들의 문제 목록을 종합한 것이다. 문제 해결의 마지막 세 단계는 문제의 적합한 표준해결책들이 무엇인지 밝혀질 때 나오는 발산단계들이고, 문제를 해결하는 데 그 단계들이 제공하는 간단한 개념적 자극은 실제적인 해결책들이 나올 수 있게 해주는 출발점이다.

적절한 설계를 실험하고 사용할 수 있는 자원들, 각각의 자극에 적용된 독창성을 가동하게 되면 각각의 문제들을 해결하는 완벽한 해결책들을 만들 수 있다.

아래의 문제는 기능 분석의 모든 단계를 수행하여 시스템 또는 제품에서 문제를 해결하는 방법의 예를 보여준다.

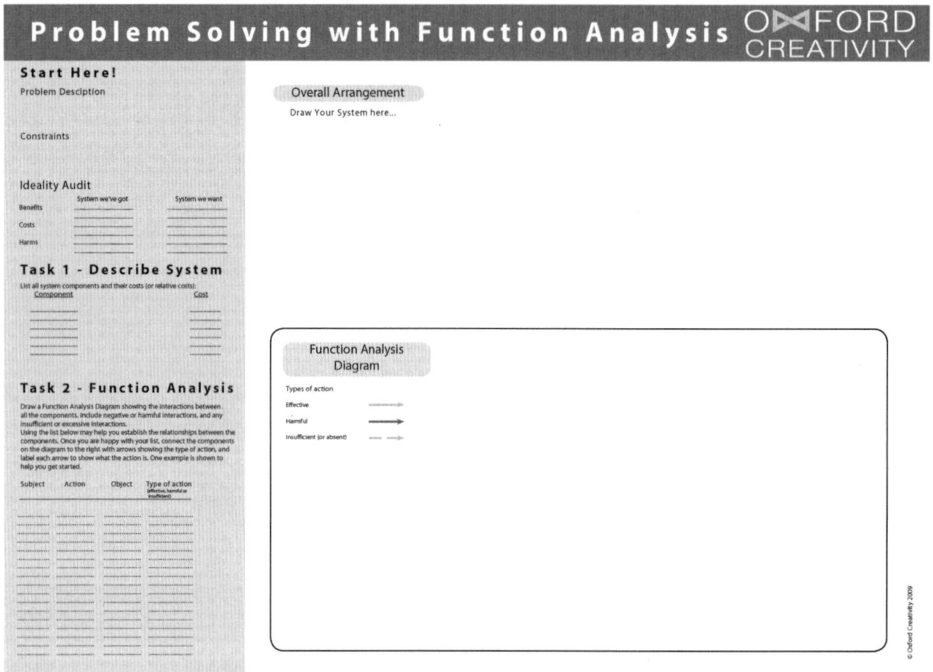

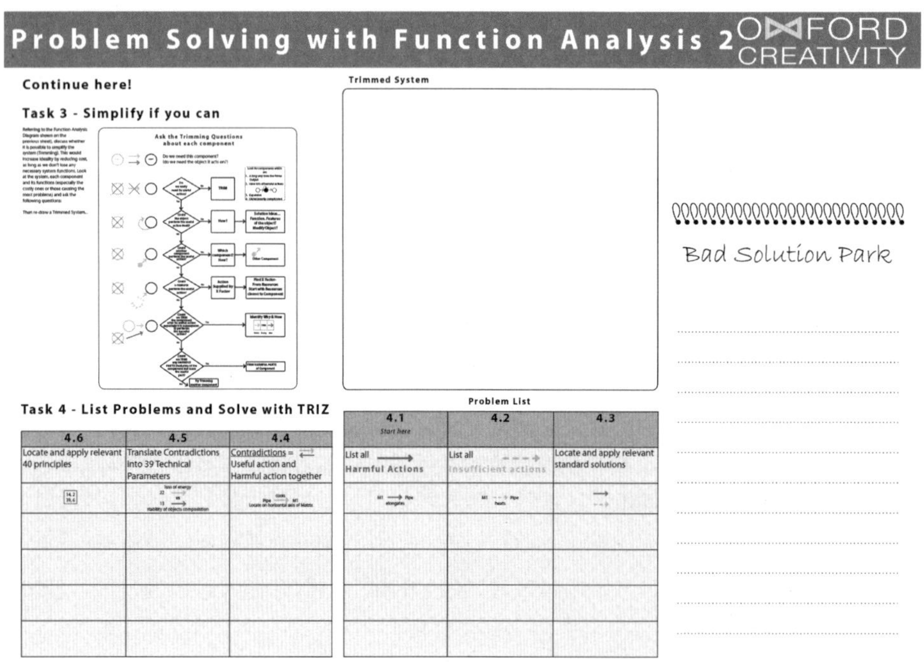

나는 기능 분석 문제를 해결하기 위해 기술자 그룹을 가르칠 때, 기술자 그룹이 자신의 문제를 해결하는 데 도움이 되게 하려고 작업을 1-4로 설정한 기능 분석을 위한 모든 단계가 표시되어 있는 두 장의 A0 용지를 사용한다. 이 과정은 옥스퍼드의 표준 해결책 및 문제를 완료하고 해결책을 찾기 위해 자신의 지성과 기술적 경험을 필수적으로 추가하여 사용할 수 있는 40가지 원리가 필요하다.

11.17 도로변 폭탄의 위치와 처리 문제 경우의 기능 분석

트리즈 도구는 다양한 문제 유형과 문제의 상황에 달린 도구의 조합이 결합하여 사용할 경우 가장 효과적이다. 기능 분석 도구는 우리가 많은 문제를 해결하는 데 도움을 주고, 가능한 원인과 가능한 해결책을 모두 맵핑하고, 문제와 그 원인이 세부적으로 관련된 것을 보여주는 적절한 기능맵이 있는 문제 영역에 초점을 둔 시간과 크기(9-박스)의 트리즈 도구 사고를 함께 사용하면 특히 더 강력하다.

기능맵은 모든 좋은 기능과 나쁜 기능을 보여주는, 시간 속의 한순간 스냅 샷이다. 즉, 그 순간의 모든 문제가 맵핑 및 캡처될 수 있다. 대부분 문제는 한순간에 발생하거나 또는 그것들이 일반적으로 하나만의 원인으로 생기지 않는다. 문제와 문제의 원인들을 충분히 이해하는 한 가지 간단한 방법은 시간과 규모의 문맥을 이해하는 문제 상황을 확장하는 것이다. 내가 여러 조직과 함께 작업한 문제 하나는 차량 탑승자를 죽이고 장애인으로 만들었던 길가 폭탄의 문제였다. 이것은 기술자들이 최상의 해결책을 신속히 찾아 적용할 수 있도록 해야만 했던 끔찍하고 매우 복잡한 문제였다. 나는 문제(위험)의 원인들 간의 관련성을 가르쳐주고 가능한 많은 해결책을 찾는 방법을 보여주고, 이 문제 해결 과정을 보여주기 위해 아래에 그 문제를 예로 든다. 여기에 제안된 원인과 해결책들은 단순히 대리자들이 경험하는 동안 생기게 되는 일부에 지나지 않고 완성된 해결책이라고 여기지는 않는다. 이 트리즈는 우리가 접근하고 문제를 해결하는 데 도움이 되는 방법을 보여주는 것이다.

도로변 폭탄 탐지의 문제

폭탄은 길가에 배치되었고 차량(사람을 운반하는)이 통과할 때 연속적으로 폭발한다. 이 문제가 포함하고 있는 많은 수준, 시간과 장소가 있다:

- 폭탄이 해를 입히기 전에 어떻게 이러한 폭탄을 감지할 수 있을 것인가?
- 어떻게 도로변 폭탄에 의한 피해로부터 사람들을 예방할 수 있을까?

트리즈 도구는 도로변 폭탄을 탐지하는 문제에 적용된다.

- 시간과 크기에서 사고(9-박스)
- 기능 분석(X-팩터도 적절한 경우)
- 옥스퍼드의 표준 해결책 적용

시간과 규모에서 폭탄 탐지

문제가 시작되고 거기에 문제의 많은 원인이 있으며, 가능한 많은 해결책과 그러한 해결책을 적용할 많은 장소가 있을 때, 시간과 규모로서의 문제 맵핑이 가치가 있다.

시간 단계의 상황을 맵핑하는 것으로 시작하는 것은 사전, 진행 중, 이후 단계 중 무엇과 관련이 있을까요? 규모에서 다음으로 우리는 얼마나 규모를 축소하고 확대해야 할까요? 우리는 어디에 집중해야만 할까요? 도로일까요? 차량일까요? 폭탄일까요? 우리는 시간과 규모 도구를 사용할 때 하나만 선택하지 않도록 해야 한다. 우리는 모든 것을 포함해야 하지만 간단하고 쉽게 이해하기 위해 관련된 세부적인 표시들을 많이 표현해 둔 체계적인 방법을 포함하고 어려운 부분들과 의미 있는 방법에서 서로 다른 단계들을 관련짓는다.

	폭탄 배치 전	폭탄을 배치하는 동안	폭탄 배치 후
도로와 주변			
폭탄 주위			

'성공적인' 도로변 폭탄의 경우들

폭파자는 폭탄을 설치하기에 적합한 장소를 선택하고 사용할 수 있다(그리고 폭탄을 관찰 및 점검한다).	폭탄 설치 장소의 불충분한 감시. 폭파자는 도로변에서 들키지 않도록 한다. 폭파자는 도로변에 폭탄을 설치한다.	폭발은 성공적으로 차량이 접근한 것에 대한 반응으로 시작된다. 폭탄은 뭔가가 성공적으로 대상이 올바른 위치에 있는지 감지된 정확한 시간에 폭발해야 한다.
폭탄 설치자는 들키지 않고 설치 장소에 도착한다. 폭탄은 들키지 않고 설치 장소에 운반된다.	설치된 폭탄은 발견되지 않는다. 폭탄은 폭발할 때까지 눈에 띄지 않는 채로 있다. 폭파자는 눈에 띄지 않는다.	폭탄이 폭발할 때 도로 이용자들은 폭탄 근처에 있다. 불충분한 차량 보호 도로 사용자는 폭발의 영향에 공격받기 쉬워야 한다.
폭탄을 성공적으로 준비/제조한다 폭탄을 위한 요소들을 구해서 조립한다.	폭발은 원격으로 이루어지거나 차량에 의해 트리거 된다. 폭탄은 폭발할 때 작동한다.	폭발할 때 폭탄은 여전히 올바른 위치에 놓여 있어야 한다. 불충분한 신체 보호

폭파자의 관점에서 성공적인 결과

폭파자의 관점에서 '성공적인' 폭탄은 준비하고 설치하고 폭발시키고 목표물들을 다치게 하는 것이다. 아래는 도로변 폭탄이 차량을 날려버려서 무슨 일이 일어날 지에 대한 폭파자의 관점에서의 기능 분석이다. 폭파자의 관점에서 해로움이 감지되고 있다. 폭파자의 주요 문제 중 하나는 작업의 모든 단계에서 감지되지 않도록 하는 것이다.

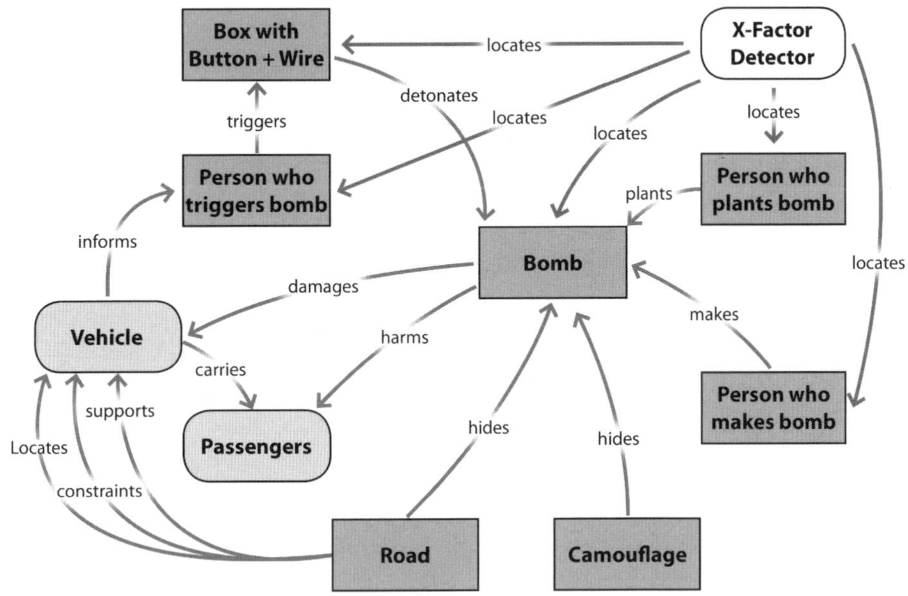

부상자/피해자의 관점에서 결과

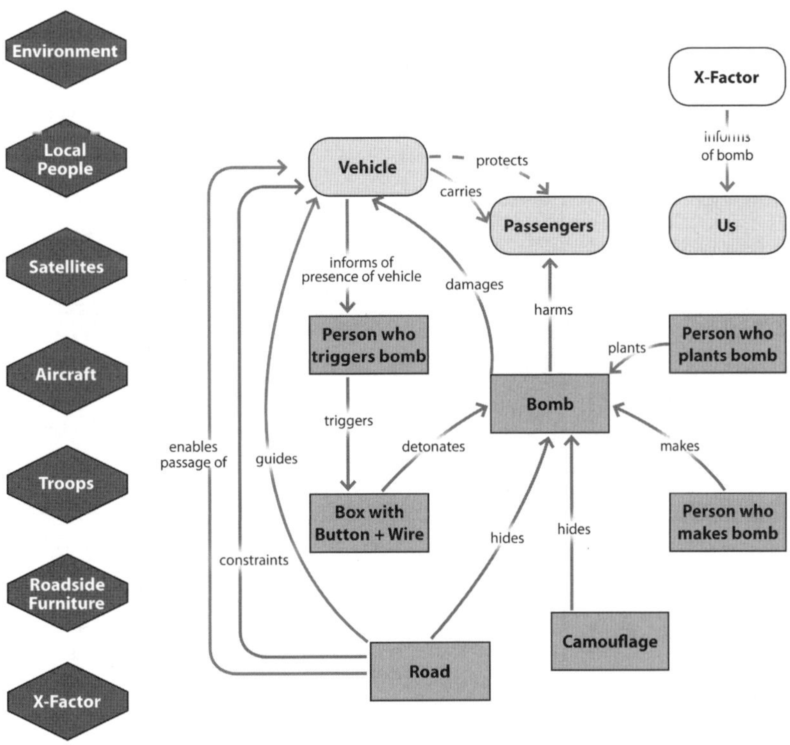

도로변 폭탄의 위협을 받고 있는 차량의 문제는 많은 유해한 작용과 불충분한 것들(차량이 승객들을 충분하게 보호해주지 못하는 것 등)을 보여주는 기능 분석에 맵핑 될 수 있는 많은 문제를 직면하고 있다. 아래의 도식은 문제를 포착하려고 문제를 돕기 위해 시도할 수 있도록 환경 구성 요소의 목록을 제공한다.

도로변 폭탄에 대한 해결책 찾기

매우 심각한 이 문제는 트리즈 표준 해결책에 대한 답변을 위한 약간의 개념적 트리거를 가지고 있다:

1. 해로운 작용
2. 유용하지만 불충분한 작용
3. 검출 및 측정

몇 가지 제안된 해결책

아래의 답변은 어떤 트리즈 팀에서 이 끔찍한 문제에 대한 해결책으로 제안한 방법 중 몇 가지 샘플 해결책이다. 도로변 폭탄의 문제에 대한 기능 분석을 사용하는 연습은 정기적으로 이러한 문제에 직면하고 현실적인 제약 조건을 알고 있는 군대 팀에 의해 수행될 때 최고의 그리고 가장 가능한 해결책을 얻을 수 있을 것이다.

사용하는 기능 분석의 이러한 연습은 정기적으로 이 문제를 직면하고 현실 및 제약 조건을 알고 있는 군대 팀에 의해 실시될 때 최고의 그리고 가장 가능한 해결책을 얻을 것이다. 이러한 트리즈 활동은 철저하면서 제대로 실시한 사람들이 문제에 대한 이해를 확고히 하고 구조화할 수 있으며, 올바른 경험과 결합될 때 가능한 모든 개념적 답변을 제공할 수 있다. 이것(트리즈 활동)은 최대는 아니지만 이 문제에 대한 가능한 많은 해결책을 얻도록 해줄 것이다.

폭탄을 설치하는 의도를 감지(정보) 폭탄 설치자 감지 감시 + '뭔가 나쁜 점, 차이점을 발견'	가능한 폭탄 감시 - 설치 장소 전망대로 위치를 찾아내는 데 사용 환경에서 폭탄이 설치된 특징을 감지(음향, 지진 등) 지역주민들의 행동 관찰	환경에서 폭탄 효과의 특징을 감지한다: 증기를 감지(기계 혹은 동물에 의한 냄새 맡기?) 자기장, 열사인, 다른 방출 도로의 정기 검사
폭탄자 제지/제거 폭탄을 장소로 이동하는 활동을 감지 검문소에서 폭탄을 감지	폭탄 설치를 관찰/검출 행동 패턴을 관찰 설치된 폭탄이 어떻게든 우리에게 알리도록 한다. 폭탄 설치자가 스스로 어떻게든 우리에게 알려주도록 한다.	도로를 정기적으로 청소 모조품(희생) 차량 모든 폭탄을 폭파
폭탄을 만들거나 또는 운송 도중 폭탄 요소를 감지 폭탄 요소에 뭔가를 하기 (스파이크 혹은 탐지 물질을 넣은 액체) 조기 폭발을 만들거나 폭탄 회로의 해제 하급의 폭탄 만드는 재료 쇄도	도로변에 폭탄이 설치된 것을 알려준다. 크게 폭탄의 폭발 및/또는 기폭장치의 안정성을 증가하거나 감소시키도록 무언가를 도입한다.	감지기, 지역 주민들, 다른 도로 사용자, 동물 (쥐) 등을 사용하여 설치된 폭탄을 찾는다. 어떻게든 폭탄의 존재를 밝혀낸다.

11.18 결론

답을 찾기 위해 영역을 제안하는 관련된 모든 해결책 트리거를 찾을 수 있는 옥스퍼드 표준 해결책과 함께 기능맵의 문제 목록을 사용할 수 있다. 문제에 대한 표준 해결책 자체는 이론적이다. 문제와 관련된 경험이 있는 기술자가 자신의 지식과 각 표준 해결책 기술을 적용할 때 실제적이고 실용적이며 유용한 것이 된다. 표준 해결책을 사용할 목적으로 시스템에 문제를 나열할 수 있다. 그 당시 시간 속에서 시스템을 이해하기 위해 기능 분석과 함께 이 작업을 수행한다.

문제 및 시스템의 명확한 이해를 필요로 하는 요구사항, 즉, 어떻게, 어디서 그리고 언제든지 모든 요구사항을 충족시키지는 않는다. 트리즈 기능 분석 도구는 시스템을 이해하도록 돕고, 그 당시에 있는 모든 문제를 맵핑 하도록 하고 기능이 전달되는 방법, 모든 부족한 것 혹은 해로운 것, 혹은 과도한 것 등에 대한 짧은 묘사, 즉, 문제 목록을 제공해 줄 것이다.

문제는 우선순위를 매기고 옥스퍼드 표준 해결책을 사용하여 해결할 수 있다. 이 과정은 우리 시스템이 우리가 원하는 최소의 비용과 해로움을 줄 수 있는 모든 것을 체계적으로 확인하는 것이다. 이뿐만 아니라 이것은 새로운 기술에 맞게 기존 시스템을 교체하는 방법을 이해하여 문제 해결에 도움이 된다. 일반적으로 말하면, 트리즈는 많은 문제의 으뜸이 되는 기술적으로 이해가 어려운 문제들을 해결할 수 있는 훌륭한 도구라는 것이다.

사례 연구: Mars에서 Bitesize 초콜릿 봉지를 여는 방법의 개선

Mars는 새로운 봉지 포장 개념의 즉각적인 성공을 즐긴다.

2003년에 Mars(그 당시는 Masterfoods로 불리었다)는 Bitesize 초콜릿 제품을 위한 새로운 포장을 출시하기로 했다. Bitesize 초콜릿은 간단히 한입에 먹을 수 있는 제품을 의미한다. Mars에서 만들었고 이러한 종류에 속하는 제품의 일부로는 M&M's, Maltesers, Minstrels, Revels와 최근에 Mars Planets이 있다. 포장방식은 표준의 베개형 봉지(그 당시 이 종류가 주요한 형태로 사용되었다)에서 서 있는 봉지로 바뀌었다.

변화는 다음과 같은 특징 및 이득과 함께 Mars에 매출을 증가시켜 주었다:

- 수평 팩은 선반에 진열하는데 더 보기가 좋음
- 테이블에서 넓은 오픈 주머니와 '경험을 공유', 함께 쉽게 접근해서 만들기(혹은 친구들에게 건네주기)
- 스티커로 다시 닫을 수 있는 일자형 형태로 쉽게 열기(팩의 뒷면에 부착)
- 뜯어지는 부분(봉지의 상단 부분)은 봉지 속에 손이 들어갈 수 있고 한 번 열었던 봉지 형태는 바뀌지 않으면서 바로 쉽게 분리됨

멀티훈련팀은 프로젝트 작업을 하면서 개념에 맞추기 위한 올바른 포장 재료와 최고의 포장 기계를 발견했다. 일직선으로 개봉하는 형태는 디자인에 인쇄된 줄을 쉽게 열도록 봉지 양쪽에 마이크로 천공 방식의 선을 넣어 만든 것이다. 새로운 포장은 출시되었고 예상된 결과는 금세 나타났다. 즉, 판매가 증가하고 시장에서 성공을 가져다준 것이었다. 이 개념은 사람들이 Bitesize 세그먼트에서 찾고 있던 방법을 변경하고 경쟁사 대부분이 시장에 주머니 또는 동일한 포장 기계를 구매하여 우리의 제품을 복사하여 자신의 버전을 가지기 시작한 것이었다.

전체 시장은 영향을 받았고 이러한 변화는 표준의 베개형 봉지나 서있는 형태의 품질이 나쁜 봉지들을 더 고급 팩으로 변화하도록 만들었다.

봉지 문제

종종 새로운 개념을 가진 경우처럼, 봉지 문제는 몇 가지 문제를 가지고 있고 일부 작업은 개념이 S-곡선을 따라 이동하기까지 계속 수행된다.

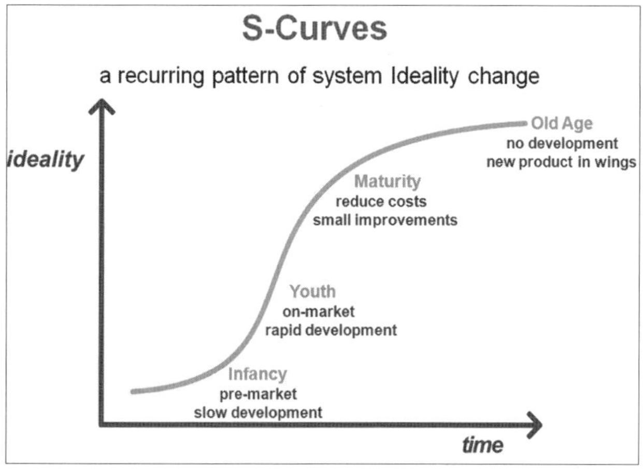

시장에 출시되었던 봉지는 여전히 초기 단계에 머물러 있었고, 완벽하지는 못했다. 전형적인 문제 하나는 일직선으로 오픈하는 것이었는데, 이것은 소비자를 위하여 중요한 기능이었다.

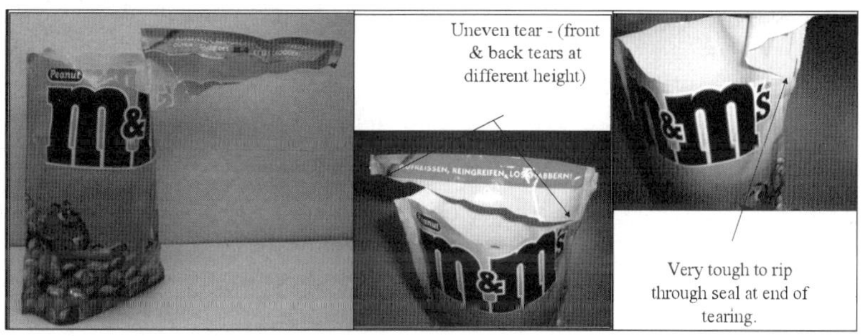

이 문제는 소비자가 봉지를 열기 위해 뜯을 때, 뜯는 선이 항상 작은 구멍을 따라가지 않을 뿐만 아니라 엉뚱한 방향으로 가는 데 있는 것이었다. 이것은 봉지 벽의 앞과 뒤쪽 사이에 큰 간격을 만들 수 있었다. 결과적으로 뜯어진 부위를 깨끗하게 제거하는 것은 거의 불가능하게 되었고, 봉지(개봉 후) 자체는 미관상 매우 보기 싫었다.

위의 그림 5에서 문제의 그림을 볼 수 있다. 이 경우, 뒷면 뜯어진 곳은 뚫어놓은 구멍 라인을 따라가지만, 앞의 뜯어진 곳은 잘못된 방향으로 가서 봉지의 하단 측면 쪽으로 찢어졌다. 뜯어진 부위를 제거하는 것은 거의 불가능해졌고 미관상 전혀 좋지 않게 되었다. 이 문제는 봉지 상단 부분에 유로 슬롯을 달아 개선되었다.

그 당시 우리는 개봉의 성능을 확인하는 방법을 개발하였고 그 결과에 훨씬 만족해 있었다 :

- 바로 열기: 5%(유로슬롯: 0%)
- 뜯어진 부위를 쉽게 제거: 0%(유로슬롯: 0%)
- 전면 및 후면 라인 사이의 평균 거리: 15 mm(유로슬롯: 30 mm)

대부분의 사람들이 자연스럽게 본능적으로 하는 것처럼 우리는 일반적인 시행착오를 겪는 방법을 사용하여 문제를 해결하기 위해 노력했다, 즉, 여러분이 한 가지를 시도하는데, 그것이 작동하지 않을 경우 여러분이 다른 무언가를 시도하는 것과 같은 것이다. 이 방법은 시간이 지나면서 자신도 모르게 자연적으로 진화되어온 결과이지만, 그것은 완벽하지 않고 올바른 해결책에 도달하기 전에 상당한 시간과 반복을 요할 수 있다.

겐리흐 알츠슐러는 그의 책 『*혁신 알고리듬*』에서 인용부호를 사용하여 다음과 같이 강조하고 있다:

> 진화의 과정 동안 두뇌는 간단한 문제에 대한 대략적인 해결책을 찾기 위해 배운다. 그러나 복잡한 문제에 대한 형태와 정확한 해결책 메커니즘을 개발하지는 않는다.

쟁점은 이 봉지를 여는 문제가 주요 소비자들의 특징 중 하나에 영향을 미쳤고 그것을 빨리 해결해야만 했다. 시행착오 단계에 있을 때, 물론 그 과정에서 공급자들을 참여시켰다. 그러나 재료 자체만으로도 거의 해결할 수 있다는 사실에 모두 열중해 있었다. 그 당시(오늘날 경우도 마찬가지) 다양한 많은 종류의 막(필름) 구조체와 그러한 막 구조체의 조합이 한 방향으로 찢어지는 특성을 가졌고 시장에서 판매되고 있었다. 우리는 이러한 해결책을 활용하는 데 모든 시간을 보냈는데, 그럴 때마다 쟁점은 찢는 라인의 효율성에 영향을 미치거나(마찰문제의 발생) 필요한 열에 의한 봉합 특성을 잃게 만들었다. 얇은 막의 구조를 변경하는 것은 올바른 방향이 아니었다. 막에 뚫은 구멍도 도움이 되지 않았다. 뚫린 구멍을 따라 뜯어지지 않았기 때문이다. 물론 이 구멍의 품질을 개선하려 시도해보았지만 성공을 거두지 못했다.

브레인스토밍의 도움을 받아 이 모든 시도를 하였다. 그러나 다시 알츠슐러는 그의 책에서 다음과 같이 말하고 있다.:

> 브레인스토밍은 혼란스런 탐색을 없애주지는 못한다. 현실에서 그것은 탐색을 더 혼란스럽게 한다. 탐색 과정으로서 브레인스토밍의 부조리는 양적으로 우세한 것으로 상쇄된다. 문제들은 대규모 팀에 의해 공격받게 되는 것이다. 브레인스토밍으로 얻어진 이득은 어떤 것이든 관성 벡터의 방향을 따라 비효율적인 시도를 감소시켰을 때에만 달성된다.

문제를 다루는 방법은 성공을 거두거나 또는 실제 단계에서 변화를 가져오지 못했다. 우리는 어려움을 겪고 있었다. 얇은 막과 작은 구멍에서 벗어날 필요가 있었다. 빠르고, 효율적이고 성공적인 것을 위해 우리는 뭔가 다른, 뭔가 강력한, 좀 더 경험적인 기법으로 직접 문제 해결 탐색을 할 수 있는 무언가가 필요했다. 이러한 방법이 트리즈였다.

TRIZ를 통한 봉지 문제 해결

2004년 봉지를 여는 문제를 해결하기 위해 트리즈를 사용하였을 때, 그것은 알려진 것도 아니었고, Mars에서도 새로운 것이었다. 이미 알츠슐러의 제자 중 한 명(Victor Fey)에게 여러 사람들(나 자신을 포함하여)이 훈련을 받았고, 트리즈 기법은 커피 기계 부분(네 개의 정사각형)의 문제를 해결하는 데 사용되었다. 종종 많은 기업에서 교육훈련이 많이 진행되기는 했지만, 그것이 충분히 사용되지 않았기 때문에 상실되는 경향이 있었다. 사람들은 항상 그들이 그랬던 것처럼, 어려운 문제를 해결하기 위해 시행착오를 거치면서 브레인스토밍만을 사용하는 위기 모드에서 작업을 했다. 때때로 그들은 새롭게 배운 문제 해결 방법을 사용하는 것은 시간이 너무 오래 걸리거나 너무 어렵다고 생각했다. 이것이 당시 트리즈에 대한 나의 느낌이기도 했었다. 1999년쯤에 내가 경험한 트리즈 교육훈련(연속 5일간)은 매우 힘이 들었고, 트리즈는 어렵고 복잡하다는 느낌을 가지고 떠났다. 내가 2007년에 옥스퍼드 창의력 교육을 받았을 때, 정말로 트리즈와 그것의 본질을 이해하게 되었고 그 방법이 쉽고 빠르다는 것을 알기 시작했다. 나는 알츠슐러의 책을 읽는 동안 많은 도움이 되었다. 그러나 2004년으로 돌아가 보자.

Mars에는 문제 해결책을 찾도록 도와주었던 트리즈 기법을 사용할 줄 아는 사람들이 있었다. 나 자신을 훈련하는 사이 시간은 빠르게 지나갔고 이 작업을 이끌어가는 2004년은 나에게 있어 큰 과업이었다. 실제로 그 당시 운이 좋았는데, 그것은 나의 매니저가 스스로 트리즈로 방향을 바꾸고 트리즈에 빠져 있었으며, 트리즈 작업을 이끌어 가고 있었다. 그는 Mars 안에 트리즈 문화와 사고 과정을 심어주고자 노력하였다(지금 내가 하고 있는 것처럼 그 본질이 이해되면 트리즈에 전염될 수 있다는 것을 보여준다). 그리하여 비 오고 어두운 2004년 9월 말에 회의실로 가서 트리즈 기법을 사용하게 되었다.

TRIZ로 해결책 개념 찾기

우리가 했던 첫 번째 일은(그리고 여러분이 트리즈 방식에 접근할 때) 정확하게 문제를 정의하고 정말로 원하는 것을 이해하는 것이었다. 우리는 기능 분석맵을 그려보기 전에 이상적인 결과와 원하는 것과 실제 상황 사이의 차이를 정의했다:

1. 수평으로 뜯어지는 재료를 원하는데, 그것은 봉지의 위쪽이나 아래쪽 어느 쪽으로도 뜯어진다.
2. 수평으로 재료를 뜯고 싶은데, 뜯는 것이 유로슬롯에 도달하면 멈춘다.
3. 유로슬롯의 모양을 따라 뜯고 싶고, 그것은 유로슬롯에서 멈춘다.
4. 밀봉 라인을 따라 뜯고 싶고, 그것은 유로슬롯에서 멈춘다.
5. 장력을 받는 두 개의 벽(봉지 양면이 합쳐지는 면)을 원하는데, 뜯을 때 봉지의 한 면만 장력을 받는다.
6. 마주보는 봉지의 양 벽에서 뜯기를 원하고 봉지의 다른 쪽의 같은 위치에 도달하길 원한다. 이것은 보기에도 좋아 보이고 뜯어진 조각을 제거하기도 확실히 쉽다. 하지만 다른 위치에서 뜯어지고 뜯어진 두 지점의 더 크며 간격이 뜯어진 조각을 제거하기가 더 어렵다.
7. 봉지의 밀봉 부분을 통과하면서 뜯기를 원하지만(뜯어진 부위를 제거하기 위해), 뜯어진 선이 동일한 위치에 있지 않은 경우 그것은 불가능하다.
8. 서로 가까이 있는 두 개의 벽(봉지 상부에 있는)에서 뜯어지길 원하며 일직선이 되길 원한다. 봉지의 높이가 더 아래로 내려갈수록 벽은 서로 더 멀게 움직인다(봉지의 바닥에 있는 제품은 두 벽이 분리된다). 유로 슬롯은 봉지의 뜯어진 라인을 더 아래쪽으로 가게 하는 문제를 야기시키며 따라서 두 벽 사이의 간격은 더 커지고 뜯어진 부분은 더 나빠진다. 그래서 봉지 개봉의 이상적인 해결책을 예상하는 위치에 일직선으로 쉽게 뜯어지고 뜯어진 조각을 완전히 제거할 수 있는 방법으로 정의할 수 있었다.
   i. 뜯어진 조각은 쉽게 앞면과 뒷면에서 제거되고 뜯어진 부분은 같은 위치(같은 높이)에서 정렬 및 마무리된다.
   ii. 두 벽들 사이의 거리는 뜯어지는 방향에 영향을 주므로 두 벽은 서로 가까이 있게 한다.

이상적인 결과는 문제 해결의 방향과 뜯는 작용 중에 원하는 성능을 주었다. 다음 단계는 시스템, 상위 시스템, 하위 시스템의 명확한 개요와 그것들의 서로 간의 관계를 얻을 수 있는 시간과 규모의 트리즈의 9-박스 내에서 시스템을 맵핑 하는 것이었다.

Time

Scale

공급 업체가 제조하는 과정	릴의 얇은 막	헤게나우 봉지 만드는 기계
각각의 봉지 벽	두 개의 벽이 함께 + 측면 표시	봉지 열기
구멍 뚫기 얇은 막 분자	구멍 뚫기 얇은 막 분자	구멍 뚫기 얇은 막 분자

기능맵은 봉지를 뜯고/여는 동안 유해하고 불충분한 작용을 처리할 필요가 있다는 문제를 보여주었다. 이러한 문제를 해결하기 위해 유해한 것을 처리하기 위한 24가지 해결책 개념과 불충분한 것을 처리하기 위한 35가지 해결책 개념을 제공하는 옥스퍼드 트리즈 표준 해결책을 사용했다.

여기서 봉지를 일직선으로 뜯게 만들기 위한 방법을 찾기 위해 시스템의 다른 부분에 관련된 트리즈 해결책을 적용했다. 옥스퍼드 트리즈 표준 해결책은 해로움과 불충분한 것 모두 다루는 방법을 제안했고 다음과 같이 가장 적절한 것으로 보이는 것을 시도했다.

옥스퍼드 트리즈 표준 해결책 섹션 '해로움 차단'으로부터 다음과 같이 적용했다:

H.2.2. 유해하도록 하는 유해한 작용 멈추기: 유해한 작용에 민감해지지 않도록 대상을 변경한다.

대상을 변경하는 해결책 개념을 적용함으로써 해로움에 민감해지지 않게 되고, 하나의 해결책이 봉지를 그 속에서 두 벽을 움직이게 할 수 있다. 두 벽이 함께 있을 때 뜯는 것이 일직선이 될 수 있다.

이것을 달성하기 위해 시스템 수준에서 다음과 같은 아이디어를 냈다:

- 벽의 각 측면에 냉각-봉인을 넣는다. 그것들이 서로 맞닥뜨리게 되면 하나가 된다.
- 봉인은 뜯는 행위가 일어나기를 원하는 지점에 둔다(열-봉인 혹은 초음파 봉인)
- 두 벽이 서로 가까워지도록 공기의 압축을 푼다.
- 지퍼를 사용한다.
- 다층 라미네이트(트리 플렉스)를 사용한다.
- 정전기를 사용한다.
- 벨크로를 사용한다.
- 벽을 함께 유착시키기 위해 봉지 안을 텅 비게 한다.

하위 시스템 수준에서:

- 변형이 되지 않는 재료를 사용한다.
- 더 튼튼한 재료를 사용한다.
- 재료의 배향도를 변경한다(분자 수준에서).

옥스퍼드 트리즈 표준 해결책 섹션 '작용 강화'로부터 다음과 같이 적용했다:

ia2 다른 작용 혹은 여분의 장/추가 작용을 더한다, 그리고

ia3 더 나은 하나를 발견함으로써 작용을 개선/더 발전시키거나 혹은 더 쉽게 제어하는 새로운(두 번째) 장을 추가한다.

현재 작용이 불충분하므로 아이디어는 작은 구멍의 효율성을 개선하고자 하는 것이다. 즉, 뜯는 것이 작은 구멍의 라인을 따르지 않기 때문이다.

상위 시스템 수준(공급 과정)에서 다음과 같은 해결책이 생성된다:

- 팬시 컷 시스템(작은 구멍 라인을 증가시킨다).
- 레이저 컷 (새로운 장).
- 컷의 형태를 변경(상자 위에 있는 시소(Seesaw)같은 유형)

시스템 수준에서:

- 구멍을 내는 대신에 라미네이트 한 부분을 완전히 잘라낸다.
- 판지에서처럼 절반을 잘라내서 만든다.
- 뜯는 표시를 하는 위치를 변경한다.

옥스퍼드 트리즈 표준 해결책 섹션 '해로운 요소 차단'으로부터 다음과 같이 적용했다:

H.2.1. 유해하도록 하는 유해한 작용 멈추기: 대립하는 장을 만들어 유해한 작용을 방해한다.

상위 시스템 수준(봉지 만드는 기계)에서:

- 뜯는 것이 아래로 점점 내려가는 것을 막기 위해 벽 측면 안에 두꺼운 부분을 만든다.
- 각 벽의 뜯어진 곳이 서로 반대편의 동일한 위치에 오지 않더라도 뜯어진 조각이 제거될 수 있도록 밀봉 측면에 있는 재료들을 약화시킨다.
- 봉지 형태를 만드는 과정 동안에 재료나 접착제를 추가한다.

시스템 수준에서:

- 개봉을 인도하는 측면 벽에 무언가를 추가한다.
- 개봉을 인도하는 여닫이 스티커를 사용한다.
- 뜯는 라인을 차단하는 부분적인 부위의 접착제를 제거한다.
- 두 개의 서로 다른 접착제를 사용한다.
- 응력에 의한 균열: 압력의 유무에 관계없이 온도를 높이거나 낮게 하는 효과.
- 유로슬롯의 모양을 변경한다.

이 연습을 위해 모순 행렬표의 40가지 원리의 일부와 혼합한 76가지 표준해결책에서 4가지만 사용했다(특히 분할에서). 다음 단계는 공급자를 충족시키고 이러한 개념을 산업적 해결책으로 사용할 방법을 확인하는 것이었다.

개념의 산업화

공급자를 만났을 때, 다른 개념들을 하나하나씩을 조사하고 문제를 해결하기 위해 무엇을 할 수 있는지 확인하였다:

(a) 재료

(i) 1.1) 방향(거품 효과도 없음)

아이디어는 구조물에 사용되는 재료 중 하나가 만들어 내는 고장 난 분출 과정에 의해 만들어진 거품 효과를 차단할 수 있는지 확인하는 것이었다. 이 효과가 아래로 처져서 뜯어지게 만들었다고 가정했다(그것은 거품 모양을 따르고 있는 것 같았다).

(ii) 1.2) 강도

더 두꺼운 얇은 막

더 뻣뻣한 얇은 막

더 층이 많은 막

(b) 두 개의 봉지 벽이 함께 겹치도록 만든다(봉지를 만든 후 두 벽을 접착한다)

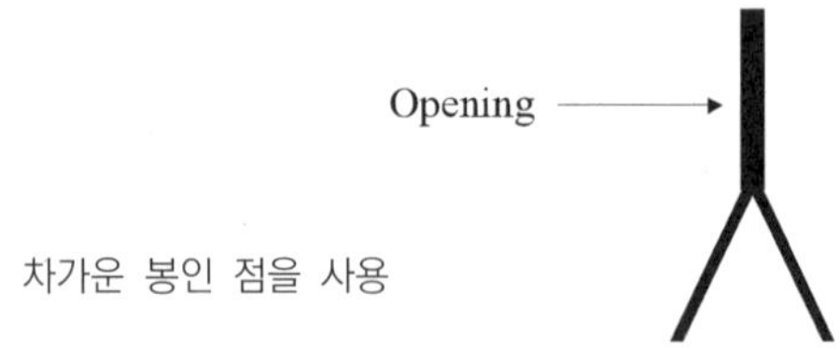

(c) 열기 더 쉽게 인도한다

(i) Ⅲ. 1) 마이크로 단위의 작은 구멍의 개선

다른 레이어를 절단

다른 방법으로 다른 쪽을 절단

같은 장소의 모든 측면을 절단(얇은 판으로 만든 후 전면 구멍)

여러 병렬 라인

칼의 폭을 달리 함

다른 칼 모양(상자에서 쉽게 열리는 시스템)

구멍의 분할: 구멍의 증가(팬시의 잘린 부분들처럼). 이것은 멀티 라인으로 돌아가고 있다.

수직 라인: 장력의 차이를 만들 수 있는 수직 라인의 다양성

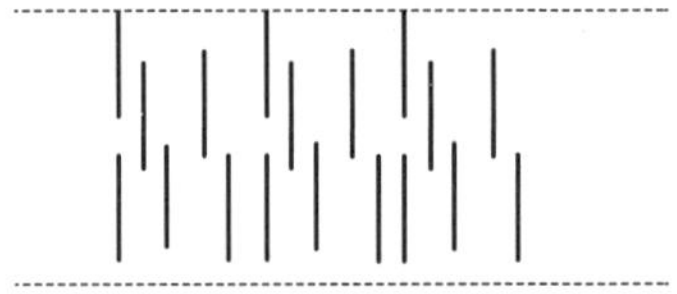

봉지의 가장자리에 있는 수직선은 봉지의 상단 부분이 뜯어지는 것을 개선시킨다.

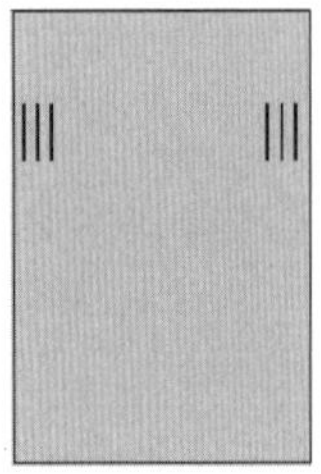

(ii) III. 2) 재료가 여는 방향으로 가도록 압박한다:

- 쉽게 열리는 부위에 국부적으로 얇은 막을 분쇄하는 업체에서 라인에 커팅 릴을 사용
- 절단 릴을 데우기(재료 압박)

(d) 인공적으로 두꺼운 영역 만들기(자처럼 여는 것을 가이드하기 위해)

- 두꺼운 적층 물이 영역들을 접착제로 붙인다.

- 강도에 미치는 영향을 확인하는 접착제 무게를 늘린다.
- 접착 유형을 변경한다.
- 열리는 영역에 전혀 접착하지 않는다.

- 경화 도료
- 접착제와 도료의 조합

승리한 아이디어 및 확인

이러한 아이디어들을 테스트하고 검증하는 많은 작업들이 있었다. 여기서 모든 것이 논의되지는 않을 것이다. 아이디어를 구현하는 것은 여는 것을 안내하고 의도하는 방향에서 벗어나 뜯는 것을 차단하도록 하는 것으로 이것은 가장 독창적이고 현명하며 쉽다. 라미네이트에서 접착제의 부재가 그것이다. 이것이 우리가 구현하는 것이다.

이 개발에서 가장 어려운 점은 그것을 테스트하기 위해 일부 공급 업체들을 설득하는 것이었다. 먼저 그들은 아이디어를 거부했다(심리적 관성). 그 뒤 첫 번째 소심한 시도, 두 번째 그러한 시도를 한 후 해결책은 확인되었다.

최종 개념은 벽의 측면에 각각 세 개의 라인을 추가하는 것이었다(봉지 형태 변화를 커버하기 위해). 뜯는 것은 영역의 중간에서 발생했다. 일직선에서 벗어나기 시작할 때마다, 접착제가 없는 부분들이 안으로 떨어지고 그것에 의해 인도되었다.

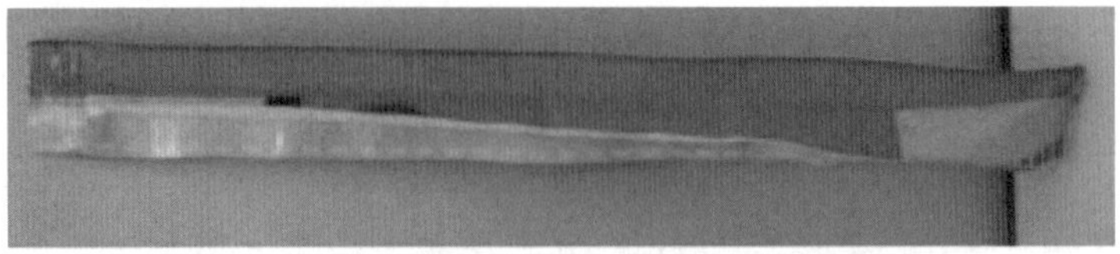

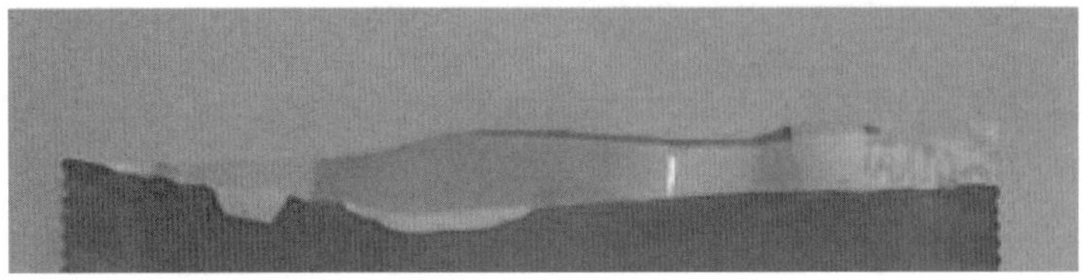

그림 9에서 접착제가 없는 라인의 효과를 명확하게 볼 수 있다.

아이디어를 특허화하기

원리는 매우 고유한 것이어서 적절한 보호를 보장받기 위해 우리는 아이디어를 특허화하기로 했다:

(19) Europäisches Patentamt / European Patent Office / Office européen des brevets

(11) EP 1 746 043 A1

(12) 유럽특허출헌

(43) 출판일
24.01.2007 회보 2007/04

(51) Int Cl:
B65D 65/40^(2005.01) B65D 75/58^(2005.01)
B32B 7/06^(2005.01)

(21) 출원번호: 05291526.1

(22) 작성일: 18.07.2005

(54) 쉽게 여는 봉지는 점착성이 없는 라인들을 포함한 두 개 혹은 더 많은 얇은 막들 층으로 만들어 졌다

(57) 이 봉지는 적어도 하나의 점착성이 없는 라인들이 앞에 말한 두개의 층들 사이에 배치된 접착제에 의해 두 개의 층들이 서로 함께 결합되어 있는 적어도 하나의 벽으로 구성되어 있다. 이 점착성이 없는 라인(들)은 쉽게 열리는 기능을 제공한다. 이 봉지는 어쩌면 가방이나 각각 하나 혹은 더 많은 점착성이 없는 라인들(17, 18)이 혼합한 두 개의 주요한 벽을 가진 봉지가 서로 대응하여 병렬해 있는 것일지도 모른다.

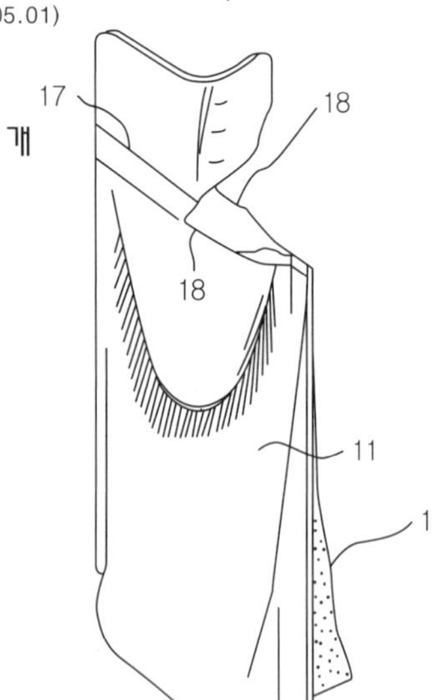

FIG.2

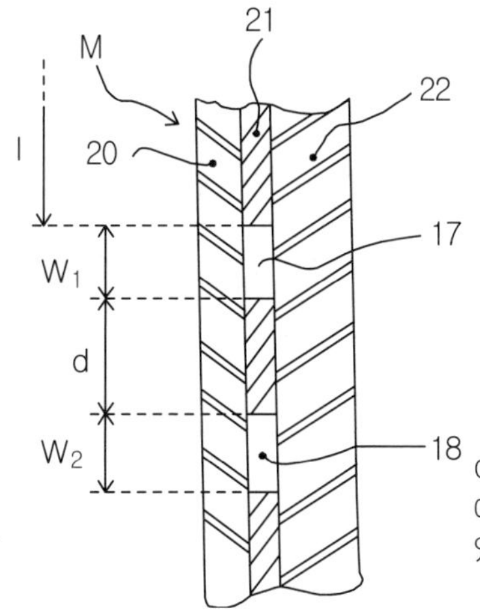

FIG.3

이 시스템은 M&M의 땅콩 봉지에서 꽤 오랫동안 시장에 선보였었다.

미래

모든 시스템에서 발명과 창의성은 S-곡선을 따라 움직이며 모험은 절대로 완료되지 않는다. 또 다른 디자인으로 시스템을 이동하고 싶었을 때((파란색 배경의 M & M의 감자 칩과 갈색 배경의 M&M의 플레인), 또 다른 심미적인 문제에 직면하게 되었다. 어두운색 아래에서 자유로운 접착제 라인이 보이게 되어 봉지의 시각적 관점에 영향을 미치게 된 것이었다). 이것은 마케팅을 위해서는 허용되지 않는 것이었다. 우리는 그 당시 기밀 때문에 여기서는 논할 수 없는, 다른 해결책을 개발하게 했다. 이 새로운 해결책은 시장에서 유일하게 미적 문제를 해결했을 뿐만 아니라 개봉의 효율성을 높인 것이 되었다.

결론

나는 이러한 예제를 보여주면서 트리즈는 강력하고 그것이 주장하는 바와 같이 혁신적인 문제 해결 방법임을 확신할 수 있었기를 바란다. 새로운 봉지 개발 이후 옥스퍼드 창의력과 함께한 새로운 교육 후, 나는 트리즈를 나의 기본적인 개발, 문제 해결과 혁신 도구 중 하나로 받아들였다. 나는 트리즈를 또 다른 포장 문제를 해결하고 새로운 포장 개념을 개발하고 새로운 방향의 혁신을 주도하는 데 사용하였다. 위의 예제는 방법의 일부 측면을 보여주는 것이다. 트리즈는 내가 설명하지 않은 몇 가지 다른 도구를 가지고 있다. 즉, 경향, 시스템의 이상성, 기능맵 등이 있다. 이러한 모든 도구의 조합은 지금 새로운 수준의 창의성을 가지는 데 도움이 된다.

부록 11.1
옥스퍼드 표준 해결책
세 가지 범주로 전통적인 트리즈,
76가지 표준 해결책과 재정렬이 있다.

해결책의 세 가지 범주

해로운 요소 24가지 해결책

총 24가지 방법으로 얻을 수 있는 해로운 요소를 처리하기 위한 4가지 기본 전략이 있다:

- 제거 - 해로운 요소를 제거한다 - 6가지 방법
- 정지 - 해로운 요소를 막는다 - 11가지 방법
- 변환 - 해로운 요소를 이로운 것으로 바꾼다 - 4가지 방법
- 수정 - 해로운 요소를 바로 잡는다 - 3가지 방법

불충분한 요소 35가지 해결책

개선하고 변경하거나 혹은 변경하여 기능을 강화하는 2가지 기본적인 전략이 있다:

- 구성 요소
- 그것들 사이에 작용하는 작용/장

불충분함은 여전히 문제는 있지만 전혀 피해가 없을 때 발생한다.

*주체 작용 대상*의 세 가지 모두가 존재하면서 함께 기능을 제공하지만, 그것은 어떤 면에서는 충분하지가 않다. 즉, 너무 약하고, 너무 느리고, 너무 통제가 안 되는 등이 나타난다. 불충분한 것을 극복하기 위해 35가지 개념적 답안이 있는데, 이것은 모두 우리의 해결책을 개선하도록 해주는 방법이다:

- 요소에 다른 것을 부가 - 주체 혹은 대상 (7가지 방법)
- 요소의 변화/진화 - 주체 혹은 대상 (10가지 방법) - 8가지 경향 일부를 사용하여.
- 더 나은/효과적인 작용의 달성 효과 (18가지 방법)

17가지 해결책 측정

공학 시스템을 측정하거나 검출하는 문제를 해결하기 위해 사용된다. 주요 권장 사항은 다음과 같다:

- 시스템을 변경하여 측정하거나 검출할 필요가 없도록 한다.
- 복제를 측정한다.
- 장을 생성하는 물질을 도입한다(내부 또는 외부 마크를 도입하다).

이 책에는 두 가지 표준 해*결책 버전이 있는데, 옥스퍼드 표준 해결책과 알츠슐러의 초기 76가지 표준 해결책이다. 옥스퍼드 표준 해결책은 초기 76가지 표준 해결책을 모두 포함하고 있지만 다른 일부 확장 및 추가된 내용을 가지고 있다. 측정 섹션에서는 초기 76가지 표준 해결책과 동일하며 여기에서는 반복하지 않는다(자세한*

내용은 부록 12.1 참조). 괄호 안의 숫자는 12장 끝 부분에 자세히 설명된 초기 76가지 표준 해결책에 옥스퍼드 표준 해결책을 참조한 것이다. 표준 해결책의 두 버전은 실용적인 해결책을 산출하기 위해 관련된 지식이 필요하다. www.TRIZ4engineers.com. 를 참고 하세요.

해로운 요소 = H

H.1 제거 - 해로운 요소를 제거한다 - 6가지 방법

H.2 정지 - 해로운 요소를 막는다 - 11가지 방법

H.3 변환 - 해로운 요소를 이로운 것으로 바꾼다 - 4가지 방법

H.4 수정 - 해로운 요소를 바로 잡는다 - 3가지 방법

해로운 요소에 대한 24가지 개념적 해결책은 공학 시스템에 그냥 적용할 수 있을 뿐만 아니라 유해한 작용을 하는, 즉 이론, 과학, 경영 또는 개인 등의 어떤 문제를 해결하는 데도 사용할 수 있다. 그것들은 이해하고 적용하기 쉽다. 그것들은 모두 해로운 요소를 처리하기 위해 발견된 개념적 해결책이다. 여기에는 해로운 요소를 제거, 정지, 변환 또는 수정으로 해결하는 방법을 예제와 함께 보여주며 설명되어 있다.

첫 번째 범주는 시스템을 단순화하여 해로운 요소를 제거하는 것이다. 이것이 시스템의 주요 목적에 조금이라도 기여하는 경우, 고가의, 복잡 및/까다로운 요소를 제거해주는 것이다. 아래에서 첫 번째 올챙이가 먹는 것으로 그들의 작은 형제자매들을 '제거'하는 것을 보여주는 바와 같이 자연에서는 이미 많은 트리밍 사례들을 볼 수 있다.

H.1 트리밍/제거 - 해로운 요소를 제거한다 - 6가지 방법

비용과 복잡성 등을 포함하여 이러한 것들과 관련된 해로움을 가지고 있는 요소를 제거한다. 시스템의 필수 기능에 집중하고 주요 목적에서 멀어져 있는 해로운 요소, 높은 비용 또는 그것과 관련된 불필요한 어려움을 가진 무언가를 제거(트리밍)할 것을 찾는다. 계속해서 모든 기능을 제공하는 하나의 요소에 여러 요소를 통합함으로써 요소를 트리밍한다(3.1.4.).

트리밍은 시스템의 모든 요소에 대해서 아래의 트리밍 질문에 관해 '우리는 이것이 정말로 필요한 것인가?' 라는 질문을 던지면서 냉혹한 눈으로 시도해야 한다.

주체는 트리밍하지만 다른 유용한 작용은 유지된다. 일부 다른 소스에서 얻을 수 있다.

H.1.1 어떤 요소에 대해, 그것들의 유용한 작용이 필요한가?

그렇지 않은 경우, 요소를 제거한다.

H.1.2 대상은 유용한 작용을 수행할 수 있을 것인가?

그렇다면, 주체를 제거하고 대상으로 유용한 작용에 대한 책임을 옮긴다.

H.1.3 다른 요소는 유용한 작용을 수행할 수 있을 것인가?

그렇다면, 주체를 제거하고 다른 요소가 유용한 작용을 제공하도록 책임을 옮긴다.

H.1.4 자원이 유용한 작용을 수행할 수 있을 것인가?

그렇다면, 주체를 제거하고 자원에다 유용한 작용을 제공하도록 책임을 옮긴다.

H.1.5 유용한 작용이 수행된 후에 우리는 주체를 제거할 수 있을 것인가?

그렇다면, 주체를 제거한다.

H.1.6 우리는 부분적으로 유해한 부품을 잘라내지만 유용한 부품을 남길 수 있을 것인가?

그렇다면, 해로운 작용을 제공하는 주체의 부품만 제거하거나 혹은 해로운 작용을 받는 대상의 부품만을 제거한다.

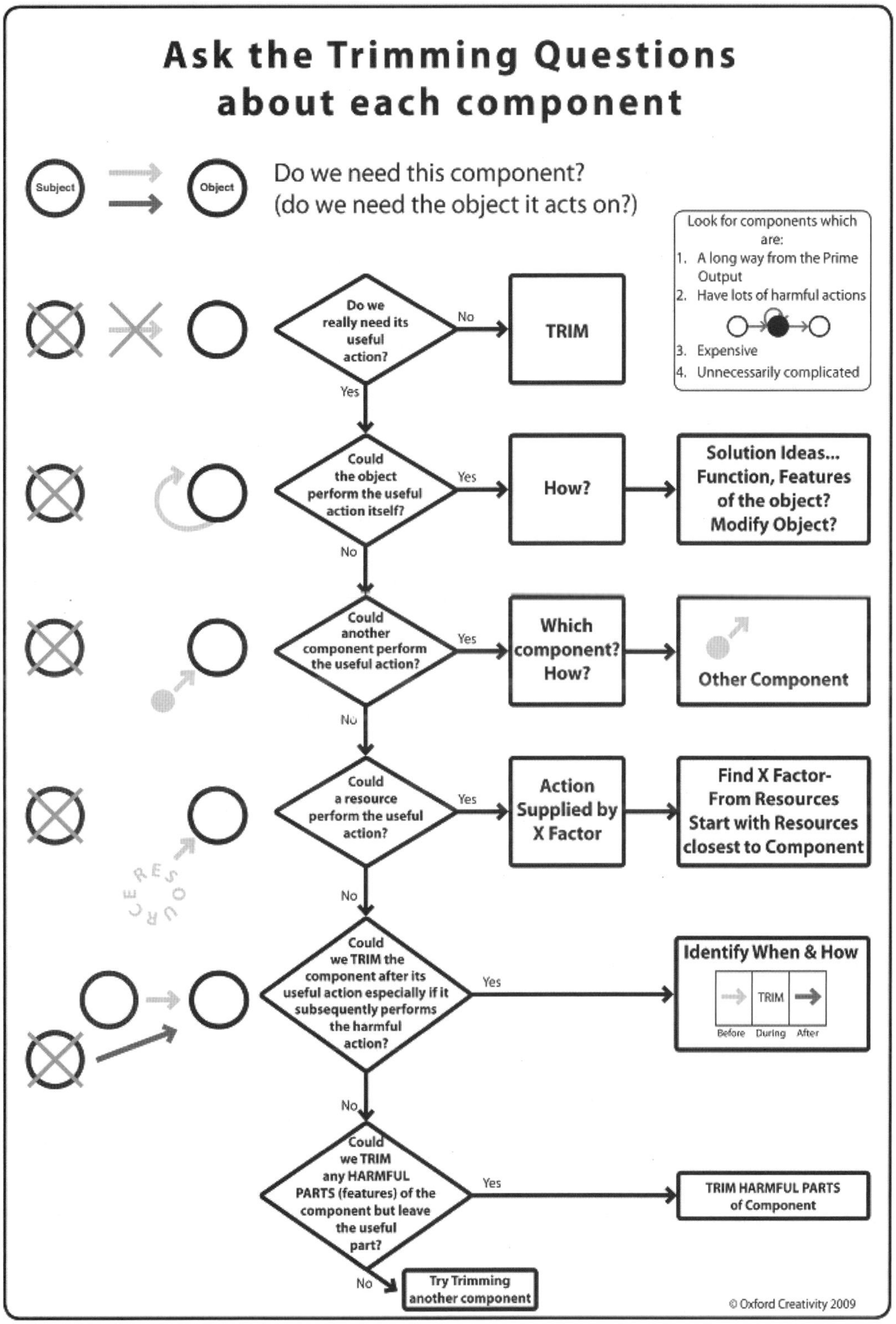
Ask the Trimming Questions about each component
Subject
Object
Do we need this component?
(do we need the object it acts on?)
Look for components which are:
1. A long way from the Prime Output
2. Have lots of harmful actions
3. Expensive
4. Unnecessarily complicated
Do we really need its useful action?
No
TRIM
Yes
Could the object perform the useful action itself?
Yes
How?
Solution Ideas... Function, Features of the object? Modify Object?
No
Could another component perform the useful action?
Yes
Which component? How?
Other Component
No
Could a resource perform the useful action?
Yes
Action Supplied by X Factor
Find X Factor- From Resources Start with Resources closest to Component
RESOURCE
No
Could we TRIM the component after its useful action especially if it subsequently performs the harmful action?
Yes
Identify When & How
TRIM
Before
During
After
No
Could we TRIM any HARMFUL PARTS (features) of the component but leave the useful part?
Yes
TRIM HARMFUL PARTS of Component
No
Try Trimming another component
© Oxford Creativity 2009

H.2 해로운 요소를 막는다 – 11가지 방법

H.2.1 해로운 요소를 상쇄시키는 대립 장을 이용하여 해로운 장을 약화한다(1.2.4).

H.2.2 유해한 작용에 민감하지 않도록 대상을 변경한다.

H.2.3 효과를 감소시키는 유해한 작용의 영역 및/또는 지속 시간을 변경한다.

H.2.4.1 새로운 요소/물질을 도입하여 유해한 작용으로부터 격리한다.

두 개의 요소를 직접 접촉되게 할 필요가 없다면, 해로움을 가진 새로운 요소를 차단한다(1.2.1).

H.2.4.2 기존 요소의 구성요소로 만든 물질을 도입하여 유해한 작용으로부터 격리한다.

두 개의 요소를 직접 접촉되게 할 필요가 없을 수도 있지만, 우리는 새로운 요소/물질을 도입할 수 없다. 요소 혹은 일부 부품 혹은 변경(아무것으로 사용하지 않는 빈 공간을 포함하여 비눗방울, 거품, 진공, 공기 등)해서 만든 물질을 도입하여 해로운 요소를 차단한다(1.2.2).

H.2.5 해로운 요소를 유인하는 희생 물질로 유해한 작용으로부터 보호한다.

해로운 요소를 흡수하기 위해 희생 물질을 도입한다(1.2.3).

H.2.6 다른 곳으로 최대한 필요한 힘을 넣어서 불가피한 강력한 장의 해로움으로부터 보호한다.

필요한 장이 시스템에 해를 끼치는 경우 간접적으로 다른 연결 요소에 적용한다(1.1.7).

H.2.7 해로움으로부터 시스템 부품을 보호한다.

매우 효과적이고 강력한 장/작용이 일부 부품들에만 효과적으로 적용될 필요가 있을 때(일부 영역에서 최대/존재와 다른 영역에서 최소/부재), 힘이 약하게 될 수 있거나 필요하지 않으며 손상의 원인이 될 수 있는 영역에 보호 물질을 추가한다(1.1.8.1).

H.2.8 약한 최소한의 장/작용을 사용하고 위치적으로 필요한 곳을 강화하여 해로움을 줄인다.

매우 효과적이고 강력한 장/작용이 다른 것들보다 일부 부품들에서 강하게 될 필요가 있다면(일부 영역에서 최대/강/존재와 다른 영역에서 최소/약/부재), 장은 최소화해야 하며, 최대의 효과를 필요로 하는 위치는 필요한 곳에만 물질을 추가하여 향상시키고, 장에 민감하게 할 수 있다(1.1.8.2).

H.2.9 해로움을 중단하기 위해 하위 시스템을 사용한다.

세계의 어머니들(MMM)은 우리 주변에 사는 젊은 사람들, 그리고 그들의 가족에 대해 알려고 하는 성향들이 강하다(우리가 작은 마을 공동체에 살았던 것처럼), 그리고 우리는 그러한 어머니들의 이야기로 거리에서 젊은 사람들의 나쁜 행동을 억제할 수 있다.

H.2.10 상위 시스템 – 해로움을 중단하기 위해 환경을 사용한다.

문화적 규범은 나쁜 행동을 지도한다 / 예방한다 / 수정한다.

H.2.11 해로움을 끊다 – 해로움은 시스템에서 특정 속성 때문에 존재할 수 있다.

해로움을 끊음으로써 해로움을 제거한다(예를 들어, 퀴리 점 이상으로 가열하여 자성을 제거하거나 반대의 자기장을 도입하여)(1.2.5).

H.3. 해로운 요소를 이로운 것으로 바꾼다 - 4가지 방법

H.3.1 해로움을 처리하기 위해 해로움을 사용한다.

H.3.2 뭔가 좋은 것을 위해 해로움을 사용한다.

H.3.3 두 가지 해로움을 결합하여 더는 유해한 것이 발생하지 않도록 다른 해로운 요소를 추가한다.

H.3.4 이득을 제공할 때까지 해로움을 증폭시킨다.

"Mr Frimley, sir, can I have a word about the motivational artwork..."

H.4 해로운 요소를 바로잡는다 – 3가지 방법

H.4.1 유해한 작용 후 해로운 결과 중 무엇이든지 제거한다.

H.4.2 유해한 작용에서 피할 수 없는 유해한 효과가 있을 때, 유해한 효과를 제어/대립하는 반작용을 추가한다.

해로움을 없애기 위해 사전에 혹은 동시에 반대되는 해로운 요소를 만든다.

H.4.3 미래의 해로움을 제거하기 위해 예측하고 설계한다 – 예견된 해로움을 제거한다.

작업을 수행한 후에 사라지거나 시스템 또는 환경에서 이미 물질과 동일하게 되는 뭔가를 사용한다(5.1.3).

불충분한 것 = I

불충분한 기능은 우리가 갖고 있는 해결책을 개선하는 방법을 말해주는 것이다.

주체 작용 대상 이 세 가지 모두 존재하면서 함께 기능을 제공하지만 , 그것이 불충분하면, 전달되는 기능이 너무 약하고, 너무 느리고, 너무 통제가 안 되는 등의 문제가 생긴다는 것이다.

불충분한 것을 극복하기 위해 두 가지 기본 전략이 있다:

- ⅰ 주체 및/또는 대상 혹은 제공되는 기능을 강화하기 위해 그것들의 환경을 개선한다:
  - ⅰ.1 수체 또는 대상에 부언가를 추가한다(/가시 방법).
  - ⅰ.2 주체 또는 대상을 변경/진화시킨다(10가지 방법).
- ⅰa 작용을 강화한다 - F(작용) 장이 없거나 불충분할 때를 위해(18가지 방법)

i.1 주체 또는 대상에 뭔가를 추가한다 - 7가지 방법

i.1.1 주체 또는 대상에 뭔가를 추가한다.

영구적으로 혹은 일시적일 수 있는 내부 첨가제를 추가함으로써 개선될 수 있다. 이것은 필수적인 특성을 강화하고/공급하는 추가 기능을 제공한다(1.1.2).

어떤 새로운 물질이 없는 경우 나중에 사라지거나 분해될 뭔가를 영구히 추가로 넣을 수 있다(5.1.1.8.).

i.1.2 기능을 강화하고/제공하는 주체와 대상 사이에 뭔가를 추가한다.

i.1.3 환경을 사용한다.

외부 환경을 사용한다(혹은 작용/기능을 강화/제공하기 위해 물질을 사용한다)(1.1.4.).

i.1.4 주체와 대상의 환경/주변에 뭔가를 추가한다.

우리는 몇 가지 추가 기능(들)을 제공하거나 어떤 방법으로 변경해야 하지만 요소를 쉽게 변경할 수 없는 경우, I.1.3에서와같이 외부 환경이 확실히 준비된 해결책은 아니라는 것을 가정하고 그 외부 환경을 변경한다. 또 다른 하나는 외부 환경을 대체한다. 그것을 분해하거나 그 속에 새로운 물질을 추가한다(1.1.5).

i.1.5 주체와 대상 외부/주위에 뭔가를 추가한다.

특징/특성을 개선하거나 보호, 강화된 제어력, 용해 예방, 등과 같은 외부 기능을 제공하기 위해 존재하는 물질/요소 속에 외부 첨가물을 도입한다(1.1.3과 5.1.1.3.).

i.1.6 기능을 강화하기 위해 환경/주변에서 뭔가를 추가한다.

i.1.7 주체와 대상을 강화하기 위해 환경/주변을 사용한다

우리가 개선은 원하지만 아무것도 추가할 수 없는 경우, 강화된 기능을 달성하기 위해 시스템에서 약화 또는 분해, 구성요소의 요소 또는 환경의 요소를 사용한다(5.1.1.9).

i.2 주체 혹은 대상을 변경/진화시킨다 - 10가지 방법

i.2.1 주체 혹은 대상을 변경/분할한다 - 분할의 정도를 증가시킨다(2.2.2)

분할은 개선이 필요하지만, 요소를 내세하거나 새로운 뭔가를 추가할 수 없는 경우, 작은 단위로 요소를 분할하여 개체를 변경하는 것이다(5.1.2).

i.2.2 빈 공간, 장, 공기, 물방울, 거품을 도입함으로써 주체 혹은 대상을 변경한다.

가스 또는 액체가 통과할 수 있도록 다공성 혹은 모세관 물질에 분할의 정도를 높일 수 있다(2.2.3과 5.1.1.1.).

큰 양이 필요하지만 아무것도 사용하지 않아야 하는 경우, 빈 공간, 거품, 풍선 구조 등을 사용한다(5.1.4).

i.2.3 유사한(또는 다른) 시스템 요소들을 증대시키거나 다른 유사한(또는 다른) 시스템과 결합하여 시스템을 개선한다.

i.2.4 좀 더 유연/융통/역동적으로 만듦으로써 시스템의 효율성을 높일 수 있다(2.2.4).

i.2.5. 시스템 요소 사이의 연결을 개발/개선한다(연결을 더 유연하게 또는 고정되게 만들 수 있다)(3.1.2).

i.2.6 시스템 전환 – 반대쪽까지 요소들 사이의 차이점을 최대로 증가시키는 것(3.3)

파티를 위한 하이힐 구두 - 집으로 걸어가기 위한 납작 구두

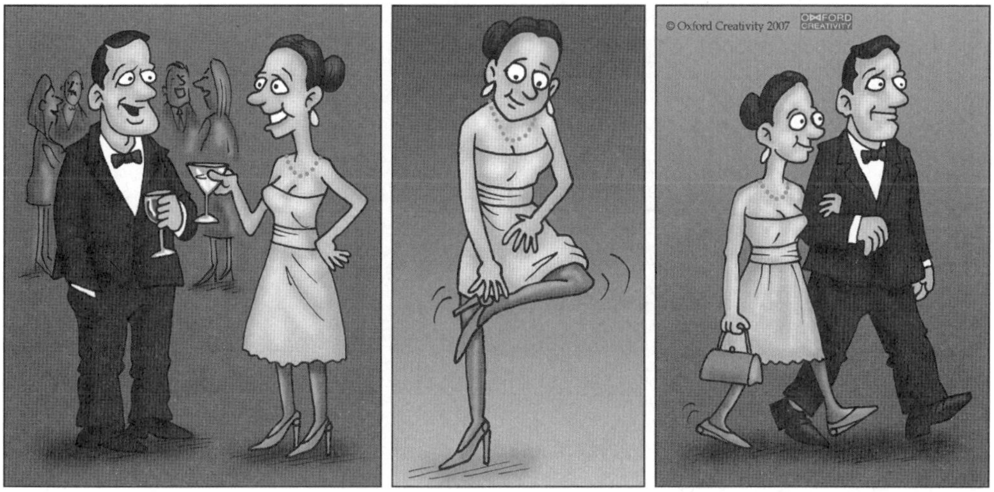

i.2.7 다른 시스템 수준에서 반대편의 호환되지 않는 기능을 제공하여 시스템을 개선한다(3.1.5).

하위 시스템 수준에서 하나의 특징/기능과 상위 시스템 수준에서 반대되는 특징/기능.

i.2.8 시스템 개선: 마이크로 레벨 전환로의 기능 제공(3.2.1)

i.2.9 시스템의 한 부품 또는 여분의 기능을 제공하는 하나의 요소를 개발하여 시스템의 효율성과 제어력을 향상시킨다(2.1.1).

i.2.10 시간 및/또는 공간에서 필요한 것을 정확하게 전달하기 위해 요소/물질을 변경하여 시스템을 향상시킨다.

일부 기능은 특정 지역 또는 특정 시간에만 필요하다. 생산된 물질은 필요한 장소에만 및/또는 필요한 시간 동안에만 배치된다. 미리 장소에 두면 유용한 효과를 제공한 후 사라질 수 있기 때문이다. 공간의 변화는 균일한 물질 또는 통제 물질에서, 또는 일정한 공간 구조의 비 균일 물질을 포함하며, 시간의 변화는 영구적 또는 일시적일 수 있다(2.2.6).

ia F(작용) 장이 없거나 불충분할 때 작용을 강화한다 - 18가지 방법

(올바른 작용을 하는 것과 작용을 올바르게 하는 것)

몇 가지 추가 기능(들) 또는 어떤 식으로든 변화를 제공할 필요가 있는 대상이 있을 때 올바른 장(작용)을 찾기 위해, 우리는 기능을 제공/완료하는 장(작용)을 가진 주체가 필요하다.

표준 해결책의 대부분은 이미 갖고 있는 해결책을 개선하는 방법, 혹은 해로운 해결책을 처리하는 동안 유용한 기능을 유지하는 방법이다. 이러한 표준 해결책 그룹은 특히 효과와 함께 사용할 때 해결책을 찾도록 도와준다. 참고. www.TRIZ4engineers.com.

ia.1 작용을 얻는다 - F장(작용)이 없어진 경우 다음 적절한 장/작용을 추가한다.

대상에 장을 추가한다. - 몇 가지 추가 기능(들)을 제공하거나 어떤 방법으로 변경해야 하는 대상이지만 필요한 변화를 쉽게 얻을 수 없는 경우, 추가 기능을 제공하기 위해 장/작용을 추가한다(또한 필요한 경우 주체를 추가한다). 대상은 변경하거나 필요한 추가 기능(들)을 제공하는 장의 영향을 받게 된다.

ia.2 다른 작용 또는 여분의 장을 추가한다 - 만약 기존의 시스템 요소를 변경할 수 없는 경우(2.1.2)

ia.3 더 나은 것을 찾아서 작용/장을 개선/진화한다.

비효율적이거나 불완전하게 제어되는 장을 더 나은 것으로 대체한다(2.2.1).

중력장을 기계 장으로, 기계 장을 전기장 등으로 대체한다. 또는 물질 대신 장을 사용한다(5.1.1.2).

ia.4 균일한 작용/장(또는 통제된 장)을 변경하여 영구적 또는 일시적 일 수 있는 미리 정해진 패턴의 작용/장으로 작용의 효율성을 개선한다(2.2.5).

ia.5 주체(도구)의 자연적인 빈도 혹은 대상이 작용하는 작용의 자연적인 빈도의 일치 또는 불일치에 의해 시스템 내에서 작용의 효율성을 개선한다(2.3.1).

ia.6 다른 작용/장이 사용된 빈도의 일치(또는 불일치)에 의해 시스템 내에서 작용의 효율성을 개선한다(2.3.2).

ia.7 호환되지 않는 두 개의 작용을 달성하기 위해 다른 중단된 작용을 수행한다(2.3.3).

ia.8 다른 장을 만들기 위해 시스템 내에서 존재하는 작용/장 사용한다(5.2.1).

예를 들면, 가스관의 중심 근처에 가스가 모이는 동안 벽에 액체를 이동하는 원심력을 이용하여 액체 산소의 흐름에서 액체로부터 가스를 분리한다.

ia.9 환경(중력, 온도, 압력, 햇빛)에 존재하는 작용/장을 사용한다(5.2.2).

ia.10 매개체 혹은 소스로서 작용할 수 있는 추가 장/작용의 근원/공급자로서 시스템에, 혹은 환경에 이미 존재하는 뭔가를 사용하여 추가 작용을 달성한다(5.2.3).

ia.11 과도한 작용을 사용한다.

무언가의 소량이 필요하지만 물질 변화의 작용이나 정확한 합계의 올바른 정도를 얻기가 쉽지 않은 경우, 필요한 것의 초과량을 사용하고 잉여를 제거한다. 잉여 물실은 삭용/상에 의해 제거되고, 잉여 작용은 물질에 의해 제거된다(1.1.6).

ia.12 매우 활발한 첨가제 소량을 사용한다(5.1.1.4).

ia.13 특정 위치에 첨가제를 집중한다(5.1.1.5).

ia.14 일시적으로 첨가제를 도입한다(5.1.1.6).

ia.15 첨가제가 초기에 허용되지 않는 경우, 초기 대상을 대신하여 첨가제가 사용될 수 있는 대상의 복제물 또는 모델을 사용한다(5.1.1.7).

ia.16 기존 장/물질의 상을 변경하여 작용/장을 개선한다(5.3.1).

ia.17 상 변화를 수반하는 현상을 사용하여 작용을 달성한다(5.3.3).

물이 바위가 균열된 구멍 속에 있으면 얼음으로 변한다.

ia.18 하나의 상 상태에서 다른 상태로 변환할 수 있는 물질을 사용하여 이중 특성을 가진 작용을 달성한다(5.3.2).

하나의 상 상태와 이중 상 상태를 바꾼다(5.3.4).

시스템의 각 부품 사이의 상호 작용을 생성하여 이중 상 상태를 유도한다(5.3.5).

고전 트리즈 : 물질-장 분석과 아리즈

이전 장들에서는 문제를 다루기 위해 각자 자신의 프로세스와 알고리듬이 있는 모순 해결 도구(세트), 진화의 경향, 이상적인 결과, 이상성, 자원, 창의성 도구, 지식 도구, 표준 해결책, 시간, 규모 도구 등 모든 트리즈 창의성을 포함한 많은 고전 트리즈 도구들과 뇌 자극 도구들을 다루었다. 고전 트리즈에는 두 가지 더 중요한 부분이 있는데, 그것은 물질-장 분석과 아리즈(ARIZ, 발명 문제 해결 알고리듬)이다. 이들은 특히 기존의 트리즈 실무자들이 어려운 문제를 해결하기 위해 주로 사용한다. 이들은 빈틈없고 유용하지만, 많은 엔지니어들이 종종 이것을 이해하고 습득하여 자신의 문제에 적용하기가 매우 어렵기 때문에 다른 트리즈 도구들과는 달리 널리 사용되지 않는다.

물질-장 및 아리즈 모두가 널리 사용되지 않은 것은 이들을 어려운 도구들로 간주한 트리즈 사용자들에게 일부 책임이 있을지 모르지만, 최근 트리즈의 발전으로 물질-장 분석은 트리즈 기능분석으로, 아리즈는 간단한 트리즈 알고리듬으로 대체되는 결과를 가져왔다. 그러나 물질-장 분석 및 아리즈는 특정 문제들을 다루는 데 중요한 역할을 하며, 이러한 원래의 강력한 트리즈 도구들의 진가를 인정하고 사용하지 않고서는 모든 트리즈를 이해했다고 어느 누구도 주장할 수 없다. 다른 트리즈 도구에 의해 해결되지 않은 정말 어려운 문제에 직면했을 때, 트리즈 엔지니어는 문제에 적용할 두 가지 빈틈없는 이 접근 방식을 사용할 수 있다.

물질-장 모델(Su-Field라고도 함)은 문제를 정확하게 기술하기 위해서 사용되며, 기존 기술 시스템 내에 있는 문제의 상세한 분석을 위해 사용된다. 이때 76가지 표준 해결책은 기능으로 문제를 다루기 위해 사용된다.

아리즈에는 부족한 문제의 정보를 알 수 있도록 도와 정확하게 문제를 정의하는 단계별 과정이 있다. 그런 다음 철저한 자원 탐색과 초점을 찾아 최종 문제 해결 단계로 우리를 안내한다. (아리즈는 많은 버전이 있으며, 널리 알려진 최근의 것들 중 하나를 그 논리와 유용성을 보여주기 위해 아래에 설명하였다.)

12.1 알트슐러가 개발한 트리즈 도구들 중에서 아리즈와 물질-장

1950년대에 알트슐러가 트리즈 문제 해결 도구를 발표했을 때, 모순을 해결하는 독특한 능력이 있는 40가지 발명원리가 소개되었고, 이것은 처음에 시스템 내 문제를 해결하는 데 널리 사용되었으며, 그 이후로 널리 알려져 그 진가를 인정받았다. 문제를 이해하고 해결하기 위해 다른 트리즈 도구들 또한 개발되었는데, 그것은 이상적인 결과, 표준 해결책, 자원 및 트리밍 등이다. 이러한 도구들을 언제 어디서 사용해야 하는지에 대해 개발한 것이 아리즈의 첫 번째 버전이 되었다. 이것은 처음에는 문제 해결 단계에서 시스템 안에 근본적인 모순을 식별하는 것을 포함하고 있었지만, 일부 모순은 찾기가 어렵고 모순을 올바르게 얻는 방법이 확실하지 않았다. 이런 이유 때문에 모순이 없는 트리즈 해결책에 대한 탐색을 하게 되었다.

1970년대 중반까지 알트슐러는 모순을 찾아 문제를 해결하는 방법을 대체(보완)하는 물질-장 분석과 76가지 표준 해결책을 개발하였고, 이것은 문제를 해결하기 위해 반드시 모순의 밝힐 필요는 없지만, 불완전하거나 불충분 시스템, 해로운 시스템, 측정/검출 시스템, 그리고 시스템 진화에 대한 해결책 방향을 제공한다. 물질-장과 모순 해결 도구 중 어느 것을 사용하든 두 가지 방법 모두 잘 작동되어, 그들이 중복으로 종종 유사한 해결책으로 우리를 안내해 주는 경우도 있다. 알트슐러의 초기의 물질-장 분석은 시스템 문제 해결을 위해 강력한 것이었다. 왜냐하면 이것은 문제 영역에 초점을 맞추고, 우리가 오직 하나의 기능 문제를 찾아 처음부터 그것에 집중하도록 도와주기 때문이다. 이어서 관련 76가지 표준 해결책을 적용하여 해결할 수 있는 문제의 모델을 세운다. 이 방법은 필수적인 문제가 있는 기능으로 곧바로 초점을 맞추도록 하며(이는 무관하고 산만한 모든 세부사항에서 벗어나게 해주며) 이때 표준 해결책은 관련된 문제에 대한 해결책을 제시한다.

알트슐러와 그의 엔지니어 동료들이 트리즈 도구들과 프로세스의 개발을 진행할 때 그 개발은 매우 순조로웠지만 아리즈의 개발은 제외였다. 아리즈는 여러 버전이 있고, 아직도 트리즈 커뮤니티의 일원들에 의한 논쟁과 작업이 계속되고 있다.

트리즈 도구들은 대략 다음과 같은 순서로 발견되고 개발되었다.

- 40가지 발명원리 1946-1971
- 아리즈 - 발명 문제 해결 알고리듬, 1959-1985
- 분리의 원리 1973-1985
- 물질-장 분석 1973-1985
- 표준 해결책 1975-1985
- 자연 효과 (과학적 효과) 1970-1980
- 진화 패턴 1975-1980

12.2 물질-장 분석

알트슐러는 물질-장, S-장 또는 Su-Field 분석 등으로 불리는, 시스템 내의 문제의 분류와 그 해결책에 대한 정확한 시스템을 만들었다. 물질-장은 각 기능의 문제와 이를 해결하는 76가지 표준 해결책에 초점을 맞추기 위해 간단한 삼각형으로 표현된다. 각각의 물질-장은 문제 모델이고, 최소한의 기술 시스템을 나타내는 삼각형으로 표시되며, 장 F를 통해 어느 물질 S1에 작용하는 물질 S2로 구성된다. 밝혀진 문제는 관련 표준 해결책에 의해 해결될 수 있고, 계속해서 넓은 지식 기반으로부터 아이디어를 고려하도록 우리를 도와준다.

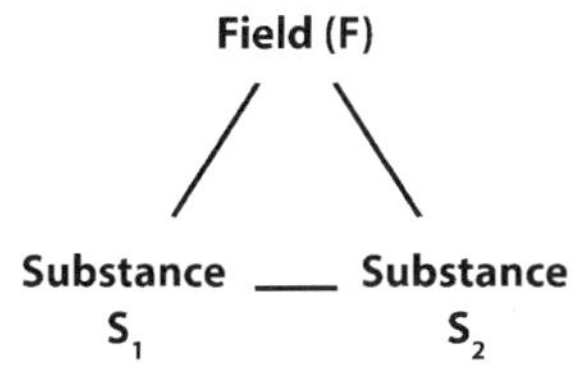

그의 책 '*정확한 과학으로써 창의성(Creativity as an Exact Science)*'과 *ASAIA*에서 알트슐러(49-51쪽)는 모순이 있는 문제를 설명하는 것 외에도 시스템에서 문제는 두 물질의 상호 작용으로 표현할 수 있음을 보여주었다. 그는 해결책이란 일상의 공학적 '문제 해결'이 아니라 '발명'이라고 했지만, 해결책에 요구되는 모든 것을 얻기 위해 서로 작용하는 물질과 장을 찾음으로써, 그리고 문제가 발생하는 정확한 순간과 장소에 초점을 맞춤으로써 다양한 문제를 해결하는 방법을 보여주었다. 물질-장 모델 분석(또는 기능 분석)은 혼란스럽거나 관련이 없는 세부 사항을 제외시킨 정확한 문제의 개념 모델로 안내해 주기 때문에 기술자를 위한 매우 강력한 도구이다. 물질-장 모델은 약간의 훈련만으로 빠르고 매우 정확한 문제 모델링 도구가 될 수 있으며, 발명, 시스템 및 프로세스 문제에 도움을 줄 수 있다.

시스템을 분석하고 문제를 해결하는 도구인 기능 (또는 물질-장) 분석 및 표준 해결책은 기존의 모순 해결 도구 및 기술 진화의 발전 및 대체로 볼 수 있다. 많은 트리즈 사용자를 위한 40가지 발명원리와 8가지 진화경향은 처음에 배우기도 쉽고 다른 사람과 공유하기도 쉽다(기술진화 경향은 시스템의 미래와 완벽한 제품에 대한 개념적 비전을 제공하는 도구이며, 문제 해결과는 관련이 적다). 이것들은 트리즈를 배우고 처음 사용하기에는 아주 좋은 방법들이고 일부 시스템 문제를 다루는 실용적인 방법을 제공한다. 해결책을 얻기 위해서 더 큰 정신적인 도약이 필요할 때 어떤 사람에게는 모순을 밝히는 것이 어려울 수 있다; 이러한 기술자는 종종 시스템 분석을 통해 문제 해결을 위한 집중 접근 방식을 제공하는, 그리고 그것의 일부는 표준 해결책에서 개념적 해답으로 우리를 곧바로 안내해 주는 트리즈 시스템 분석 방법들을 더 선호한다. 이것은 밟아야 하는 단계가 적은 체계적인 과정으로 안내하며, 따라서 따라 하기가 쉽고 결과도 더 확실하다.

트리즈 기능 분석과 옥스퍼드 표준 해결책은 물질-장 분석과 76가지 표준 해결책의 간단한 대체이다. 두 가지의 논리는 비슷하며 표준 해결책에 있는 강력하면서 동일한 답으로 안내한다. 물론 모두가 자신의 필요와 문제 해결 스타일에 맞는 트리즈 도구세트를 선택하고 전개할 수 있는 다양한 트리즈 도구를 배우기를 권장한다. 트리즈를 배우고 기능 분석을 마스터한 대부분의 사람들은 실제 문제에 그것들을 사용할 수 있다(BAE 시스템 S RES 사례 연구 참조). 그리고 물질-장과 추가적으로 아리즈를 마스터한 사람들은 가끔 더 어려운 회사의 문제들에 그것들을 사용할 수 있다.

12.3 물질-장 모델세우기

최소 기술 시스템은 구성 요소들과 그것들의 장 사이의 관계를 수학적으로 세련된 삼각형으로 표현된다.

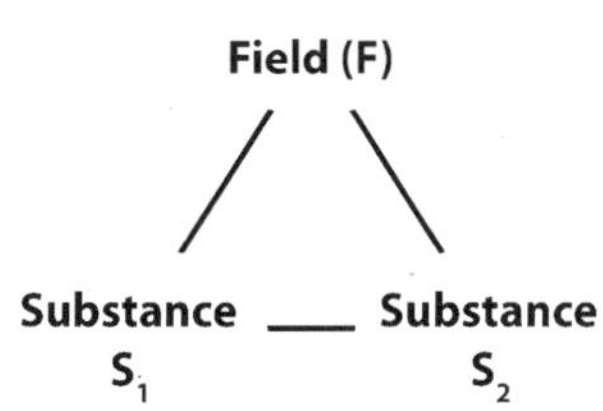

하나의 물질이 기능을 제공하기 위해 다른 물질에 작용한다. 기능은 이득이나 해로움을 제공할 수 있다. 기능은 좋거나 충분, 불충분, 누락 또는 해로울 수 있다. 기능은 문제를 포함한 삼각형으로 모델링되며, 뭐가 올바르고 뭐가 잘못되어 있는지를 정확하게 보여주기 위해 여러 종류의 선으로 도식적으로 표현된다 - 일단 문제 유형을 식별했다면 관련 표준 해결책을 찾아 문제 해결에 적용할 수 있다. 물질-장 모델은 기능을 집중 분석할 수 있도록 해주며, 문제를 해결하고 이상성을 높이기 위해서 올바른 기능을 찾는 것이 이 모델의 핵심이다.

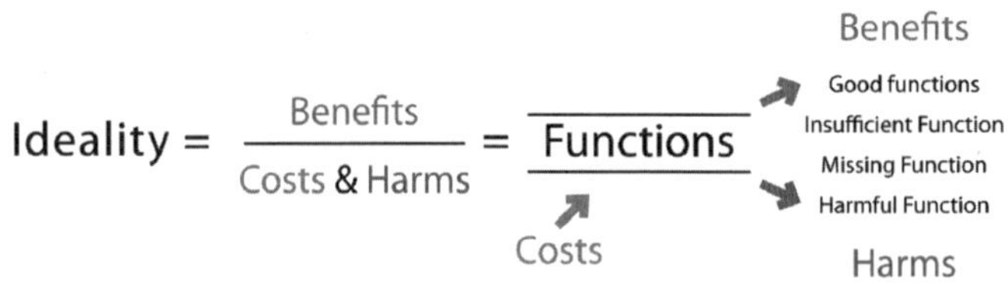

물질-장 모델은 발명문제를 식별하고 해결하는 데 사용되는데, 먼저 S2, S1 두 가지 중요한 대상/물질을 식별하고, 그들이 장 F와 어떻게 작용하는지(S2가 장 F를 경유해서 S1에 작용한다)를 나타냄으로써 정확한 물리적 용어로 문제를 정의하도록 돕는다. 핵심 문제 영역을 기술 시스템의 가장 단순한 모델인 물질-장 삼각형으로 그릴 수 있다. 더 복잡한 모델이 필요할 때 그것들은 더 많은 삼각형(node, 노드라고 부른다)을 연결하여 만들 수 있다. 이러한 삼각형은 문제에 대한 상세한 정보를 전달하기 위한 언어 코드이다 : 효과적이고 문제가 없는 완전한 단일 물질-장은 세 직선으로 표현된다 ; 불충분은 점선으로, 해로움은 물결무늬 선(또는 빨간색 선)으로 방향은 회색 화살표로 나타낸다.

변환(회색 화살표)은 물질-장 모델이 완성되었을 때 그들 사이에 에너지가 사용되고, 생성되고, 흡수되는지, 그리고 어떤 문제 또는 불충분함을 제거하기 위해 개선되었는지를 보여주기 위해 연산자로 표시된다. 연산자가 어떻게 불완전에서 완전한 물질-장 모델로 변환을 표시하는지를 아래 그림은 보여주고 있다.

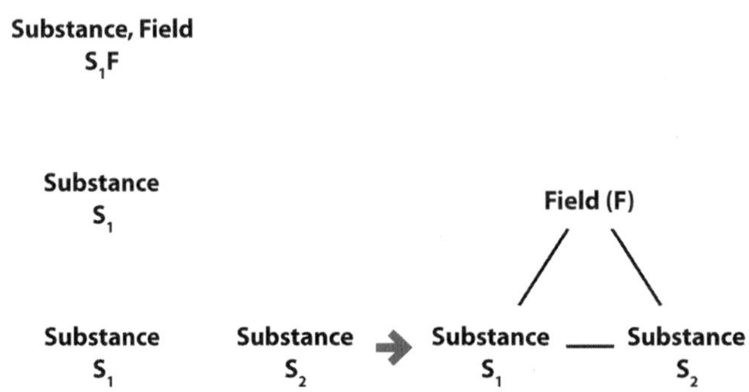

장 / 작용 - 두 가지 구성 요소가 다음과 같은 어떤 장을 통해 상호 작용, 작용, 소통한다.

- 기계 - 진동, 지레, 교반
- 열 가열 - 용융, 비등, 마찰
- 화학 - 접착제, 오일, 용제
- 전기 - 하전, 전류, 방전
- 자기 - 유도
- 전자기 - 빛, 방사선
- 발열 (화학 및 열)

(이들은 때때로 METHCHEMEM으로 불린다 = 많은 분야와 유형을 생각나게 해준다.)

트리즈에서 '장'이라는 용어는 전통적인 물리학보다 넓은 정의를 가지고 있으며, 기계, 열, 전기, 자기, 화학, 전자, 중력과 원자력 장뿐만 아니라 인간의 상호 작용, 그리고 냄새, 시각, 촉각(통증)과 감정(특히 경영 문제 해결에서)까지 포함한다. 기능 분석 장(11장)에서 설명한 대로 장은 작용과 동일하지 않다는 사실에 주목하라. 작용은 S1와 S2사이의 상호작용에 관한 일반 언어다 - S-a-0 다이어그램에서 작용 화살표로 알 수 있는 바와 같이 단어(예를 들어, 깨끗하게 하다. 정보를 주다. 이동한다 등)의 일종인 반면, 장(F)은 상호 작용과 관련된 에너지이다(예 : 기계, 화학, 파장이 500nm의 빛 등).

물질-장에 대한 정의

- 물질 = S1, S2, S3 등으로 불리는 복잡한 정도와는 관계없는 어떤 대상.
- 물질은 전체 시스템, 하위 시스템 또는 단일 대상, 도구 또는 물품일 수 있다. 예를 들면 잠수함, 나사, 케이블, 엔지니어 - 모든 물질이다.
- 물질 S는 바뀌고, 가공되고, 변환되고, 발견되고, 검사된다.
- 필요한 작용은 물질 S2에 의해 수행된다.
- 장 F는 S1에 대한 S2의 작용(또는 상호작용)을 보장하는 에너지, 힘을 제공한다.
- 이러한 세 가지 능동적 요소가 문제에 요구되는 결과를 위해 필요충분조건이다.
- 장이나 물질은 스스로 효과를 낼 수 없다. 물질 S1은 도구 S2와 에너지 장 F가 필요하다.

네 가지 기본 물질 - 장 모델 유형

1. 효과적인 완전 시스템 (여기에 표시함)
2. 불완전한 시스템
3. 부족한 / 불충분한 완전 시스템
4. 해로운 완전 시스템

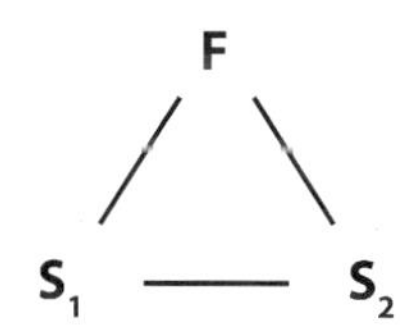

불완전한 물질-장 모델 (구성 요소 사이에 장이나 상호 작용이 없다)은 장을 추가하여 완전한 물질 - 장 모델로 변환된다.

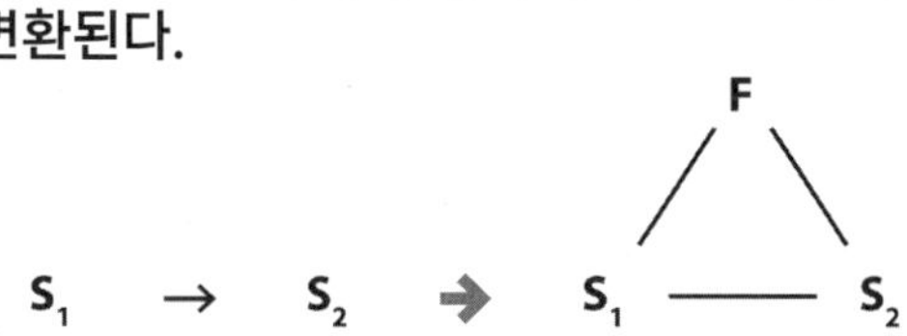

불충분한 물질-장 모델은 다른 물질을 추가하여 완전한 물질-장 모델로 변환된다.

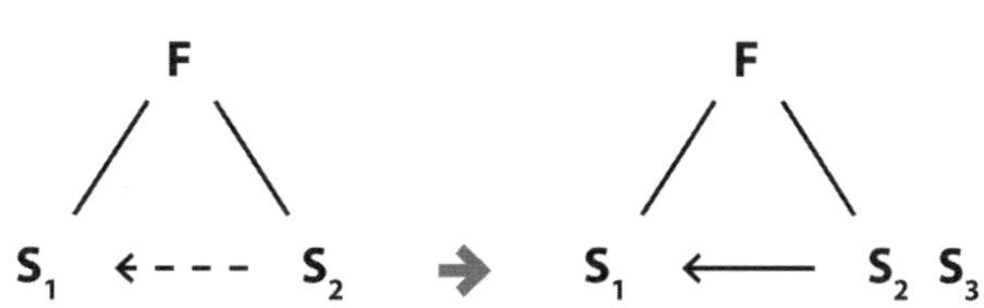

해로운 물질-장 모델

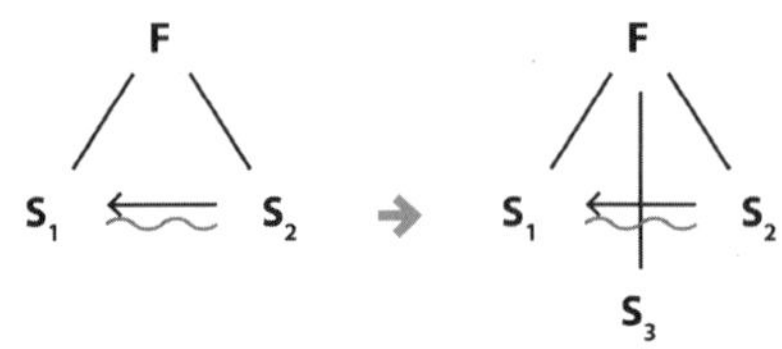

물질-장 모델은 기능으로 정확하게 문제를 표시하고 개발, 측정 또는 검출을 필요로 하는 어떤 뭔가가 없고, 불충분하고, 해로운지를 보여줌으로써 문제 해결로 안내해 줄 표준 해결책을 식별하도록 돕는다. 우리가 문제의 물질-장 모델 (또는 시스템)을 세울 때 근본적인 문제를 이해하는 것은 도움이 되며, 이 문제 유형을 식별한 후, 이어서 76가지 표준 해결책 중 어떤 것이 도움될지를 찾는다. 이를 위해 76가지 표준 해결책의 분류를 이해할 필요가 있다. 76가지 표준 해결책은 다음과 같이 해결할 일반적인 공학 문제의 종류에 따라 다섯 가지 클래스와 다양한 하위 클래스로 나뉜다.

12.4 76가지 표준 해결책과 물질-장 모델로 접근하기

물질-장 및 아리즈의 전체적인 방법은 트리즈의 활동으로 구축되었다. 알트슐러는 특정한 문제 유형이 40가지 발명 원리와 일부의 물리효과 (예 : 강자성 등)의 강력한 조합에 의해 해결된다는 사실을 알아냈다. 알트슐러는 그러한 해결책들을 76가지 표준해결책이라는 하나의 목록으로 40가지 원리와 8가지 진화의 결합을 시도하였다. 그는 그것들을 다섯 클래스의 표준 발명문제 해결책으로 나누었다.

- 클래스 1 : 물질-장 모델의 세우기와 파괴
- 클래스 2 : 물질-장 모델의 개발
- 클래스 3 : 상위 시스템과 마이크로 레벨로 전이
- 클래스 4 : 측정과 검출에 대한 표준
- 클래스 5 : 표준 적용을 위한 표준

클래스 1 : 물질-장 모델의 세우기와 파괴

원하는 어떤 것을 위해서 불완전한 시스템을 완성하고 해로운 작용을 제거한다.

13개의 표준 해결책 포함하는 두 개의 하위 클래스

이 클래스의 표준 해결책은 물질-장 모델이 불완전하거나 해로운 기능이 있는 경우 물질-장 모델을 세우거나 파괴하여 문제를 해결한다.

1.1 **물질-장의 합성과 구축.** 뭔가가 누락 - 물질 또는 장을 추가한다.

1.2 **물질-장의 파괴.** 해로움을 차단하거나 끄고, 역작용을 주거나 끄집어냄으로써 해로움을 제거한다.

클래스 2 : 물질-장 모델의 개발

약간의 수정을 가함으로써 시스템의 효율성을 향상시키기 위한 **물질-장 모델의 개발.**

네 개의 하위 클래스와 23개의 표준 해결책

이 클래스의 주요 권고 사항 : 사슬 물질-장, 이중 물질-장, 분할과 역동성, 리듬 조화, 그리고 자성 물질을 사용한다.

2.1 불충분한 작용을 개선하기 위해 새로운 물질이나 장 추가한다.

2.2 작용의 효율성을 향상시키기 위해 물질을 변경한다.

2.3 리듬 조화를 강화한다.

2.4 강자성 장 모델

클래스 3 : 상위 시스템과 마이크로 레벨로 전이

상위 시스템 또는 하위 시스템에서 해결책을 찾기 위해, 그리고 부족함을 개선하기 위해, 진화의 경향을 시스템에 적용하는 방법을 제안한다.

6개의 표준 해결책을 포함하는 두 개의 하위 클래스

3.1 단순성-복잡성-단순성(단일-이중-다중) - 상위 시스템 또는 이중 및 다중 시스템으로 전이.

3.2 하위 시스템으로 전이

클래스 4 : 측정과 검출을 위한 표준

측정 및 검출과 관련된 문제를 위한 해결책

다섯 개의 하부 클래스와 17개의 표준 해결책

이 클래스의 주요 권장 사항은 다음과 같은 전략에 의해 측정/검출할 필요가 없도록 시스템을 바꾸는 것이다:

- 복사본을 측정한다.
- 장을 생성하는 물질을 도입한다(내부 또는 외부 표시를 도입한다).

4.1 간접적인 방법

4.2 구성 요소나 장을 추가하여 측정 시스템을 만든다.

4.3 측정 시스템을 강화한다.

4.4 강자성 장을 측정한다.

4.5 측정 시스템의 진화 방향

클래스 5 : 표준 적용에 의한 표준

이 표준은 시스템을 단순화하기 위한 정교한 접근 방법으로 이전 4개의 클래스에서보다 좀 더 효과적으로 새로운 물질이나 장 또는 과학적 효과를 도입하는 방법을 제시한다.

다섯 개의 하위 클래스와 17개의 표준 해결책

권장하는 기본 전략은 다음과 같다 :

- 물질 대신에 장을 도입한다.
- 물질 대신에 빈 공간을 도입한다.

- 한정된 시간 동안만 물질을 도입한다.
- 물질을 소량으로 도입하지만, 매우 집중적인 방식으로 한다.

5.1 **물질의 도입** - 제한된 조건에서 물질을 도입하는 간접적인 방법

5.2 **제한된 조건에서 장의 도입**

5.3 **상전이**

5.4 **자연 현상의 현명한 사용**

5.5 **높거나 낮은 형태의 물질이 생기게 함**

Guide to which Class of Standard Solutions to apply to problem

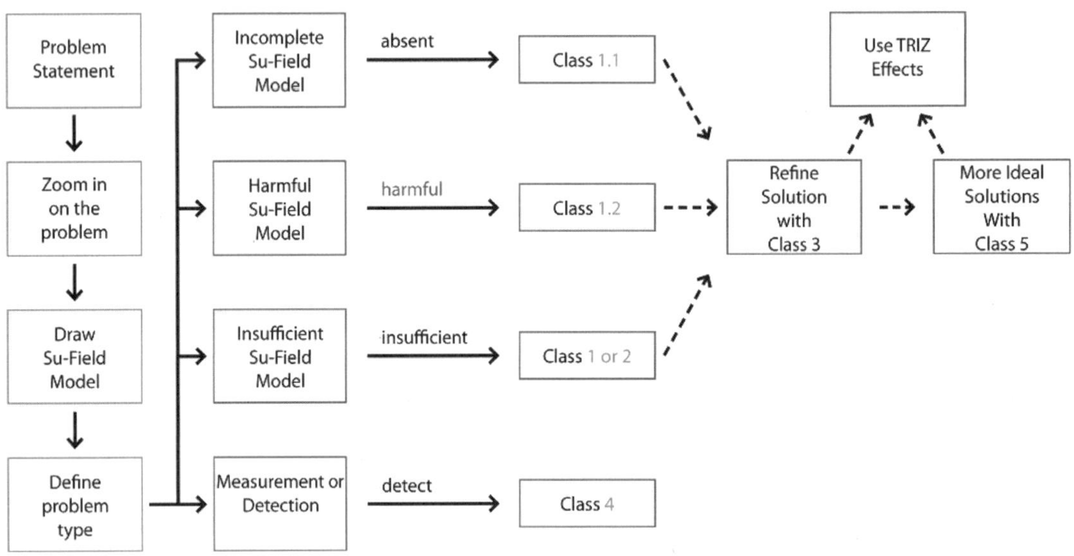

12.5 문제에 물질-장 모델 분석을 적용하기 위한 간단한 단계

1. **문제의 기술** - 시스템과 시스템의 문제 부분을 설명한다.
2. **문제 영역에 초점을 맞추고** 문제가 있는 구성 요소(물질)와 환경을 포함한 모든 관련된 상호작용(장)을 식별한다.
3. **문제의 물질-장 모델을 그린다.**
4. **문제의 유형을 정의한다 :**
   - 구성 요소의 누락? (불완전 물질-장 모델? 클래스 1.1)
   - 해로운 요소? (우리가 가지고 있는 물질-장 모델을 파괴해야 하는가? 클래스 1.2)
   - 불충분한 요소? (불완전 물질-장 모델? 클래스 1 또는 2)
   - 물질의 진화를 예측하거나 촉진하기를 원하는가? (클래스 3)
   - 측정 또는 검출의 문제인가? (클래스 4)

5. **제안된 클래스에서 적절한 표준 해결책(들)을 선택한다.**
6. **개념 해결책을 실용적인 해결책으로 바꾸기 위해 관련 지식과 경험을 더한다**(문제를 해결하는 개인과 팀의 지식, 회사의 지식, 산업에 대한 지식을 넘어 인터넷에서 가용한 특허 데이터베이스 등을 사용한다 - 문제 기능과 유사한 관련된 해결책을 찾는다).

표준 해결책을 사용하는 물질-장 분석의 간단한 사례

호스 '물 분사는' **파티오(보통 집 뒤쪽에 만드는 테라스)돌을 청소하는 데 사용된다.** 이 시스템에 많은 문제가 있을 수 있다 - 물이 돌을 아주 깨끗이 청소하지 못하거나 해로운 효과(표면을 파괴)를 일으킬 수 있다. 청소가 과도하거나 부족할 수 있다. 이 시스템은 많은 잠재적인 문제가 있다.

1. **문제의 기술** - 시스템과 시스템의 문제 부분을 설명한다.

   물 분사가 안뜰 돌을 청소하지 못한다.

2. **문제 영역에 초점을 맞추고** 문제가 있는 구성 요소를 식별한다.

   물이 안뜰 돌에서 먼지를 제거하지 못한다.

3. **문제의 물질-장 모델을 그린다.**

   S_2 = 물, S_1 = 먼지, 장 = 이동

   물과 먼지 사이의 상호 작용이 불충분하다.

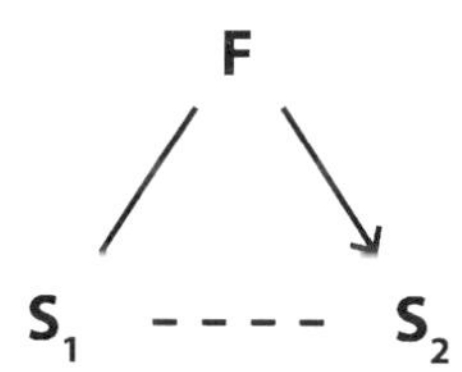

4. **문제의 유형을 정의한다.**

   문제 유형 = 불충분 - 76가지 표준 해결책을 살펴보고, 표준 해결책은 클래스 1 또는 2를 제안한다.

5. **제안된 클래스에서 적절한 표준 해결책(들)을 선택한다.**

   표준 해결책 2.1.2. 다른 장을 추가한다 - 만약 개선하기 위해 시스템 구성요소를 변경할 수 없다면 다른 장을 추가한다 - 이중 물질-장 모델 - S2에 두 번째 장을 추가함으로써 기존 시스템의 구성요소를 변경하지 않고 시스템의 효율성과 제어 능력을 개선한다.

6. **개념 해결책을 실용적인 해결책으로 바꾸기 위해 관련 지식과 경험을 더한다.**

   우리는 호스 파이프에서 나오는 일반 물 분사에 진동을 추가하는 제트 와셔를 제안할 수 있다. 이것은 전동 칫솔 등에 수십 년 동안 사용해 온 다양한 진동, 물 기반 세정 시스템이며, 보다 효과적으로 돌을 깨끗이 할 수 있다. 이것은 또한 해결책 2.2.5를 암시해 준다. '물질-장 모델은 균일한 또는 구조화되어 있지 않은 장을 불균일 장 또는 영구 또는 가변 공간 구조화 장으로 대체하여 향상시킬 수 있다. 예를 들어 펄스 방식으로 장에 시간 기반 구조를 추가 설정한다.

   또는 우리는 물에 기계 장뿐만 아니라 화학 장을 추가하는 이중 물질-장 또한 고려해 볼 수 있다. - 예를 들어, 표백제, 세제 또는 제트 와셔가 발명되기 이전부터 오랫동안 사용되어온 보석 세정기에 의해 제안된 일부 다른 화학 세정제가 있다.

12.6 아리즈 - 발명 문제 해결을 위한 알고리듬

도전 문제에 아리즈 사용하기

아리즈는 해당 과정의 어떤 특정 단계에 특정 트리즈 도구를 사용하는 단계별 문제 해결 과정이다. 특정 문제에 사용할 트리즈 도구는 어느 것이고 그것들을 언제 어디에 사용할지를 아는 것이 트리즈 사용에 어려움 중 하나이다. 특히 복잡한 문제에 직면한 트리즈 초보자는 아리즈의 도움으로 모든 종류의 어려운 문제를 해결할 수 있다. 아리즈를 개발하는 것은 그 자체가 문제였다. 개발의 어느 단계에서, 어떤 수준의 어려움에, 어떤 종류의 문제에 적절한 트리즈 도구를 사용하기 위한 하나의 프로세스를 정하기 위해서 그 개발이 착수되었다. 알트슐러가 아리즈에 대한 필요성을 인식했을 때 그의 목표는 모든 트리즈 사용자가 어떤 문제라도 해결할 수 있는 것을 개발하는 것이었다. 그는 이것을 '발명 문제 해결 알고리듬 '(Algoritm Reshenia Izobretatelskih) 또는 아리즈라고 했다. 의외로 이러한 야심 찬 목표를 위해, 아리즈는 천천히 여러 버전의 시리즈를 통해 개발되었다. 이들은 아리즈-69 또는 아리즈-71과 같이 이들이 발표된 연도의 이름을 따서 명명되었다.

아리즈의 유용성은 '하나의 사이즈가 모두에게 맞는다'는 아리즈의 보편적인 알고리듬에서 그 힘이 나오지만 이 보편적인 적합성은 가장 크고, 가장 복잡하고, 가장 어려운 문제조차도 적합할 만큼 큰 뭔가를 얻으려고 애씀으로써 성취되었다. 따라서 크고 어렵거나 복잡한 문제에 아리즈는 특히 잘 맞을 것이다. 하지만 일부 작거나 간단한 문제에는 아리즈가 너무 세부적이고, 너무 복잡하고, 너무 오랜 시간이 걸린다고 할 수 있고, 이러한 것들은 과도한 접근이며 수많은 작은 단계들로 구성되어 있기 때문에 필요 이상으로 단계가 많다는 점에서 이상성과는 동떨어질 수도 있다. 그리고 아리즈는 더 큰 진보를 얻고자 할 때 해결책을 향해 조금씩 나아가게 할 수 있다. (아리즈는 너무 과도 할 수 있다 - 쇠망치가 너트를 쪼갤 수 있다.) 아리즈의 힘은 문제를 작지만 매우 높은 수준의 많은 단계로 이해하면서 나눈다는 것이고, 그래서 사용자에게 관련이 없는 세부사항, 심리적 관성 때문에 미혹에 빠지거나 막다른 골목에서 당황해 할 여지를 거의 남겨두지 않는다.

트리즈는 일반적으로 빠르고 효과적인 문제 해결을 제공하며, 이것이 많은 단계를 정해 놓은 다른 도구세트들과 대조된다. 아리즈는 다른 도구세트에 가까우며, 이것이 사용자의 다양한 반응을 불러일으킨다. 일부는 그것의 상하로 첩첩히 연결된 규모와 복잡성 때문에 부담(지루함)을 느낄 수 있지만 다른 사람들은 아리즈가 자신의 스타일과 접근 방식에 맞는 고도로 체계적이고 방법론적인 접근 방법임을 깨달을 것이다. 대부분의 기술자들은 완전히 숙달하고 따라 하는 데 오랜 시간이 걸리는, 힘든 학습 곡선이 있는 무언가를 시도하기에는 너무 일이 많다. 아리즈를 사용해서 성공적으로 문제를 해결한 후 일부는 그들을 위해 아리즈가 적합하지 않다고 느낄 수 있지만, 트리즈 도구 상자에 유용한 추가 예비 도구세트로 두고서, 문제 해결 시 여러 가지 시도로도 해결할 수 없었던 어려운 문제에 사용하게 될 것이다. 따라서 트리즈 사고와 많은 간단한 도구들은 간단한 문제 상황에 대한 강력한 통찰력을 제공하기 위해 기술자들이 매일 사용할 수 있는 반면 아리즈는 '일 년에 한 번'있는 문제를 위해 사용될 수 있다.

여기에 아리즈-85C 버전을 기반으로 한 필수적인 단계와 논리가 있는 간단한 연습문제를 제시하였다. 더 많은 세부 사항 및 많은 예제를 제공하는 보다 포괄적인 우수한 지침서는 많이 있으며, 트리즈 마스터 빅터 페이(Victor Fey)는 자신의 트리즈 책에서 아리즈에 특히 좋은 지침서를 제공했으며, 웹 사이트 TRIZ.co.kr은 아리즈의 무료 지침서를 제공한다.

12.7 아리즈 알고리듬의 전체 구조

아리즈 알고리듬은 다음과 같이 다섯 개의 서로 다른 단계로 나눌 수 있다 :

단계 1 문제 정의

단계 2 시스템 모순 밝히기

단계 3 시스템 모순 분석과 작은 문제의 정형화

단계 4 자원 분석

단계 5 개념 해결책 개발

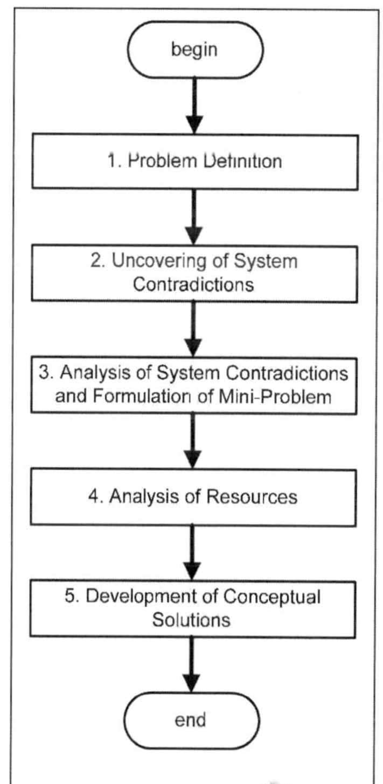

흐름도를 보면, 아리즈에서 활동의 대부분은 문제의 본질과 문제를 해결하기 위해 사용할 수 있는 자원을 이해하는 쪽으로 이동한다는 것을 곧바로 알 수 있다. 단지 최종 단계에서 해결책을 구한다. 그러나 실제로 사용자는 과정의 모든 단계에서 해결책 아이디어('나쁜 해결책')를 발견할 수 있고, 이것은 항상 유용하며 권장한다. 이전 장에서 살펴본 바와 같이, 문제를 이해하는 동안 발생하는 모든 아이디어들은 문제를 수행할 필요성과 그 해결책 내에 강력한 통찰력을 포함하고 있다. 따라서 그러한 아이디어들은 반드시 찾아내서 **나쁜 해결책 공원**에 기록해야 한다. 아리즈를 사용할 때 아리즈 알고리듬이 진행함에 따라 이러한 유용한 해결책들은 자연스럽게 문제를 상세하게 이해하는 동안 발생한다.

아리즈 단계 1 - 문제 정의

아리즈의 첫 단계에서 문제가 발생하는 시스템의 이해와 문제 해결의 목적을 가다듬고 분명히 한다.

(i) 시스템의 주 기능 및 산출물을 확인한다.

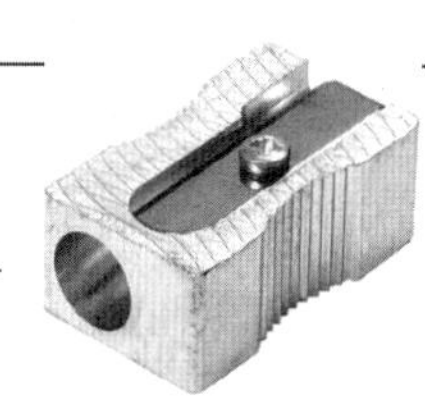

모든 시스템은 어떤 이유 때문에, 어떤 용도로 쓰이기 위해, 몇 가지 *주 기능을* 수행하기 위해 존재하며, 각 시스템은 몇 가지 *주요 이득/ 산출물을* 제공한다.

아리즈는 시스템의 주 기능과 산출물을 확인하면서 시작한다. 예를 들어, 연필 깎기에 대해서 :

1. 문제의 정의

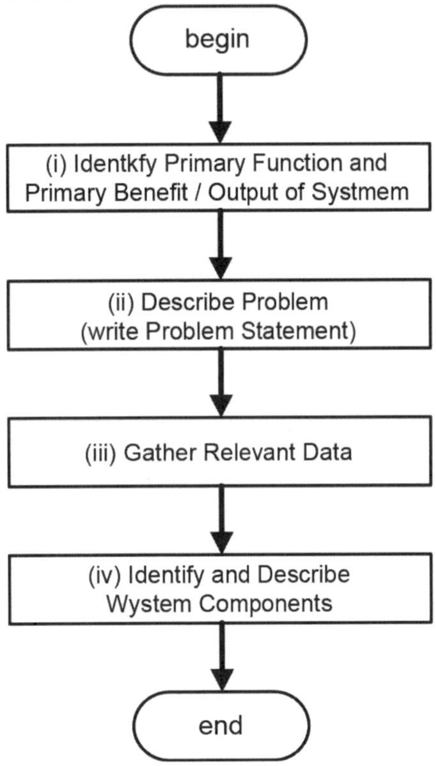

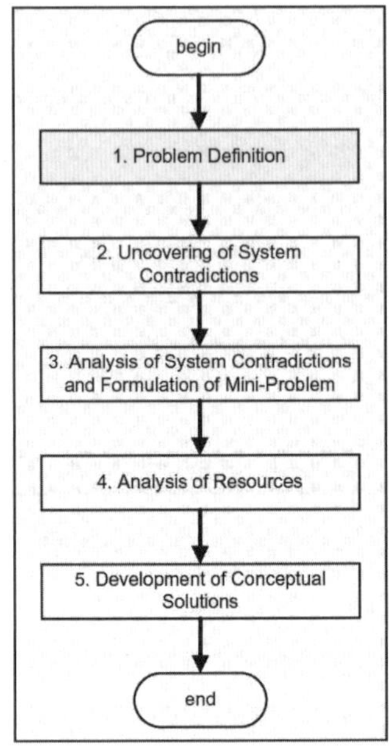

시스템의 이름:	*연필깎이*
시스템의 주 기능 :	*무딘 연필을 쓰기 또는 그리기에 적합한 날카로운 연필로 바꾸는 것*
기본 이득 / 시스템의 산출물 :	*날카로워진 연필*

(ii) 문제의 기술 - 문제의 정의문 작성

이것은 간단하고 명확하고 짧고 간결한 문제의 정의문(모든 이해 관계자가 합의하고 이해한)을 작성하는 것이다. 이것은 문제의 기술이 어떤 특정 해결책을 의미하거나 불필요한 제약을 부과하는 것이 중요하다. 예를 들면 :

연필깎이에 대해 주 이득/산출물 = 날카롭게 연필. 우리의 문제 해결은 작은 나무 부스러기로 인한 지저분함과 같은 특정 문제를 대상으로 한다.

문제의 기술 = 나무 부스러기로 인한 쓰레기 더미

또 다른 간단한 문제, 플랜지 접합부 누출에 대해서:

파이프 플랜지의 접합부의 *주 이득/산출물* = 파이프 내에 흐르는 유체의 누출을 방지하면서 파이프의 쉬운 조립 또는 분해를 허용하는 것.

문제의 기술 = 파이프 플랜지가 샌다.

(iii) 관련 데이터의 수집

문제에 대한 모든 관련 데이터를 수집한다. 문제 해결이 필요한 개인이나 팀, 즉 '문제의 소유자가 있을 것이다. 종종 관련 데이터를 수집하는 가장 좋은 방법은 문제의 소유자와 대화이다. 이 과정에서 명백하게 문제 정의문을 업데이트하거나 다듬을 필요가 생긴다.

(iv) 시스템 구성 요소의 확인 및 설명

이 단계의 결과물은 시스템 및 구성요소의 기능과 목적에 대한 간략한 설명 및 도면과 함께 시스템의 구성 요소의 목록이 될 것이다. 시간과 규모(9-박스) 및 기능분석 도구는 이 단계에서 특별히 크거나 복잡한 시스템을 이해하는 데 유용하다.

간단한 일반 언어라는 트리즈 규칙은 중요하다. 명확하고 단순한 정확한 언어를 사용하여 시스템의 각 구성 요소에 대해 설명할 필요가 있다(가능한 한 비기술 언어로, 약어 또는 두문자어 없이 기술한다). 이것은 시스템의 단순한 이름에 내재될 수 있는 심리적 관성의 함정을 피하기 위한 것이다. 예를 들어, '쇄빙선(Ice-Breaker)'이라는 용어는 얼음으로 덮인 해역에서 그 경로에 있는 얼음을 분쇄함으로써 이동하는 배의 이미지가 떠오른다. 그러나 시스템의 간단한 목적은 얼음 덮인 해역에 의해 분리된 두 점 사이를 이동하는 것이다. 따라서 '얼음을 깨는 것'은 단지 하나의 가능한 해결책에 불과하다는 것이 곧바로 분명해지지만, 쇄빙선이라는 이름은 그 이름에 한 가지 해결책이 포함되어있다. 또한 우리가 구성 요소가 제공하는 것을 설명할 때 구성 요소는 보통 하나 이상의 기능을 제공한다는 것을 기억해야 한다. 예를 들어, 간단한 연필깎이의 경우 다음과 같은 기능을 가질 것이다:

구성 요소	기능
칼날	연필에서 원하지 않는 나무와 연필심을 제거한다.
몸체	칼날에 맞춰 올바른 위치에 연필을 잡아준다. 연필을 돌릴 수 있게 해준다. 사용자가 연필의 회전으로 발생하는 회전력을 견디며 연필깎이를 잡을 수 있게 해준다. 올바른 위치에 칼날을 잡아두는 데 도움이 된다. 칼날로부터 사용자를 보호한다.
나사	몸체에 칼날을 안전하게 장착한다. 날을 세우거나 교체를 위해 칼날을 제거할 수 있게 해준다.

일단 시스템과 구성요소를 모두 이해했다면 시스템 디자인 또는 문제에 포함된 모순 쌍을 찾고, 문제를 해결하기 위해 아리즈 다음 단계로 이동할 수 있다.

아리즈 단계 2 – 시스템 모순 밝히기

모순 쌍을 형성하는 갈등 해결하기

아리즈에서 우리는 문제의 핵심(주 산출물과 가까운)에 있는 모순을 찾는다. 그래서 우리는 '모순 쌍'으로 알려진 두 개의 보완적인 반대 형태로 문제를 표현할 필요가 있다. 트리즈에는 두 종류의 모순이 있다.

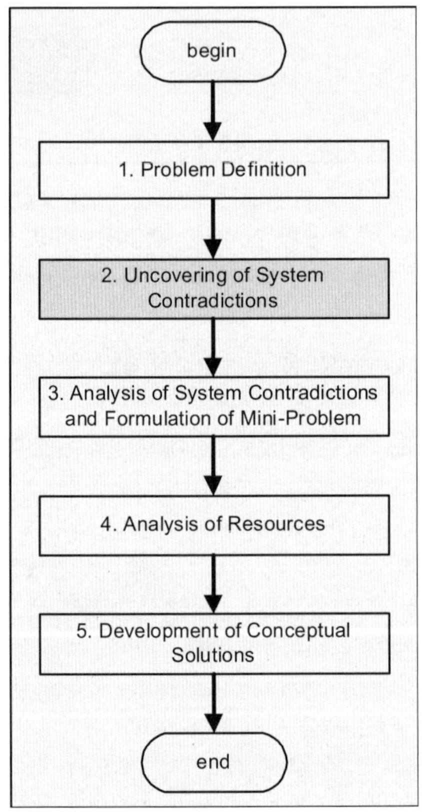

- 시스템의 일부를 개선하지만, 다른 부분이 악화된다(*기술적 모순*).
- 기능/특성과 그 반대의 기능/특성을 원한다(*물리적 모순*).

모순 쌍은 두 가지 기술적인 모순으로 구성되는 물리적 모순이다(하나는 더 많은 이득 또는 더 적은 해로움과 더 적은 비용을 제공하는 해결책을 주지만 다른 해결책은 뭔가를 더 악화시키는 두 가지 반대 결과).

전형적인 모순 쌍은 반대 결과이다 :

- 주 이득을 얻을 수 있지만, 해로움 x를 얻거나 비용 y를 초래한다.
- 우리는 해로움 x 또는 비용 y를 피할 수 있지만, 주 이득을 얻지 못한다.

  또는

- 구성 요소가 이득을 제공하지만, 원치 않는 해로움이나 비용을 수반한다.
- 구성 요소가 없으면(이득이 있기는 하지만), 관련된 해로움 또는 비용을 피할 수 있다.

  또는

구성 요소는 유용한 특성이 있지만, 원치 않는 해로움이나 비용을 수반한다.

구성 요소는 반대의 유용한 특성이 있지만, 원치 않는 해로움이나 비용을 수반한다.

갈등은 이러한 두 가지 반대 방법(모순 쌍)으로 표현해야 한다.

이 단계의 끝에서 하나 또는 그 이상의 갈등/모순 쌍을 확인할 것이다. 예를 들면:

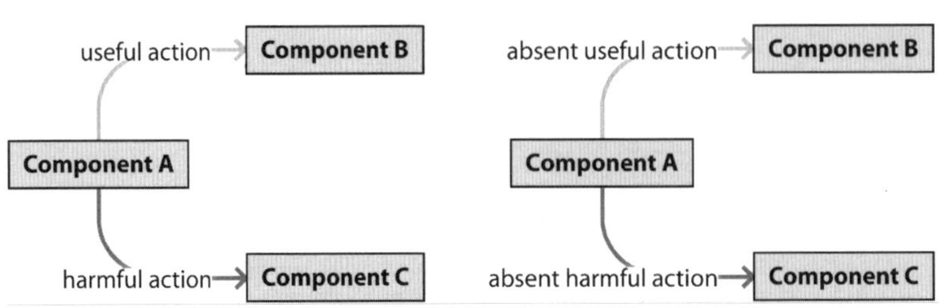

이것은 단지 예이다- 구성 요소 A는 존재하고 구성 요소 B는 존재하지 않는 것과 같은 많은 다른 형태가 있을 수 있다 - 매우 넓은 범위의 가능한 모순 쌍이 있다. 이러한 모순은 다수가 있을 수 있지만, 각각의 경우에 모순은 '극단' 또는 반대 상황을 나타내는 단지 두 가지 방식으로 표현된다. 이러한 모순을 정형화하기 위해 원하는 것을 얻을 수 있지만 아마도 문제를 일으킬 수 있는 상황을 설명한다. 타협과는 멀리 거리를 둔다 - 좋은 결과를 주는 모순의 가장 극단적인 형태를 얻기 위해 중간 타협점과는 멀리 떨어진다. 종종 원하는 모순 쌍을 얻기 위해 고의적인 방법으로 시스템을 '이상적으로'(최대 이득 또는 해로움 제로 또는 비용 제로) 만든다.

또한 모순을 구성 요소와 관련된 기능으로 표현하고, 특성값으로 표현하지 않는다는 점에 주목한다 : 예를 들어 "높은 온도가 파이를 태운다" 보다는 "뜨거운 오븐이 파이를 태운다" 또는 뜨거운 오븐이 파이를 굽는다 "가 더 좋다.

이미 반대 기능/특성이 있는 모순 쌍을 가지고 있다면 반대 또는 모순 쌍으로 정형화하기는 매우 쉬울 것이다 :

- 구성 요소 A는 기능을 제공하거나 해로움이나 비용을 줄일 수 있는 어떤 특성이 필요하지만, 이는 필연적으로 불필요한 해로움이나 비용을 요구한다.
- 구성 요소 A는 기능을 제공하거나 해로움이나 비용을 줄일 수 있는 어떤 반대 특성이 필요하지만, 이는 또한 불필요한 해로움이나 비용을 발생시킨다.

예를 들어, 하하는 울타리 문제를 해결하고 있는데, 모순 쌍은 이렇다 : 양들을 지키기 위해서는 울타리가 있어야 하지만 경관을 해친다. 울타리가 없으면 경관을 해치지 않지만 양들을 지킬 수 없다.

반대 이득을 제공하는 과거의 해결책(울타리가 있으면서 없다)

기술적 모순, 즉 우리가 시스템의 한 부분을 개선하고 다른 부분이 악화될 때, 반대의 모순 쌍을 두고 조금 더 생각을 한다. **주 이득의 달성이 문제를 야기한다.**

주 이득(예, 휴대하기 쉽고 가벼움)을 달성하기 위해서, 해로움 x를 얻거나 비용 y이 발생한다(예, 약함).

해로움 x(예, 약함) 또는 비용 y를 피할 수 있지만, 이때는 주 이득 (예, 휴대하기 쉬고 가벼움)을 얻지 못한다.

가벼우면서 가볍지 않은 테이블을 원한다.

또는

유용한 기능의 존재가 단점을 일으킨다.

우리는 종종 심각한 단점이 있는 해결책을 생각한다.

극단으로 가는 것이 해결책에 대한 좋은 것과 나쁜 것을 볼 수 있도록 돕는다.

주 이득 안전을 보장하지만, 해로움 x를 얻거나 비용 y가 발생한다.

해로움 x 또는 비용 y를 피할 수 있지만, 주 이득 안전을 보장받지 못한다.

있어야 하는 안전과 없어야 하는 안전을 원한다 - 이것은 많은 단점을 가지고 있는 것과 같다.

이 단계의 끝에서 모순을 선택한다.

아리즈 단계 3 - 시스템 모순 분석과 세부 문제의 정형화

이 시점은 알고리듬의 주요 의사 결정 단계를 포함한다 - 아리즈 단계 2에서 선택한 모순을 어떻게 다룰지에 대한 두 가지 전략 사이의 선택. 이제 어느 노선을 선택했다면, 이 단계의 끝에서 우리는 '세부 문제'를 정형화할 것이다. 문제가 해결되었다면 원래의 문제의 해결책 결과로서 생기는 새로운 문제를 정의해야 한다. 만약 모순이 '보조 도구'를 포함한다면, 즉 시스템의 주 이득의 제공과는 직접 관련이 없는 시스템 구성 요소를 포함한다면, 그 모순을 제거하기 위한 선택 전략은 '보조 도구'의 트리밍이 되고, 세부 문제는 트리밍을 제안받게 될 것이다. 그렇지 않으면, 전략은 모순을 해결하는 것이며, 이 경우에, 세부 문제는 표준 해결책의 형태를 취할 것이다.

시스템 모순 분석과 세부 문제의 정형화

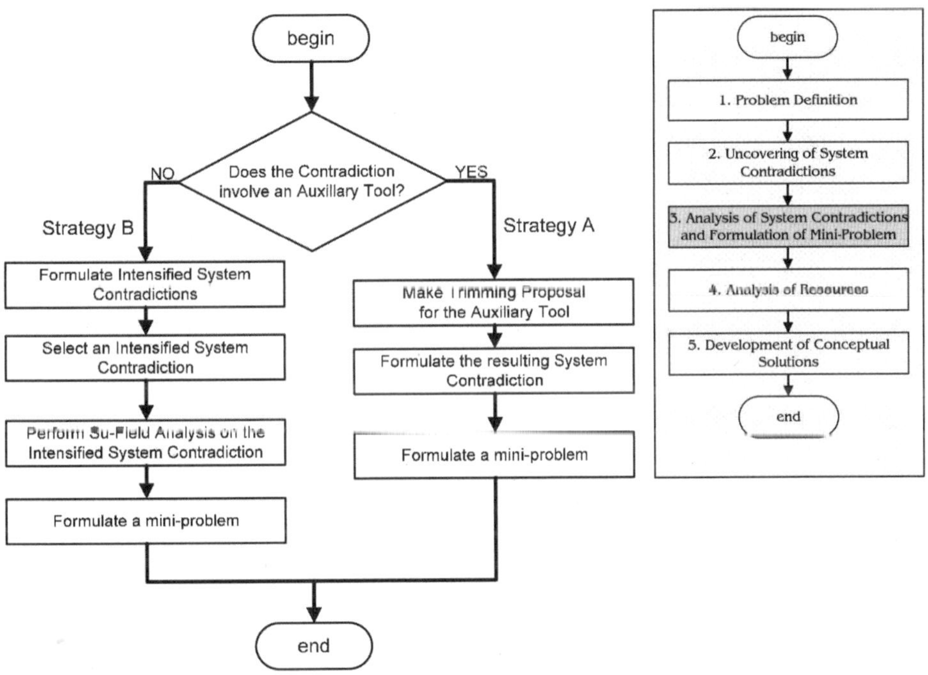

보조 도구의 포함 여부에 대한 테스트

'보조 도구'라는 용어는 시스템의 주 이득/산출물의 제공과 직접적으로 관련이 없는 구성 요소를 의미한다. 복잡한 시스템에서는 많은 시스템 구성 요소들이 '보조 도구'가 되는 것이 보통이다.

모순이 보조 도구를 포함하는가?

'예'인 경우 - 보조 도구를 트리밍하고 그 결과 시스템의 모순을 정형화하고 세부 모순을 정형화한다. 예를 들어, 아이스크림 푸는 주걱은 아이스크림 배출을 돕기 위해 주걱 안쪽에 별도 돌쩌귀 스푼이 있다. 이것은 다음과 같은 모순이 있다 : 이것은 아이스크림을 배출하는 데 유용하지만, 복잡성과 비용을 추가하고 청소하기도 어렵고 비위생적이기 때문에 해롭다. 이것은 트리밍할 수 있는 보조 도구이다. 이것은 다음과 같은 모순 쌍에서 나올 수 있다.

- TC 1 - 깊은 주걱은 완벽한, 큰 양의 아이스크림을 제공하지만 주걱에서 아이스크림을 제거하기 위해서 별도의 돌쩌귀 스푼과 같은 무언가가 필요하다.
- TC 2 - 얕은 주걱은 적은 양의 아이스크림을 제공하지만 주걱에서 아이스크림을 제거하기는 쉽다.

아리즈가 해결해야 하는 것은 간단한 주걱으로 정확한 양의 아이스크림을 제공하며 아이스크림의 제거도 쉬운 완벽한 모양이다(즉, 단 한 번의 주걱으로 정확한 양의 아이스크림이라는 주 산출물을 얻을 수 있다).

이것이 아이스크림을 쉽게 배출할 수 있도록 깊은 주걱을 수정하는 방법들을 찾는 방향으로 안내할 것이다 - 예를 들어 유연하게 만드는 것.

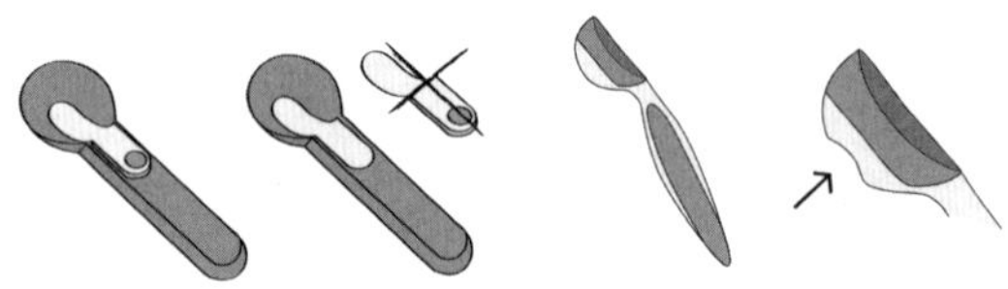

시스템의 모순이 보조 도구를 포함하는가?

만약 No라면 이때는 강화된 시스템을 정형화하고 강화된 시스템 모순을 선택한다.

예를 들어, 항공기 날개의 완벽한 사이즈의 문제 :

- TC 1 - 항공기 날개는 높은 양력을 위해서는 커야 하지만 무거워진다.
- TC 2 - 항공기 날개는 작고 가볍지만 낮은 양력을 제공한다.

아리즈가 해결해야 하는 것은 높은 양력/낮은 양력의 날개 또는 큰/작은 날개이다.

아리즈 단계 4 - 자원 분석

모순의 공간은 아리즈에서 '작동(operational) 공간'으로 알려져 있다. 기본적으로 이 영역을 다음과 같이 정의한다 - 모순이 발생하는 시간과 장소, 따라서 모순을 해결해야 할 대부분의 시간과 공간. 자원을 탐색하기 위한 정확한 장소와 시간에 초점을 맞추는 것이 중요하다.

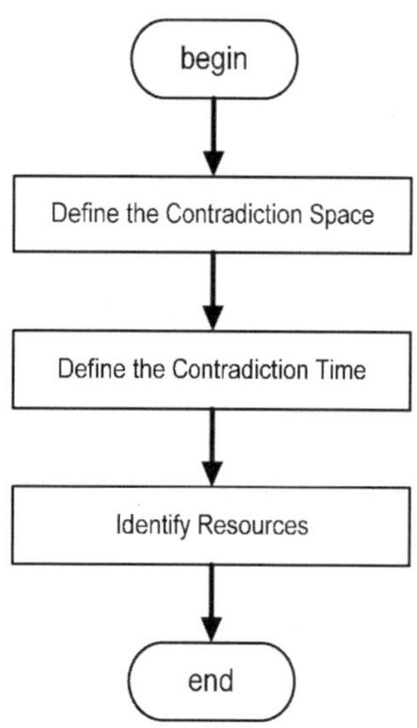

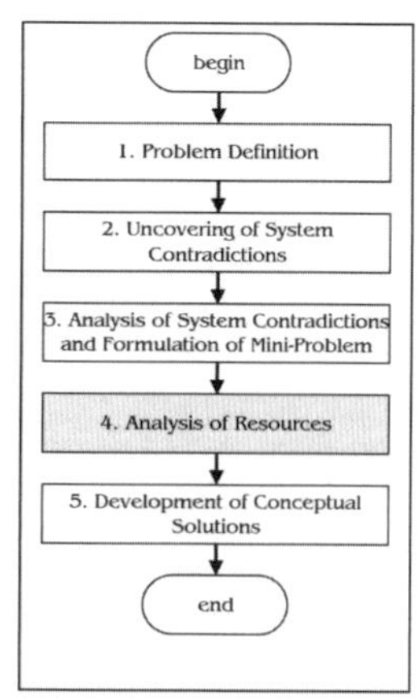

작동 공간과 작동 시간(갈등 직전과 이후뿐만 아니라 실제 갈등 시간을 포함)에 존재하는 사용 가능한 자원을 탐색한다. 문제 영역과 문제 발생에 가장 가까운 모든 자원을 찾을 필요가 있다.

아리즈 단계 5 - 개념 해결책 개발

사용 가능한 자원으로 구성된 개념 해결책을 찾는다. 해결책 제공자로서 각 자원을 차례로 검토한다 - 이전에 확인된 세부 문제를 해결하려고 하는 요소들. 각각의 경우에 정반대의 이득을 찾기 위해 이상적인 결과를 시도해 보고, 강제로 반대 기능/이득에 대한 탐색을 시도한다 - 물리적 모순의 상황과 분리의 원리를 사용하여 해결한다.

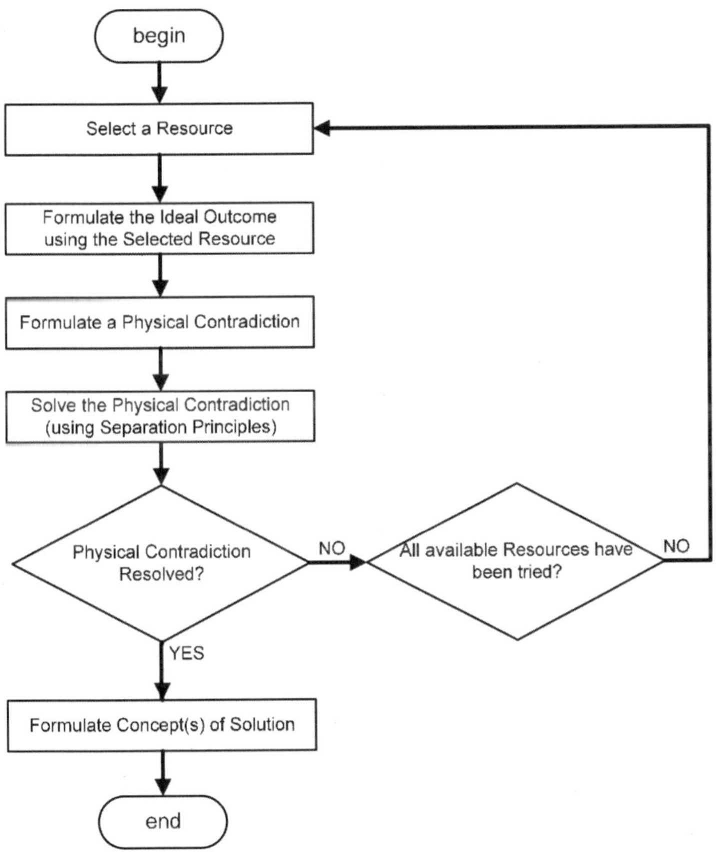

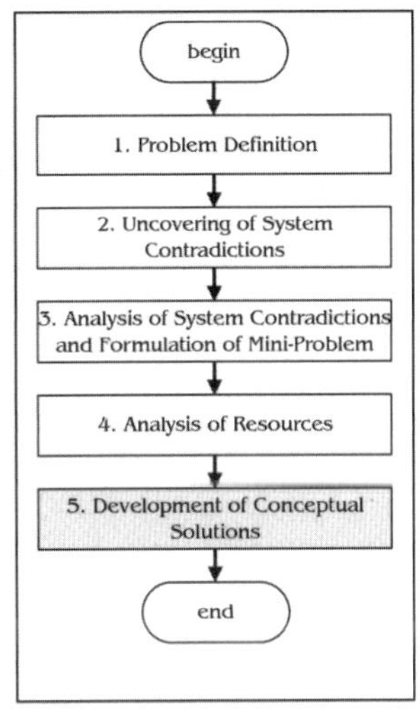

아리즈 요약

아리즈의 많은 버전들은 각각 여러 단계로 구성되어 있지만(때로는 80 단계까지) 일반적으로 문제를 이해하고 해결하는 과정은 대략 다섯 단계로 구성되어 있다. 트리즈 문헌에는 트리즈 도구와 프로세스에 의해 해결된 몇 가지 간단한 공학 문제의 예제들이 있다. *ASTIA*에서 알트슐러는 어디에서나 발생하는 한 문제를 설명하였다 - 그것은 발전소에서 젖은 석탄으로 막히는 파이프의 문제이다. 아리즈의 기본 단계들을 설명하기 위해 이 문제를 아리즈에 적용하였다.

12.8 파이프를 막히게 하는 석탄 문제를 해결하기 위해 아리즈 사용하기

많은 전기 발전소는 석탄을 사용하는데, 석탄은 이송 후 대형 사일로에 저장된다. 석탄은 종종 발전소에 젖은 상태로 이송되어 외부에 저장된다. 석탄은 사일로에서 호퍼로 이송된 다음, 파이프를 이용해서 석탄을 분쇄하는 볼밀로 공급된다. 분쇄된 석탄은 사이클론 분리기로 이동되어, 가는 석탄은 연소에 사용하고 거친 석탄은 다시 분쇄하기 위해 볼밀로 돌려보내기 위해 분리된다. 석탄이 충분히 건조되면 시스템이 잘 작동하지만, 석탄이 약 12% 이상의 물을 포함할 때 석탄이 파이프에 붙기 시작하여 막힘이 발생한다. 이것이 어려운 상황이며 석탄 건조와 관련된 해결책은 문제가 있다. 건조된 가는 석탄은 자기 발화하여 화재나 폭발을 일으킬 수 있다.

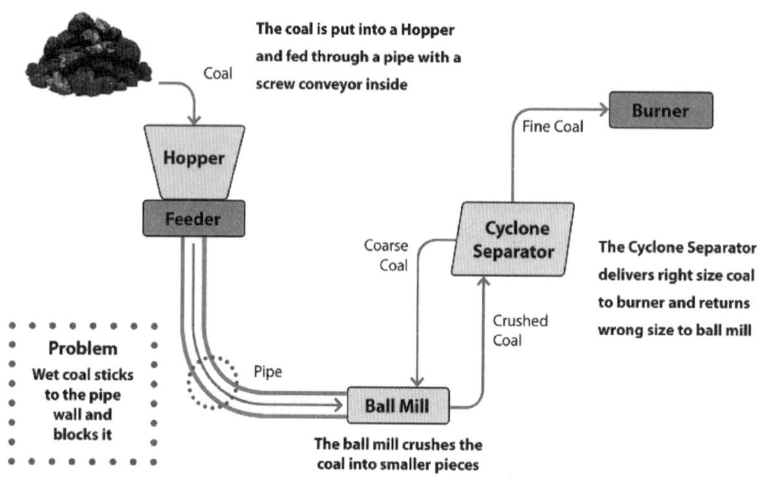

아리즈 단계의 사용:

1. PROBLEM DEFINITION

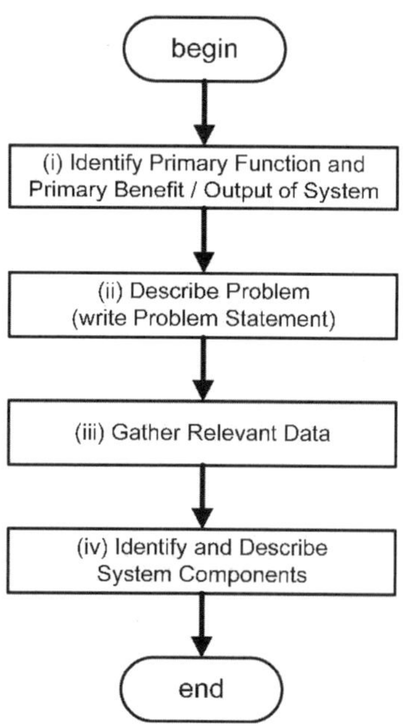

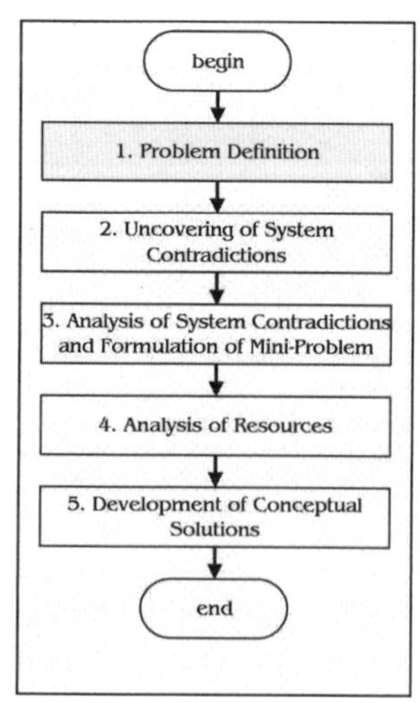

아리즈 단계 1 - 문제 정의

석탄 문제에 대한 아리즈 - 준비 및 문제 이해

i. 시스템의 주 기능 / 산출물의 확인

석탄을 호퍼에서 볼밀로 이동해야한다.

ii. 문제 정형화 및 설명

젖은 석탄이 파이프를 막는다 - 석탄이 파이프 안쪽에 달라붙어 볼밀로 이동을 방해한다.

iii. 배경 정보와 관련 데이터

22~25% 물을 함유한 젖은 석탄이 공급된다 - 파이프를 막기 때문에 이것이 문제 부분이다 - 석탄에 12% 이상 물이 있으면 달라붙음이 발생한다. 건조 석탄을 사용할 수 있지만 비싸다.

iv. 시스템의 주요 구성 요소를 확인하고 매우 간단한 일반(비기술) 용어로 설명한다 (이것은 간단한 목록이 될 수도 있고, 9-박스 또는 기능 분석을 사용하여 확장할 수도 있다).

약어, 기술 용어나 전문 용어를 배제

호퍼 = 금속 용기
공급 장치 = 회전 테이블
젖은 석탄 = 20% 이상 물을 함유한 석탄
가는 석탄 = 분말 석탄
파이프 벽
볼밀 = 금속 볼이 있는 회전 드럼
사이클론 분리기 = 석탄을 크기에 따라 분리하는 장치

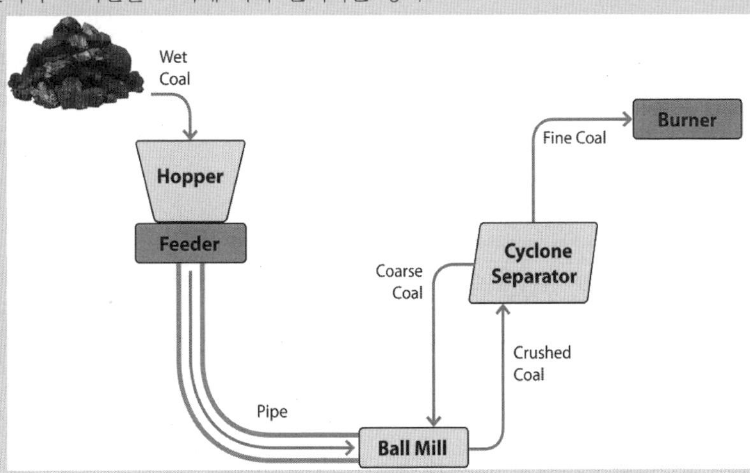

아리즈 단계 2 - 시스템의 모순 밝히기

문제 내 또는 이면에 있는 시스템 갈등/모순을 확인한다.

이것은 좋은 또는 주 기능/산출물 (및 / 또는 주 이득을 얻는 것)의 제공과 관련된 좋지 않은/해로운 결과 또는 비용을 확인하여 정형화한다. 이것은 다음과 같은 요구조건 때문에 생길 수 있다.

- 반대 기능/특성 또는
- 우리가 시스템의 일부를 개선하면 다른 부분이 악화된다

석탄 문제에 대한 아리즈 - 시스템 갈등의 정형화

Contradiction 1

Use wet coal as it is cheap but it has a problem - it blocks the pipes.

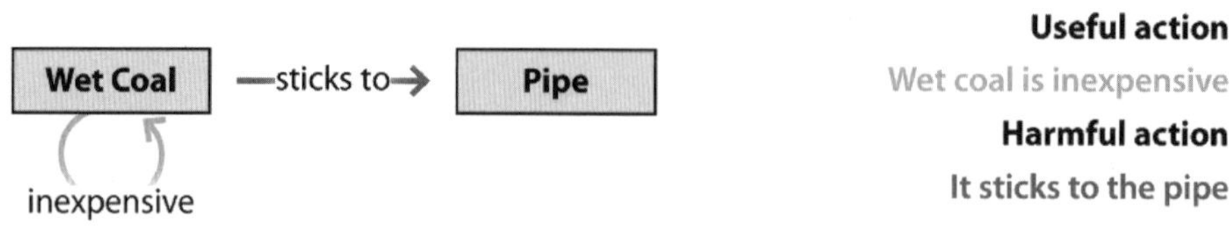

Contradiction 2

Use dry coal but it is expensive but it does not block the pipes.

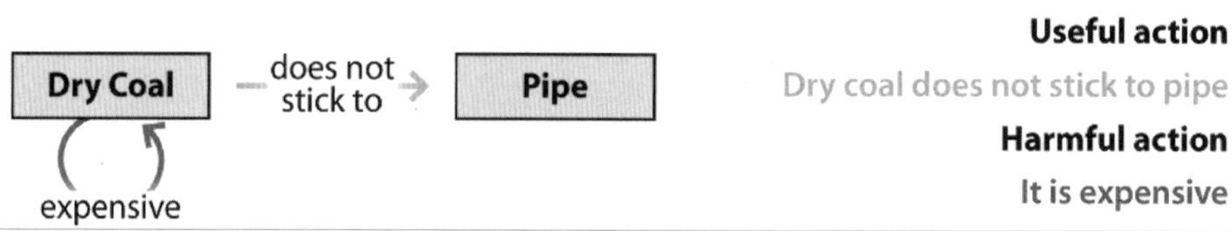

아리즈 단계 3 - 모순 분석과 미니 문제의 정형화

이제 모순 중 하나를 선택하고(실제로 모든 모순을 다루기를 원할 수 있다) 무엇을 해야 하는지 알기 위해 그것을 분석할 필요가 있다. 최악('가장 크고 나쁜 것')을 선택하는 것이 현명할 것이다. 선택한 모순 쌍에 대해 세 가지 경로 중 하나를 따르기로 결정한다 - 요컨대 해결하려고 하는 '세부 문제를' 선택하는 것이다. 세 가지 세부 문제는 다음과 같다 :

- 미니 a) - 보조 도구/품목을 제거한다(예 : 트리밍).
- 미니 b) - 도구를 제거하지 않는다(유용하고 해로운 작용은 유지된다) - 그러면 미니 문제는 해로운 작용을 제거하거나 중화할 수 있는 X-자원을 찾는 것이다.
- 미니 c) - 그렇지 않으면, 주 도구를 제거한다.

우리의 첫 번째 질문은 '선택한 모순이 보조 도구/품목과 관련이 있는가, 또는 선택한 모순이 시스템의 주 기능을 제공하는 것(주 도구)과 관련이 있는가?'이다

만약 그것이 보조 도구/물품(AT)인 경우, 세부 문제 경로 a)를 따라가 보조 도구와 품목을 제거한다(트리밍).

만약 그것이 주 도구인 경우, 세부 문제 b) 또는 c)로 이동한다.

b) 또는 c)의 경우, 해결책에 대한 모델을 제안하는 표준 해결책을 사용해야 한다.

석탄 문제에 대한 아리즈 - 모순 분석과 세부 문제의 정형화

세부 문제를 정형화하기 위해 세 가지 옵션을 살펴보자 : 아마도 세부 b)를 해결할 필요가 있다. 세부 a)는 보조 도구/품목을 제거한다(예, 트리밍).

석탄을 트리밍할 수 없다 -이 옵션을 선택하지 않는다.

세부 b)는 도구를 제거하지 않는다(유용하고 해로운 작용이 유지된다) - 그래서 이 세부 문제는 자원 중에서 해로운 작용을 제거하거나 중화할 수 있는 X-인자를 찾아야 한다. 이 세부 문제는 석탄이 파이프를 막지 않도록 하는 X-인자 자원을 찾는 것이다 -이것이 옵션이다.

세부 c) 그렇지 않으면, 기본 도구(파이프)를 제거한다.

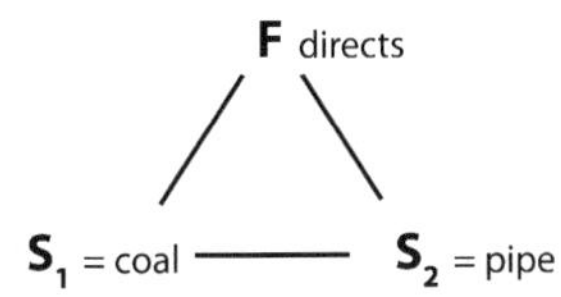

또는 기능분석으로

우리는 파이프를 트리밍할 수 있을까? 이 옵션은 가능할 수 있겠지만, 시스템에 대한 자세한 정보가 필요하다.

세부 문제를 정형화하기 위해 더 자세하게 시스템을 분석한다.

위 옵션 b)에서처럼 문제를 해결할 X-인자의 정의를 살펴볼 필요가 있다(석탄이 파이프를 막지 않도록 하는 X-인자 자원을 찾는 것).

이제 자세히 갈등 영역을 그린다. 그러면 무슨 일이 일어나고 있는지 정확히 이해할 수 있다. 해로운 물질-장 모델 - 해로움을 중지할 S3를 찾고 있다.

S3 = X-인자

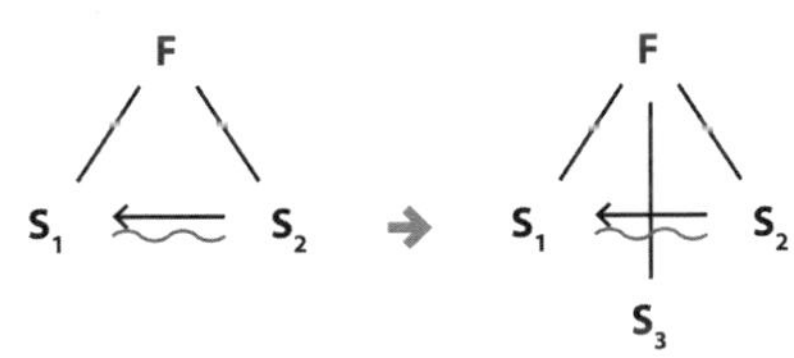

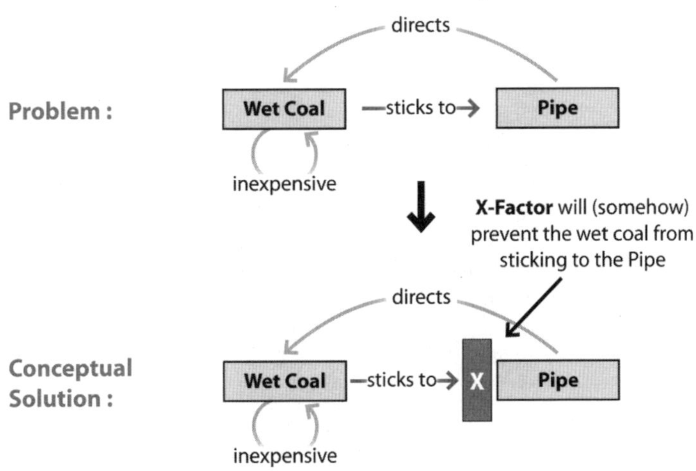

갈등 영역에 초점을 맞춰 확대해 본다.

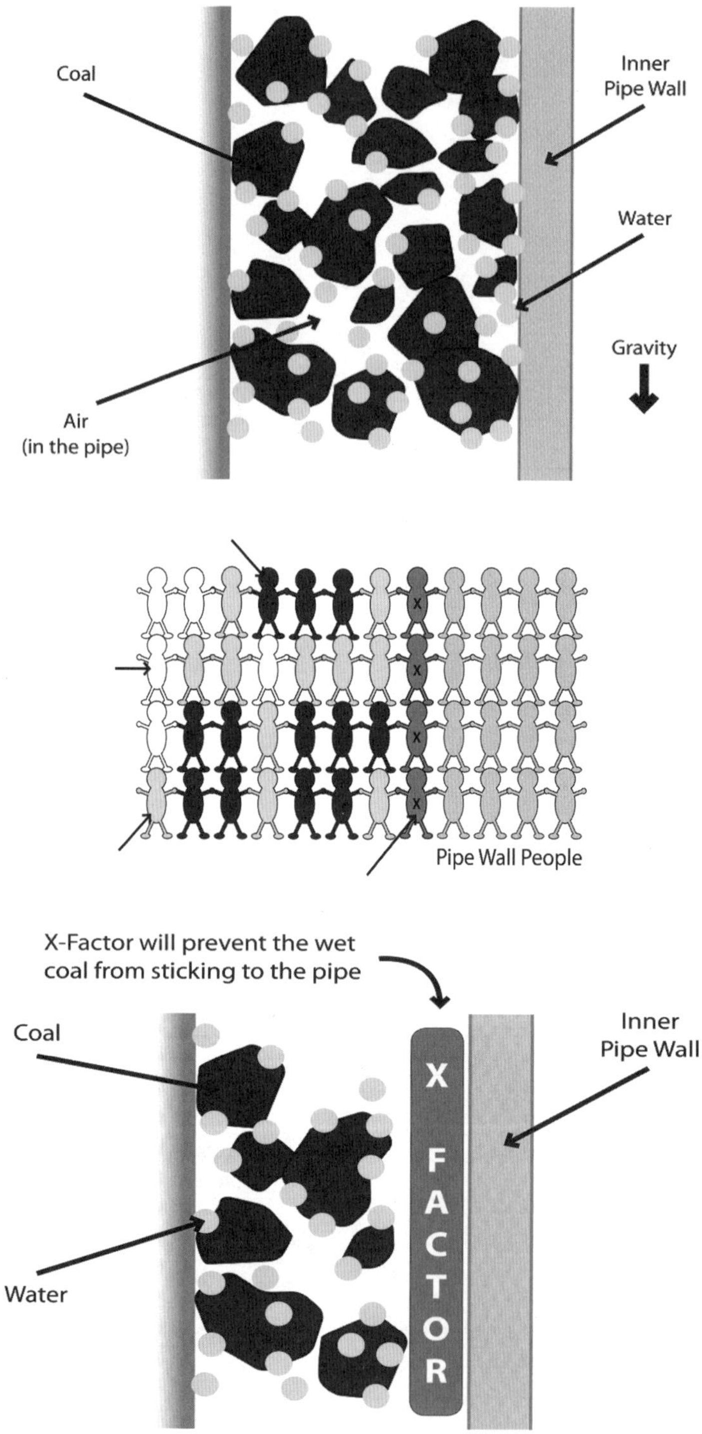

영리한 작은 사람(Smart Little People)과 X-인자

이 물질-장 모델은 해로움을 다루기 위한 표준 해결책 중에서 표준 해결책 1.2.2를 선택하라고 제안한다. *표준 해결책 1.2.2 - 유용하고 해로운 효과가 시스템에 존재한다. S1과 S2가 직접 접촉할 필요는 없고, 새로운 물질을 도입할 수 없다. S1과 S2(또는 이것들 일부)로 만들거나 S1과 S2를 변경하여 만든 물질 S3를 도입함으로써 해로움을 차단한다.* 또는 우리는 기능 분석 다이어그램에서 X-인자를 정의할 수 있다.

아리즈 단계 4 - X-인자를 제공하기 위해 이용 가능한 자원 탐색

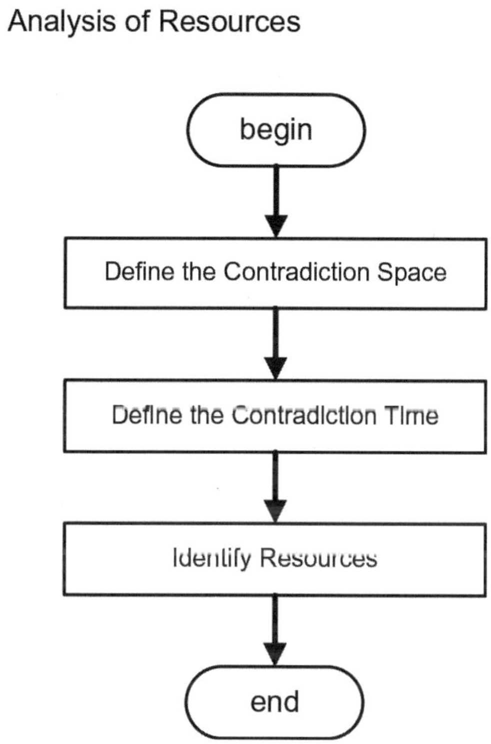

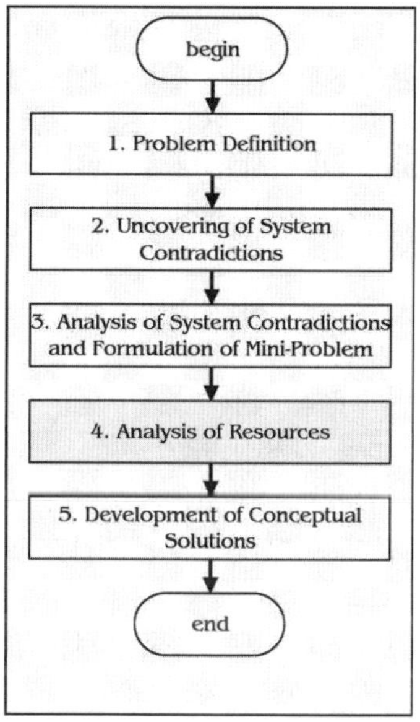

모순 시간 - 갈등/문제는 언제 발생하는가?

시간 기반의 자원 :

- 석탄이 파이프를 막기 전
- 석탄이 파이프를 막고 있는 동안
- 석탄이 파이프를 막은 후

모순 공간 - 갈등/문제는 어디서 발생하는가?

공간 기반의 자원

- 환경/상위 시스템 - 열, 공간 등
- 시스템 /석탄, 물, 벽
- 구성요소/하위 시스템, 석탄, 가루(분말)

자원 확인

자원 탐색은 문제를 해결하는 데 도움이 될 자원을 확인할 목적으로, 갈등의 영역에서 시작(시간과 공간으로)해서 바깥쪽으로 작업해 나간다. 이러한 자원들은 X-인자 또는 X-인자로 전이될 가능성이 있다.

이상적인 결과의 기술 : 구성요소의 추가 없이 이용 가능한 자원 중에서 X-인자를 만들어야 한다.

X-인자는 이상적으로 볼 때 다음과 같은 것들로 만들어야 한다 : 석탄, 물, 파이프, 공기 또는 이들의 일부 조합/수정. 각 요소를 차례로 검토한다:

- 석탄이 파이프 벽에 달라붙는 석탄을 방지한다.
- 물이 파이프 벽에 달라붙는 석탄을 방지한다.
- 파이프가 파이프 벽에 달라붙는 석탄을 방지한다.
- 공기가 파이프 벽에 달라붙는 석탄을 방지한다.

자원 목록
석탄
물
파이프
공기
+
빈 공간
시간
갈등영역 내부나 가까이에 있는 어떤 것

자원 사용 - 우선 순위

a. 원 자원 (발견된 대로)
석탄, 물, 파이프, 공기
b. (다른 자원과) 결합?
석탄 + 물 = 젖은 석탄
다른 조합은? 빈 공간 또는 시간과 결합?
c. 변경
물을 변경? 파이프를 변경? 석탄을 변경?
젖은 석탄, 전조 석탄?
석탄 가루

아리즈 단계 5 - 개념 해결책 개발

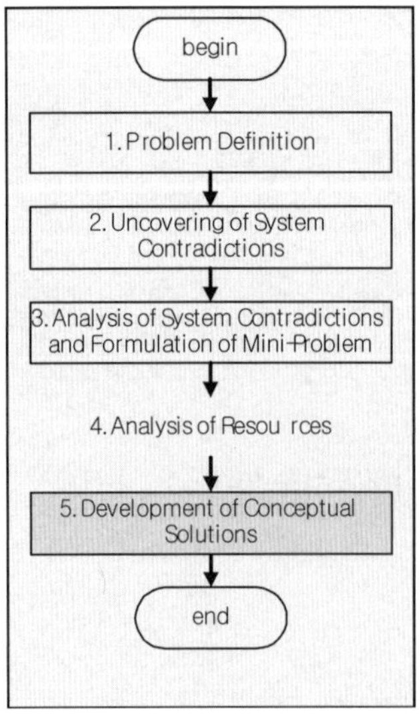

이 단계는 해결책을 찾는 단계다 - 특히 문제를 해결할 X-인자를 제공하기 위해 자원을 선택하는 단계이다. 이것은 단계 2에서 정형화된 세부 문제와 단계 3의 시스템 갈등 분석에 따라 달라진다.

세부 문제 a), b), c)의 제안된 옵션을 살펴보고, 여기서 옵션 b)로 결정하였다. 그리고 석탄이 파이프를 막지 않도록 하는 X-인자를 찾는다.

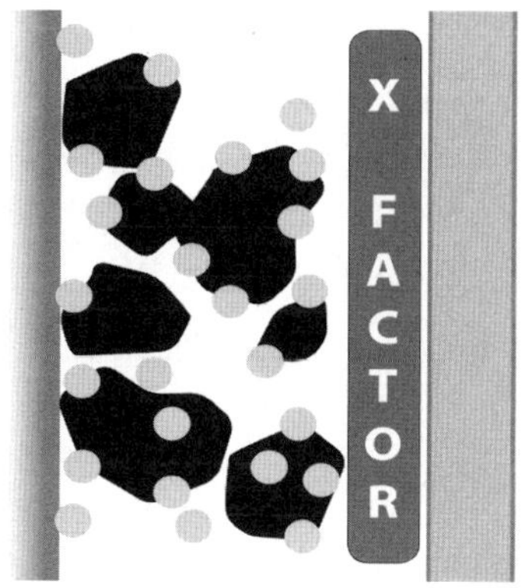

개념 해결책 개발

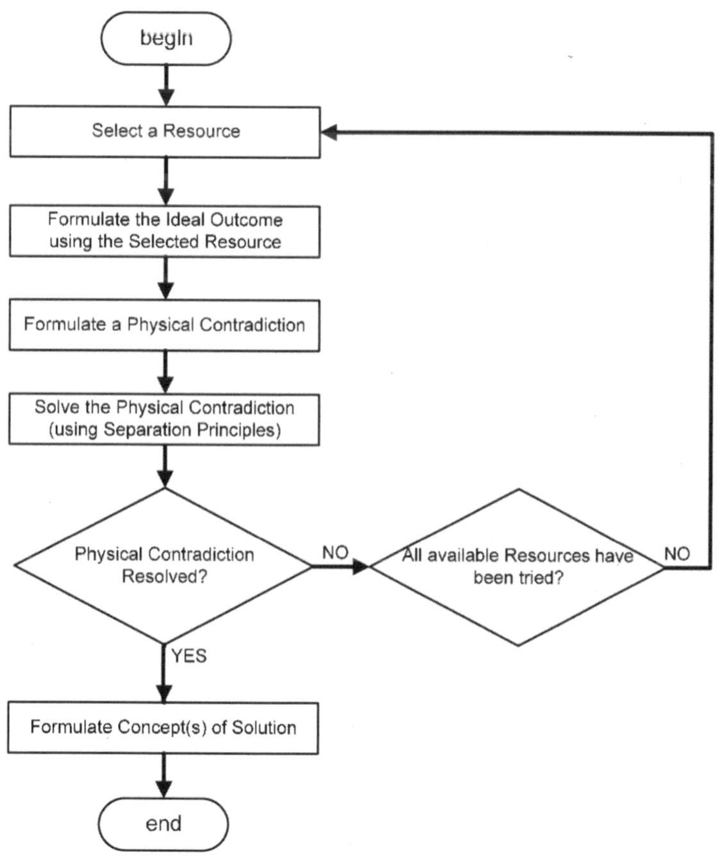

석탄 문제에 대한 아리즈 - 자원 선택

이 신비스러운 X-인자는 석탄이 파이프를 막지 않게 한다 - 이 작업을 수행할 자원을 선택해야 한다. 올바른 자원이 발견되지 않은 경우 문제를 해결할 수 있는 시스템 내의 자원에 대한 갈등 영역을 넘어 더 넓게 살펴볼 필요가 있다. 석탄의 습기 문제가 석탄이 파이프 벽에 달라붙게 하는 원인이다. 젖은 석탄을 원하면서(젖은 석탄은 저렴하지만 달라붙는다) 건조 석탄을 원한다(건조 석탄은 비싸지만 달라붙지 않는다). 어디에서 건조 석탄을 원하는가? 모든 곳에서? 아니면 단지 파이프 벽 옆에? 문제가 되는 끈적끈적하게 젖어있는 시스템과 유사한 어떤 시스템이 있는가? (예를 들어 과자나 빵을 만들 때 마른 밀가루를 추가한다). 건조 석탄(밀가루처럼 또는 석탄 가루)은 넓은 시스템 어디에 존재하는가? 만약 그래서 젖은 석탄이 파이프에 들어가기 직전에 젖은 석탄에 건조 석탄을 추가할 수 있는가?

우리는 X-인자로 석탄 가루를 선택한다.

X-인자의 이상적인 결과/IFR 프레임

X-인자는 기존 자원으로 만들어야 하고 파이프를 막는 해로운 작용을 처리해야 한다. 명백한 해결책이 아닌가?

자원의 사용에 대한 물리적 모순 구조 :

필요한 유용한 작용을 제공하기 위해서 선택한 자원은 특성 P를 가지고 있어야 하고 원치 않는 해로운 작용을 제거/중화하기 위해서 반대 특성 -P를 가지고 있어야 한다.

파이프 막힘을 방지하기 위해:

- 파이프 내의 석탄은 건조되어 있어야 하지만, 저렴함을 유지하기 위해서 젖어 있어야 한다.
- 건조 석탄 가루는 젖은 석탄과 벽 사이에 존재해야 하지만, 필요할 때까지 존재하지 않아야 한다(건조 상태는 오래가지 않고 오직 필요할 때만 나타나야 한다).

파이프 벽 옆에 X-인자로 건조 석탄을 원한다면 시스템 어디에서 건조 석탄을 찾을 수 있는가?

이것이 이미 시스템에 존재하는가? 예 ... 그것은 사이클론 분리기의 산출물이다.

건조 석탄 가루는 이용 가능한 자원이며, 한 가지 좋은 해결책은 사이클론 분리기로부터 호퍼로 이것을 이송 추가하는 것이다.

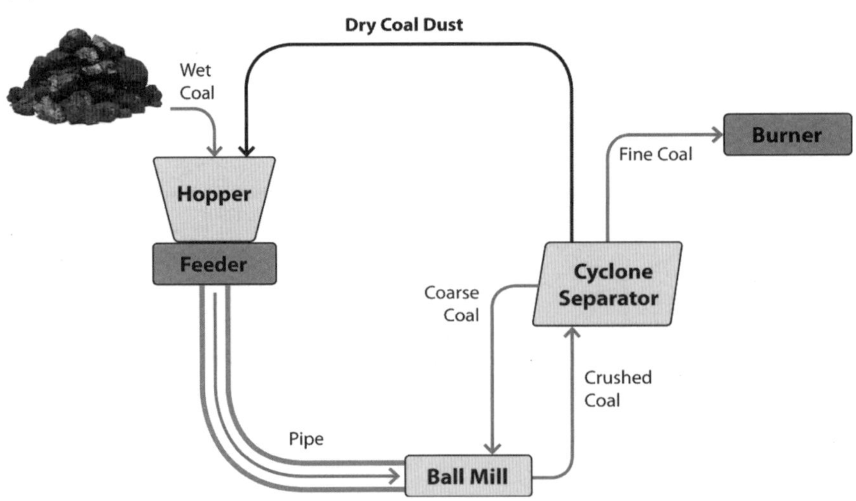

12.9 결론

두 가지 고전 트리즈 도구인 물질-장 분석 및 아리즈는 도전적인 문제를 정의하고 해결하기 위한 중요한 도구이다. 이러한 도구는 정밀하고 강력하며 완벽하게 숙달할 가치가 있다. 아직 많은 기업에서 이러한 도구가 광범위하게 적용되지는 않지만, 단지 소수의 트리즈 전문가들이 특히 어려운 문제에 이러한 도구를 사용하고 있다.

물질-장 분석

알트슐러는 창의적인 문제와 그 해결책을 분류하기 위해 모순 행렬과 40 발명원리에 대한 대안으로 물질-장 분석을 만들었다. 물질-장 삼각형 모델은 문제를 정의하는 데 유용하며, 76가지 표준 해결책은 문제를 해결하는 데 유용하다. 물질-장 모델은 76가지 표준 해결책을 사용한 후 지식 기반으로부터 아이디어를 검토하는 데 유용하다, 이들은 다른 트리즈 도구들보다 더 많은 과학적 효과들에 대한 이해가 필요하다. 이들은 또한 문제를 구조화하는데(그리고 모순을 밝히는데) 유용하며, 몇 가지 기본 규칙과 76가지 표준 해결책으로, 문제 상황에 대해 정확하게 모델화할 수 있게 하며 해결책으로 우리를 안내해 준다. 각각의 물질-장 모델은 적어도 하나의 삼각형으로 구성된다. 삼각형은 최소한의 기술적 시스템을 나타내며, 대상 물질 1 (S)과 상호 작용의 수단을 제공하는 장(F)을 통해 대상에 작용하는 도구 물질 2 (S2)로 구성되어 있다.

트리즈 기능 분석 및 옥스퍼드 표준 해결책은 사용하기가 쉬워서 종종 간단한 실제 문제에 대해 물질-장 분석 및 76가지 표준 해결책 대신 훈련에 이용된다. 두 가지 방법(모순/40가지원리와 물질-장 분석)의 논리는 비슷하며 같은 표준 해결책 답으로 안내한다. 모순 또는 시스템 분석 (물질-장 또는 기능 중 하나) 중 하나를 선택하게 될 때, 기술자들은 자주 애초 이러한 방법 중 하나를 선호하고, 자신이 선택한 트리즈 도구세트에서 자신감과 능력을 갖게 된다는 것을 나는 발견했다. 하지만 나중에 그들은 다른 트리즈 도구세트로 전환하고 결국 모든 트리즈 도구세트들을 동등하게 사용한다. 그들이 처음에 어느 쪽인지를 예측할 수 없기 때문에 두 가지 접근 방법과 모든 트리즈 도구에 대해 훈련하는 것은 트리즈에 대한 자신감을 고취시키기 위해 중요하다. 또한 트리즈 사용자, 특히 기술자들은 문제에 따라 한 번에 한 부분만을 사용하는 경우에도 그들이 전체 도구세트를 이해했다고 생각하고 싶어 한다. 다른 접근 방식이 같은 트리즈 해결책 트리거로 안내하고 문제와 시스템 개발을 위한 해결책으로 트리즈 문제 해결안을 제시할 것이다.

물질-장 분석을 문제에 적용하기 위한 간단한 단계

1. **문제 정의문** - 시스템 및 시스템의 문제 부분을 설명한다.
2. **문제 영역을 확대**하고 문제가 있는 구성 요소(물질)와 환경을 포함한 모든 관련 상호 작용 (장)을 확인한다.
3. **문제의 물질-장 모델을 그린다.**
4. **문제 유형을 정의한다 :**

   구성 요소가 빠졌는가? 클래스 1.1

   해로운 요소? 클래스 1.2

   불충분한 요소? 클래스 1 또는 2

   물질의 진화? 클래스 3

검출 또는 측정 문제? 클래스 4

추가 개선 / 단순화? 클래스 5

5. **제안된 클래스에서 적절한 표준 해결책(들)을 선택한다.**

6. **개념적 해결책을 실제 해결책으로 전환하기 위해 관련 지식과 경험을 추가한다** - (문제 기능과 관련된 유사한 해결책을 찾기 위해서 개인과 팀의 지식, 기업 지식, 관련 산업 및 그걸 넘는 지식뿐 아니라 인터넷상에서 이용 가능한 특허 데이터베이스까지 사용한다).

아리즈 사용하기

아리즈는 어렵고 당혹스러운 문제를 해결하도록 안내해 주며, 실제 문제에 집중할 수 있도록 도와준다. 아리즈는 모든 문제 유형을 다루며, 많은 단계를 포함하고 있고 빈틈이 없지만 빠른 접근 방식은 아니다.

아리즈 활동의 대부분은 문제의 본질을 이해하고, 그것을 해결하기 위해 사용할 수 있는 최상의 자원을 찾아내는 쪽으로 방향이 잡혀있다. 이 알고리듬은 오직 최종 단계에서 해결책을 생성한다. 아리즈는 궁극적인 트리즈 문제 해결 과정이며 어떤 문제를 해결하기 위해 필요한 모든 단계에 걸쳐 안내해 주며, 현명한 해결책을 찾는 데 도움을 주는 큰 힘과 엄격함이 있다.

부록 12.1
고전 트리즈 76가지 표준 해결책

76가지 표준 해결책은 다섯 클래스와 여러 개의 하위 클래스로 구성되어 있고, 해결할 공학 문제의 종류에 따라 사용된다. 다섯 클래스는 다음과 같다 :

- 클래스 1 : 물질-장 모델의 세우기와 파괴 13 해결책
- 클래스 2 : 물질-장 모델의 개발 23 해결책
- 클래스 3 : 상위 시스템과 마이크로 레벨로 전이 6 해결책
- 클래스 4 : 측정과 검출에 대한 표준 17 해결책
- 클래스 5 : 표준 적용을 위한 표준 17 해결책

클래스 1 : 물질-장 모델의 세우기와 파괴

클래스 1은 물질-장 모델이 불완전하거나 해로운 기능이 있는 경우 물질-장 모델을 세우거나 파괴함으로써 문제를 해결하는 데 도움을 된다. 클래스 1은 13개의 표준 해결책 포함하며 두 개의 하위 클래스를 가진다.

1.1 **물질-장 세우기(불완전한 경우)**, 8 해결책

이 하위 클래스의 주요 권상 사항은 다음과 같다.

- 물질-장을 완성한다.
- 내부 첨가제를 도입하여 시스템을 최소한도로 작동하도록 만든다.
- 외부 첨가제를 도입하여 시스템을 최소한도로 작동하도록 만든다.
- 최소 - 최대 모드 (좀 더 많이 추가하고 여분을 제거한다; 좀 적게 추가하고 국부적으로 강화한다)를 사용한다.

1.2 **물질-장의 파괴(해로움)**, 5 해결책

이 하위 클래스의 주요 권장 사항은 다음과 같다:

- 주어진 두 물질 사이에 세 번째 물질을 도입한다.
- 상위 시스템으로부터 세 번째 물질을 도입한다.
- 주어진 두 물질 중 하나를 수정하여 세 번째 물질을 도입한다.
- 희생 물질을 도입한다.
- 해로운 장에 반대 작용을 하는 장을 도입한다.

1.1 하위 클래스 : 물질-장 세우기/완성하기(불완전한 경우)

원하는 기능/효과가 없다. 빠져있는 것을 살펴보고 표준 해결책으로 제공된 목록에서 간단한 해결책을 찾는 것은 체계적이고 놀라울 정도로 강력하다.

1.1.1 물질-장 완성

최소 기술 시스템은 두 물질 (S_1과 S_2)과 장(F)으로 구성된다. 적어도 이 세 가지 요소를 포함하지 않는 시스템은 유용한 기능을 제공할 수 없다. 따라서 S_2 또는 F(또는 둘 다) 중 하나가 없기 때문에 완전 물질-장을 갖고 있지 않은 경우, 우리는 시스템을 완성하기 위해 누락된 요소들을 도입해야 한다.

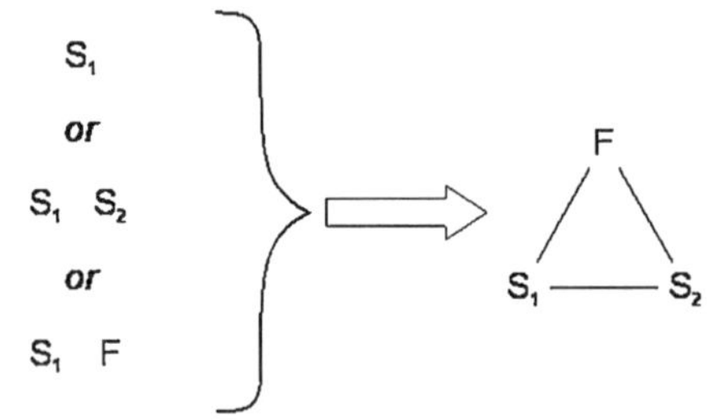

완성된 물질-장은 일반적으로 다음 형식 중 하나를 취한다:

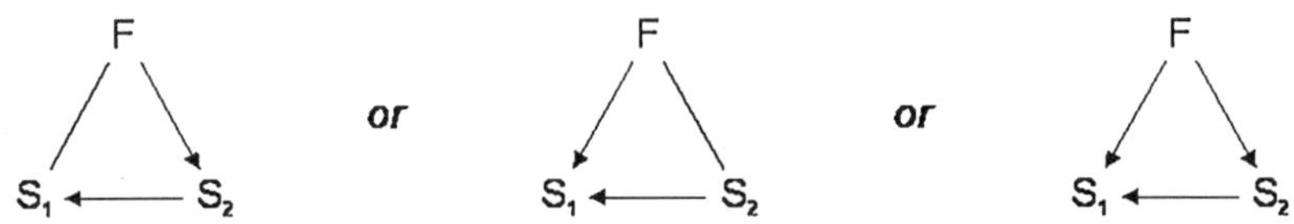

1.1.2 내부 복합 물질-장으로 전이

우리가 개선할 필요가 있는 물질-장을 갖고 있지만 필요한 변경이 간단하지 않고, 첨가제의 사용에 아무런 제한이 없는 경우, 문제는 S_1 또는 S_2에 첨가제를 첨가하여 해결될 수 있다. 첨가제는 영구적 또는 일시적으로 도입할 수 있다.

첨가제는 S_3로 표시된다. 괄호는 첨가제 S_3가 S_1 또는 S_2 내부에 있음을 나타낸다.

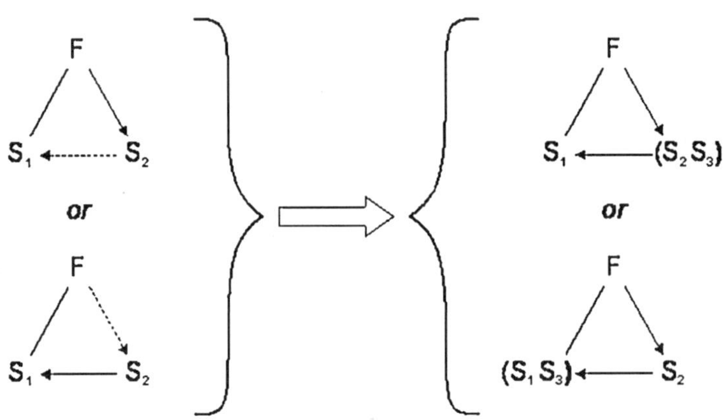

1.1.3 물질 외부에 무언가를 첨가한다.

우리는 몇 가지 추가 기능(들)을 제공하거나 어떤 방법으로 변경해야 할 물질-장을 가지고 있지만, 필요에 따른 변경이 쉽지 않은 경우, 외부 복합 물질-장으로 전이한다. 현재의 물질에 외부 물질을 도입함으로써 성취된다. 이것은 제어 능력을 강화하거나, 필요한 기능 또는 특성을 추가 제공하는 것이다.

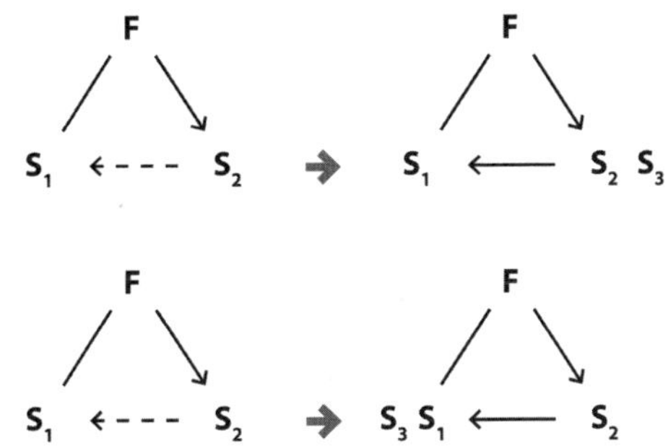

1.1.4 환경 사용

우리는 몇 가지 추가 기능(들)을 제공해야 하거나 어떤 방법으로 변경해야 할 물질-장을 가지고 있지만 필요에 따른 변경이 쉽지 않은 경우, 물질로써 외부 환경을 사용하여 물질-장을 변환한다.

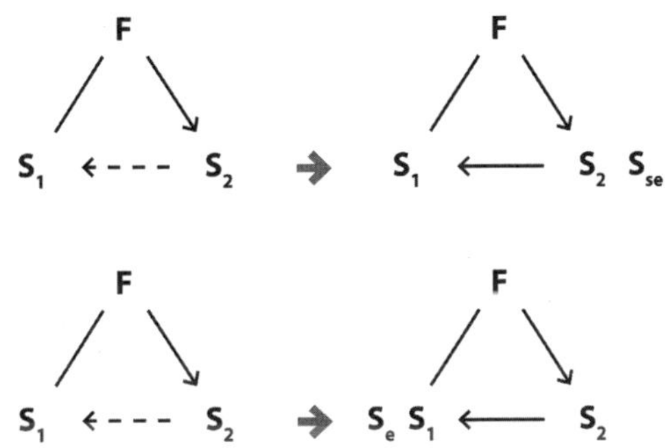

1.1.5 환경에 무언가를 추가한다.

우리는 몇 가지 추가 기능(들)을 제공해야 하거나 어떤 방법으로 변경해야 할 물질-장을 가지고 있지만 필요에 따른 변경이 쉽지 않은 경우, 외부 환경을 변경함으로써(외부 환경이 1.1.4에서와같이 준비된 해결책을 포함하고 있지 않은 경우) 물질-장을 변환한다. 외부 환경을 다른 외부 환경으로 교체한다. 외부 환경을 분해하거나 새로운 물질을 추가한다.

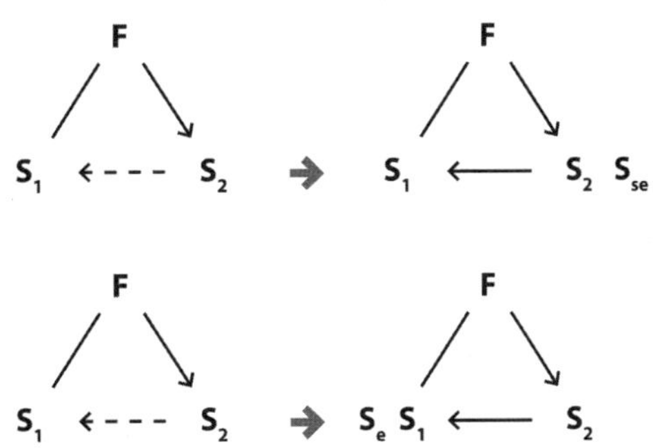

1.1.6 과도하게 한다.

무언가 소량이 필요하지만 정확한 작용 또는 정확한 양의 물질 변화가 쉽지 않은 경우, 필요한 것을 과잉을 사용하고 여분을 제거한다. 여분 물질은 장으로, 여분 장은 물질로 제거한다.

1.1.7 전체 필요한 힘을 다른 곳에 둠으로써 물질을 보호한다.

적당한 장을 적용할 수 있지만 충분하지 않고, 더 큰 장은 시스템을 손상시킬 수 있는 경우, 원래 시스템과 연결된 다른 요소에 더 큰 장을 적용한다. 전체 작용을 직접 수행할 수 없는 물질은 다른 물질과 결합을 통해 원하는 효과를 얻을 수 있다.

1.1.8.1 부분적으로 최대 장을 사용한다.

강력한, 강한 장/작용이 다른 부분보다 어떤 특정 부분에 더 효과적일 필요가 있는 경우(일부 영역에서는 최대/크고/강하고 다른 영역에서는 최소/작은/약한 효과), 약한 효과가 필요한 곳에 보호 물질 S_3을 추가한다.

1.1.8.2 필요한 곳에 최소 장을 강화한다.

강력한, 강한 장/작용이 다른 부분보다 어떤 특정 부분에 더 강할 필요가 있는 경우(일부 영역에서는 최대/크고/강하고 다른 영역에서는 최소/작은/약한 효과), 장을 최소화하고 최대 효과가 필요한 곳을 물질 S_3로 강화할 수 있다.

1.2 하위 클래스 : 해로움을 제거, 차단 또는 감소

1.2.1 유용한 효과와 해로운 효과가 시스템에 존재한다.

S_1과 S_2가 직접 접촉할 필요가 없다. 새로운 물질 S_3을 도입하여 해로움을 차단한다.

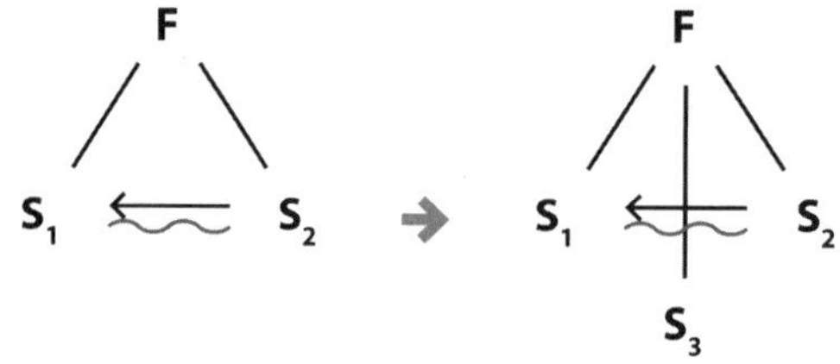

1.2.2 유용한 효과와 해로운 효과가 시스템에 존재한다.

S_1과 S_2가 직접 접촉할 필요가 없지만 새로운 물질을 도입할 수 없다. S_1과 S_2(이들의 일부)로 만들거나 S_1과 S_2를 변경하여 만든 S_3을 도입하여 해로움을 차단한다(없는 것의 사용을 포함 - 빈공간, 기포, 거품, 진공, 공기 등).

1.2.3 희생 물질

장이 물질에 해로움을 일으킨다. 해로움을 흡수하기 위해 희생 물질 S_3을 도입한다.

1.2.4 해로움을 중화한다.

유용한 효과와 해로운 효과가 시스템에 존재하고 구성 요소 S_1과 S_2가 접촉해야 한다. 유용한 효과는 기존 장 F_1이 제공하면서 새로운 장 F_2가 해로움을 중화(또는 좋게 바꾼다)하는 방식으로 이중 물질-장을 만들어서 해로운 효과를 제거한다.

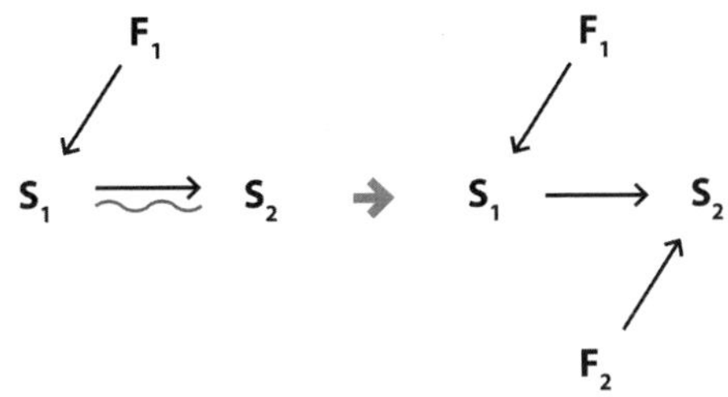

1.2.5 해로운 자기장

시스템의 자기 특성 때문에 해로움이 존재한다. 자기 특성을 끔으로써(퀴리 점 이상으로 가열하거나 반대의 자기장을 도입하여) 해로움을 제거한다.

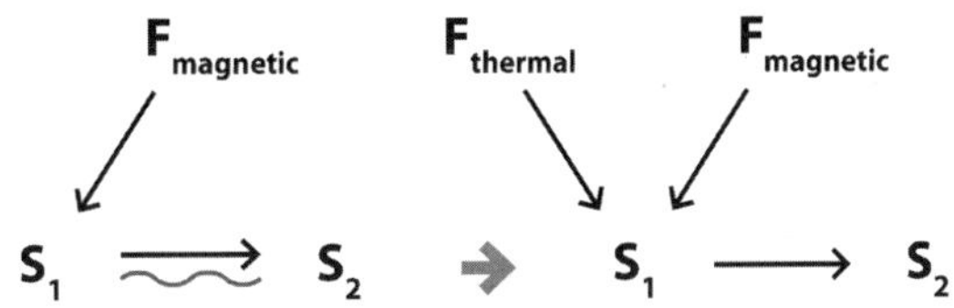

클래스 2 물질-장 모델의 개발

이 클래스는 시스템에 약간의 수정을 가함으로써 공학 시스템의 효율성을 개선하는 데 사용된다. 이 클래스는 시스템 개선과 진화 방법에 대한 개념 해결책을 제공한다. 이 클래스의 주요 권장 사항은 다음과 같다:

- 사슬 물질-장의 사용
- 이중 물질 장의 사용
- 분할 (다공성 증가 포함)
- 역동성
- 리듬 조화
- 자기 물질의 사용

클래스 2는 네 개의 하위 클래스와 23개의 표준 해결책을 포함한다.

2.1 복합 물질-장 모델로 전이.	2 해결책
2.2 물질-장 모델의 진화.	6 해결책
2.3 리듬 진화.	3 해결책
2.4 복합 강제 물질-장 모델.	12 해결책

2.1 하위 클래스 : 복합 물질-장 모델로 전이

2.1.1 하나의 구성 요소(자체 기능을 제공하는)를 개발하여 시스템의 효율성과 제어 능력을 향상시킨다.

물질-장의 부분 중 하나를 스스로 독립적으로 제어할 수 있는 물질-장으로 전이한다. 단일 물질-장 모델을 사슬 물질-장 모델로 변환한다. 즉 물질 S_2를 'S_4에 F_2를 적용하고 S_3에 F_1을 적용하는' 형태로 전이한다. 두 모델은 독립적으로 제어할 수 있다.

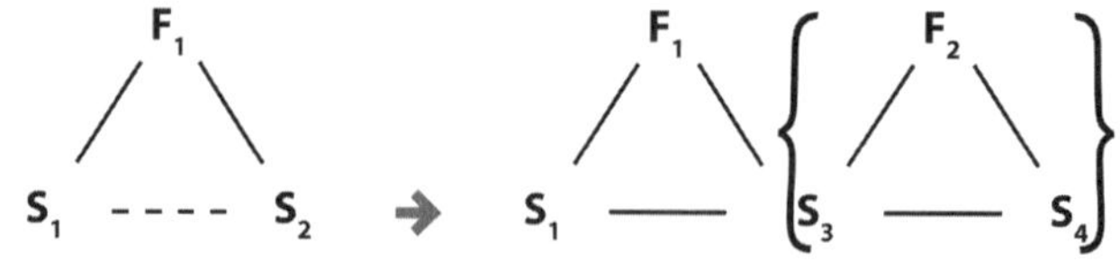

2.1.2 다른 장을 추가한다.

시스템을 개선하기 위해 시스템 구성 요소를 변경할 수 없는 경우, 다른 장을 추가한다. 이중 물질-장 모델은 S_2에 두 번째 장을 추가하여 기존 시스템의 요소를 변경하지 않고 시스템의 효율성과 제어 능력을 향상시킨다.

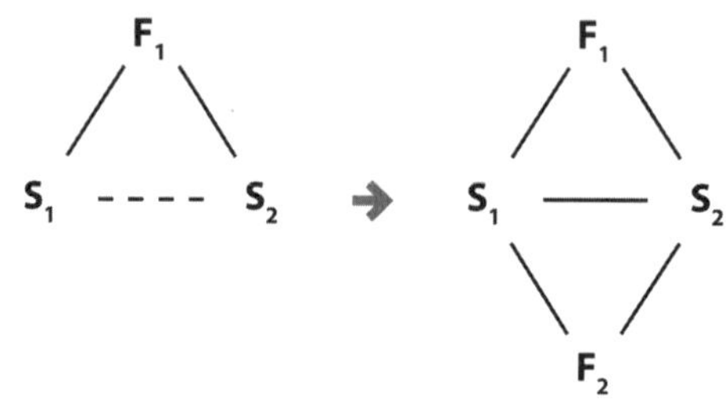

2.2 하위 클래스 : 물질-장 모델의 진화

2.2.1 제어가 안 되거나 불완전하게 제어되는 장을 쉽게 제어되는 장으로 대체한다.

중력장을 기계장으로, 기계장을 전기장 등으로 대체한다.

2.2.2 도구 물질 S_2를 분할하여 물질-장 모델의 효율성을 증가시킨다.

2.2.3 고체에서 기체 또는 액체가 통과할 수 있도록 다공성 또는 모세관 재료로 대상을 변경하여 물질-장 모델의 효율성을 증가시키다.

2.2.4 시스템을 보다 유연하게/적응할 수 있게/동적으로 만들어서 물질-장 모델의 효율성을 증가시킨다.

2.2.5 균일한 장(또는 제어가 안 되는 장)을 영구 또는 일시적으로 미리 정해진 패턴이 있는 장으로 변경하여 물질-장 모델의 효율성을 증가시킨다.

2.2.6 균일한 물질 또는 제어가 안 되는 물질을 영구 또는 일시적으로 미리 정해진 공간 구조로 변경하여 물질-장 모델의 효율성을 증가시킨다.

2.3 하위 클래스 : 리듬 조화의 진화

2.3.1 물질-장 모델의 효율은 장(작용)의 자연 주파수를 도구 또는 도구가 작용하는 대상의 자연 주파수와 일치 또는 불일치시킴으로써 향상될 수 있다.

2.3.2 복합 물질-장 모델의 효율은 사용 중인 주파수를 다른 장/작용의 주파수와 일치(또는 불일치)시킴으로써 향상될 수 있다.

2.3.3 두 개의 서로 맞지 않은 작용이 있는 경우, 한 작용을 다른 작용의 비 가동 시간에 수행하도록 한다.

2.4 하위 클래스 : 복합 강제 물질-장 모델

이 하위 클래스는 기능과 제어를 추가하기 위해 강자성 등을 사용한다. 강자성체(S_F)와 자기장 (F_{Fe})의 사용은 시스템 성능을 향상시킬 수 있는 효과적인 방법이 될 수 있다.

2.4.1 기능을 추가하기 위해 강자성체 (S_F) 및/또는 자기장 (F_{Fe})을 사용한다.

2.4.2 단지 고체 강자성 물질을 사용하는 대신에 입자로 강자성체를 분할한다.

과립, 분말, 매우 미세한 분말 등의 형태로 강자성 물질을 사용한다.

2.4.3 등유, 실리콘 또는 물에 현탁 되어 있는, 아주 작은 콜로이드 강자성 입자로 구성된 자기 철 함유 유체를 사용한다.

활성화되면, 자기는 밀리 초 단위로 나타나고 유체는 고체로 바뀐다. 이 유체는 자기장에 의해 이동/배치될 수 있다.

2.4.4 자성 입자 또는 자성 액체를 포함하는 모세관 구조를 사용하여 구조의 효율성을 향상시킬 수 있다.

2.4.5 구성 요소 또는 물질 중 하나에 자기 첨가제를 도입한다(예 : 코팅 등).

비자성 대상 물질에 임시 또는 영구적인 자기 특성을 부여한다.

2.4.6 시스템의 외부 환경에 강자성 재료를 도입한다.

이것은 구성 요소 또는 시스템을 자성으로 만들 수 없는 경우에 사용할 수 있다.

2.4.7 강자성 시스템을 물리 효과로 제어한다.

강자성을 잃는 퀴리 점 이상으로 물질을 가열하는 것은 하나의 예이다.

2.4.8 자기장을 분할하여 자기장의 효율성을 향상시킨다.

자기장을 자동 조정으로, 더욱 유연하게, 동적으로, 가변적으로 만들 수 있습니다

2.4.9 비구조화된 장을 구조화된 장, 또는 그 반대로 전환하여 강자성 장을 개선한다.

강자성 입자를 도입하고, 이 입자를 움직이기 위해 자기장을 사용한다.

2.4.10 강자성 장 내에서 리듬을 일치시킨다.

예를 들어, 기계적 진동을 사용한다.

2.4.11 자기장을 일으키는 전류를 이용한다.

강자성 입자를 도입할 수 없을 때 사용한다.

2.4.12 점도가 전기장에 의해 제어되는 전기 유변 유체를 사용한다.

클래스 3 : 시스템 전이와 진화 - 상위 시스템과 하위 시스템으로의 전이

이 클래스는 시스템의 서로 다른 수준 (상위 시스템 또는 하위 시스템)에서 해결책을 개발하여 문제를 해결하는 데 사용된다. 이 클래스의 주요 권장 사항은 구성 요소를 결합하거나 다른 시스템과 결합하여 시스템을 개선하는 방법이다.

클래스 3은 6개의 표준 해결책과 세 개의 하위 클래스로 구성되어 있다:

3.1 **단순 - 복잡 - 단순**(단일 - 이중 - 다중) 및 유연성과 역동성의 증가(연결 없음, 고정된 연결, 유연한 연결, '장' 연결). 5 해결책

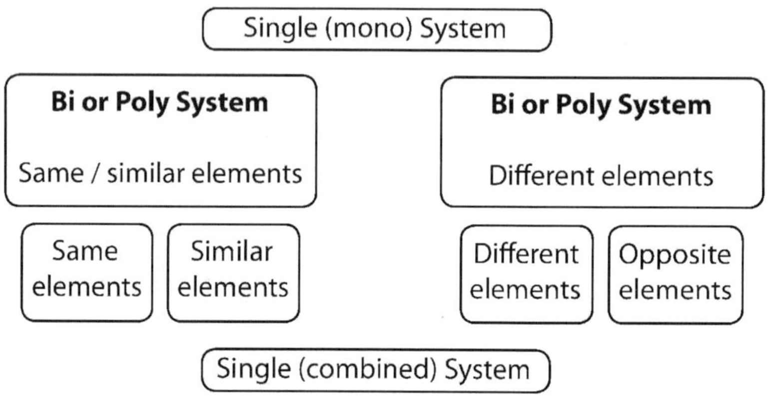

3.2 마이크로 수준으로 전이 (스마트 물질) 1 해결책

3.1 하위 클래스 : 이중 시스템과 다중 시스템으로 전이 - 요소를 추가하여 시스템을 개선한다.

3.1.1 시스템 전이 - 다른 시스템 또는 다수/복제 시스템 요소와 결합시켜 시스템을 개선한다.

3.1.2 시스템 요소 사이의 연결을 개발/개선한다.
연결을 더 유연하게 만들거나 더 단단하게 만들 수 있다.

3.1.3 시스템 전이 - 구성 요소 사이의 차이를 증가시킨다(반대 특성을 가질 때까지).

3.1.4 시스템 단순화

모든 기능을 유지하면서 구성 요소를 줄이거나 트리밍한다. 여러 구성 요소를 하나로 통합하지만 여전히 모든 기능을 제공한다.

3.1.5 호환되지 않는 반대 특성/기능을 다른 시스템 수준에서 제공함으로써 시스템을 개선한다.

하위 시스템 수준에서의 특성/기능이 상위 시스템 수준에서의 특성/기능과 반대이다.

3.2 하위 클래스 : 마이크로 수준으로 시스템 전이

3.2.1 시스템 개선 : 기능을 마이크로 수준으로 제공

클래스 4 : 측정과 검출을 위한 해결책

이 클래스는 공학 시스템에서 측정 또는 검출 문제를 해결하는 데 사용된다. 이러한 해결책들은 눈에 띄는 많은 특징을 갖는데, 특히 간접적인 방법들과 복사본의 사용이 그것이다. 측정과 검출은 일반적으로 제어를 위해서 존재한다. 검출은 이진체계(무언가가 발생하거나 또는 발생하지 않는다)이고 측정은 어느 수준의 정량화 및 정밀도를 가진다. 예를 들어, 길이 측정은 2.15 m ± 0.01 m일 수 있다. 종종 가장 혁신적인 해결책은 물리적, 화학적 또는 기하학적 효과를 활용하여 형식적인 측정/검출을 제거하는 자동 제어이다.

이 클래스의 주요 권장 사항은 다음과 같다:

- 측정/검출이 필요 없도록 시스템을 변경해 본다.
- 복사본을 측정한다.
- 장을 생성하는 물질을 도입한다(내부 또는 외부 표시를 도입한다).

클래스 4는 5개의 하위 클래스와 17개의 표준 해결책을 포함한다.

4.1 간접적인 방법	3 해결책
4.2 측정 시스템을 만들거나 구축한다.	4 해결책
4.3 측정 시스템을 강화한다.	3 해결책
4.4 강자성 장을 측정한다.	5 해결책
4.5 측정 시스템의 진화 방향.	2 해결책

4.1 하위 클래스 : 간접적인 방법

4.1.1 측정 또는 검출이 필요 없도록 문제를 바꾼다.

계속되는 제어, 중지 또는 조정을 위해 무언가를 측정하는 대신에 폐쇄 사이클이나 피드백 메커니즘을 사용한다(기술 시스템뿐만 아니라 경제 및 금융 상황에도 적용될 수 있다).

4.1.2 복사본 또는 이미지를 측정한다.

4.1.1을 사용할 수 없는 경우 사용한다.

4.1.3 연속, 계속적인 변화를 검출하는 방식으로 문제를 변형한다.

측정을 해야 하지만 측정에 대한 필요성을 제거할 수 없거나 복사본을 측정할 수 없을 때 사용한다.

4.2 하위 클래스 : 측정 시스템을 만들거나 구축한다.

4.2.1 어떤, 요소 S_1을 측정해야 하지만 직접 할 수 없다.

측정시스템을 만들기 위해 무언가를 추가한다. S_1의 어떤 특성을 측정하는 대신에 S_2를 추가하고 S_1에 연결된 S_2의 특성을 측정한다 - 이것이 S_1의 정보/측정/어떤 변화를 전달하도록 한다.

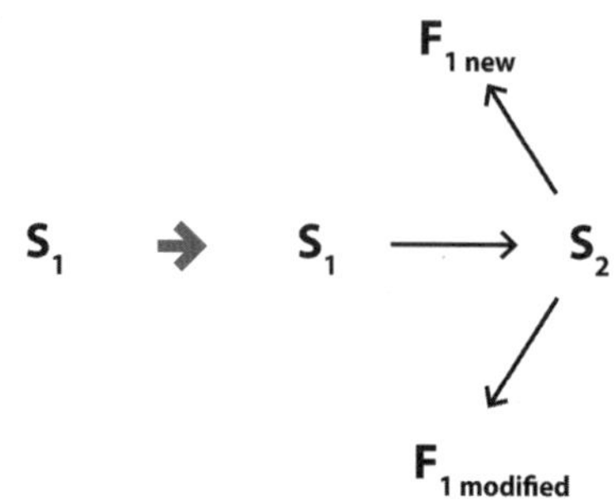

4.2.2 어떤, 요소 S_1을 측정해야 하지만 직접 할 수 없다.

측정 시스템을 만들 무언가를 추가한다. 추가된 새 구성 요소가 우리가 원하는 정보를 제공하는 장에 작용한다. 불완전한 S-a-0을 검출 또는 측정할 수 없는 경우, 출력 장을 갖도록 S-a-0을 완성한다.

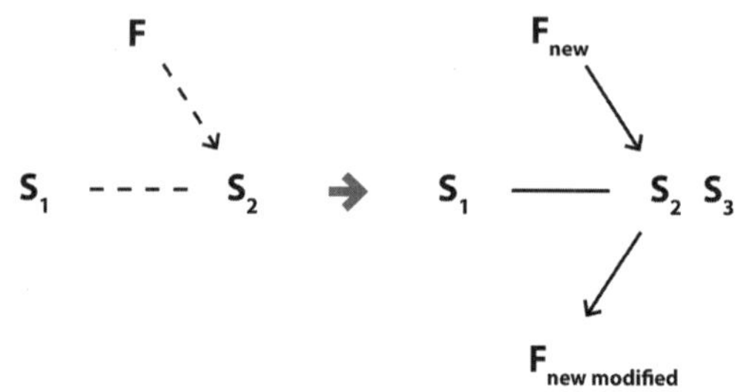

4.2.3 시스템 또는 물질을 측정하기가 어렵고 우리가 시스템에 아무것도 추가할 수 없는 경우, 원래 시스템의 변화에 반응하는 주변 환경에 외부 첨가제를 도입한다.

첨가제의 어떤 변화를 끌어내 측정하기 위해 환경의 상태를 변경한다.

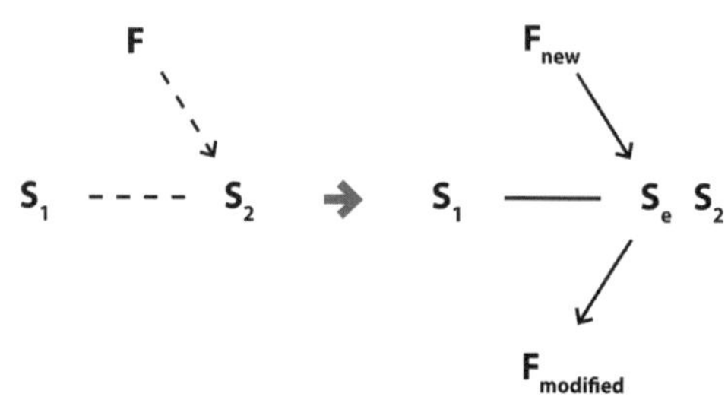

4.2.4 첨가제를 4.2.3에서와같이 시스템 환경에 도입할 수 없는 경우, 환경에 이미 존재하는 무언가를 분해하거나 그 상태를 변경하여 첨가제를 만든다.

이렇게 만든 첨가물에 대한 시스템의 효과를 측정한다.

4.3 하위 클래스 : 장을 통해 측정 시스템을 개선/강화하다.

4.3.1 자연 현상을 이용한다.

물질/시스템에서 발생하는 것으로 알려진 과학/ 물리 효과를 사용한다. 이 효과의 변화를 관찰하여 시스템의 상태를 측정/판정한다.

4.3.2 시스템의 공명을 이용한다.

시스템의 변화를 직접 측정하거나 검출할 수 없고 장이 시스템을 통과할 수 없는 경우, 전체 시스템 또는 시스템의 개별 부품의 여기 공명 주파수를 측정한다.

4.3.3 시스템에 연결된 물체의 공명을 이용한다.

4.3.2를 할 수 없는 경우, 다른 물체에 연결하고 그것의 공명 주파수(또는 그 환경에서의 공명 주파수)를 측정한다.

4.4 하위 클래스 : 측정을 돕기 위해 여분의 물질과 장을 사용한다.

측정을 위해 강자성 재료의 추가는 원격 감지, 소형 장치, 광섬유 등의 개발 이전에 인기가 있었다.

4.4.1 측정을 개선하기 위해 적합한 검출 물질(예 : 강자성)을 사용한다.

시스템에 물질(예 : 강자성체)과 장(예 : 자기)을 추가하거나 이용한다.

4.4.2 시스템에 쉽게 검출할 수 있는 입자(예 : 강자성 입자 S_{fm})를 추가한다.

이것이 그 결과의 적정 장을 검출함으로써 측정을 용이하게 한다.

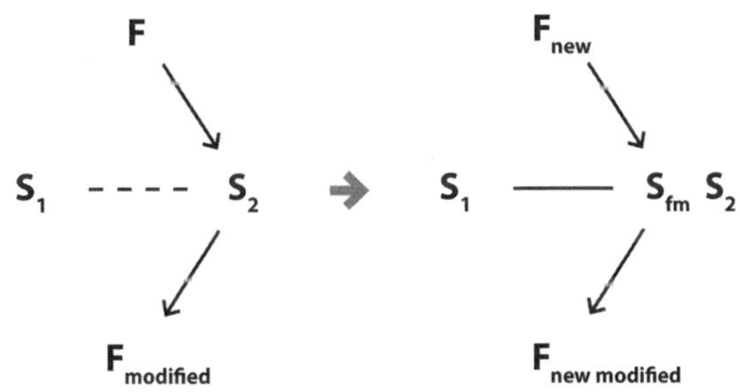

4.4.3 물질에 검출할 수 있는 첨가제를 부착한다.

검출 입자(예 : 강자성체)를 시스템에 직접 추가할 수 없거나 물질을 검출 입자 (예 강자성체 S_{fm})로 대체할 수 없는 경우, 검출 첨가제(예 : 강자성체)를 물질에 올려놓거나 부착하여 복합 시스템을 구축한다.

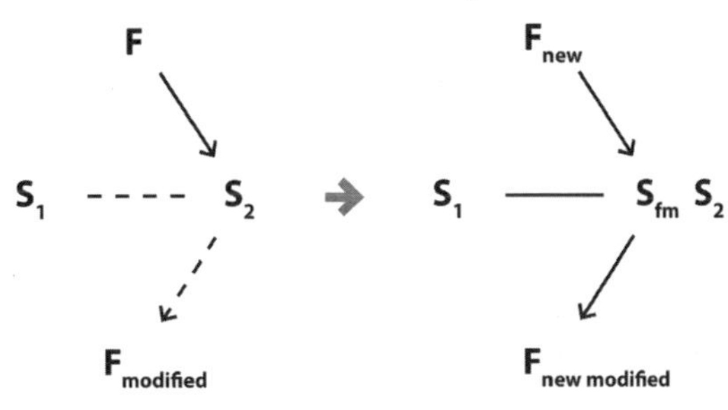

4.4.4 환경에 검출 첨가제를 부착한다.

검출 입자(예 : 강자성체)를 시스템에 직접 추가할 수 없거나 물질이 검출 입자(예 강자성체)로 대체될 수 없는 경우, 환경에 검출 첨가제(예 : 강자성체)를 놓거나 부착하여 복합 시스템을 구축한다.

4.4.5 측정 시스템을 개선하기 위해 퀴리 점, 홉킨스(Hopkins)와 바크하우젠(Barkhausen) 등의 효과를 사용한다.

4.5 하위 클래스 : 측정 시스템의 진화 방향

4.5.1 더 나은/더 정확한 결과를 얻기 위해 하나 이상의 측정 시스템을 사용한다.

하나의 측정 시스템이 충분한 정확도를 제공하지 않는 경우, 두 개 이상의 측정 시스템을 사용하거나 여러 번 측정한다.

(측정 시스템을 이중 및 다중 시스템으로 전환한다.)

4.5.2 측정 시스템은 특성값을 간접 측정하거나 기능의 미분 값을 측정하는 방향으로 진화한다.

현상을 직접 측정하는 대신 ; 시간이나 공간상의 1차 미분 값과 2차 미분 값을 측정한다.

클래스 5 : 추가 도우미

이전의 네 개의 표준 해결책 클래스를 사용한 후, 클래스 5는 시스템의 일반적인 개선 및 단순화를 위해 추가로 도움이 된다. 이 표준 해결책은 앞의 네 클래스의 관련 표준 해결책을 적용한 후, 새로운 물질이나 장을 도입하거나 보다 효과적으로 과학적인 효과를 사용하는 방법에 대한 권장 사항을 제공한다.

클래스 5 해결책은 구성 요소를 제거하거나 관련 상호 작용의 강도를 줄이기 위해 시스템을 단순화하거나 트리밍할 때 도움이 된다. 처음 네 개의 클래스의 표준 해결책은 종종 문제를 해결하기 위해 시스템에 무언가를 추가하기 때문에 복잡성을 증가시킨다. 이 다섯 번째 클래스는 단순화를 통해, 하지만 새로운 어떤 것도 도입하지 않고 추가로 뭔가를 얻는 방법을 보여준다.

이 클래스의 유용한 권장 사항은 다음과 같다 :

- 물질 대신에 장을 도입한다.
- 물질 대신에 빈공간을 도입한다.
- 한정된 시간 동안만 물질을 도입한다.
- 물질을 아주 조금 도입하지만, 매우 집중된 방식으로 한다.
- 상변화를 이용한다.
- 문제를 해결하기 위해 물질 또는 환경을 스스로 변화하게 한다.
- 분할을 사용한다.

클래스 5는 5개의 하위 클래스와 17개의 표준 해결책으로 구성되어 있다.

5.1 제한된 조건에서 물질을 도입하는 간접적인 방법.	4 해결책
5.2 제한된 조건에서 장의 도입.	3 해결책
5.3 상전이.	5 해결책
5.4 자연 현상의 현명한 사용.	2 해결책
5.5 높거나 낮은 형태의 물질 생성.	3 해결책

5.1 하위 클래스 : 제한된 조건에서 물질을 도입하는 간접적인 방법

5.1.1 간접적인 방법

물질을 도입할 필요가 있지만 허용되지 않는 경우에 대한 해결책을 제공한다.

5.1.1.1 빈 공간, 장, 공기, 기포, 거품을 도입하여 간접적으로 원하는 것을 달성한다.

5.1.1.2 물질 대신 장을 도입한다.

5.1.1.3 내부 첨가제 대신에 외부 첨가제를 사용한다.

5.1.1.4 매우 활성이 높은 첨가제를 작은 양으로 사용한다.

5.1.1.5 특정 위치에 첨가제를 집중한다.

5.1.1.6 일시적으로 첨가제를 도입한다.

5.1.1.7 첨가제가 원래에 허용하지 않는 경우, 원래 대상물 대신에 첨가제를 사용할 수 있는 대상물의 복사본 또는 모델을 사용한다.

5.1.1.8 시스템 개선을 위해 새로운 물질을 영구적으로 추가할 수 없을 경우, 나중에 분해될 수 있는 화학 물질을 도입한다.

5.1.1.9 새로운 물질을 영구적으로 추가할 수 없을 경우, 환경이나 대상물 자체의 분해에 의해 요구되는 효과를 얻는다.

5.1.2 분할

개선이 필요하지만, 부품을 교체하거나 새로운 것을 추가할 수 없는 경우, 작은 단위로 구성 요소를 분할함으로써 대상물을 변경한다.

5.1.3 시스템 또는 환경에서 작업을 수행한 후에 사라지는 물질 또는 기존 물질과 동일한 물질이 되는 물질을 도입한다.

5.1.4 많은 양을 필요로 하지만 아무것도 사용하지 않아야 하는 경우, 빈 공간, 거품, 팽창식 구조 등을 사용한다.

5.2 하위 클래스 : 제한된 조건하에서 장 도입

5.2.1 다른 장을 만들어 주는 시스템에 있는 장을 이용한다.

5.2.2 환경에 존재하는 장을 이용한다.

예를 들어, 중력, 주위 온도, 압력, 또는 햇빛을 사용한다.

5.2.3 장의 공급원인 물질을 사용한다.

시스템이나 환경에 존재하는 장의 이용에 의한 다른 장의 도입이 어려울 경우, 장의 매체 또는 공급원 역할을 할 수 있는 물질을 사용한다.

5.3 하위 클래스 : 상전이의 이용

5.3.1 상 변화

기존 물질의 상전이를 이용하여 (다른 물질을 도입하지 않고) 성능 향상을 얻는다.

5.3.2 한 상에서 다른 상으로 바뀔 수 있는 물질을 사용하여 이중 특성을 얻는다.

5.3.3 상변화로 수반되는 현상을 이용한다.

5.3.4 단일 상 상태를 이중 상 상태로 대체하여 이중 특성을 얻는다.

5.3.5 단일 상 상태를 이중 상 상태로 대체하여 이중 특성을 얻으며, 시스템의 부분들(상) 사이의 물리 화학적 상호 작용을 만들어 시스템의 효율을 향상시킬 수 있다.

5.4 하위 클래스 : 자연 현상의 적용

(또한 "물리 효과 사용"이라고 함)

5.4.1 자기 조절 전이

대상물이 물리적으로 서로 다른 상태로 번갈아 존재해야 하는 경우, 그것은 가역 변환을 사용하여 한 상태에서 다른 상태로 스스로 전이하게 한다.

5.4.2 약한 입력 장으로 강력한 출력 장 생성

이것은 상전이 점 근처 임계 조건과 가까운 조건으로 변환 물질을 유지시킴으로써 얻을 수 있다. 그래서 물질에 저장된 에너지가 약한 입력 신호에 의해 방출되어 강한 출력 신호가 제공된다.

5.5 하위 클래스 : 높거나 낮은 형태의 물질 생성

5.5.1 높은 구조 수준 (예를 들면 분자)의 물질을 분해하여 물질 입자 (이온, 원자 등) 얻는다.

5.5.2 낮은 구조 수준의 입자(예를 들면 이온)를 결합시켜 물질 입자 (예를 들어 분자)를 얻는다.

5.5.3 5.5.1 및 5.5.2 표준 해결책의 적용

높은 구조 수준의 물질을 분해해야 하는 경우, 가장 쉬운 방법은 가장 가까운 높은 요소를 분해하는 것이다. 낮은 구조 수준의 입자를 결합시켜야 할 때, 가장 쉬운 방법은 가장 가까운 낮은 요소를 완전한 것이 되게 결합시키는 것이다.

제6부
How to Problem Solve with TRIZ –the Problem Solving Maps

트리즈 문제 해결 맵과 알고리듬

13.1 정확한 장소와 정확한 시간에 정확한 기능을 위한 트리즈

트리즈는 기술자들이 시스템을 창조하거나 개선하는데 도움이 된다. 그것은 모든 이득을 제공하기 위해 작고 명쾌하지만 모든 필요한 기능을 가지고 있다. 모든 트리즈 도구는 최소한의 가능한 비용(투입된 모든 것)과 최소한의 가능한 해로움(환경을 포함하여 전혀 문제가 없고 절대적으로 최소의 유해한 결과물도 없는)을 위해서 알맞은 기능을 얻고 모든 기능을 알맞도록 하는데 도움이 된다. 트리즈에서 이상적인 시스템은 어떠한 비용도 해로운 요소도 없이 이득만을 가지는 것이다. - 그리고 기능에 의해 제공되는 것처럼 이상적인 시스템은 이용 가능한 자원에서 무료로 받는 좋은 기능만을 가진다.

모든 트리즈 도구는 가능한 기술과 해결책을 사용하여, 우리가 얻기 위한 최선의 방법, 진정으로 원하는 기능을 이해하는 데 초점을 맞출 수 있도록 도와준다. 트리즈는 이렇게 우리가 문제를 인식하고 우리의 문제에 대한 기존의 답을 찾을 수 있도록 해준다. 트리즈 도구 세트를 가지고 문제를 해결한다는 것은 문제의 복잡성에 따라 몇몇 도구만을 혹은 도구 세트를 수반할 수도 있다는 것을 의미한다. 트리즈 알고리듬은 모순을 해결하고 필요한 요소나 자원을 위한 다음의 진화단계를 찾기 위한 간단한 틀로 차트가 될 수 있도록 돕는다. 또는 사용되는 몇 개의 도구들을 필요로 하는 좀 더 세부적인 알고리듬이 될 수 있다.

이 장에서는 간단한 알고리듬과 문제를 풀기 위해 작고 간단한 문제들이 서로 얽혀져 있는 어려운 문제를 해결할 수 있는 알고리듬을 다루고 있다. - 이것이 아리즈이다(12장 참고).

간단한 트리즈 플로차트는 개념적 해결책을 가진 개념적 문제를 위한 실제 생활 문제를 수렴하는, 관련된 지식과 경험을 다시 추가하여 실제 삶의 대답에 다시 개념적 해결책을 발산하는 기존의 해결책을 찾기 위한 간단한 수렴/발산 도구인 트리즈 프리즘이다.

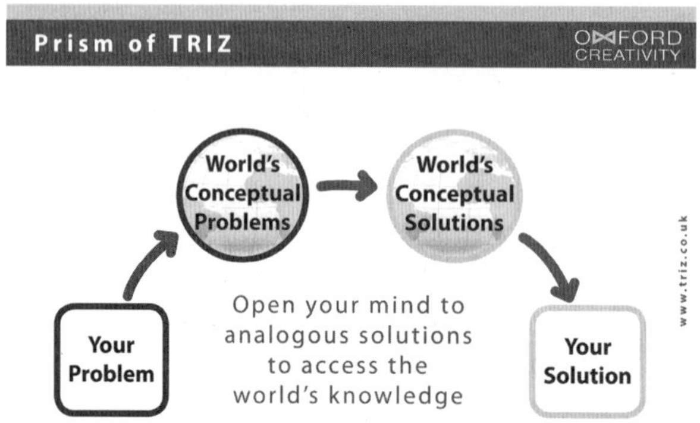

13.2 어디에서 우리는 트리즈를 시작합니까? 언제 무슨 도구들을 사용합니까?

문제 해결은 트리즈 없이는 어려울 수 있다.

위의 질문은 트리즈 워크숍을 하는 동안 가장 자주 하는 질문이고, 그리고 첫 번째 대답은 자세한 문제 해결의 경로는 문제의 유형과 난이도에 따라 달라진다는 것이다. 그러나 어떤 문제든 적용할 수 있는 간단한 단계가 있다.

- 문제 해결의 방향과 이해 당사자의 범위를 설정하기 위한 이상성을 정의하기.
- 문제 이해하기 - 시간과 크기의 문제 배경을 맵핑하고 요구 조건과 시스템 모두에 대해 관련된 사실을 알아내기.
- 이전에 자연스럽게 알려진 해결책 및 개념을 찾고, 만들고 결합하기. 문제에 관련된 모든 사람을 동원하여 '나쁜 해결책' 공원을 작성하기.
- 트리즈를 사용하여 더 나은 해결책으로 나쁜 해결책을 선택/개발/변환하기. 9-박스에 모든 변형시킨 트리즈 해결책을 맵핑하기.

위에서 설명한 일반적인 단계는 그것의 순서를 보여주어 대략 맵핑할 수 있다. 첫 번째 단계로, 이상적인 결과는 앞으로 우리가 이상적으로 무엇을 원하는지를 보여주는 해결책 용어처럼 올바른 '이후' 단계를 보여주는 것이다.

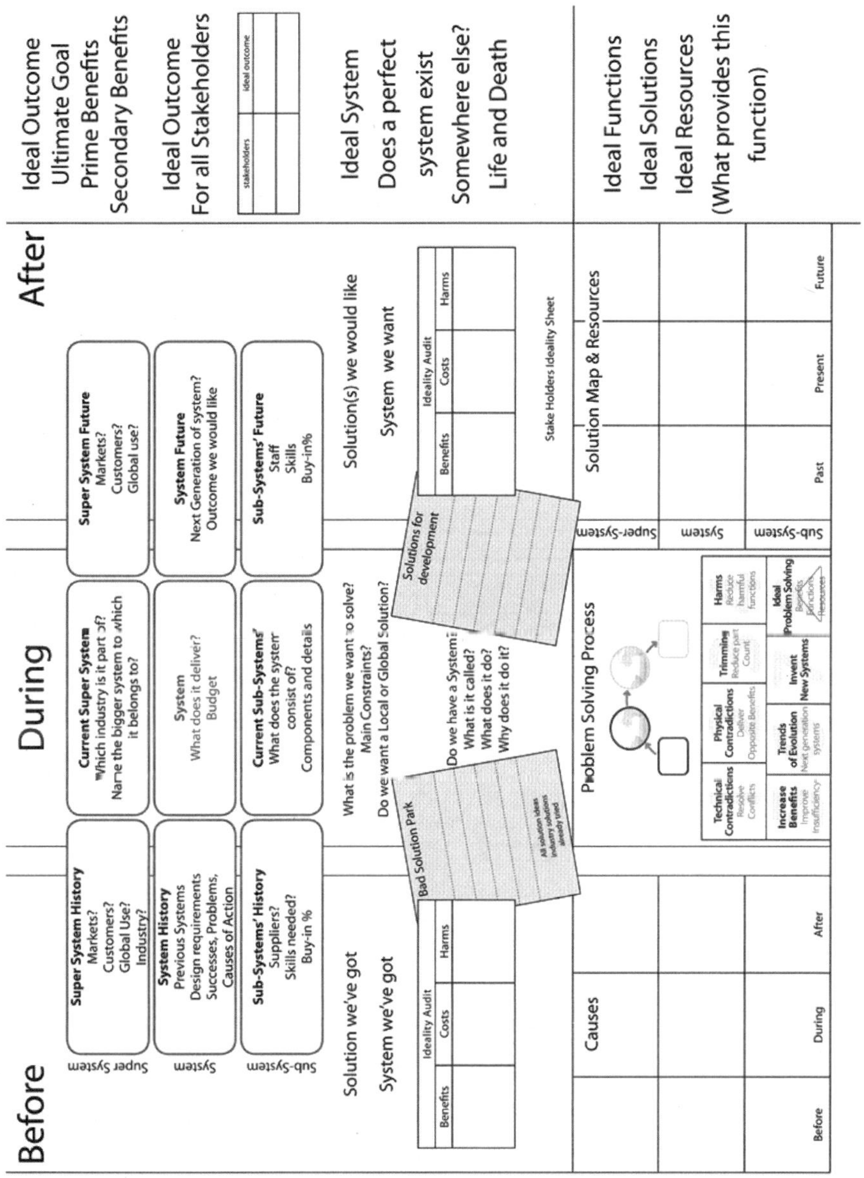

표는 플로차트가 아니라 이상적이고 이전에 있었던 문제를 이해하기 위해 각 단계에서 사용할 수 있는 도구의 맵이다. 이것은 문제 해결을 위해 40가지 원리 혹은 트리즈 표준 해결책과 같은 트리즈 문제 해결 도구를 적용하는 동안 실제로 문제를 해결하는 과정이다. 그 뒤에 만들고, 발견하고 결합하고 하는 등의 해결책을 맵핑 및 선택한다.

맵을 통해 단계별로 하는 방법의 트리즈 플로차트는 아래와 같은 여러 가지 형태를 취할 수 있다:

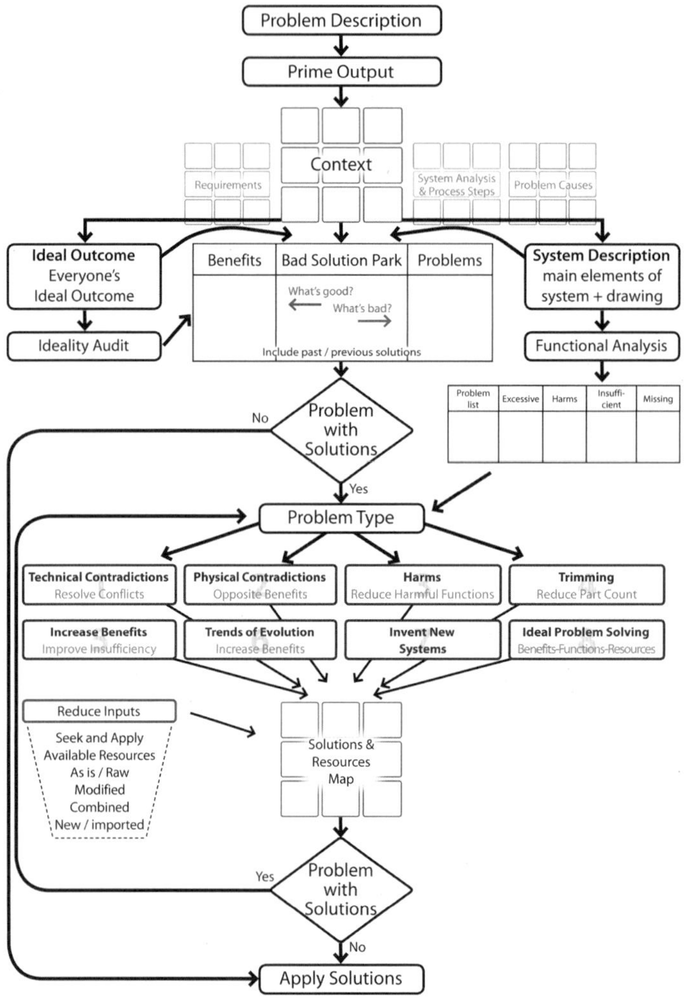

위의 플로차트는 복잡하게 보이지만 매우 쉽게 적용할 수 있고 트리즈 문제 해결을 통해 빠르게 해결할 수 있다. 궁극적으로 성공하고자 하는 바에 투자하는 것은 많은 요인에 따라 달라지는데 특별히 각각의 고유한 문제의 복잡성과 어려움의 수준, 참여 팀, 그들이 전적으로 사용할 수 있는 시간 범위, 집중, 팀원들이 알고 있어 사용하고 과정에 적용되는 도구(트리즈와 비 트리즈) 등에 달려있다고 할 수 있다.

강력한 트리즈 도구는 문제 해결을 위해 주로 사용되고, 문제에 대한 해결책은 '원하는 것'(요구 조건)과 '가지고 있는 것'(현재 시스템) 사이의 간격을 좁힘으로써 찾을 수 있다. 또한, 모든 요구 조건들을 분석하기 위한 트리즈 도구(이상성 검증과 9-박스)와 이상적인 결과의 정의와 문제 해결을 선행하는 트리즈 도구가 있다. 중요한 문제를 이해하는 데 뇌에 충격을 주는 13가지의 트리즈 창의성 트리거에 의해 두 단계에 대한 추가 도움말이 제공된다(그것들 또한 해결책으로 도움을 줄 수 있다). 또한, 다음 세대 제품을 위한 트리즈 경향이라는 별도의 도구 세트도 있다(하지만 그것들은 문제 해결에도 적용할 수 있다).

트리즈 도구 세트를 사용하면 만일 해결책이 전부는 아니지만 좋고 가능한 것이라면 문제를 이해하는 데 초점을 맞추고 대부분을 밝힐 수 있도록 도와준다. 많은 도구들은 이해하고 해결하는 양쪽 모두를 위해 해당 기능 분석에서 중복되어 나타난다. 특정 문제를 해결하기 위해 우리는 드물게는 모든 트리즈 도구들은 아니지만 일반적으로 선택된 적절한 도구들을 사용하는데, 거기에는 항상 빨리 문제를 이해하고 해결하기 위해 최선을 다하는 것을 좋아하는 사람도 포함된다.

트리즈에서는 하나의 옵션보다 거의 항상 더 많은 특정 문제에 대해 올바른 도구를 선택한다. 무엇이든 우리가 사용하는 것은 모두 적합한 것이며, 우리 자신의 선호도에 따라 달라진다. 그리고 이것은 단지 경험과 훈련에서 올 수 있다. 그래서 우리는 어떻게 시작할 수 있을까요?

이 장에서는 트리즈 도구의 하위 집합을 결합한 여러 작은 알고리듬의 시리즈가 있으며, 특정 문제에 도움이 되고, 더 중요한 것은 항상 실생활에서 작업했을 것으로 보이는 산업적인 문제 해결이 있다, 또한 두 가지를 모두 포괄한 알고리듬이 있는데, 그 하나가 12장에 설명된 아리즈이다. 그리고 여기에 나와 있는 간단한 버전은 아리즈의 논리를 유지하고 있지만 훨씬 더 이해하고 적용하기가 쉽다. 하지만 여러분이 이 설명서를 읽고 싶어 하지 않는 부류의 사람일지라도, 새로운 어떤 것을 구매했을 때 상자를 열고 그것을 가지고 놀기 시작하는 것을 좋아할 것이다. 여러분은 확실히 작은 알고리듬 중 하나 이상을 시도하여 이 트리즈를 통하여 작업을 수행할 수 있을 것이다. 해결책에 대한 유용한 통찰력은 어떤 문제든, 다양한 문제들에 모든 도구들을 시도하여 발견되기 때문에 모든 트리즈 도구들은 어떤 방법으로든 도움이 될 것이며, 힘든 과업을 작업하는 데 도구가 가장 덜 완벽할지라도 여전히 몇 가지 방법에서는 유용할 것이다.

13.3 트리즈는 즉시 유용하게 사용 가능하지만 이해하는 데는 시간과 훈련이 필요하다

트리즈 세미나의 첫날이 지나면 누군가는 '나는 전부를 사용할 수 없어요.'라고 말한다. '왜 안 되는 것일까?' 나는 가르치는 첫날이 위대한 출발이고 그것이 무엇의 시작인지 설명하려고 노력한다... 대부분은 첫 수업 후 바로 프랑스어가 능통해지지 않고, 수학을 하루 만에 다 가르칠 수가 없다. 트리즈의 사용과 이해는 트리즈 도구를 문제에 적용하여 학습해봄으로써 이루어지며, 이것은 첫날부터 매우 효과적 일 수 있지만, 효과는 사람마다 다르게 나타난다. 어떤 사람들은 매우 빠르게 트리즈의 범위와 능력을 파악하고, 또 다른 사람들은 더 많은 시간이 걸리기도 한다.

트리즈에 대한 나 자신의 첫 경험은 흥분과 동시에 상당한 혼란이 있었고, 내 신뢰가 구축되고 내가 더 명확하게 전체 그림을 볼 수 있을 때까지, 나는 조심스럽게 더 잘 알 수 있도록 다른 사람들이 시도한 것과 같이 하나 또는 두 개의 도구를 적용해보았다. 트리즈와 13년이라는 세월이 흐른 후에도 나는 여전히 트리즈에 대해 뭔가 새로운 방법을 배우려고 하고 있다. 모두가 다르며, 각자 다른 방법과 다른 속도로 배운다. 폭넓게 겹쳐지는 트리즈 도구 세트는 모든 사람에게 약간 다른 방식으로 관심을 끌기 때문에 그것을 사용하는 하나의 가장 좋은 방법을 지시하는 것이 현명하지 않다.

나는 가르치는 기술자들에게 조언하기를 자신이 처음에 좋아하게 된 트리즈에 신뢰감을 가지고 익숙해지는데서 시작하며, 처음에는 모두가 적어도 하나의 좋아하는 도구를 가지고 자신의 능력을 탐구해보며, 처음에는 불신하거나 낮게 평가했던 다른 트리즈 도구도 시작해보라고 한다. 그리하면 여러분이 좋아하고 신뢰를 하고 따르게 되는 것이 아마도 올바른 초기 접근 방식일 것이다(어떤 사람에게는 좋아하는 고기가 다른 사람에게는 독이 될 수 있다). 또한, 모든 사람이 자신이 좋아하는 트리즈 개인 목록을 만들기 위해 시간을 바꿔가면서 주기적으로 각자에게 익숙한 트리즈 도구를 사용하고, 수용하여, 결국 전체 도구 세트를 이해하고 올바르게 인식할 때까지 모든 것을 시도해봐야 한다.

여러분을 위한 트리즈 도구는 어떤 종류의 문제이든 여러분이 해결자가 될 수 있게 해준다.

트리즈를 처음 배울 때 나를 당혹하게 했던 한 가지 양상이 있는데, 그것은 일부 실무자가 트리즈 도구의 1/3에 대해서만 가르치고, 나머지는 불필요하다고 주장하며, 많은 트리즈 실무자들에 따라 매우 서로 다른 트리즈 도구들을 부분적으로 모아서 가르치는 것이었다. 세월이 지나면서 경험적으로 나는 그들이 단지 자신들이 처음 좋아했던 트리즈 도구들을 가르쳤고, 항상 거기에만 초점을 맞추고 있었다는 것을 깨닫게 되었다. 초기에 좋아했던 트리즈 도구에 대한 초점과 열정적인 옹호는 좋은 측면과 나쁜 측면을 가지고 있는데, 새로운 트리즈 마니아가 자신의 회사에 자신이 좋아하는 트리즈 도구 세트 부분만을 소개한다면 회사 내에 특정 장애물이 될 수도 있다. 최고 제조 회사 중 한 곳에서 새로운 어떤 수석 트리즈 옹호자가 40가지 원리, 8가지 경향, 기능 분석, 영리한 작은 사람들만이 완전한 트리즈 도구 세트인 것처럼 자신이 즐기는 것만을 필요하다고 주장하며 자신의 뜻을 펼쳤다. 10년 후 이 회사는 여전히 수천 명의 기술자들은 이 특정 트리즈 도구들만을 사용하고 있을 것이다.

나의 접근 방식은 모든 트리즈 도구 세트를 가르치고/제공하는 것이다. 다양한 사람들이 좋아하는 것이 서로 다르고 각자가 조금 다른 곳에서 트리즈를 시작하기 때문이다. 내 동료 중에는 현재 모두 자신들이 즐겨 찾는 도구들을 가지고 있으며, 이것을 트리즈 초보자에게 힘들게 납득시키려고 하는 유혹에서 이겨내야만 하는 사람들도 있다. 트리즈 여행에서 자신이 좋아하는 도구는 각자에게 각각의 시간 패턴을 가지는데, 최근 트리즈 콘퍼런스에서 최근 어떤 새로운 전문가가 아리즈에 대단한 경이로움을 표하면서 고전 트리즈에서 트리즈를 사용하는 데 3년을 보내야만 했다고 열심히 자신의 견해를 표했다(보통 모든 사람들이 ARIZ의 힘을 올바르게 인식하고 최종적으로 사용하게 되는 데 짧게 잡아 3년은 걸린다). 하지만 우리가 도구 세트를 사용하고, 문제의 넓은 범위 밖으로 시도하려고 하면 우리가 가장 자주 사용하는 도구가 무엇인지, 우리가 현재 가장 좋아하는 도구가 무엇인지 하는 그것은 그리 중요하지 않다.

문제는 시스템의 발전 단계, 문제의 유형과 그것을 해결하는 수단에 따라 달라지며, 트리즈 도구들이 겹치는 바와 같이 어떤 도구를 언제 사용할지에 대한 강하고 빠른 규칙은 있을 수 없다.

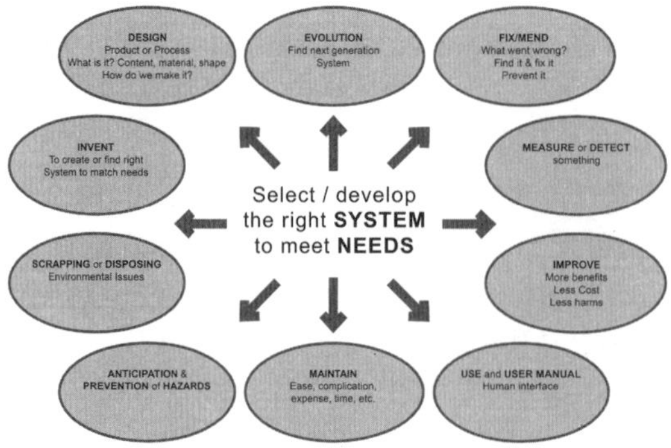

중요한 사항은 트리즈가 문제 해결의 거의 모든 양상과 모든 단계를 해결하는 광범위한 범위를 가지고 있는 도구라는 것과 트리즈 문제 해결의 능력과 재미는 자신감 있는 현명한 트리즈 실무자 그룹이 어려운 문제를 해결하기 위해 함께 작업할 때의 경이로움 속에 있다는 것이다. 좋은 팀은 훨씬 더 빠르고 효과적이며 한 명의 '영웅'이 문제를 해결하기 위해 하나의 해결책을 가져오는 것보다 더 많은 것을 얻을 수 있다.

트리즈 도구 세트는 철저하고 광범위하며 어려운 수준의 다양한 문제에 필요한 어려운 도구이다. 문제 해결 속에 광범위한 활동이 있으며, 그 모든 것을 위해 트리즈 도구가 있다. 트리즈는 유일하게 문제 해결을 위한 해결책 목록을 제공하지만, 우리가 명확하게 생각하고 문제를 이해하는 데 도움이 되는 다른 강력한 도구를 제공하기도 한다.

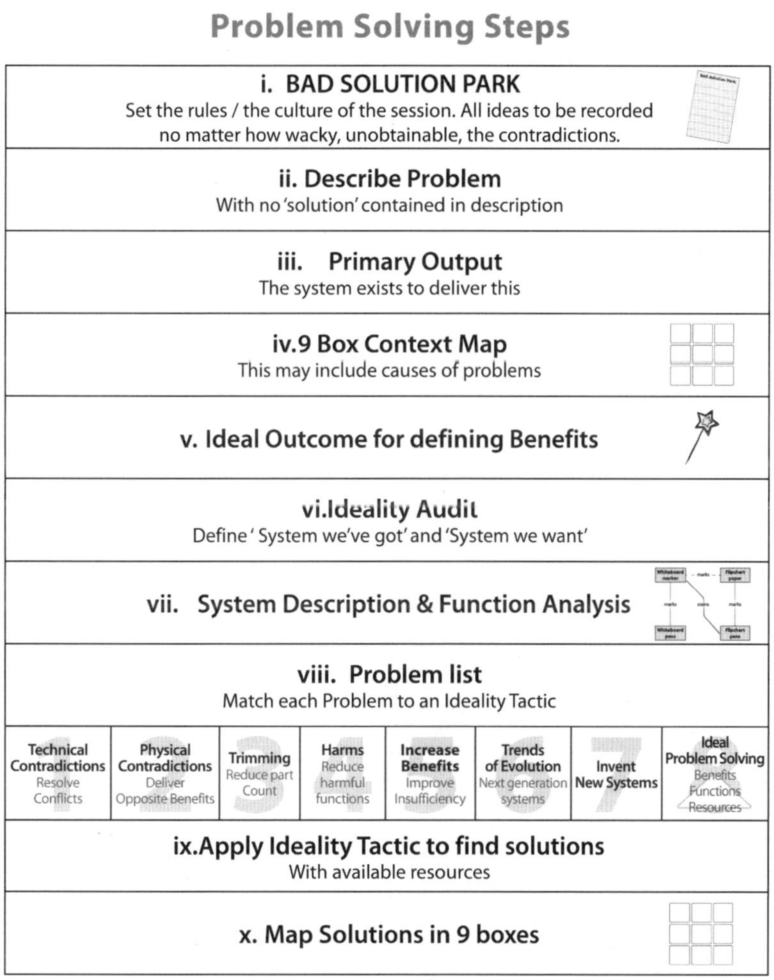

13.4 실제 기술적인 문제 해결에서 두 가지 기본 영역

새로운 시스템이란 실제 발명한 새로운 시스템이나 차세대 시스템을 의미한다. 시스템을 변경하지 않고 문제를 해결함으로써 갖고 있는 시스템을 개선한다(더 많은 이득, 더 적은 문제, 낮은 비용).

혁신, 창의성, 현명한 해결책과 새로운 개념을 제공하기 위해 다음과 같은 프로세스를 개선하고, 모두 트리즈 문제 이해 및 도구가 필요하다.

모든 경로는 원하는 것이 무엇인지, 트리즈의 이상적인 결과가 모든 종류의 문제를 해결하기 위해 매우 좋은 출발점이라는 것에 대한 상당한 이해가 필요하다.

새로운 시스템은 발명품이며 차세대 시스템이다

시장 수용을 위한 새로운 제품을 만드는 발명 혹은 창조라는 것은 일치하는 새로운 시스템을 찾고 일부 충족되지 않는 요구를 만난다는 것을 의미하거나 혹은 수시로 새로운 요구 조건을 충족하기 위해 새로운 시스템에 기술을 선택적으로 결합하는 것을 의미한다. 시장에 출시하는 발명품에 대한 최초의 아이디어에서의 진행과정은 개발되고, 점검되고, 사용 가능하여야 하며, 효율적인 비용으로 제조될 수 있게 하여야 한다는 것을 의미한다. 이상성 균형에서 이득이 해로운 요소와 문제를 초과하여 모든 투자, 모든 비용에 가치 있게 충족시키는 그 지점에 도달할 때, 그것을 얻기 위한 첫 번째 테스트를 통과해야만 한다. 몇 가지 구체적인 방법으로 시스템은 유용한 것이 되도록 해야 하며, 시장 조건에 맞게 출시가 시작해야 한다. 그 지점에 도달하기 위한 과정을 진행하는 동안 모든 트리즈 도구는 그것을 개선하기 위해 도움이 되고, 트리즈 경향은 진행과정(시스템의 여러 세대를 통해)이 완전하게 되도록 예측하는 것을 도와줄 수 있다. 시장 수용을 위한 실용적인 발명과 차세대 시스템은 이상적인 결과, 트리즈 프리즘, 효과 데이터베이스, 8가지 트리즈 경향, 창의적 트리거, 기능 분석, 시간과 규모에 따른 사고 등을 포함한 트리즈 도구세트를 필요로 한다.(참고. www.트리즈4engineers.com.)

이러한 에어로젤과 같은 새로운 재료는 새로운 시스템에 많은 기회를 제공한다.
http://starducst.jpl.nasa.gov/photo/aerogel .html.에서 재생된다.

발명과 함께 기꺼이 자신의 지식을 뛰어넘어보고 질문 '방법'을 물어보고, 인터넷에서 강력한 트리즈 효과와 새로운 지식을 탐구해보도록 해야 한다. 다음 차세대 시스템을 찾으려면, 발명된 것이 아직 어떤 업계에서는 증명되지 않았지만, 다른 업계에서는 인정하고 유용하게 쓰이는 새로운 기술들을 자진해서 찾아볼 필요가 있다.

시스템 개선하기, 더 많은 이득 제공하기, 투입 줄이기, 어떤 문제들 처리하기

트리즈 도구들 - 40가지 원리, 표준해결책(불충분한 것, 해로운 요소와 트리밍),

시간과 규모에 따른 창의적 사고 도구와 8가지 트리즈 경향

일단 시스템이 개발되면. 시스템을 개선하여 이상성(이득을 높이고/혹은 비용과 해로운 요소를 낮춘다)을 증가시키고, 어떤 방법으로든 기능 처리를 포함하는 것을 의미한다. 즉, 더 좋은 것 혹은 더 많은 이득(원하는 결과)을 얻도록 공급해주기, 개선해주기, 그리고/혹은 비용(모든 투입)을 감소하기 그리고/혹은 해로운 요소(원하지 않는 결과)를 처리하거나 제거하기이다.

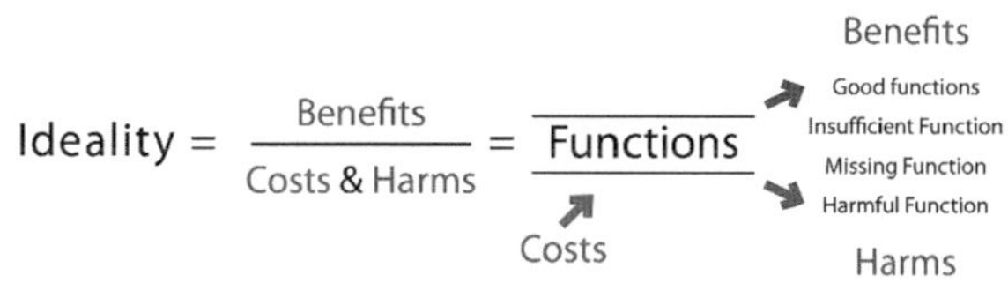

기능을 변경하는 트리즈 방법은 트리즈 중복 목록에서 관련 있는 트리즈 해결책 개념의 응용 프로그램이다. 모순 해결을 위한 40가지 발명 원리(반대되는 이득을 얻거나 비용과 해로운 요소를 줄이면서 이익을 증가시키는 방법), 완전한 시스템을 위한 8가지 진화 경향과 해결책의 전체 범위를 포함하는 76가지 표준 해결책이다. 모두가 100개 정도인 해결책들은 어떠한 기능 문제를 해결하고, 시스템 전체 혹은 시스템 일부분을 개선하기 위한 이러한 문제를 해결하는 데 도움이 된다. 기능은 요소와 시스템에 의해 제공되고, 이상성은 일부 또는 전체 시스템에 속한 것이라고 할 수 있다. 이상성을 높임으로써 모든 시스템을 향상시킬 수 있다. 더 많은 이득, 더 적은 비용, 더 적은 해로운 요소 등의 세 가지 옵션에서 적어도 두 가지는 개선할 수 있다. 많은 이득과 비례하여 더 큰 비용을 가지고 있는 시스템은 더 나은 시스템이 아니라 더 비싼 시스템일 뿐이다. 더 적은 비용과 더 적은 이득을 가지고 있는 시스템은 단지 저렴한 시스템일 뿐이다. 더 나은 시스템은 이득, 비용 및/또는 해로운 요소의 개선 비율을 가지고 있다. 이상성 증가는 또한 더 나은 것을 가진 시스템으로 교체해서 될 수 있다. 기술 발전은 종종 더 나은/다양한 시스템에서 높은 이상성을 달성하는 데 있다.

궁극적으로 최소한의 비용과 해로운 요소에 대한 이득을 극대화하기 위해 노력하고 있다. 이상성을 극대화하는 것은 최소한의 투입을 위해 이득/요구사항을 전달하는 올바른 기능을 정확하게 찾아내는 것을 의미한다. 그리고 기능처럼 투입(시스템) 없이 문제 해결이 존재할 수 없다는 것은 문제가 발생하는 어떤 상황에서 올바른 시스템을 위해 요구를 일치시키고 가능한 한 높은 이상성의 시스템을 얻는다는 것을 의미한다. 이상성 전략을 달성하기 위한 여덟 가지 주요 경로들이 있다.

이상성 전략 - 결과를 향상시키고, 해로운 요소를 감소하고 비용을 줄인다.

$$\textbf{Ideality for any system} = \frac{\Sigma \textbf{ Benefits produced by the system (outputs we want)}}{\Sigma \textbf{ Costs (inputs)} + \Sigma \textbf{ Harms (outputs we don't want)}}$$

이상성을 증가시키기 위한 전체 여덟 가지의 기본적인 문제 해결의 경로인 이상성 전략이 있다:

1. 기술적 모순 해결하기 - 나쁜 해결책으로 시작하고 그것들의 모순을 해결한다(40가지 원리).
2. 물리적 모순 해결하기 - 반대되는 이득을 분리하고 달성한다(40가지 원리).
3. 트리밍 - 시스템을 단순화한다, 비용과 복잡하게 사용되는 자원을 줄인다(트리밍 규칙).
4. 해로운 작용 처리 - (해로운 요소를 처리하는 24가지 방법)
5. 불충분한 이득 증가 - (불충분한 것을 처리하는 35가지 방법)
6. 완벽함을 향해 시스템을 개선하기 위해 트리즈 경향과 현재 시스템의 진화(또한 IP에 유용한 것과 특허)
7. 발명과 충족되지 않은 요구 조건을 제공하는 방법(이상적인 결과 및 자원)
8. 이상적인 빠른 문제 해결 - 이득-기능-자원.

13.5 문제를 이해하고 경로를 해결하고 이상성 전략 적용하기

문제 이해하는 단계

일반적인 배경을 가지고 문제를 이해하는 단계는 다음과 같이 시작한다:

i. 나쁜 해결책 공원을 만들고 지속적으로 기록한다. 모든 단계에서 모든 해결책과 모든 사람들의 해결책을 찾아낸다. 이전에 시도된 해결책들을 포함시킨다. 각 해결책에 대한 좋은 것(이득에서)과 나쁜 것(문제에서)을 찾아낸다. 모든 해결책이 엉뚱하고 이상하더라도 상관없이 모두 허용한다.
ii. 문제 - 문제 및 일반 문제 상황과 제약 조건을 개략적으로 서술한다.
iii. 주요 결과 - 시스템이 제공할 수 있는 주요한 결과는 무엇인가?
iv. 9-박스 관련 맵 - 해결책의 배경 정보와 관련 데이터와 선택한 규모 및 관련 질문 혹은 질문에 속한 문제의 원인들을 매핑한다.
v. 이상적 결과 정의(이득을 찾아내기 위해)
vi. 이상성 검증 - 우리가 가지고 있는 것과 우리가 원하는 것 사이의 차이를 정의한다.
vii. 시스템 설명 - 시스템의 주요 요소를 식별하고, 시스템의 그림을 그려서 아주 간단한(비 기술적인) 용어로 설명한다. 문제 유형을 식별하는 기능 분석 맵을 그린다.
viii. 적절한 이상성 전략에 대한 문제 유형을 선택한다.
ix. 해결책 개념을 위한 이상성 전략 알고리듬을 수행한다.
x. 해결책 맵에 있는 각 해결책을 매핑하고 해결책에 이용 가능한 자원과 연결시킨다.

i) 나쁜 해결책 공원 - 문제 이해의 모든 단계에서 모든 해결책을 찾아 기록한다.

이것은 모든 사람의 참여와 해결책을 공유하기 위한 섹션의 문화를 만들어 준다. 우리는 이전에 시도했던 해결책을 포함해야 한다. 각 해결책에 대한 좋은 것(이득에서)과 나쁜 것(문제에서)을 찾아 기록한다. 트리즈 문제 해결의 논리는 종종 나쁜 해결책(또한 '못생긴 아기'라고도 부름)을 사용하는 것이 우리의 최고 두뇌 능력을 불러일으키며 일반적으로 좋은 점과 나쁜 점을 가지고 있다는 것이다. 모든 문제를 이해하고 해결한 것은 나쁜 해결책 공원(큰 종이 한 장)안에 있어야 하며 모든 사람들이 모든 나쁜 해결책을 찾아 기록하는 메모장이 있어야 한다(처음에 누구도 놓치거나 낙담하지 않도록 해야 한다. 부정적인 표시 없이 기록되어야 한다).

트리즈는 우리가 낙담하지 않도록 도와준다.

우리는 나쁜 해결책을 '우리가 원하는 것'의 세로줄 안에서 어떤 이득을 이행해야 하는지에 관해 좋은 것을, 그리고 '해결책을 가진 문제'의 세로줄에서 나쁜 것은 무엇인지 기록한 것을 가지고 추가 분석할 수 있다. 충돌하는(반대되는) 이득을 가진다면, 우리는 물리적 모순을 가지고 관련된 이상성 전략을 적용할 수 있다.

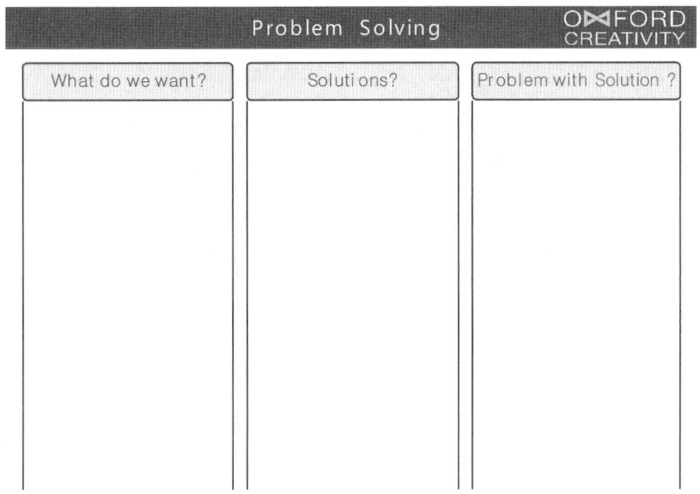

ii) 문제 - 일반적인 문제 상황과 제약 조건을 설명

문제를 설명하는 동안 어떠한 해결책도 허락되지 않는다. 모든 문제 해결은 문제와 함께 시작함으로, 어떤 종류의 문제든 설명과 함께 시작하는 것은 필수적인 것이다(그것이 불완전하고, 부정확하고 어쩌면 변하게 될 경우에도). 기본적으로 머리에 떠오르는 대로 몇 문장의 대략적인 설명, 빠른 요약이 여기에서 필요한 전부이다(열 교환기를 예로 들면, 문제 설명은 효율성을 증가하고 크기를 감소하며, 제약 사항이 주입구가 될 수 있고, 출입구 제약 사항은 변경할 수 없으며 유동체는 혼합할 수 없다).

문제 상황은 엄청나게 다양하며 문제가 명확하고 잘 정의될 수 있거나, 혹은 문제를 이해한 것에서 혹은 문제 목록이 일부 분석 후 알게 되는 것에서 오히려 성가신 문제 상황이 나타날 수 있다.

iii) 시스템의 주요 결과를 식별

시스템이 제공할 수 있는 주요 결과는 무엇입니까?

이것은 중요한 단계인데 종종 잊게 된다. 즉, 우리가 문제 해결을 시작할 때 즉시 문제에 대한 세부 정보에서 놓치게 될 수 있다는 것이다. 주요 결과를 서술하는 것은 모든 사람으로 하여금 시스템이 제공하는 것을 달성하려는 중요한 것을 생각나게 해준다. 여기에 고려하지 않는 다른 많은 이득이 있다. 우리는 단지 주요 기능을 제공하는 중요한 것 하나, 주요 결과만을 기록하길 원한다. 열 교환기를 예로 들면, 주요 결과/이득은 '가열 또는 냉각'이다(주요 기능은 플라크를 제거하는 것이다). 문제 해결을 할 때 본질을 발견하는 것을 쉽게 놓칠 수 있어서 이러한 주요 결과의 간단한 서술은 분명하지만 중요한 단계가 된다.

iv. 9-박스 관련 맵 - 배경 정보와 관련 데이터와 해결책의 규모

9-박스에 관련 맵을 입력하고 특정 문제에 대한 모든 관련 정보를 추가한다. 이것은 여러 가지 방법으로 수행될 수 있지만, 더 빠르게 작성된 간단한 관련 맵은 간단한 요약을 제공하며, 상황을 근본적으로 이해하는 데

도움이 된다(누락 된 사실은 나중에 추가하거나 수정할 수 있다). 시간과 규모에 있어서 9-박스에 중요한 요인들을 맵핑 하는 것은 전체 문제 상황을 알아내는 방법이라 할 수 있다. 그것은 또한 우리와 다른 사람에게 가치 있는 문제 환경을 요약하고 이해하는 데 도움을 준다. 이것은 단순히 전체 상황을 쉽게 소통할 수 있다는 것, 확실한 정보는 적지만, 어떤 중요한 의사결정을 빨리 잘 이해할 수 있게 한다는 것을 의미한다. 또한 해결책의 규모를 기록하고, 새로운 시스템을 만들려고 시도할 것인가? 아니면 문제를 해결하기 위해 가진 것을 수정할 것인가?

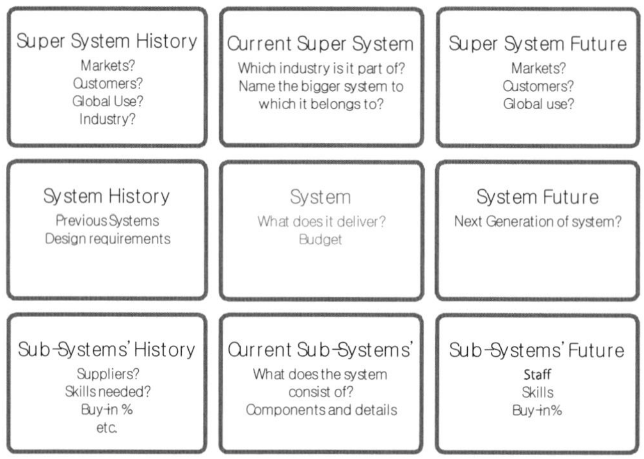

중간 박스에는 문제 시스템을 넣고 미래 중간 박스에는 최종 결과를 넣는다. 문제의 초기를 설명한 후, 우리는 시간과 규모에 있어서 문제의 관련성을 이해함으로써 시작한다. 규모에서 우리는 시스템 환경, 그것의 더 큰 그림을 맵핑 한다(그것의 일부는 무엇인가?). 우리는 또한 시스템의 세부 사항들을 맵핑한다.

시간에서 미래(우리가 어디로 가고 있으며, 무엇을 달성하기 바라고 있는가?)와 과거, 즉, 관련된 일반 역사, 적절하게 포함된 많은 일/월/년/수십 년으로 맵핑한다.

다음 질문들에 빠르게 응답하면서 시작한다(필요하면 나중에 답을 수정할 수 있다):

- 간단하고 일반적인 문제 시스템 설명(중간 박스).
- 원하는 최종 결과는 무엇인가? 무엇을 하려고 하는가? 결과는?
- 왜 이것을 원하는가? 과거, 현재, 미래에서 이 대답에 대해 생각해본다.
- 우리를 위해 - 우리를 정의한다.
- 다른 사람들을 위해 - 관련된 사람들을 정의한다.

관련된 중요한 문제, 제약조건들 변경, 규정 변경과 같은 규모의 수준에 관련될 수 있는 과거의 동향(슈퍼 시스템 박스) 혹은 변경된 인력 기술(하위 시스템 박스) 혹은 돈의 시기 등과 같은 관련된 어떤 예산 문제가 있는가? 등을 맵핑한다.

문제의 근본적인 요소를 맵핑하는 데 필요한대로 그릴 수 있는 여러 가지 9-박스와 같은 시간과 크기 도구에서의 사고를 사용할 수 있다. 더 필요한 경우 9-박스 이상을 사용하지만, 문제를 이해하고 해결하기 위해 필요한 필수적이고 선별된 데이터를 알아낼 수 있다. 문제의 원인을 맵핑하는 것은 특히 문제 상황을 만드는 많은 원인들이 연결된 경우 일어난다. 알 수 없는 원인이 있을 경우 문제를 이해하기 위해 특별히 중요하게 추가를 한다(더 자세한 내용은 4장: 시간과 규모에 따른 사고를 참고).

v) 이상적인 결과를 정의(요구 조건을 기록하기 위해)

이상적인 결과는 대략 정의하기는 매우 쉽지만, 자세하고 정확한 설명을 위해 따라야 하는 간단한 경로가 있다. 최종 목표를 정의하는 것은 사고를 명확하게 하기 위해 필요로 하지만, 기록하는 것이 중요하다. 궁극적인 목표는 높은 수준과 주요 이득을 넘어서는 것이다. 그것은 시스템의 높은 목적(칫솔에 대한 주요 이득은 치아를 깨끗하게 하는 것이다. 그리고 최종 목표는 아마도 치아가 썩지 않도록 하는 것일 것이다)과 시스템이 존재하고 만들어진 이유를 정의한다. 이것은 씨름하는 문제의 방법에 영향을 미칠 수 있는, 특히 힘든 이해 당사자에게 어떠한 경험에 영향을 줄 수 있다.

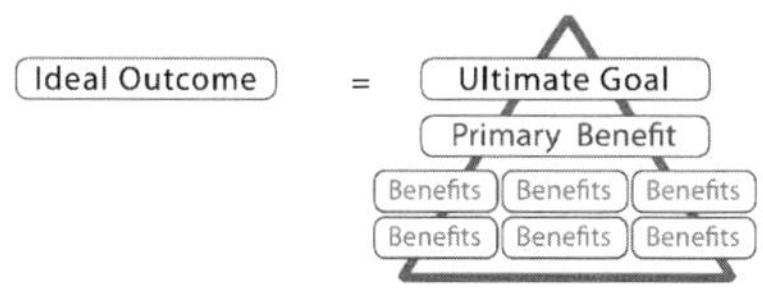

완벽한 시스템은 최종적인 이론적 기준이며, 초기 문제를 이해하는 데 있어 흥미로운 부분은 이상적인 결과를 정의하여 완벽한 해결책으로 방향을 설정하는 것이다. 이를 위해 이상을 상상하는 것으로 시작하고 원하는 모든 것(가능한 자원에 의해 전달되는 것)을 제공하는 해결책을 활발하게 하려고 이것과 또한 다른 트리즈 창의성 도구를 사용한다. 이 간단한 사고는 몇 가지 이상적인 결과를 상상하도록 언제 이상적인 시스템은 어떠한 비용이나 투입 없이 그리고 어떤 해로운 요소나 문제없이 문제 자체를 해결하는지에 대해 묻는다.

vi) 이상성 검증 - 가지고 있는 것과 원하는 것 사이의 차이를 정의

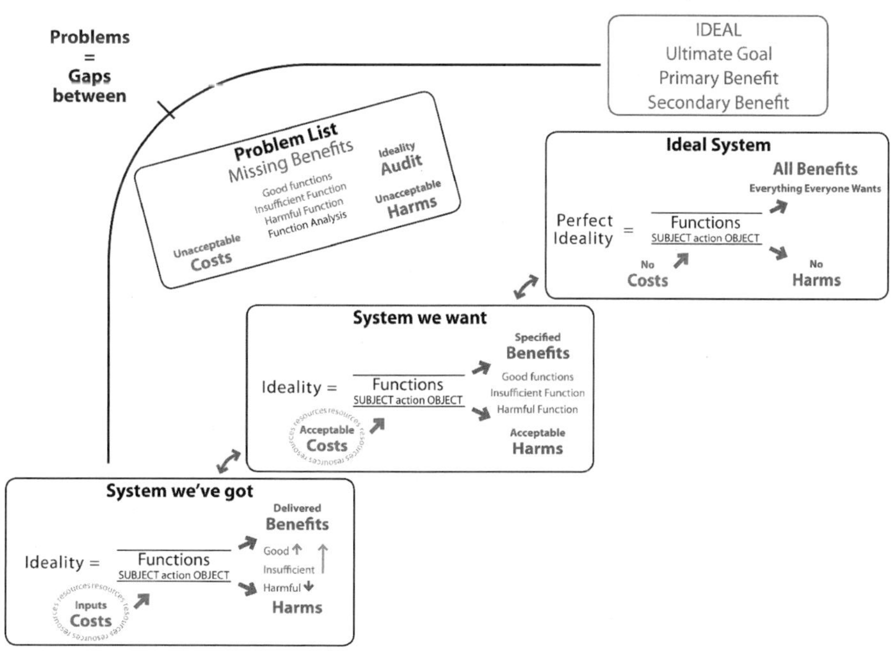

이전 단계는 이 지점까지 오도록 설계된다. 이러한 문제 차이의 마지막 문제 정의는 어떤 단계에서는 문제 설명이 매우 다를 수 있다. 문제 차이는 가진 시스템과 원하는 시스템 간의 이득에서 주요 차이점(들)을 정의하는 것인데, 그때 문제를 해결하는 것은 차이를 제거해야 한다는 것이다.

문제 해결이 차이를 제거해 주길 원하는 시스템 사이의 이득에서 주요 차이점(들)을 정의해야 한다. 시스템이 기능분석으로 추가 분석(프로세스의 다음 단계)을 할 때, 우리는 독특한 많은 문제들을 보여주는 상세한 문제 목록을 만들게 된다. 이것은 기능 수준의 문제이며, 한 번에 하나씩 해결해야 한다.

이상성 검증. 먼저 이상적 결과 - 최종목표 & 우리가 원하는 모든 것을 간략하게 정의한다. 그 뒤 다음과 같이 정의한다.

이상성	우리가 가진 시스템	원하는 시스템	이상성 차
주요 이득			
다른 이득			
주요 결과/기능			
받아들일 만한 비용/투입			
받아들일 수 없는 비용/투입			
받아들일 만한 해로움/문제			
받아들일 수 없는 해로움/문제			

문제를 이해하고 해결하기 위해 다음과 같은 다른 관련 요소들을 포함한다:

제약 조건(부과된 조건, 규칙이나 규정)

시스템의 간단한 드로잉(관련이 있다면)

이 이상성 검증은 모든 관련된 데이터를 주는 '우리가 가진 시스템'에 대한 아래 표에 있는 사항들을 작성함으로써 더 자세하게 만들 수 있다. 이상성 검증표를 정확하게 완성하기 위해서는 다음 단계, 즉 기능 분석과 함께 수행하고 정확하게 어떤 기능 문제든 밝힐 필요가 있다.

Ideality Audit OXFORD CREATIVITY

Having understood our benefits, harms and costs, identify them according to the criteria in the tables below. This identifies our problem list

Benefit How? →	Function ← Why?	Sufficient?	Insufficient?	Missing?	Excessive?

Costs/Inputs	Acceptable	Unacceptable

Harm/Problems	Acceptable	Unacceptable

vii. 시스템 설명 – 시스템의 주요 요소를 식별

아주 간단한(비기술적인) 방법으로 모든 요소를 설명한다. 즉, 시스템의 그림을 그리고 문제 유형을 식별하는 기능 분석에 맵핑한다(이것은 간단한 요소 목록이 될 수도 있고, 혹은 9-박스 및/또는 기능 분석을 사용하는 데 에너지를 쏟을 경우도 있다).

약어, 기술 용어 또는 용어를 뽑아내기

이것은 중요한 단계이며 모든 기술 용어를 뽑아내어 심리적 관성을 깰 수 있다. 기본 언어로 모든 요소를 설명함으로써 우리가 그것들을 이해하고 있는지 확인하고 그것들이 무엇을 보고 있고 왜 시스템의 일부인지를 본다. 종종 간단한 도면이 이 단계에서 유용하다. 그런 다음 시스템의 기능맵을 만드는 아래 도식에서 작업 1과 2단계를 수행한다.

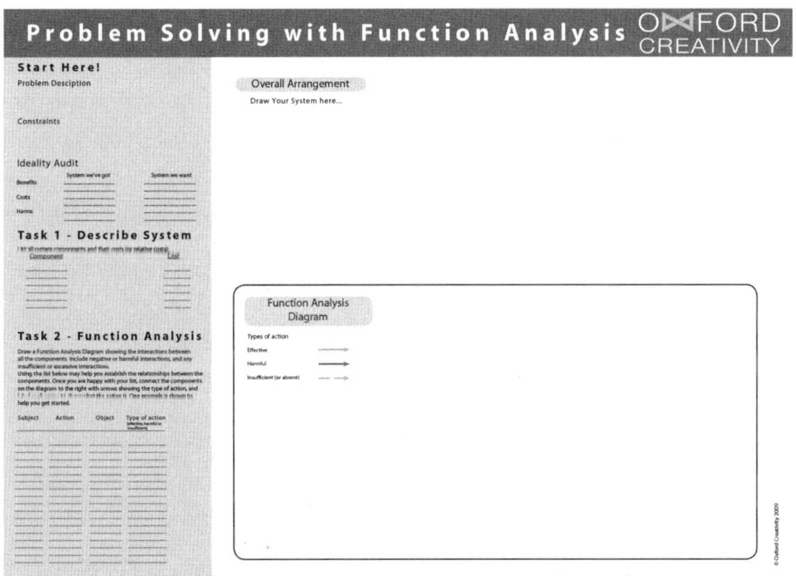

viii) 적절한 이상성 전략에 대한 문제 유형을 선택

ix) 모든 관련된 해결책을 표시하기 위해 이상성 전략 알고리듬을 따르기

올바른 문제 유형을 선택한다. 우리의 문제를 정의한 후, 우리는 이상성 전략 중 하나 이상을 적용하여 해결한다.

x) 9-박스 해결책 기록표에 기록하기

이상성 검증 후 최종 단계는 9-박스 해결책 맵에 있는 모든 해결책을 매핑하고 현명한 해결책에 이용 가능한 자원과 일치시키는 것이다. 효과적인 비용, 현명한 해결책을 위한 자원을 알아보기를 원한다. 그래서 사용 가능한 원료 자원, 또는 수정할 수 있는 자원, 그리고 함께 결합할 수 있는 자원, 그리고 결국 새롭게 가져올 수 있는 자원을 찾는 것이다.

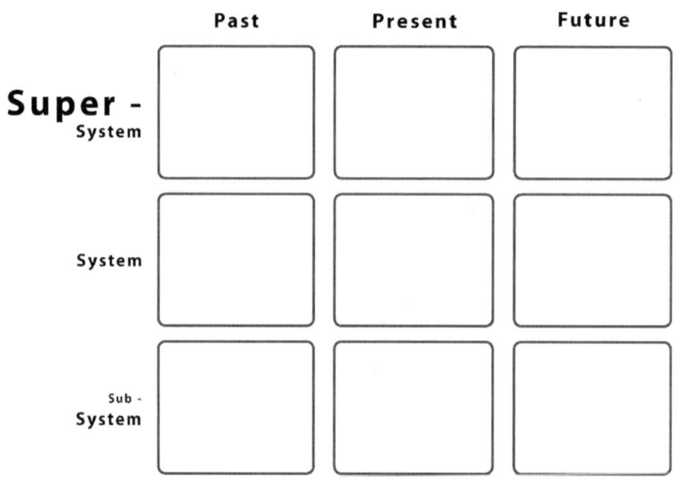

이상성 전략 적용

문제 이해의 단계와 문제 해결 과정에서 트리즈 창의성 트리거의 하나 혹은 그 이상을 시도 할 수 있다. 첫 번째 이상성은 강력하며 이상성을 정의하는 것은 올바른 해결책을 위해 올바른 방향으로 향하게 하고, 반대로 현실을 향해 이상성으로부터 움직일 수 있도록 한다. 해결책에 대한 탐색은 단지 어떻게든 문제 자체를 해결하는 이상적인 해결책을 정의함으로써 도움이 될 수 있다. 이상적인 많은 해결책을 정의할 때 발생하는 모든 해결책을 찾아내야 한다.

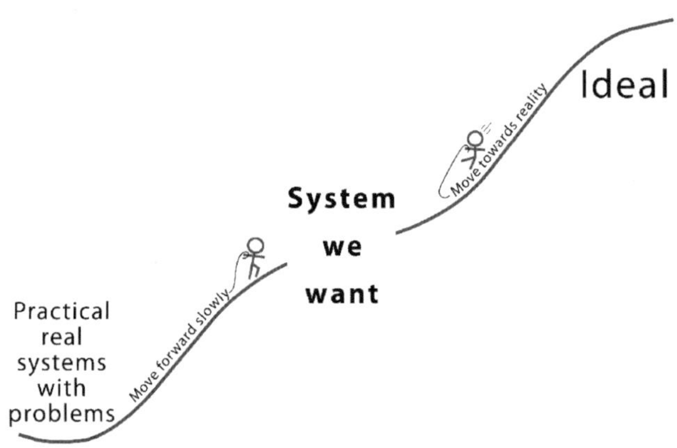

트리즈 창의성 트리거

1. 이상적인 결과는 문제 자체를 해결.
2. 왜? 라고 묻기. 이득은 특징이 아니라 기능.
3. X-팩터(일부 자원이 문제를 해결)
4. 9-박스 해결책 맵 - 시간 및 규모에 대한 사고
5. 나쁜 해결책 공원(모든 팀의 아이디어)
6. 전복 - 다른 방법을 거꾸로 돌리기
7. 영리한 작은 사람들 - 문제 모델
8. 크기-시간-비용 - 문제를 과장
9. 간단한 언어 (기술 용어 없이)
10. 아이디어/개념 - 각 아이디어 뒤의 개념
11. 트리즈 프리즘 - 기존 해결책 개념을 찾기
12. 삶과 죽음의 비유(다른 것들의 비판적 해결책)
13. 좋은 해결책 결합(당근/양배추)

1. 기술적 모순을 해결하여 이상성을 증가

뭔가를 개선하는데 다른 무언가가 악화될 때 기술적 모순이 발생한다(예 : 강도 대 중량). 이상성 공식에서 하나의 요소에 이득을 추가할 때 비용 및/또는 해로운 요소가 증가할 수 있다. 비용이나 해로운 요소를 악화시키지 않고 이익을 증가하는 방법을 찾아야 한다. 기술적 모순을 해결하고 요소들의 연결을 해제하여 이 작업을 함으로써 다른 것을 변경하지 않고 하나를 변경할 수 있다.

기술적 모순은 모순 행렬표와 40가지 원리로 해결된다.

반대 무게는 모순을 해결하기 위한 40가지 원리 중 하나이다.

기술적 모순 해결

이상성을 증가시킨다는 것은 악화되는 다른 어떤 이득도 없이 몇 가지 이득을 개선하거나, 혹은 비용 및/또는 악화되는 해로운 요소가 없이 이득을 늘리는 것, 혹은 비용 및/또는 감소하는 이득이 없이 해로운 요소가 줄어드는 것을 의미한다.

증가하는 비용이나 해로운 요소 없이 이득을 높일 수 있다.

Increase Benefits

$$\textbf{Ideality for any system} = \frac{\Sigma \text{ Benefits produced by the system (outputs we want)}}{\Sigma \text{ Costs (inputs)} + \Sigma \text{ Harms (outputs we don't want)}}$$

Solve Technical Contradiction with relevant 40 Principles

Ensure these don't increase

또는 이익의 감소 없이 비용을 줄이거나 혹은 해로운 요소를 제거할 수 있다.

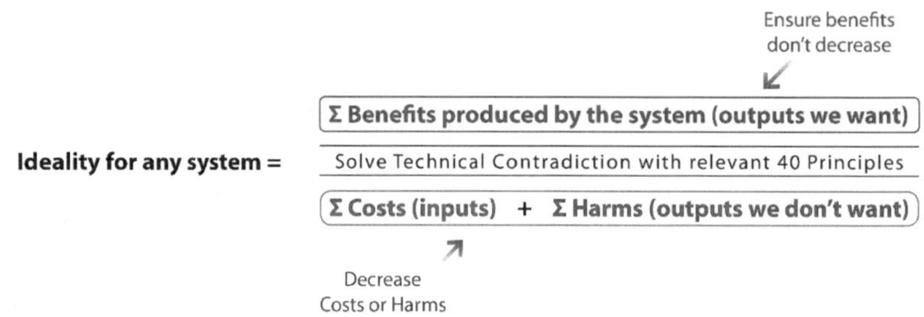

밝히기 위한 나쁜 해결책과 기술적(연쇄적인) 모순을 해결하기 위한 40가지 원리

문제가 있을 때, 개선하고, 수정하고 문제에 관해 뭔가 더 나은 것을 만드는 해결책을 그려본다(불완전하거나 혹은 후속으로 어떤 문제가 만들어질지 상관없이). 이것을 '나쁜 해결책'이라고 부르며, 더 좋게 만드는 것이 무엇인지, 그리고 후속으로 악화되는 것이 무엇인지 식별할 필요가 있다. 해결책에서 개선할 것이 무엇인지 기록해둔 '나쁜 해결책'이 가진 모든 문제들('좋은 것'이라는 세로줄에), 나쁘게 하거나 악화시키는 문제들('나쁜 것'이라는 세로줄에)을 맵핑한다. 이것은 모순을 폭로하는 것이다. '나쁜 해결책' 보다 더 나은 해결책을 찾을 수 있는 트리즈의 모순 행렬표, 그리고 40가지 원리를 사용한다. 우리는 악화 시키는 것으로부터 개선하는 '비 연쇄적인' 특징이나 기능을 가지고 있다. 이것은 나쁜 부분 없이 해결책의 좋은 부분을 가지고 있다는 것을 보장하고, 모순을 해결했다는 것이다.

처음에 문제에 대한 해결책을 찾을 때, 최초의 해결책 아이디어를 자극하는 트리즈 창의성 도구를 사용하여 도움을 받을 수 있다. 그것은 좋은 것과 나쁜 것을 분석하게 하며, 모순 해결이나 어떤 해로운 요소를 처리하기 위하여 트리즈 해결책 개념을 적용할 수 있도록 하고, 종종 첫 번째 해결책에서 먼 길이기는 하지만 새로운 해결책을 개발하도록 돕기도 한다.

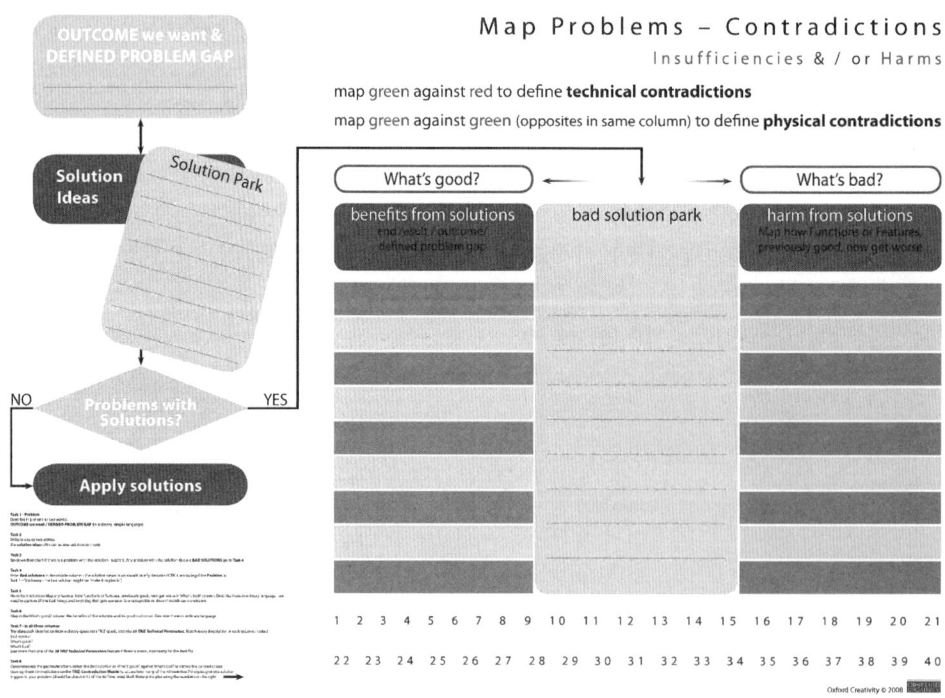

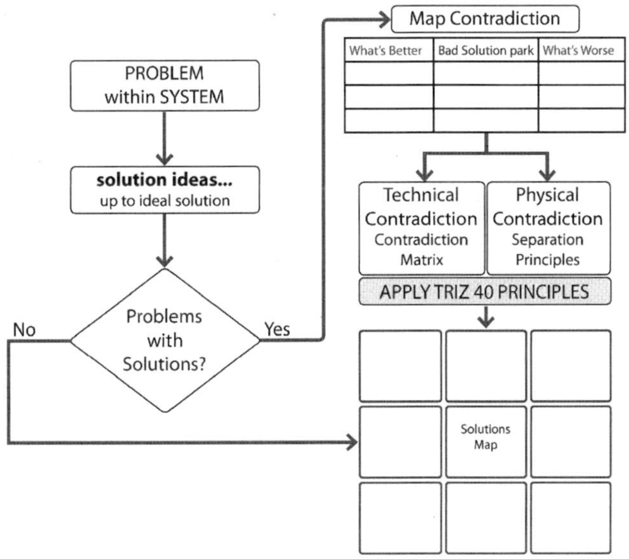

2. 물리적 모순 해결

반대 이득을 분리하여 얻을 수 있다(분리의 원칙과 관련된 40가지 원리를 사용한다).

Achieve opposite Benefits

Ideality for any system = $\dfrac{\textbf{Σ Benefits produced by the system (outputs we want)}}{\textbf{Σ Costs (inputs) + Σ Harms (outputs we don't want)}}$

Solve Physical Contradiction with relevant 40 Principles

물리적 모순은 분리의 원칙과 40가지 원리를 사용하여 해결할 수 있다.

물리적(반대) 모순을 찾아 해결하기 위해 이상적인 해결책을 사용

문제 상황을 정의한 후, 그 문제에 대한 이상적인 결과를 설명한다. 이상적인 결과가 실현될 수 있는지를 상상해보고 시도한다. 원하는 모든 것을 제공하는 방법을 그려보기 위해 알려진 방법을 찾아보도록 한다.

상호 배타적 이득(살찌우는 초콜릿이 여러분을 날씬하게 만들 수 있을까요?), 보통 반대되는 점을 포함한 이상성을 정의할 때, 즉 문제가 원하는 모든 것, 모든 이득을 줄 수 있는 이상적인 결과의 그림을 가지고 있다면, 서로 충돌하고 반대되는 이러한 이득들 중 일부를 분명히 불가능한 일이라고 설명할 것이다(뭔가 크고 뭔가 작은 것). 이러한 이득들의 반대되는 모순(들)은 이상적이고, 트리즈에서 분리의 원칙 및 트리즈 40가지 원리를 사용하여 분리해서 해결한다. 아래의 순서에서 원하는 모든 이득들을 제공하는 새로운 시스템을 제안할 수 있다(상세한 내용은 5장을 참고).

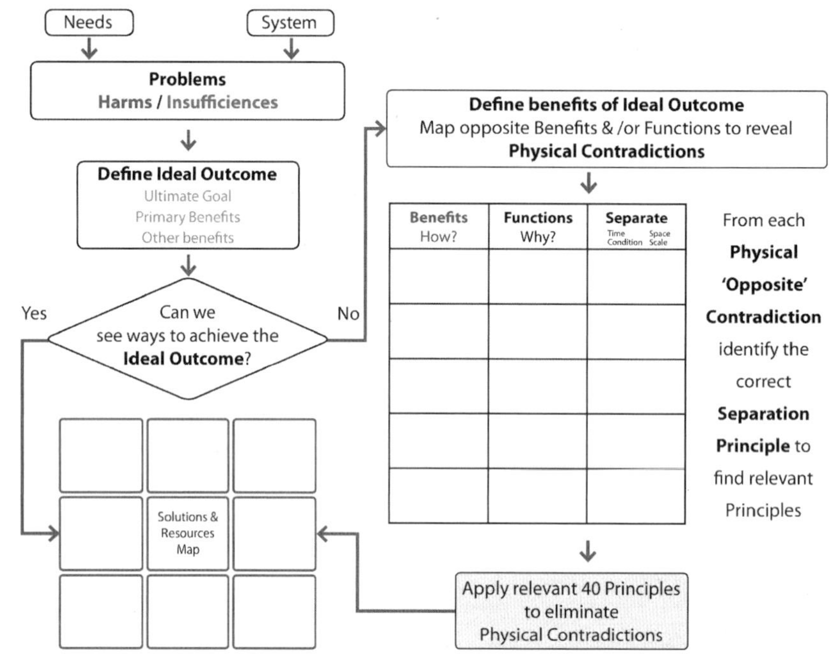

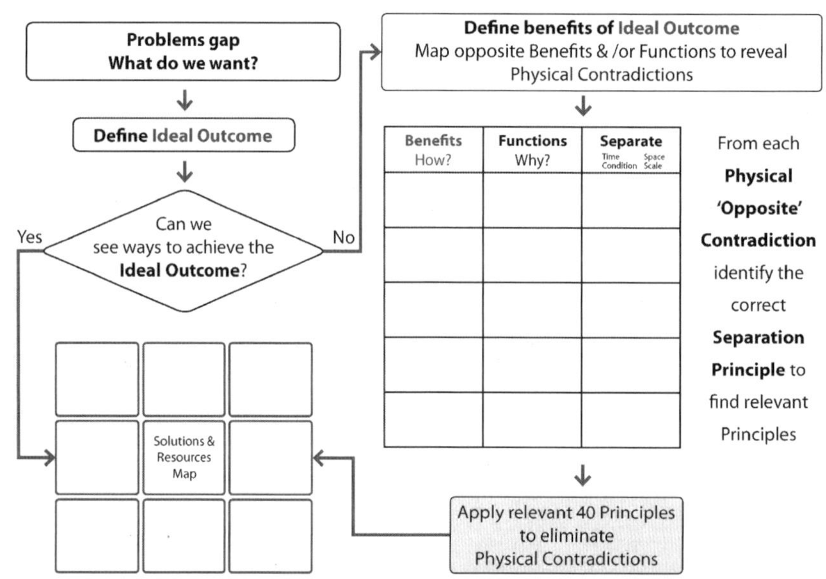

3. 트리밍 - 비용과 해로운 요소를 줄이고, 그 뒤 자원을 적용

시스템을 단순화(비용, 해로운 요소와 복잡성을 줄이는 것) 할 때, 우리는 트리밍 규칙을 적용하여 요소를 트리밍할 수 있다. 이것은 해로운 요소, 과잉과 복잡성을 줄이고, 다른 요소, 환경적 자원 또는 시스템 내 또는 주변에 사용 가능한 다른 자원에서 유용한 자원들을 알아내고 동원함으로써 어떠한 필수적인 유용한 기능을 교체하기 위하여 우리가 요소를 제거하거나 트리밍하고자 한다는 것을 의미한다.

$$\text{Ideality for any system} = \frac{\Sigma \text{ Benefits produced by the system (outputs we want)}}{\Sigma \text{ Costs (inputs)} + \Sigma \text{ Harms (outputs we don't want)}}$$

Reduce these
by TRIMMING

이러한 전략들은 과도한 투입을 줄이기 위해 적용된다. 요소가 해로운 요소를 가지고, 그리고/또는 초과 설계(과잉 작용)될 수 있어 적절하게 줄일 수 있는 것을 식별해야 할 필요가 있다. 트리밍은 제거되는 부품들로 인해 시스템을 간소화(특히, 가장 복잡하고 비싸고 해로운 요소나 문제를 가지고 있는 것)하고 그것들의 보장된 유용한 기능이 여전히 제공되며, 그것은 이상적으로 사용할 수 있는 자원에 의해 제공된다. 요소를 트리밍하고자 선택하면, 그것들은 트리즈 기능 분석에서 인식되고 정의된다. 일단 확인된 트리즈는 어떠한 이득도 상실하지 않고 트리밍하는 방법을 위한 도구를 가진다. 아래 그림과 같이 트리밍 규칙을 적용한다:

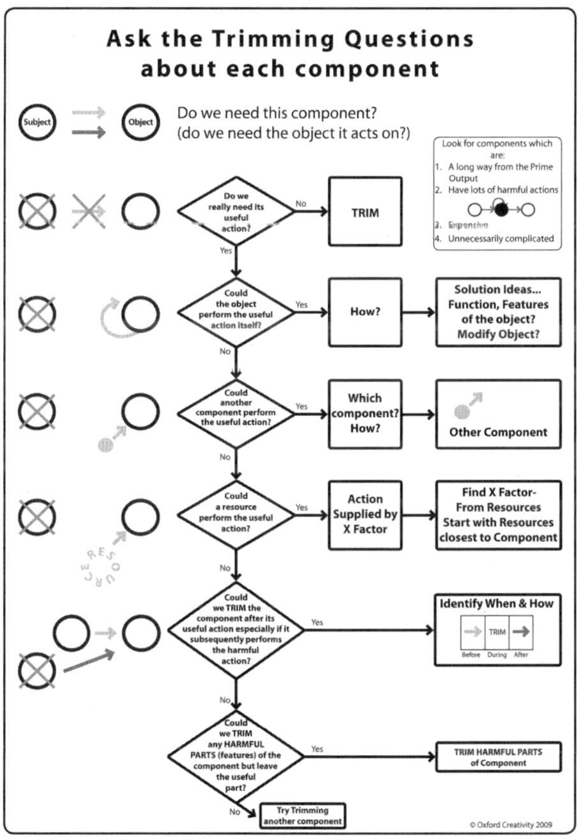

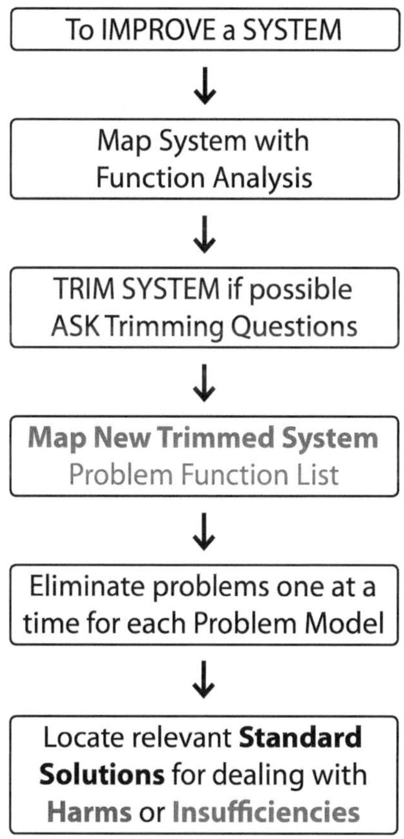

1. ____________________

2. ____________________

4. 유해한 작용을 제거 또는 감소

해로운 요소를 처리하는 24가지 방법이 있다(p.359 옥스퍼드 표준 해결책을 참고).

이 시스템은 원하지 않는 유해한 산출물을 가지고 있다. 유해한 작용은 일반적으로 트리즈 기능 분석이 수행됨으로써 인식되고 정의된다. 일단 해로운 요소를 처리하는 트리즈 도구를 적용하여 다음과 같이 확인할 수 있다 :

- **제거** - 해로운 요소를 제거한다 - 6가지 방법
- **정지** - 해로운 요소를 막는다 - 11가지 방법
- **변환** - 해로운 요소를 이로운 것으로 바꾼다 - 4가지 방법
- **나중에 수정** - 해로운 요소를 바로 잡는다 - 3가지 방법

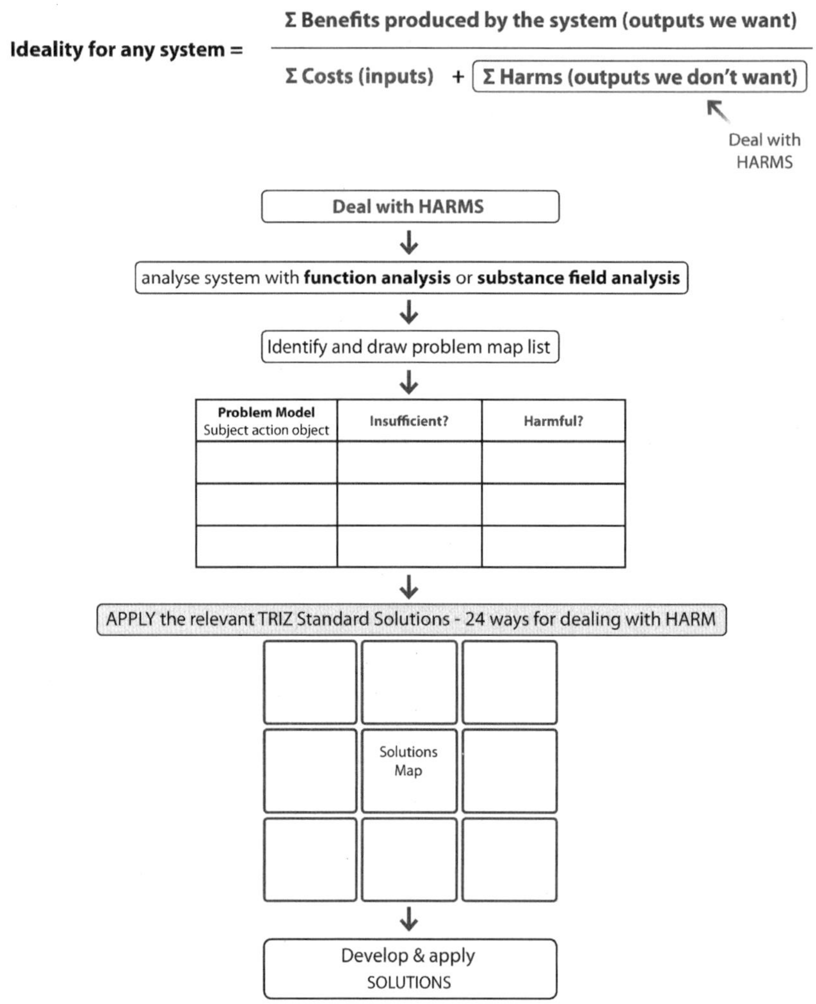

5. 불충분한 이득을 증가

불충분한 이득은 불충분함을 위한 35가지 해결책이 있는 작용에서 불충분한 점이 있을 때 생긴다.

이 시스템은 유용한 작용을 가지고 있지만 불충분한 몇 가지 방법이 있다. 이것은 트리즈 기능 분석에서 인식하고 정의할 수 있다. 일단 확인된 이득을 높이기 위해 트리즈를 적용한다.

Improve the functions which deliver these

$$\textbf{Ideality for any system} = \frac{\Sigma \text{ Benefits produced by the system (outputs we want)}}{\Sigma \text{ Costs (inputs)} + \Sigma \text{ Harms (outputs we don't want)}}$$

불충분한 작용은 367페이지에 있는 옥스퍼드 표준 해결책을 사용하여 처리할 수 있다.

다음과 같은 변경 사항을 개선하거나 변경하여 기능을 강화하는 두 가지 기본 전략이 있다:

- <u>요소</u>
- 요소들 간에 작용하는 **작용/장**

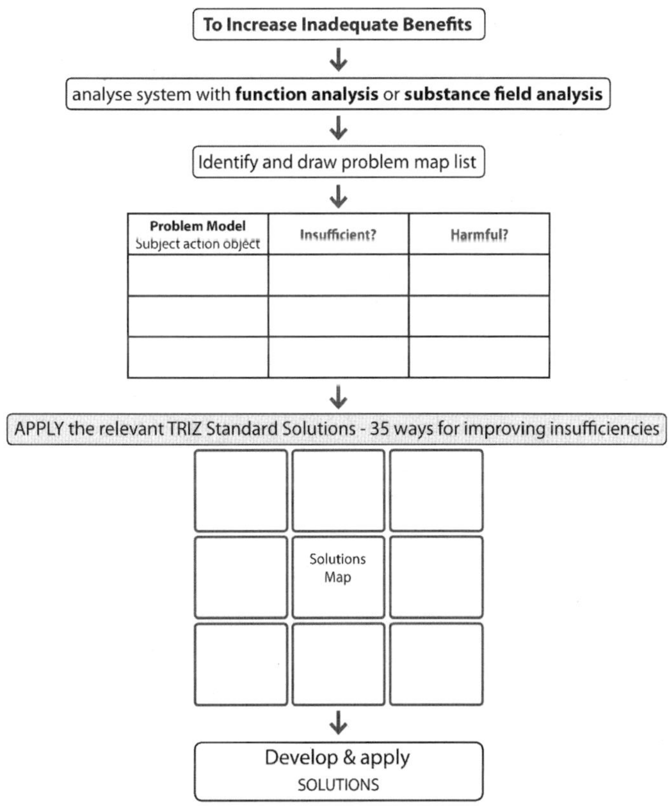

6. 완벽함을 향한 시스템을 개선하는 경향 따르기

다음 세대 - 아래 각각의 경향에 표시를 하고 현재 시스템을 검사하여 트리즈 경향을 적용함으로써 현재의 시스템을 진화시킬 수 있다:

- 우리가 있는 곳
- 우리가 있어야 한다고 생각한 곳
- 경향들의 차이를 강조

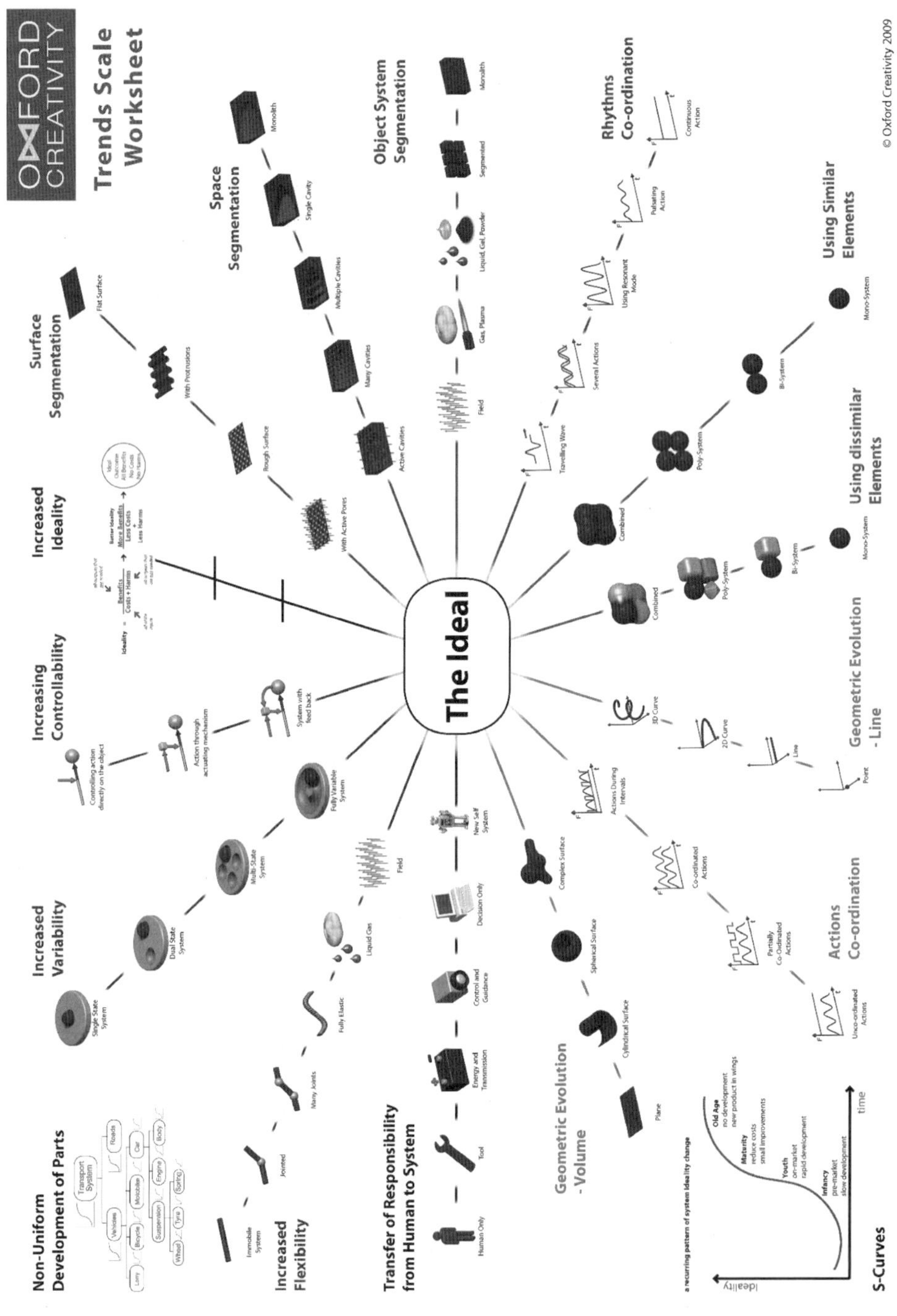
OXFORD CREATIVITY
Trends Scale Worksheet
The Ideal
Non-Uniform Development of Parts
Increased Flexibility
Transfer of Responsibility from Human to System
Geometric Evolution - Volume
S-Curves
Increased Variability
Increasing Controllability
Increased Ideality
Surface Segmentation
Space Segmentation
Object System Segmentation
Rhythms Co-ordination
Using Similar Elements
Using dissimilar Elements
Geometric Evolution - Line
Actions Co-ordination
© Oxford Creativity 2009

차세대 시스템

시스템이 개선되기 어려운 경우, 그것은 아마도(항상은 아니지만) 기존의 새로운 기술을 결합하여 새로운 차세대 시스템(개선된 것으로 이동한 것)의 위치를 찾아야 할 시간일 것이다. 트리즈 경향은 가진 시스템을 완벽하게 하고 다음 세대의 특성을 찾는 방법을 볼 수 있도록 도와준다.

차세대 온도계는 더 작고, 유연하고, 저렴하며, 사용하기 더 용이한 것 등의 경향을 제안할 수 있다. 구식 온도계는 측면에 인쇄된 모양의 수은을 담은 밀폐된 유리 튜브로 이루어져 있다. 온도계는 사람/아이의 입에 넣었을 때 온도계와 튜브 내에서 확장된 수은을 따뜻하게 하고, 온도계에 도달한 수은을 유리에서 눈금으로 읽게 함으로 온도를 알게 해준다. 이상성 증가는 가능한 최대한 튼튼하고 최대한 작게 만듦으로써 이루어졌다(입에 절반 정도 물리도록 하는 것, 그리고 바닥에 떨어뜨려도 깨지지 않는 것). 모든 이상성 개선은 유리 온도계를 S-곡선(아래에 엷은 선으로 표시)로 가져간 것이었다. 새로운 기술이 함께 오면, 대부분 가정용으로 사용되던 수은 온도계를 즉시 대체되는 온도에 따라 색상이 변하는 열 크롬 플라스틱처럼 푸른 곡선으로 표시된다. 이것은 안전하고 사용하기 쉽고, 읽기 쉽고, 저렴하고 위험하지 않아서 아이들이 가지고 사용할 수도 있다는 것이 사실이다(그것을 이마에 배치할 수도 있으므로).

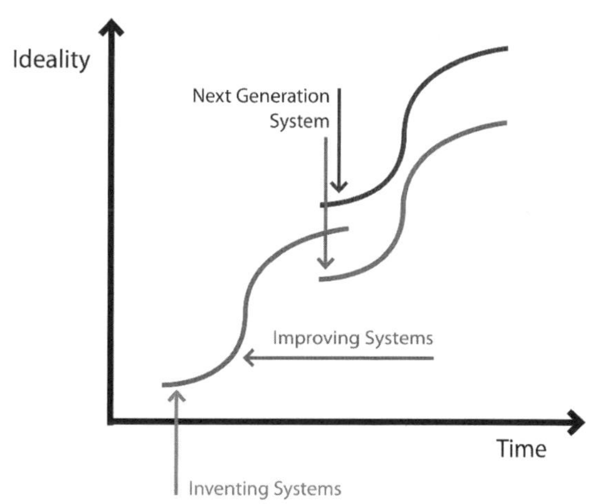

7. 발명과 실현되지 않은 요구 조건을 제공하는 방법

이상적 결과와 자원을 사용한다.

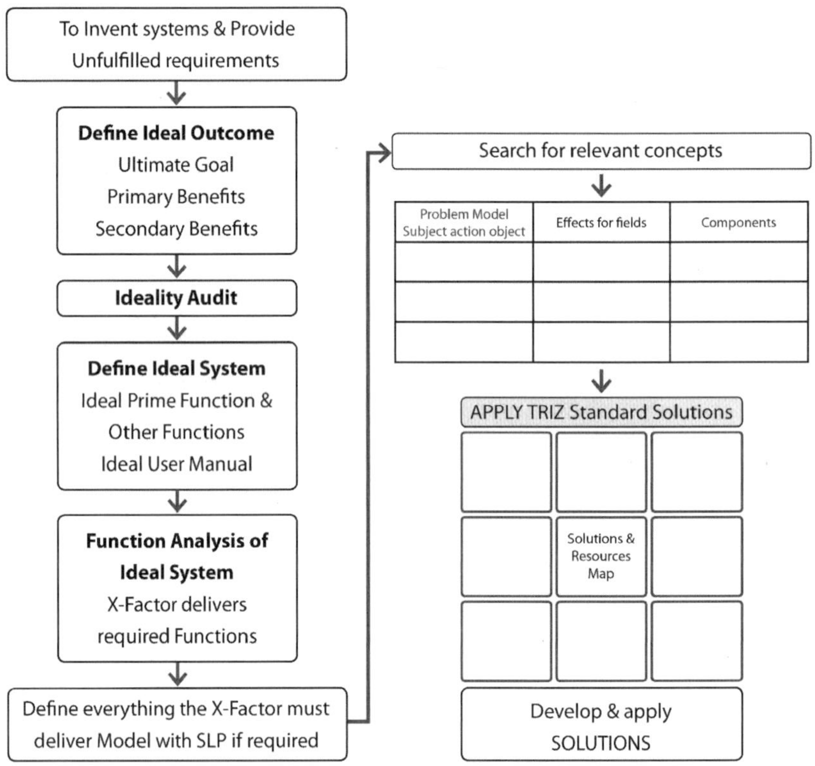

8. 이상적인 문제 해결 - 자원에서 이상적인 해결책 찾기

이상성 - 기능 - 자원

현명한 해결책을 만들기 위해 쉽게 사용할 수 있고, 이미 존재하는 아래에서 사용되는 자원을 사용한다.

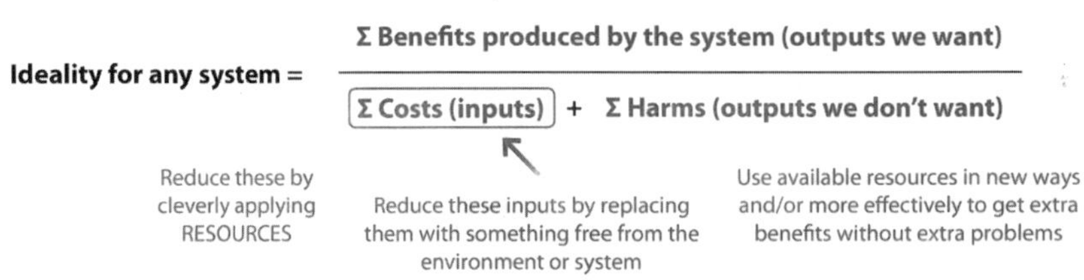

비용을 동일하게 유지하려면, 추가적인 방법에서 투입을 사용하거나 혹은 더욱 효율적으로 사용함으로써 다른 방법으로 이득을 증가 및/또는 해로운 요소를 감소할 수 있다. 트리즈에서 이것은 '여러분이 가지고 있는 자원을 사용'하라는 것이다. 알츠슐러는 이것이 발명을 위해 기본이라고 했지만, 현명한 해결책과 비용과 해로운 요소를 감소시키는 데 매우 효과적이다. 투입(해로운 것도 포함해서), 시스템의 특징과 유용한 결과를 위한 해로운 결과를 변환하는 데서의 모든 자원의 잠재력에 대한 의식은 모든 지각의 일부분이며, 자원에 대한 신중하고 체계적인 탐색이라 할 수 있다.

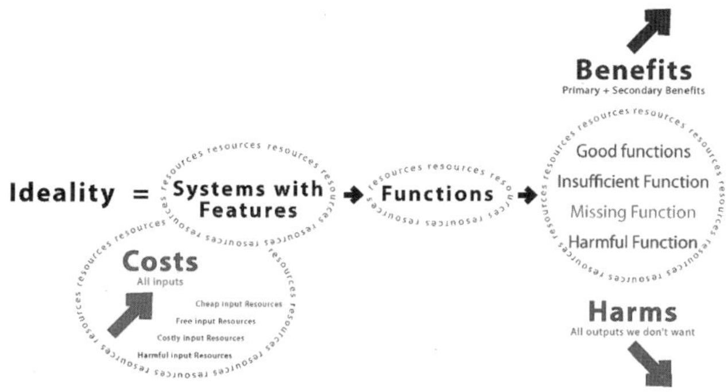

9. 이상성 - 이득 - 기능 - 자원

이것은 이상성에서 시작하여 문제 해결의 지름길로 가도록 하면서 자원을 직접적으로 얻을 수 있는 방법을 잘라주는 역할을 제공한다. 이상적인 결과를 정의하는 것은 상위 수준의 요구 조건을 요약하는 매우 강력하고 매우 빠른 방법이며, 필연적으로 우리가 이상성을 제공하는 해결책과 방법에 대해 사고하는 것을 설정한다. 이것은 의식적으로 사용할 수 있는 자원의 해결책을 탐색하여 문제 프로세스의 간단한 지름길을 제공하여 매우 신속하고 효과적일 수 있다.

RESOURCE HUNT to mobilise the resources we've got

SOMETHING (already there) WILL PROVIDE THE FUNCTIONS WE ARE SEEKING (including X-FACTOR)
We list all the resources in and around our system particularly those near the problem and needed only when the problem occurs. We try and use resources unchanged but otherwise in the order :-

- UNCHANGED / RAW - as found
- COMBINED - with other available resources
- MODIFIED - changed to provide the needed function

Assuming we have multiple resources - Resource A, Resource B and Resource C
and we also need a combination of functions - FUNCTIONS 1 and 2 - try each in turn
(Define exactly where and when the function is needed)

Ask the simple question of each resource in turn

Can Resource A provide Function 1?
Can Resource A provide Function 2?
Can the component (which Resource A needs to act on) provide the needed functions itself?

Can Resource B provide Function 1?
Can Resource B provide Function 2?
Can the component (which Resource B needs to act on) provide the needed functions itself?

Can Resource C provide Function 1?
Can Resource C provide Function 2?
Can the component (which Resource C needs to act on) provide the needed functions itself?

Do this with a team of experts/engineers with the relevant experience.
This simple exercise solves many problems elegantly, cheaply and effectively.

이상성을 정의하는 간단한 단계를 위해 필요한 기능을 발견하고 자원으로부터 그것들을 제공한다.

1. 문제는 무엇인가?
2. 이득을 정의하는 필수 요구 조건/니즈를 나열한 이상성을 정의한다.
3. 이러한 이득을 제공하는 기능을 발견/정의한다.
4. 이러한 필수 기능을 제공하는 시스템을 중심으로 자원을 탐색한다.

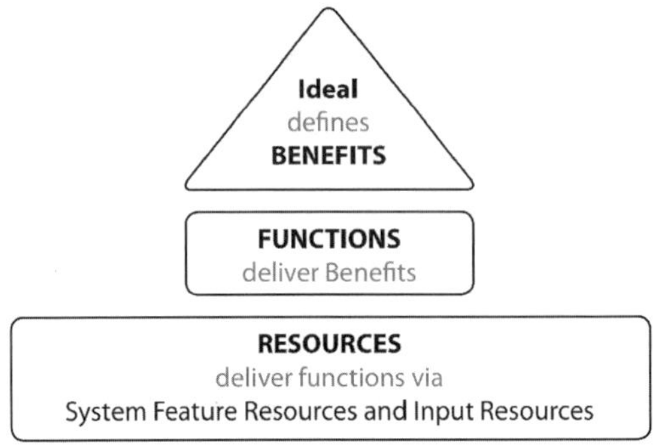

본질적으로 트리즈는 제안된 방법으로 사용할 수 있는 자원을 적용하거나, 추구하는 필수적인 기능을 간단히 이해함으로써, 혹은 해당하는 트리즈 해결책 트리거를 이용하고 자원을 일치시켜 문제를 해결하는 방법을 보여준다.

예를 들어, 차가운 바다에서 배가 침몰할 때, 이상적인 결과는 사람들이 살아남아야 한다는 것이다. 이득은 생존을 위해 살아있어야 하고, 발견되어야 하고 안전하게 구출되어야 한다는 것이다. 필수 기능은 해상에 머물고, 따뜻하게 있으며, 다른 생존자들과 함께 머물게 하며, 발견되고, 구조되고, 집으로 보내짐으로써 찾게 되고/발견하게 되는 것이다. 이러한 모든 기능을 제공할 수 있는 유일한 방법은 위의 그림과 같이 사용할 수 있는 자원과 함께 있는 경우이다. 사용할 수 없는 새로운 자원의 투입을 가진 폐쇄 시스템인 경우, 기능은 시스템에 이미 자원으로부터 제공된 것만이 가능하다.

자원과 이상성 검증에 대한 요약

현명한 해결책은 정확하고 사용 가능한 자원을 사용한다. 어디에서 자원을 찾을 것인가? 가능한 투입, 시스템의 요소 사이에서 탐색한다. 이상적인 것에서 시작하고 원하는 것이 있다는 것을 의식하여 탐색에 집중하는 것은 분명한 공학적 해결책 사고가 매우 비용적으로 효과적인 답변을 만들어 내어 이미 사용할 수 있는 자원을 현명하게 원하는 것과 일치시키는 빠르고 강력한 방법이라는 것이다.

트리즈 문제 해결의 힘

트리즈 문제 해결의 성공은 가능한 간단하게 유지되어 온 기반에 의해서이다. 트리즈가 어떤 문제를 해결하는 데 도움이 되는 이유는 불필요한 세부 사항에서 빠져나가 정확한 문제 영역의 구역 안으로 이동한다는 것이다. 우리는 제공하거나 수정해야 하는 정확한 기능을 정의해야 하고, 이것은 매우 정확히 문제를 이해하고 해결하는 데 도움을 준다. 문제를 해결하는 것은 간단하고 독특한 해결책 도구 세트를 가지고 있으며, 문제 기능에 대한 모든 것을 수정하는 개념적 문제에 대한 모든 개념적 해답을 제공한다는 것이다. 트리즈와 함께 성공적으로 문제를 해결하기 위해 문제가 간단한 개념적인 문제로 축소 및 분류되어 있는지 확인해야 한다(우리는 알려진 모든 해결책을 찾기 위해 세계에 알려진 지식을 사용하는 데 도움이 되는 트리즈 프리즘을 사용한다 - www.트리즈4engineers.com.를 참고).

모든 기술 또는 비즈니스 문제는 요구 조건(기능에 의해 제공되는 원하는 이익)과 시스템(기능을 제공하는) 사이의 차이이다. 좋은 문제 해결은 제공할 준비가 되어있는 투입에 대한 정확한 필수 기능(더 이상, 이하)을 가진, 그리고 받아들일 준비가 되어있는 해로운 요소(문제)만을 가진 시스템을 제공하는 것이다.

문제를 해결하는 것은 모든 이득을 얻기 위하여 수정하거나 올바른 기능(표준 해결책과 함께)을 제공하거나 충돌(반대되는)하는 기능(40가지 원리와 함께)을 제공하는 것이다. 극단적인 문제 해결은 최종적으로 아무런 비용과 해로운 요소가 없이 모든 이득을 주는 이상적인 해결책을 제공하는 것이다.

위의 문제 해결의 두 가지 영역에서 약간의 추가적인 도전이 있다:

- 올바른 시스템을 선택하거나 만들어야 한다는 것을 의미하는 시스템 없이 큰 차이를 가진 발명 - 이후 먼저 이미 존재하는지를 알기 위해 확인.
- 알 수 없거나 매우 복잡한 원인이 문제 - 작업은 먼저 우리가 그것들을 해결하기 전에 문제의 근본 원인을 찾는 데 필요하다.

문제는 무엇인가? 우리는 어떻게 차이를 찾을 수 있는가?

요구 조건/이득 정의 - 모든 이해 당사자들이 이상성 검증, 이상적인 결과 및 9-박스 요구 조건 맵의 트리즈 도구를 사용하기 원한다. 모든 것이 차단해야 할 필요가 있는 문제의 차이를 정의하는 데 도움이 된다.

9-박스와 기능 분석의 트리즈 도구를 사용하여 시스템을 이해하는 기능 수준에서 **시스템 문제를 정의**한다. 이것은 우리가 한 번에 하나를 해결할 수 있는 문제 목록을 제공한다.

문제 해결 - 트리즈만이 모든 개념적 문제(= 불충분한 것, 해로운 요소나 모순)를 위한 개념적 해결책을 제공한다. 이러한 개념적 해결책은 사용 가능한 자원을 동원하고, 대부분의 이익, 최소 비용과 최소한의 해로운 요소와 함께 해결책을 제공하기 위해, 그리고 또한 트리즈 효과에 의해 여과된 세계에 알려진 지식을 적용하기 위해 자신의 지식을 적용한 경험이 풍부한 기술자에 의해 실제 해답 속에서 변환된다:

- 이득(모순) 사이의 충돌 - 트리즈는 40가지 해결책을 제공한다.
- 불충분한 것 - 트리즈는 35가지 해결책을 제공한다.
- 해로운 요소 - 트리즈는 24가지 해결책을 제공한다.
- 트리즈는 또한 문제 이해 및 해결책 생성을 돕기 위하여 13가지 창의성 트리거를 제공한다.

이상성 전략은 트리즈의 논리와 힘으로 안내하고 개별 도구, 트리즈 프로세스, 고유한 해결책 개념과 정신적 자극 등을 완전히 익히도록 간단한 접근법들을 제공한다. 이 모든 것은 트리즈가 우리의 사고의 폭을 적절하게 넓히고 좁히는 둘 다에 도움이 되는 방법이라는 것을 보여준다. 그리하여 우리는 훌륭한 기술자와 유명한 발명가처럼 문제를 해결할 수 있다.

트리즈 도구는 사다리같이 좋은 해결책에 도달할 수 있도록 적절한 장소에 배치해 줄 수 있다. 천재는 항상 이러한 해결책으로 바로 도약할 수 있을지 모르지만(우리도 가끔 그럴 수 있다). 매일 시간 계획에 의한 트리즈 사고에 대한 영감은 작지만 확실하게 최고의 답으로 연결을 해준다.

정신적 민첩함을 위해 트리즈만 생각하기

트리즈는 어떤 문제를 체계적으로 해결하려고 하는 우리를 안내해 주기 때문에 문제를 해결하기 좋아하는 사람들에게는 트리즈를 완벽하게 숙달하기 위한 투자는 그만한 가치가 있다. 매일 사용하는 것은 우리가 신속하게 쉬운 문제에 대한 최상의 해결책을 찾을 수 있도록 해주고 힘든 문제를 위해 정신적 민첩성을 제공하고, 문제를 해결하기 위해 다른 방법으로는 해결되기 어려운 '혁신적인 문제'라고 정의되는 결국 불가능해 보이는 문제를 해결할 수 있는 능력을 준다. 트리즈에 익숙한 사람들은 문제에 대해 매우 실용적이고 독창적으로 보이고 모호해 보이는 답변을 신속하게 제공할 수 있다. 트리즈 사고의 연습은 간단하면서 정신적으로 건전한 방법들을 보장해주며, 우리의 잠재력을 실현하고, 모든 사고를 가능케 하며 천재처럼 보일 수 있게 해준다.

© Oxford Creativity 2010
"IF AT FIRST YOU DON'T SUCCEED..."
USE TRIZ. IT NEVER FAILS!
AND USE MY CARTOONS

© Oxford Creativity 2009
Finish this sentence:
"IF AT FIRST YOU DON'T SUCCEED..."
TRY, TRY AND TRY AGAIN
RE-DEFINE SUCCESS
DESTROY ALL EVIDENCE OF YOUR FIRST ATTEMPT
BLAME YOUR COLLEAGUES
GIVE UP
DELEGATE AND MAKE IT SOMEONE ELSE'S PROBLEM

GOOD LUCK!
IT'S FUNNY, BUT THE MORE I PRACTICE THE LUCKIER I GET!
© Oxford Creativity 2010

사례 연구
BAE 시스템의 SRES 배관 설계

문제 상황

모든 공군은 모든 항공기에 'SRES'에 대한 요구 조건을 가지고 있다(주 : 가상 약어, 보안 및 기밀 유지).

SRES 시스템은 다양한 장치들과 연결된 복합적 전선을 가진 안테나와 필요한 경우 냉각을 시킬 수 있다. 개발을 할 영역은 장비 상자 내에 설치된 SRES와 PS(전원 공급 장치) 장치로 저압/저온 공기를 공급하기 위한 새로운 냉각 배관이다. 이 새로운 관은 상자의 뒷면에 부착된 기존의 플레넘실에서 냉각 공기를 '이용한다'(새로 도입된 차단기를 통해). 이전의 개발 활동 및 ECC(환경 제어 시스템) 테스트는 생산 해결책을 만드는 임무가 주어졌던 설계 부서로부터 아래에서 보는 바와 같은(그림 1과 2) 개발 해결책에 이르게 되었다.

그것은 고전식 수정이 두 단계로 나누어져 있다는 점에 주목해야 한다:

- **1단계(공급),** SRES와 PS 장치는 장착되어 있지 않지만 여전히 상자의 뒷면에 배관의 작은 부분에 고정할 필요가 있다. 이러한 '서브 배관의' 이유는 SRES가 최종적으로 설치되었을 때 기존 시스템의 지속적인 사용을 위한 공간을 제공하고 동시에 장비 상자의 제거 및 후속 수리/재시험이 빨리 이루어지도록 하기 위해서이다. 서브 배관은 2단계를 준비하는 이 단계에서 봉쇄가 필요하다.
- **2단계 (설치).** 기존 장치/랙과 비어있는 서브 배관은 다양한 배관 부품, 새로운 랙과 SRES/PS 장치들의 설치가 가능하도록 제거된다.

현재 개발 해결책으로 문제는 다음과 같이 정의된다:

1. 배관 부품은 중요한 위치에서 용접이 이루어지고, 부품들은 함께 용접할 수 있도록 많은 가공 알루미늄으로 구성되어 있다. 분명히, 이것은 또한 많은 도구를 필요로 하는 비용이 많이 드는 제조 방법이며 매우 철저한 작업이다.
2. 배관 부품들 양쪽 다 단단한 것이다. 게다가 서브 배관은 장비 상자에 플리넘실을 리벳으로 고정하고 있고, 다양한 배관들은 SRES/PS 랙 조합들에 볼트로 고정되어 있다. 따라서, 이러한 배관 부품들이 조립할 때 압력이 축적되는 것을 방지하기 위해 완벽하게 정렬되어야 한다(특히 X와 Z). 항공기를 다르게 만들기 위해서, 설계에서는 덕트 부품에 제조 허용 오차를 철저하게 통제할 필요가 있고, 설치 단계에서는 사용하기 위해 포장재/끼움쇠 그리고 아마도 더 나아가 추가로(비싼) 도구를 사용할 필요가 있다.
3. 1단계에서 죔쇠 링에 가해지는 죔쇠 힘이 제대로 발휘되지 못하면 주요 컴퓨터를 포함하여 중요한 항공기 장비에 밀봉 캡의 손실과 냉각 공기의 필연적인 손실로 이어질 수 있다. 개발 해결책은 플레넘실 상자 내에서 적용되는 공기 압력을 견딜 수 있도록 접합된 표면 사이의 마찰에만 의존하기로 한 것이다.
4. 클램프링(볼트와 너트)의 분해/조립은 12 상자 영역이 FOD(이물질 피해)의 항공기 위험요소에 장착될 것처럼 엑세스가 제한된 2단계 상자에서는 힘들게 될 것이다.

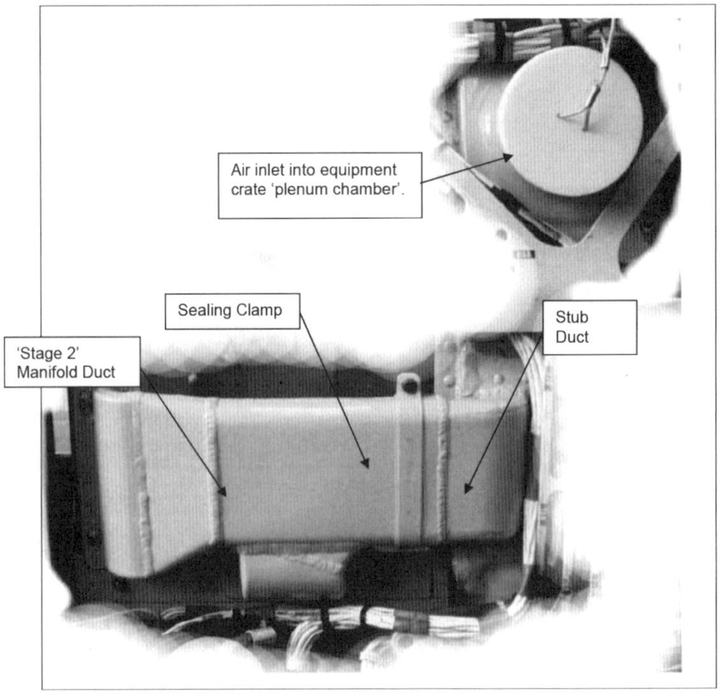

그림 1. 상자 뒷면을 보기 - 개발 버전

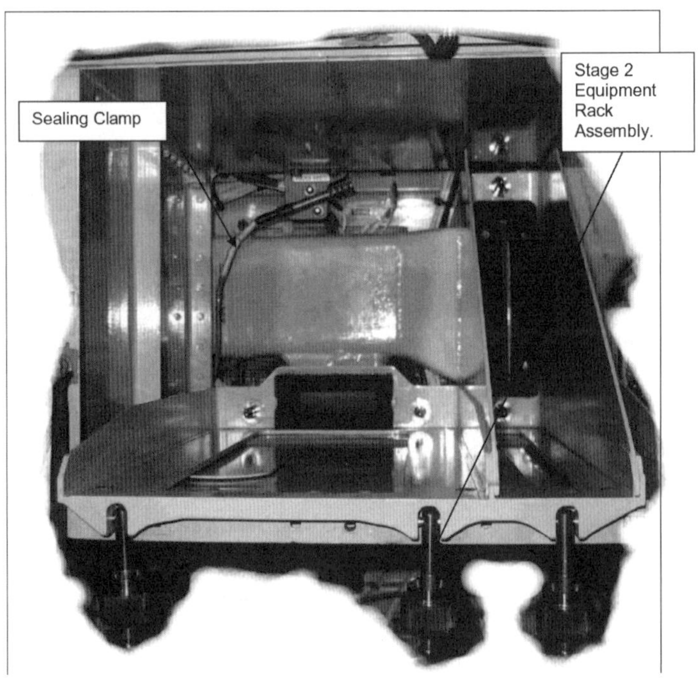

그림 2. 상자 앞면을 보기

설계 제약 조건은 다음과 같다:

1. 광범위한 ECS 테스트는 이전에 필요한 모든 전기 장치에 적합한 '균형' 냉각 공기 흐름을 제공하는 것만큼 배관 내부 구조와 제한 플레이트 요구 조건을 결정하기 위해 개발 단계에서 수행되었다. 추가 테스트를 피하기 위해, 설계는 개발할 해결책에 의해 제공되는 배관 내부의 구조에서 너무 멀리 이탈할 수 없다.
2. ECS 개발은 배관 경계면/접합점의 어느 것에서도 공기 손실이 허용되지 않는 것을 명시했다.
3. 장비 상자의 뒷면과 항공기 프레임 구조 사이에 아주 작은 틈새가 있다.

시스템 모델링 및 분석

개발할 해결책에 대한 SRES 배관 배열의 기능 분석 모델은 시스템의 부품들이 상호 작용하는 방법을 분명하게 보여주고 더 중요한 것은 그것들 사이의 작용이 유용하거나 유해한 것 사이에 있다는 것을 보여준다. 이러한 문제 두 가지 유형은 해로운 요소를 처리하는 24가지 방법과 불충분한 것을 처리하는 35가지 방법이 있는 트리즈 표준 해결책 안에서 개념적 해결책을 가진다.

주체 또는 대상 사이의 유용하고 해로운 두 작용이 있는 곳에, 우리는 어떤 종류의 모순을 가진다. 이 경우에 클램프 링은 고정하고 두 개의 배관 부품에 공기를 공급해야 하는 두 가지 유용한 작용을 가지지만, 또한 결과로 압력을 유도하는 해로운 작용도 가지고 있다(즉, 항공기의 제작(방법)차이나 제조 오차가 커지면 그것들은 일렬로 정렬되지 않는다.).

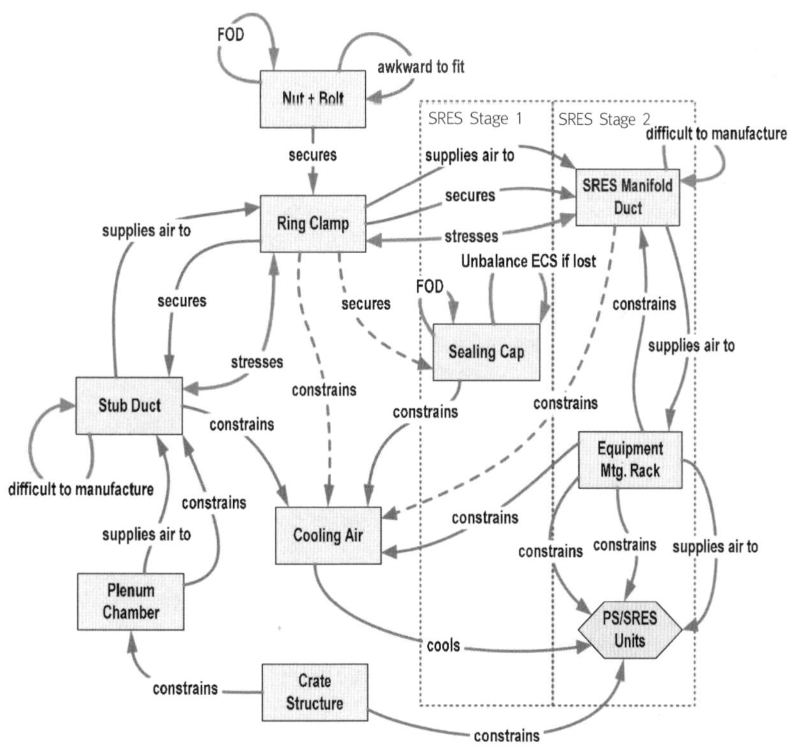

물리적 모순과 기술적 모순을 밝히고 해결

1 단계: 모순을 식별하고/밝힌다.

2 단계: 40가지 원리 중 관련된 것을 선택해서 적용하여 모순을 해결한다.

3 단계: 옥스퍼드 표준 해결책 - 트리즈 개념 자극에서 가능한 해결책을 생성한다.

4 단계: 각 해결책을 보고 나쁜 것과 좋은 것을 식별한다. 필요한 경우 이러한 모순을 해결한다.

해결책 - 물리적 모순

물리적 모순 1

다음과 같은 물리적 모순이 밝혀졌다: 배관 부품들이 배관을 통해 올바른 공기 흐름을 유지하기 위해서는 단단해야 한다. 즉, 내부 배관 구조가 손상되어 있지 않아야 한다. 그러나 또한 배관은 배관 부품을 결합할 때 항공기 제작방법의 차이를 감안하여 유연해야 한다. 물리적 모순에 직면했을 때 우리는 "같은 시간과 같은 장소에서 반대되는 것이 필요한가?"라는 질문을 하게 된다. 대답이 '아니(No)'반대되는 파라미터를 다른 시간으로 분리할 것인지 또는 다른 장소/공간으로 분리할 것인지를 알 수 있다. 같은 시간에 단단하면서 유연해야 하지만 정확히 같은 장소에 있는 것을 필요로 한다. 배관의 대부분이 단단해야(그것의 모양을 유지) 하지만, 배관이 결합하는 영역은 어떤 정렬이 되어 있지 않은 배관을 허용하는 유연한 것이야 하기 때문이다. 따라서 '공간' 분리의 원칙은 물리적 모순을 해결하는 데 사용된다. 다음은 40가지 원리 중 다른 장소에서 강성과 유연성 모두가 되기를 바라는 것처럼 물리적 모순을 해결하기 위해 관련된 것이다: (1) 분할, (2) 추출, (3) 국부적 성질, (4) 비대칭, (7) 포개기, (13) 반대로 하기, (14) 구형화/굴곡, (17) 차원 바꾸기, (24) 매개체, (26) 복사, (30) 유연한 막 및 얇은 필름, (40) 복합 재료.

물리적 모순 해결 1a - (3)(30)

배관의 잘린 부분의 열려있는 끝에 유연한 고무 슬리브를 고정한다(예: 리벳으로 고정한다). 봉인한 캡/ SRES의 다양한 배관은 슬리브 안으로 들어갈 수 있고, 일종의 클램프, 타이 랩, 기념 클립 등을 사용하여 안전하게 할 수 있다.

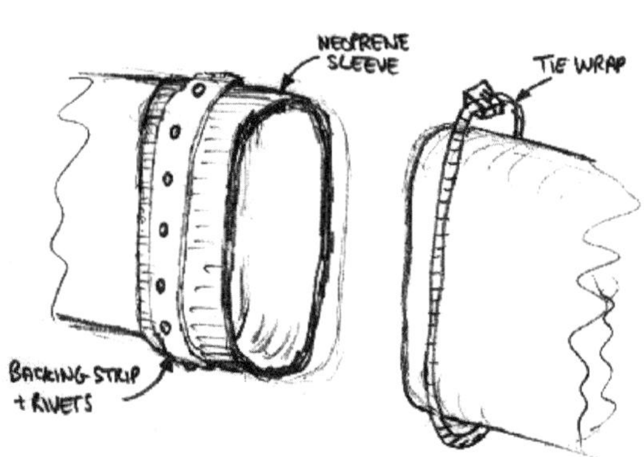

물리적 모순 해결 1a

장점:

✓ 간단하다.

✓ 상대적으로 저렴하다.

단점:

× 타원형 모양으로 인해 타이 랩은 충분히 밀봉하기에 충분한 압력을 가하지 못할 수도 있다.

× DOI 버전처럼 1단계 밀봉 캡은 '부풀어 빠져' 나올 수 있다. 왜냐하면 그 안정성은 오직 마찰에 의존하기 때문이다.

물리적 모순 해결 1b - (7)(30)

스텝 덕트 속으로 캡/매니 폴드 덕트 슬라이드를 밀봉해야 하고 모든 덕트 조정 불량을 차지하는 와이퍼형 밀봉을 사용한다.

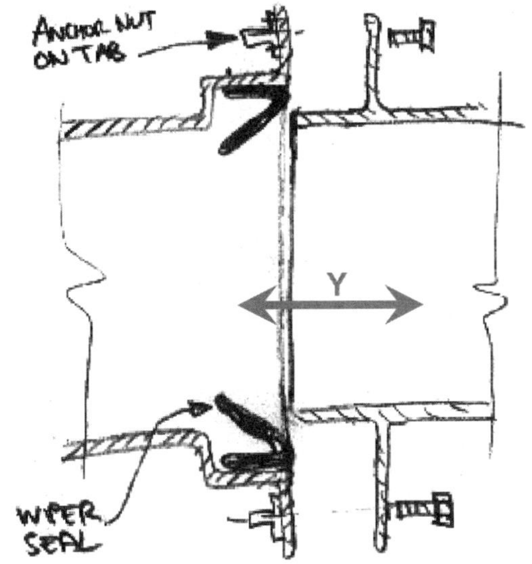

물리적 모순 해결 1b

장점:

✓ 잘 밀봉됨.
✓ 1단계 밀봉 캡이 안전하다.

단점:

× 제작하기가 더 복잡하다.
× 물리적 모순 1a 보다 비용이 더 많이 든다.
× 'Y' 방향의 응력 구축을 위한 앵커 너트 탭의 배열이 여전히 필요하다.

물리적 모순 해결 1c - (30)

얇은 막으로 이루어진 판을 스텝 덕트의 내부에 결합한다. 의도는 덕트를 통해 공기 흐름이 SRES 매니 폴드 덕트의 내부에 있는 밀봉판을 바깥쪽으로 들어 올리려는 것이다. 참고: 트리즈는 가능한 모든 자원을 보고 가능하면 그들을 사용하도록 권장한다. 여기에서 '공기의 흐름' 자원의 사용을 표시한다.

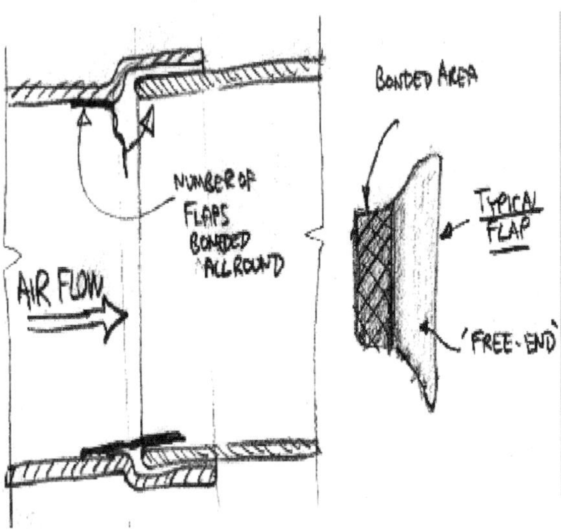

물리적 모순 해결 1c

장점:

✓ 저렴하다.

단점:

× 플랩이 분리되어있는 경우 FOD 위험성이 발생한다. - 잠재된 손상 장비.
× 시스템이 어떤 공기 흐름이 없을 때에는 환경에 노출된다. 물, 연료, 유압 오일 등의 잠재적인 침입.
× 1단계 밀봉 캡의 안전성을 의미하는 것은 아니다.

물리적 모순 해결 1d - (24)(30)

덕트 플랜지 사이에 고무제품인 벨로우즈 형의 슬리브를 매개체로 장착한다.

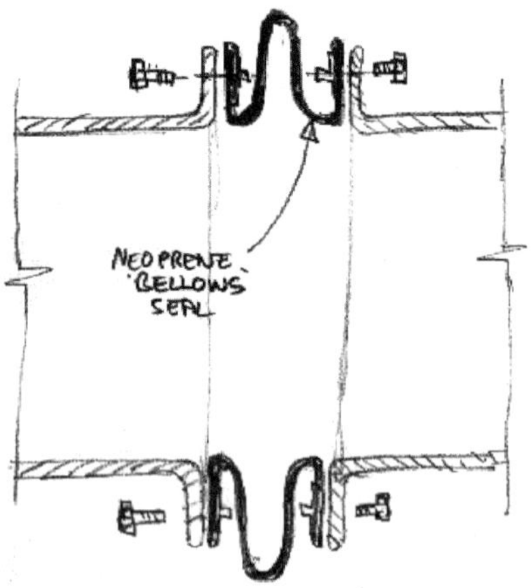

물리적 모순 해결 d

장점:

✓ 잘 밀봉됨.
✓ 덕트 부분을 효과적으로 확보.
✓ X, Y 또는 Z에 아무 압력이 작용 안 함.

단점:

× 덕트 주변에 플랜지를 장착할 공간이 없다.
× 2단계 매니폴드 덕트에 고정시킬 때 덕트의 뒷면에 있는 고정 볼트에 맞게 접근할 수 없다.
× 벨로우즈 형 씰의 모양 때문에 공기 흐름의 난류가 발생한다.

물리적 모순 해결 1e - (30)

연결부위 주위를 표준 접착제 '덕트 테이프'를 사용하여 덕트를 밀봉한다.

물리적 모순 해결 1e

장점:

✓ 매우 저렴하다.
✓ X, Y 또는 Z에 아무 압력이 작용 안 함.

단점:

× 환경(열, 유압 오일, 물 등) 등에 의해 테이프의 접착력이 저하되어 분리될 수 있다.
× 2단계에서 테이프를 제대로 맞추는 것은 항공기 안에서 매우 제한적이다.

기술적 모순

기술적 모순 1

덕트 SRES의 기능 분석은 클램프 링이 조립 시 부품에 압력을 유발할 수 있는 두 개의 덕트 부품(공기 흐름의 손실을 방지하기 위해)을 모두 보호하는 데 사용된다는 것을 강조해준다. 39개의 공학적 파라미터의 목록(또는 기능)을 보면 우리는 개선되는 특징으로 '물질의 손실'(즉, 클램프 링은 안전하게 공기 손실을 방지한다)을 선택할 수 있고 악화되는 특징으로 '힘' 또는 '응력'을 선택할 수 있다. 모순 행렬표의 '힘'에 대한 '물질의 손실'을 상호 참조하여 우리는 다음과 같은 발명 원리에서 찾아볼 것을 권장한다:

(35) 물질 변경

(28) 기계적 작용

(31) 다공성 소재

(40) 복합 재료

참고: '물질의 손실' 대 '압력'은 아래 기술적 모순 2를 참조.

기술적 모순 해결 1a - (35)(28)

연결부위에 뻣뻣한 클램프 링 대신 신축성 있는 슬리브를 정착한다.

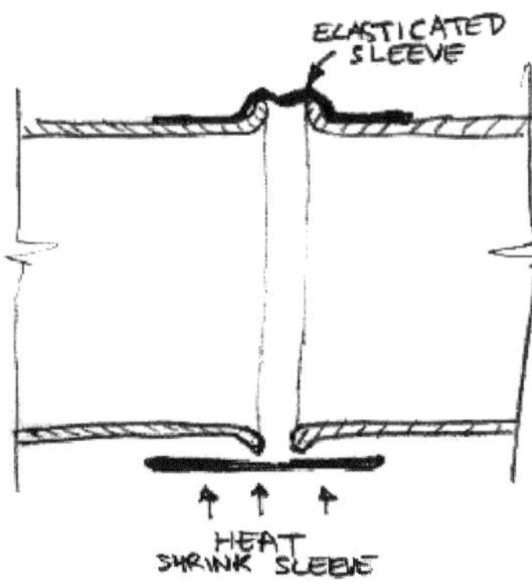

기술적 모순 1a

장점:

✓ 매우 저렴하다.
✓ 감소된 부품 수.
✓ 연결 부위가 잠재적으로 잘 밀폐되어 있음.
✓ X, Y 또는 Z에 아무 응력 없음.

단점:

× 2단계에서 열-수축 분열의 위험이 있고 열-수축 작용을 적용하는 것이 매우 어렵다.
× 연결부위로부터 슬리브가 미끄러질 위험이 있다.
× 슬리브의 기계적 손상이 나타난다.

기술적 모순 해결 1b - (31)(28)

클램프 링을 없애고 조립부품들을 밀봉하는 덕트 연결부위에 다공성 고무로 압축한다. 정렬이 불일치한 덕트라노 여선히 공기 손실을 최소화하면서 통과할 수 있게 해준다.

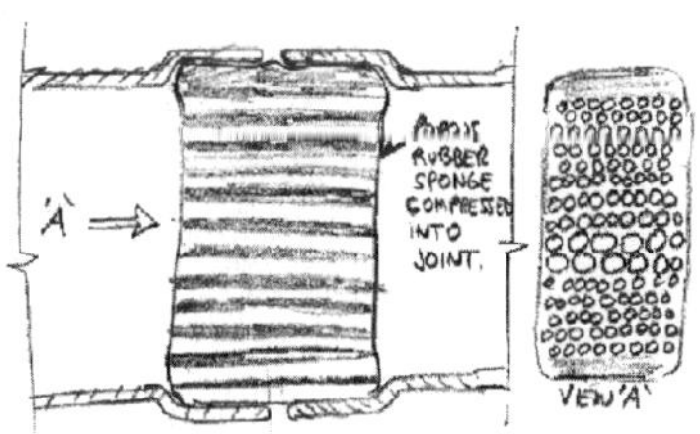

기술적 모순 1b

장점:

✓ 잠재적으로 아주 좋은 밀폐된 연결 부위가 잠재적으로 잘 밀폐되어 있음.
✓ X, Y 또는 Z에 아무 응력 없음.

단점:

× 공기 흐름을 너무 많이 제한.
× (다공성 고무의)작은 구멍들이 결국 공기 내에 있는 입자로 인해 차단될 수 있다.
× 1단계 밀봉 캡의 안전을 의미하는 것은 아니다.
× 씰(밀봉재료)은 연결 부위에서 제자리를 벗어나 공기 손실이 생기며 하류 덕트를 부분적으로 막히게 할 수 있다.(장치의 과열을 가져옴)

기술적 모순 해결 1c - (40)(28)

클램프링을 네오프렌이 주입된 나일론으로 성형된 슬리브로 교체하여 타이랩이나 주벌리 클립으로 연결하면 안전하게 각 덕트 끝을 연결할 수 있다.

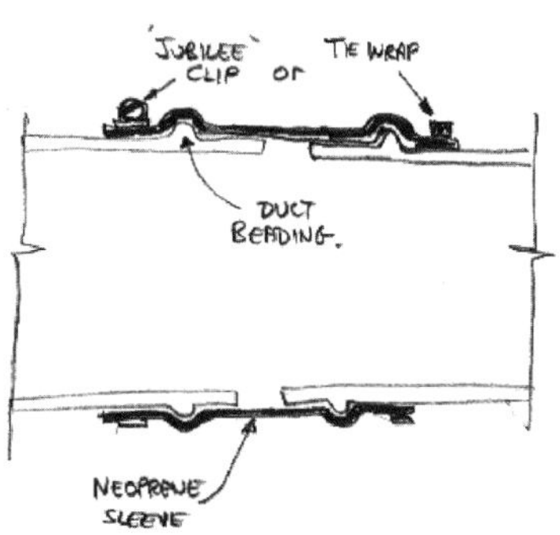

기술적 모순 1c

장점:

✓ 간단한 설계.
✓ 구슬 모양의 형태는 슬리브가 미끄러지는 것을 방지하는데 도움이 되고 밀봉하는 것을 개선한다.
✓ X, Y 또는 Z에 아무 응력 없음.

단점:

× 타원형 모양으로 인해 타이 랩(tie-wrap)은 충분히 밀봉하기에 충분한 압력을 가하지 못할 수 있다.

기술적 모순 2

모순 행렬표의 '힘'에 대한 '물질의 손실'을 참조하여 다음과 같은 발명 원리들을 찾아볼 것을 권장한다:

(3) 국부적 품질
(36) 상전이
(37) 열팽창
(10) 예비활동

기술적 모순 해결 2a - (3)

연결부위에 유연한 고무 슬리브와 여러 개의 층을 겹치는 방법으로 제작된 단단한 플라스틱으로 덕트 본체를 조합하는 방법을 고려해본다. 타이 랩(tie-wrap) 또는 기념 클립으로 안전하게 고정한다.

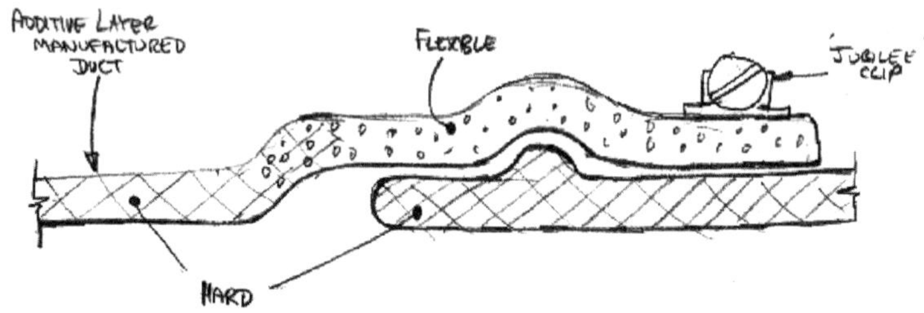

기술적 모순 2a

장점:
- ✓ 제작에 어떤 금형도 필요하지 않다.
- ✓ 저렴한 비용(필요한 수량에 따라 다름).
- ✓ 일관되고 높은 품질의 부품이 만들어진다.

단점:
- × 제작 공정이 아직 개발 단계에 있다.
- × 재료가 아직 항공기 사용에 적합하지 않다.

기술적 모순 해결 2b - (37)

열-수축 슬리브를 연결부위 위에 고정한다. [참고. 기술 모순 1a]

기술적 모순 해결 2c - (10)

덕트 정렬의 불일치(이로 인한 응력 역시)를 제거하기 위해 패커, 적층시켜 만든 끼움쇠(Shim), 부동(유동하는) 고정 너트(SRES 매니폴드 덕트와 랙 구조체의 접점에)를 도입해 사용한다.

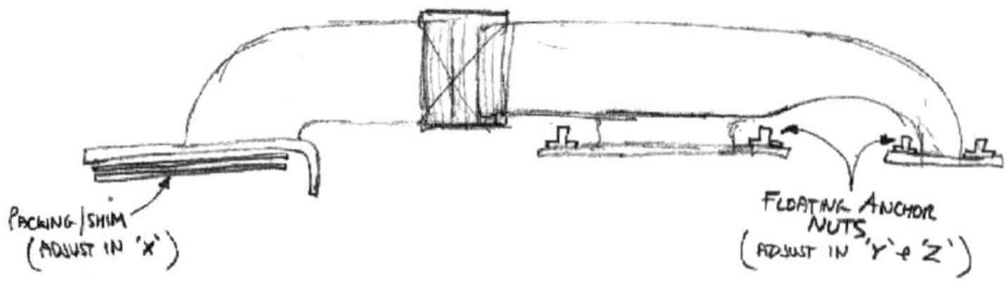

기술적 모순 2c

장점:

✓ 부동 앵커 너트 및 패킹을 사용하여 덕트 정렬이 매우 잘 이루어진다. 따라서 2단계 구조체에 응력이 낮아진다.

✓ DOI 유형의 밀봉 링으로 전용 고무 씰을 제조할 필요 없이 장착할 수 있다.

단점:

× 끼움쇠/패킹의 정확한 두께를 설정하기 위해 조립하는 방법이 지루하다.

기술적 모순 해결 2d - (10)

금형장치를 사용하여 맞추는 동안 SRES 스텁 덕트 및 매니폴드 덕트가 정확하게 위치되어 있는지 확인한다.

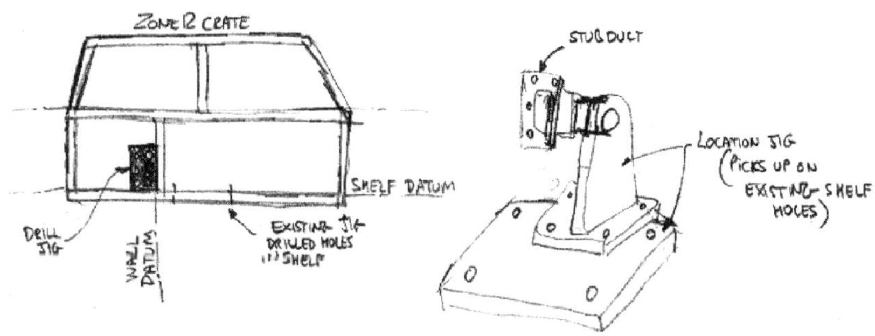

기술적 모순 2d

장점:

✓ 부품의 교체가 필요한 경우에도 호환성이 좋은 매우 정확한 구조체를 생산할 수 있다.

✓ 금형은 부품들을 매우 빠르게 맞출 수 있다(예: 지그 드릴로 마킹하거나 드릴할 필요가 없다).

단점:

× 금형은 생산 비용이 많이 든다.

기술적 모순 3

기능 분석은 또한 SRES 매니폴드 및 SRES 스텁 덕트 부품 내에서 근본적인 기술적 모순을 보여준다. 비록 둘 다 공기를 담고 있는 의도적인 기능을 갖고 있지만 그것들은 제조하기가 매우 어렵고 따라서 비용이 많이 들 수 있다(즉, 복잡한 모양의 덕트이며, 여러 복잡한 모양/함께 용접한 접힌 판금 부품들로 구성되어 있다).

'모양' 대 '제조의 용이성'의 첫 번째 기술적 모순을 추출하면 다음과 같은 발명 원리에서 찾도록 유도한다:

(17) 차원 변화

(32) 색깔 변경

(1) 분할

(28) 기계적 작용

기술적 모순 해결 3a - (1)

조립하여 제작하는 것보다 오히려 유리 섬유 또는 탄소 섬유를 사용하여 레이어들의 덕트 부품들을 생산한다.

기술적 모순 3a

장점:

- ✓ 복잡한 덕트 형상을 위해서는 복합 섬유 제작하는 것이 이상적이다.
- ✓ 경량 부품들.
- ✓ 항공기에 적합한 재료.

단점:

- × 금형제작의 초기 비용.
- × 어떤 중요한 외부 표면들(즉, 금형 표면)은 숙련된 손으로 하는 마무리 작업이 필요하다.
- × 덕트 부품들을 결합하고 여러 층들을 짜 맞추는 데(lay - up) 많은 노동이 필요하다.

기술적 모순 4

기술적 모순 3에 이어, 우리가 탐구할 수 있는 다른 기술적 모순은 '모양' 대 '생산성'이다. 참고: '생산성' 파라미터는 우리가 관심을 갖는 '비용' 요소를 찾아낼 수 있게 하는 가장 근접한 파라미터이다. 모순 행렬표는 다음과 같은 발명의 원리를 보여준다:

(17) 차원 변화

(26) 복제 사용

(34) 부분적 폐기

(10) 예비활동

기술적 모순 해결 4a - (10)(34)

로스트 왁스 주조 공정을 사용하여 덕트 부품을 생산한다.

기술적 모순 4a

장점:

- ✓ 복잡한 덕트 형상에 적합.
- ✓ 상대적으로 높은 강도의 부품 생산.
- ✓ 항공기에 적합한 재료.

단점:

- × 좁은 덕트 내부에서 '세라믹'층을 제거하기 어려움.
- × 비용이 많이 드는 과정(에너지 및 노동력 집약적).
- × 냉각 과정에서 크고 복잡한 요소들의 뒤틀림/수축의 위험이 있음.

문제 해결에서 해로운 요소를 처리하기 위한 표준 해결책 적용

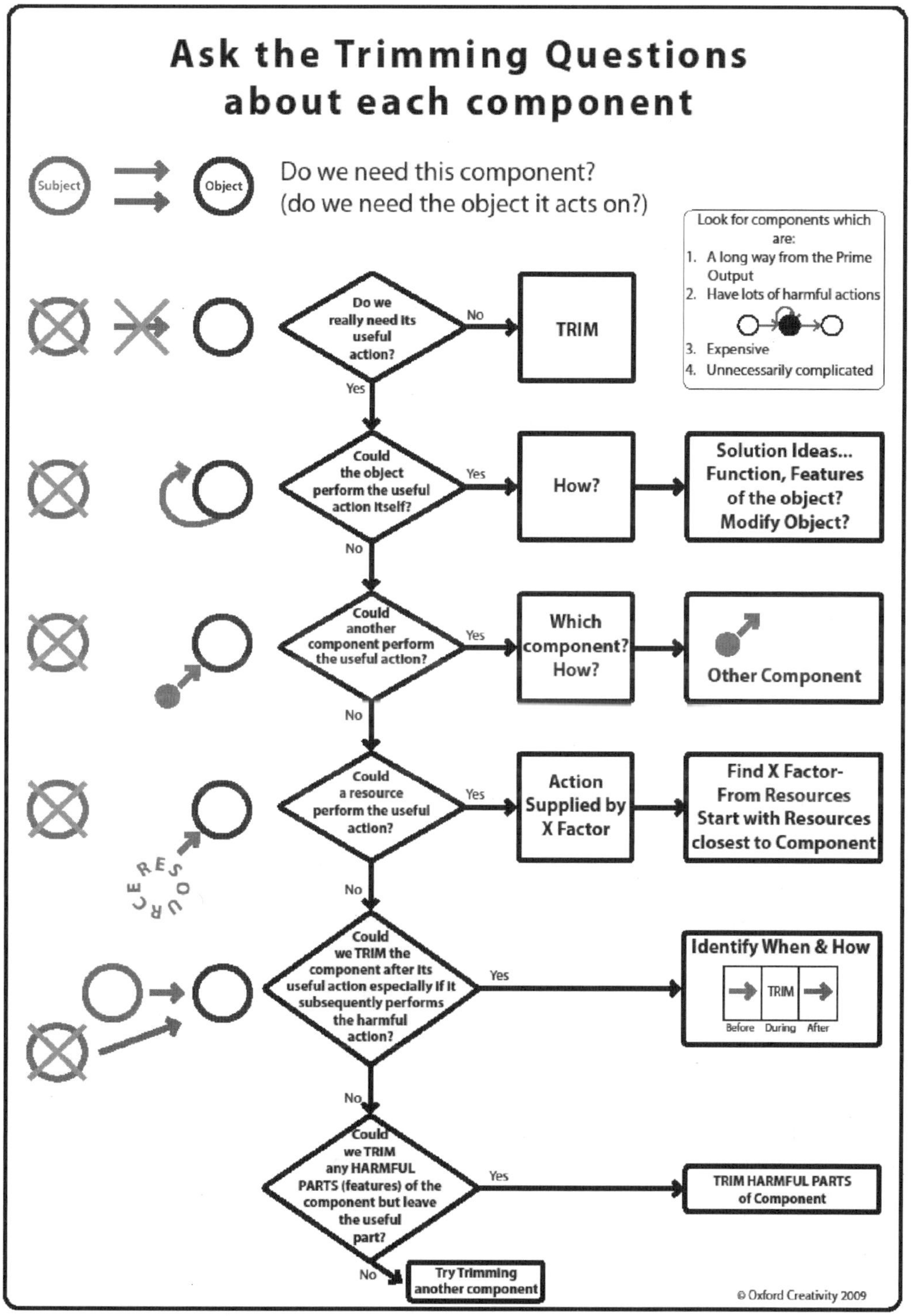

표준 해결책은 해로운 요소를 처리하기 위해 적용할 수 있는 네 개의 관련된 그룹과 가능한 여러 가지 방법을 제공한다 :

1. **제거** - 해로운 요소를 제거한다 - 6가지 방법
2. **정지** - 해로운 요소를 막는다 - 11가지 방법
3. **변환** - 해로운 요소를 이로운 것으로 바꾼다 - 4가지 방법
4. **수정** - 해로운 요소를 바로 잡는다 - 3가지 방법

주체와 관련이 있는 해로운 요소를 트리밍하여 해로운 요소를 제거하는 6가지 방법인 트리밍 규칙을 적용하여 시작하는 것이 때로는 유용하지만, 필요한 경우 모든 유용한 작용들을 유지하고 다른 자원들 - 가급적이면 이미 존재하고 자유롭게 사용할 수 있는 자원 - 로부터 그 유용한 작용들을 얻을 수 있도록 해야 한다.

- 트림 1 - 모든 요소에 대하여. 그것들의 유용한 작용이 필요한가? 그렇지 않은 경우 다음 요소를 트리밍한다.
- 트림 2 - 대상은 유용한 작용을 수행할 수 있을 것인가? 만약 그렇다면, 주체를 트리밍한다.
- 트림 3 - 또 다른 요소는 유용한 작용을 수행할 수 있을 것인가? 만약 그렇다면, 주체를 트리밍한다.
- 트림 4 - 자원이 유용한 작용을 수행할 수 있을 것인가? 만약 그렇다면, 주체를 트리밍한다.
- 트림 5 - 그것들의 유용한 작용이 수행된 후에 우리는 주체를 트리밍 할 수 있을 것인가? 만약 그렇다면, 적절한 시간에 주체를 트리밍 한다.
- 트림 6 - 부분적으로 유해한 부분을 트리밍해야 하지만 유용한 부분을 남길 수 있을까? 만약 그렇다면, 해로운 요소만을 트리밍한다.

기능 분석 다이어그램에 따르면, 클램프 링이 덕트 부품 안에 응력을 야기하는 문제가 있다. 트리밍 규칙은 '주체의 유용한 작용이 제거될 수 없는 경우, 일부 다른 자원으로부터 얻어 주체를 제거한다'. 이 문장을 확대해서 보면, 클램프 링의 유용한 작용(공기 공급의 확보 및 보장)은 여전히 필요하지만, 유연한 밀봉재료를 통합하고 밀봉재료 내에 장치를 안전하게 확보함으로써 덕트 부품 자체에서 이러한 작용을 얻을 수 있다는 것이다. 따라서, 클램프 링 요소를 '트림 아웃' 할 수 있고, 관련된 유해한 영향이 있을 수 있다.

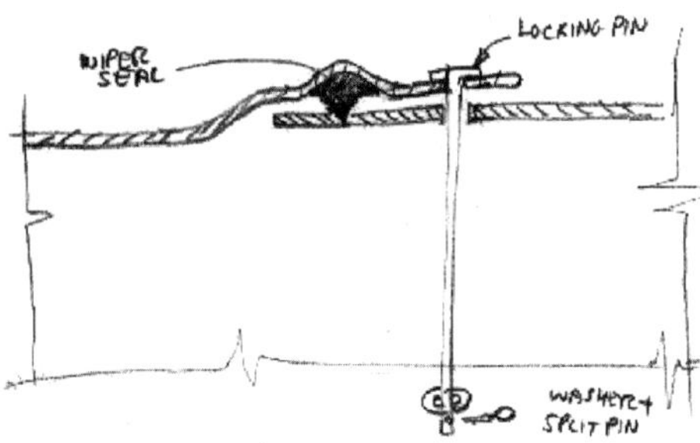

표준 해결책 - 트리밍 규칙

장점:

✓ 잘 밀봉된다.
✓ 덕트 부품을 확실하게 잠글 수 있다.

단점:

× 전용 밀봉재료의 제조에 따른 비용이 증가한다.

유해한 작용을 중지/차단하는 11가지 방법을 가지고 해로운 요소에 대한 표준 해결책을 찾는다.

표준 해결책 H 2.4.1 단계 : '새로운 요소/물질을 도입하여 유해한 작용으로부터 보호한다. 두 가지 요소가 직접 접촉할 필요가 없는 경우, 새로운 요소에 손상을 입히지 않을 수 있다.' 이를 적용하면 내부 표면에 유연한 고무로 된 스펀지 층을 추가함으로써 클램프 링의 디자인을 향상시킬 수 있으며 이로 인해 연결 부위를 밀봉하고 어떤 응력도 생기지 않으면서 덕트 배열의 불일치를 해결할 수 있다.

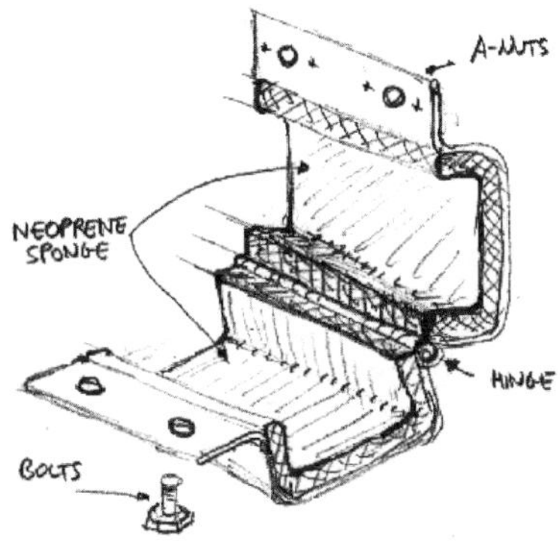

H.2.4.1 해로운 작용으로부터 격리

장점:

✓ 잘 밀봉된다.

✓ '크램 셀' 잠금 볼트들이 쉽게 맞는다.

✓ X, Y 또는 Z에 아무 응력 없음.

단점:

× 부피가 너무 커서 제한된 공간에 맞추기가 너무 어려울 가능성이 있다.

불충분한 요소를 위한 표준 해결책 적용(35가지 방법)

불충분함을 극복할 수 있는 두 가지 기본 전략이 있다. 이것은 개선 및 변경하거나 강화하는 것이다:

1. 요소들(주체 및/또는 대상)
2. 작용/장

불충분함을 극복하기 위해 35가지 전략은 다음과 같다:

i.1.1 전달되는 기능을 강화하기 위해 주체 및/또는 대상이나 그것들의 주변 환경을 개선한다(7가지 방법).

i.1.2 주체 및/또는 대상을 바꾼다/진화시킨다(10가지 방법).

i.a.1 장 F(작용)가 없거나 불충분한 경우를 위해 작용을 강화한다(18가지 방법).

밀봉 캡의 현재 디자인(SRES 1단계)은 그것이 제자리에 유지하는데 링 클램프의 마찰에 의한 죄는 힘에 의존한다. 비행 중 밀봉 캡의 분실은 ECS 시스템의 불균형을 가져올 수 있고 아마도 중요한 장비의 과열을 야기할 수 있다. 표준 해결책 i.1.1을 적용하면 다음과 같이 기술할 수 있다 : '주체 나 대상에/ 또는 그 안에 뭔가를 추가하면, 즉 영구적 또는 일시적 일 수 있는 내부 부가물의 도입은 개선을 가져온다. 이것은 강화된 추가적 기능을 제공하거나 필요한 특성을 제공한다. 예를 들어, 기계적으로 핀을 '신속 이탈'시키면 스텁 덕트 위의 밀봉 캡을 잠가 준다.

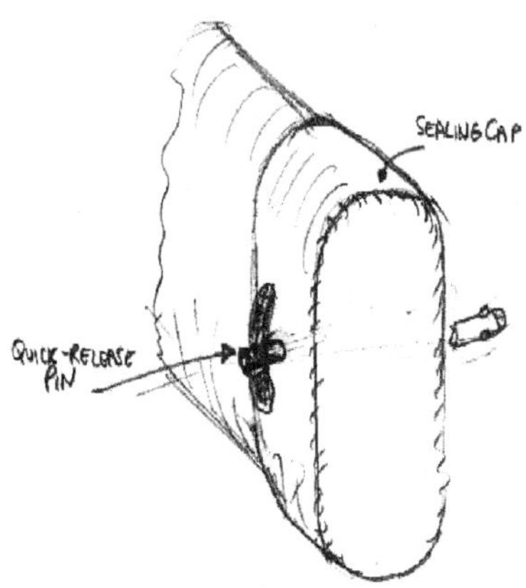

표준 해결책 i.1.1

장점:

✓ 간단한 설계.

✓ 캡베이스에 효과적인 네오프렌 표면 밀봉재료를 통합시킨다.

✓ 캡의 확실한 잠금.

단점:

× 캡이 '부드러운' 소재로 제조된 경우(예 : GRP), 구멍 주위가 마모되어 핀이 빠져나갈 위험성이 있다.

표준 해결책 i.1.2를 적용하면 다음과 같이 기술할 수 있다: 기능을 강화/제공하는 주체와 대상 사이에 뭔가를 추가하라. 즉, PRC를 사용하여 스텁 덕트 위에 밀봉 캡을 접착하는 것을 제안할 수 있다.

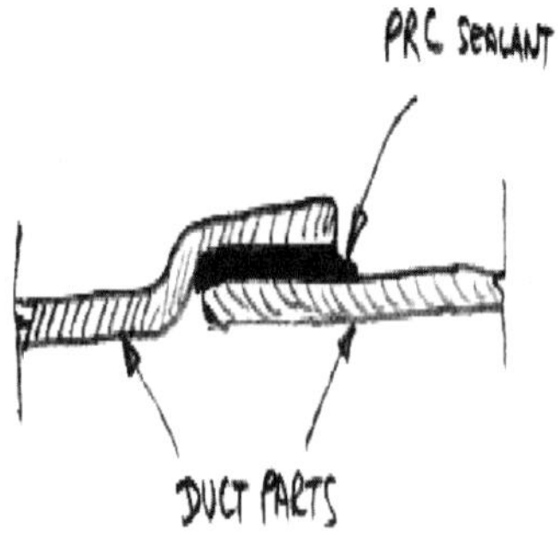

표준 해결책 i.1.2

장점:

- ✓ 간편하다.
- ✓ 전용 밀봉 재료를 대체할 수 있는 저렴한 대안.
- ✓ 캡의 안전 잠금.

단점:

- × 제한된 액세스로 인해 2단계에서 덕트 부품 주위 전체에 걸쳐 만족스러운 밀봉을 보장하기가 어렵다.
- × 덕트 내부로 밀봉재가 흘러들어가 공기 흐름에 영향을 줄 위험성이 있다.

표준 해결책 i.1.5 단계: '주체 혹은 대상의 외부/내부에 뭔가를 추가한다. 기능/속성을 개선하거나 추가 기능을 제공하기 위해 현재 물질/요소 속에 외부 부가물을 넣는다'. 예를 들어, 클램프 링을 폐기하고 부품들을 함께 볼트로 조일 수 있는 스텁 덕트 위에 잠금 탭과 밀봉 캡을 추가한다.

표준 해결책 i.1.5

장점:

- ✓ 덕트 부품들을 확실히 잠글 수 있다.
- ✓ 탭들의 방향이 덕트의 Y방향으로의 정렬이 어긋나는 것을 허용하기 때문에 응력이 축적되는 것이 예방됨.

단점:

- × 탭이 손상에 취약할 수 있다.
- × 탭들의 정확한 위치 확보를 위해서는 복잡한 제작 방법이 필요하다.

최종 해결책

해결책 아이디어들의 장점을 결합하여 우리는 다음과 같은 최종 해결책을 얻어냈다.

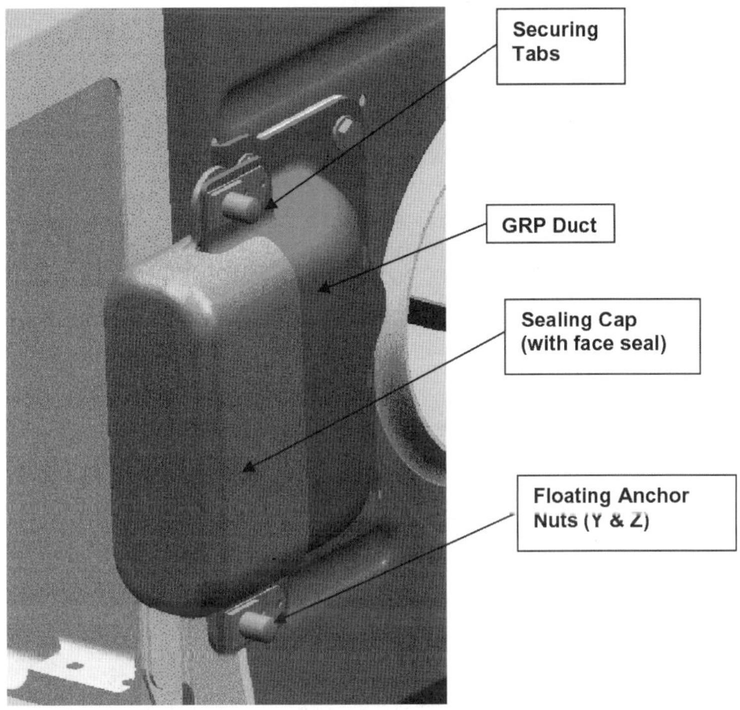

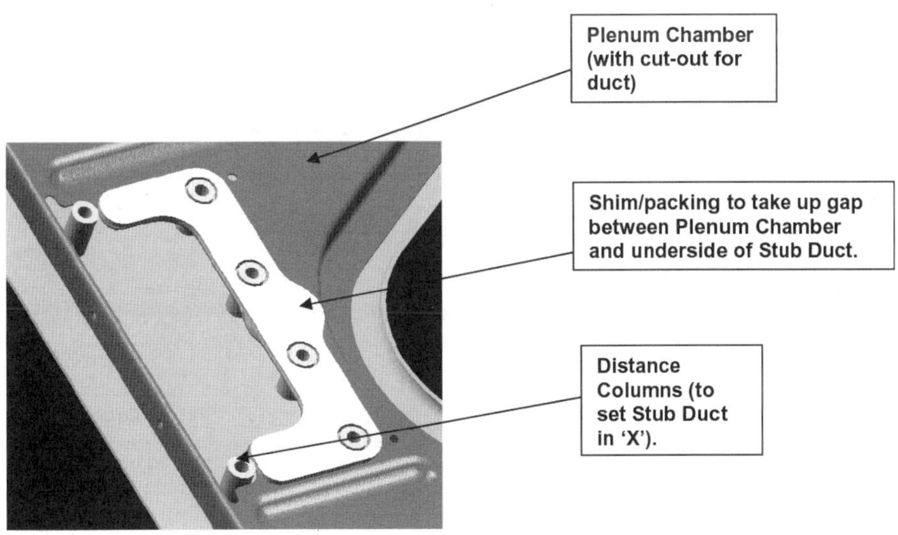

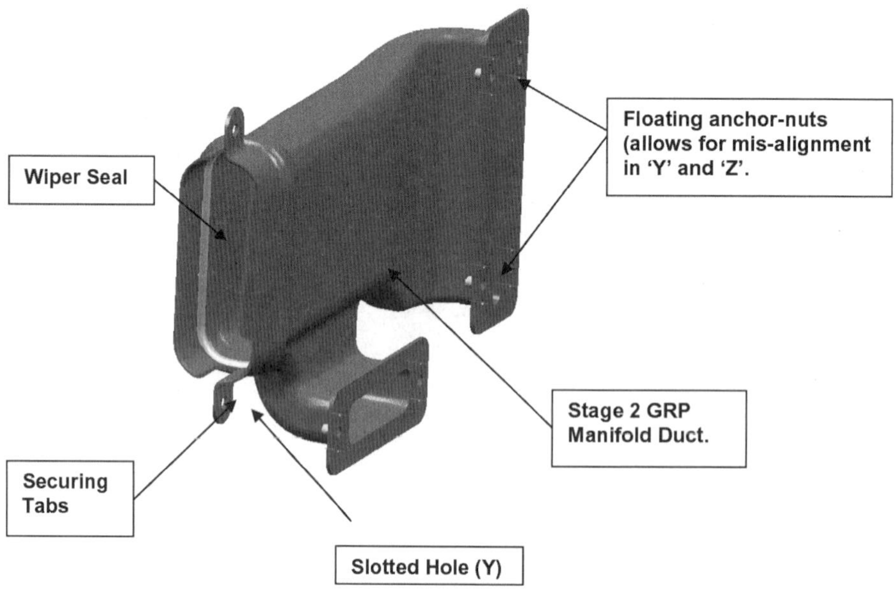
Floating anchor-nuts (allows for mis-alignment in 'Y' and 'Z'.
Wiper Seal
Stage 2 GRP Manifold Duct.
Securing Tabs
Slotted Hole (Y)

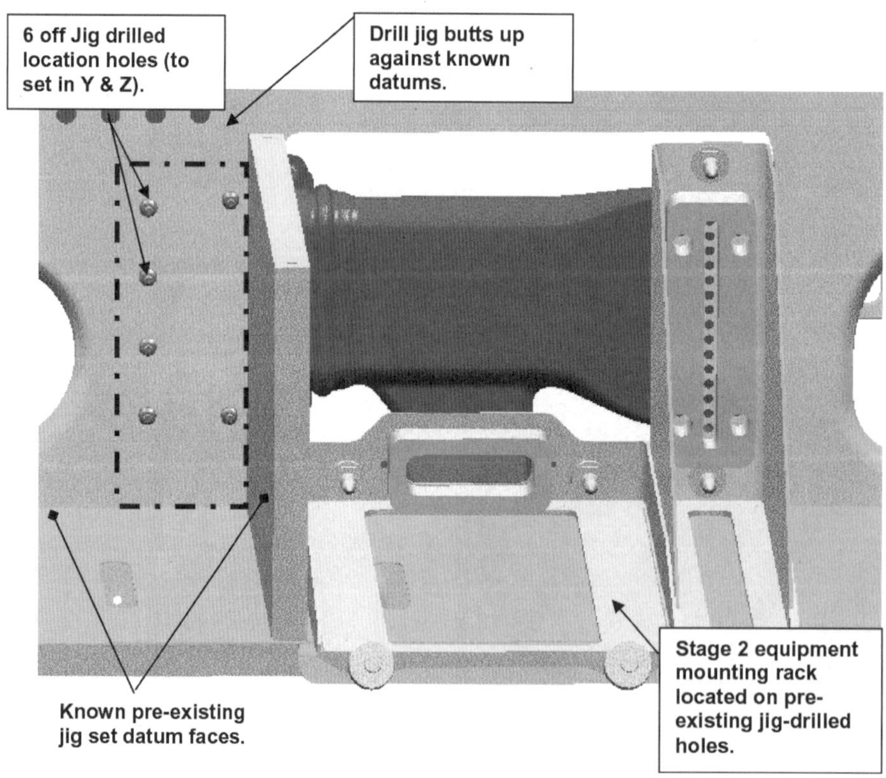
6 off Jig drilled location holes (to set in Y & Z).
Drill jig butts up against known datums.
Known pre-existing jig set datum faces.
Stage 2 equipment mounting rack located on pre-existing jig-drilled holes.

요약 및 결론

트리즈는 가까이에 있는 문제에 초점을 맞추고 브레인스토밍과 같은 전통적인 방법보다 훨씬 더 빠르고 훨씬 더 쉽게 해결책에 도달하도록 돕는 매우 유용한 도구를 제공한다. SRES 사례 연구 기간 내내, 기능 분석맵은 행렬표를 통해 모든 모순을 파악하고 해결할 수 있는 문제가 되는 부분을 강조하는 동시에 시스템의 명확한 개요를 제공하는 매우 유용한 것으로 나타났다. 표준 해결책 방법은 사용하는데 조금 더 시간이 걸렸지만 문제를 보는 다른 관점을 제공했다. 그것은 거의 모든 해결책이 파생시킨 장점과 단점에 주목하도록 했다. 그리하여 우리는 아마도 단점을 줄이고 제거하기 위해 트리즈 도구를 사용하여 추가 작업을 수행할 수 있었는지도 모른다(하나의 모순을 해결하거나 모든 것을 위해 트리즈 해결책을 사용하여 해로운 요소를 제거).

BAE 시스템 팀을 위한 트리즈의 이득

이 프로젝트에서 트리즈를 사용하여 발견한 주요 이득들은 다음과 같다:

- 문제(들)의 초기 정의를 개선하였다. 따라서 더 나은 해결책을 위한 올바른 방향으로 우리를 인도했다.
- 매우 효율적인 방법으로 많은 창조적, 혁신적인 해결책 생성에 우리의 엔지니어를 안내했다.
- 체계적으로 우리가 현재 설계에서 가능한 개선의 대부분/많은 부분을 찾을 수 있었다.
- 개념적 해결책, 자원 및 지식 기반(즉, 특허 데이터베이스)에 대한 액세스에 대한 인식을 주었다.
- 품질, 신뢰성 및 안전성을 얻기 위하여 우리의 자신감을 향상해주었다(예 . '올바른-처음-시간'을 얻어서).
- 더 뛰어난 엔지니어와 고객 만족을 가져왔다.
- 더 나은 설계와 시간 절약 및 비용 절감을 할 수 있었다..
- 우리가 혁신적인 사고의 문화를 만드는 데 도움을 주었다. 현재의 관행을 강화하고 보완했다.

부록 1
모순행렬표의 39개의 파라메터

모순행렬표는 트리즈 문제를 해결할 때 사용되는 가장 쉬운 트리즈 도구 중의 하나이다. 40가지 원리는 행렬표와 함께 공개되어 있으며, 모든 엔지니어들이 모순해결을 위해 적용할 수 있다. 모순행렬표는 39개의 개선되고 악화되는 특징들로 이루어져 있다. 다음 설명들은 엘렌 돔(Ellen Domb)이 알트슐러의 저서를 번역한 '트리즈 저널(*TRIZ Journal*)'에서 발췌하였다.

No.	Title	Explanation
	Moving objects	Objects which can easily change position in space, either on their own, or as a result of external forces. Vehicles and objects designed to be portable are the basic members of this class.
	Stationary objects	Objects which do not change position in space, either on their own, or as a result of external forces. Consider the conditions under which the object is being used.
1	Weight of moving object	The mass of the object, in a gravitational field. The force that the body exerts on its support or suspension.
2	Weight of stationary object	The mass of the object, in a gravitational field. The force that the body exerts on its support or suspension, or on the surface on which it rests.
3	Length of moving object	Any one linear dimension, not necessarily the longest, is considered a length.
4	Length of stationary object	Same.
5	Area of moving object	A geometrical characteristic described by the part of a plane enclosed by a line. The part of a surface occupied by the object. OR the square measure of the surface, either internal or external, of an object.
6	Area of stationary object	Same.
7	Volume of moving object	The cubic measure of space occupied by the object. Length x width x height for a rectangular object, height x area for a cylinder, etc.

Triz for Engineers: Enabling Inventive Problem Solving, First Edition. Karen Gadd.

No.	Title	Explanation
8	Volume of stationary object	Same.
9	Speed	The velocity of an object; the rate of a process or action in time.
10	Force	Force measures the interaction between systems. In Newtonian physics, force = mass x acceleration. In TRIZ, force is any interaction that is intended to change an object's condition.
11	Stress or pressure	Force per unit area. Also, tension.
12	Shape	The external contours, appearance of a system.
13	Stability of the object's composition	The wholeness or integrity of the system; the relationship of the system's constituent elements. Wear, chemical decomposition, and disassembly are all decreases in stability. Increasing entropy is decreasing stability.
14	Strength	The extent to which the object is able to resist changing in response to force. Resistance to breaking.
15	Duration of action by a moving object	The time that the object can perform the action. Service life. Mean time between failure is a measure of the duration of action. Also, durability.
16	Duration of action by a stationary object	Same.
17	Temperature	The thermal condition of the object or system. Loosely includes other thermal parameters, such as heat capacity, that affect the rate of change of temperature.
18	Illumination intensity	Light flux per unit area, also any other illumination characteristics of the system such as brightness, light quality, etc.
19	Use of energy by moving object	The measure of the object's capacity for doing work. In classical mechanics, Energy is the product of force x distance. This includes the use of energy provided by the super-system (such as electrical energy or heat.) Energy required to do a particular job.
20	Use of energy by stationary object	Same.
21	Power	The time rate at which work is performed. The rate of use of energy.
22	Loss of Energy	Use of energy that does not contribute to the job being done. See 19. Reducing the loss of energy sometimes requires different techniques from improving the use of energy, which is why this is a separate category.
23	Loss of substance	Partial or complete, permanent or temporary, loss of some of a system's materials, substances, parts or subsystems.
24	Loss of Information	Partial or complete, permanent or temporary, loss of data or access to data in or by a system. Frequently includes sensory data such as aroma, texture, etc.
25	Loss of Time	Time is the duration of an activity. Improving the loss of time means reducing the time taken for the activity. 'Cycle time reduction' is a common term.

No.	Title	Explanation
26	Quantity of substance/the matter	The number or amount of a system's materials, substances, parts or subsystems which might be changed fully or partially, permanently or temporarily.
27	Reliability	A system's ability to perform its intended functions in predictable ways and conditions.
28	Measurement accuracy	The closeness of the measured value to the actual value of a property of a system. Reducing the error in a measurement increases the accuracy of the measurement.
29	Manufacturing precision	The extent to which the actual characteristics of the system or object match the specified or required characteristics.
30	External harm affects the object	Susceptibility of a system to externally generated (harmful) effects.
31	Object-generated harmful factors	A harmful effect is one that reduces the efficiency or quality of the functioning of the object or system. These harmful effects are generated by the object or system, as part of its operation.
32	Ease of manufacture	The degree of facility, comfort or effortlessness in manufacturing or fabricating the object/system.
33	Ease of operation	Simplicity: The process is not easy if it requires a large number of people, large number of steps in the operation, needs special tools, etc. 'Hard' processes have low yield and 'easy' process have high yield; they are easy to do right.
34	Ease of repair	Quality characteristics such as convenience, comfort, simplicity, and time to repair faults, failures or defects in a system.
35	Adaptability or versatility	The extent to which a system/object positively responds to external changes. Also, a system that can be used in multiple ways for under a variety of circumstances.
36	Device complexity	The number and diversity of elements and element interrelationships within a system. The user may be an element of the system that increases the complexity. The difficulty of mastering the system is a measure of its complexity.
37	Difficulty of detecting and measuring	Measuring or monitoring systems that are complex, costly, require much time and labour to set up and use, or that have complex relationships between components or components that interfere with each other all demonstrate 'difficulty of detecting and measuring.' Increasing cost of measuring to a satisfactory error is also a sign of increased difficulty of measuring.
38	Extent of automation	The extent to which a system or object performs its functions without human interface. The lowest level of automation is the use of a manually operated tool. For intermediate levels, humans program the tool, observe its operation, and interrupt or re-program as needed. For the highest level, the machine senses the operation needed, programs itself and monitors its own operations.
39	Productivity	The number of functions or operations performed by a system per unit time. The time for a unit function or operation. The output per unit time, or the cost per unit output.

부록 2
모순행렬표

Triz for Engineers: Enabling Inventive Problem Solving, First Edition. Karen Gadd.

OXFORD CREATIVITY

40 Inventive Principles

Separation Principles for Solving **Physical Contradictions**

No.	40 Inventive Principles	Space	Time	Condition	Scale
1	Segmentation	✓	✓		✓
2	Taking Out	✓			
3	Local Quality	✓			✓
4	Asymmetry	✓			
5	Merging				✓
6	Universality				✓
7	Nested Doll	✓	✓		
8	Anti-Weight				✓
9	Prior Counteraction		✓		
10	Prior Action		✓		
11	Cushion in Advance		✓		
12	Equipotentiality				✓
13	The Other Way Round	✓			✓
14	Spheroidality - Curvature	✓			
15	Dynamics		✓		
16	Partial or Excessive Action		✓		
17	Another Dimension	✓			
18	Mechanical Vibration		✓		
19	Periodic Action		✓		
20	Continuity of Useful Action		✓		
21	Rushing Through		✓		
22	Blessing in Disguise				✓
23	Feedback				✓
24	Intermediary	✓	✓		
25	Self-Service				
26	Copying	✓	✓		
27	Cheap Short-Living Objects		✓		✓
28	Replace Mechanical System			✓	
29	Pneumatics and Hydraulics		✓	✓	
30	Flexible Membranes / Thin Films	✓			
31	Porous Materials			✓	
32	Colour Change			✓	
33	Homogeneity				✓
34	Discarding and Recovering		✓		
35	Parameter Change			✓	
36	Phase Transition			✓	
37	Thermal Expansion		✓		
38	Accelerate Oxidation			✓	
39	Inert Environment			✓	
40	Composite Materials	✓			✓

Contradiction Matrix for Solving **Technical Contradictions**

39 Technical Parameters — Improve this one (rows) without making this one worse (columns)

No.	Parameter	1 Weight of moving object	2 Weight of Stationary Object	3 Length of moving object	4 Length of Stationary object	5 Area of moving object	6 Area of stationary object	7 Volume of moving object	8 Volume of stationary object	9 Speed	10 Force (Intensity)	11 Stress or pressure	12 Shape	13 Stability of the object's composition
1	Weight of moving object		-	15 8 29 34	-	29 17 38 34	-	29 2 40 28	-	2 8 15 38	8 10 18 37	10 36 37 40	10 14 35 40	1 35 19 39
2	Weight of stationary object	-		-	10 1 29 35	-	35 30 13 2	-	5 35 14 2	-	8 10 19 35	13 29 10 18	13 10 29 14	26 39 1 40
3	Length of moving object	8 15 29 34	-		-	15 17 4	-	7 17 4 35	-	13 4 8	17 10 4	1 8 35	1 8 10 29	1 8 15 34
4	Length of stationary object		35 28 40 29	-		-	17 7 10 40	-	35 8 2 14	-	28 10	1 14 35	13 14 15 7	39 37 35
5	Area of moving object	2 17 29 4	-	14 15 18 4	-		-	7 14 17 4		29 30 4 34	19 30 35 2	10 15 36 28	5 34 29 4	11 2 13 39
6	Area of stationary object	-	30 2 14 18	-	26 7 9 39	-		-		-	1 18 35 36	10 15 36 37		2 38
7	Volume of moving object	2 26 29 40	-	1 7 4 35	-	1 7 4 17	-		-	29 4 38 34	15 35 36 37	6 35 36 37	1 15 29 4	28 10 1 39
8	Volume of stationary object	-	35 10 19 14	19 14	35 8 2 14	-		-		-	2 18 37	24 35	7 2 35	34 28 35 40
9	Speed	8 28 13 38	-	13 14 8	-	29 30 34	-	7 29 34	-		13 28 15 19	6 18 38 40	35 15 18 34	28 33 1 18
10	Force (Intensity)	8 1 37 18	18 13 1 28	17 19 9 36	28 10	19 10 15	1 18 36 37	15 9 12 37	2 36 18 37	13 28 15 12		18 21 11	10 35 40 34	35 10 21
11	Stress or pressure	10 36 37 40	13 29 10 18	35 10 36	35 1 14 16	10 15 36 28	10 15 36 37	6 35 10	35 24	6 35 36	36 35 21		35 4 15 10	35 33 2 40
12	Shape	8 10 29 40	15 10 26 3	29 34 5 4	13 14 10 7	5 34 4 10		14 4 15 22	7 2 35	35 15 34 18	35 10 37 40	34 15 10 14		33 1 18 4
13	Stability of the object's composition	21 35 2 39	26 39 1 40	13 15 1 28	37	2 11 13	39	28 10 19 39	34 28 35 40	33 15 28 18	10 35 21 16	2 35 40	22 1 18 4	
14	Strength	1 8 40 15	40 26 27 1	1 15 8 35	15 14 28 26	3 34 40 29	9 40 28	10 15 14 7	9 14 17 15	8 13 26 14	10 18 3 14	10 3 18 40	10 30 35 40	13 17 35
15	Duration of action by moving object	19 5 34 31	-	2 19 9	-	3 17 19	-	10 2 19 30	-	3 35 5	19 2 16	19 3 27	14 26 28 25	13 3 35
16	Duration of action by Stationary object	-	6 27 19 16	-	1 40 35	-		-	35 34 38	-				39 35 3 23
17	Temperature	36 22 6 38	22 35 32	15 19 9	15 19 9	3 35 39 18	35 38	34 39 40 18	35 6 4	2 28 36 30	35 10 3 21	35 39 19 2	14 22 19 32	1 35 32
18	Illumination Intensity	19 1 32	2 35 32	19 32 16		19 32 26		2 13 10		13 19 10	26 19 6		32 30	32 3 27
19	Use of energy by moving object	12 18 28 31	-	12 28	-	15 19 25	-	35 13 18	-	8 15 35	16 26 21 2	23 14 25	12 2 29	19 13 17 24
20	Use of energy by stationary object	-	19 9 6 27								36 37			27 4 29 18
21	Power	8 36 38 31	19 26 17 27	1 10 35 37		19 38	17 32 13 38	35 6 38	30 6 25	15 35 2	26 2 36 35	22 10 35	29 14 2 40	35 32 15 31
22	Loss of energy	15 6 19 28	19 6 18 9	7 2 6 13	6 38 7	15 26 17 30	17 7 30 18	7 18 23	7	16 35 38	36 38			14 2 39 6
23	Loss of Substance	35 6 23 40	35 6 22 32	14 29 10 39	10 28 24	35 2 10 31	10 18 39 31	1 29 30 36	3 39 18 31	10 13 28 38	14 15 18 40	3 36 37 10	29 35 3 5	2 14 30 40
24	Loss of Information	10 24 35	10 35 5	1 26	26	30 26	30 16		2 22	26 32				
25	Loss of Time	10 20 37 35	10 20 26 5	15 2 29	30 24 14 5	26 4 5 16	10 35 17 4	2 5 34 10	35 16 32 18		10 37 36 5	37 36 4	4 10 34 17	35 3 22 5
26	Quantity of Substance	35 6 18 31	27 26 18 35	29 35 14 18		15 14 29	2 18 40 4	15 20 29		35 29 34 28	35 14 3	10 36 14 3	35 14	15 2 17 40
27	Reliability	3 8 10 40	3 10 8 28	15 9 14 4	15 29 28 11	17 10 14 16	32 35 40 4	3 10 14 24	2 35 24	21 35 11 28	8 28 10 3	10 24 35 19	35 1 16 11	
28	Measurement Accuracy	32 35 26 28	28 35 25 26	28 26 5 16	32 28 3 16	26 28 32 3	26 28 32 3	32 13 6		28 13 32 24	32 2	6 28 32	6 28 32	32 35 13
29	Manufacturing Precision	28 32 13 18	28 35 27 9	10 28 29 37	2 32 10	28 33 29 32	2 29 18 36	32 23 2	25 10 35	10 28 32	28 19 34 36	3 35	32 30 40	30 18
30	Object affected harmful factors	22 21 27 39	2 22 13 24	17 1 39 4	1 18	22 1 33 28	27 2 39 35	22 23 37 35	34 39 19 27	21 22 35 28	13 35 39 18	22 2 37	22 1 3 35	35 24 30 18
31	Object-generated harmful factors	19 22 15 39	35 22 1 39	17 15 16 22		17 2 18 39	22 1 40	17 2 40	30 18 35 4	35 28 3 23	35 28 1 40	2 33 27 18	35 1	35 40 27 39
32	Ease of manufacture	28 29 15 16	1 27 36 13	1 29 13 17	15 17 27	13 1 26 12	16 40	13 29 1 40	35	35 13 8 1	35 12	35 19 1 37	1 28 13 27	1 13 11
33	Convenience of Use	25 2 13 15	6 13 1 25	1 17 13 12		1 17 13 16	18 16 15 39	1 16 35 15	4 18 39 31	18 13 34	28 13 35	2 32 12	15 34 29 28	32 35 30
34	Ease of repair	2 27 35 11	2 27 35 11	1 28 10 25	3 18 31	15 13 32	16 25	25 2 35 11	1	34 9	1 11 10	13	1 13 2 4	2 35
35	Adaptability or versatility	1 6 15 8	19 15 29 16	35 1 29 2	1 35 16	35 30 29 7	15 16	15 35 29		35 10 14	15 17 20	35 16	15 37 1 8	35 30 14
36	Device complexity	26 30 34 36	2 26 35 39	1 19 26 24	26	14 1 13 16	6 36	34 26 6	1 16	34 10 28	26 16	19 1 35	29 13 28 15	2 22 17 19
37	Difficulty of detecting and measuring	27 26 28 13	6 13 28 1	16 17 26 24	26	2 13 18 17	2 39 30 16	29 1 4 16	2 18 26 31	3 4 16 35	36 28 40 19	35 36 37 32	27 13 1 39	11 22 39 30
38	Extent of automation	28 26 18 35	28 26 35 10	14 13 17 28	23	17 14 13		35 13 16		28 10	2 35	13 35	15 32 1 13	18 1
39	Productivity	35 26 24 37	28 27 15 3	18 4 28 38	30 7 14 26	10 26 34 31	10 35 17 7	2 6 34 10	35 37 10 2		28 15 10 36	10 37 14	14 10 34 40	35 3 22 39

No.	Parameter	14 Strength	15 Duration of action of a moving object	16 Duration of action of a stationary object	17 Temperature	18 Illumination Intensity	19 Use of energy by a moving object	20 Use of energy by a stationary object	21 Power	22 Loss of energy	23 Loss of substance	24 Loss of Information	25 Loss of time	26 Quantity of substance
1	Weight of moving object	28 27 18 40	5 34 31 35	-	6 29 4 38	19 1 32	35 12 34 31	-	12 36 18 31	6 2 34 19	5 35 3 31	10 24 35	10 35 20 28	3 26 18 31
2	Weight of stationary object	28 2 10 27	-	2 27 19 6	28 19 32 22	19 32 35	-	18 19 28 1	15 19 18	18 19 28 15	5 8 13 30	10 15 35	10 20 35 26	19 6 18 26
3	Length of moving object	8 35 29 34	19	-	10 15 19	32	8 35 24	-	1 35	7 2 35 39	4 29 23 10	1 24	15 2 29	29 35
4	Length of stationary object	15 14 28 26	-	1 40 35	3 35 39 18	3 25	-		12 8	6 28	10 28 24 35	24 26	30 29 14	
5	Area of moving object	3 15 40 14	6 3	-	2 15 16	15 32 19 13	19 32	-	19 10 32 18	15 17 30 26	10 35 2 39	30 26	26 4	29 30 6 13
6	Area of stationary object	40	-	2 10 19 30	35 39 38		-		17 32	17 7 30	10 14 18 39	30 16	10 35 4 18	2 18 40 4
7	Volume of moving object	9 14 15 7	6 35 4	-	34 39 10 18	2 13 10	35	-	35 6 13 18	7 15 13 16	36 39 34 10	2 22	2 6 34 10	29 30 7
8	Volume of stationary object	9 14 17 15	-	35 34 38	35 6 4		-		30 6		10 39 35 34		35 16 32 18	35 3
9	Speed	8 3 26 14	3 19 35 5	-	28 30 36 2	10 13 19	8 15 35 38	-	19 35 38 2	14 20 19 35	10 13 28 38	13 26		10 19 29 38
10	Force (Intensity)	35 10 14 27	19 2		35 10 21	-	19 17 10	1 16 36 37	19 35 18 37	14 15	8 35 40 5		10 37 36	14 29 18 36
11	Stress or pressure	9 18 3 40	19 3 27		35 39 19 2	-	14 24 10 37		10 35 14	2 36 25	10 35 3 37		37 36 4	10 14 36
12	Shape	30 14 10 40	14 26 9 25		22 14 19 32	13 15 32	2 6 34 14		4 6 2	14	35 29 3 5		14 10 34 17	36 22
13	Stability of the object's composition	17 9 15	13 27 10 35	39 3 35 23	35 1 32	32 3 27 15	13 19	27 4 29 18	32 35 27 31	14 2 39 6	2 14 30 40		35 27	15 32 35
14	Strength		27 3 26		30 10 40	35 19	19 35 10	35	10 26 35 28	35	35 28 31 40		29 3 28 10	29 10 27
15	Duration of action by moving object	27 3 10		-	19 35 39	2 19 4 35	28 6 35 18		19 10 35 38		28 27 3 18	10	20 10 28 18	3 35 10 40
16	Duration of action by Stationary object		-		19 18 36 40		-		16		27 16 18 38	10	28 20 10 16	3 35 31
17	Temperature	10 30 22 40	19 13 39	19 18 36 40		32 30 21 16	19 15 3 17		2 14 17 25	21 17 35 38	21 36 39 31		35 28 21 18	3 17 30 39
18	Illumination Intensity	35 19	2 19 6		32 35 19		32 1 19	32 35 1 15	32	13 16 1 6	13 1	1 6	19 1 26 17	1 19
19	Use of energy by moving object	5 19 9 35	28 35 6 18	-	19 24 3 14	2 15 19		-	6 19 37 18	12 22 15 24	35 24 18 5		35 38 19 18	34 23 16 18
20	Use of energy by stationary object	35				19 2 35 32	-				28 27 18 31			3 35 31
21	Power	26 10 28	19 35 10 38	16	2 14 17 25	16 6 19	16 6 19 37			10 35 38	28 27 18 38	10 19	35 20 10 6	4 34 19
22	Loss of energy	26			19 38 7	1 13 32 15			3 38		35 27 2 37	19 10	10 18 32 7	7 18 25
23	Loss of Substance	35 28 31 40	28 27 3 18	27 16 18 38	21 36 39 31	1 6 13	35 18 24 5	28 27 12 31	28 27 18 38	35 27 2 31			15 18 35 10	6 3 10 24
24	Loss of Information		10	10		19			10 19	19 10			24 26 28 32	24 28 35
25	Loss of Time	29 3 28 18	20 10 28 18	28 20 10 16	35 29 21 18	1 19 26 17	35 38 19 18	1	35 20 10 6	10 5 18 32	35 18 10 39	24 26 28 32		35 38 18 16
26	Quantity of Substance	14 35 34 10	3 35 10 40	3 35 31	3 17 39		34 29 16 18	3 35 31	35	7 18 25	6 3 10 24	24 28 35	35 38 18 16	
27	Reliability	11 28	2 35 3 25	34 27 6 40	3 35 10	11 32 13	21 11 27 19	36 23	21 11 26 31	10 11 35	10 35 29 39	10 28	10 30 4	21 28 40 3
28	Measurement Accuracy	28 6 32	28 6 32	10 26 24	6 19 28 24	6 1 32	3 6 32		3 6 32	26 32 27	10 16 31 28		24 34 28 32	2 6 32
29	Manufacturing Precision	3 27	3 27 40		19 26	3 32	32 2		32 2	13 32 2	35 31 10 24		32 26 28 18	32 30
30	Object affected harmful factors	18 35 37 1	22 15 33 28	17 1 40 33	22 33 35 2	1 19 32 13	1 24 6 27	10 2 22 37	19 22 31 2	21 22 35 2	33 22 19 40	22 10 2	35 18 34	35 33 29 31
31	Object-generated harmful factors	15 35 22 2	15 22 33 31	21 39 16 22	22 35 2 24	19 24 39 32	2 35 6	19 18 22	2 35 18	21 35 2 22	10 1 34	10 21 29	1 22	3 24 39 1
32	Ease of manufacture	1 3 10 32	27 1 4	35 16	27 26 18	28 24 27 1	28 26 27 1	1 4	27 1 12 24	19 35	15 34 33	32 24 18 16	35 28 34 4	35 23 1 24
33	Convenience of Use	32 40 3 28	29 3 8 25	1 16 25	26 27 13	13 17 1 24	1 13 24		35 34 2 10	2 19 13	28 32 2 24	4 10 27 22	4 28 10 34	12 35
34	Ease of repair	11 1 2 9	11 29 28 27	1	4 10	15 1 13	15 1 28 16		15 10 32 2	15 1 32 19	2 35 34 27		32 1 10 25	2 28 10 25
35	Adaptability or versatility	35 3 32 6	13 1 35	2 16	27 2 3 35	6 22 26 1	19 35 29 13		19 1 29	18 15 1	15 10 2 13		35 28	3 35 15
36	Device complexity	2 13 28	10 4 28 15		2 17 13	24 17 13	27 2 28 29		20 19 30 34	10 35 13 2	35 10 28 29		6 29	13 3 27 10
37	Difficulty of detecting and measuring	27 3 15 28	19 29 39 25	25 34 6 35	3 27 35 16	2 24 26	35 38	19 35 16	19 1 16 10	35 3 15 19	1 18 10 24	35 33 27 22	18 28 32 9	3 27 29 18
38	Extent of automation	25 13	6 9		26 2 19	8 32 19	2 32 13		28 2 27	23 28	35 10 18 5	35 33	24 28 35 30	35 13
39	Productivity	29 28 10 18	35 10 2 18	20 10 16 38	35 21 28 10	26 17 19 1	35 10 38 19	1	35 20 10	28 10 29 35	28 10 35 23	13 15 23		35 38

No.	Parameter	27 Reliability	28 Measurement accuracy	29 Manufacturing precision	30 Object-affected harmful factors	31 Object-generated harmful factors	32 Ease of manufacture	33 Convenience of Use	34 Ease of repair	35 Adaptability or versatility	36 Device complexity	37 Difficulty of detecting and measuring	38 Extent of automation	39 Productivity
1	Weight of moving object	3 11 1 27	28 27 35 26	28 35 26 18	22 21 18 27	22 35 31 39	27 28 1 36	35 3 2 24	2 27 28 11	29 5 15 8	26 30 36 34	28 29 26 32	26 35 18 19	35 3 24 37
2	Weight of stationary object	10 28 8 3	18 26 28	10 1 35 27	2 19 22 37	35 22 1 39	28 1 9	6 13 1 32	2 27 28 11	19 15 29	1 10 26 39	25 28 17 15	2 26 35	1 28 15 35
3	Length of moving object	10 14 29 40	28 32 4	10 28 29 37	1 15 17 24	17 15	1 29 17	15 29 35 4	1 28 10	14 15 1 16	1 19 26 24	35 1 26 24	17 24 26 16	14 4 28 29
4	Length of stationary object	15 29 28	32 28 3	2 32 10	1 18		15 17 27	2 25	3	1 35	1 26	26		30 14 7 26
5	Area of moving object	29 9	26 28 32 3	2 32	22 33 28 1	17 2 18 39	13 1 26 24	15 17 13 16	15 13 10 1	15 30	14 1 13	2 36 26 18	14 30 28 23	10 26 34 2
6	Area of stationary object	32 35 40 4	26 28 32 3	2 29 18 36	27 2 39 35	22 1 40	40 16	16 4	16	15 16	1 18 36	2 35 30 18	23	10 15 17 7
7	Volume of moving object	14 1 40 11	26 28	25 28 2 16	22 21 27 35	17 2 40 1	29 1 40	15 13 30 12	10	15 29	26 1	29 26 4	35 34 16 24	10 6 2 34
8	Volume of stationary object	2 35 16		35 10 25	34 39 19 27	30 18 35 4	35		1		1 31	2 17 26		35 37 10 2
9	Speed	11 35 27 28	28 32 1 24	10 28 32 25	1 28 35 23	2 24 35 21	35 13 8 1	32 28 13 12	34 2 28 27	15 10 26	10 28 4 34	3 34 27 16	10 18	
10	Force (Intensity)	3 35 13 21	35 10 23 24	28 29 37 36	1 35 40 18	13 3 36 24	15 37 18 1	1 28 3 25	15 1 11	15 17 18 20	26 35 10 18	36 37 10 19	2 35	3 28 35 37
11	Stress or pressure	10 13 19 35	6 28 25	3 35	22 2 37	2 33 27 18	1 35 16	11	2	35	19 1 35	2 36 37	35 24	10 14 35 37
12	Shape	10 40 16	28 32 1	32 30 40	22 1 2 35	35 1	17 32 1 28	32 15 26	2 13 1	1 15 29	16 29 1 28	15 13 39	15 1 32	17 26 34 10
13	Stability of the object's composition		13	18	35 24 30 18	35 40 27 39	35 19	32 35 30	2 35 10 16	35 30 34 2	2 35 22 26	35 22 39 23	1 8 35	23 35 40 3
14	Strength	11 3	3 27 16	3 27	18 35 37 1	15 35 22 2	11 3 10 32	32 40 28 2	27 11 3	15 3 32	2 13 28	27 3 15 40	15	29 35 10 14
15	Duration of action by moving object	11 2 13	3	3 27 16 40	22 15 33 28	21 39 16 22	27 1 4	12 27	29 10 27	1 35 13	10 4 28 15	19 29 39 35	6 10	35 17 14 19
16	Duration of action by Stationary object	34 27 6 40	10 26 24		17 1 40 33	22	35 10	1	1	2		25 34 6 35	1	20 10 16 38
17	Temperature	19 35 3 10	32 19 24	24	22 33 35 2	22 35 2 24	26 27	26 27	4 10 16	2 18 27	2 17 16	3 27 35 31	26 2 19 16	15 28 35
18	Illumination Intensity		11 15 32	3 32	15 19	35 19 32 39	19 35 28 26	28 26 19	15 17 13 16	15 1 19	6 32 13	32 15	2 26 10	2 25 16
19	Use of energy by moving object	19 21 11 27	3 1 32		1 35 6 27	2 35 6	28 26 30	19 35	1 15 17 28	15 17 13 16	2 29 27 28	35 38	32 2	12 28 35
20	Use of energy by stationary object	10 36 23			10 2 22 37	19 22 18	1 4					19 35 16 25		1 6
21	Power	19 24 26 31	32 15 2	32 2	19 22 31 2	18 2 35	26 10 34	26 35 10	35 2 10 34	19 17 34	20 19 30 34	19 35 16	28 2 17	28 35 34
22	Loss of energy	11 10 35	32		21 22 35 2	21 35 2 22		35 32 1	2 19		7 23	35 3 15 23	2	28 10 29 35
23	Loss of Substance	10 29 39 35	16 34 31 28	35 10 24 31	33 22 30 40	10 1 34 29	15 34 33	32 28 2 24	2 35 34 27	15 10 2	35 10 28 24	35 18 10 13	35 10 18	28 35 10 23
24	Loss of Information	10 28 23			22 10 1	10 21 22	32	27 22				35 33	35	13 23 15
25	Loss of Time	10 30 4	24 34 28 32	24 26 28 18	35 18 34	35 22 18 39	35 28 34 4	4 28 10 34	32 10 1	35 28	6 29	18 28 32 10	24 28 35 30	
26	Quantity of Substance	18 3 28 40	3 2 28	33 30	35 33 29 31	3 35 40 39	29 1 35 27	35 29 25 10	2 32 10 25	15 3 29	3 13 27 10	3 27 29 18	8 35	13 29 3 27
27	Reliability		32 3 11 23	11 32 1	27 35 2 40	35 2 40 26		27 17 40	1 11	13 35 8 24	13 35 1	27 40 28	11 13 27	1 35 29 38
28	Measurement Accuracy	5 11 1 23			28 24 22 26	3 33 39 10	6 35 25 18	1 13 17 34	1 32 13 11	13 35 2	27 35 10 34	26 24 32 28	28 2 10 34	10 34 28 32
29	Manufacturing Precision	11 32 1			26 28 10 36	4 17 34 26		1 32 35 23	25 10		26 2 18		26 28 18 23	10 18 32 39
30	Object affected harmful factors	27 24 2 40	28 33 23 26	26 28 10 18			24 35 2	2 25 28 39	35 10 2	35 11 22 31	22 19 29 40	22 19 29 40	33 3 34	22 35 13 24
31	Object-generated harmful factors	24 2 40 39	3 33 26	4 17 34 26							19 1 31	2 21 27 1	2	22 35 18 39
32	Ease of manufacture		1 35 12 18		24 2			2 5 13 16	35 1 11 9	2 13 15	27 26 1	6 28 11 1	8 28 1	35 10 28 1
33	Convenience of Use	17 27 8 40	25 13 2 34	1 32 35 23	2 25 28 39		2 5 12		12 26 1 32	15 34 1 16	32 26 12 17		1 34 12 3	15 1 28
34	Ease of repair	11 10 1 16	10 2 13	25 10	35 10 2 16		1 35 11 10	1 12 26 15		7 1 4 16	35 1 13 11		34 35 7 13	1 32 10
35	Adaptability or versatility	35 13 8 24	35 5 1 10		35 11 32 31		1 13 31	15 34 1 16	1 16 7 4		15 29 37 28	1	27 34 35	35 28 6 37
36	Device complexity	13 35 1	2 26 10 34	26 24 32	22 19 29 40	19 1	27 26 1 13	27 9 26 24	1 13	29 15 28 37		15 10 37 28	15 1 24	12 17 28
37	Difficulty of detecting and measuring	27 40 28 8	26 24 32 28		22 19 29 28	2 21	5 28 11 29	2 5	12 26	1 15	15 10 37 28		34 21	35 18
38	Extent of automation	11 27 32	28 26 10 34	28 26 18 23	2 33	2	1 26 13	1 12 34 3	1 35 13	27 4 1 35	15 24 10	34 27 25		5 12 35 26
39	Productivity	1 35 10 38	1 10 34 28	18 10 32 1	22 35 13 24	35 22 18 39	35 28 2 24	1 28 7 19	1 32 10 25	1 35 28 37	12 17 28 24	35 18 27 2	5 12 35 26	

찾아보기

발명문제의 해결
공학자를 위한 트리즈

2015년 06월 20일 초판 인쇄
2015년 06월 25일 인쇄 발행

저　　자 Karen Gadd
역　　자 홍현필·송수석·전영록·박성균
발 행 처 도서출판 GS인터비전
편 집 처 도서출판 GS인터비전
인　　쇄 토탈프로세스
등록번호 제 313-2011-120호
I S B N 979-11-5576-006-2(93500)

주　　소 서울 은평구 증산로15길 69, 2층
전　　화 02-976-7898, 0707-720-7898
팩　　스 02-6468-7898
홈페이지 gsintervision@co.kr
E-Mail gsinter7@gmail.com

정 가 30,000원